JN440661

Architecture. Finishing Details

건축정보센터 편

건축마감상세도집

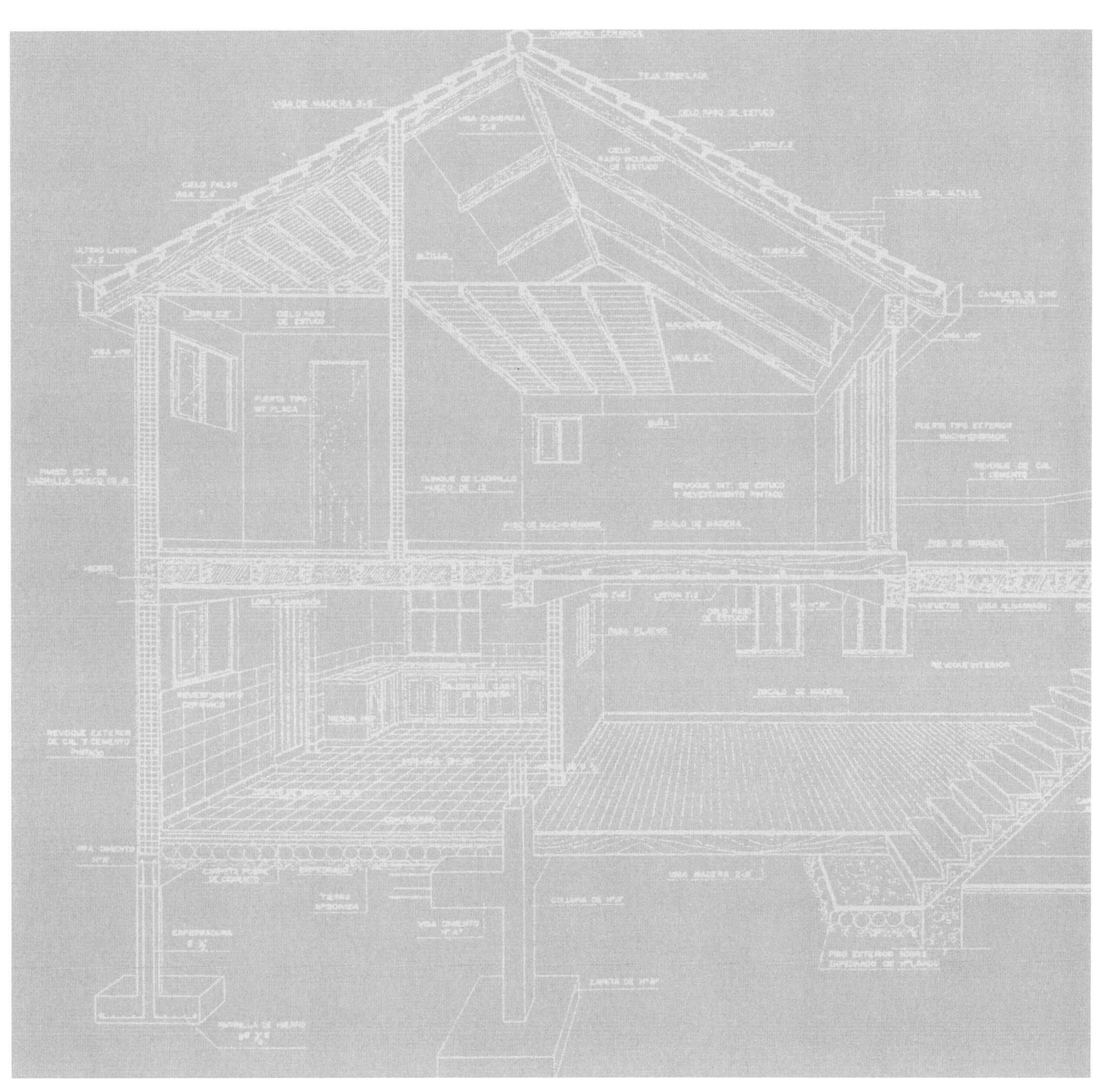

인간이 생활하기 위한 하나의 건물을 설계하기 위해서는 빛의 효과와 공간 체계, 색채, 재료 등 건물의 전체적인 기본 요소들을 고려해야 하는 것은 물론이지만, 이 요소들을 구성하고 있는 각 부분들 관계 또한 무시할 수 없다.

건물의 용도·부지·내용·그레이드 등 모든 건물은 저마다 얼굴이 틀린다. 개성이 강한 고유의 것이고, 어느 하나를 고르더라도 동일한 것은 있을 수 없다. 건물은 1품 생산이기 때문에 그러한 발주 형식의 차이에 따라 제품·작품의 품질에 '차질'이 생기는 일이 있다. 의장 디자인 형태, 구조, 설비에까지 같은 것은 없다. 그러나 그것을 지탱하고 있는 기술에는 공통된 기반이 되는 기술이 있다.

건물은 짓는 기술 중 대부분은 공통의 기술이고, 표준의 기술이라 할 수 있는 것이다. 또한 이것들의 축적된 기술은 공업화 구조 등에 의하여 시대와 함께 크게 변하고 있다.

표준은 판단을 위한 근거이고, 기준과 같이 구속력은 없지만 이것을 지키는 일로써 일정한 품질 확보가 가능해진다. 그러나 기준은 그대로 준수되면 좋다는 것은 아니고 그것을 모태로 독창적인 형태로 구성하는 것이 설계자의 중요한 일이다. 따라서 이 책에서 다루는 건물 공통 부위마다의 상세도는 건물의 용도나 그레이드를 막론하고, 일반적으로 실시되고 있는 공통의 사고 방식, 기반이 되는 아무림법을 제시한다.

본서에서는 철근콘크리트조, 철골조 건축물의 외부 마무리, 내부 마무리의 요점만을 해설하였다.

철근 콘크리트조, 철골조의 마무리라 하더라도 그 내용은 재료, 구조, 의장적인 측면에 따라 천태만상이기 때문에 그 모든 것을 수록할 수는 없다. 따라서 본서에서는 가장 많이 사용되는 공법을 채택하여 설계·시공의 요점을 해설함과 아울러 실례에 바탕을 두고 표준 아무림 상세를 부기하여 이론과 실제의 콤비네이션을 꾀하였다.

초학자는 본서로 기본을 터득하고, 실무자들은 자료로 널리 활용하고 또한 인테리어 디자이너에게도 훌륭한 참고서가 되리라고 생각한다.

끝으로 이후 국내 메이커별로 생산되고 있는 재료자재들의 디테일을 정리하여 발간할 것을 약속하며, 끝까지 자료정리 등에 도움을 주신 여러분에게 감사드리고, 이 책을 이용하시는 분들에게 조금이나마 도움이 되었으면 하는 바램이다.

—建築情報센터—

제 1 장 외벽마감 ——— 9

일반사항 ········· 11
  외벽 마무리와 바탕구성 ········· 11
  외벽 마무리와 방수처리 ········· 11
콘크리트치기 마감 ········· 12−14
  거푸집의 구성 ········· 12
  패러핏 둘레의 마무리 ········· 13
  각부의 마무리 ········· 13
  모서리부의 마무리 ········· 13
  異種材와의 연결 ········· 13
  창둘레의 마무리 ········· 14
  출입구 둘레의 마무리 ········· 14
바름마감 ········· 15−16
  패러핏 둘레의 마무리 ········· 15
  각부의 마무리 ········· 15
  출입구 둘레의 마무리 ········· 15
  창둘레의 마무리 ········· 16
타일붙임 마감 ········· 17−23
  타일의 종류 ········· 17
  타일붙임 공법 ········· 17
  타일의 배치 ········· 18
  모자이크 타일의 배치 예 ········· 19
  2면 떼기 타일의 배치 예 ········· 19
  각부의 아무림 ········· 20
  창둘레의 아무림 ········· 20
  출입구 둘레의 마무리 ········· 22
  모서리부 아무림 ········· 23
  패러핏 둘레의 마무리 ········· 23
돌붙임 마감 ········· 24−28
  석재의 붙임 형식 ········· 24
  석재의 표면 마무리 ········· 24
  석재의 설치 ········· 24
  석재의 분할 ········· 25
  석재의 고정 상세 ········· 26
  구석부분의 마무리 ········· 27
  창둘레의 마무리 ········· 28
금속판붙임 마감 ········· 29−33
  금속판의 종류 ········· 29
  금속판 붙임의 요령 ········· 29
  구석부분의 마무리 ········· 30
  상세 예 ········· 31
커튼월 ········· 34−38
  금속 패널식 커튼월 ········· 34
  콘크리트 패널식 커튼월 ········· 36
  붙임 기둥식 커튼월 ········· 37

제 2 장 내벽마감 ——— 39

일반사항 ········· 41−43
  목조 간막이벽의 구성 ········· 41
  ALC판 간막이벽의 구성 ········· 42
  경량 철골조 간막이벽의 구성 ········· 43
  스터드식 간막이벽의 구성 ········· 43
바름마감 ········· 44−46
  바름 마무리의 종류 ········· 44
  콘크리트벽인 경우의 바름 바탕 ········· 44
  콘크리트 블록벽의 경우 바름 바탕 ··· 44
  ALC판벽의 경우 바름 바탕 ········· 44
  경량 철골 축조의 바름 바탕 ········· 45
  목조 축조의 바름 바탕 ········· 45
  모서리부의 아무림 ········· 46
타일붙임 마감 ········· 47−50
  내장용 타일의 종류 ········· 47
  타일붙임 공법 ········· 48
  구석부분의 아무림 ········· 48
  타일분할 상세도 ········· 49
돌붙임 마감 ········· 51−52
  석재의 분할 상세 예 ········· 51
판, 보드 붙임 마감 ········· 53−56
  바탕 구성 ········· 53
  판을 벗기는 법 ········· 54
  합판, 보드류로 붙이는 방법 ········· 55
  줄눈의 아무림 ········· 55
  구석 부분의 아무림 ········· 56
천, 벽지 붙임 마감 ········· 57
  바탕구성 ········· 57
  클로스 바르는 방법 ········· 57
각종 간막이 상세 예 ········· 58−64
  유리블록 ········· 58
  패널식 ········· 59
  스터드식 ········· 62
  슬라이드 월(이동식) ········· 63
  아코니온 도어(이동식) ········· 64
걸레받이 아무림 ········· 65−68
  바름 걸레받이 ········· 65
  돌(모조석) 걸레받이 ········· 66
  플라스틱 걸레받이 ········· 67
  타일 걸레받이 ········· 67

목제 걸레받이 …… 68
금속제 걸레받이 …… 68

제 3 장 외부 개구부 마감 —— 69

일반사항 …… 71－78
금속제 창호의 종류 …… 71
창호 시방 …… 71
창호틀의 설치 …… 72
창호둘레의 빗물처리 …… 73
도어실의 아무림 …… 73
도어 체크의 설치 …… 74
피보트 힌지의 설치 …… 75
플로어 힌지의 설치 …… 76
전동 개폐문의 아무림 …… 77
셔터의 아무림 …… 78
외부출입구 …… 79－85
현관 …… 79
베란다 …… 82
철제문의 설치 상세 예 …… 83
외부창 …… 86－91
창호와 목제 문선과의 관계 …… 86
창호와 금속제 문선과의 맞춤 …… 88
창호틀과 외벽과의 맞춤 …… 89

제 4 장 내부 개구부 마감 —— 93

일반사항 …… 94
창호의 개폐 형식 …… 94
창호틀의 마무리 …… 94
여닫이문 …… 95－104
창호틀의 설치 …… 95
문 개폐와 창호철물 …… 98
창호틀의 마무리 상세 예 …… 99
미서기문 …… 105－110
기둥, 밑인방, 웃인방의 설치 …… 105
밑인방, 웃인방의 형상 치수 …… 105
밑인방, 웃인방의 마무리 상세 예 …… 106

제 5 장 외부 바닥 마감 —— 111

일반사항 …… 113－114
마무리 형식 …… 113
줄눈배분의 요령 …… 114
출입구 주위의 바닥마감 …… 115－116
돌붙임 마무리 …… 115
인조석 갈기 마무리 …… 116
타일붙임 마무리 …… 116
벽단, 테라스의 아무림 …… 117－119
벽단과 도로와의 관계 …… 117
외부 바닥과 화단과의 관계 …… 118
외부 바닥과 연못의 관계 …… 119
구내통로의 로면 마감 …… 120－121
보도의 상세 …… 120
차도의 상세 …… 121
측구의 마무리 …… 121
각종 바닥 단면 상세 예 …… 122－124
도장 바닥 마무리 …… 122
붙임 바닥 마무리 …… 123
깔바닥 마감 …… 124

제 6 장 내부 바닥 마감 —— 125

일반사항 …… 127
내부 바닥 마무리의 종류 …… 127
바닥 바탕의 구성 …… 127
바름마감 …… 128
벽 근처의 아무림 …… 128
방수 바닥의 마무리 …… 128
플라스틱계 타일붙임 마감 …… 129
직붙임 마무리 …… 129
이중 바닥 붙임 마무리 …… 129
타일붙임 마감 …… 130
돌붙임 마감 …… 131－132
정형 붙임 …… 131
막붙임 …… 132
판붙임 마감 …… 133－134
띠천판벽 …… 133
플로어링 블록, 나무 쪽매 붙임 …… 134
융단깔기 마감 …… 135

제 7 장 천장 마감 137

일반사항 ······ 138－142
천장의 의장 ······ 138
천장의 형식 ······ 138
법규제의 요점 ······ 139
천장의 구성 ······ 139
틀천장 바탕 ······ 140
직천장 마감 ······ 143
조립천장 마감 ······ 144－148
바름 마무리 ······ 144
판 붙임 마무리 ······ 145
살대 반자의 경우 ······ 145
치받이 천장의 경우 ······ 145
보드 붙임, 합판 붙임 마무리 ······ 146
흡음판 붙임, 텍스 붙임 마무리 ······ 147
금속판 붙임 마무리 ······ 148
천장 돌림띠의 설치 ······ 149
목제 돌림띠의 아무림 ······ 149－153
금속제 돌림띠의 아무림 ······ 151
플라스틱제 돌림띠의 아무림 ······ 152
천장 커튼 박스와의 관계 ······ 153

제 8 장 계단 마감 155

일반사항 ······ 156－158
계단의 구성 ······ 156
계단의 형식 ······ 157
법규제의 요점 ······ 157
계단 마무리의 요점 ······ 158
철근콘크리트조 계단 ······ 159－165
바름 마무리 ······ 159
플라스틱계 타일 붙임 마무리 ······ 160
테라조 블록 붙임 마무리 ······ 162
프리캐스트 단판 붙임 마무리 ······ 163
블록 단판 깔기 마무리 ······ 163
타일 붙임 마무리 ······ 164
돌붙임 마무리 ······ 164
목제 계단 붙임 마무리 ······ 165
융단 깔기 마무리 ······ 165
철골조 계단 ······ 166－170
옆판 계단 상세 예 ······ 166
나선 계단 상세 예 ······ 170
목조 계단 ······ 171
계단 난간의 설치 ······ 172－173
금속제 난간의 아무림 ······ 172
철근 콘크리트조 난간의 아무림 ······ 173

제 9 장 방수, 방습 마감 175

일반사항 ······ 176－179
옥상 슬래브의 수평 물매 ······ 176
아스팔트 방수층의 시방 ······ 176
아스팔트 루핑을 붙이는 법 ······ 177
방수 바탕의 보강 ······ 177
신축 줄눈의 시공 요령 ······ 178
지수판의 설치 요령 ······ 178
모르타르 방수 ······ 179
옥외방수 ······ 180－187
옥상 슬래브의 방수 ······ 180
패러핏 둘레의 마무리(보행용 지붕) 181
패러핏 둘레의 마무리(비보행용 지붕) /182
채양 둘레의 방수 ······ 183
옥상 치올림 부분의 방수 ······ 184
외부 출입구 둘레의 마무리 ······ 185
세로 홈통의 설치 ······ 186
루프 드레인의 마무리 ······ 187
옥내방수 ······ 188－192
내부 출입구 둘레의 마무리 ······ 188
간막이벽과 방수층과의 관계 ······ 187
화장실 바닥의 방수 ······ 190
욕실 둘레의 방수 ······ 191
지하실의 방수 ······ 192

제10장 잡공사 아무림 195

면격자의 아무림 ······ 196－197
옥상 난간의 아무림 ······ 198－199
발코니 건조대의 아무림 ······ 199
강제 트랩의 아무림 ······ 200
화장실 스크린의 설치 ······ 201－202
엘리베이터 출입구틀의 아무림 ······ 203

굴뚝 아무림 …… 204
카운터의 아무림 …… 205
바닥배수구의 아무림 …… 205
익스팬션 조인트 공법 …… 206–209
옥상 슬래브와 외벽과의 조인트 …… 206
옥상 슬래브의 조인트…… 206
외벽의 조인트 …… 207
내부 바닥의 조인트…… 208
바닥과 벽의 조인트…… 208
내벽의 조인트 …… 209
천장의 조인트 …… 209
천장과 벽의 조인트…… 209

제1장

외벽마감

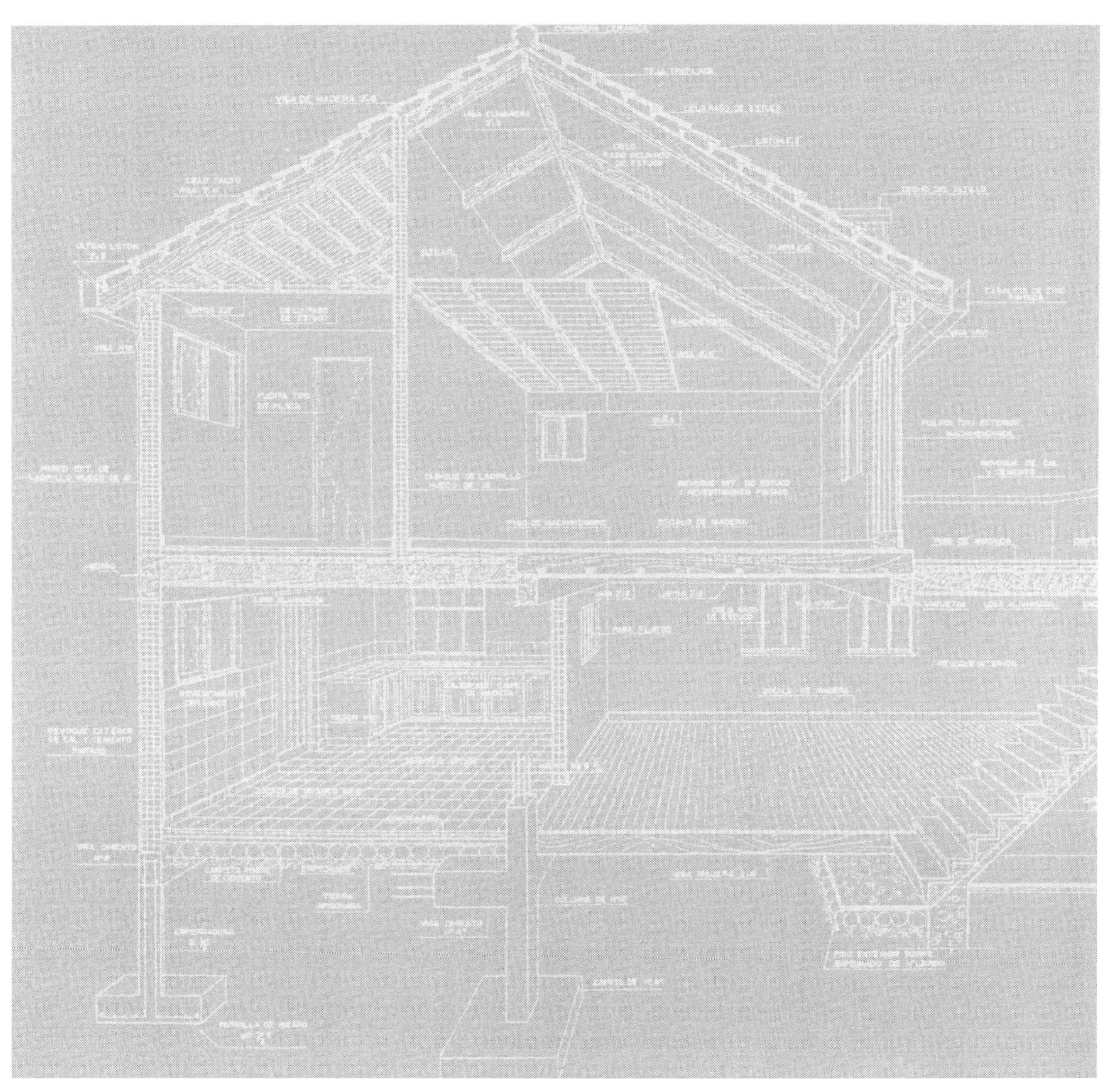

일반사항

외벽은 구조체의 차에 의해 마무리되기 때문에 바탕 구성은 다르나 마감재의 설치 요령은 공통으로 생각해도 좋다.

외벽의 마무리 형식으로서는 바름 또는 뿜칠 마무리(모르타르, 인조석, 무기질 타일 등), 붙임 마무리(돌, 모조석, 타일 등)로 대별되나 최근에는 건축물의 대형화, 고층화에 수반해서 금속판벽, 나아가서는 커튼 월 등, 대형 벽판으로서 공장 제작한 것을 현장 조립 작업으로 경감하는 방식의 외벽 마무리의 예도 많아진다.

외벽 마무리와 바탕 구성

① 도장 마무리…모르타르 바름 마무리에는 흙칼(흙손) 누름과 솔질 마무리가 있지만 다시금 여기에서 아크릴, 리신 등을 뿜칠 하든지 페인트류를 뿜칠해서 마무리하는 예도 많다. 인조석 바름과 인조석 갈기 마무리는 외벽의 경우는 현장 작업이 어렵기 때문에 주요 부분만으로 끝내든지 모조석 붙임 마무리하는 것이 보통이다. 이 밖에 갈아내기, 잔다듬 마무리도 있다.

바름 마무리의 바탕 구성은 콘크리트 구조의 경우는 바탕 모르타르를 발라 바탕 조성을 한 다음, 재벌 바름, 마감 바름을 한다. 또 철골조의 경우는 L형강 또는 경량 형강으로 벽의 골조(띠장)를 만들어 리브 라스를 붙인 다음 모르타르를 발라 바탕을 조성하고 정벌해서 마무리한다.

최근 사용되고 있는 뿜칠 타일 마무리도 같은 바탕에 뿜칠한 것이다.

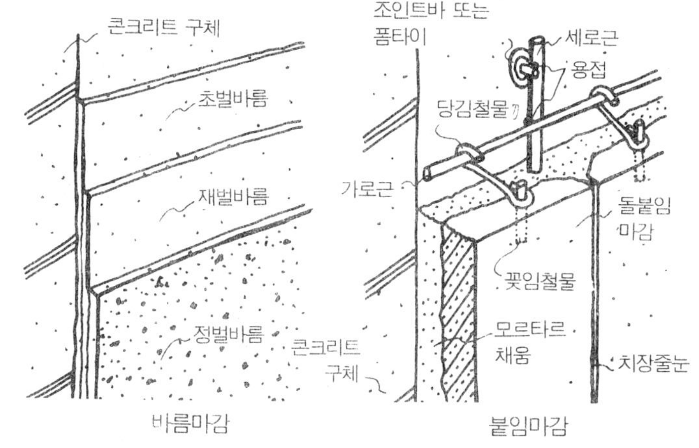

[외벽마감형식]

② 붙임 마무리…자연석 붙임, 모조석 블록 붙임, 타일 붙임 등이 있다.

돌, 모조석 벽은 당김 철물로 돌(모조석)을 고정시킨 다음 돌의 뒷면과 벽바탕과의 사이에 주입물(모르타르 주입)을 넣어서 붙이는 것이 보통이다. 당김 철물은 콘크리트조의 경우, 콘크리트 치기에 앞서 앵커 배근(철근을 거푸집에 붙여 둔다)한 것에 용접해서 고정시키고, 철골조의 경우는 벽의 골조인 L형강, 경량형강 또는 리브 라스에 용접해서 직접 고정시킨다.

타일 붙임은 일반적으로는 바탕 모르타르 위에 혼합제 모르타르를 편평하게 바르고 그 위에 타일을 밀어붙여 주는 압착 공법이 다용되고 있다. 타일 붙임에서는 타일 바탕, 모르타르도 같이 충분히 습윤시켜 둔다.

③ 금속판 붙임 마무리…L형강 또는 경량 형강의 띠장에 비스 고정시키는 것이 보통이다. 콘크리트조의 경우도 띠장을 앵커 배근에 용접해서 이 띠장에 비스 고정 시킨다.

④ 커튼 월…벽과 개구부(창, 출입구)와를 일체로 만든 패널을 구조체의 기둥, 보에 고정시키는 형식의 것으로 패널식과 샛기둥식으로 대별된다. 설치 요령은 제품에 따라 약간 다르다.

외벽 마무리와 방수 처리

콘크리조의 건축물 누수는 벽체의 크랙으로부터의 침수와 창호 둘레로부터 침수가 주가 되는 마무리보다도 구조체의 벽 두께 부족(라멘 구조의 경우에도 벽 두께 180mm 이상은 필요), 콘크리트 타설 이음의 불량이 원인이 될 때가 많다. 특히 펌프를 사용한 콘크리트 치기인 경우는 집중 치기에 의해 콘크리트가 분리되기 쉽고, 곰보(허니컴)가 생기기 쉽기 때문에 주의를 해야 한다.

콘크리트치기 마감

콘크리트 치기 마무리는 거푸집을 해체하면 그대로 마무리면이 되므로 거푸집면을 고르게 마무리하고, 콘크리트 치기도 곰보 등이 생기지 않도록 성의있는 치기가 요구된다. 더욱 벽면에 변화를 주기 위해 거푸집면의 형상을 연구하든지, 또 벽면을 잔다듬해서 거친면으로 마무리할 때도 있다.

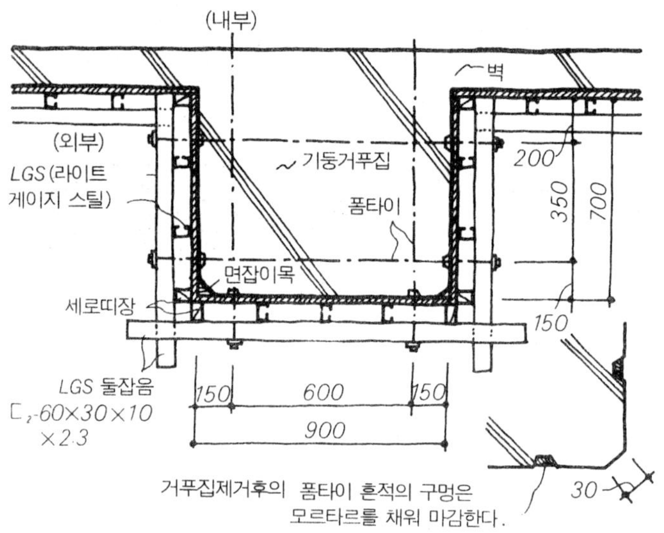

[거푸집의 구성 예(합판거푸집의 경우)]

거푸집의 구성

거푸집의 조립은 배치도에 따라서 조립되므로 콘크리트 거푸집의 기본적인 조립과의 다른 점은 없지만 재료는 맞춤판, 합판 어느 경우도 표면이 평활하며 부식, 균열, 마디 구멍이 없는 양질의 재를 사용, 조립도 정도를 높이도록 성의있는 시공이 요구된다. 더욱 맞춤판을 사용할 경우는 판은 딴혀쪽매로 하고, 이음은 턱솔장부 이음으로 한다.

치기 마무리의 거푸집 조립으로 특히 주의해야 할 일은 철근 콘크리트 피복 두께의 문제가 있다. 일반적으로는 건축법으로 규정된 콘크리트의 피복 두께, 즉 기둥, 보, 내력벽의 피복 두께는 3cm 이상, 내력벽이 아닌 경우는 2cm 이상, 흙에 직접 접하는 부분은 6cm 이상으로 하고 있으나 치기 마무리의 경우는 다시 1.5~2cm 정도의 여분 피복 두께를 예상해야 한다. 더욱 리브, 골형 철판 등을 사용한 거푸집의 경우는 리브 바닥에서의 두께를 피복 두께로 하고, 또 깎아 마무리하는 경우는 깎아내는 만큼 예상해야 한다.

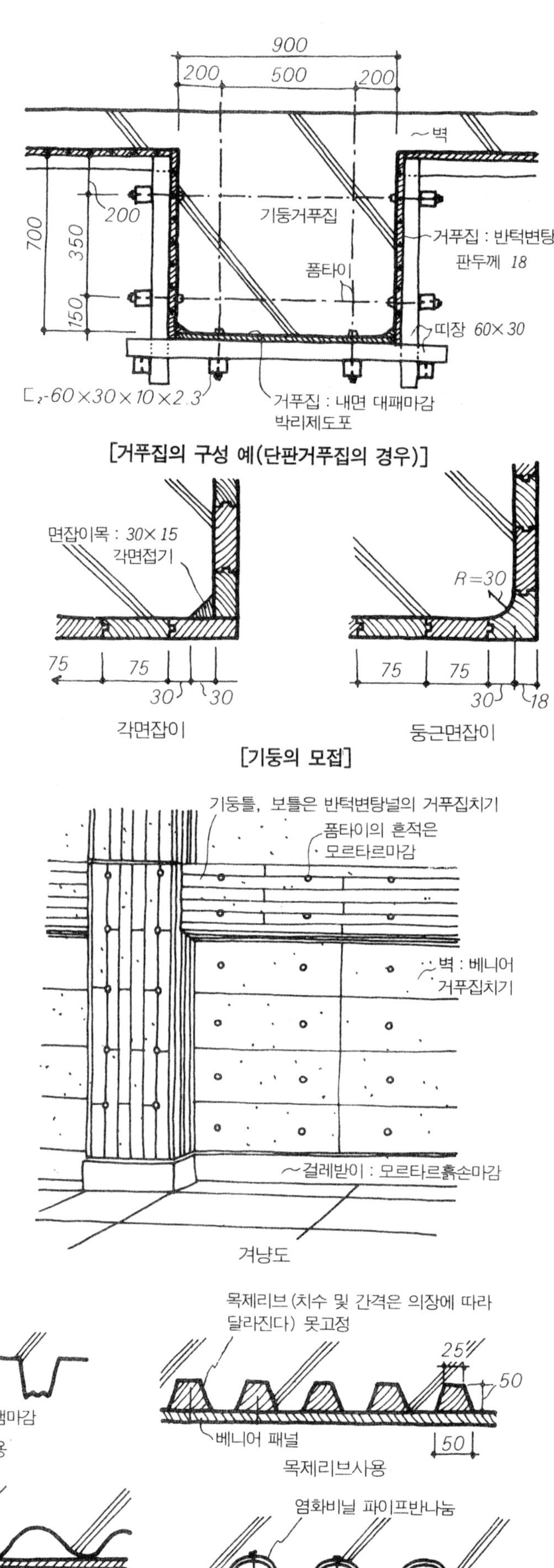

[의장적으로 연구한 거푸집 예]

콘크리트치기 마감

치기 마무리에 문제가 되는 부분은 패러핏 둘레, 창, 출입구 둘레, 구석 부분, 각 부(굽벽부) 등의 마무리가 있지만 다음 그 요점을 기술한다.

패러핏 둘레의 마무리

패러핏은 옥상 슬래브 부분에서 치기 이음하는 것이 보통이나(동시 치기하는 것이 가장 좋음) 외벽면의 거푸집만을 최상층의 외벽면의 거푸집과 같이 짜두고, 옥상 슬래브의 콘크리트 치기 이음에, 내측의 거푸집을 조립해서 콘크리트 치기 한다. 이 경우 치기 이음부에 줄눈대를 넣어 치기 이음 결함을 막을 때도 있다.

그림은 보행 바닥인 경우와 비보행 바닥인 경우의 패러핏 둘레의 마무리 예를 표시한 것이다. 옥상 바닥 방수층 치올림과 패러핏 두겁의 마무리를 참고바란다.

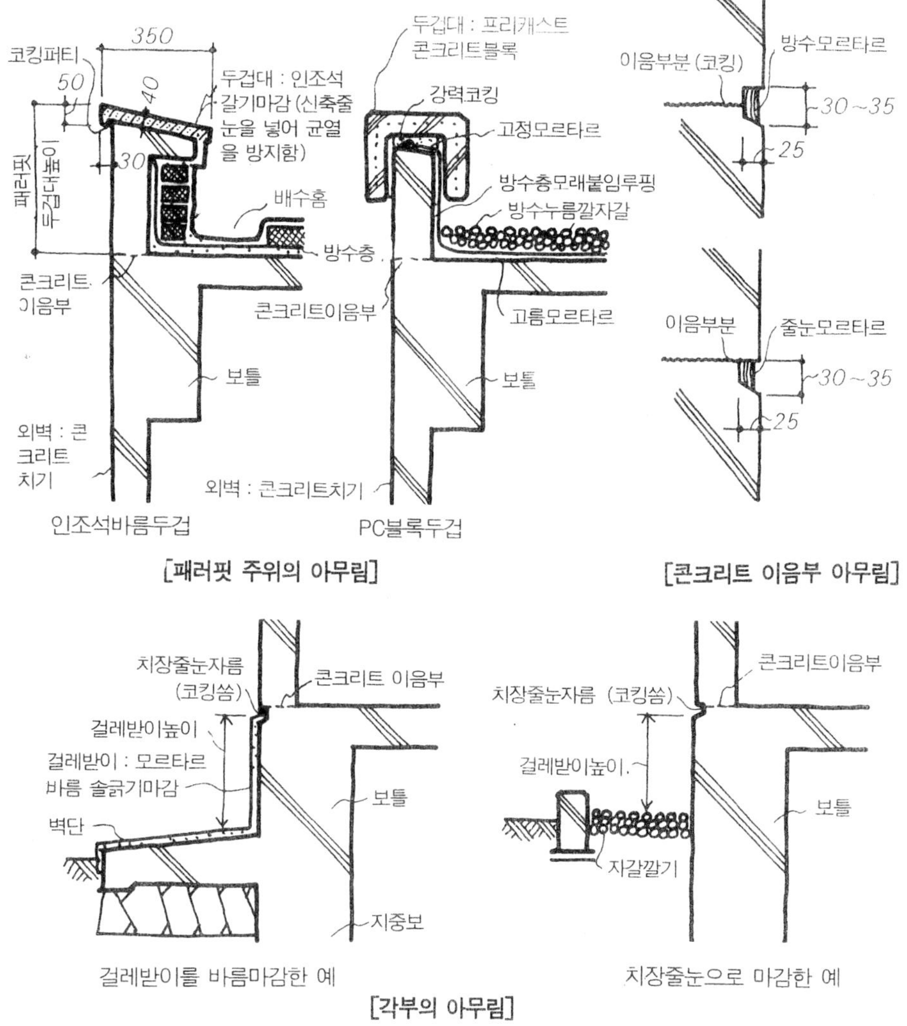

[패러핏 주위의 아무림]

[콘크리트 이음부 아무림]

[각부의 아무림]

脚部의 마무리

콘크리트 치기 마무리의 경우인 외벽 각부는 그림과 같은 줄눈을 넣어서 마무리한다. 더욱 보틀 등이 있고, 콘크리트 치기부가 있는 경우는 치기 이음선에 합쳐서 줄눈을 넣으면 된다.

모서리부의 마무리

내민 부분은 그림과 같이 모 따기(둥근면 따기, 각면 따기)로 해서 마무리하는 것이 보통이며, 구석 부분은 철취 마무리로 하는 것이 일반적이다.

異種材와의 連結

이질 재료를 결합시켜 마무리할 경우는 그림과 같이 모서리 부분, 평면과도 끝면용의 줄눈을 넣어 마무리하는 것이 보통이다. 줄눈은 일반적으로 너비 20~30mm로 하고, 깊이는 마무리 두께와 같게 하든지 15~20 mm 정도로 한다.

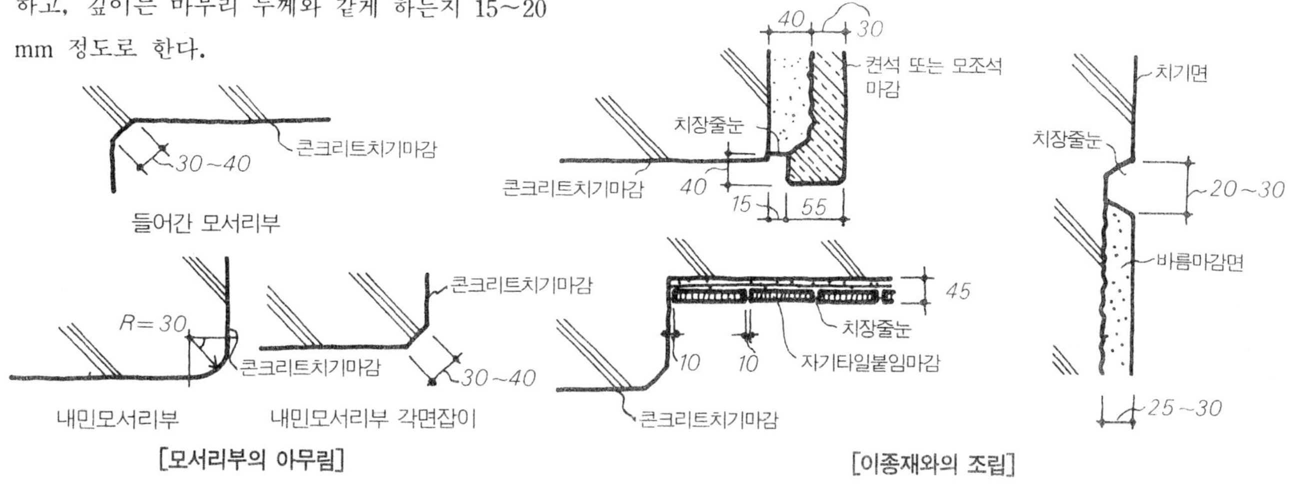

[모서리부의 아무림]

[이종재와의 조립]

콘크리트치기 마감

창 둘레의 마무리

치기 마무리인 경우 창 둘레, 출입구 둘레의 마무리는 거푸집에 새시를 짜넣어 콘크리트 치기 하는 공법도 있지만, 새시 둘레의 빗물 처리 등을 고려해서 일반적으로는 도시한 바와 같이 새시를 뒷처리하는 방법이 다용되고 있다.

예 1, 예 2는 모두 창 새시를 뒷처리한 경우의 예이나, 새시의 설치 위치(설계도에 의한)가 결정되면, 창 상단은 물끊기를 위해 외벽측으로 내림벽을 설치, 하단은 내벽측으로 방수층을 만들어 빗물 처리를 원활하게 한다. 더욱 벽과 새시는 9mm 정도의 틈을 만들어 설치하고 이 틈 사이에 코킹재를 채워서 빗물 처리하는 것이 좋다.

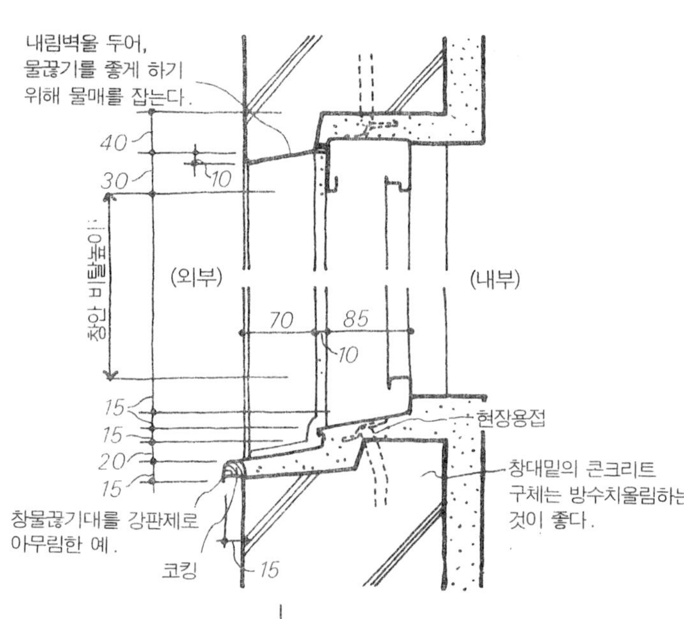

1

외벽콘크리트치기
벽두께 200
20
강제창호틀
앵커철근
10
코킹
현장용접
목제문틀
70
30 40
25
15
창안비탈높이
(외부)
70
85
50
(내부)
10
15
35
100
15
25
15
구체를 위로
올림
20
35
10
물끊기대 :
방수모르타르
흙손마감
15
코킹

단면도

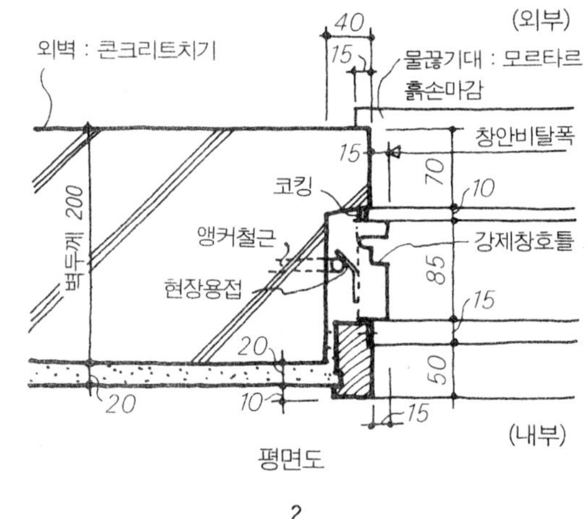

평면도

2

출입구 둘레의 마무리

벽과 새시와의 맞춤은 창의 경우와 같다. 더욱 참고도는 개구부의 상단 물끊기를 표시한 것으로 단면도에 표시한 것처럼 개구부 상단에 물끊기 물매를 잡지 않는 경우는 참고도에 표시하는 방법을 채용하는 것이 좋다.

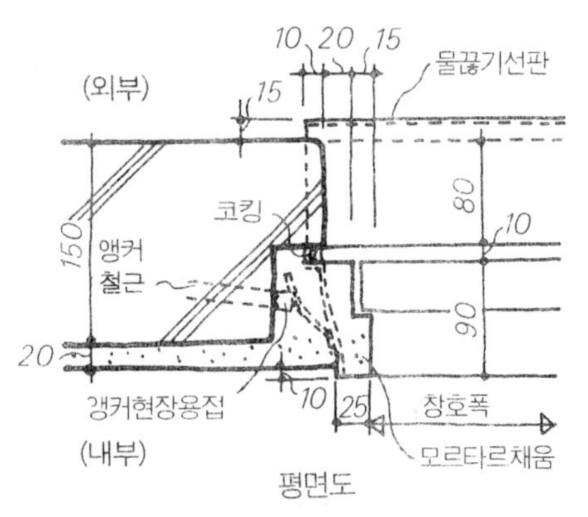

평면도

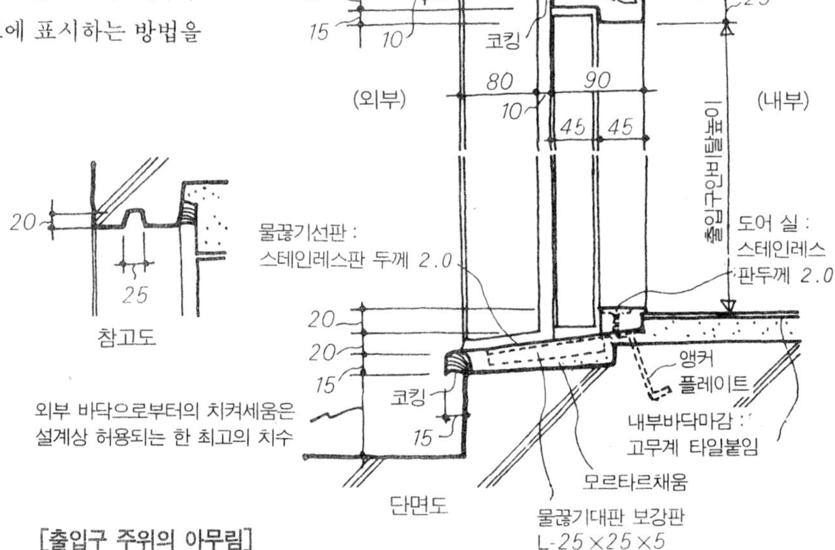

[출입구 주위의 아무림]

바름 마감

외벽의 바름 마무리로서는 모르타르 바름 마무리 외에 인조석 바름 갈기(씻어내기) 마무리, 또는 잔다듬(캐스턴) 마무리 등이 있지만, 이들은 한정된 벽면 마무리인 경우에만 채용된다.

모르타르 바름 마무리는 콘크리트 바탕에다 초벌 바름, 재벌 바름, 정벌 바름(마무리 바름)과 겹바름을 하나, 초벌 바름은 콘크리면이 평활하면 박리할 위험성이 있으므로 콘크리트 바탕면을 거칠게(끝을 사용해서) 하든지 접착제를 도포하여 박리를 방지한다. 더욱 재벌 바름, 정벌 바름은 제각기 바탕을 건조 전에 쇠빗으로 거칠게 한 다음 겹바름하여 박락이 생기지 않도록 한다.

더욱 넓은 벽면의 바름 정벌 마무리는 줄눈을 넣어 크랙이 생기는 것을 방지한다. 줄눈은 초벌 바름이 끝난 다음 석고나 모르타르 등으로 줄눈대를 넣어 정벌 바름이 건조된 다음 줄눈대를 해체하나, 줄눈대를 넣어 줌으로써 모르타르 바름 이음이 용이해진다는 시공상의 이점도 있다.

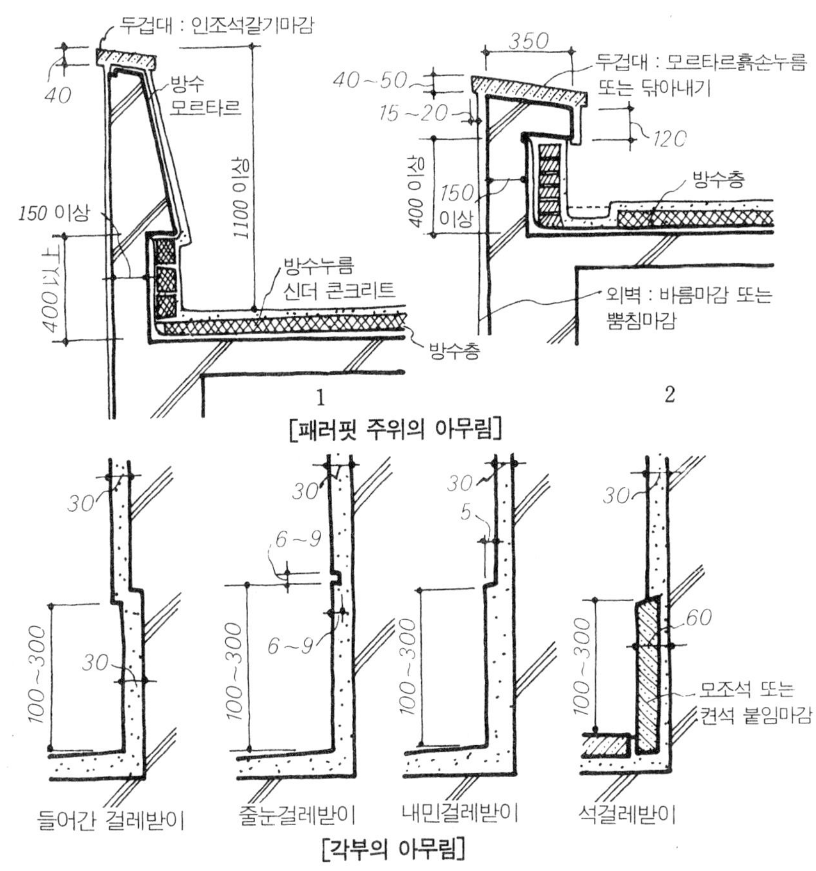

[패러핏 주위의 아무림]

[각부의 아무림]

패러핏 둘레에 마무리

예 1, 예 2는 모두 옥상 플로어를 보행 바닥으로 한 예이다. 방수층은 패러핏 두겁 밑까지 치올려, 두겁은 물끊기를 원활히 하기 위해 벽 두께보다 크게 하고, 비스듬히 붙인다. 두겁은 방수 모르타르 바름, 모조석 붙임, 금속판 붙임 마무리하는 것이 보통이다.

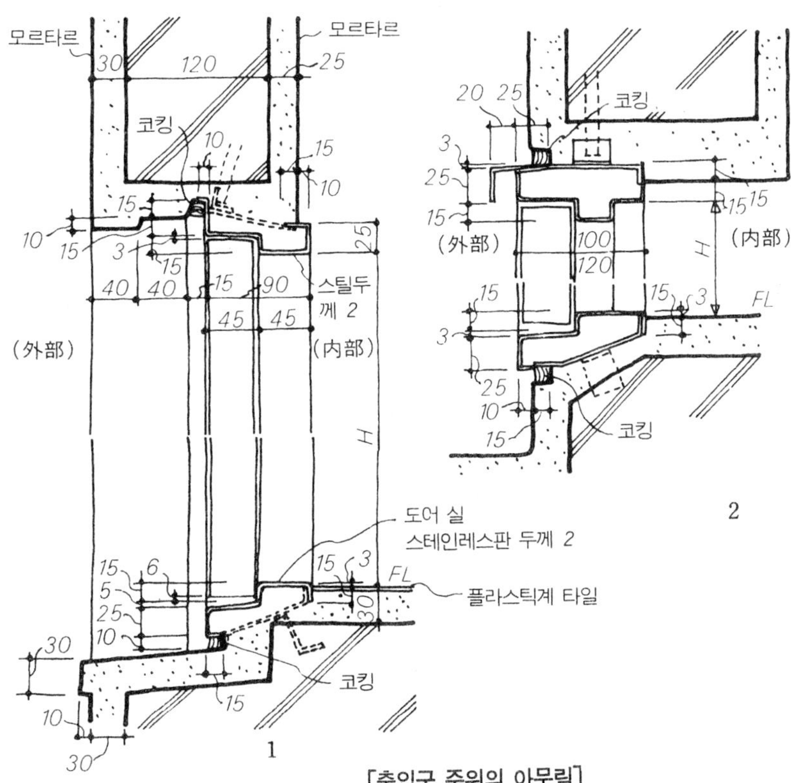

[출입구 주위의 아무림]

脚部의 마무리

외벽의 각부는 굽벽을 하든지 걸레받이(돌 또는 모조석 붙임)를 붙여 마무리하는 예가 많지만, 모르타르 바름 마무리의 경우는 동재 바닥까지 발라 내려가는 예가 많다. 그 경우에도 도시한 바와 같이 내민 걸레받이 또는 줄눈 내기 하여 벽면 마무리에 변화를 준다.

출입구 둘레의 마무리

출입구 및 창의 금속제 창호(새시)는 구체의 철근에 용접하여 고정, 틀 둘레의 틈에는 방수 모르타르를 잘 채워 외벽 마무리할 때 정벌 바름한다. 이 경우 바탕의 방수 모르타르 채우기가 안 되면 창호 둘레의 누수 원인이 되므로 주의를 해야 한다. 더욱 정벌 바름 후 틀 둘레에 코킹재를 넣어 빗물 처리하나 콘크리트의 구체에도 수평 물매를 잡는 등의 배려가 중요하다.

바름 마감

창 둘레의 마무리

〔주〕 창의 물끊기대 마무리에서는 여러 가지 마무리가 있지만 한랭지에서는 정벌 바름하면 크랙이 생기고, 빗물 침투의 원인이 되므로 금속판 붙임으로 마무리하는 것이 바람직하다.

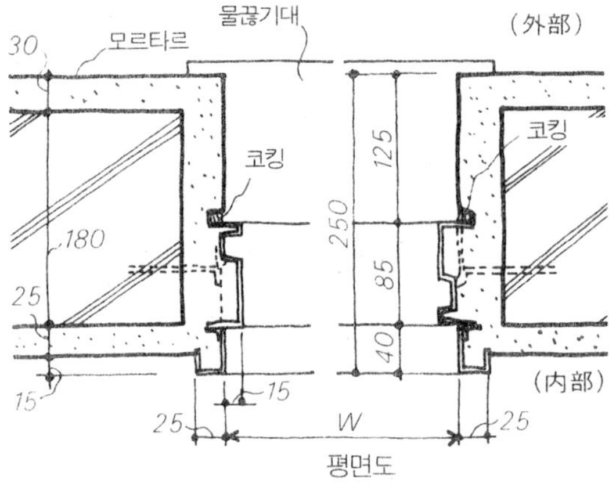

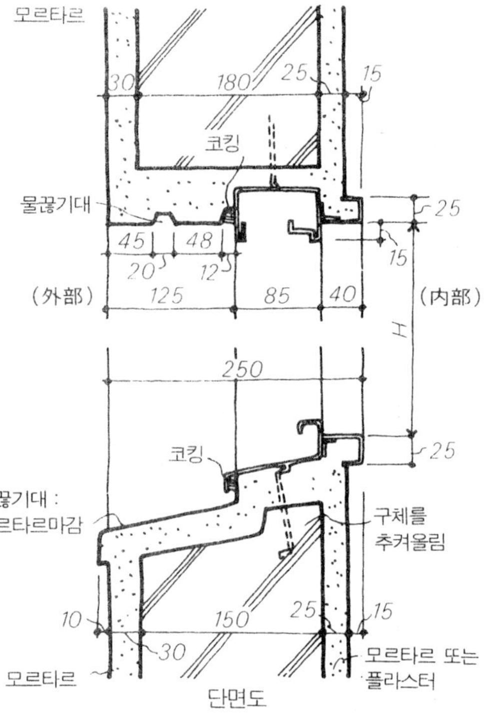

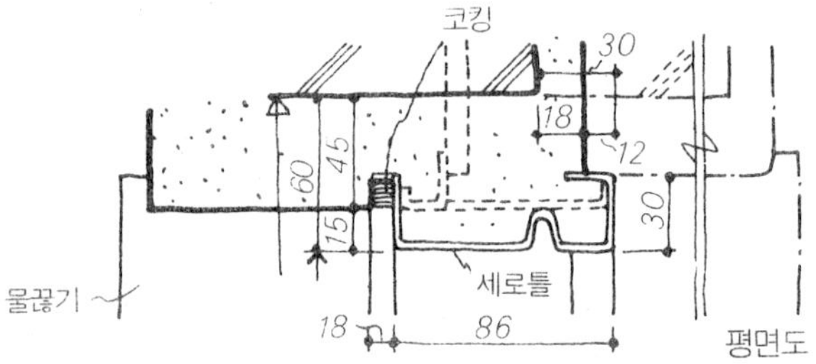

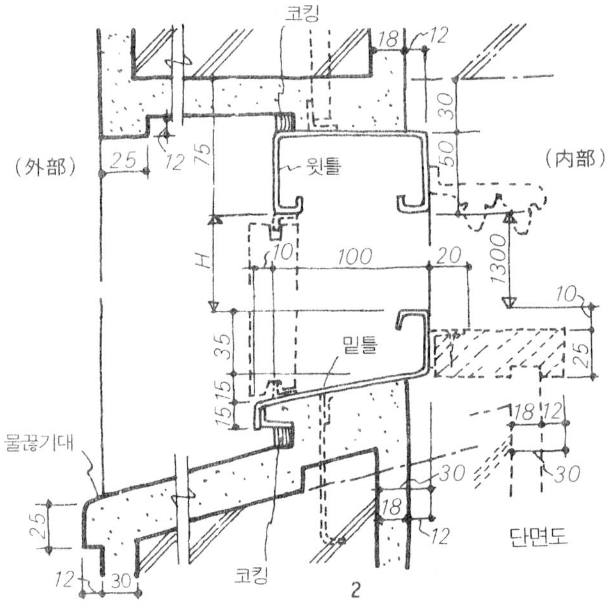

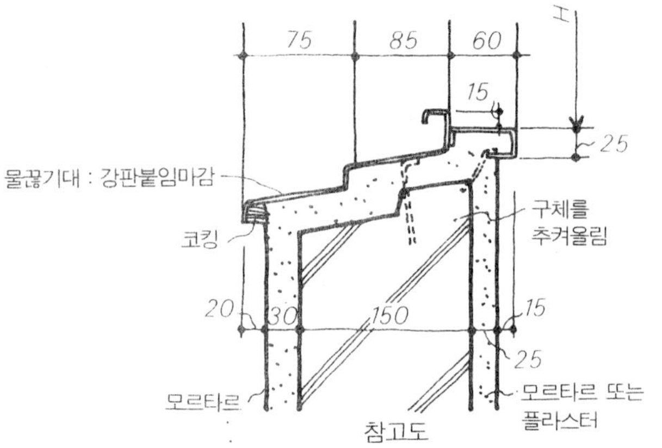

1

2

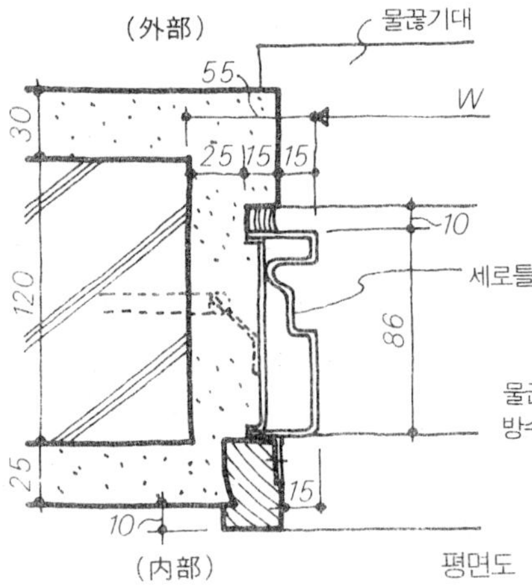

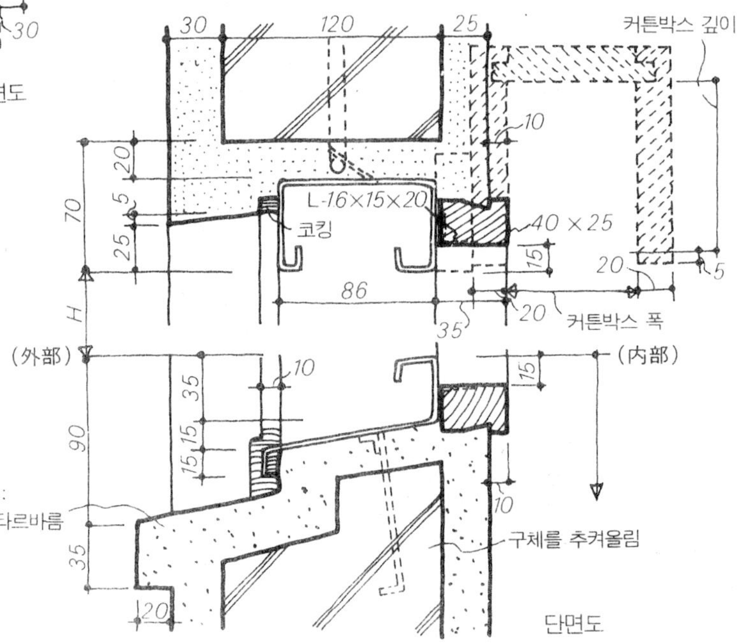

3

타일붙임 마감

외벽 마무리에는 경질로서 흡수성이 적고, 동해를 받지 않는 자기질의 타일이 사용된다. 타일의 종류, 형상, 치수는 아래와 같이 다종의 것이 있지만 요는 사용하는 타일의 형상, 치수를 기준해서 일정 벽면에 어떻게 배치하는지가 문제이다. 더욱 벽면의 개구부 둘레, 패러핏 둘레의 아무림, 걸레받이와의 맞춤, 구석 부분, 요철 부분 마무리 등, 변형물 타일의 사용법을 포함하여 줄눈을 잘 붙여 마무리해야 한다. 또, 공법으로서는 경간 붙임, 해초풀 붙임, 압착 공법, 치기 타일 공법이 있지만, 제각기 바탕의 구성 치수가 달라지므로 마무리면의 마무리도 이 점을 고려해 두어야 한다. 다음으로 이들 요점을 말해 둔다.

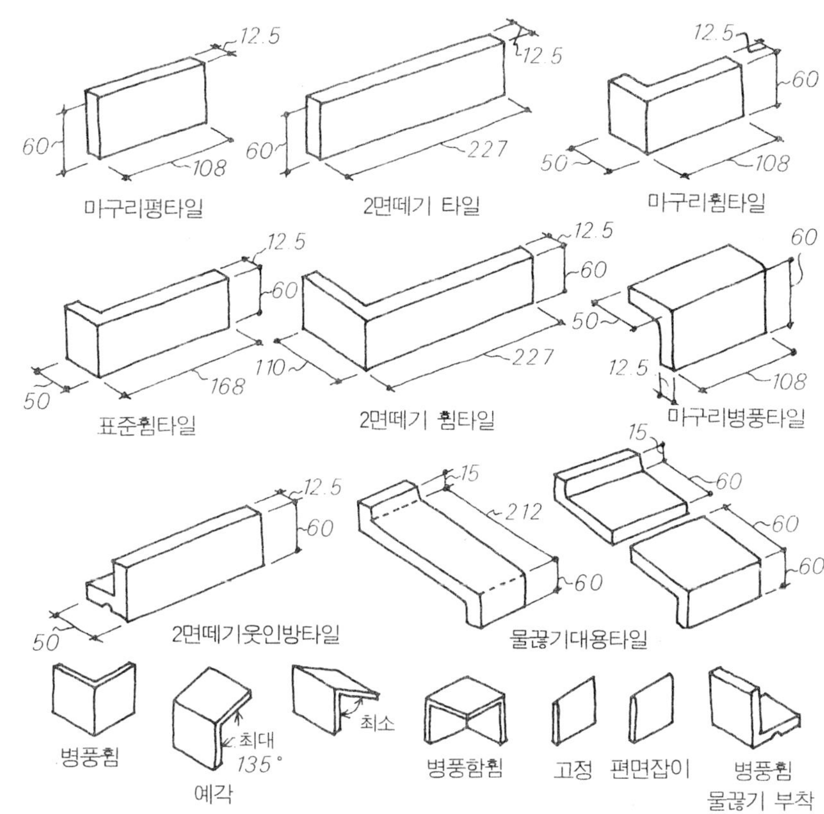

[외장용 이종 타일의 예]

타일의 종류

외장용 타일은 상술한 바와 같이 자기질 타일이 사용되나, 타일의 형상으로서는 평타일, 모자이크 타일 외에 특수 타일이 있다. 평타일, 모자이크 타일의 형상, 치수는 오른쪽 표에 표시한 그대로이나 벽의 모서리부, 창 둘레, 패러핏 둘레, 차양 등의 마무리를 잘 하기 위해 도시한 바와 같이 변형 타일이 있지만, 외장용의 특수 타일로서는 요변 타일, 소금구이 타일, 테셀러 타일, 벽화용 타일 등이 있지만 이들은 특수품이므로 치수, 형상은 설계 지시에 의한다.

평타일의 형상과 치수

명 칭	치수(mm)	명 칭	치수(mm)	명 칭	치수(mm)
2.5각	76×76	보더타일	227×45	4분5이각	13×13
100각	97.75×97.75	53평타일	152×90	6분각	19×19
3.6치각	108×108	마구리타일	108×60	8분각	25×25
5치각	150×150	2면떼기타일	227×60	1치3분각	40×40
보터타일	227×30	3면떼기타일	227×90	1치5분각	47×47
보더타일	227×36	4면떼기타일	227×120	—	—

타일 붙임 공법

일반적으로는 그림과 같이 세 가지의 공법이 채용된다.

① 경단 붙임…도시한 바와 같이 타일의 뒷면에 경단 모양의 모르타르를 올려놓고 한 장씩 밀어붙여 붙이는 공법(별명 한 장 붙임이라고 한다), 벽 바탕과의 사이에 틈(마무리 여분이 40~50mm이 된다)이 생기므로 최근에는 작은 면적의 타일 붙임 이외는 그다지 사용되지 않는다.

② 해초풀 붙임…정확히는 유니트의 해초풀 붙임을 일컫는다. 모자이크 타일과 같이 작은 타일은 수십매의 타일을 사각형으로 정리하여 뒷면 붙임(종이, 네트 등을 사용한다) 한 것을 시멘트 페이스트를 사용해서 붙여 나가는 공법이다.

③ 압착 공법…바탕 모르타르 위에 혼합제를 섞은 붙임 모르타르를 발라 건조 전에 타일을 한 장씩 붙여서 마무리하는 공법이다. 이 경우, 바탕, 타일 외도 충분히 습윤하게 해 둔다.

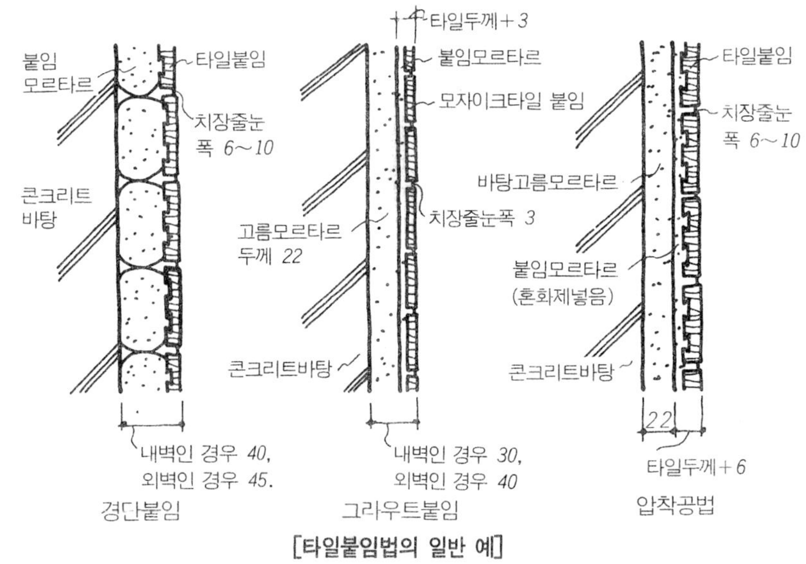

[타일붙임법의 일반 예]

타일붙임 마감

타일의 배치

타일의 배치는 사용 타일의 형상 치수나 줄눈의 처리 방법에 의해 달라지나, 여기서는 가장 일반적인 배치 예를 열거하여 그 요점을 기술해 둔다.

소요 면적에 지정한 타일을 배치하는 경우에는 벽면의 너비(종횡 모두)를 타일 치수+줄눈폭으로 나눠서 소요 매수를 산출한다. 실제로는 나눠지지 않는 경우가 많고, 또 변형 타일과의 결합 등도 있고, 그 처리는 다양하다. 일반적으로는 다음 여러 점이 기본이 된다.

기둥이나 벽면 높이(세로) 방향의 배치는 예 1의 입면도에 표시한 요령으로 배치한다. 배치에 있어서 단수가 나오는 경우는 줄눈폭으로 조정하든지 돌림띠 부분으로 조정한다.

기둥틀이나 벽의 모서리 부분은 변형 타일을 사용하나, 이 맞춤은 예 1～예 3을 참조하면 된다. 이 경우 A열과 B열로서는 좌우가 역으로 되도록 변형물을 사용하는 것이 일반적이다.

가로 방향의 배치에 있어서 단수가 나온 경우 단수가 적으면 줄눈폭으로 조정하고, 단수가 많을 때는 다듬물(표준 타일을 절단한 것)을 사용하여 처리한다. 다듬은 것을 사용하는 경우는 예 2, 예 3에 표시한 것처럼 다듬은 것을 좌우대칭으로 넣어 보기 흉하지 않도록 한다.

더욱 창 둘레 등은 타일 배치 치수에 맞춰서 새시를 제작하는 예도 있지만, 일반적으로는 창폭에 맞춰서 타일 배치하는 것이 많으므로 변형 타일의 사용 방법을 연구해야 한다. 예 1～예 3에서는 제각기의 배치 계산 예를 부기했으므로 참조하는 것이 좋다.

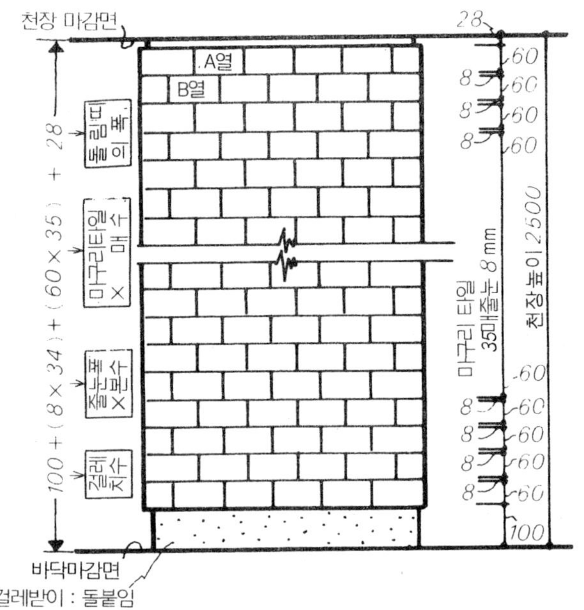

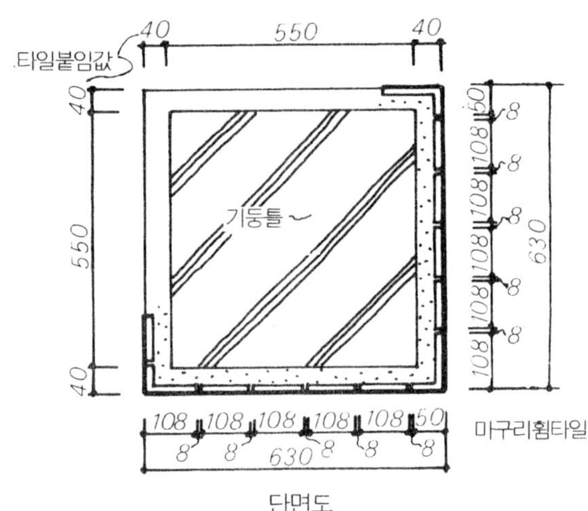

단면도

〔마구리 굽힘〕〔표준평〕〔마구리 굽힘〕〔줄눈폭〕
A列 ; (108×1) + (108×4) + (50×1) + (8×5)=630
B열 변형물을 A열과 좌우 반대로 넣어서 처리한다.

예 1 작은형 타일을 주형으로 붙인 예

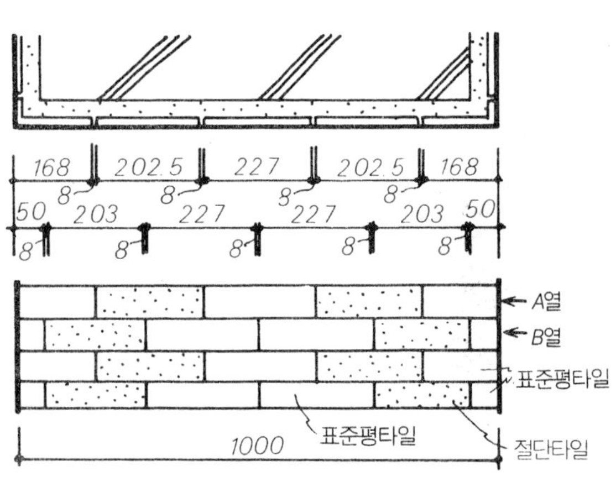

〔표준 굽힘〕〔표준평〕〔다듬물〕〔줄눈폭〕
A列 ; (168×2)+(227×1)+(202.5×2)+(8×4)=1000
B列 ; (50×2)+(227×2)+(203×2)+(8×5)=1000

예 2 표준 굽힘을 결합시킨 예(다듬은 것을 사용)

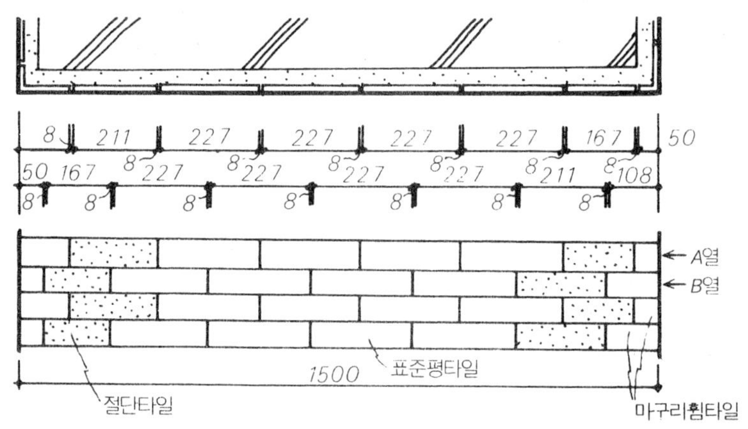

〔마구리 굽힘〕〔다듬물〕〔표준형〕〔다듬물〕
A列 ; (108×1) + (211×1)+(227×4)+(167×1)
〔마구리 굽힘〕〔줄눈폭〕
+(50×1) + (8×7)=1500
B열 ; 변형물을 넣는 법은 A열과 좌우 반대로 한다.

예 3 마구리 굽힘을 결합시킨 예(다듬물 사용)

타일붙임 마감

모자이크 타일의 배치 예

모자이크 타일의 경우도 전기와 같이 타일 치수+줄눈폭으로 배치, 단수는 줄눈폭으로 조정하는 것이 보통이다. 최근에는 작은 모자이크 타일을 한 장 한 장 붙이는 시간을 절약하기 위해 도시한 바와 같이 유니트(303×303)가 된 것을 사용하지만, 이 경우의 줄눈폭 조정은 유니트 단위로 실시한다. 더욱 내민 부분에는 변형물을 사용, 구석 부분에서는 절단하여 처리하는 것이 통례이다.

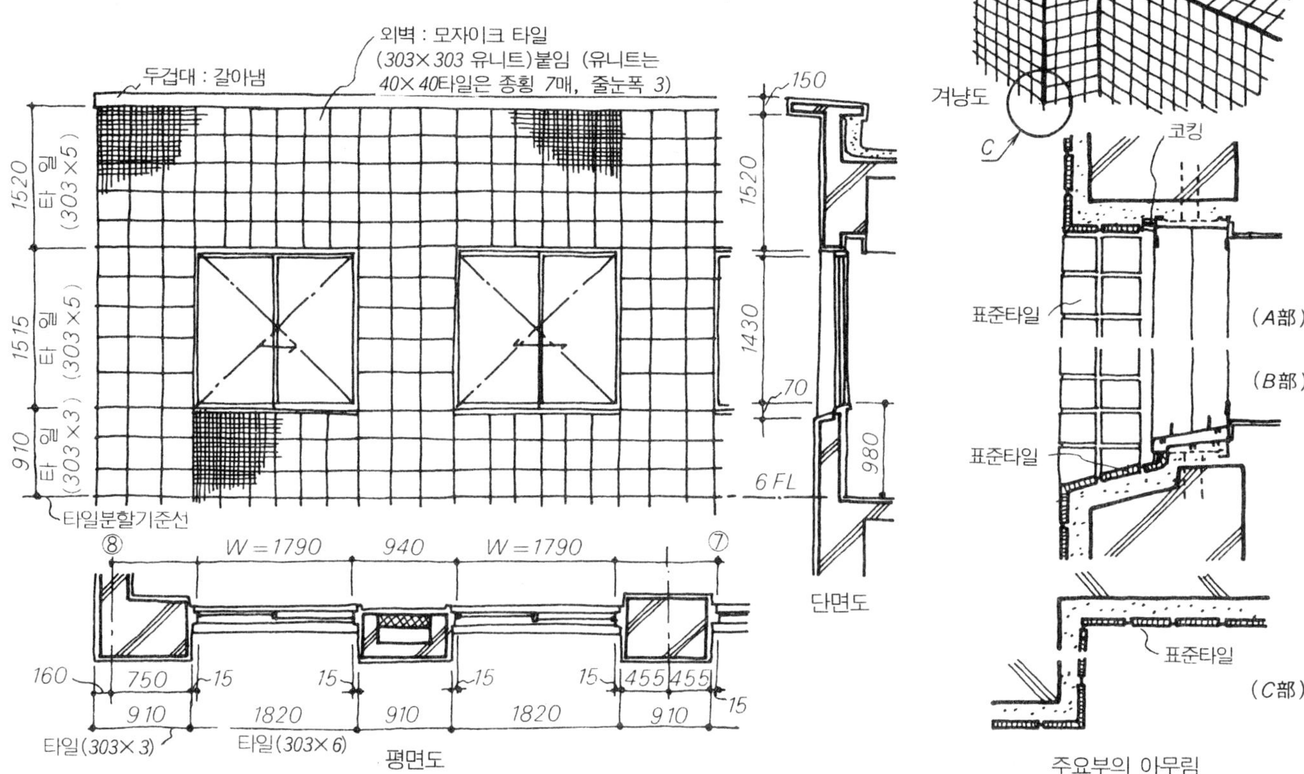

[모자이크 타일의 분할 요령]

2면 떼기 타일의 배치예

오른쪽 그림은 227×60mm의 2면 떼기 타일 배치예를 표시한 것이다. 가로 방향은 구석부의 변형 타일을 기준으로 배치하고, 세로 방향은 창 위, 창 옆, 창 밑으로 나눠서 배치하나 모두 도시한 바와 같이 줄눈폭으로 조정하면서 배치하되 다듬은 것을 사용하지 않는 것이 원칙이다. 예를 들면 창 위의 세로 방향 배치(가로줄눈)는 줄눈폭을 10.9 mm로 하고, 창 옆의 가로줄눈 폭은 11.7mm, 창 밑의 가로줄눈폭은 10mm로 하는 등, 부분적으로 약간의 줄눈 치수의 조정을 하면서 총괄적으로 줄눈의 줄이 정연하게 배치해 나간다.

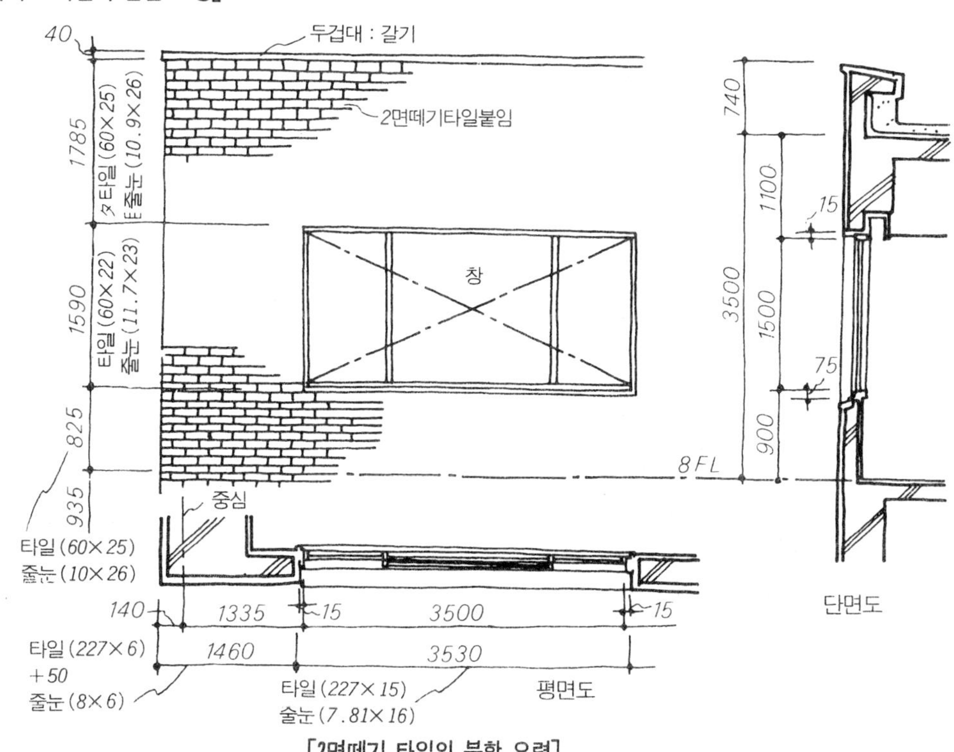

[2면떼기 타일의 분할 요령]

타일붙임 마감

각부의 아무림

오른쪽 그림은 모자이크 타일 벽과 마구리 타일 붙임의 각부 마무리를 표시한 것이나, 모두 걸레받이(이종재)로 아무림 한 경우와 바닥까지 내려붙이는 경우가 있다.

타일과 걸레받이 및 타일 바닥면과의 관계는 도시한 바와 같이 줄눈을 넣어서 아무림 하나, 줄눈폭은 일반적으로 10mm 정도로 하고 있다. 이 경우, 모자이크 타일과 마구리 타일(2면 떼기 타일도 같다)로는 벽면의 마무리 두께가 달라지므로 주의한다.

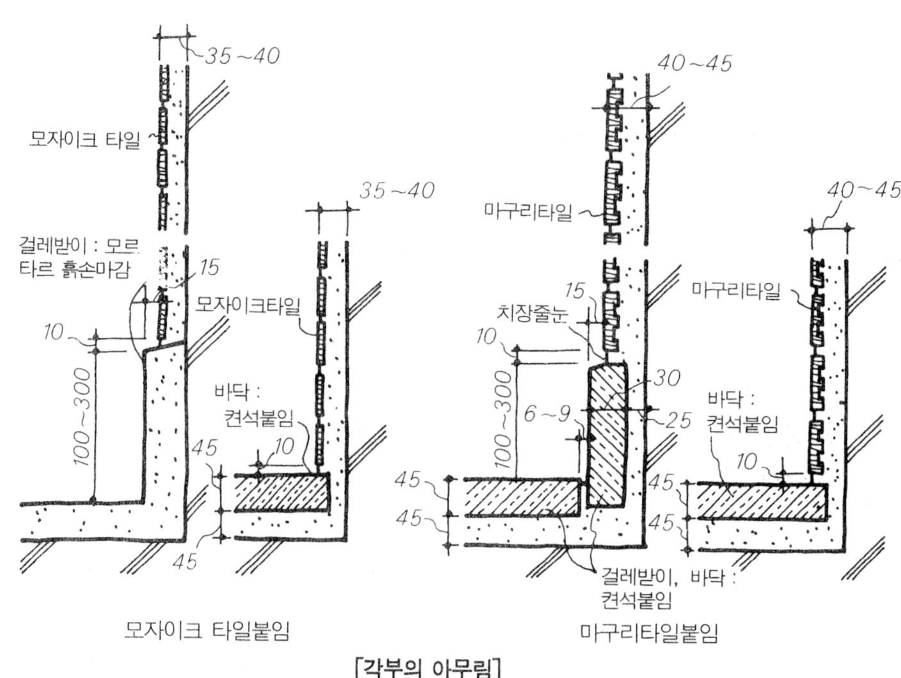

[각부의 아무림]

창 둘레의 아무림(1)

창 둘레는 새시가 외벽면보다 안쪽으로 들어가 있으므로, 창대, 창 상부, 세로 부분도 구석 부분의 아무림이 요점이 된다. 타일 붙임인 경우는 구석부(내민 모서리부)는 변형물을 사용하는 것이 원칙이며 외벽면에서 새시 바깥면까지 들어간 부분은 이 변형물과 다듬은(평타일을 절단한 것) 것으로 배치하여 아무림 하는 것이 보통이다.

예 1은 창 상부, 창대 모두 변형 타일을 사용한 예이며 더욱 상부의 변형물은 물끊기 홈이 있는 것이다.

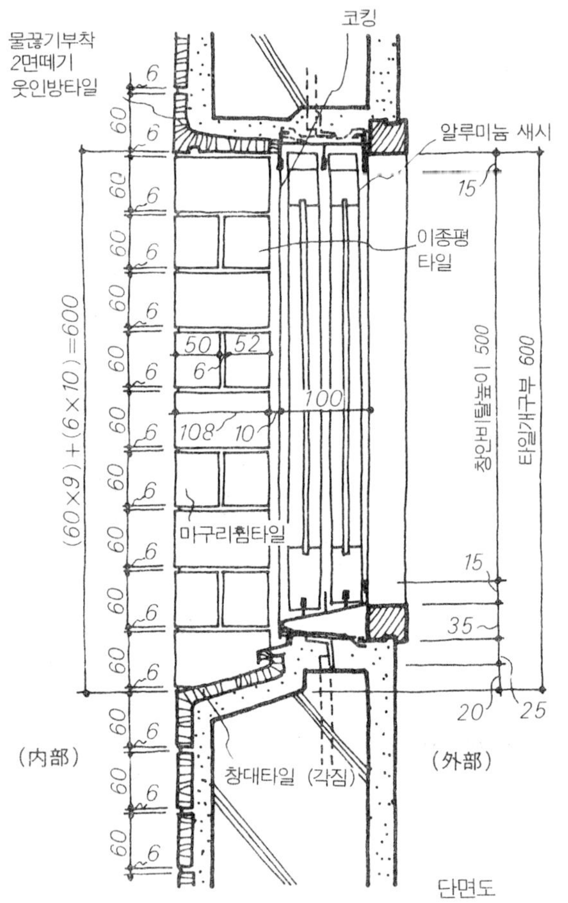

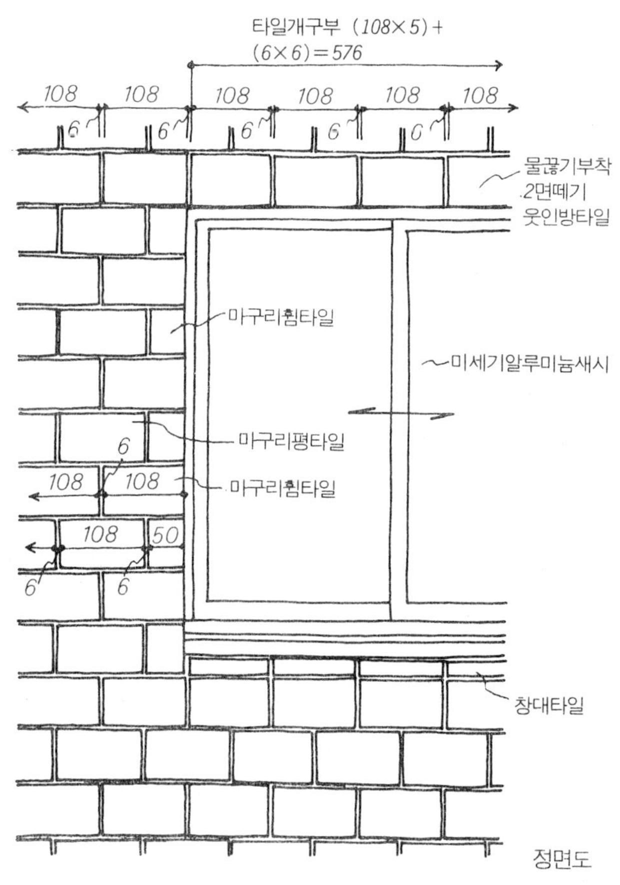

타일붙임 마감

창 둘레의 아무림(2)

예 2는 가장 일반적인 창 둘레의 아무림 예를 표시한 것이다. 즉, 외벽 마무리면에서 새시 외면까지를 75mm의 변형 타일로 아무린 것으로 벽 두께 150mm의 경우의 표준적인 마무리 예라 해도 된다.

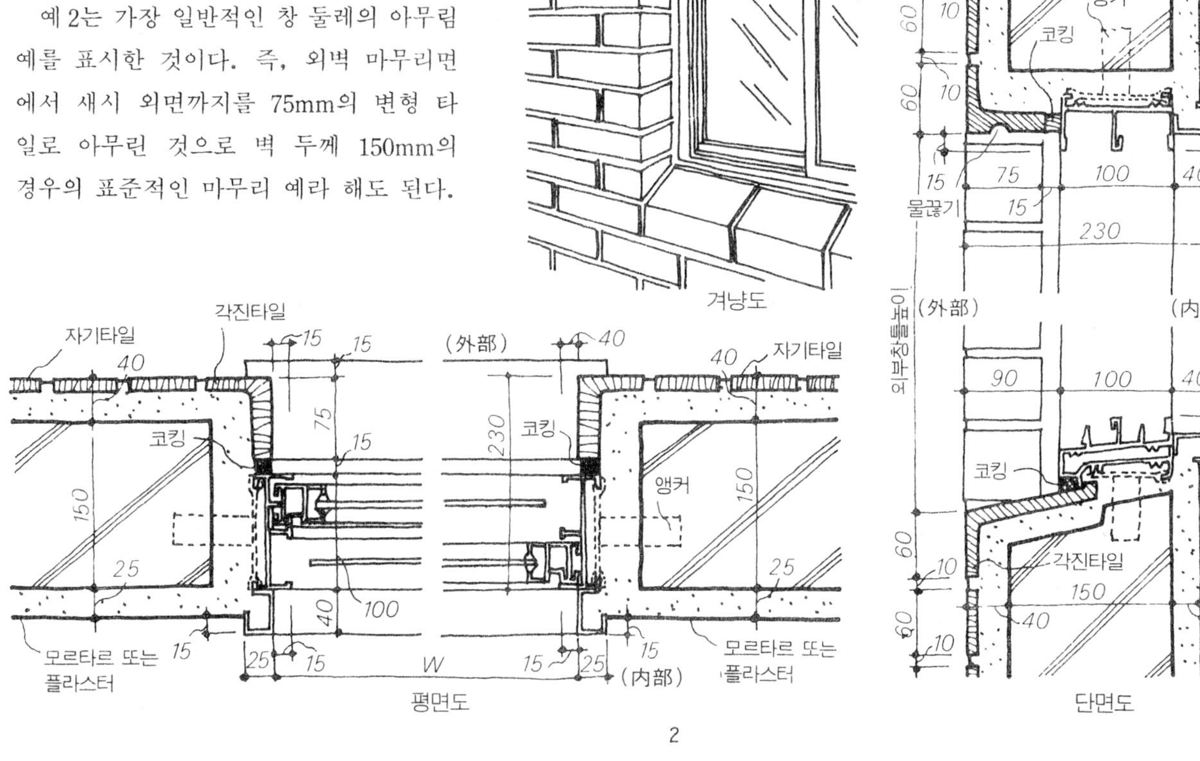

2

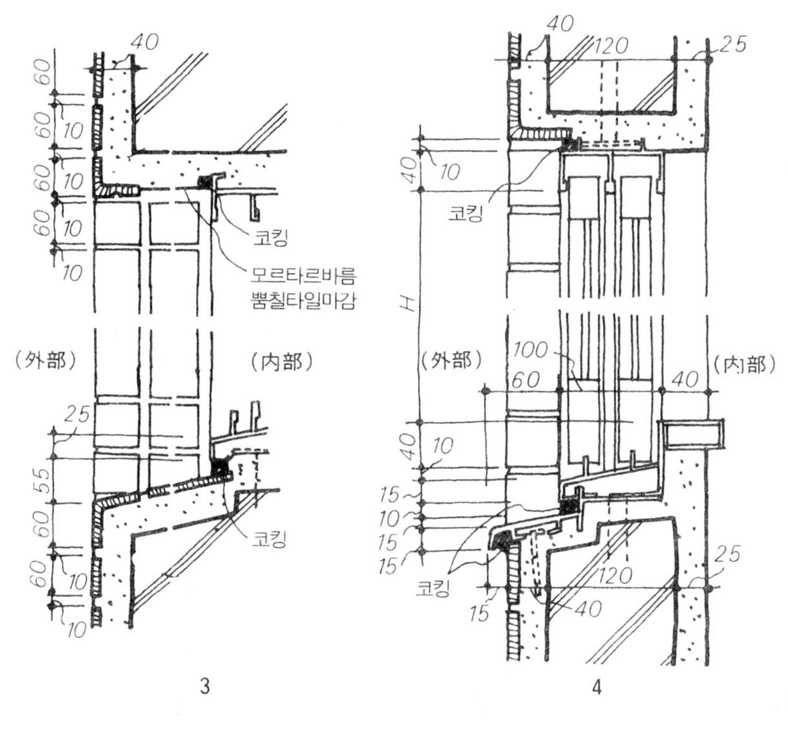

3

4

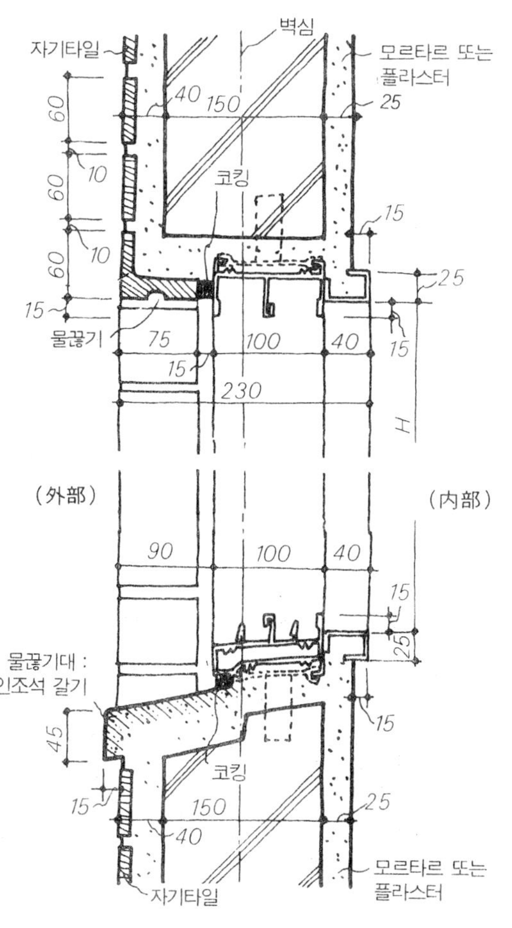

5

예 3은 벽 두께가 180~200mm로 커진 경우의 타일 배치예로 변형 타일과 다듬은 타일과를 결합시켜 마무리한다. 더욱 상부는 도시한 바와 같이 일부를 모르타르 뿜칠 마무리로 해도 된다. 예 4, 예 5는 창대를 금속판 붙임 또는 인조석갈기 마무리한 예이다. 모두 새시 둘레의 코킹을 소홀히 해서는 안 된다.

타일붙임마감

출입구 둘레의 마무리

타일의 배치 요령은 창 둘레의 경우와 같으나, 출입구의 경우는 창처럼 동일 형식의 것이 늘어선 것이 아니고, 단독으로 설치되는 예가 많으므로 타일 배치의 단수를 창호틀의 전망폭으로 조정할 수 있다. 또 하부는 외부 바닥과 접해 있으므로 걸레받이를 넣어서 단수의 조정을 하는 것이 보통이다.

예 1은 외벽면에서 창호틀을 10mm정도 돌출시켜 아무린 예이며 단수는 없고 타일과 새시와의 결합 부분에는 코킹재를 충전한다.

예 2는 테라스, 발코니의 출입구 등과 같이 윙벽 차양과 새시와의 관계 예를 표시한 것이다. 윙벽의 하부는 굽걸레받이로 타일 배치를 정연하게 한다.

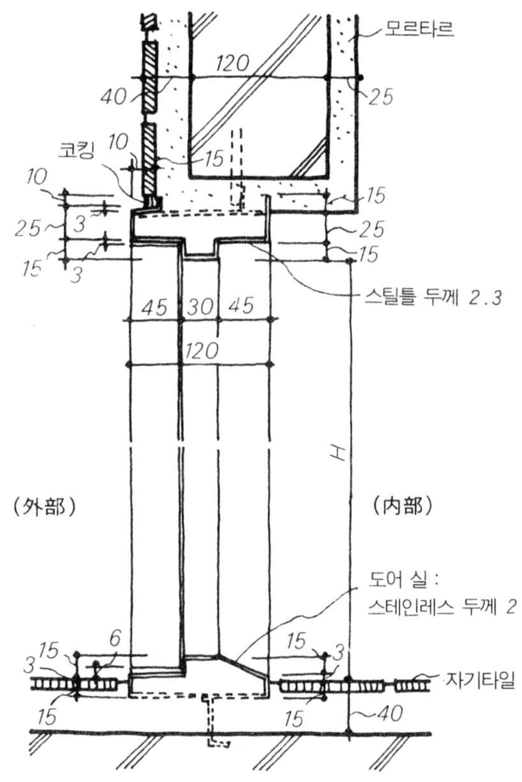

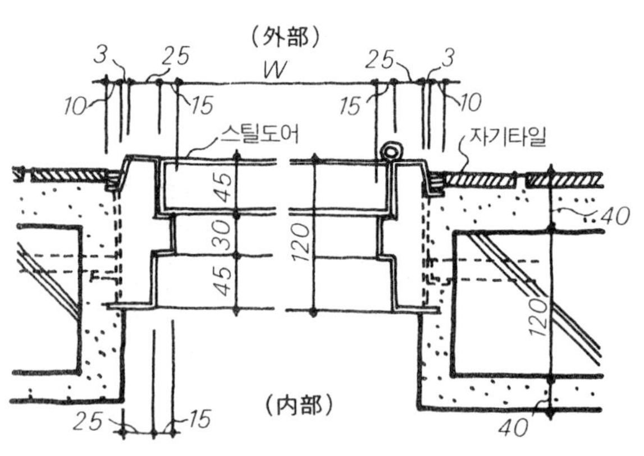

1

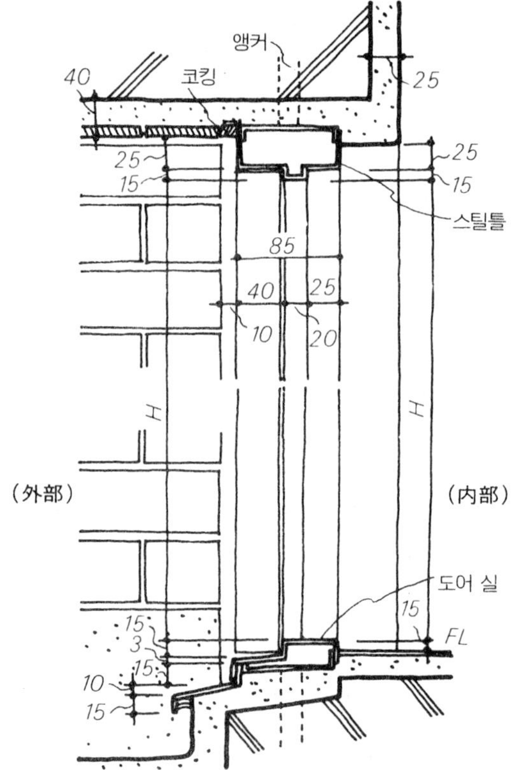

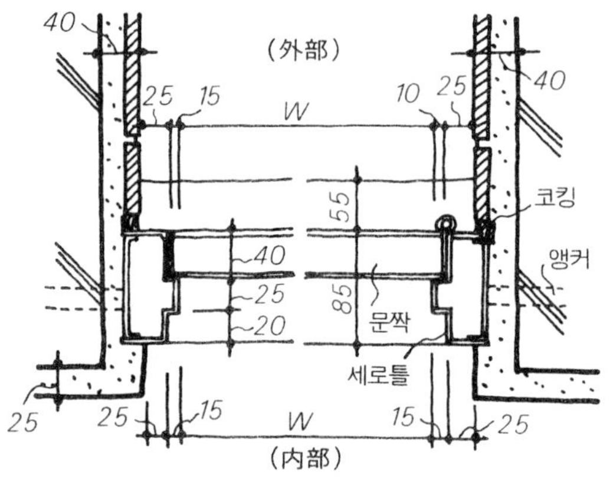

2

타일붙임마감

모서리부 아무림

내민 모서리 부분은 일반적으로 변형 타일을 붙이는 것이 통례이다. 모서리 부분을 둥근면으로 하든지, 큰모 따기 마무리로 할 경우는 특별 주문으로서, 그 치수를 재서 해야 한다. 더욱 모서리부에서 이종재와 관계되는 경우는 도시한 바와 같이 이종재로 마무리면을 만들고 타일 마무리면이 마무리면보다 내려 앉는 형으로 마무리하면 박리할 염려가 없어서 좋다.

들어간 모서리 부분은 외벽인 경우는 내벽처럼 변형물을 사용하는 예는 적다. 일반적으로는 엇갈려 아무림 하는 것이 통례이다. 이 경우 도시한 바와 같이 주시선 방향을 먼저 붙여 구석 줄눈이 보이지 않도록 엇갈려 붙인 한쪽 벽면을 붙여 나간다. 단, 이종재와 관계되는 경우는 주시선에 관계없이 확인을 위한 줄눈을 넣어 마무리한다.

패러핏 둘레의 마무리

외벽을 타일 붙임할 경우는 패러핏의 치올림부까지 타일 붙임하나, 두겁부는 도시한 바와 같이 타일 붙임, 인조석 붙임, 금속판 붙임 등, 여러 가지의 마무리가 실시되고 있다.

두겁까지 타일 붙임하는 경우는 모서리 부분은 변형 타일을 사용한다. 두겁부를 인조석 바름, 금속판 붙임 등 이종재로 마무리할 경우는 그 관계 부분은 줄눈별로 정리해서 코킹재를 충전시켜 방수 처리한다.

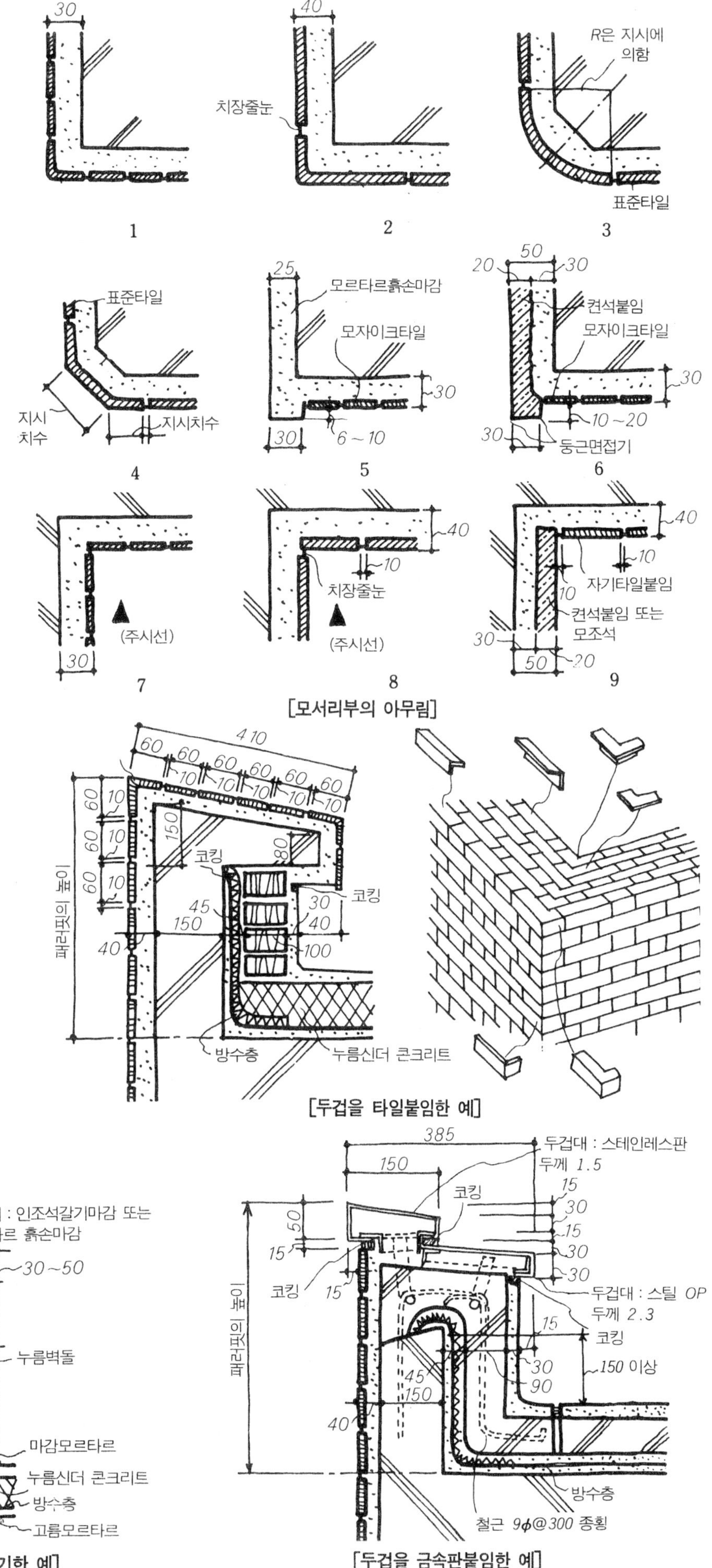

[모서리부의 아무림]

[두겁을 타일붙임한 예]

[두겁을 인조석 갈아내기한 예]

[두겁을 금속판붙임한 예]

돌붙임 마감

외벽 마무리를 석조로 하는 방법으로서는 석재를 배치하고 콘크리트 치기 하여 벽체를 구축하는 조적조 구법과 콘크리트 벽체를 구축한 다음, 외장재로서의 석재를 붙여 마무리하는 구법이 있지만 최근에는 석재의 부족, 경비라는 점에서 큰 외벽면을 조적조로 하는 예는 거의 없다. 더욱 굽벽 등 부분적으로 막돌 쌓기 마무리한 경우에도 콘크리트 벽체를 구축한 다음에 후붙임형으로 돌 쌓기 하는 것이 보통이다.

석재의 붙임 형식

돌붙임의 형식은 종래의 조적 형식을 답습해서 조적법이라는 형으로 오른쪽 그림처럼 분류되어 있다.

막쌓기

난층야석쌓기

정층막쌓기

정층야석쌓기

정층자름석쌓기

난층자름석쌓기

[석재붙임(조적)형식]

석재의 표면 마무리

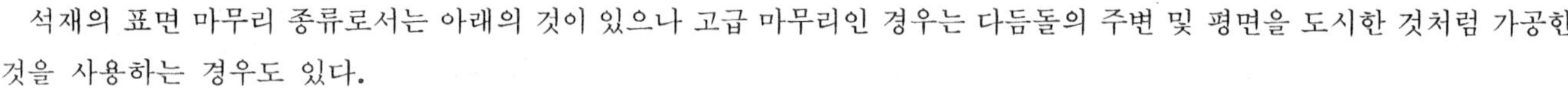

석재의 표면 마무리 종류로서는 아래의 것이 있으나 고급 마무리인 경우는 다듬돌의 주변 및 평면을 도시한 것처럼 가공한 것을 사용하는 경우도 있다.

① 갈기 마무리…화강암, 대리석 등의 경석의 표면 마무리에 사용된다. 일반적으로는 물 갈기가 다용되고 있지만, 이것은 다듬돌의 표면을 거친 갈기, 재벌 갈기, 정벌 갈기, 광내기 순으로는 연마기로 물갈기 하여 미려한 마무리면을 얻을 수 있다. 물갈기 마무리에는 기타, 거친 갈기, 정벌갈기(광 내기, 광 지우기의 2종류)가 있다.

② 혹 내기…이것은 다듬 마무리의 일종으로 깬돌의 표면을 망치로 쳐서 혹 크기를 일정하게 다듬는 것이다. 혹 크기에 따라서 큰혹 내기, 중혹 내기, 소혹 내기의 3종류가 있다.

③ 정다듬…혹 내기 면에 정다듬으로 평담, 조면으로 마루리한 것으로 조면의 정도에 따라 조, 중, 밀의 3종류가 있다.

④ 도드락 다듬…도드락 다듬은 망치 다듬 면에 방추형의 눈금을 넣은 것으로 돌 표면을 평담, 조면으로 마무리할 경우에 사용된다.

⑤ 잔다듬…양날의 망치를 사용하여 정다듬 마무리면으로 평행선을 밀접하게 다듬은 마무리를 일컫는다. 그림에 표시한 다듬 등의 중후한 느낌의 외벽 마무리하여 다용되고 있다.

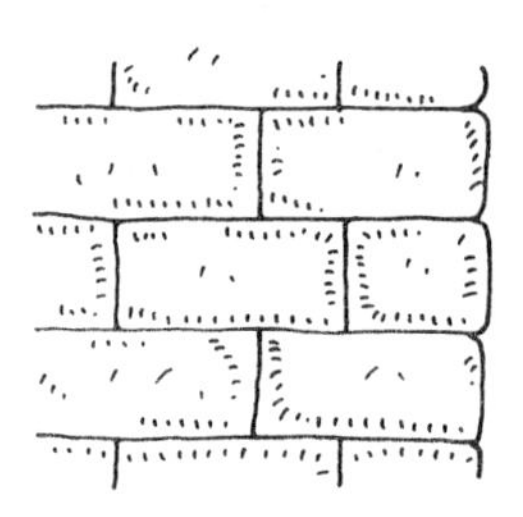

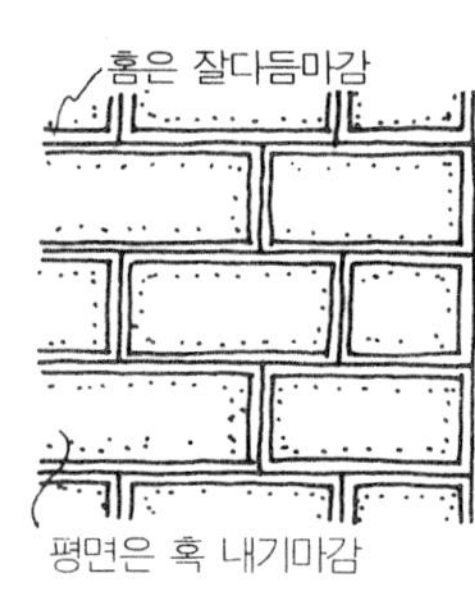

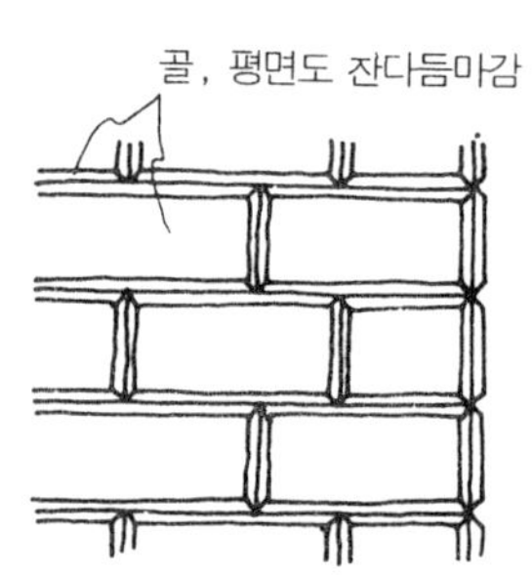

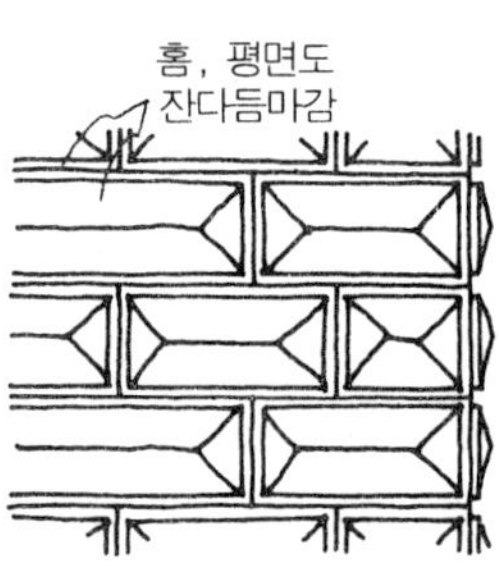

[석재표면마감]

석재의 설치

외벽에 석재를 붙이는 경우는 돌분할도에 따라 지정된 석재를 붙여가는데 오른쪽 그림과 같이 석재의 종류, 형상에 따라 부탁요령은 약간 다르다.

보통 콘크리트벽에 석재를 붙이는데, 부착요령은 다음 페이지에 기술한다.

돌쌓기
모르타르줄눈
속넣음 콘크리트
골판철판 28#
폭 100@450
철근 9ϕ@450
야석쌓기인 경우

콘크리트벽체
9ϕ
12
목편
꽂임촉
꽂임
당김철물
할석인 경우

철근 9ϕ
꽂임촉
결속
판석
할석(rag stone)

[석재설치요령]

돌붙임 마감

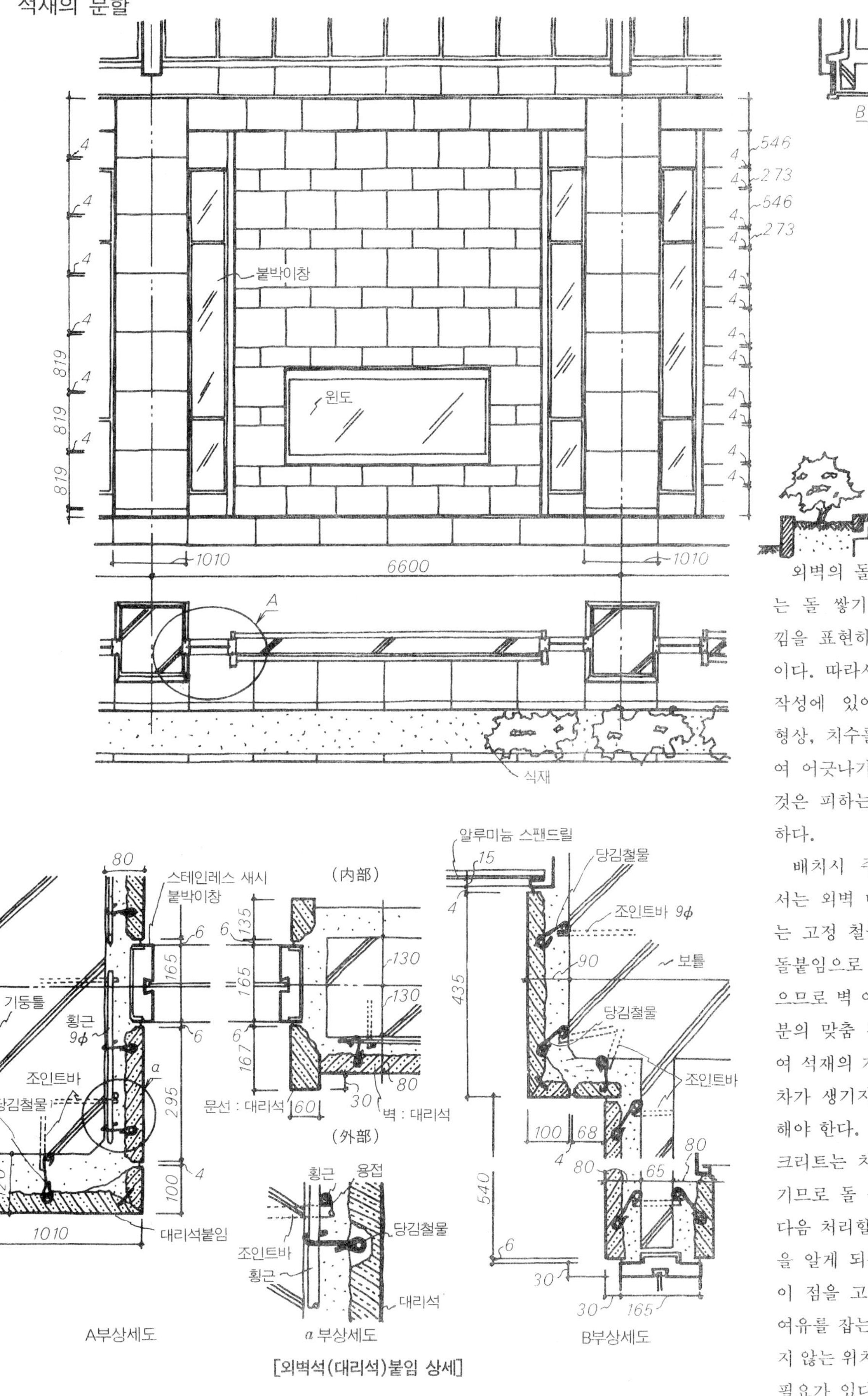

[외벽석(대리석)붙임 상세]

외벽의 돌 붙임 마무리는 돌 쌓기의 중후한 느낌을 표현하는 것이 요점이다. 따라서 돌 다듬도의 작성에 있어서는 석재의 형상, 치수를 균일하게 하여 어긋나기 쉬운 형상의 것은 피하는 것이 바람직하다.

배치시 주의 사항으로서는 외벽 마무리의 경우는 고정 철물을 사용해서 돌붙임으로 하는 예가 많으므로 벽 여분과 구석 부분의 맞춤 관계를 검토하여 석재의 가공 치수에 오차가 생기지 않도록 주의해야 한다. 또, 바탕의 콘크리트는 치수 오차가 생기므로 돌 붙임에 들어간 다음 처리할 수 없다는 것을 알게 되는 예가 있고, 이 점을 고려해서 사전에 여유를 잡는 장소(눈에 띄지 않는 위치)를 설정해 둘 필요가 있다.

돌붙임 마감

석재의 고정 상세(1)

돌붙임은 아래에 표시한 것처럼 구체에 따라 세로근(600~900mm 간격)을 붙이나, 이 세로근은 사전에 매립된 앵커 철근(거푸집의 폼 타이를 이용해도 된다)에 용접해서 고정시킨다. 다음 이 세로근에 가로근을 고정(용접)시키나 가로근 간격은 돌붙임의 가로줄눈 높이에 맞춘다. 다시 석재에서는 꽂임구멍을 두어 여기에 꽂임촉 철근을 넣고 철근과 상기의 가로근과를 당김 철물로 긴결해서 고정시켜 돌 뒷면에 모르타르를 채워 붙인다.

석재의 붙임순은 마무리 먹줄로 따라서 하단의 구석돌에서 붙여 나가나 석재 상호는 좌우측은 꺾쇠철물, 상하는 깔기 모르타르 위에 꽂임촉 철물로 연결해서 줄눈 두께의 쐐기(목제)를 끼워 불평고름을 하면서 붙여 나간다.

그림은 화강암의 켠석 붙임의 예, 대리석 붙임의 예를 표시했으나 꽂임촉, 당김 철물은 마무리재의 석질, 크기에 따라 달라지므로 주의해야 한다. 더욱 대리석은 모르타르의 잿물이 표면으로 스며들 염려가 있으므로 돌 뒤에 아스팔트 프라이머 또는 내알칼리 도료를 도포하는 동시에 녹스는 것을 막기 위해 스테인레스제의 꽂임촉, 꺾쇠, 당김 철물을 사용하는 등의 배려가 필요하다.

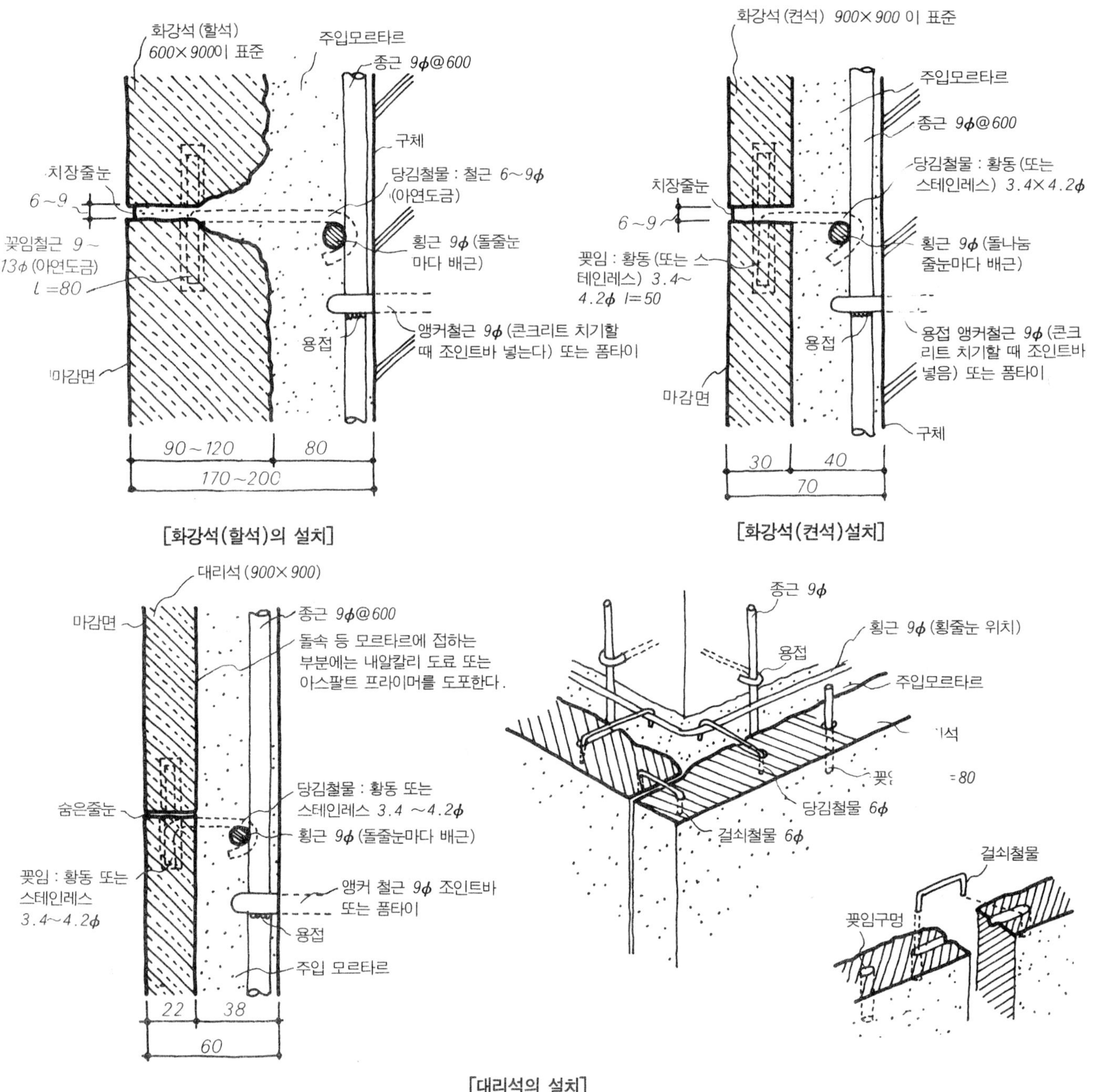

[대리석의 설치]

돌붙임 마감

석재 고정 상세(2)

모조석 블록 붙임 요령도 전기한 돌붙임과 같다. 단, 대형의 모조석(두께 30mm 이상)에는 블록 속에 힘살(종횡 모두 20~30cm 간격)을 넣어야 한다.

그림에 표시한 테라조 블록, 모조석 블록 붙임의 예는 모두가 대형의 모조석 붙임을 나타낸 것이다. 이 경우 블록의 끝을 파서 힘살을 빼어내어 이것을 당김 철물이 가로근과 긴결하고 있지만 턱솔 방지를 위해서도 블록 상호의 연결용으로서 꽂임촉을 넣는 일은 잊어서는 안 된다.

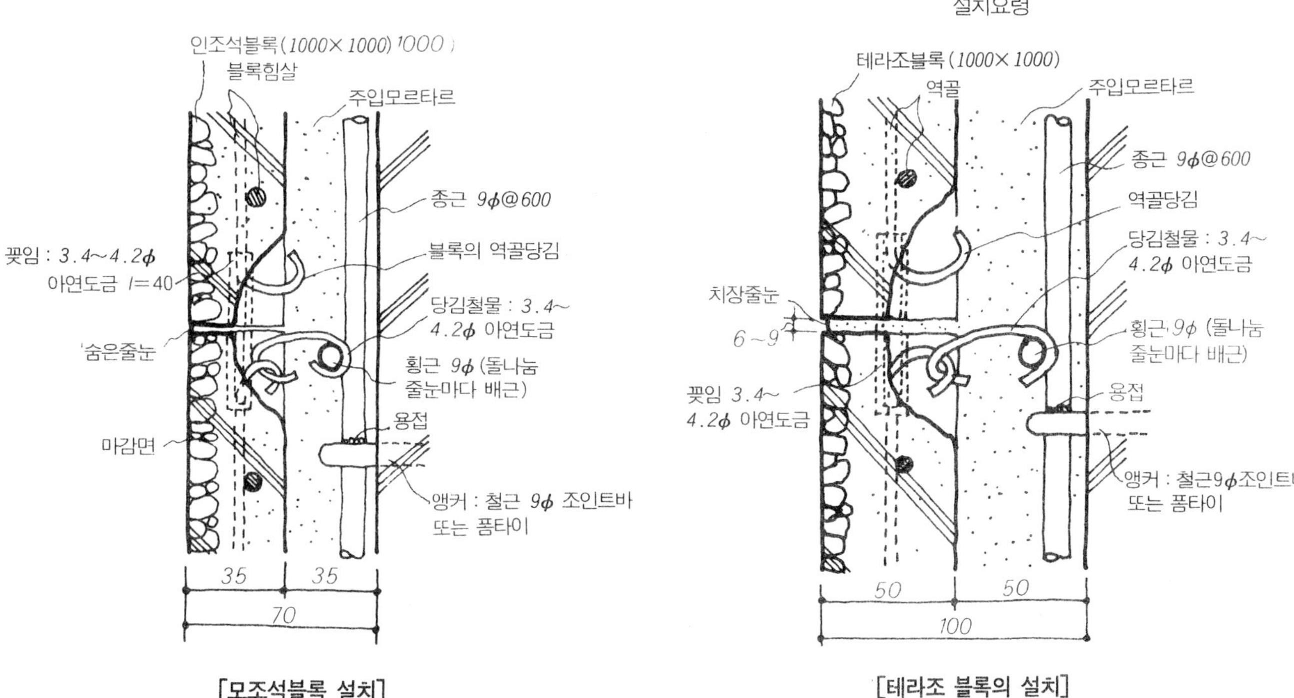

[모조석블록 설치] [테라조 블록의 설치]

구석 부분의 마무리

돌붙임의 구석 부분 마무리는 석질, 돌 두께 사용 부분에 따라서 약간의 차이는 있지만 일반적으로 그림과 같은 단순한 마무리가 사용되고 있다. 이 가운데 예 1, 예 6이 다용되고 있지만 대리석 등 갈기 마무리한 석재를 붙이는 경우는 예 3의 방법을 사용하는 예가 많다. 이것은 구석돌의 정면을 얇게 하여 오히려 판두께를 의식하지 않는 의장적인 마무리로서 최근에 다용되고 있다.

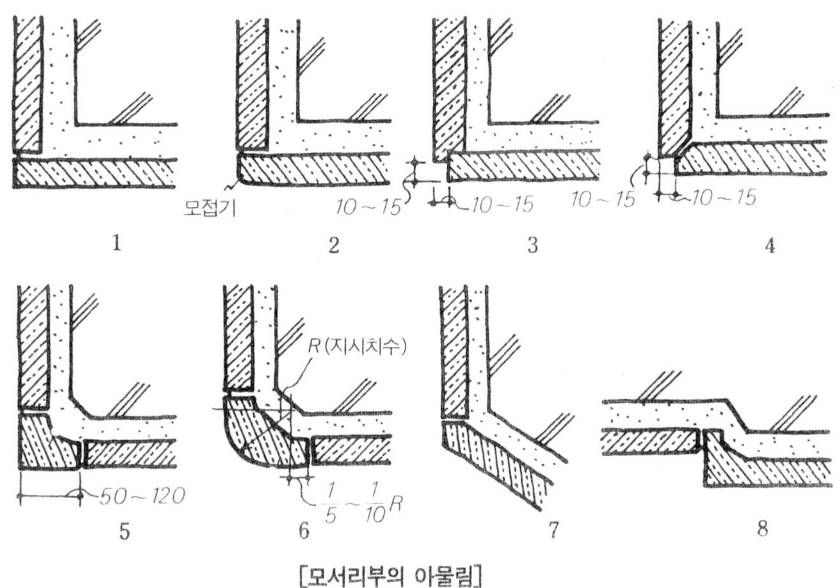

[모서리부의 아물림]

돌붙임 마감

창 둘레의 마무리

예 1은 외벽, 창 둘레 모두 돌붙임 마무리의 예이다. 창 둘레도 돌 배치도에 준하여 붙여 나가나 창인방 돌은 도시한 바와 같은 물끊기 홈을 가공해 두어 물끊기대는 외벽면에서 내밀어(15~20mm)서 마무리하여 물끊기를 원활히 하는 것이 보통이다. 더욱 줄눈은 밀어붙인(막힌 줄눈) 것으로 한다.

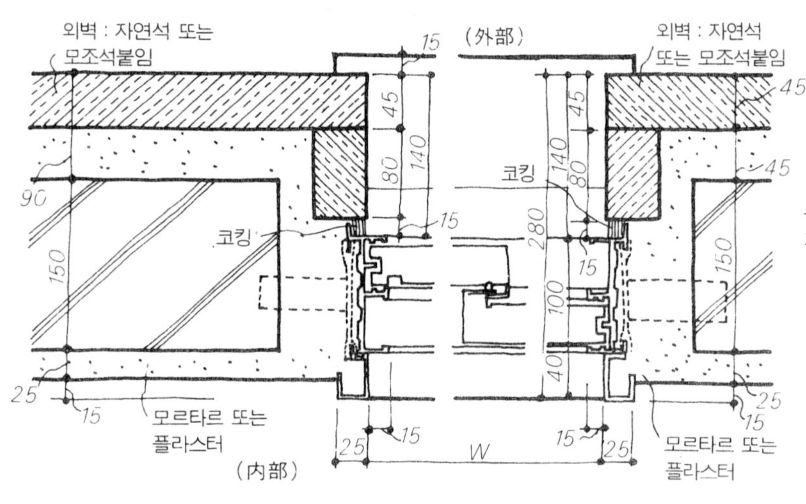

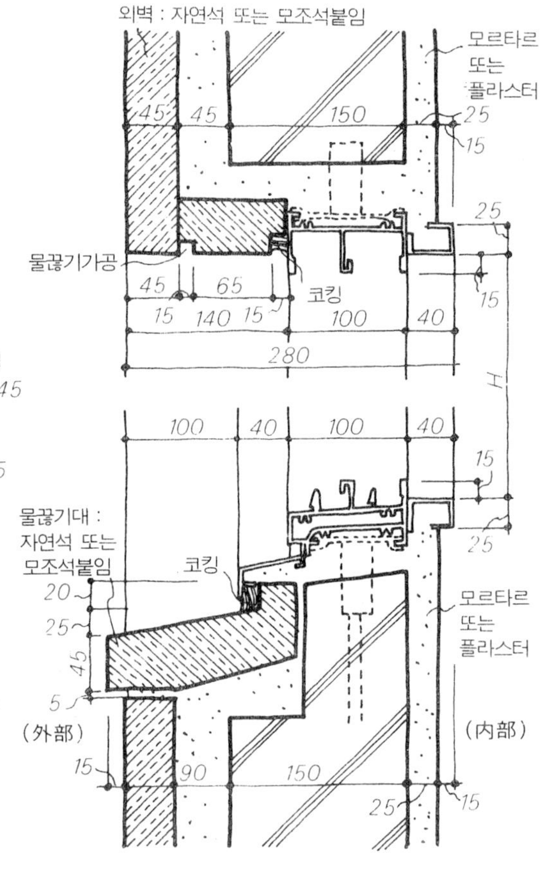

1

예 2는 외벽, 창 둘레도 모조석 블록 붙임의 예이다. 이것은 외벽과 창 둘레의 석재를 줄눈(너비 3mm 정도)으로 마무리한 것이나 모조석의 경우는 모서리를 변형물 블록으로 마무리하는 예도 많다. 창인방, 창대 모두 물끊기 홈을 가공하여 블록과 새시와의 관계 부분에는 코킹재를 충전하여 빗물 처리를 원만히 해야 한다.

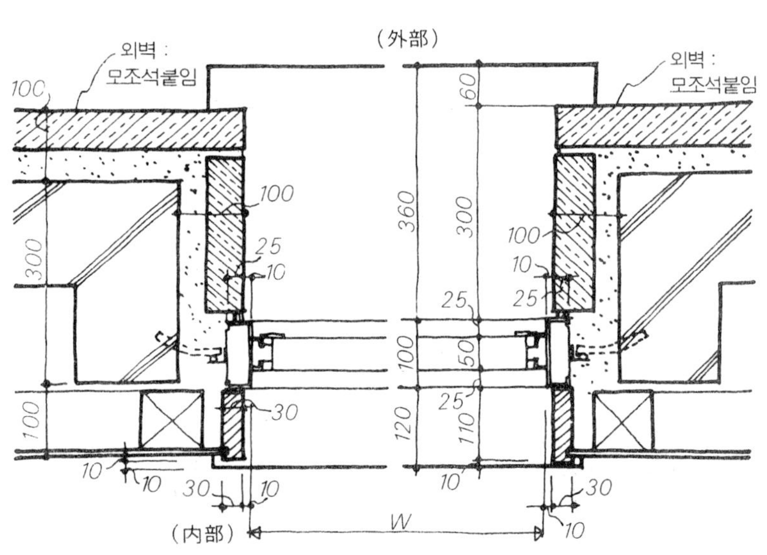

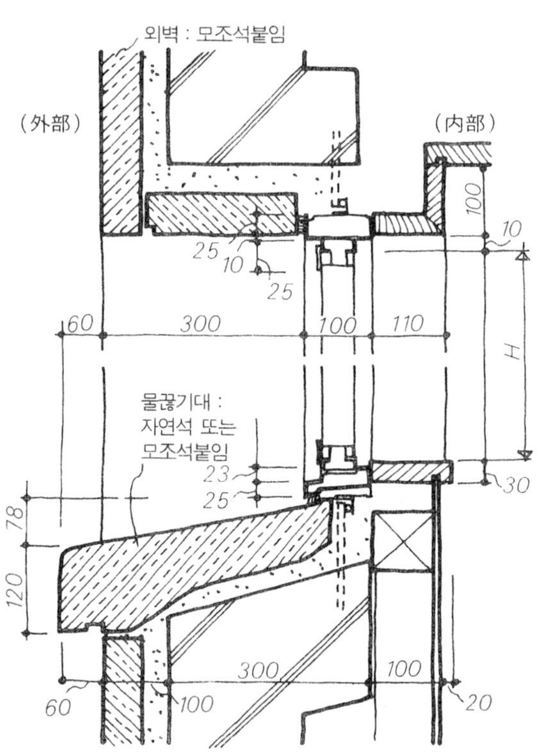

2

금속판붙임 마감

금속판벽 마무리는 구조체에 경량 형강(또는 L형강)제의 띠장을 고정시켜서 여기에 금속판을 비스 고정해서 마무리하는 것이다. 금속판의 종류, 형상은 다음과 같은 종류의 것이 있다.

금속판의 종류

① 철판…아연 도금 철판에 착색 도장한 것. 프린트 철판 등이 있고 일반적으로 3.2mm 두께 이하의 것이 사용되고 있다. 홀로 철판은 0.6~2.0mm 두께의 강판에 홀로 소성 가공한 것이 다용된다.

② 스테인레스 강판…13크롬 스테인레스, 18크롬 스테인레스 등이 다용되고 있다.(KS의 규격품이 있다). 또한 헤어라인 마무리, 착색 마무리한 것도 사용되고 있다.

③ 알루미늄판…경량으로 가공이 용이하고, 녹슬지 않으므로 치장판으로도 다용되고 있다. 압출 성형판, 롤 성형판, 스팬드릴판 외에 알루미늄 주조판으로서 여러 가지 형상의 것이 있다.

④ 동판…전기 동판(편면 갈기 판을 일컫는다), 코펠판(양면 갈기 판을 일컫는다), 흑판(갈지 않은 그대로의 동판) 외 황동판, 청동판, 양은(화이트 브론즈)판 등의 합금판이 다용되고 있다.

⑤ 합성 수지 접착판…동판, 알루미늄판 위에 합성 수지를 접착 가공한 것이다.

금속판 붙임의 요령

콘크리트 벽체인 경우는 사전에 띠장 위치에 앵커 볼트(또는 철근)를 매립해 두고, 너트 조임 또는 용접에 의해 띠장을 설치하고 금속판은 이 띠장에 비스 고정으로 붙여 나가는 것이 보통이다. 이 경우 금속판의 이음새에 빗물 처리의 양부가 공사의 결정이 되므로 재료, 형식의 선정에 있어서는 그 점도 확인해 둘 필요가 있다.

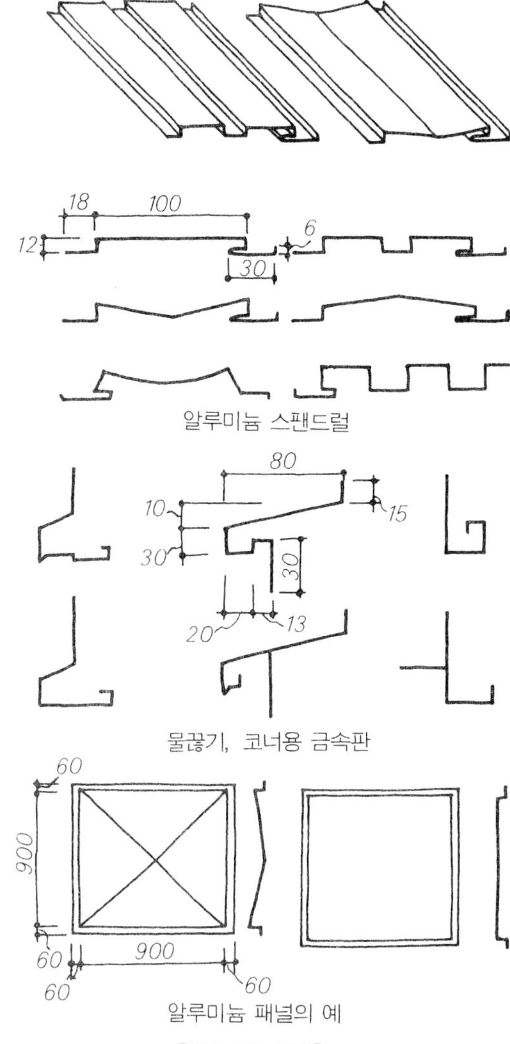

[금속판의 형상]

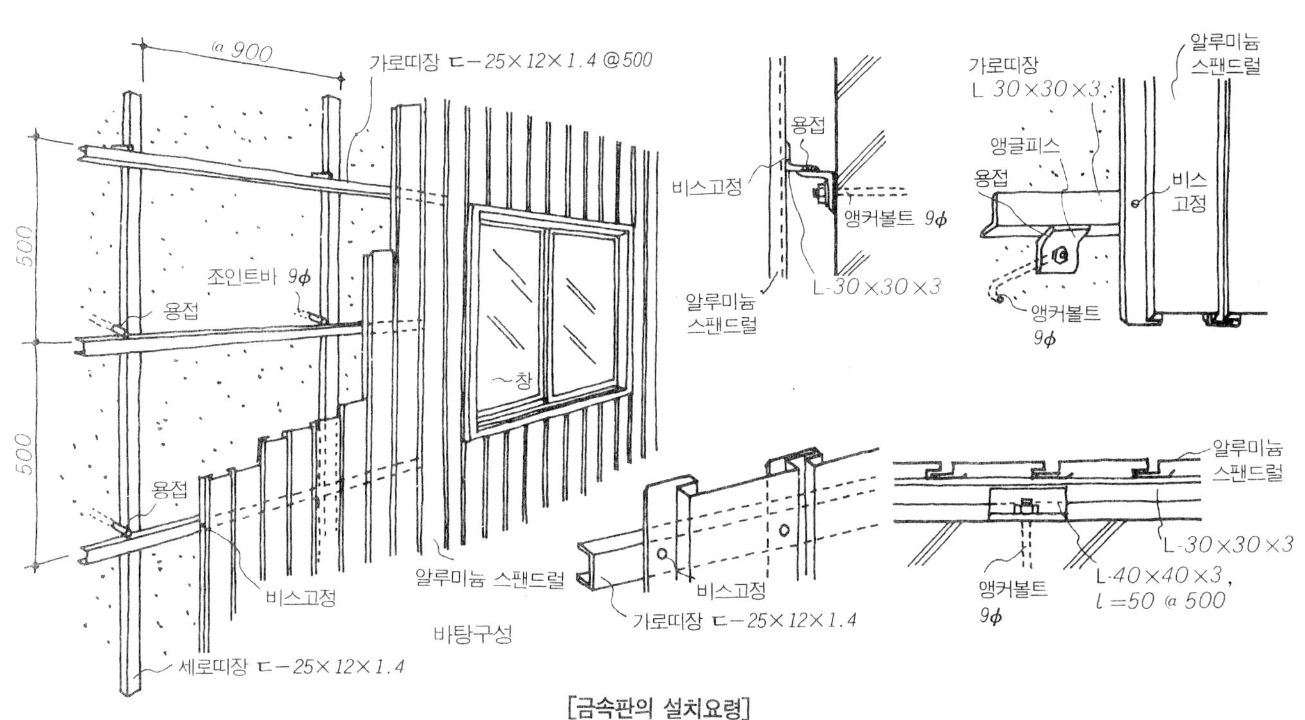

[금속판의 설치요령]

금속판붙임 마감

구석 부분의 마무리

외벽은 금속판 붙임으로 할 경우는 당연히 배치도에 따라서 실시하나 배치에 있어서는 구석 부분은 내민 부분과 들어간 부분의 코너용 스팬드릴(또는 패널)을 사용하므로 줄눈 너비와 함께 이 코너용 스팬드릴의 치수를 정확히 배치하여야만 한다.

스팬드릴, 패널류는 가공에 있어서 빗물 처리가 잘 마무리되도록 하고 있지만 바탕의 띠장에 굽힘, 엇갈림 등의 불평이 있으면 빗물 처리가 잘 안 되고 누수의 원인이 되는 예가 많다. 특히 구석 부분은 바탕의 불평이 생기기 쉽기 때문에 바탕 마무리를 원만히 하는 동시에 줄눈에는 코킹재를 넣는 등의 배려가 필요하다.

예 1, 예 2는 콘크리트 바탕에 띠장을 고정시켜 금속판붙임 마무리한 예이며 띠장은 앵글 피스(고정 철물)를 사용하여 앵커 볼트에 너트 조임(예 1) 또는 앵커 철근에 용접해서 고정하고, 그 띠장에 금속판을 비스 고정해서 붙인 것이다. 예 3은 철골 바탕인 경우의 마무리 예이나 붙임 요령은 상기와 같다.

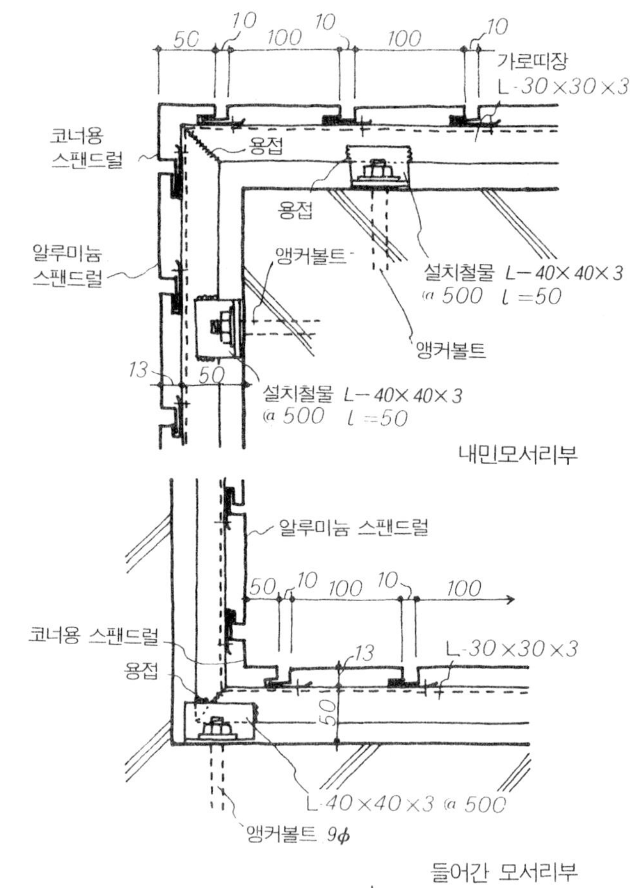

1

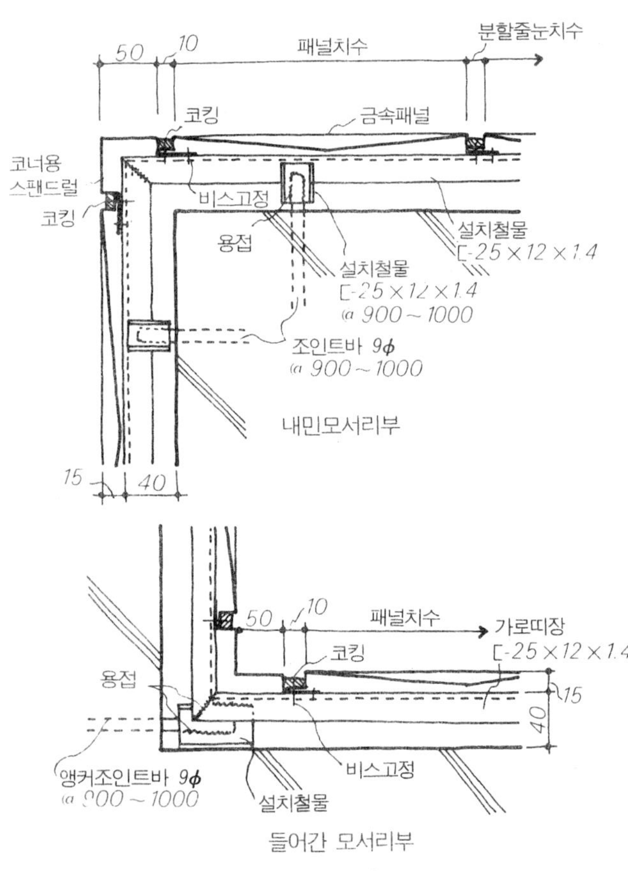

2

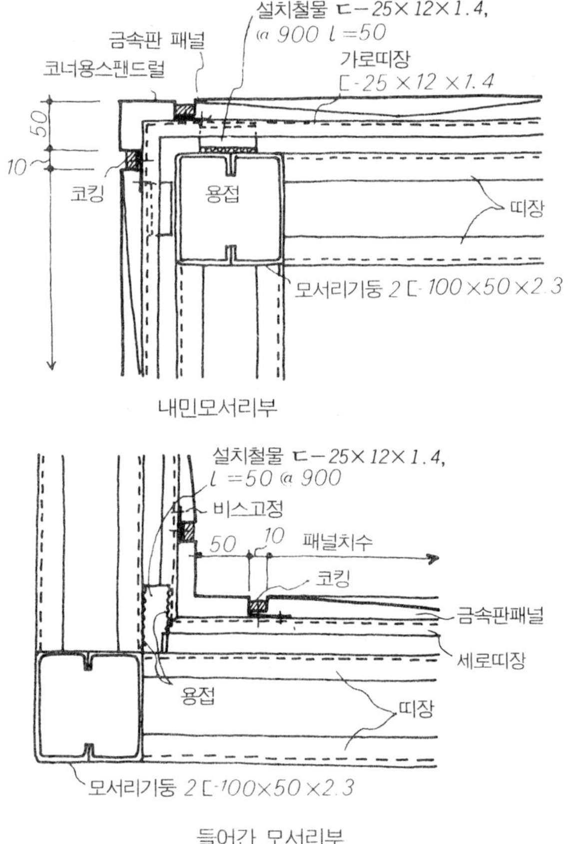

3

금속판붙임 마감

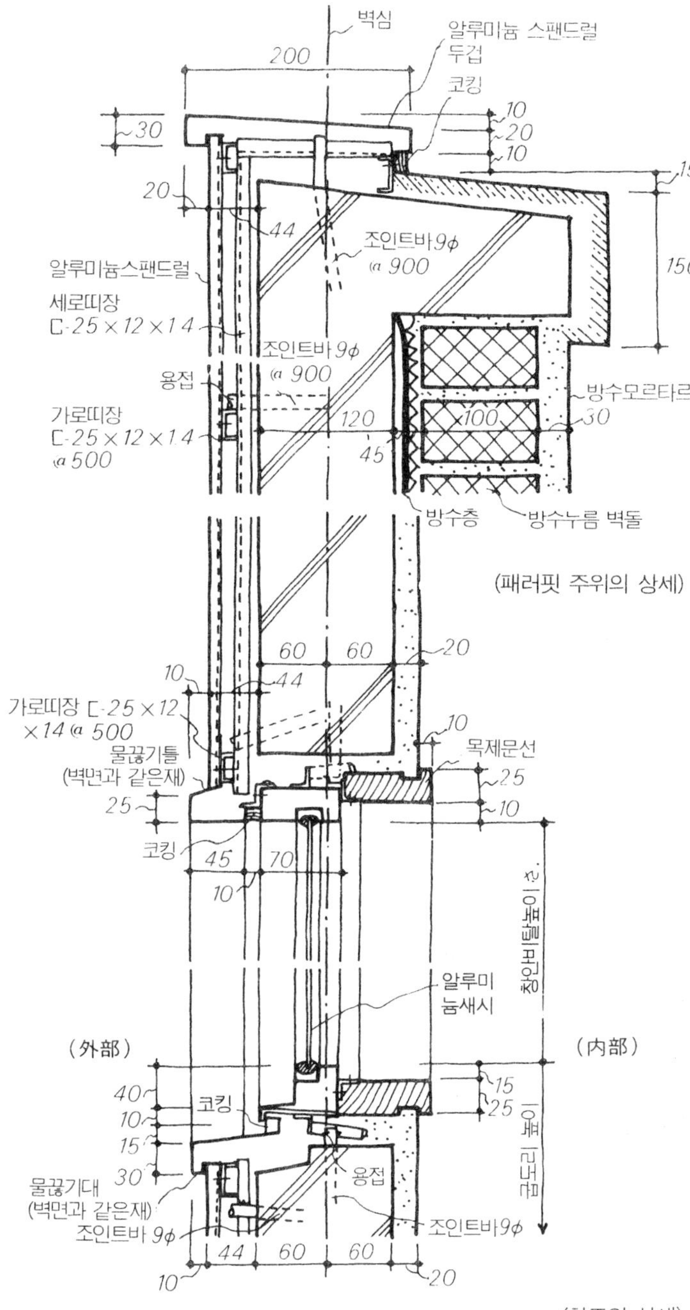

(창주위 상세)

상세 예(1)

그림에 표시한 상세 예는 철근 콘크리트조의 구체에 알루미늄 스팬드릴을 세로 박공 형식으로 붙여서 마무리하는 경우의 각 부의 아무림 방법을 표시한 것이다. 외벽 마무리의 경우는 주로 창 둘레의 마무리, 패러핏 천단의 두겁 관계가 요점이 되지만 예도의 경우는 두겁, 창문선 모두 결합으로 제작된 것이다.

띠장은 세로 띠장([형강)을 앵커 철근에 용접해서 고정하고, 이 세로 띠장에 가로 띠장([형강)을 비스 고정하고 다시 이 가로 띠장에 금속판을 비스 고정시켜 붙인 것이, 이 경우 앵커 철근이나 띠장은 방청을 위해 도장해 줄 필요가 있다.

(外部)
세로띠장 ⊏-25×12×1.4 @900
알루미늄 스팬드럴
25
100
100
가로띠장 ⊏-25×12×1.4 @500
돌림띠용
10
10
13
55
코킹
70
44
31
60
조인트바 9φ
벽심
60
알루미늄 새시
10
20
목제문선
창안비탈폭
25
15
(内部)

창둘레 평면상세

알루미늄 스팬드럴
달볼트
60
60
44
경량천장바탕
10
M바
25
물끊기틀 (벽면과 같은재)
10
벽심
천장 알루미늄 스팬드럴
45
(채양주위의 상세)

주요부 종단면상세

[알루미늄 스팬드럴붙임상세(콘크리트바탕)]

금속판붙임 마감

상세 예(2)

그림은 철근 콘크리트조의 구체에 금속제의 패널을 붙인 외벽 마무리의 예이다. 패러핏 두겁은 보강판 위에 벽 마감재와 같은 재의 금속판을 덮어서(현장 가공) 아무림 하고 창문선을 시방서에 맞춰서 공장 가공한 것을 고정시킨다.

바탕은 앵커 볼트에 고정 철물(L형강)을 너트 조임해서 고정시켜 여기에 패널 치수와 맞는 띠장(종횡 모두)을 용접해서 패널은 아래 그림에 표시한 것처럼 띠장마다에 [형 줄눈대를 넣어 치장 비스 고정한다. 이 줄눈대에는 코킹재 또는 몰트 프레인을 넣어서 빗물 처리를 원활히 하고 있다.

더욱 이 경우도 바탕의 철물류(앵커 볼트, 고정 철물, 띠장 등)는 부식 방지를 위해 도장하는 것을 잊어서는 안 된다.

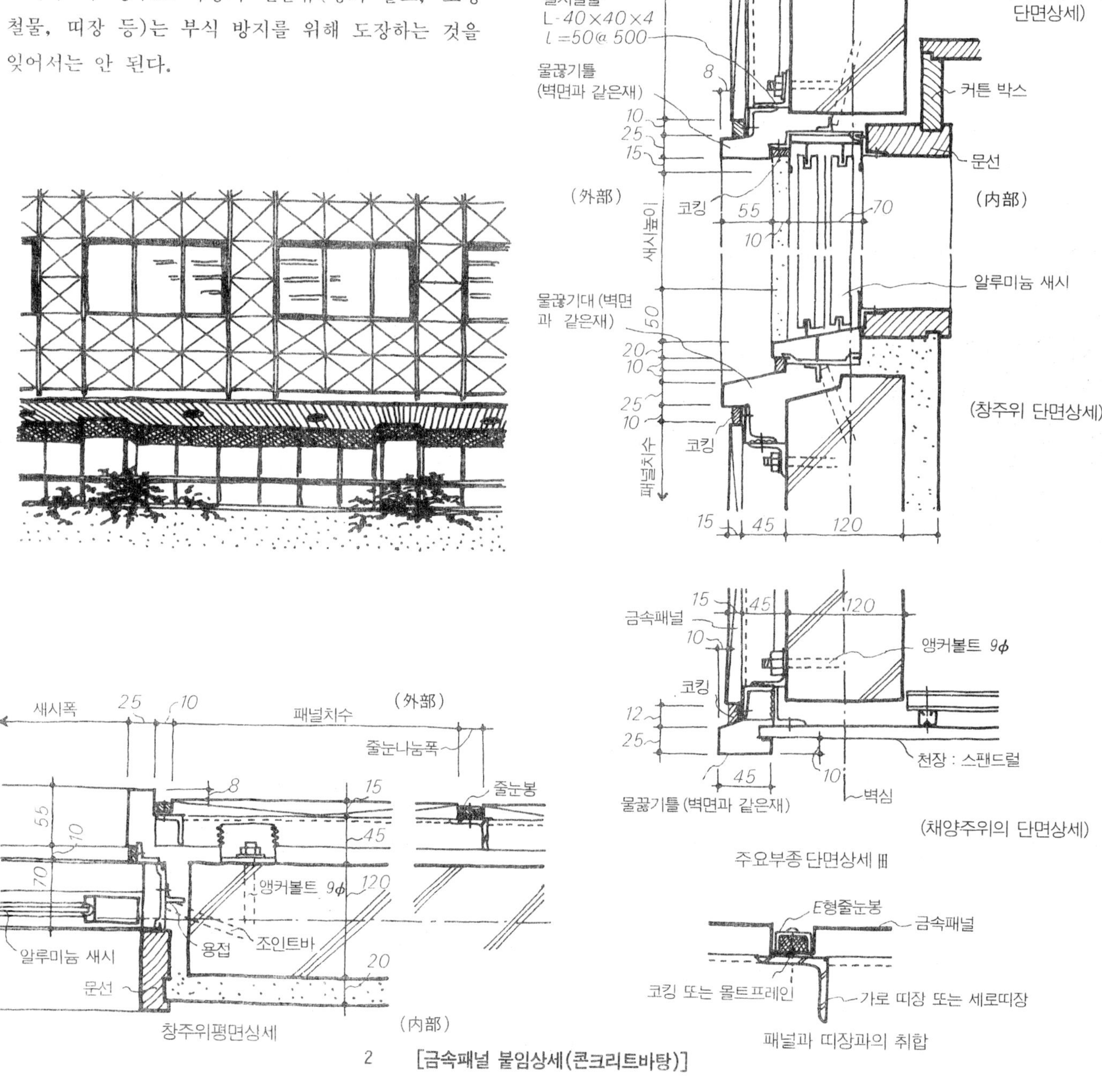

2 [금속패널 붙임상세(콘크리트바탕)]

금속판붙임 마감

상세 예(3)

그림은 철골조의 구체에 금속재의 패널을 붙인 외벽면 마무리 예이다. 골조가 철골로 되어 있으므로 고정 철물은 직접 철골에 용접하여 고정시켜 여기에 띠장을 고정한 후 다시 금속판을 비스 고정해서 붙여서 마무리한다.

더욱 철골의 경우는 창내, 창인방 등 창 둘레의 문선이나 패러핏 두겁 등의 부품 설치용의 피스도 기둥, 보, 띠장 등에 직접 용접해서 고정시킬 수 있으므로 앵커 볼트(철근) 등을 필요로 하는 콘크리트조의 경우보다 고정은 간단하다.

금속판 상호의 관계나 빗물 처리의 요령은 전술한 콘크리트조의 경우와 같다.

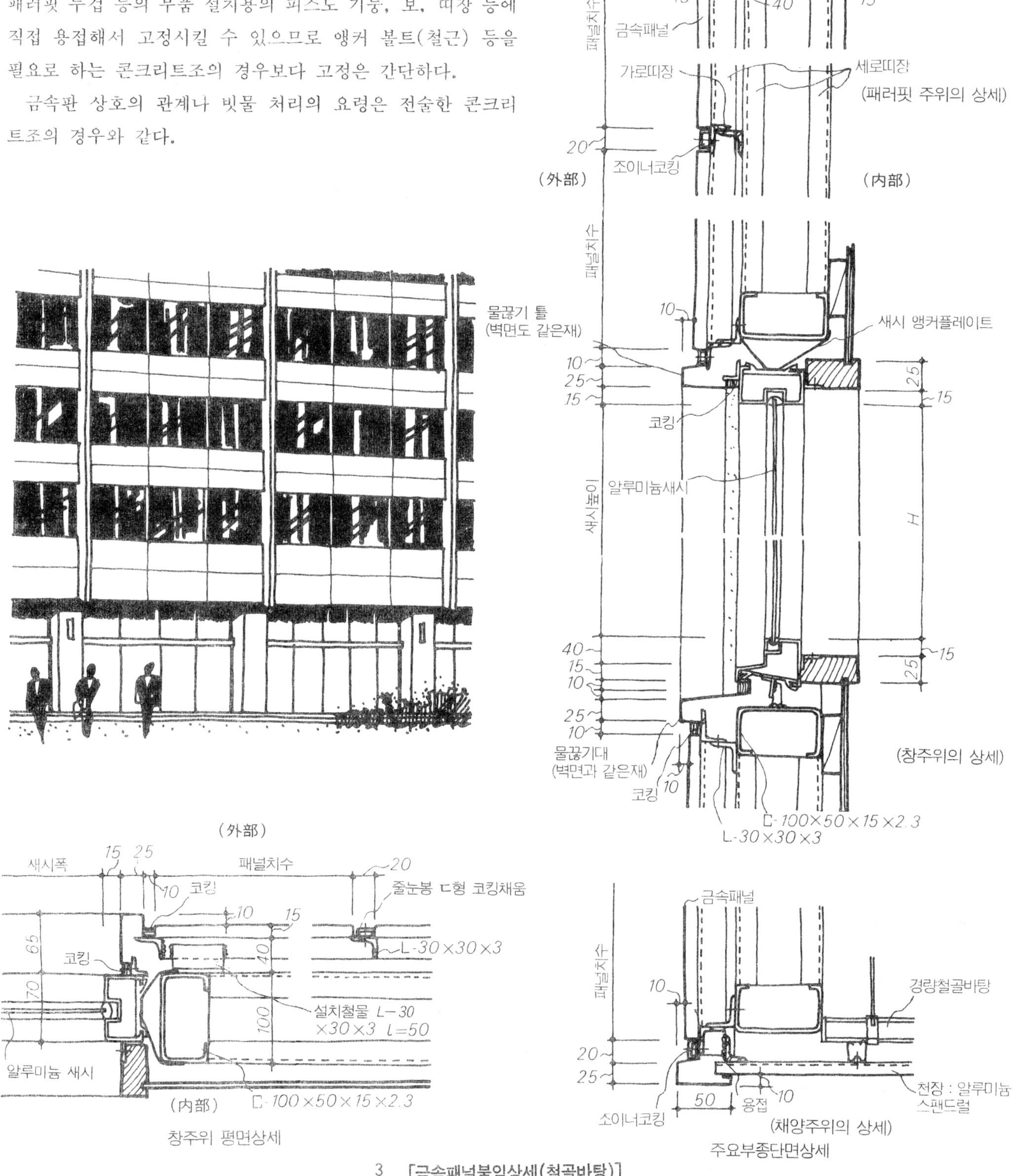

3 [금속패널붙임상세(철골바탕)]

커튼월

금속 패널식 커튼 월(1)

커튼 월이란 기둥과 보를 주체 구조로 하고 벽은 외장재 또는 외부와의 간막이재(커튼적인 것)에 불과하다고 생각한 구조 형식(장벽식 구조)의 것을 일컫는다.

이 벽은 창 새시와 일체가 된 공장 제작품의 패널(금속판 패널 또는 프리캐스트 콘크리트판)을 기둥, 보에 고정시킬 만큼의 간단한 공법이므로 공기 단축, 현장 작업의 경감, 증개축 등의 확장성, 융통성이 있는 등의 이점이 많으므로 앞으로 이 공법은 계속 발전할 것으로 예측된다.

커튼 월을 공법별로 분류하면 패널 방식과 붙임 기둥 방식으로 대별되나, 붙임 기둥 방식의 구조체에 붙임 기둥을 붙여서 여기에 유니트, 패널을 끼워 주는 방식이므로 공법 자체는 큰 차가 없다고 생각해도 된다.

커튼 월은 모두 메이커에 특주하는 것이므로 발주에 있어서는 다음 점에 주의하면 된다.

① 외벽으로서의 기능성…옥내와 옥외로서의 차단벽으로서 내풍압성, 기밀성, 내구성, 방수성, 결로 방지, 단열성, 팽창 수축에 대한 처리, 내충격성, 방음성, 내화성, 채광 면적, 환기창, 시선의 차단성 등을 확인하는 일, 더욱 내화성이나 채광 면적에 대해서는 법적 규제가 있으므로 주의해야 한다.

② 경제성에 대한 검토…제작(가공)의 용이성뿐 아니라 조립, 운반, 고정 방식(시공)의 용이성을 고려한다. 더욱 생산의 규격 유니트화를 연구한다.

③ 보수 관리…청소, 보수의 용이성에 대한 배려가 필요하다.

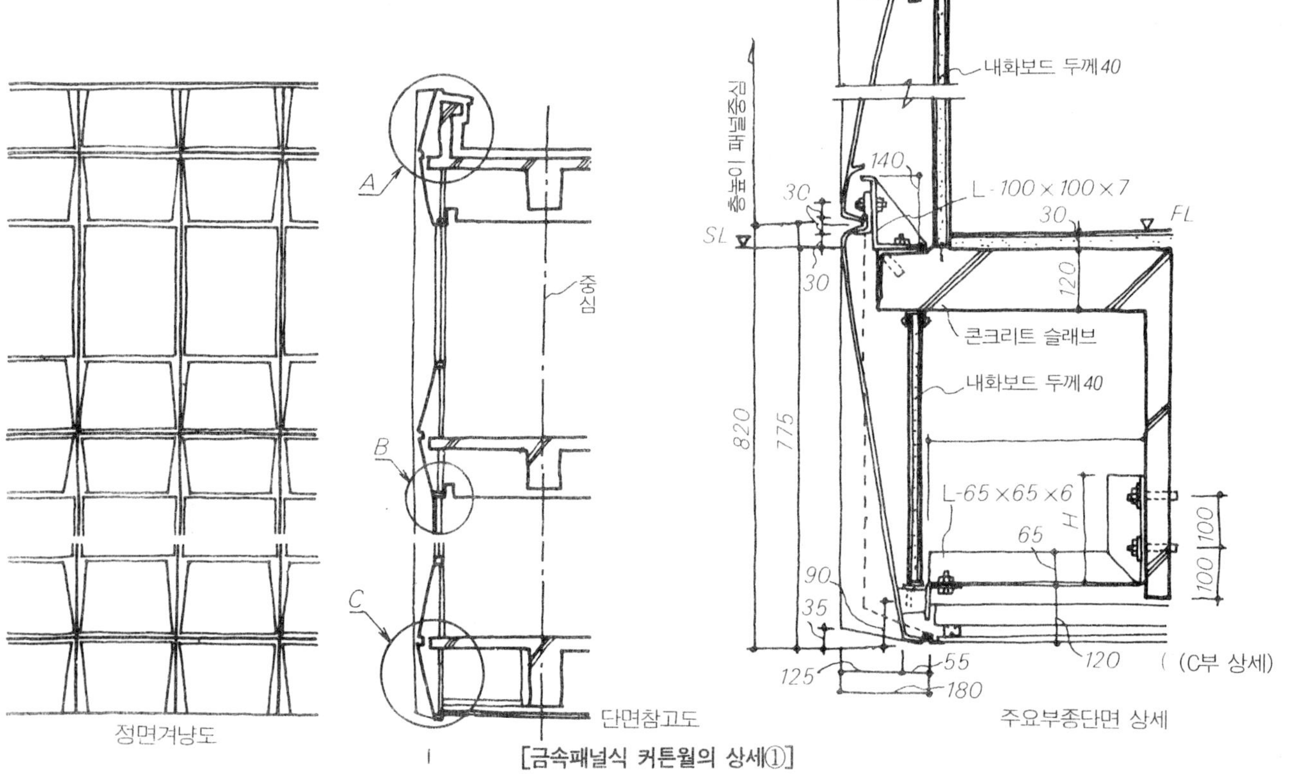

[금속패널식 커튼월의 상세①]

커튼월

금속 패널식 커튼 월(2)

그림 예는 알루미늄의 주조 패널(알루미늄 캐스트판)을 사용한 커튼 월의 예이다. 금속제 패널로서는 알루미늄판이나 스테인레스판 또는 표면 가공한 철판이 사용되고 성형은 주조 또는 프레스에 의한 것이 대부분이다.

패널의 고정 요령은 의장(패널의 형상, 치수)에 의해 다소 달라지나 일반적으로는 1층 또는 2층에 이르는 대형 패널을 사전에 바닥 슬래브에 설치해 둔 L형 앵글에 볼트를 사용해서 설치하는 것이 보통이다.

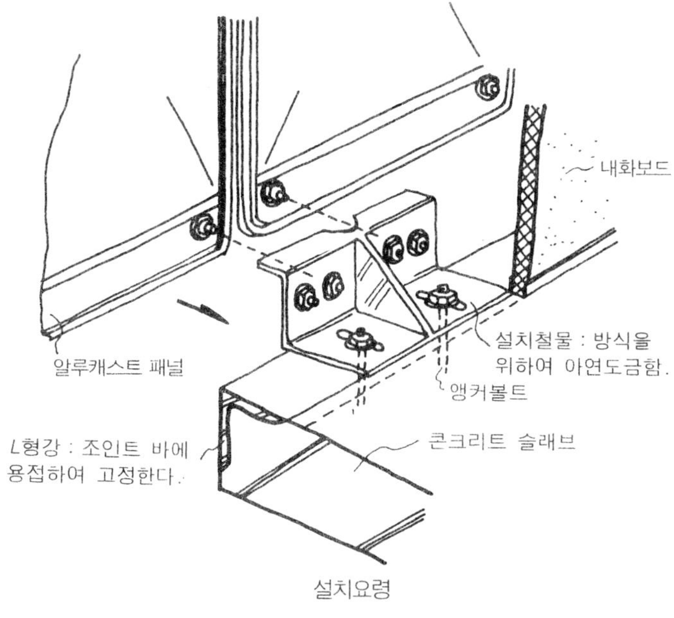

설치요령

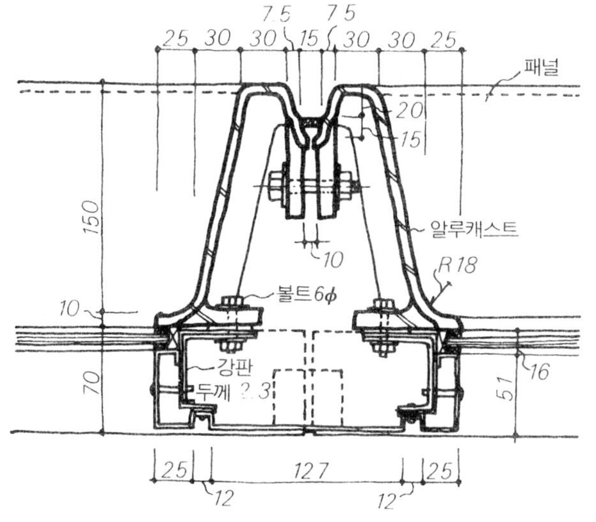

패널접합부의 상세(평단면)

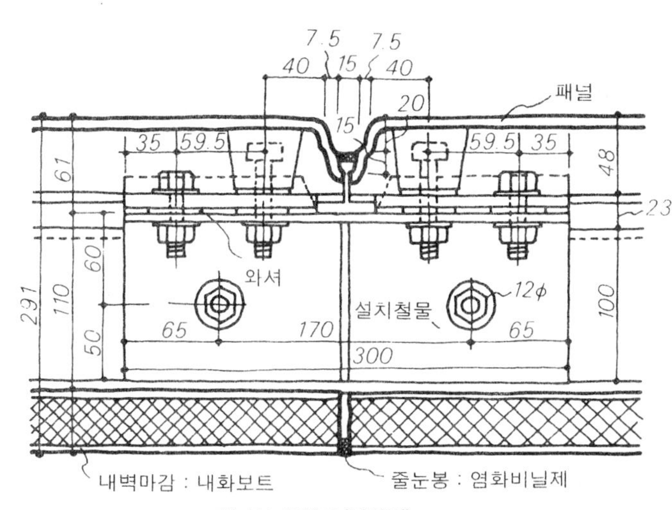

패널의 조인트(평단면)

설치철물 : 바닥슬래브에 설치하는 L형강에 너트로 죄어 고정・패널과의 연결도 볼트, 너트를 사용한다.

내벽마감 : 내화보트붙임

H내민모서리의 아무림.

창 둘레, 모서리 부분, 조인트 부분은 상세도에 표시한 것처럼 모두 볼트 너트 조임이므로 설치 위치도 치수적으로 정확하지 않으면 설치 불가능해질 염려가 있다. 패널은 공장제품이므로 정도는 높지만 설치용의 철물류(띠장 바탕 모두)는 현장 설치를 위해 약간의 오차는 면치 못한다. 따라서 상기 겨냥도에 표시한 것처럼 볼트 구멍을 긴 원형으로 뚫고 설치 위치의 오차에 대치되도록 한다.

구석부는 변형물 패널을 사용하고 있지만, 의장적으로는 단순한 것으로 하여 설치 장소마다에 형상, 치수 방법이 달라지는 것은 피해야 한다.

더욱 패널의 조인트부는 반드시 패킹을 넣은 다음 코킹해서 빗물 처리를 해야 한다.

2 [금속패널식 커튼월의 상세 ②]

커튼월

콘크리트 패널식 커튼 월

그림 예는 프리캐스트 콘크리트제의 패널을 고정시킨 커튼 월의 예이다. 금속제의 것에 비해서 중량이 있으므로 제작, 운반, 설치가 다소 곤란하지만, 반면 내화 성능이 우수하므로 최근에는 사용 예가 증가하고 있다. 설치는 패널의 형상, 치수에 의해 약간 달라지나, 일반적으로는 도시한 바와 같이 바닥 슬래브 단부에 인서트를 매립해 두고, L형 앵글에 의해 패널에 설치되어 있는 고정 철구와 연결 고정하고 있다.

더욱 창 새시는 공장에서 패널에 직접 타설이 되므로 방수성에 문제가 없으나 패널 상호의 조인트부는 코킹에 주의해야 한다.

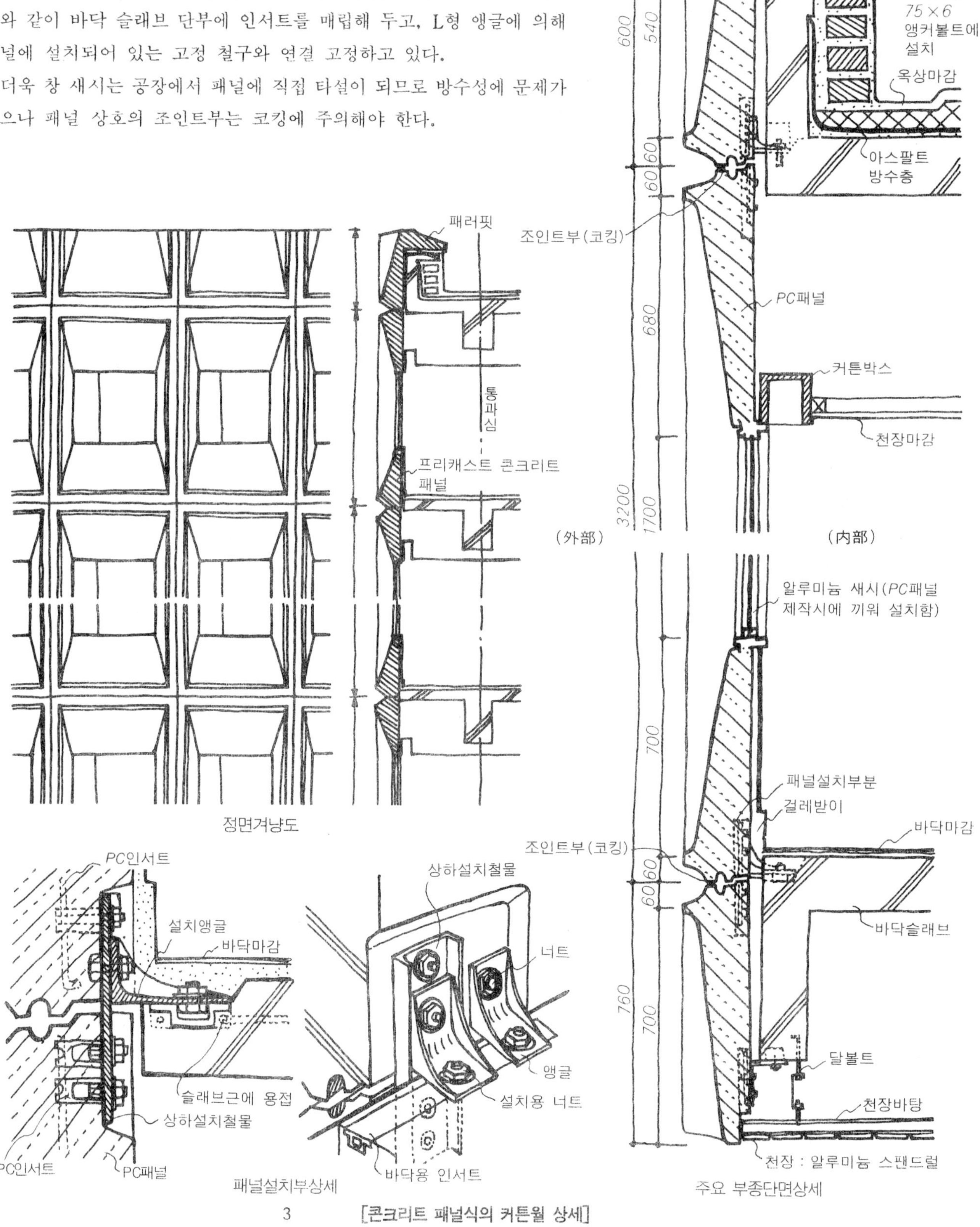

3 [콘크리트 패널식의 커튼월 상세]

커튼월

붙임 기둥식 커튼월(1)

붙임 기둥식은 구조체에 붙임 기둥을 고정, 이 붙임 기둥 사이에 패널을 끼우는 방식이 있다. 붙임 기둥의 고정 요령은 구체에 매립시킨 앵커 볼트에 너트 조임으로 고정한다.

예 4는 바닥 슬래브의 단부에 매립한 앵커 볼트에 브래킷(L형강)을 고정시켜 여기에 붙임 기둥을 볼트 조임으로 고정시킨 것으로 예 5(다음 페이지 참조)는 콘크리트조의 벽에 같은 방법으로 붙임 기둥을 고정한 예이다.

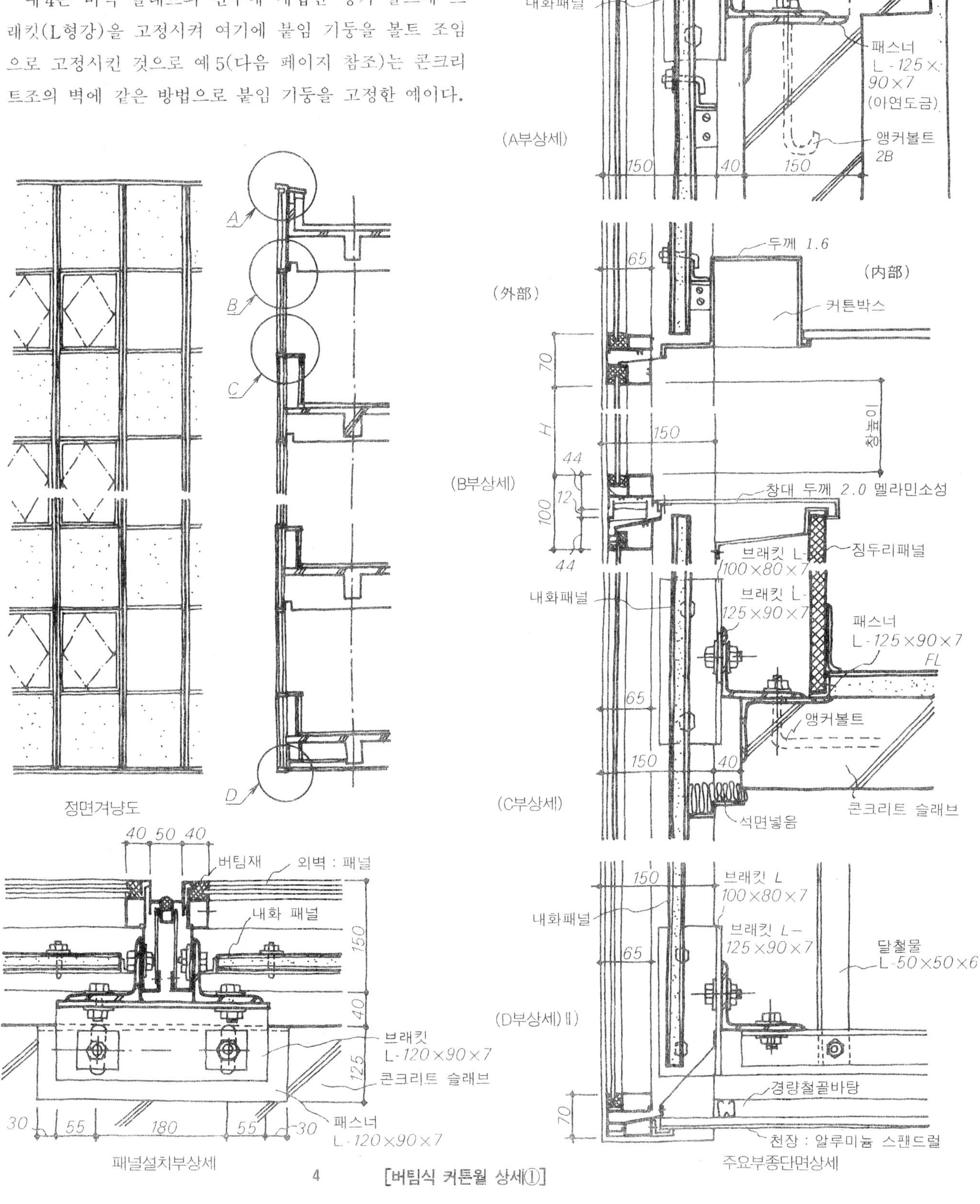

4 [버팀식 커튼월 상세①]

커튼월

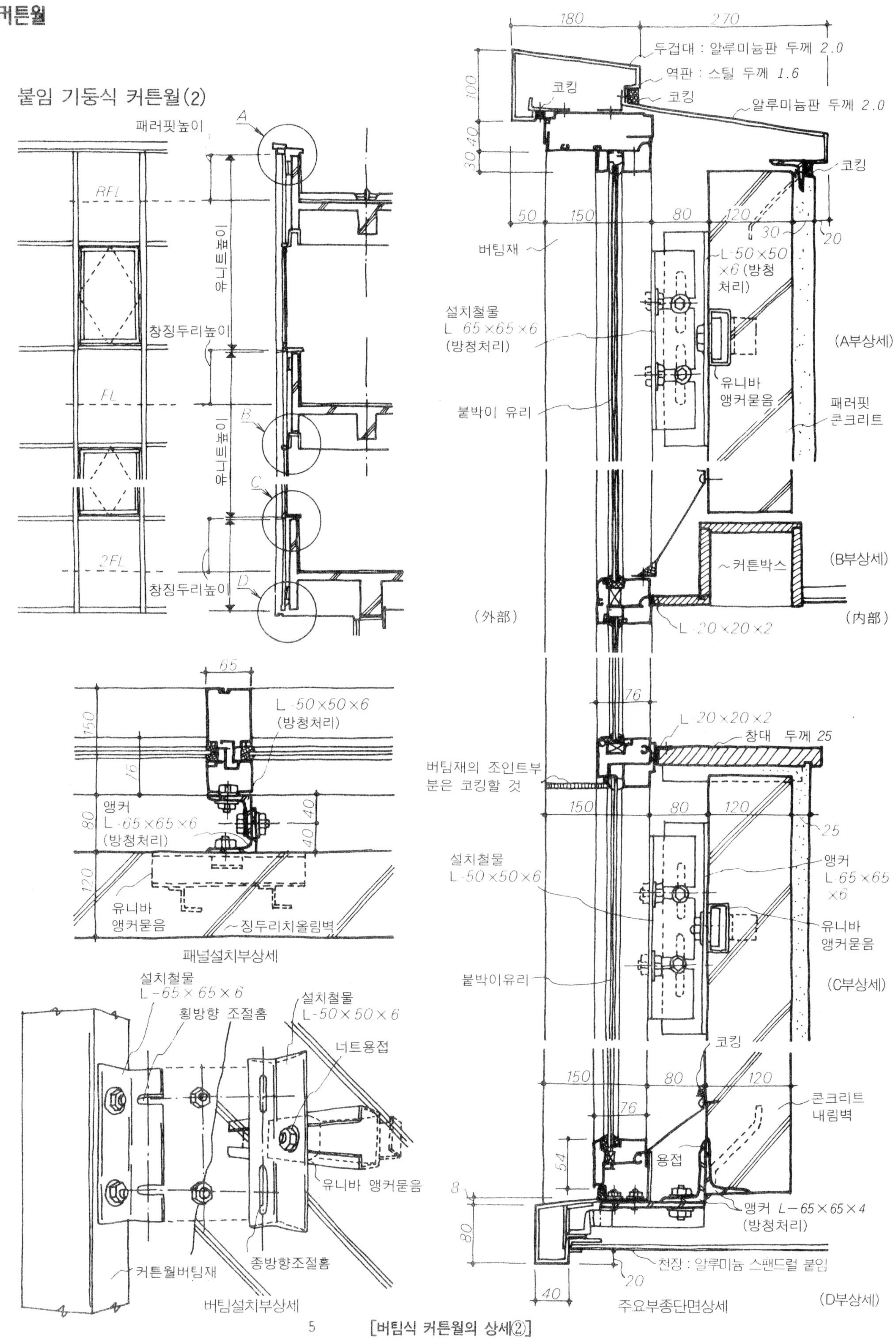

5 [버팀식 커튼월의 상세②]

제2장

내벽마감

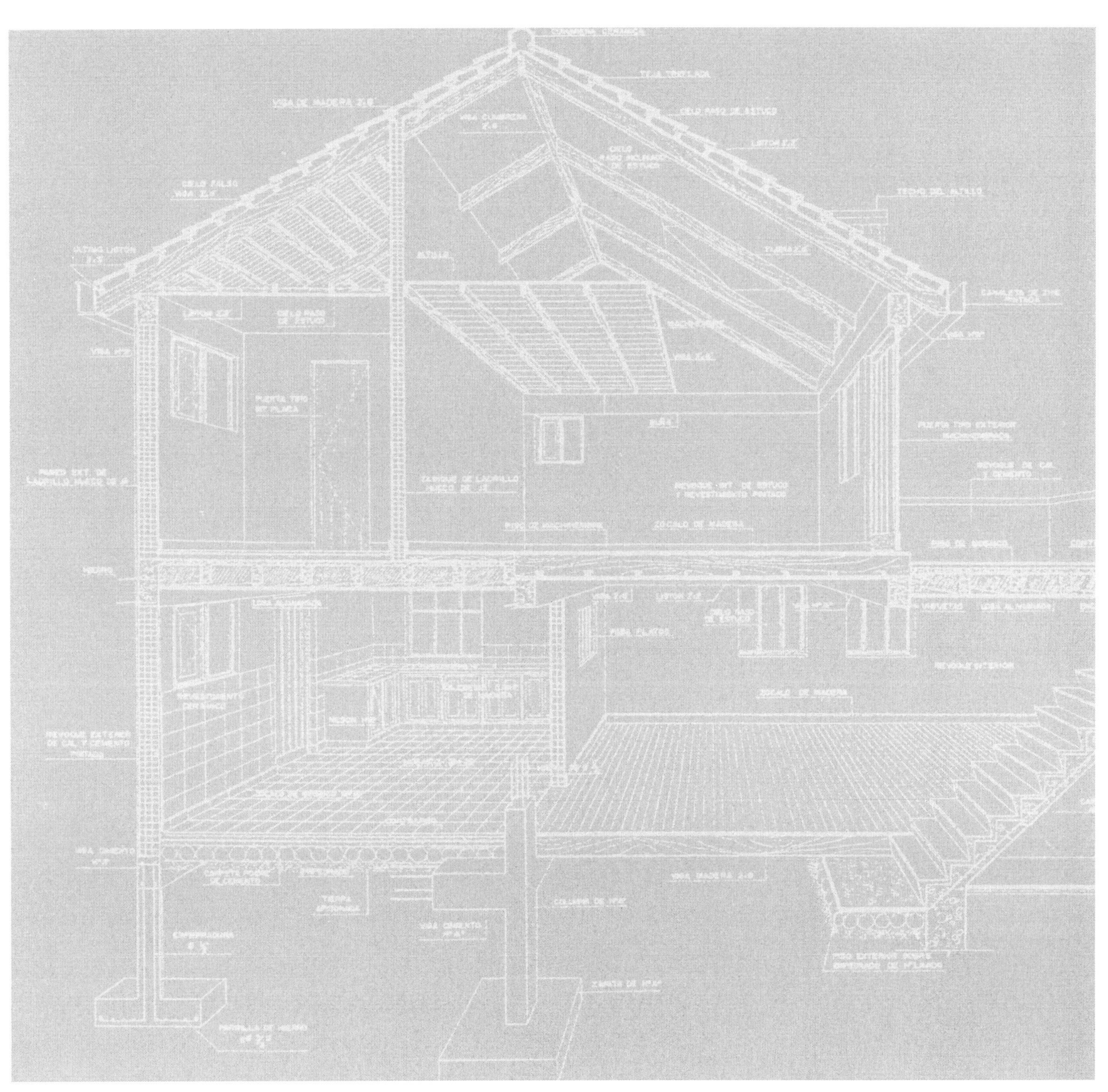

일반사항

내벽 마무리에는 구조벽의 실내측 마무리와 간막이벽의 마무리에 대별되거나 종류, 형식으로서는 바탕 구성재의 차이, 마무리 형식의 차이, 실 사용 목적의 차이에 의해 여러 가지가 있다.

바탕 구성별로는 목구조, 콘크리트 구조, 콘크리트 블록 구조, ALC판(기포 콘크리트판) 구조, 경량 철골 구조 등이 있고, 마무리 형식별로는 바름 마무리(모르타르, 플라스터, 도료 등), 벽 마무리(돌붙임, 타일붙임, 판붙임, 보드붙임 등)로 분류된다.

그 밖의 최근에는 간이 간막이벽으로 하여 패널식, 스터드식의 기제품의 간막이판을 다용하는 동시에 용도에 따라서는 슬라이드 월, 아코디온 도어 등의 창호 형식의 간막이벽도 다용되고 있다.

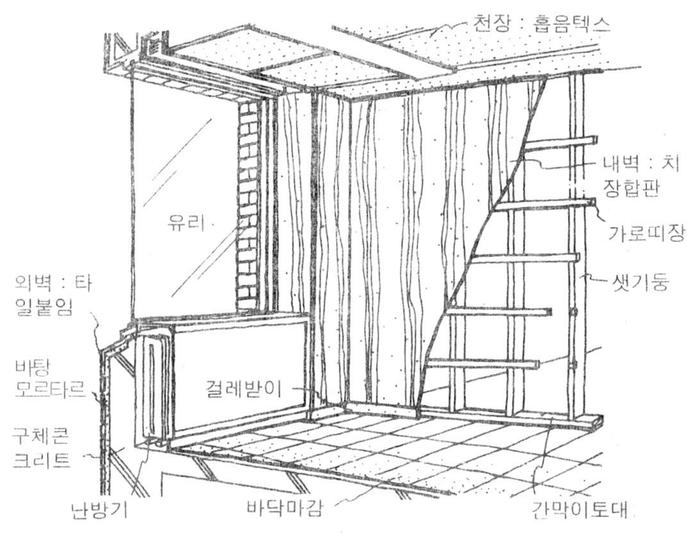

[내벽의 구성도]

어떤 경우에도 내벽은 외벽과 같이 재료적으로 내구성, 방습성을 요구되든지 시공적으로 풍우에 대처하는 것을 요구되지 않고 방음적인 문제 이외는 거의 의장적인 면에서 자유롭게 재료를 선택하고, 시공을 하면 된다. 그러나 그만큼 마무리재의 마무리 방법에 대해서는 의장적으로 만족할 수 있도록 연구해야 한다.

목조 간막이벽의 구성

아래 그림에 표시한 것으로 토대, 샛기둥, 안꽊촉으로 축조를 구성하나 이들의 주요 구성재와 구채(바닥, 벽, 천장)와의 관계는 앵커 볼트(볼트 위치는 도시한 바와 같이) 및 접착제로 고정시킨다. 샛기둥 및 붙임 기둥과 안꽊촉과의 맞춤은 짧은 장부 끼움으로서 토대와의 결합은 못질로 해주는 것이 보통이다. 목재는 토대만은 노송재로 하고, 이 밖에 삼나무재를 사용하는 것이 보통이다. 더욱 콘크리트에 접하는 면은 모두 방부제를 도포한다.

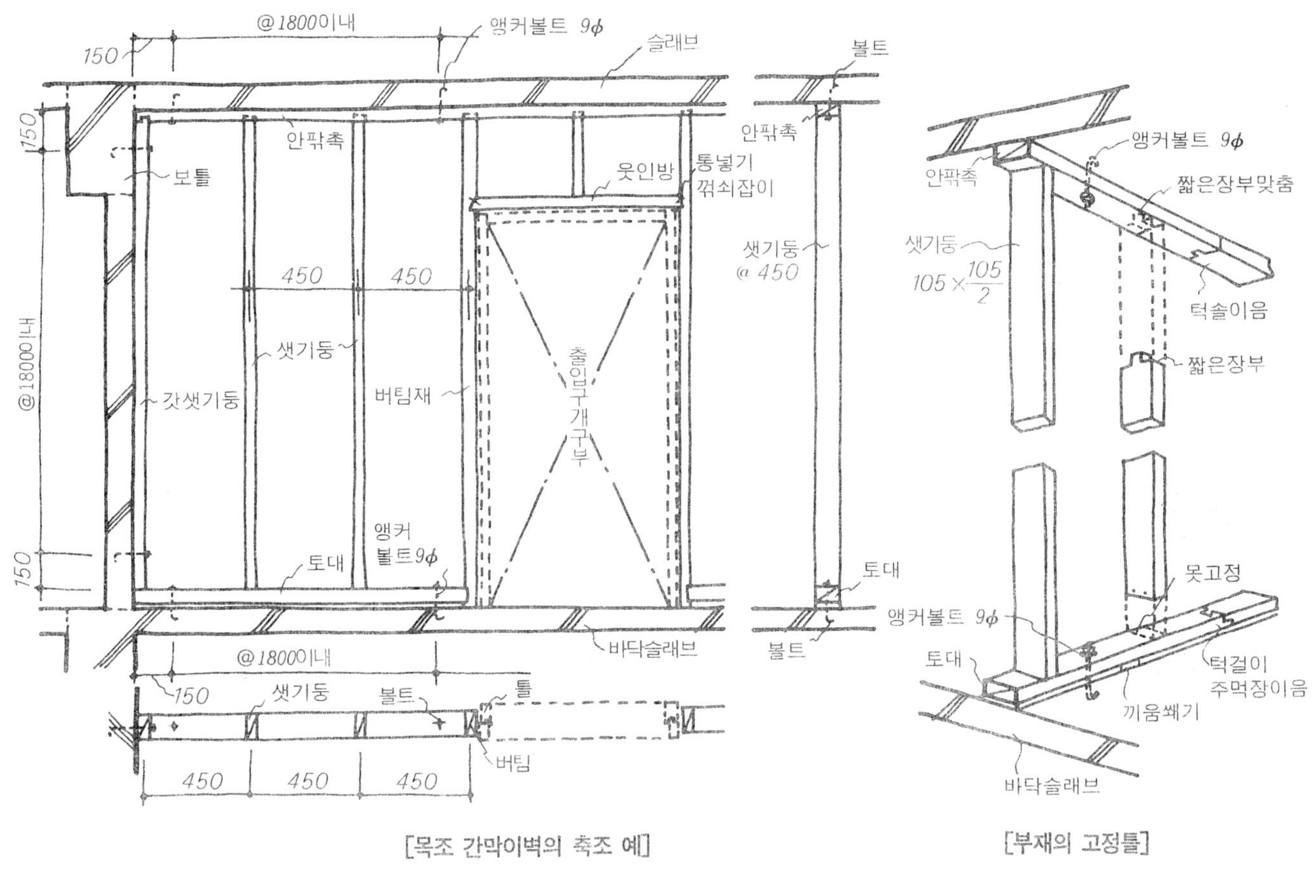

[목조 간막이벽의 축조 예]

[부재의 고정틀]

일반사항

콘크리트 블록조 간막이벽의 구성

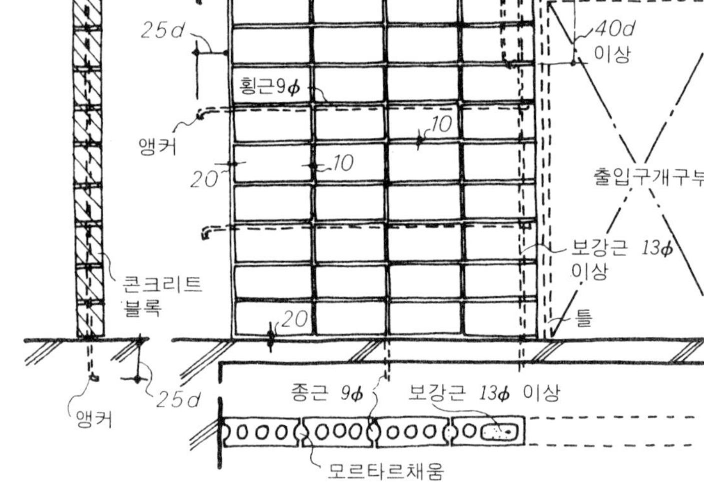

[콘크리트 블록의 조적 예]

[개구부의 보강요령]

블록은 도시한 바와 같이 철근을 넣어 모르타르를 채워 주면서 쌓아가지만, 철근은 사전에 소정 위치의 기둥, 벽, 보, 천장, 바닥 등에 조인트바를 사용해 둔다. 콘크리트 블록에는 A종(경량 블록), B종(보통 블록), C종(중량 블록)이 있지만, 간막이벽에는 A종 또는 B종이 사용된다. 더욱 개구부 둘레에서는 보강근을 넣어주어야 한다.

ALC판조 간막이벽의 구성

ALC판, 즉 경량 기포 콘크리트판으로서는 시포렉스와 실리컬리치트가 다용되고 있지만 두부, 각부의 마무리는 도시한 방법이 일반적이다. 더욱 판과 판과의 이음새는 실리컬리치트의 경우는 세로줄눈에 모르타르 레진을 충전시킨 시포렉스의 경우는 세로줄눈을 글루 모르타르로 접착하는 동시에 보강 플레이트(70mm 간격 이내)를 끼운다.

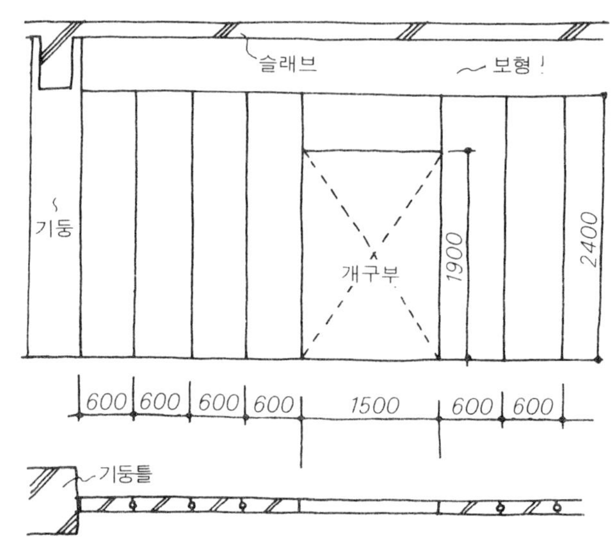

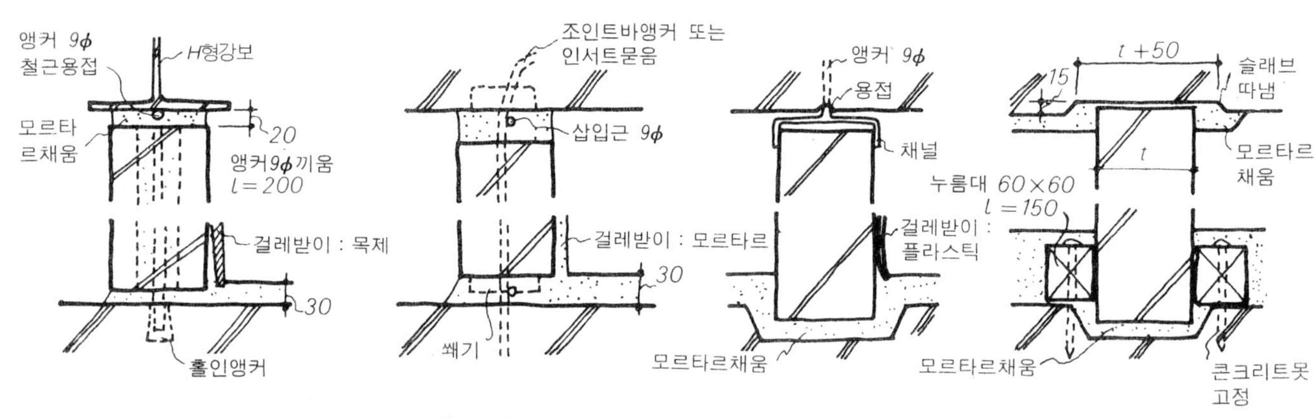

[ALL판조 간막이의 머리부, 각부의 아무림]

일반사항

경량 철골조 간막이벽의 구성

경량 철골로서는 도시한 것 같은 홈형강(통칭 C형강)이 다용되고 있다. 토대, 안팎촉 연귀, 옆기둥(C형강 사용)은 앵커 볼트 조임, 또는 조인트바에 용접 고정한다. 세로 띠장(샛기둥) 및 진동막이 등의 각 부재도 용접 고정하는 것이 보통이다.

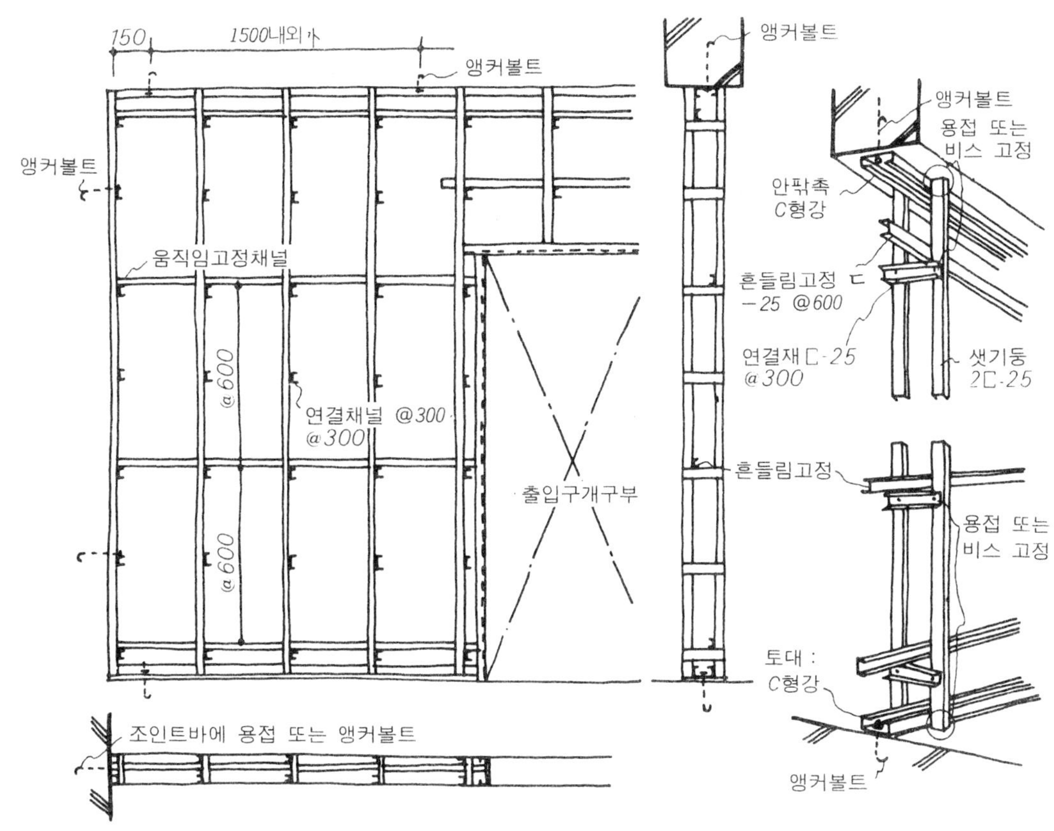

[경량철골간막이 벽의 축조 예]

스터드식 간막이벽의 구성

최근에는 경량 철골을 사용해서 현장 가공하던 구법에 대신하여 도시한 바와 같은 기제품의 샛기둥(스터드)을 사용하는 예가 많아졌다. 안팎촉 맞춤(실링 러너)는 천장 반자받이에 비스 고정하여 토대(베이스 러너)는 600mm 간격으로 바닥에 앵커 철근(6ϕ) 고정, 샛기둥은 토대, 안팎촉 맞춤과도 특정한 고정 철물을 사용해서 긴결한다. 더욱 개구부 둘레에는 보강하기 위한 부재가 있으므로 이것을 붙인다.

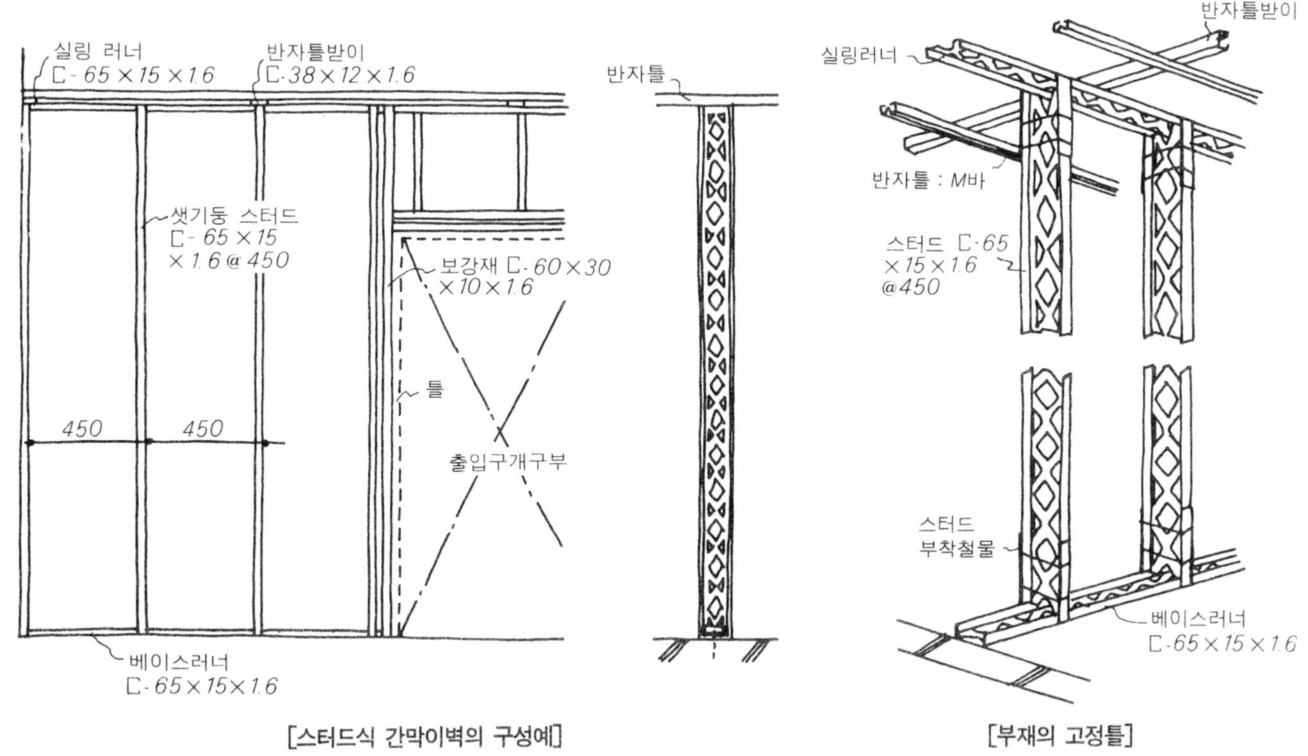

[스터드식 간막이벽의 구성예]

[부재의 고정틀]

바름 마감

바름 마무리는 바탕(축조)의 차이(콘크리트조, 철골조, 목조 등)에 불구하고, 모든 경우에 사용되는 마무리 형식이나, 축조의 차이에 의해 바름 바탕의 취급, 시공 요령은 약간 달라진다. 다음으로 도장 마무리의 종류 및 도장 마무리를 위해 바탕 조성의 요령, 마무리 등에 대하여 요점을 말한다.

바름 마무리의 종류

① 모르타르 바름 마무리…마무리 형식으로서는 흙손 누름 마무리, 긁어낸 거친 마무리, 솔질 마무리가 있으나 내벽의 경우는 다시 이 위에 도료(페인트)를 칠해서 마무리하는 예가 많다. 더욱 이 모르타르 바름은 후술하는 타일 붙임 마무리, 돌 붙임 마무리 등의 바탕 조성과 공통하는 것이다.

② 플라스터 바름 마무리…석고 플라스터, 돌로마이트 플라스터 등을 흙칼 누름으로 바른 것으로 오피스, 점포, 주택 등, 모든 용도의 실내 마무리에 사용된다.

③ 인조석 바름 마무리…인조석 갈기 마무리, 씻어내기 마무리, 잔다듬 마무리 등의 마무리 형식이 있다. 이 돌은 사용 개소, 의장적인 목적에 따라 사용 구분된다.

④ 흩벽 바름 마무리…일식 주택의 내벽 마무리에 사용된다.

내벽의 바름 마무리의 종류로서는 이상의 것이 대표적이나 도장 마무리의 공통적인 결점으로서는 마무리면에 균열, 부품, 벗김 등이 생기게 될 때가 있다. 이들의 결점은 바름 바탕을 함으로써 어느 정도 방지되므로, 다음에 바탕 조성의 요점을 기술한다.

콘크리트벽인 경우의 바름 바탕

콘크리트 벽면은 거푸집의 부품이나 요철, 세퍼레이터, 어닐링 와이어 등의 구멍, 타설 이음부의 틈, 곰보 등의 결점이 있으므로 이것을 모르타르로 메워서 바탕 조성을 한 다음 마무리 바름한다. 더욱 모르타르 채움한 부분은 마무리재의 부착을 원활히 하기 위해 쇠빗을 사용하여 거칠게 해주는 일.

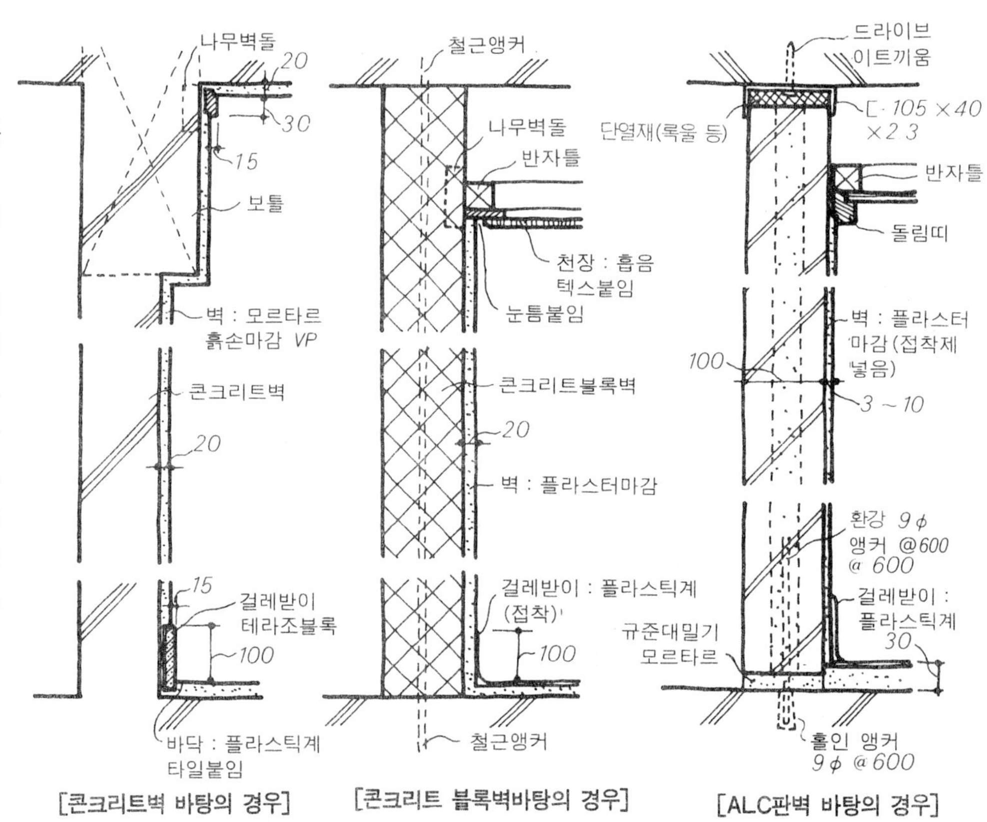

[콘크리트벽 바탕의 경우] [콘크리트 블록벽바탕의 경우] [ALC판벽 바탕의 경우]

콘크리트 블록벽의 경우 바름 바탕

콘크리트 블록은 건조, 수축이 대단히 크기 때문에 되도록 빠르게 조적하여 모르타르 초벌 바름을 한 다음 장기간 방치해 두는 것이 좋다. 더욱 초벌 바름없이 직접 정벌 바름할 경우에는 균열 방지를 위해 반드시 메탈라스 붙임을 하여 기둥, 보 등과의 맞춤 부분에는 신축 줄눈을 설치해야 한다.

ALC판벽의 경우 바름 바탕

ALC판의 건립은 잘 빠진 턱솔이 없도록 하지만 판 상호의 접착부나 기둥, 보, 바닥과의 맞춤부에 생긴 틈에 모르타르를 매립한다. 더욱 고정 형강을 사용한 건립의 경우는 틈에 석면을 채워서 바탕을 평탄하게 한다.

바름 마감

경량 철골 축조의 바름 바탕

경량 철골 축조의 경우 도장 바탕은 띠장 위에 라스 보드 또는 라스 시트 등을 붙여서 그 위에 메탈라스를 붙여 바탕 조성한다(못 또는 용접 고정).

라스 보드 붙임은 도시한 바와 같이 띠장마다에 비스 고정시키지만 라스 시트의 경우에는 띠장으로 용접해서 붙인다. 더욱 라스 시트의 이음 방법은 거멀접기 또는 겹이음으로 하고, 평라스(너비 150 mm 정도)를 덮어서 보강한다.

최근에는 간막이벽의 경우는 라스 보드 바탕을 사용하는 예가 많다.

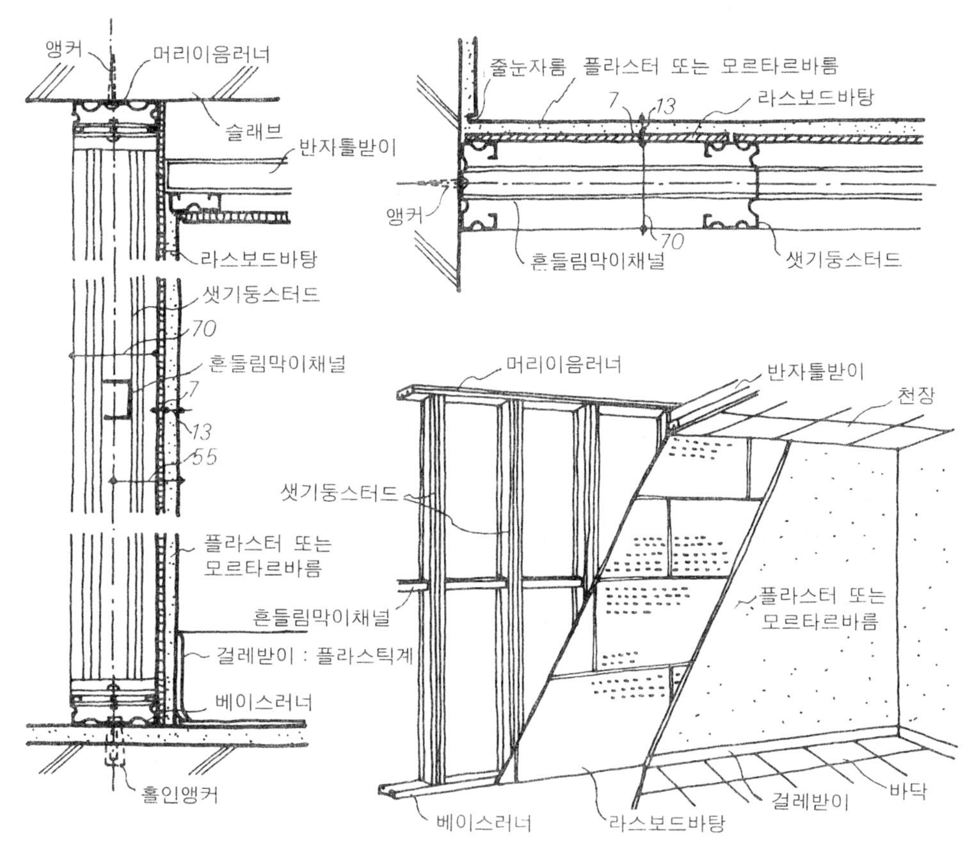

[경량철골벽 바탕의 경우]

목조 축조의 바름 바탕

최근의 졸대 바탕 대신에 라스 보드 바탕을 사용하는 예가 많게 한다. 라스 보드(두께 7mm 정도)는 띠장(300~450mm 간격)마다에 있어서는 문선, 걸레받이, 두겁, 돌림띠와의 맞춤 부분을 흙손한 장의 두께만큼 하면 된다.

와이어 라스 바탕의 경우는 샛기둥에 라스 바탕판을 설치하여 그 위에 아스팔트 펠트, 와이어 라스를 겹쳐 붙이나, 이 경우 와이어 라스는 세로 붙임으로 하고 좌우의 이음새는 봉함 이음, 상하는 한 줄 겹침해서 힘살을 넣는다.

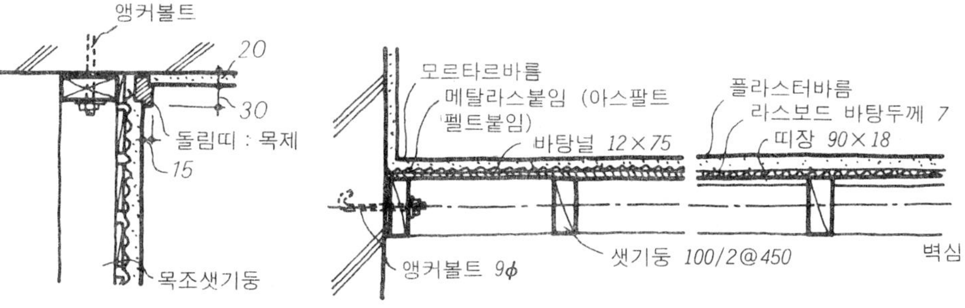

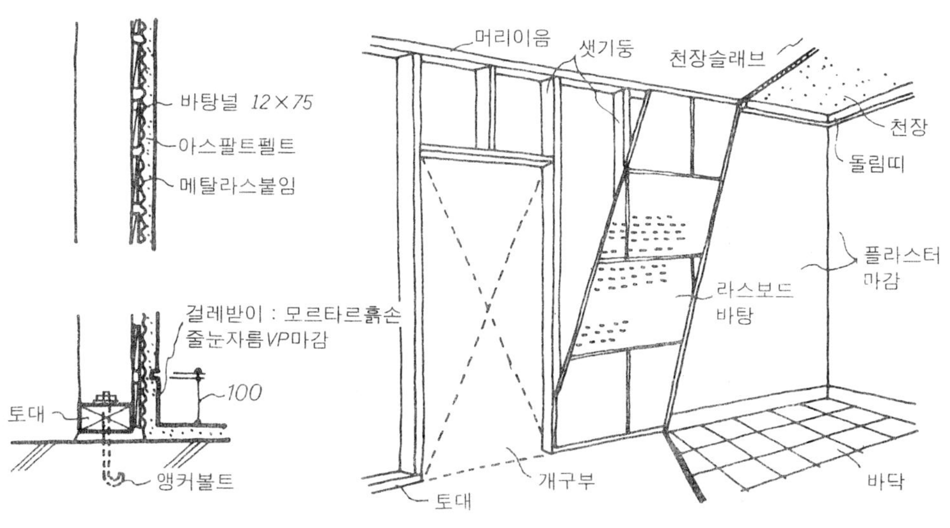

[목조벽 바탕의 경우]

바름 마감

모서리부의 아무림

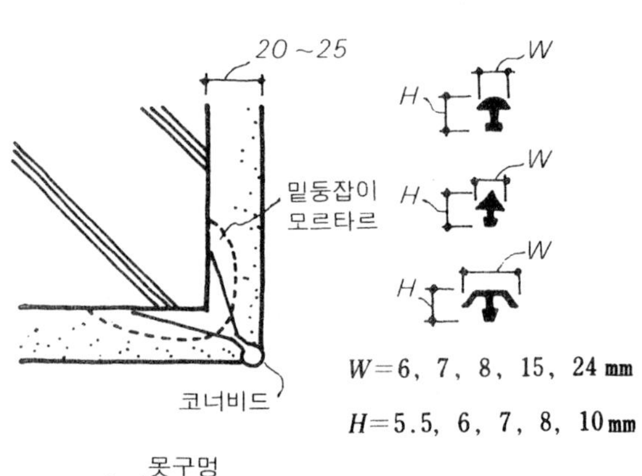

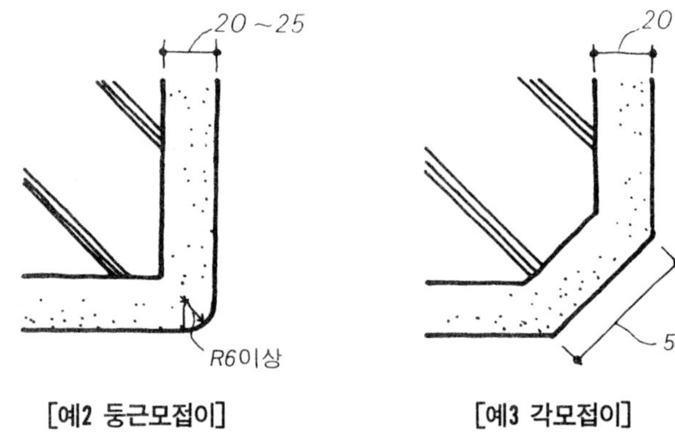

[예2 둥근모접이] [예3 각모접이]

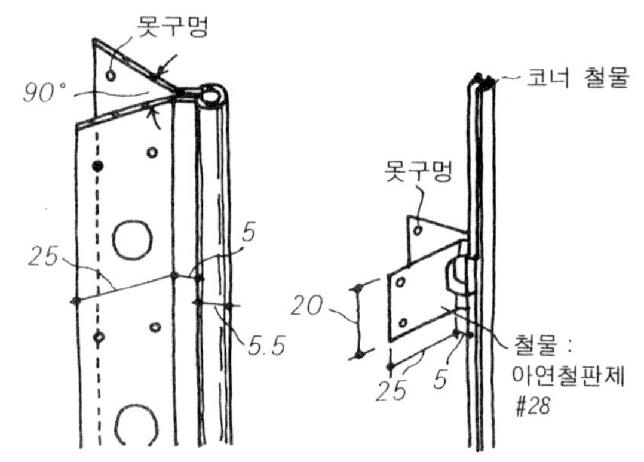

[예1 코너비드 설치 예]

바름벽의 모서리 부분은 손상되기 쉽기 때문에 일반적으로는 예 1에 표시한 것 같은 코너 비트를 설치하든지 예 2, 예 3과 같이 모따기 마무리로 하는 것이 보통이다. 코너 비트는 스테인레스제, 아연 도금 철판제, 놋쇠제, 알루미늄제, 염화 비닐제 등 여러 가지가 있으나, 실의 사용 목적에 적합한 재료를 고르는 것이 좋다. 더욱 이 코너 비트의 설치에 있어서는 이것을 정규로 하여 마무리도 잘 하므로 굽힘이 없고 수직으로 설치할 것.

예 4～예 8은 모서리 보호의 특수 예이며 창고와 주차장 벽의 모서리 부분 또는 기둥 모서리 등에 설치하여 보호해 주는 것이다.

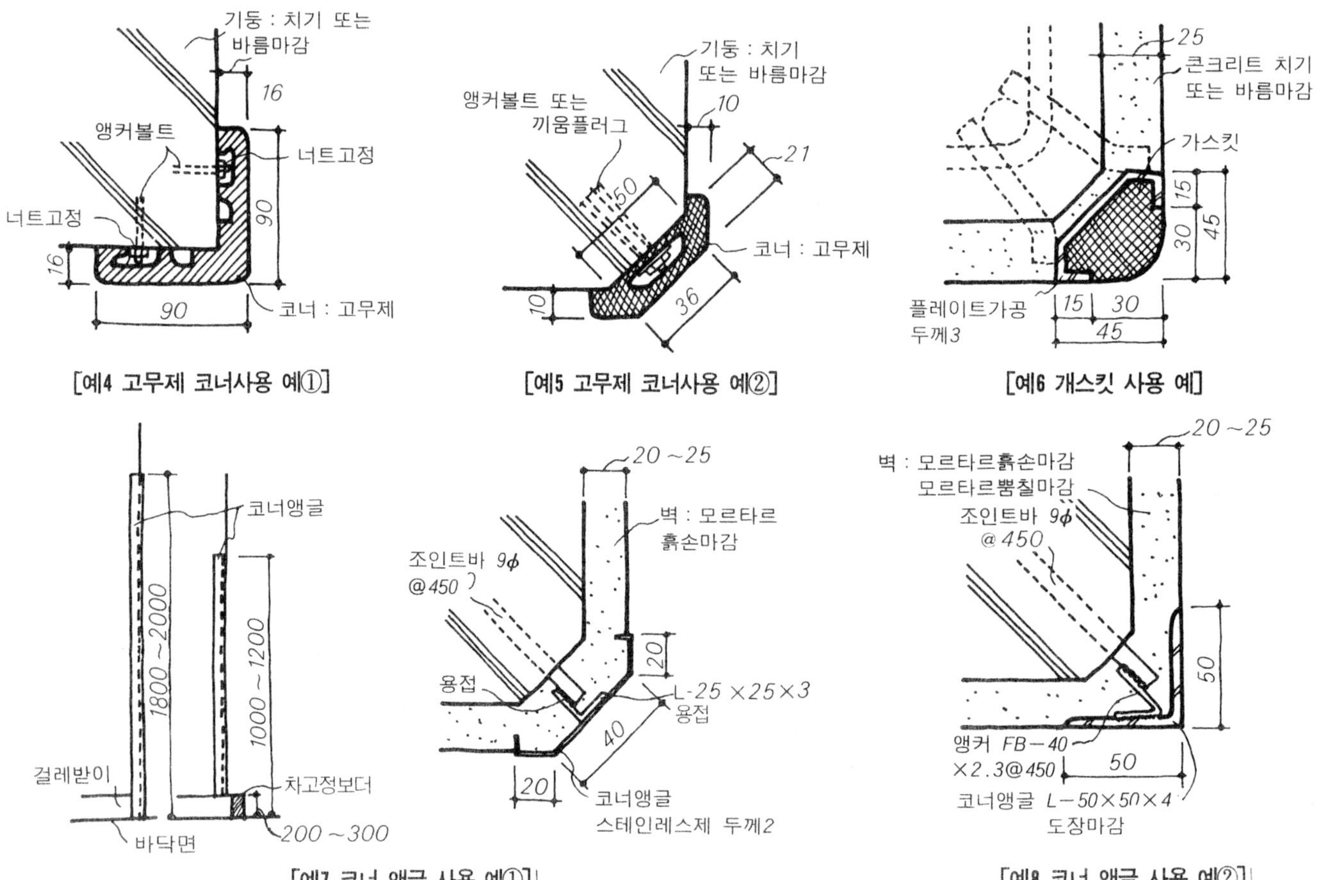

[예4 고무제 코너사용 예①] [예5 고무제 코너사용 예②] [예6 개스킷 사용 예]

[예7 코너 앵글 사용 예①] [예8 코너 앵글 사용 예②]

타일붙임 마감

내장용 타일의 종류

내벽을 타일붙임으로 하는 것은 무늬 타일, 모자이크 타일 등을 사용하고 의장적으로 벽에 붙이는 경우 이외는 욕실, 주방, 탕비실, 화장실 등, 미관보다 실용적인 이점(더럽히지 않고 청소하기 쉬운)을 살려서 사용하는 예가 많다. 외장용 타일처럼 풍우에 노출되는 것이 아니므로 도기질, 반자기질 등의 유약을 쓴 아름다운 색채의 타일이 다용되고 있다.

일반적을 사용되고 있는 내장용 타일의 치수는 아래 표에 표시한 그대로이나 도시한 바와 같이 평타일 외에도 구석 부분, 걸레받이, 두겁용의 여러 가지 형상의 변형물 타일이 있으므로 이것을 활용하여 아름답게 붙여 나가도록 하면 된다.

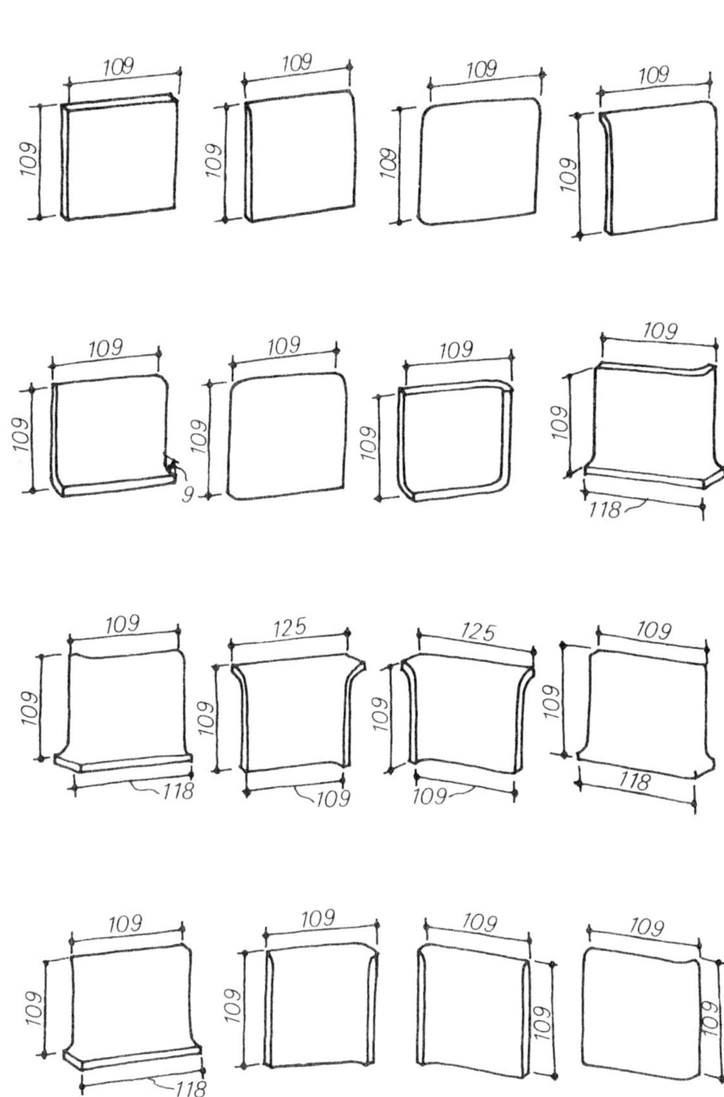

표준타일치수

명　칭	치수(mm)
1.8　치각	55×55
2.5　치각	76×76
100mm각(줄눈)	97.75×97.75
3.6　치각	108×108
5　　치각	152×152

모자이크타일치수(자기의 종류)

명　칭	치수(mm)
시유모자이크타일	13, 25, 40, 47각
무유모자이크타일	19,25각,24×48,18×36.6각,원형
컬러콘모자이크타일	13, 19, 25, 40, 47각
폴리콘모자이크타일	19각
아트모자이크타일	10각

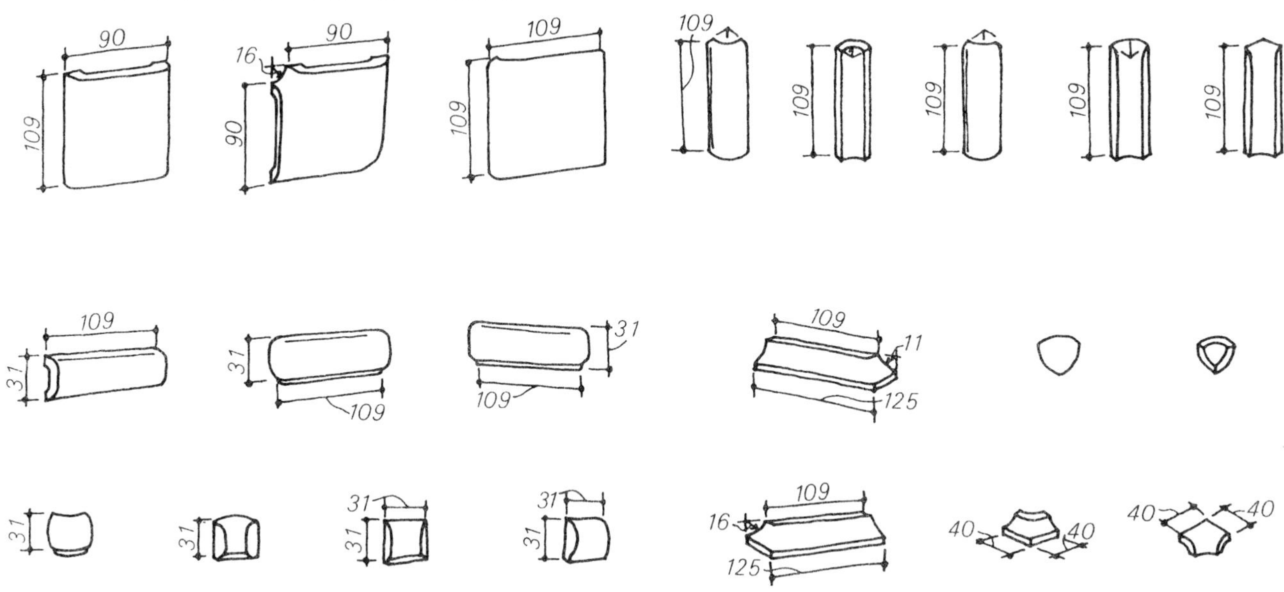

[내장용 타일의 형상]

타일붙임 마감

타일 붙임 공법

타일 붙임은 외벽 마무리 항에서도 기술한 것처럼 타일 배치도에 따라서 붙여 나간다. 타일 배치는 층높이, 개구부 높이 등을 기준하여 줄눈 배치하고 위생 기구 등을 설치할 경우에는 배관, 설치 철구 위치를 고려해서 줄눈 배치한다. 줄눈은 폭 2~3mm의 통줄눈으로 하고 백색 시멘트(또는 타일과 같은 색)를 발라서 마무리한다. 최근에는 모자이크 타일과 같이 시트로 붙이는 유니트 공법이 사용되고 있지만, 아직은 한 장씩 붙이는 것이 일반적이라 할 수 있다. 한 장 붙여야 하는 굽벽과 같은 좁은 면의 벽에는 경단 붙임, 넓은 면을 붙일 때는 압착 공법(접착제 섞은 모르타르를 바른 다음 타일을 눌러 붙인다)이 사용되고 있다.

구석 부분의 아무림

모서리, 구석 부분은 도시한 바와 같이 시선이 닿기 쉬운 면의 타일을 보기 좋게 붙이는 것이 원칙이다. 실내의 동선부터 주시 방향을 결정하면 된다.

더욱 타일 배치에서는 우수리가 나오는 경우는 보이지 않는 쪽의 구석으로 조정하나, 단수가 타일폭의 1/2 이하가 되지 않도록 주의한다. 더욱 적은 단수는 줄눈폭으로 조정하는 것이 보통이다.

상하 방향의 우수리 조정은 하부에서 하지만, 적은 단수의 경우는 바닥 마무리 두께로 조정한다.

변형 타일은 도시한 바와 같이 여러 가지 형상의 것이 있지만 주시 방향을 우선시킨다는 것은 상기의 경우와 같다.

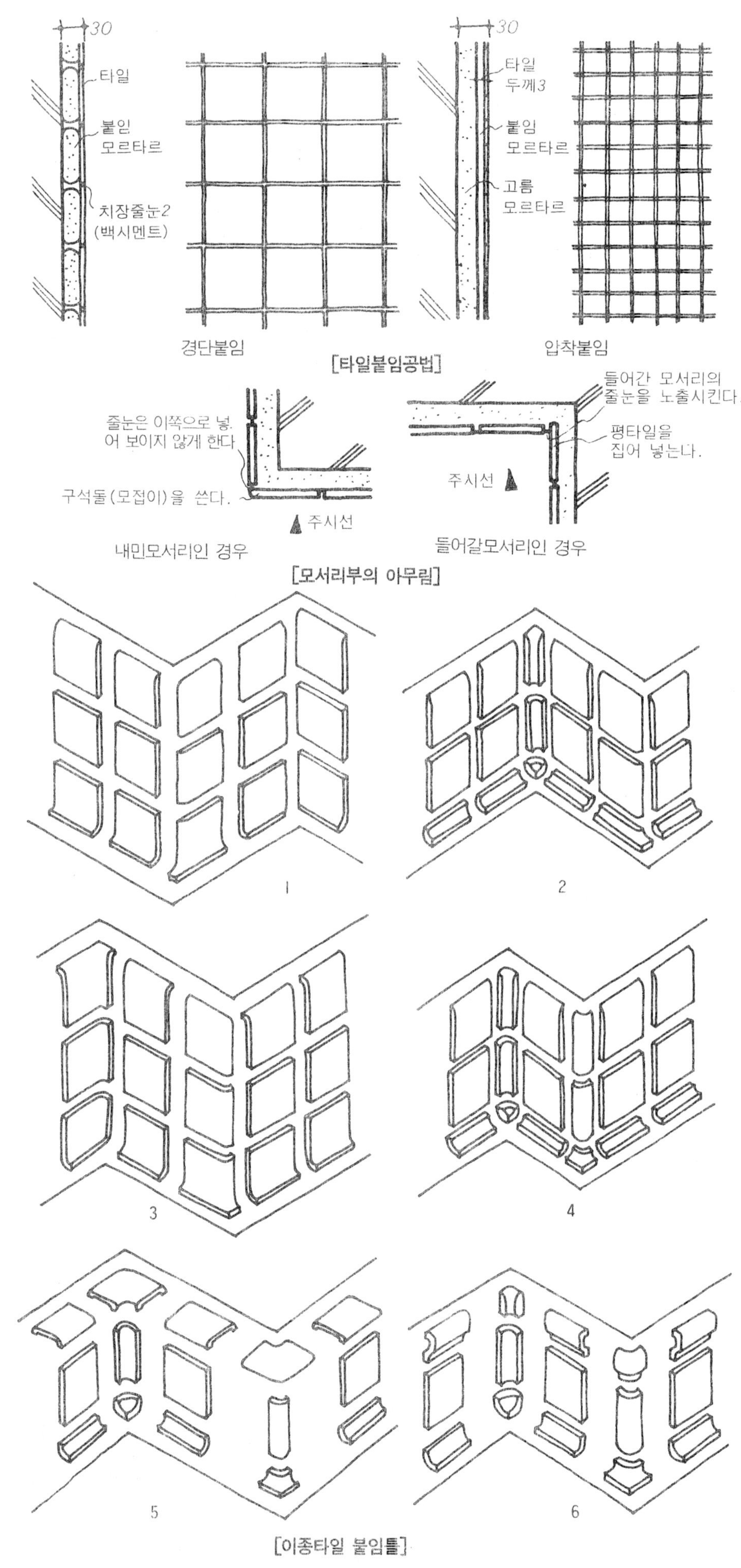

[타일붙임공법]

[모서리부의 아무림]

[이종타일 붙임틀]

타일붙임 마감

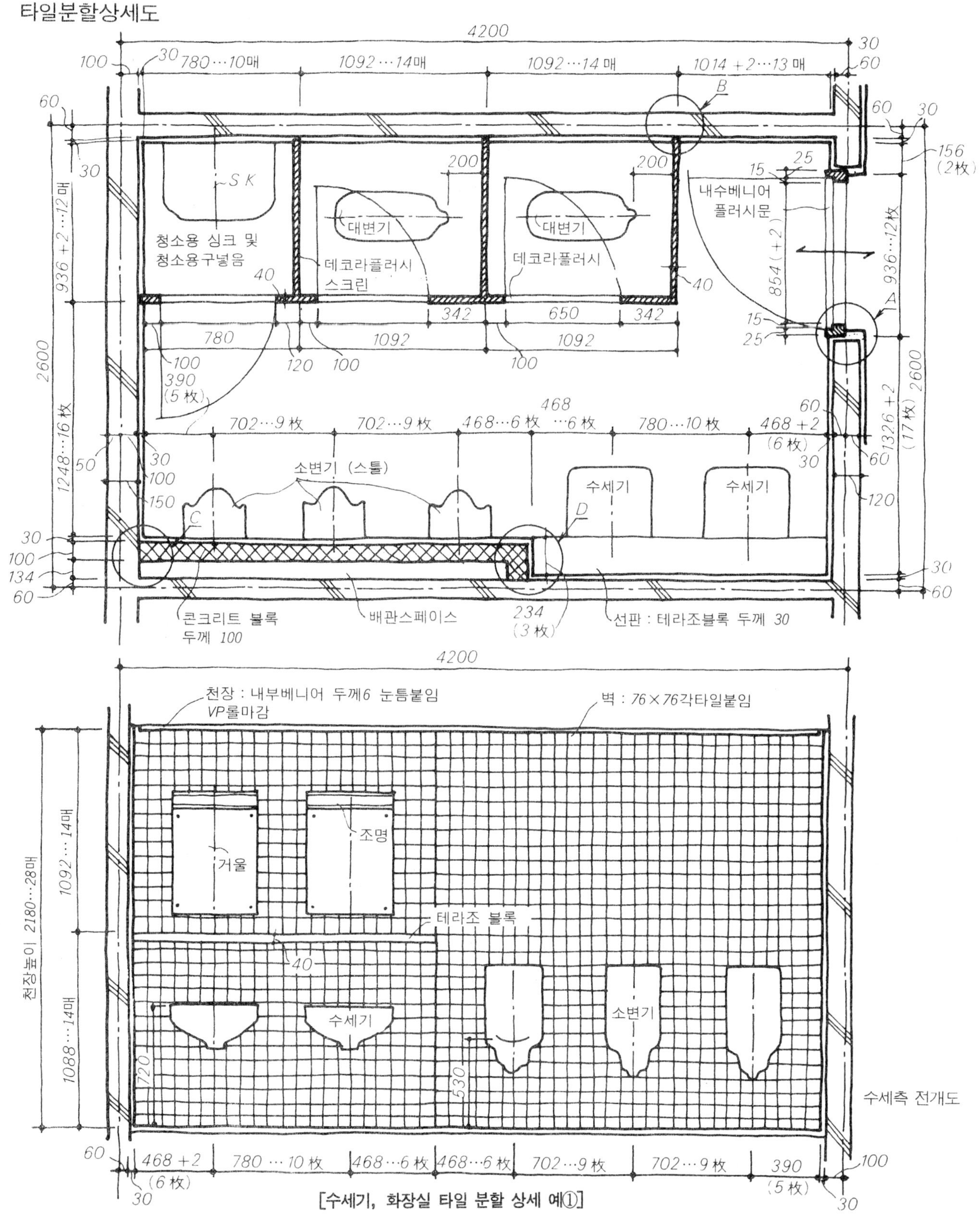

[수세기, 화장실 타일 분할 상세 예①]

내벽을 타일붙임 마무리하는 예로서 가장 일반적인 화장실의 타일 분할 예를 표시한 것이다. 타일의 분할 요령은 토막처리 등은 이미 기술한 바와 같으나 구석 부분, 돌출부, 스크린과의 관련 부분 등, 요소의 마무리를 A~G부의 상세로서 도시했기 때문에 참조하면 된다.

더욱 이 설계에는 벽은 76×76각 타일을 천장까지 올려붙여서 천장은 내수 합판을 투명하게 붙이고 나서 VP바름 마무리한다.

타일붙임 마감

바닥은 아스팔트 방수 후 모자이크 타일 붙임 마무리한 것이다.

각종 기구의 설치 철구는 줄눈 위치에 배치하여 타일을 상하지 않도록 배려하나, 부득이한 경우는 타일 커터를 사용해서 정확하게 타일을 절단한 다음 붙인다.

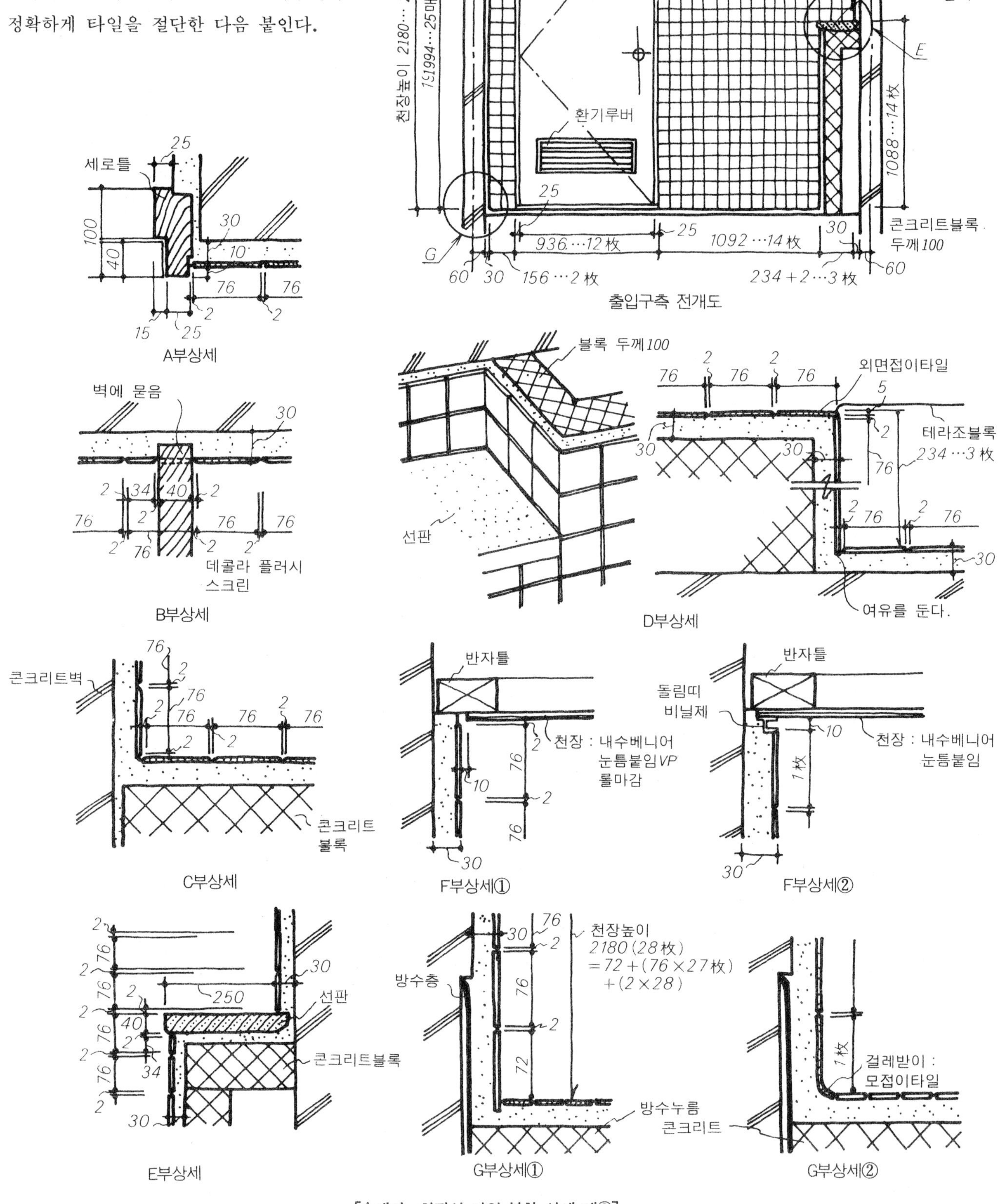

[수세기, 화장실 타일 분할 상세 예②]

돌붙임 마감

석재의 분할 상세 예(엘리베이터 홀)

돌붙임 외벽 마무리의 항에서도 기술한 바와 같이 돌 배분도에 준하여 정확히 붙인다. 예도는 엘리베이터 홀의 돌 배분을 표시한 것으로 바닥면에서 천장까지를 4등분(걸레받이는 사용하지 않는다)하고 대리석의 큰판을 붙여서 마무리한 예이다. 돌붙임 마무리의 아무림으로서는 구석부의 취급이 요점이 되나 제각기의 상세도를 부기한 것으로 참조하면 된다. 더욱 대리석은 모르타르의 잿물이 표면으로 스며 나오기 때문에 돌 뒷면에 아스팔트 프라이머 또는 내알칼리 도료를 바르는 등의 주의가 필요하다.

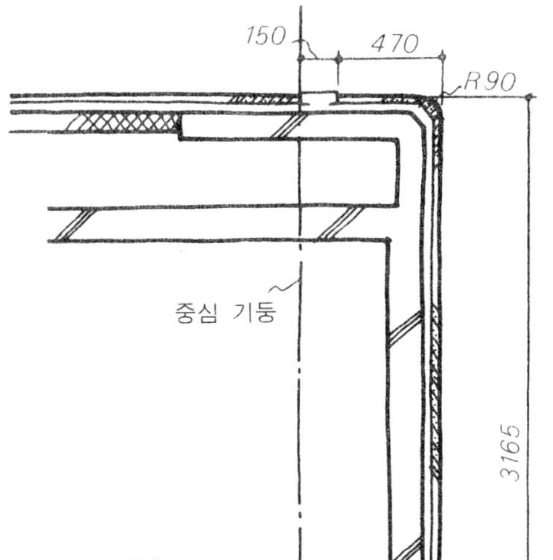

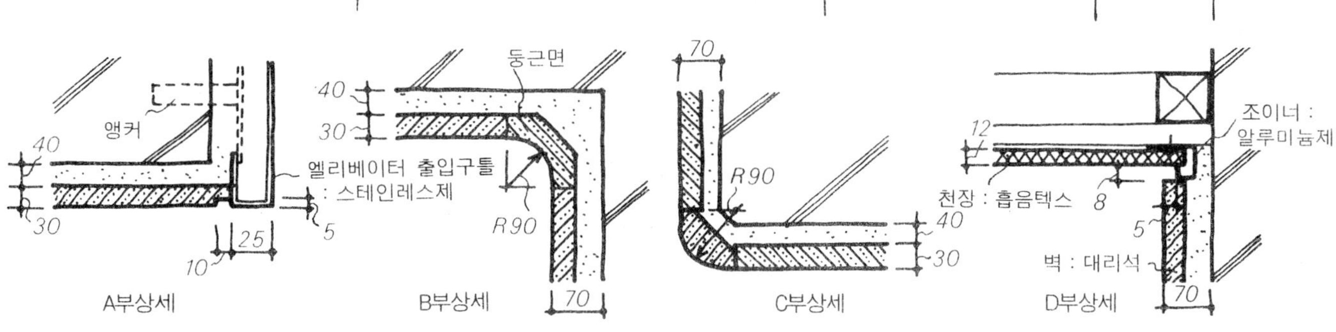

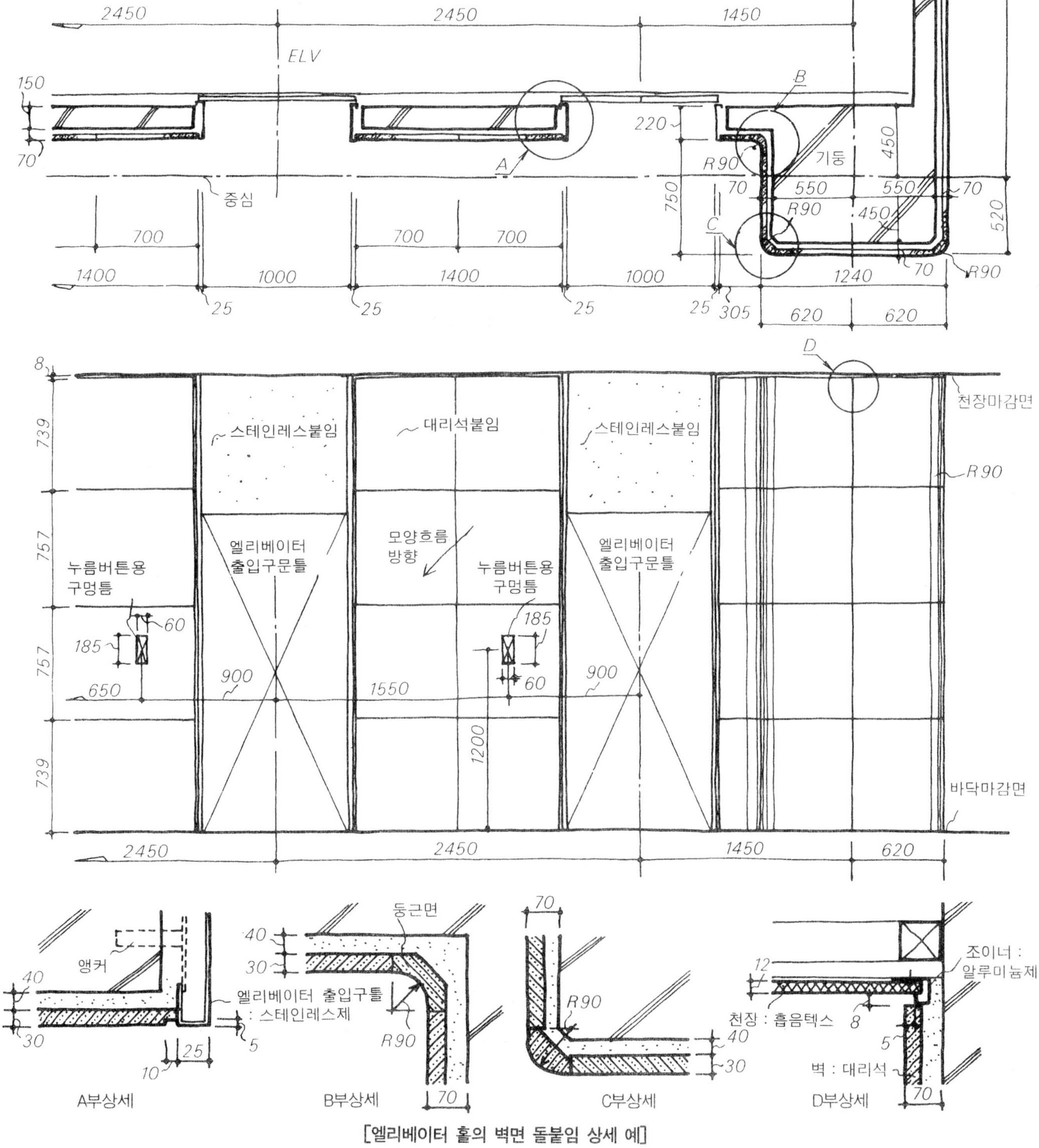

[엘리베이터 홀의 벽면 돌붙임 상세 예]

돌붙임 마감

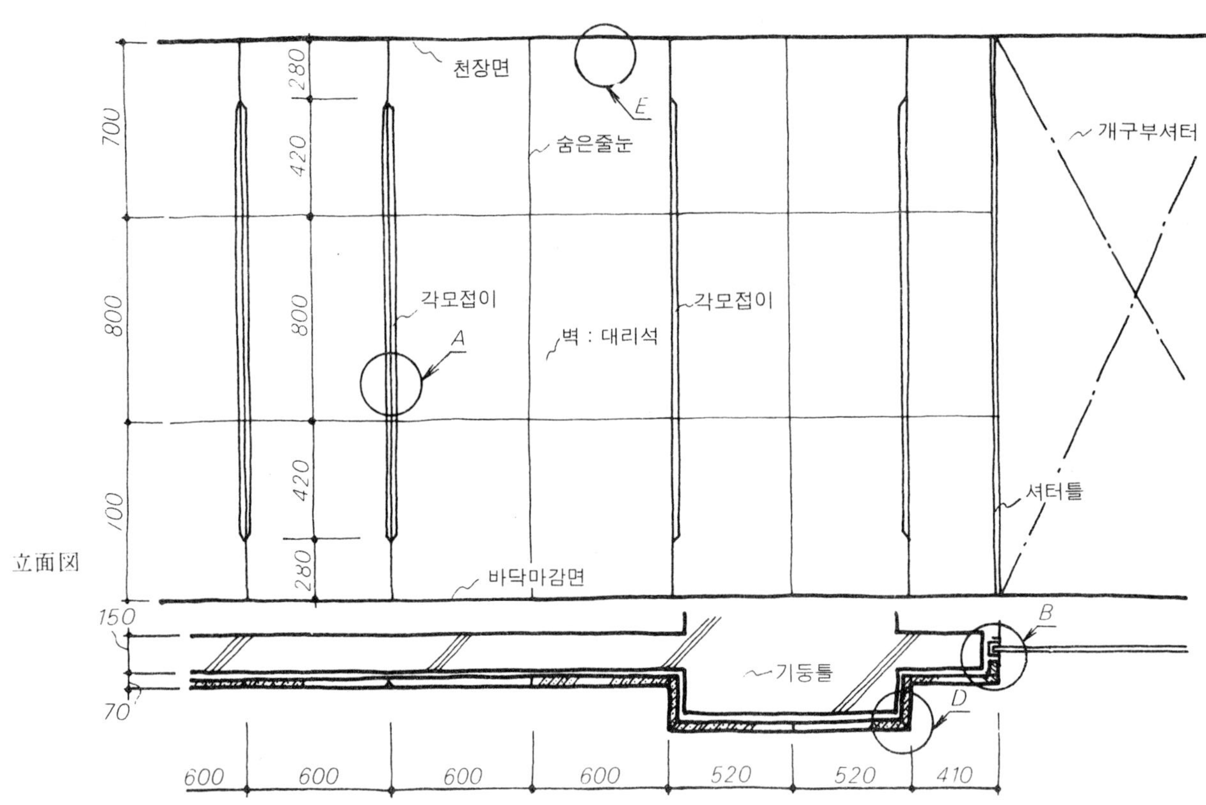

석재의 분할 상세 예(일반벽)

전페이지와 같이 내벽을 대리석 붙임 마무리한 예이다. 넓은 벽면을 돌벽으로 하기 위해 줄눈을 의장적으로 연구하고 각모 따기로 한 것이다.

돌붙임 형태는 외벽의 항에서도 기술했지만 콘크리트벽 바탕과 돌 뒷면의 틈을 25~30mm 정도로 잡고 꽂임촉을 넣어 당김 철물을 사용하여 바탕에 고정시켜 주입 모르타르로 올려붙인다. 이 경우, 돌 뒷면과 벽 바탕과의 틈이 적으면 접착력이 부족해서 박리의 원인이 되므로 주의한다. 더욱 당김 철물은 하부(걸레받이를 포함해서)가 될수록 윗부분의 돌 중량이 가해져서 엇갈림이 생길 염려가 있으므로 확실히 고정이 되어야 한다.

간막이벽의 돌붙임은 돌 두께 20mm 이상의 경우는 꺾쇠나 꽂임촉을 넣어 고리쇠로 고정하고 바탕은 콘크리트(블록, ALC판을 포함한다)조로 하지만 돌 두께 20mm 이하는 타일벽과 같이 생각해도 된다.

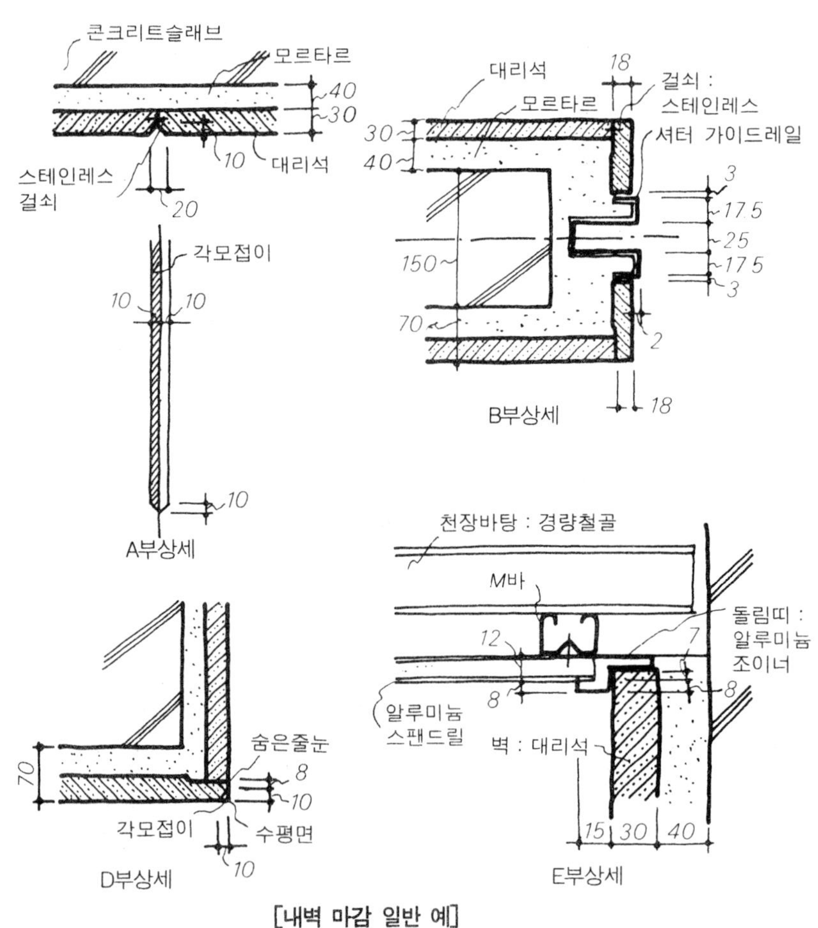

[내벽 마감 일반 예]

판, 보드 붙임 마감

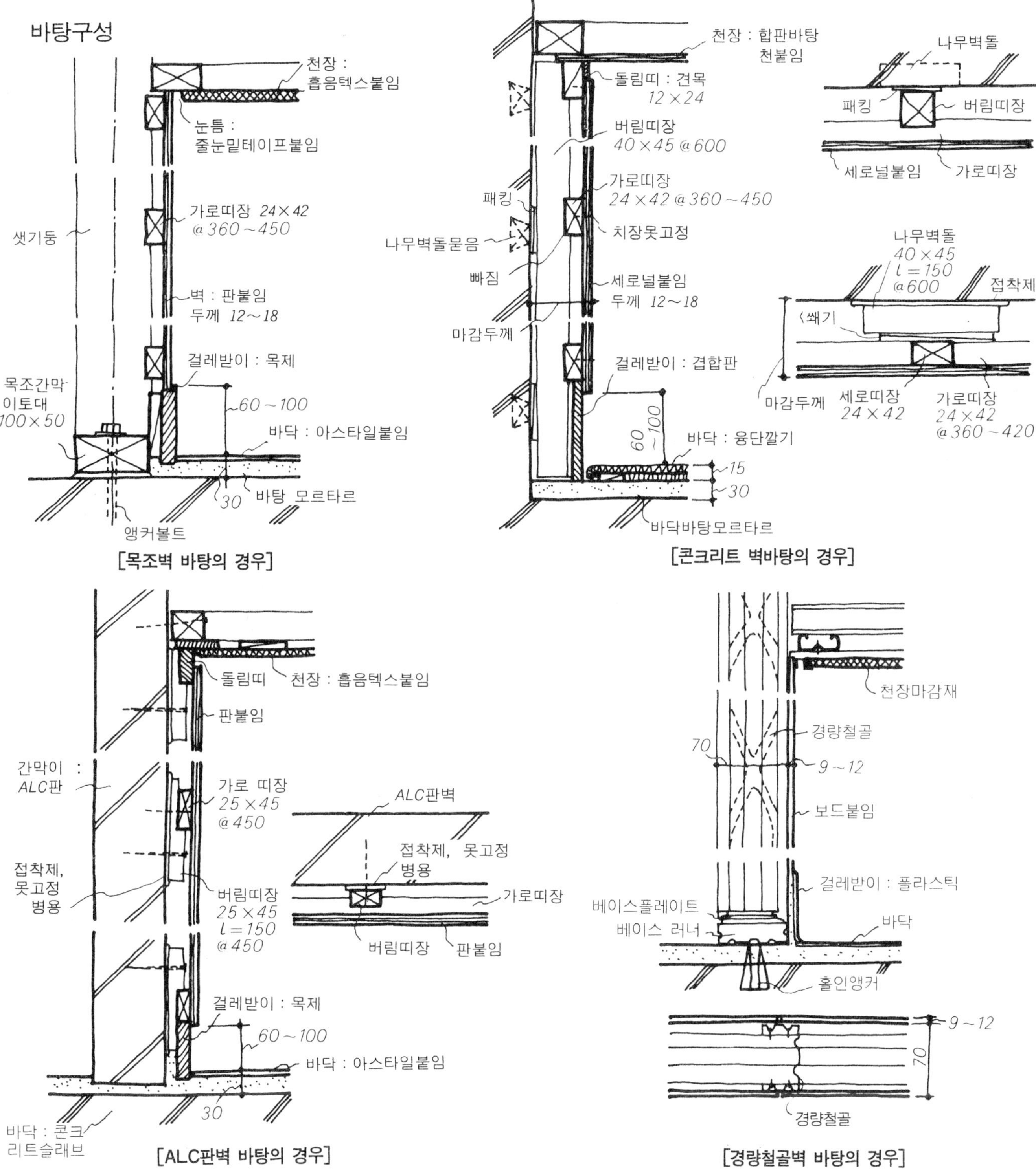

판붙임 마무리, 보드벽 마무리는 이들의 마감재를 붙이기 위해 바탕(목제 띠장)이 필요해진다. 띠장은 판을 붙이는 방법에 따라서 세로 띠장과 가로 띠장(다음 페이지 참조)이 되나, 그 붙임 방법은 위 그림에 표시한 것처럼 벽의 바탕 구조의 차이에 따라 달라진다.

콘크리트벽 바탕의 경우는 사전에 매립한 나무 벽돌에 세로 띠장(밑창 띠장이라고도 한다)을 못질하여 여기에 마감재 못질 또는 접착제 고정해서 붙여 나간다. 더욱 최근에는 ALC판의 예에도 표시한 것처럼 나무 벽돌을 사용하지 않고 밑창 띠장을 콘크리트 못으로 직접 고정시키는(접착제 병용) 예가 많아졌다.

더욱 철골조의 경우는 띠장(경량 철골, 목제와도)을 비스 고정으로 하고 여기에 마감재를 비스 고정하는 것이 보통이다.

판, 보드 붙임 마감

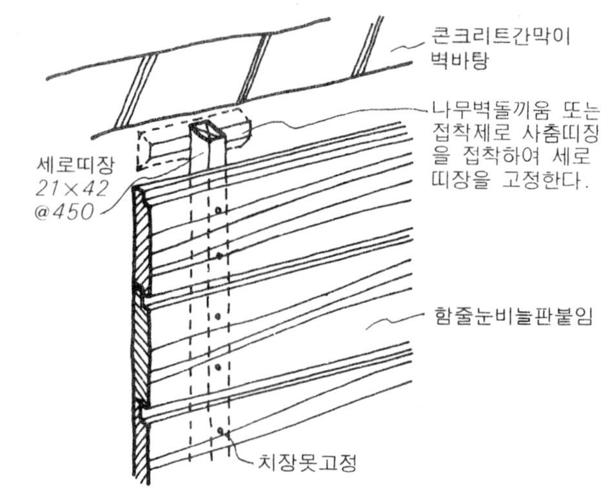

판을 벗기는 법

판을 붙이는 방법으로서는 가로판 붙임(가로판벽)과 세로판 붙임(종판벽)이 있고, 그 붙이는 방법의 차이에 의해 바탕의 띠장을 넣는 방법이 달라진다. 가로판벽의 경우는 세로 띠장에 못질 고정으로 하고 세로판벽의 경우는 가로 띠장에 못질 고정으로 한다.

보통 숨은 못질로 하나 표면 치기(뇌천 못질)의 경우의 못은 치장못을 사용한다.

판 벗기의 종류로서는 반턱쪽매, 턱솔쪽매, 맞댐 붙임 외 특수한 판붙임이 있지만, 내벽의 판붙임으로서는 맞댐, 반턱쪽매, 턱솔쪽매가 일반적이다. 더욱, 줄눈은 비늘 줄눈, 모 따기 맞댐 줄눈이 일반적이며, 경우에 따라서는 누름대 고정으로 하는 예도 있다.

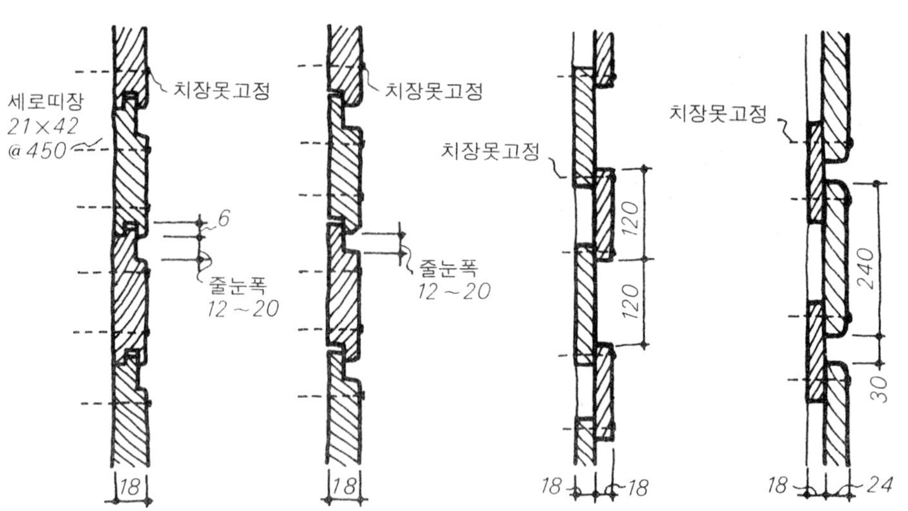

[가로판벽 붙이기의 널쪽매와 바탕구성]

가로판벽은 실내에 안정감을 주고 양식 방의 마무리에 사용된다. 가로판벽 마무리의 경우는 의장적으로 판붙임용의 못에 치장못을 사용하는 것이 통례이다. 세로 띠장(또는 샛기둥)의 간격은 450mm 이내로 한다.

세로판벽의 경우도 판벗기는 법은 가로판벽과 공통이지만 띠장을 세로 띠장(또는 샛기둥, 간격 450mm) 위에 가로 띠장을 설치(간격 300~450mm), 이 가로 띠장 위에 판을 숨겨 못질 또는 접착제로 고정시켜 나간다.

이 경우, 가로 띠장은 도시한 바와 같이 세로 띠장을 제거하여 판 뒷면의 공간이 커지지 않도록 처리하는 것이 보통이나 세로 띠장의 제거를 지나치게 깊게 하면 강도를 손상시킴으로 주의해야 한다.

또 세로판벽의 경우는 치장못을 사용하면 의장적으로 보기 좋지 못하므로 일반적으로는 숨긴 못질로 부착하는 예가 많아졌다.

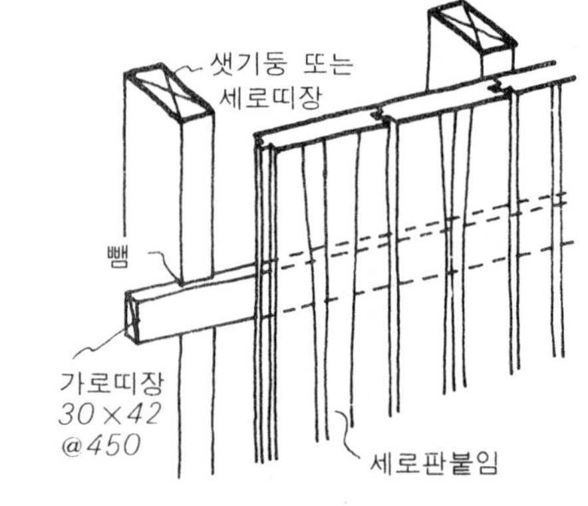

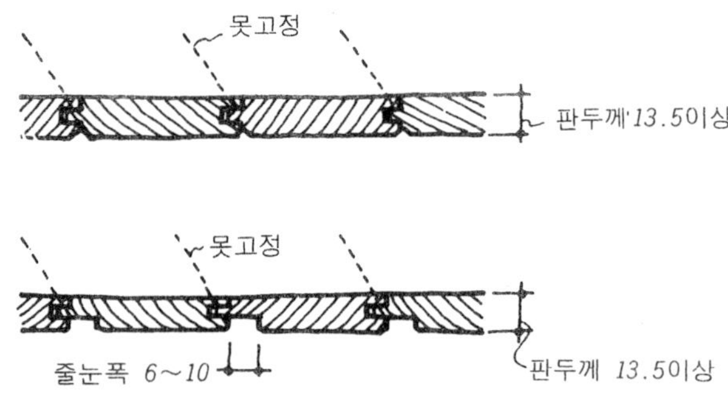

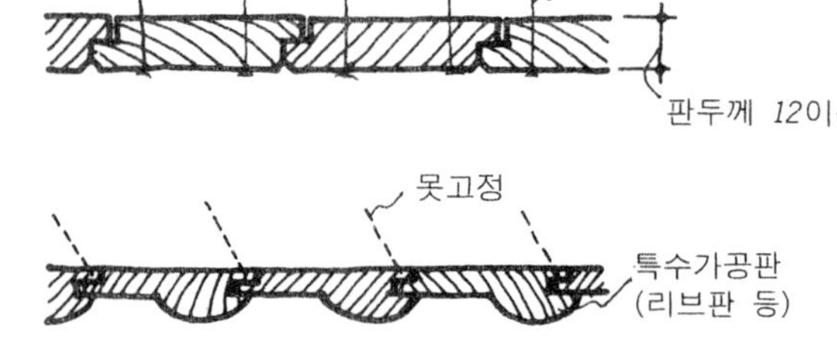

[세로판벽 붙이기의 널쪽매와 바탕구성]

판, 보드 붙임 마감

합판, 보드류로 붙이는 방법

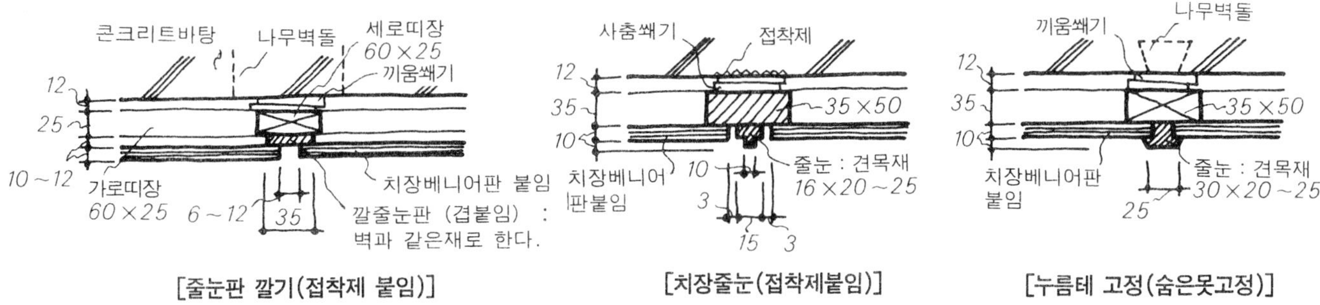

콘크리트바탕
나무벽돌
세로띠장 60×25
끼움쐐기
12
25
10~12
가로띠장 60×25
6~12
35
치장베니어판 붙임
깔줄눈판 (겹붙임) : 벽과 같은재로 한다.

[줄눈판 깔기(접착제 붙임)]

사춤쐐기
접착제
12
35
10
35×50
치장베니어 판붙임
10
3
줄눈 : 견목재 16×20~25
15 3

[치장줄눈(접착제붙임)]

나무벽돌
끼움쐐기
12
35
10
35×50
치장베니어판 붙임
줄눈 : 견목재 30×20~25
25

[누름테 고정(숨은못고정)]

합판, 보드류도 판붙임과 같이 목제 띠장에 못질로 하든지 또는 접착제로 붙인다. 띠장과 벽 바탕(구조벽)과의 관계는 이미 기술한 바와 같으나 띠장은 세로 띠장과 가로 띠장을 반턱 맞춤으로 해서 평면으로 처리하고 띠장 간격은 세로, 가로 모두 마감재(합판, 보드류)의 규격 치수와 합해서 300~450mm 간격 정도로 배분한다. 이 경우 줄눈은 반드시 띠장에서 포착해야 하므로 줄눈폭을 포함한 치수로 배분하는 일.

줄눈의 아무림

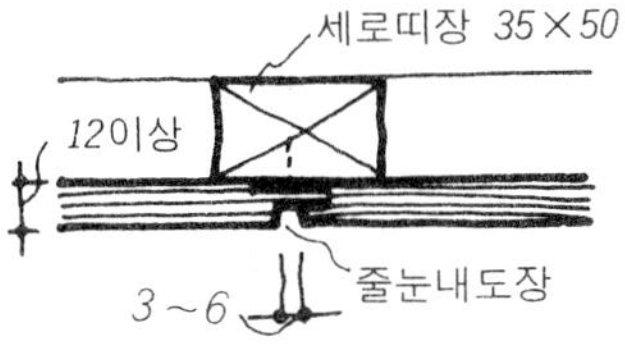

세로띠장 35×50
12이상
줄눈내도장
3~6

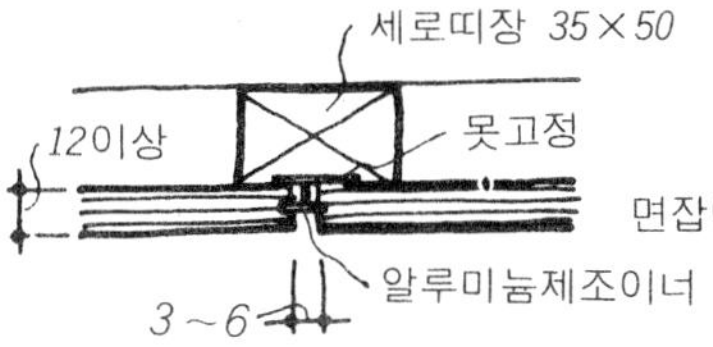

1

세로띠장 35×50
12이상
못고정
알루미늄제조이너
3~6

2

면잡이 맞댐이음
보드 두께 6~12
줄눈 6~9

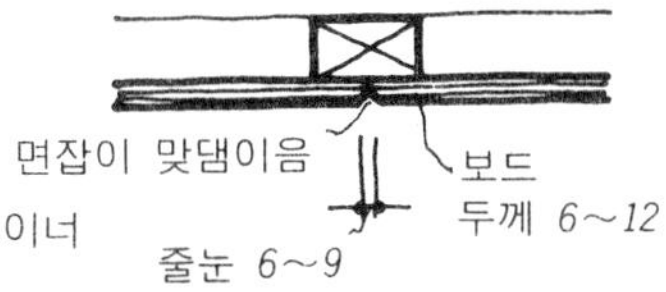

3

줄눈밑판
겹합판 두께 9~12
줄눈 3~5

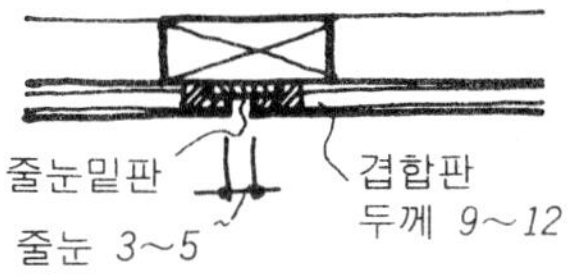

4

맞댐
합판
천 또는 종이 붙임마감

5

줄눈밑테이프붙임
합판 두께 4~6
도료칠 또는 뿜칠마감
줄눈 3~6

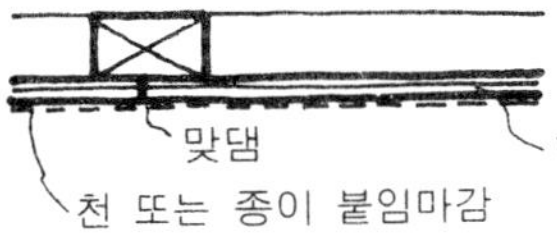

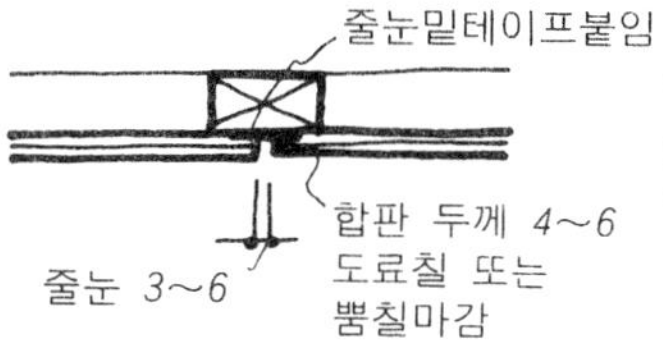

6

겹합판 두께 9~12
줄눈 3~5

7

띠장 40×35
천말아붙임
18
누름줄눈 : 견목재 15×12
바탕 : 베니어 두께 9~12

8

보드두께 6~12
페이트칠 또는 뿜칠
기성제조이너 (알루미늄, 스테인레스, 비닐 등)

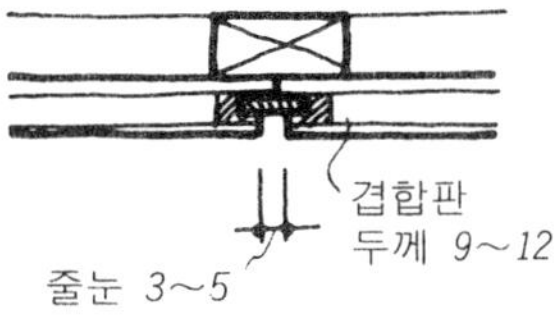

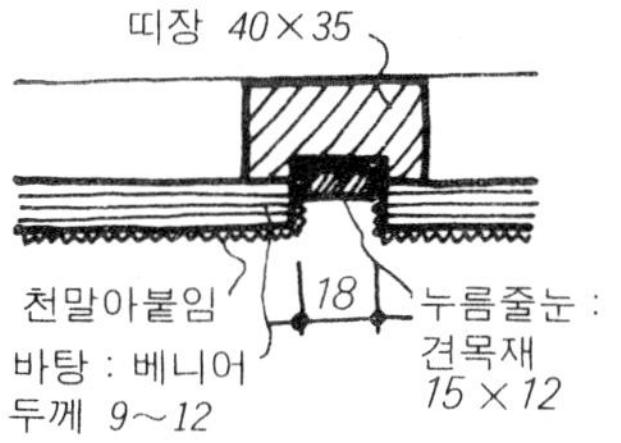

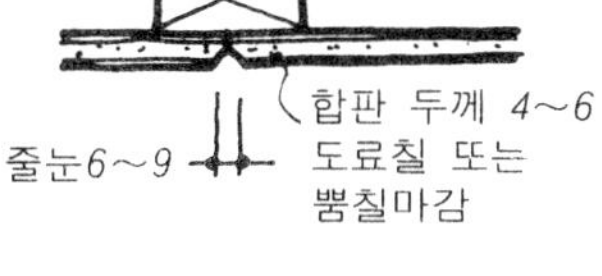

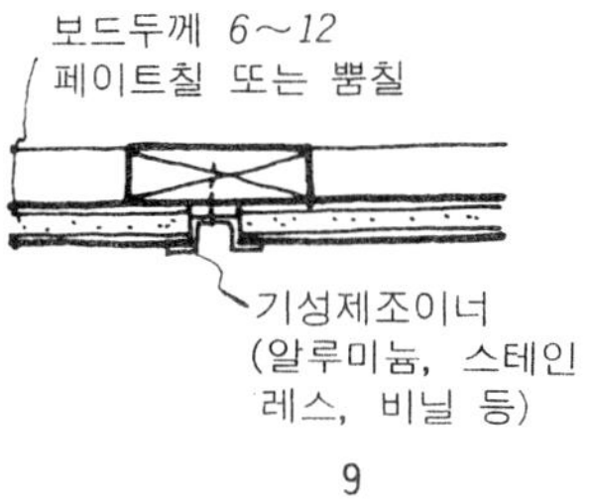

9

합판 두께 4~6
도료칠 또는 뿜칠마감
줄눈6~9

10

보드 두께 6~12
줄눈밑테이프붙임
줄눈6

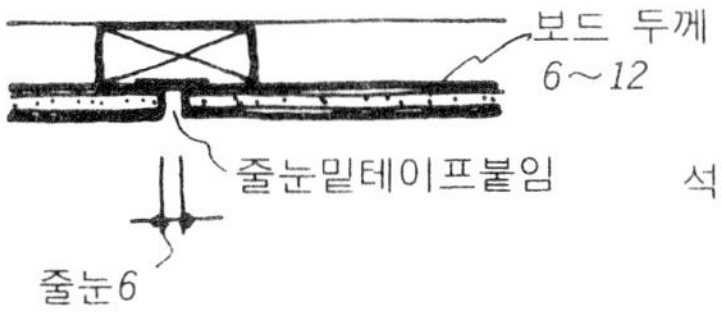

11

석고채움
보드 두께 6~12
한냉사붙인 위에 도료칠 또는 종이(천)붙임마감

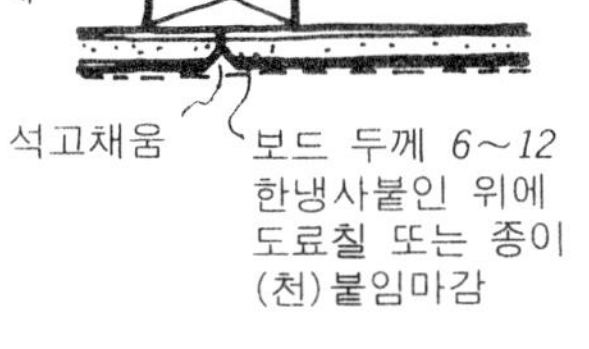

12

보드두께 9~15
조인트 시멘트바름 위에 조인트테이프붙임. 도료칠, 또는 뿜칠마감 또는 종이(천) 붙임마감

13

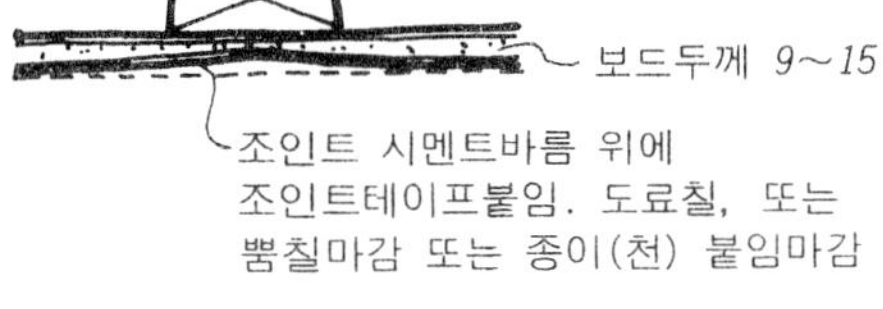

합판, 보드류를 붙이는 요점으로 치장 부분은 정상 못질로 피하는 일이든지 줄눈의 처리를 잘 하는 일이다. 특히 치장 합판 붙임의 경우는 못머리가 노출된다면 보기도 좋지 않고 반드시 접착 붙임으로 하고 가못으로 고정시킨 다음 이것을 빼내어야 한다.

일반적으로 합판, 보드 붙임의 경우, 치장 합판 이외는 도장 또는 천, 종이 바름 마무리하는 것이 보통이다. 이 경우 줄눈을 맞대어 준다면 턱솔이 마무리면으로 바람직하지 못하므로 줄눈 마무리의 방법이 여러 가지 연구되고 있다.

예 1~예 13은 줄눈 마무리의 일반적인 예를 나타낸 것이다. 즉, 예 13은 맞댐 붙임의 경우의 턱솔을 없애는 방법으로서 일반적으로 사용되는 기법이다.

판, 보드 붙임 마감

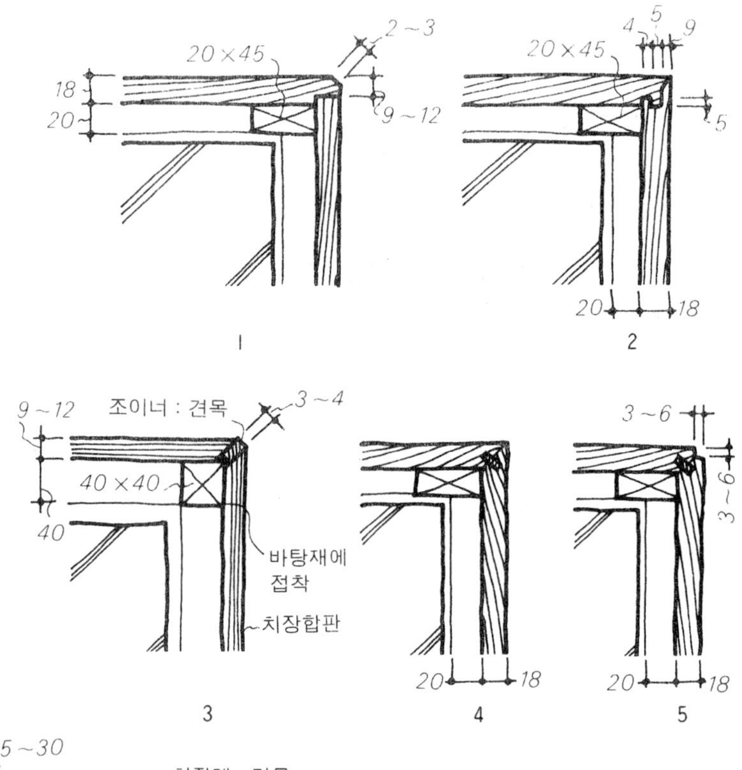

구석 부분의 아무림

내민 모서리, 구석 부분은 시선이 닿기 쉽기 때문에 특히 잘 처리되어야 한다. 예 1～예 5는 판붙임 경우의 모서리의 마무리 예이나 최근에는 맞춤 가공이 어렵기 때문에 예 6～예 9에서와 같은 치장대를 사용한 처리가 일반적이 되었다. 특히 합판이나 보드류는 맞춤 가공이 안 되므로 치장대 또는 금속제의 조이너를 사용하는 것이 통례이다.

내민 모서리 부분은 물건 운반시에 상할 염려가 있으므로 치장대에는 견목류를 사용하고 띠장에 접착제를 병용해서 숨긴 못질로 고정시킨다.

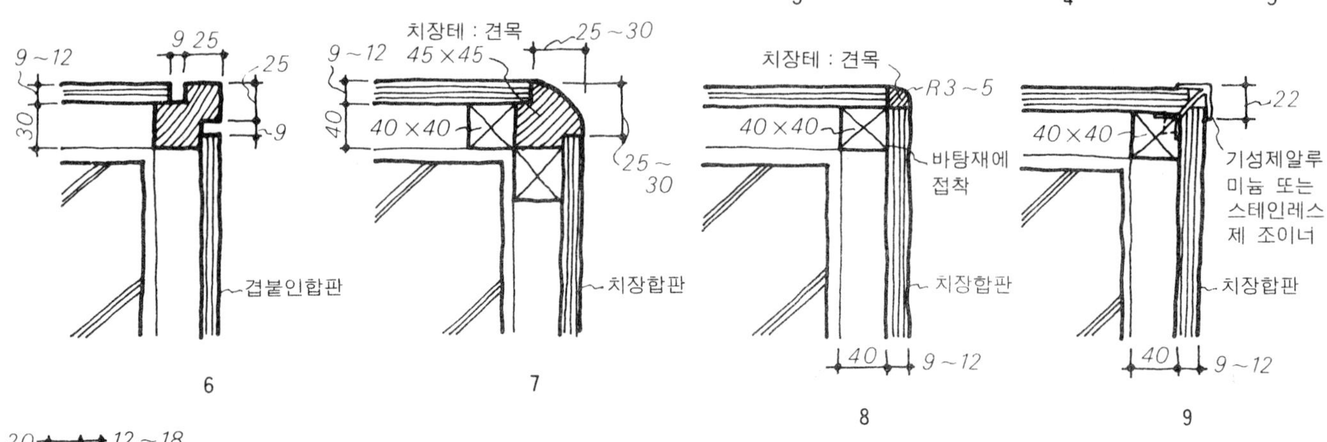

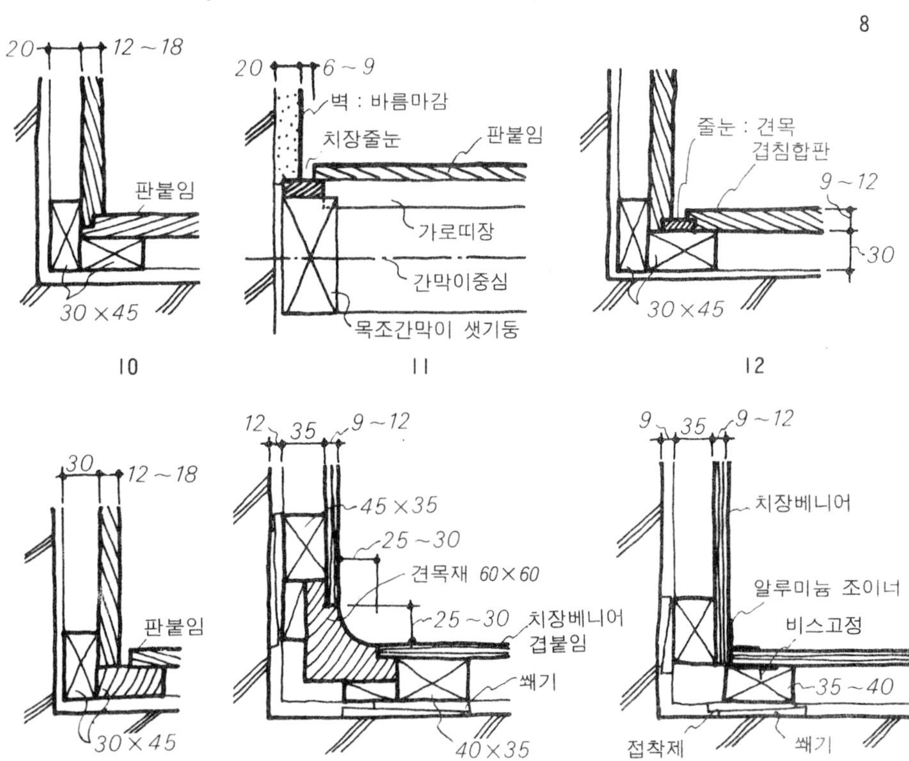

예 10～예 15는 구석 부분의 처리 예이며, 예 10～예 13은 판붙임 경우의 기법이나 오늘날은 예 10과 같은 맞춤 가공하는 예는 드물다. 일반적으로는 예 11～예 13에 표시한 것 같은 치장용의 줄눈 처리하든지 맞댐 고정 후 치장대를 넣어서 처리한 예가 많다. 이 기법은 합판, 보드류도 공통으로 다용되고 있다. 예 12～예 14는 합판 붙임에서도 고급 작업시에 사용되는 방법으로 예 15는 금속제 조이너를 사용한 경우의 예이다.

천, 벽지 붙임 마감

최근에는 건축물의 내장을 클로스 바름하는 마무리 예가 많다. 클로스로서는 천, 종이, 비닐계의 것도 있고 색채, 무늬, 감촉도 여러 종류가 있지만 이들은 종래의 천, 종이에 비해 내구성, 내수성, 난연성이 있고 접착제의 향상, 건식 공법의 보급과 함께 더욱 다용되는 경향에 있다.

바탕구성

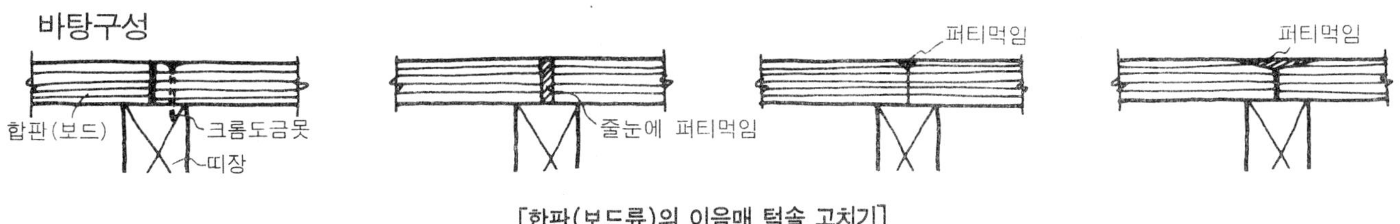

[합판(보드류)의 이음매 턱솔 고치기]

클로스벽의 바탕으로서는 바름 바탕(모르타르 바탕, 플라스터 바탕)과 합판(보드류) 바탕이 있다.

바름 바탕의 경우는 흙손 얼룩의 요철이 없도록 편평하게 마무리하는 동시에 모퉁이, 구석 부분이나 벽쌤 둘레 등을 정확히 마무리해서 바름 바탕이 뜨는 것, 균열, 박리가 생기지 않도록 한다.

합판(보드류) 바탕의 경우에는 불평이나 이음새의 엇갈림 외 못머리의 돌출, 녹슬은 것에 주의해야 한다. 못은 크롬도금, 아연 도금품을 사용하고 못머리를 바탕면 이하로 깊이 박아야 한다. 더욱 바탕의 불평은 띠장 밑에 넣은 끼움쪽 쐐기로 조정하고 이음새의 엇갈림은 도시한 바와 같이 에멀전 퍼티를 채워서 퍼티의 경화 후에 샌드페이퍼질로 평탄하게 해주는 것이 좋다. 살 두께에 퍼티 채우기 할 경우는 살 두께용 퍼티(퍼티에 석고를 섞은 것)를 사용한다.

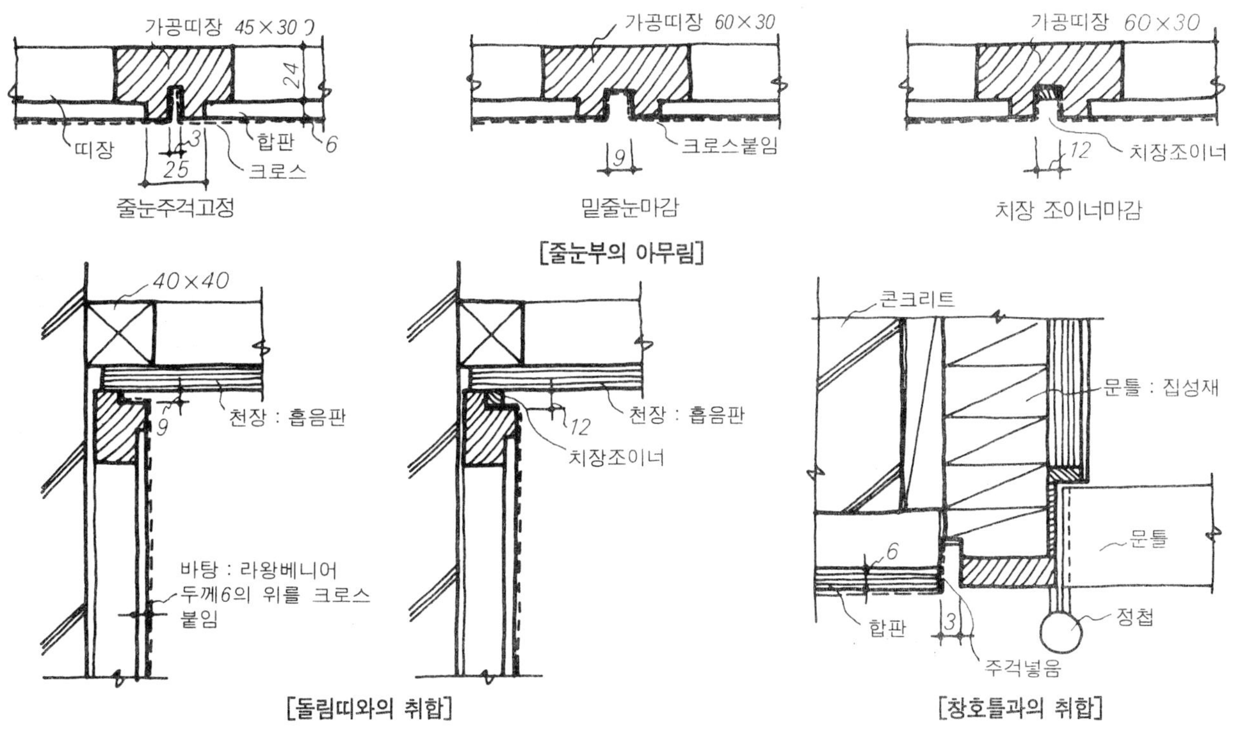

[줄눈부의 아무림]

[돌림띠와의 취합]

[창호틀과의 취합]

클로스 바르는 방법

풀, 접착제, 클로스의 종류에 따라 구분된다. 바르는 방법 자체는 어렵지 않지만 구석 부분, 줄눈 부분, 타종재와의 관계 부분(일반적으로는 치장용 줄눈을 설치한다) 처리를 잘못하면 박리의 원인이 된다.

줄눈 부분에 바르는 방법은 도시한 방법이 일반적이고 주걱을 사용해서 줄눈 바닥까지 틈없이 붙이는 것이 중요하다. 더욱 줄눈폭을 넓게 잡는 경우는 클로스를 확실히 바른 다음 치장 줄눈대도 누르는 것이 좋다. 더욱 천장이나 창호틀과의 연결부도 치장을 위한 줄눈을 넣든지 치장대로 누르고 클로스 단말을 처리한다.

클로스의 겹바름은 엷은 경우 10mm 정도로 하지만, 두꺼운 경우는 맞댐해서 이음새가 보이지 않도록 주의해서 바른다. 더욱 비닐계의 클로스의 경우는 접착면에 공기가 들어가면 뜨게 되므로 마른 천으로 문질러 주면서 순서대로 발라 나간다.

각종 간막이 상세 예

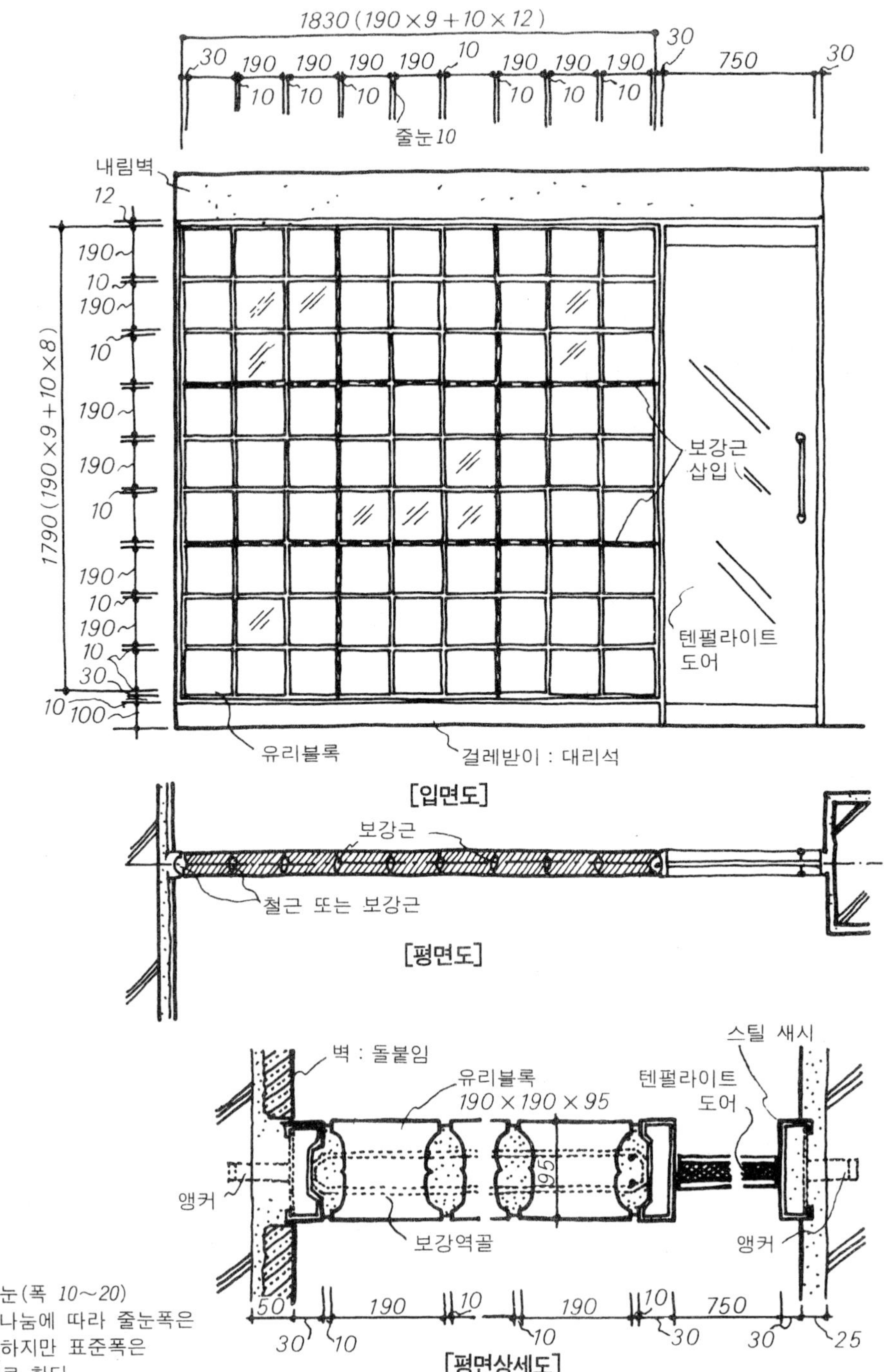

[입면도]

[평면도]

유리 블록 간막이벽

유리 블록벽은 의장적인 의미뿐 아니고 채광벽으로서 다용되고 있다. 따라서 내벽뿐 아니라 외벽에도 사용되어 왔으나 외벽의 경우는 블록 줄눈에서 빗물이 침투될 염려가 있으므로 사용 장소는 충분히 검토할 필요가 있다. 벽면 구성 요령은 도시한 바와 같이 금속제의 틀을 돌려서 유리 블록을 모르타르를 깔아주면서 쌓아 나가지만 상하 좌우에도 4블록 이며(그림에서는 3블록)에 보강근을 넣어 특히 세로줄눈에는 모르타르를 충분히 충전하도록 주의해야 한다.

줄눈은 너비 10~20mm의 잠김 줄눈 마무리하는 것이 보통이다.

이 경우 벽시멘트만으로는 줄눈 표면에 균열이 발생하므로 클렌저 등의 혼합제를 넣으면 된다.

[평면상세도]

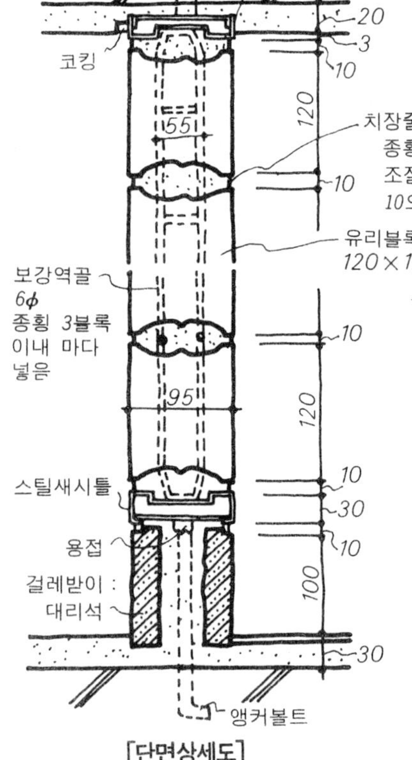

[단면상세도]

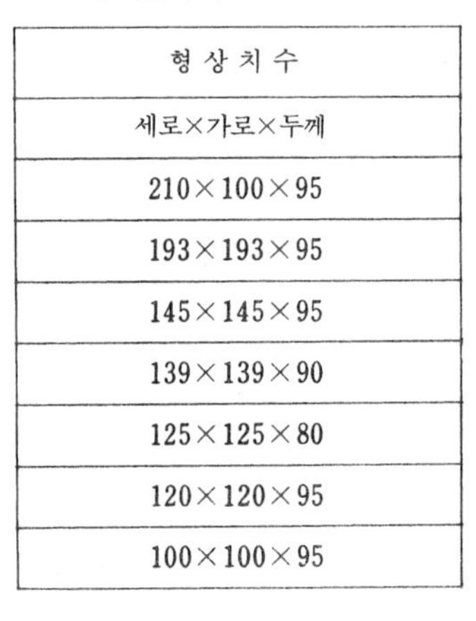

유리블록의 규격치수

형 상 치 수
세로×가로×두께
210×100×95
193×193×95
145×145×95
139×139×90
125×125×80
120×120×95
100×100×95

유리 블록쌓기는 줄눈 배분도를 작성해서 틀 치수를 결정하는 일이 선결이나 유리 블록에서는 왼쪽 표에 표시하는 형상, 치수가 있으므로 벽면 크기에 합해서 선택하게 된다.

더욱 약간의 우수리 치수는 줄눈폭으로 조정하든지 틀의 치장폭, 걸레받이 혹은 붙임 기둥을 넣는 등의 연구를 필요로 한다. 특히 넓은 벽면을 유리 블록쌓기 할 경우는 보강근만으로는 내진적으로는 불안정하므로 요소에 덧기둥을 세워 보강해 주어야 한다.

각종 간막이 상세 예

패널식 간막이벽(가동식)

패널 구조의 간막이벽으로서는 전술한 고정식 외에 가동식의 것도 있다. 최근의 오피스 빌딩 등에서는 인원 배치의 합리화와 실의 구획 문제를 결부시켜 변화에 대응할 수 있는 간이 간막이실로서 다음 페이지에 표시하는 스터드식 간막이와 함께 다용하고 있다. 특히 임대 빌딩인 경우는 임대자의 요구에 따라 스페이스의 변경이 용이하다는 점에서 각 층의 임대 플로어를 원 플로어로 마무리해서 필요 스페이스에 맞춰 이 가동식 패널 구획하는 예는 많다.

여기에 열거한 것은 목제 패널의 예이나 그 밖에 금속제의 것이 있다.

설치 요령은 메이커에 따라 제각기 특징이 있지만, 이 경우는 도시한 바와 같이 천장, 바닥, 벽 모두 사전에 인서트 철물을 매립시켜 두고 여기에 설치용 철물을 볼트 조임하고, 이 철물에 패널을 설치한다. 상부 철물은 천장 반자에 비스 고정하는 일도 가능하다. 더욱 하부는 설치 철물의 못구멍을 이용하여 패널의 하부에 비스 고정(또는 못질)으로 하고, 그 위에서 걸레받이를 접착제 또는 비스 고정한다.

간단한 경우는 설치용 철구를 콘크리트 못질(접착제 병용)하든지 홀인 앵커를 사용한다.

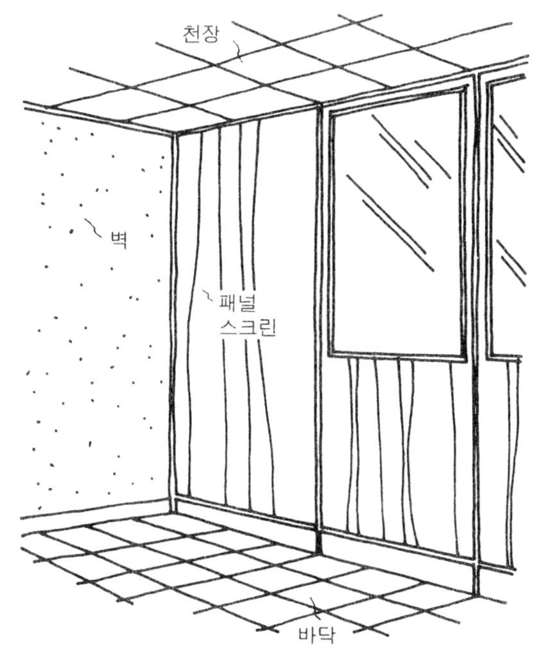

[패널간막이 그림]

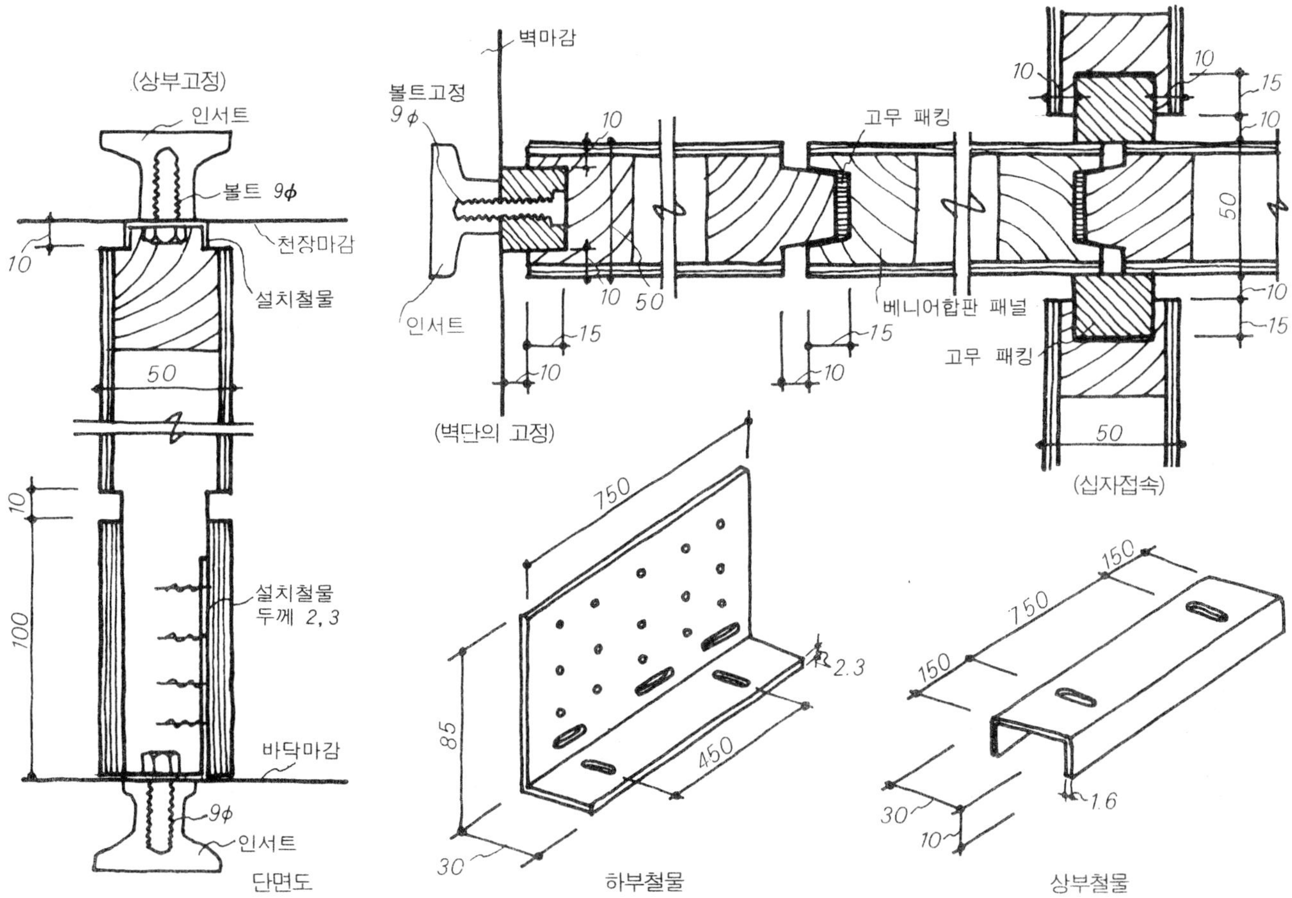

(상부고정)

단면도

(벽단의 고정)

(십자접속)

하부철물

상부철물

[패널간막이 각부의 취합]

각종 간막이 상세 예

패널식 간막이벽(고정식)

최근의 건축물은 각 직종의 부족 대책이나 공기 단축의 기법 추구를 위해 건축의 규격화, 프리패브화가 촉진되고 있다. 즉, 현장에서의 작업량을 줄이고 공장에서의 작업량을 늘리고, 균질의 제품을 단시일로 다량으로 생산하는 것이 목적이지만 조작 공사를 포함한 간막이벽도 그 예에서 벗어나지 못하고, 공장 생산의 패널을 끼움 식으로 한 예가 많아지고 있다.

아래 그림에 표시한 패널 구조벽의 예는 최근 중층이나 고층의 아파트 등에 다용되는 것이다. 이것은 평면도에서도 알 수 있듯이, 구조벽(내력벽)은 각 호의 구획벽만으로 하고 1호 내의 간막이는 모두 패널식 벽으로 한 것이다. 주요 간막이벽 및 개구부 둘레의 단면 상세도를 부기한 것으로 아무림의 참고로 하면 된다.

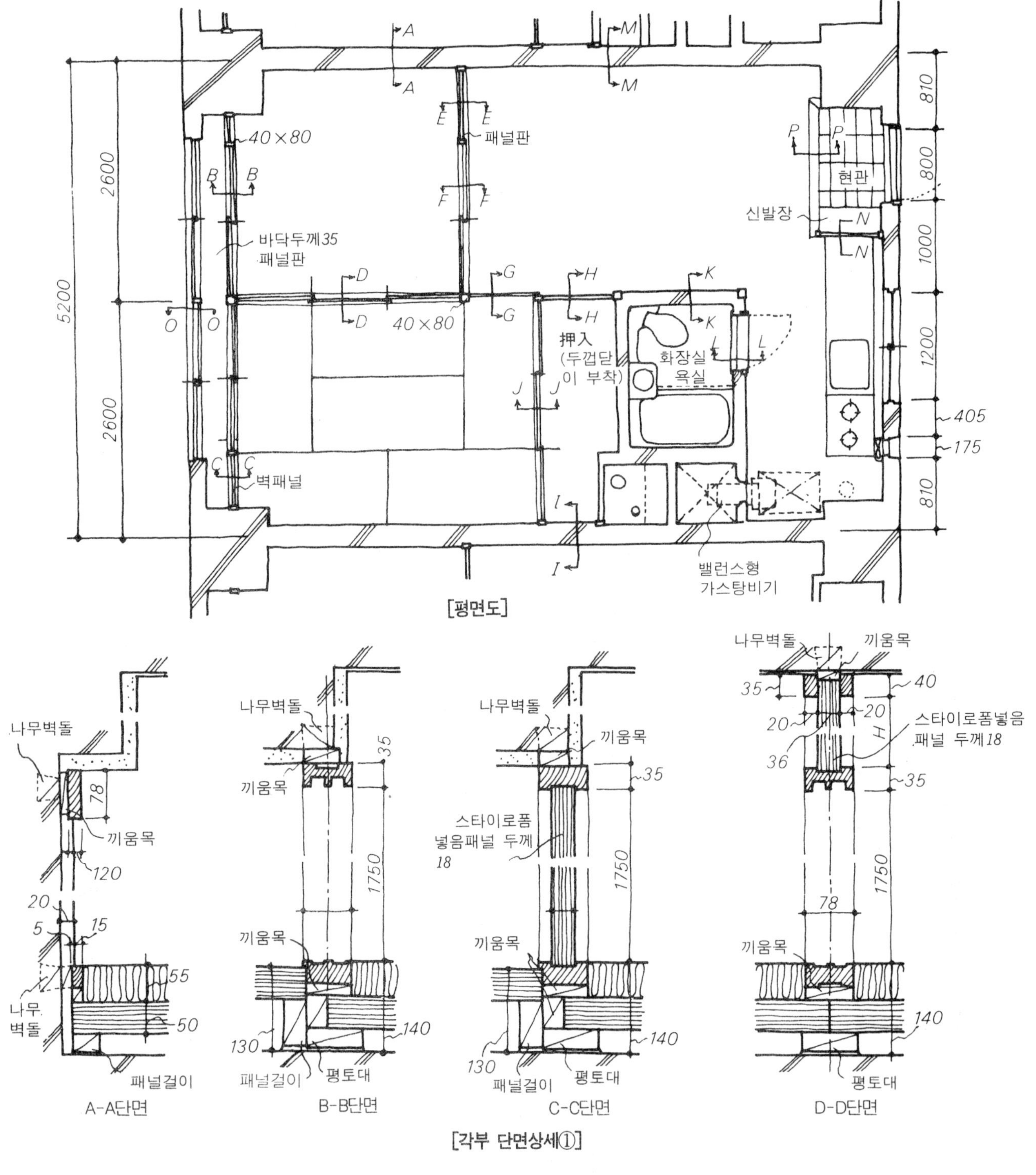

[평면도]

[각부 단면상세①]

각종 간막이 상세 예

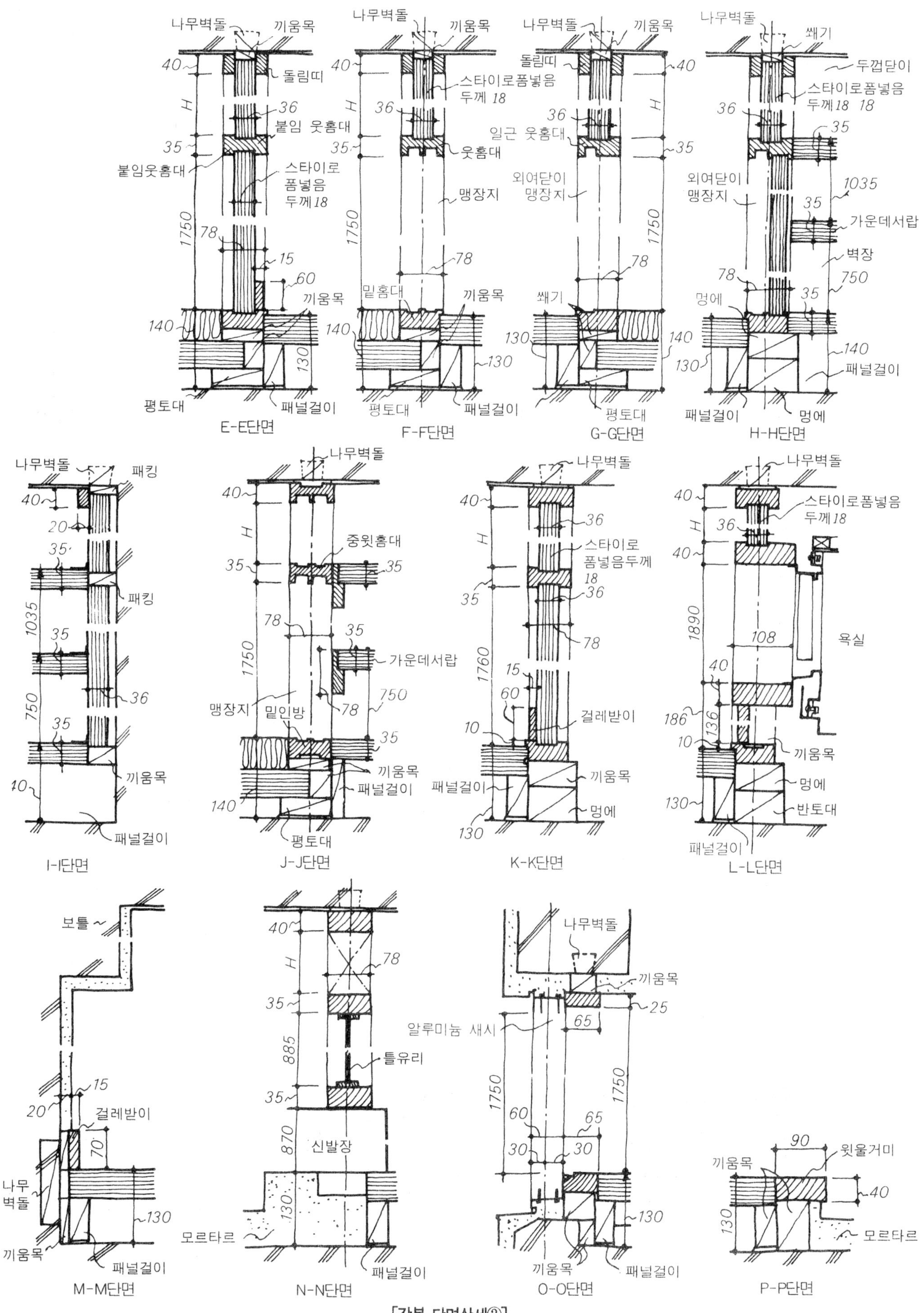

[각부 단면상세②]

각종 간막이 상세 예

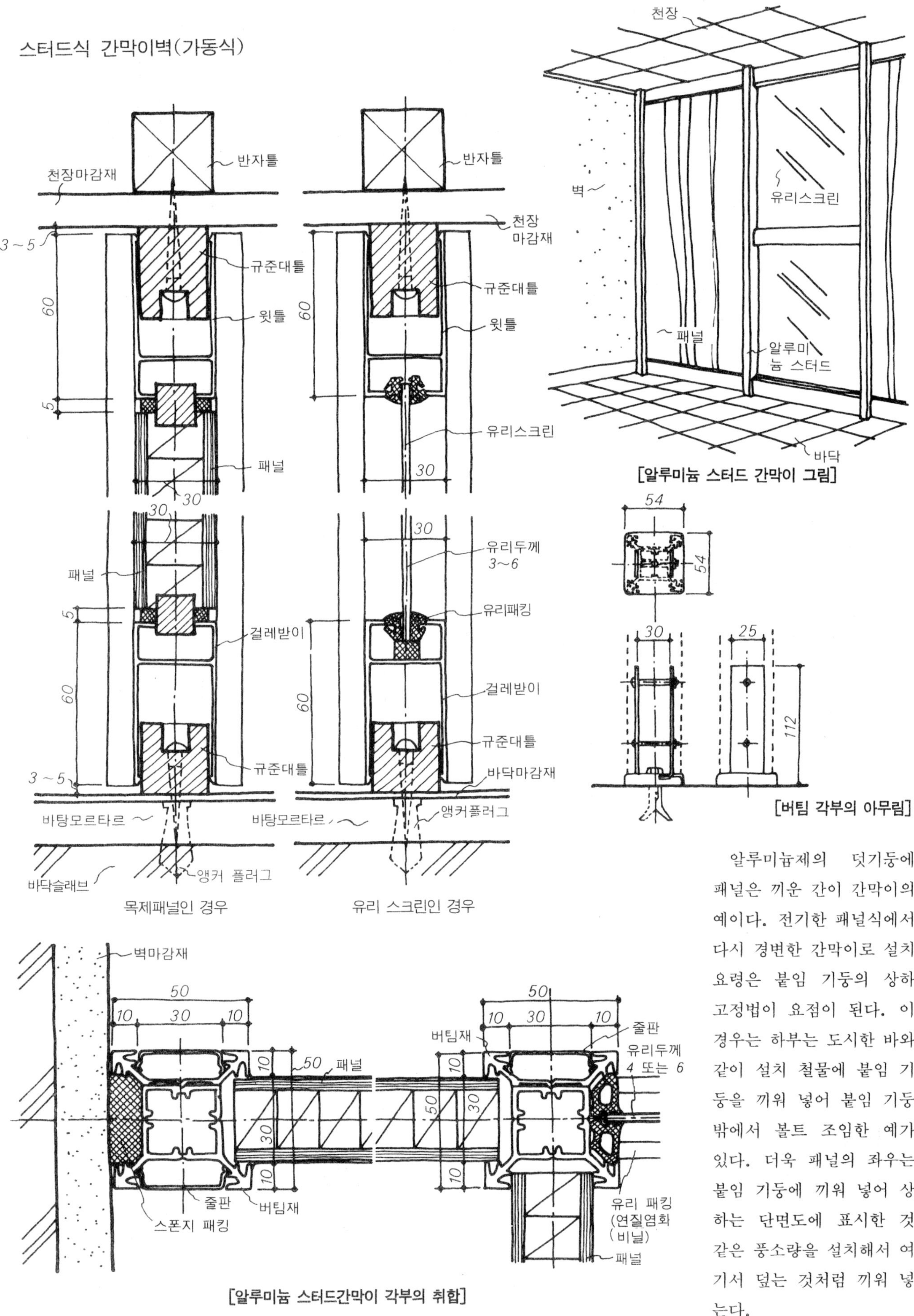

[알루미늄 스터드 간막이 그림]

[버팀 각부의 아무림]

[알루미늄 스터드간막이 각부의 취합]

알루미늄제의 덧기둥에 패널은 끼운 간이 간막이의 예이다. 전기한 패널식에서 다시 경변한 간막이로 설치 요령은 붙임 기둥의 상하 고정법이 요점이 된다. 이 경우는 하부는 도시한 바와 같이 설치 철물에 붙임 기둥을 끼워 넣어 붙임 기둥 밖에서 볼트 조임한 예가 있다. 더욱 패널의 좌우는 붙임 기둥에 끼워 넣어 상하는 단면도에 표시한 것 같은 풍소량을 설치해서 여기서 덮는 것처럼 끼워 넣는다.

각종 간막이 상세 예

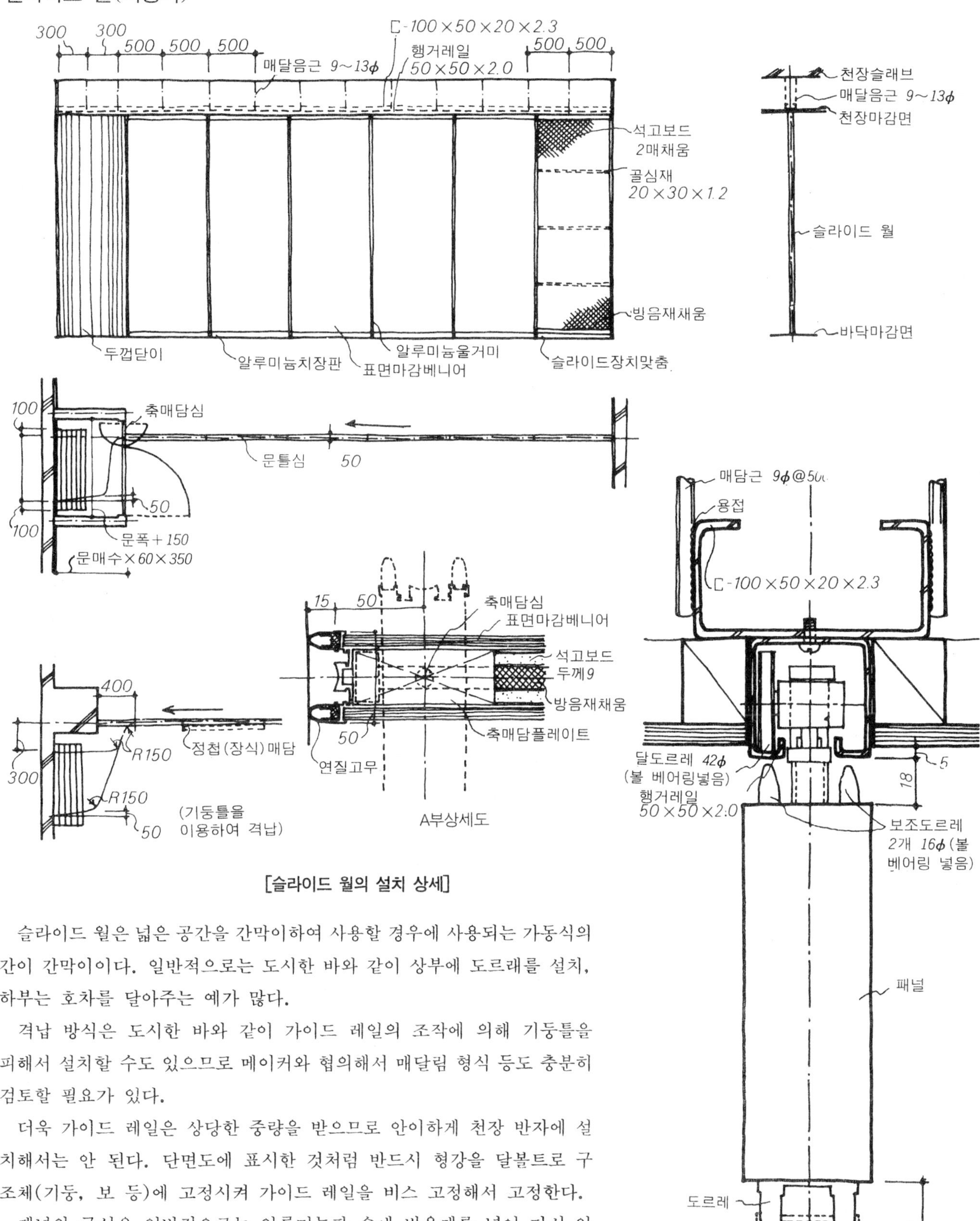

[슬라이드 월의 설치 상세]

[단면상세]

슬라이드 월은 넓은 공간을 간막이하여 사용할 경우에 사용되는 가동식의 간이 간막이이다. 일반적으로는 도시한 바와 같이 상부에 도르래를 설치, 하부는 호차를 달아주는 예가 많다.

격납 방식은 도시한 바와 같이 가이드 레일의 조작에 의해 기둥틀을 피해서 설치할 수도 있으므로 메이커와 협의해서 매달림 형식 등도 충분히 검토할 필요가 있다.

더욱 가이드 레일은 상당한 중량을 받으므로 안이하게 천장 반자에 설치해서는 안 된다. 단면도에 표시한 것처럼 반드시 형강을 달볼트로 구조체(기둥, 보 등)에 고정시켜 가이드 레일을 비스 고정해서 고정한다.

패널의 구성은 일반적으로는 알루미늄판 속에 방음재를 넣어 다시 알루미늄판 표면에 합판 또는 클로스를 붙여서 마무리한 것이 많다.

각종 간막이 상세 예

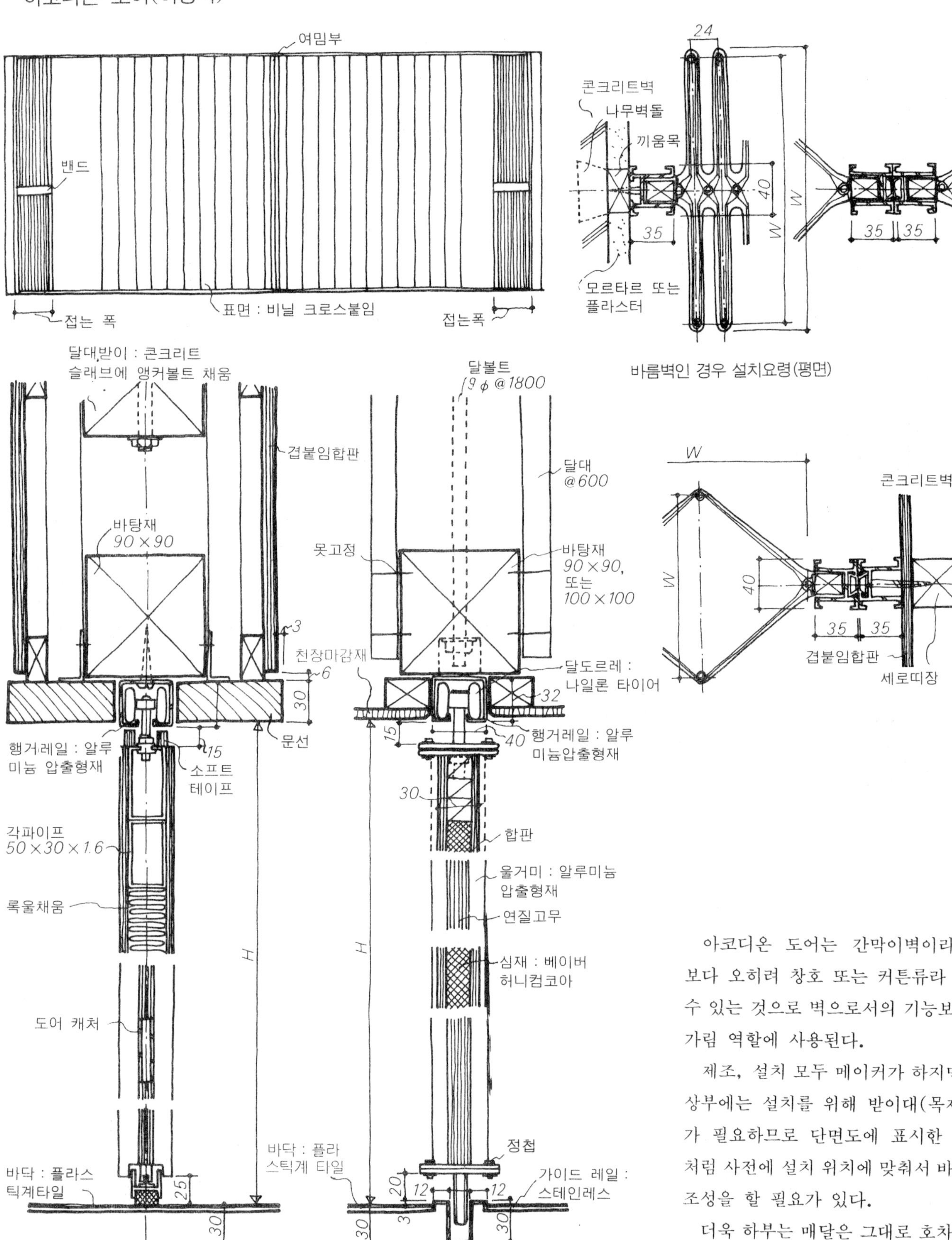

[아코디언 도어의 설치 상세]

아코디온 도어는 간막이벽이라기보다 오히려 창호 또는 커튼류라 할 수 있는 것으로 벽으로서의 기능보다 가림 역할에 사용된다.

제조, 설치 모두 메이커가 하지만, 상부에는 설치를 위해 받이대(목제)가 필요하므로 단면도에 표시한 것처럼 사전에 설치 위치에 맞춰서 바탕 조성을 할 필요가 있다.

더욱 하부는 매달은 그대로 호차를 달은 예가 많지만 큰 개구부의 경우는 바닥에 가이드 레일을 메울 필요가 있다.

걸레받이 아무림

최근에는 의장적으로 벽과 바닥과의 관계 부분에 치장 줄눈을 넣어 걸레받이를 생략하는 예도 많지만 역시 의장적으로는 걸레받이를 넣는 것이 안정감이 있다. 벽의 각부의 오염 방지를 위해서도 걸레받이를 설치하는 것이 좋다.

바름 걸레받이

바름 걸레받이에서는 모르타르 바름, 인조석 바름(인조석 갈기, 씻어내기가 있다)이 있지만 모두 현장에서 발라 마무리한다. 형상으로는 내민 걸레받이, 줄눈 걸레받이(줄눈 나눔이라 한다)가 있다.

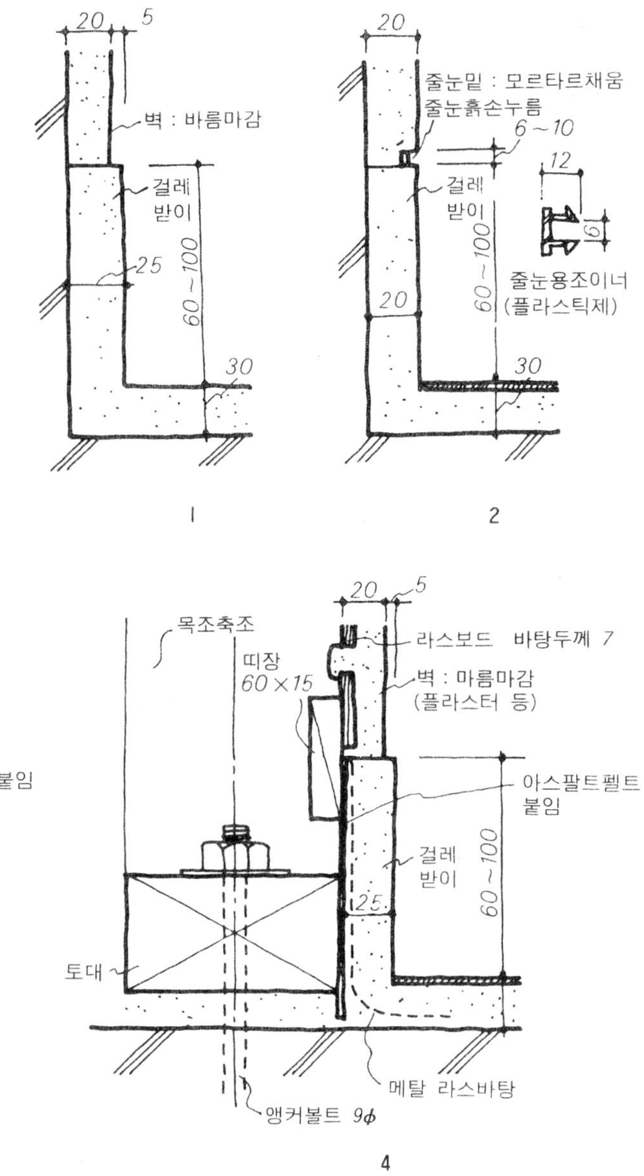

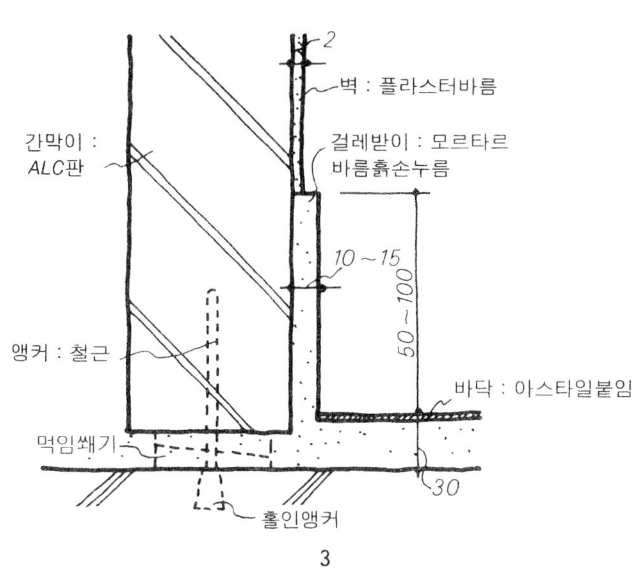

예 1, 예 2는 내민 걸레받이 및 줄눈 분리 걸레받이의 예이나 모두 벽 마무리재와 동재의 도장 마무리한 것이다. 줄눈 나눔의 경우는 도시한 바와 같은 줄눈용 조이너를 사용해서 치장을 한 것도 한 가지의 방법이다.

예 3은 ALC판 바탕의 경우 걸레받이 마무리 예를 또 예 4는 목조 바탕(라스 보드벽)의 경우 도장 걸레받이 마무리 예를 표시한 것이다.

예 5, 예 6은 모두 벽 마무리가 치장 합판 붙임의 경우의 도장 걸레받이의 마무리 예이나 마무리가 중급 이상의 경우 걸레받이는 인조석 갈기로 하는 것이 보통이다.

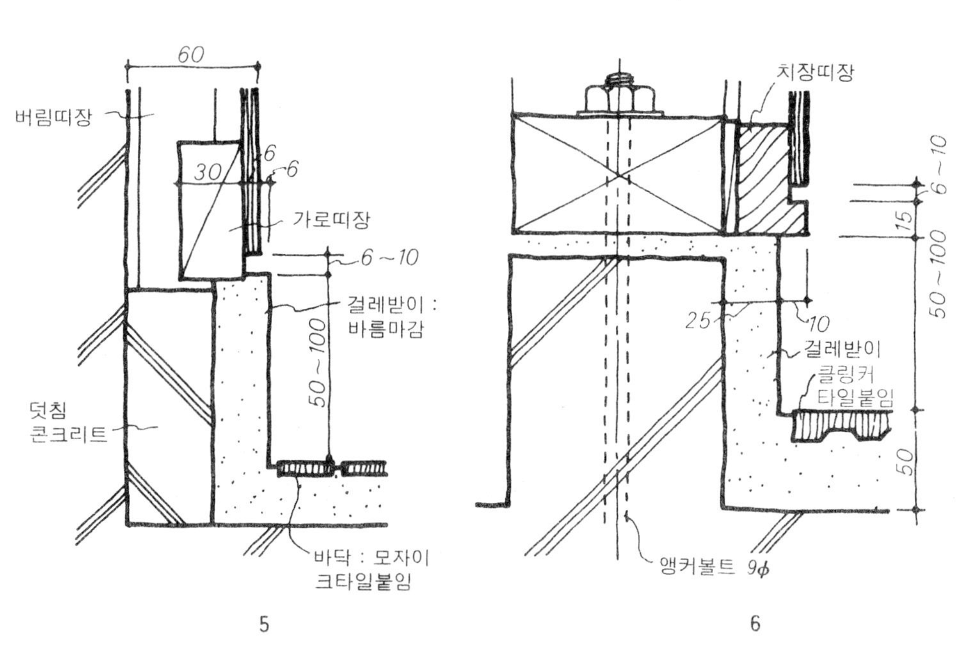

걸레받이 아무림

돌(모조석) 걸레받이

자연석 또는 모조석의 걸레받이를 설치할 경우는 걸레받이의 하부를 바닥에 매립으로 하기 위해 치장 너비에서 10~15mm 정도 크게 만들어 주어야 한다. 더욱 내민 걸레받이로 할 경우는 상부의 치장 부분도 사전에 본 마무리해 두어야 한다.

설치 요령은 벽면의 돌 붙임과 같이 앵커 철물로 고정시켜 줄눈을 맞댐(통줄눈)으로 하고, 걸레받이 상호를 당김 철물(구석 부분은 꺾쇠를 사용)로 연결시킨다.

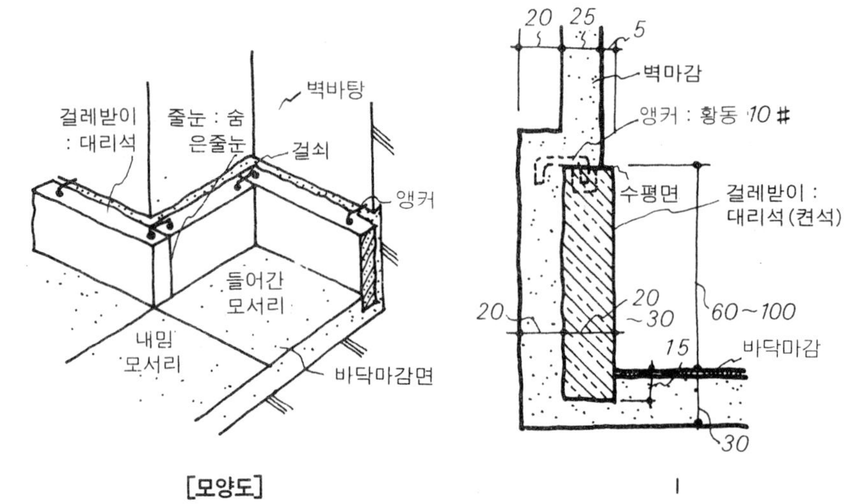

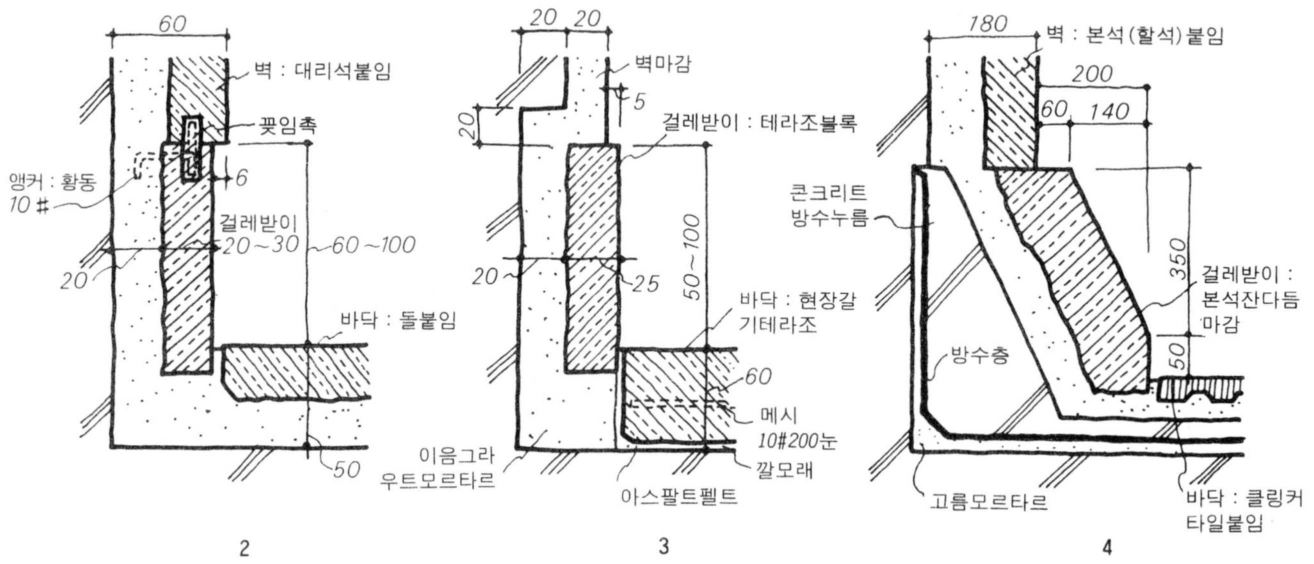

예 1~예 4는 콘크리트 바탕의 경우 돌 걸레받이의 마무리 예를 표시한 것이다. 예 2는 들어간 걸레받이 더욱 예 4는 주차장의 차막이 걸레받이의 예이다.

예 5, 예 6은 목조 바탕의 경우의 돌 걸레받이의 마무리 예를 표시한 것이나 아스팔트 펠트, 메탈라스 붙임한 다음 모르타르를 발라서 걸레받이를 압착시키나, 앵커 철물, 당김 철물로서의 고정은 상기와 같다.

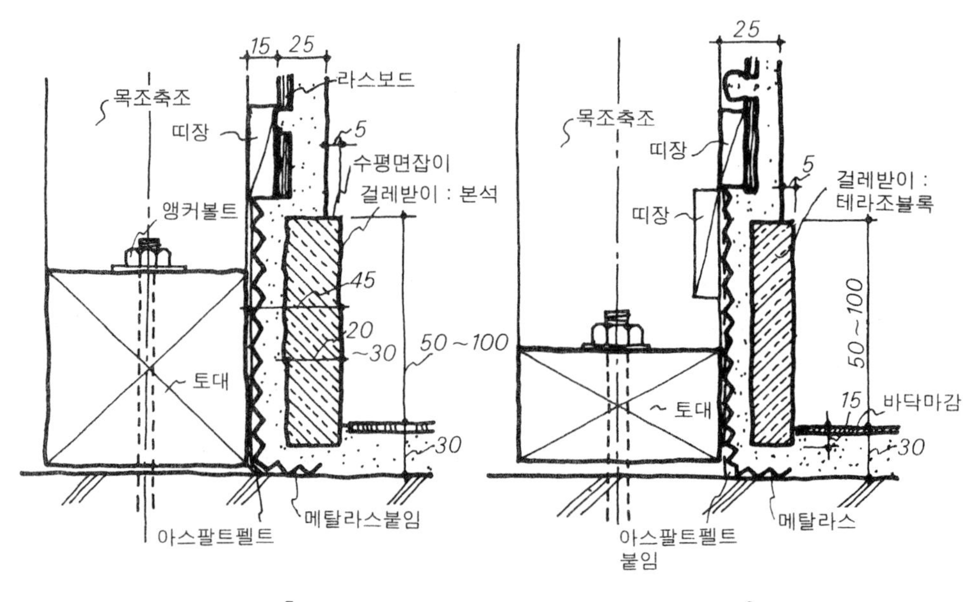

걸레받이 아무림

플라스틱 걸레받이

플라스틱 걸레받이는 벽 마무리, 바닥 마무리가 끝난 다음 접착제를 사용하여 간단하게 붙여지는 것으로 최근의 오피스 빌딩, 주택 등에서 다용되고 있다. 보통 이 부분은 꺾어서 구부려 연결하여 붙이고, 구석 부분은 절단해서 맞댐으로 마무리한다.

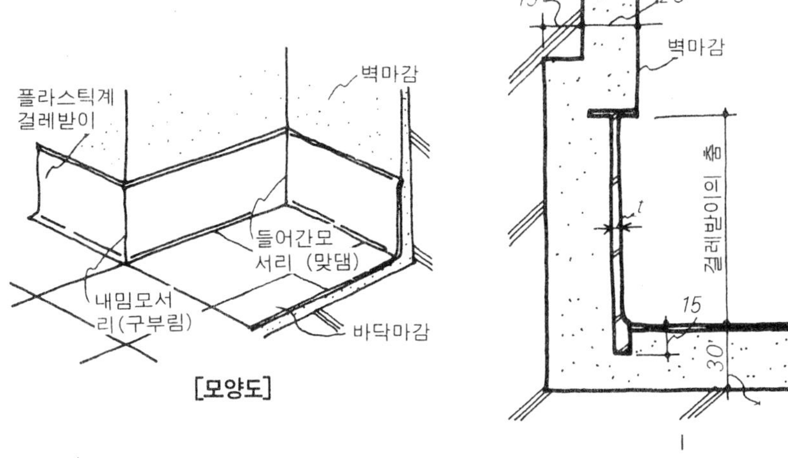

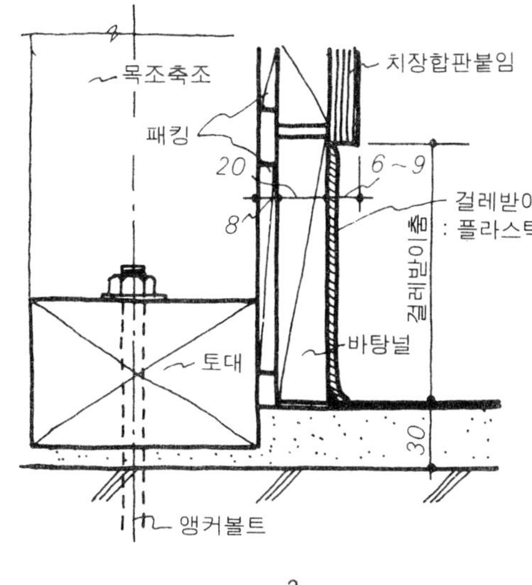

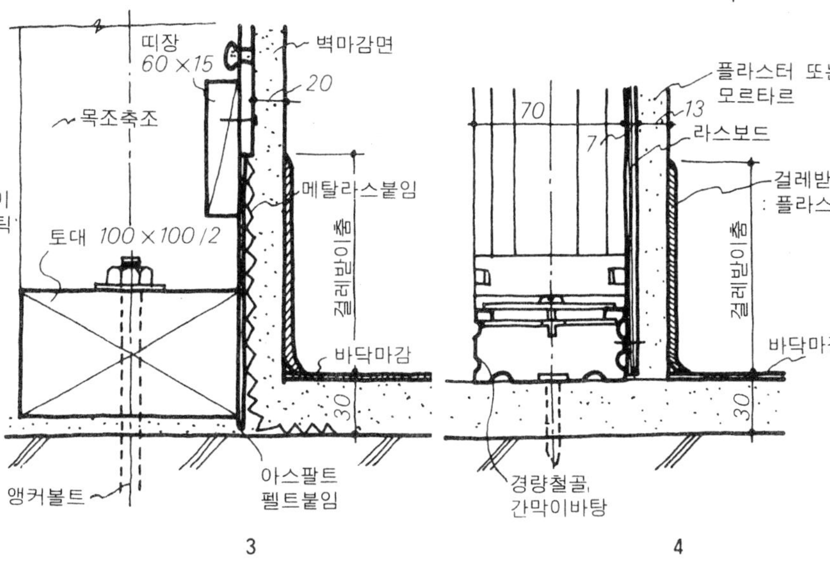

40
벽 : 자기타일붙임
10~12
바닥 : 클링커
타일붙임
5
50
1

타일 걸레받이

타일 걸레받이는 물 씻기를 필요로 하는 실 바닥과 벽의 천장에 사용되고, 일반적으로는 바닥도 타일 붙임 마무리하는 예가 많다. 타일 걸레받이는 의장적으로 쓰일 때가 많고, 재질, 형상, 색채도 여러 가지로 사용 구분되고, 걸레받이라 하기보다 오히려 굽벽 마무리로 하여 일반적인 내벽용 타일을 붙이는 예도 많다. 붙이는 방법의 요령은 17페이지에서 기술한 압착 공법이 다용되고 있다.

30~35
걸레받이 : 반자기
타일
걸레받이 폭
바닥 : 모자이
크 타일붙임
30
2

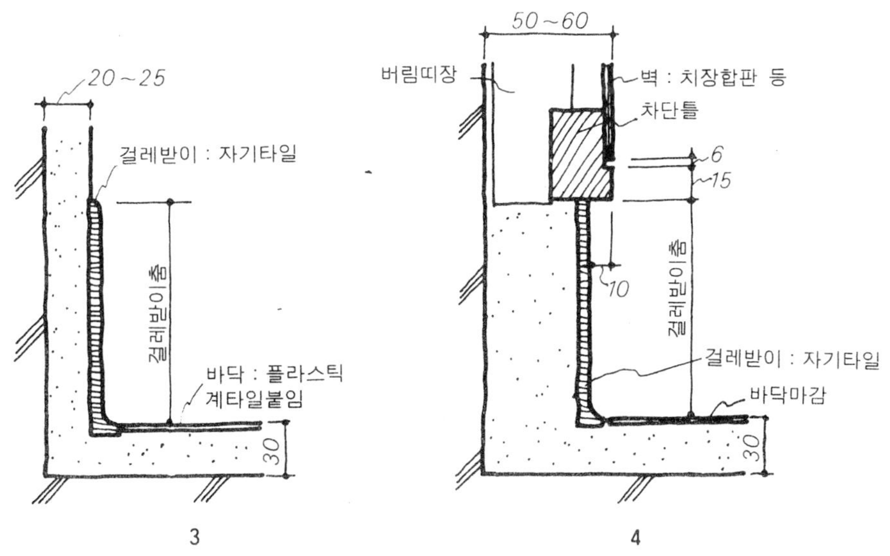

걸레받이 아무림

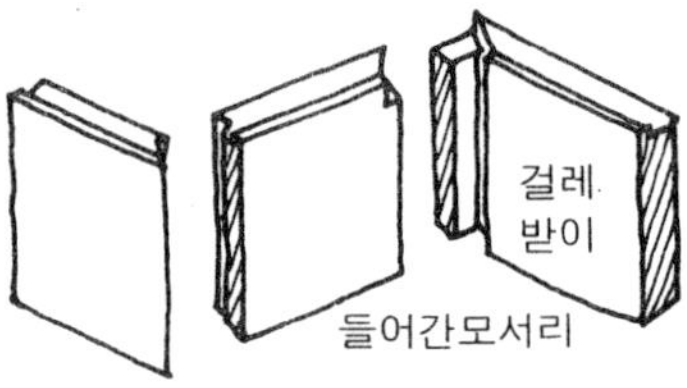

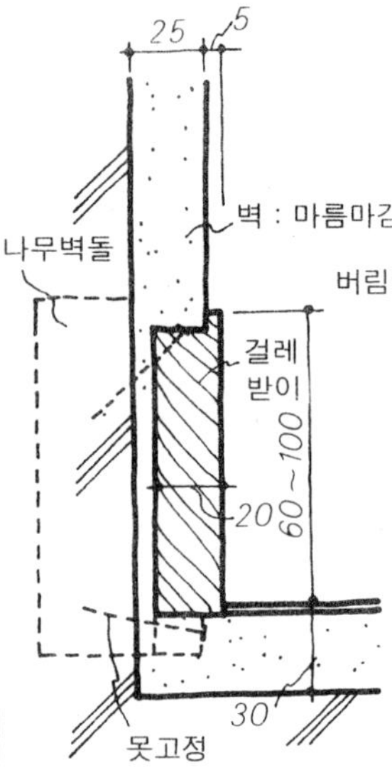

목제 걸레받이

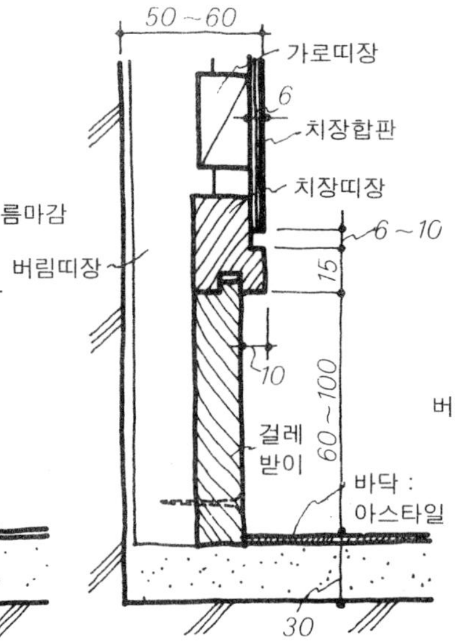

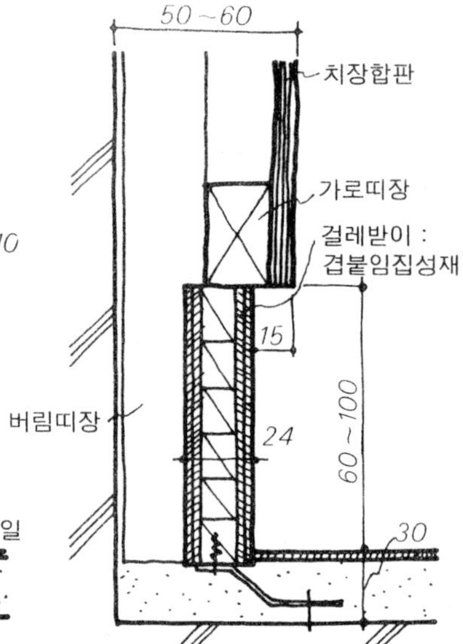

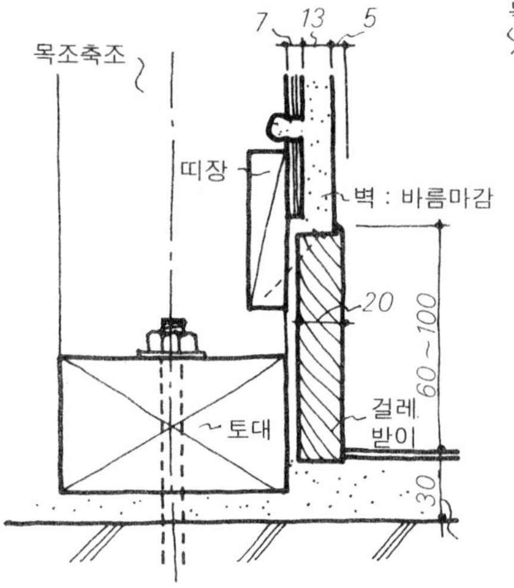

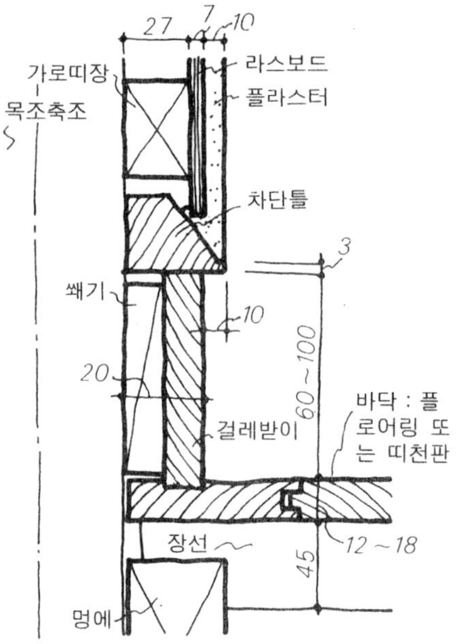

목제 걸레받이는 가공이 용이하며 그 재질감이 부드럽게 느껴지므로 바탕의 종류, 벽 마무리의 구분없이 가장 다용되는 걸레받이다.

콘크리트 바탕인 경우는 나무 벽돌에 또는 목조 바탕인 경우는 띠장으로 숨김 못질(또는 접착제 고정)해서 고정한다. 더욱 걸레받이 이음 맞춤은 그림의 방법이 바람직하나 접착제 병용의 경우는 맞댐으로 처리해도 된다.

걸레받이는 일반적으로 내민 걸레받이의 예가 많고, 또 생바탕 마무리보다도 도장 마무리 쪽이 일반적이다.

금속제 걸레받이

금속제 걸레받이는 집회장, 극장, 호텔의 로비 등 특수한 장소에 사용되어 왔지만 최근 알루미늄제의 여러 가지 형상의 것이 생산되어 사용 예는 늘어나고 있다.

예 1은 바름벽에 알루미늄제 걸레받이를 설치한 예이다. 걸레받이는 앵커 철물에 선붙임 해두고 벽면, 바닥면을 후에 마무리하는 것으로 표면 보양을 원만히 할 필요가 있다. 예 2는 스테인레스 걸레받이의 예로 목제 바탕에 씌워서 비스 고정한 것이다.

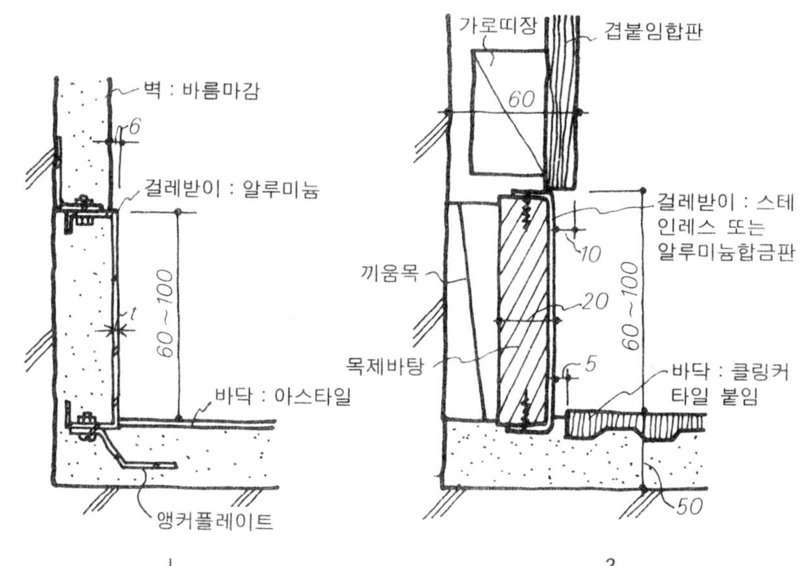

제3장

외부 개구부마감

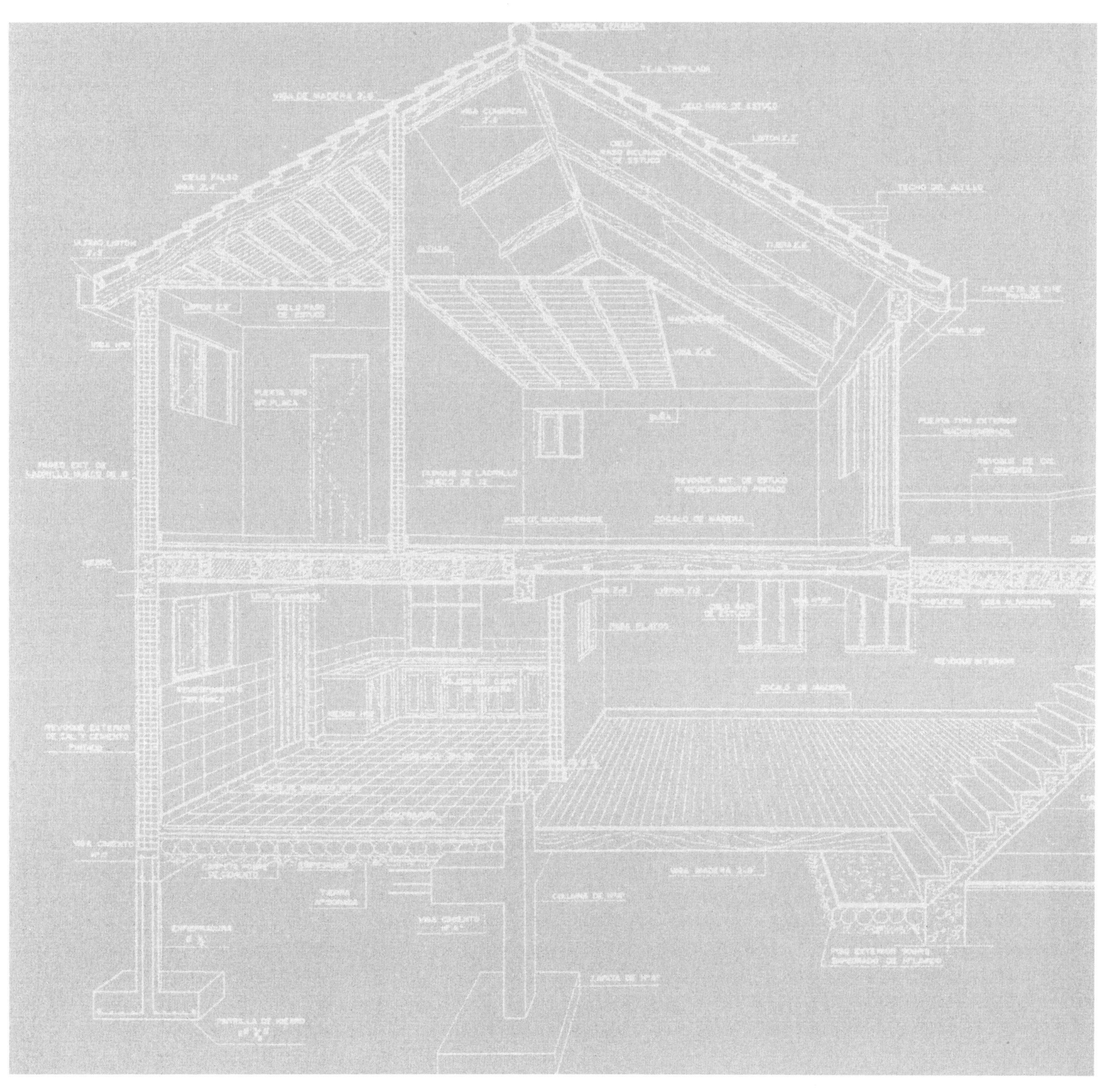

일반사항

[출입구와 창]

외부 개구부는 건축물 내외에서 통로로서의 출입구와 채광, 통풍, 환기 등을 위해 창으로 대별된다. 이 모두 건축물의 외관을 크게 좌우하므로 의장적으로 여러 가지가 연구되고 있지만, 외부와 접해 있으므로 일반적으로는 견고하고 내구성, 내화성이 우수한 금속제 창호가 다용되고 있다.

목제 창호는 중층, 고층의 건축물인 경우 내화 구조상의 규제에 의해 사용할 수 없지만 그것 뿐만 아니라 내구성, 기밀성, 빗물 처리 등의 점에서도 떨어지므로 목조 건축물 이외의 건축물에서는 사용되지 않는다.

금속제 창호의 종류

금속제 창호는 일반적으로는 구성 재료별로 철제 창호, 알루미늄제 창호, 스테인레스제 창호로 대별되고 있다. 종래는 철제 창호(스틸 새시)가 주였으나 유지 관리상, 정기적인 방청 도장을 필요로 하고 의장적으로도 또 기밀성, 기능성의 점에서도 알루미늄 새시로 눌려지고 오늘날에는 사용 예는 감소일로를 치닫고 있다. 더욱 스테인레스 새시는 그 재질감을 살려서 건축물의 창이나 현관 출입구 등, 의장적으로 고급 마무리를 필요로 하는 경우에 사용된다.

금속제 창호의 종류로서는 이 외에 개폐 방식(여닫이, 미세기, 회전문 등) 및 조작 방식(수동, 전동 등)에 의해 제각기의 호칭이 있다.

창호 시방

금속제 창호는 제작 시공(설치) 모두 일괄적으로 제조업자(메이커)에게 발주하나 메이커에 의해 창호틀(새시 바)의 형상이 약간 달라지는 것으로 설계 목적에 적합하는지를 신중하게 검토할 필요가 있다. 창호 시방을 결정하는 것에 있어서는 다음의 각 점을 명시해야 한다.

① 창호 형식의 지시…미닫이문(미세기, 3본 미닫이, 외미닫이), 여닫이문(외여닫이, 쌍여닫이, 연속식), 회전문, 미들창, 오르내리창, 붙박이창 등의 형식 외로 중간 홈대, 붙임 기둥, 선판, 문선, 물끊기, 조작 방식(수동, 전동)에 대한 지시를 한다.

② 주요 재료의 지시…철제, 알루미늄제, 스테인레스제 등 주요 재료를 지시한다.

③ 구조의 지시…창호틀의 조립으로서, 창호의 형상 치수(틀의 안비탈폭 및 안비탈 높이, 틀의 예견 치수 등) 및 유리의 종류 등을 지시한다.

④ 기능의 검토…고층이 될수록 풍압은 크다. 따라서 태풍에도 견딜 수 있을 만큼의 강도가 요구된다. 그 밖의 기밀성, 방수성, 방화성, 차음성, 단열성, 내구성 외 채광성이나 조작의 용이성에 대해서도 검토(협의해서)하고, 재료, 구조를 결정한다.

⑤ 마무리 지시…의장면뿐 아니라 내구성 방청 처리 등을 생각해서 창호 및 창호틀의 표면 처리(헤어 라인 마무리, 전해 발색 등) 도장의 종류 등을 결정한다.

⑥ 부속 철물의 지시…정첩, 힌지, 도어 체크, 자물쇠 등의 종류, 재질, 수량에 대하여 기능(조작성을 포함해서)면에서도 검토한다.

⑦ 설치시의 검토…창호틀의 설치는 구조체의 차이(콘크리트조, 철근조, 커튼 월 등)나 벽면, 바닥면의 마무리 차이(마감제의 차이에 따른 마무리 여분의 예상을 바꾼다)에 의해 달라지나, 외부 개구부의 경우는 공통적으로 빗물 처리, 방수 처리의 검토도 필요하다.

일반사항

창호틀의 설치

창호틀(새시)의 설치는 콘크리트벽의 경우는 오른쪽 그림에 표시하는 위치에 사전에 조인트바(인서트 또는 보조근을 매립할 때도 있다)을 넣어서 여기에 창호틀의 앵커 플레이트를 용접해서 고정한다. 철골조의 경우는 기둥, 보, 띠장 등에 직접 비스 고정 또는 용접해서 설치한다.

어떤 경우에도 창호틀의 설치에 있어서는 설치위치(기준 먹줄)에 맞춰서 도시한 바와 같이 끼움쐐기를 해서 수평, 수직을 조정하고, 틀의 굽힘, 비틀림이 없는지 확인한 다음 용접 고정을 한다.

더욱 조인트바 및 틀의 앵커 위치는 창호 제조업자와 사전에 협의해 두는 것이 일반적으로 개구부의 크기(너비와 높이)에 따라서 아래 표에 표시하는 치수가 채용되고 있다.

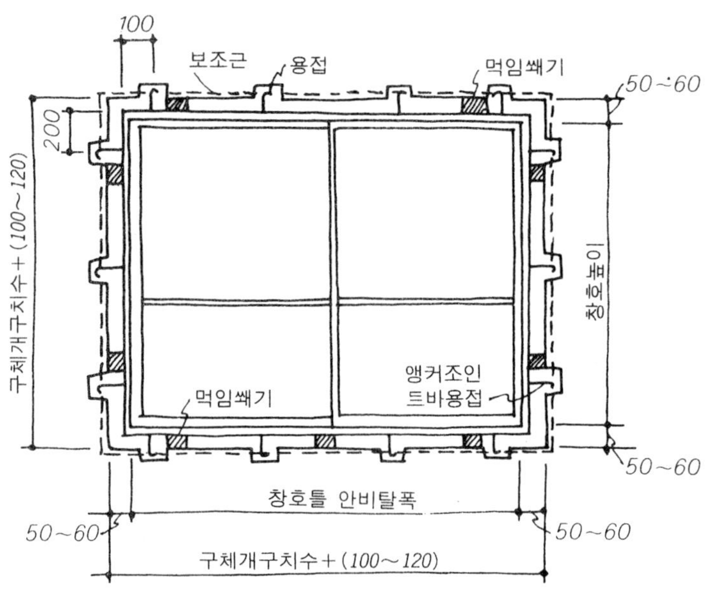

[주] 앵커의 위치는 새시치수에 따라 다르다. 밑표참조

[새시 설치용 앵커의 위치]

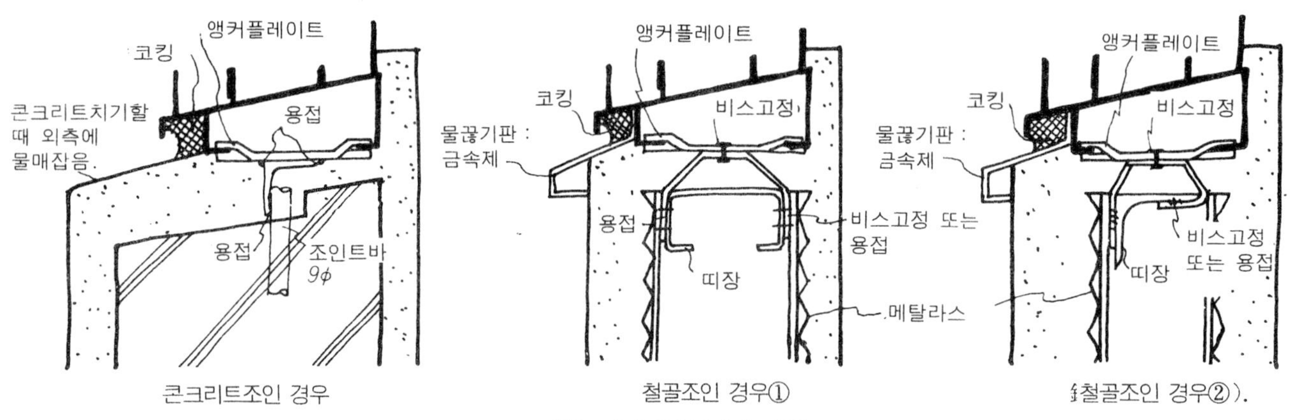

콘크리트조인 경우　　철골조인 경우①　　철골조인 경우②

[구조체와 창호틀과의 취합]

[새시설치앵커치수]

(단위 mm)

창폭치수	창호앵커위치			앵커수
	단부위치	중간위치	단부위치	
800	100	300, 300	100	3
900	100	350, 350	100	3
1200	100	500, 500	100	3
1400	100	600, 600	100	3
1500	100	450, 400, 450	100	4
1600	100	450, 500, 450	100	4
1700	100	500, 500, 500	100	4
1800	100	550, 500, 550	100	4
2000	100	450, 450, 450	100	5

창높이	창호앵커위치			앵커수
	단부위치	중간위치	단부위치	
350	175		175	1
600	200	200	200	2
900	200	500	200	2
1100	200	350, 350	200	3
1200	200	400, 400	200	3
1300	200	450, 450	200	3
1500	200	550, 550	200	3
1750	200	450, 450, 450	200	4
1900	200	500, 500, 500	200	4
2000	200	550, 500, 550	200	4

일반사항

창호 둘레의 빗물 처리

창호틀과 조인트바와 접합이 끝나면 끼움 쐐기를 제거시켜 예 1, 예 2에 표시한 것처럼 방수 모르타르를 충전해서 설치가 완료되지만, 이 경우의 새시 매립이 불량하다면 그림의 화살표와 빗물 침투의 원인이 되므로 주의해야 한다.

예 3~예 5는 물끊기용의 선판을 설치한 예이다. 물끊기 판은 벽의 조인트바에 족철물을 용접해서 설치하나 도시한 바와 같이 요소에는 코킹을 매립해서 빗물 처리한다.

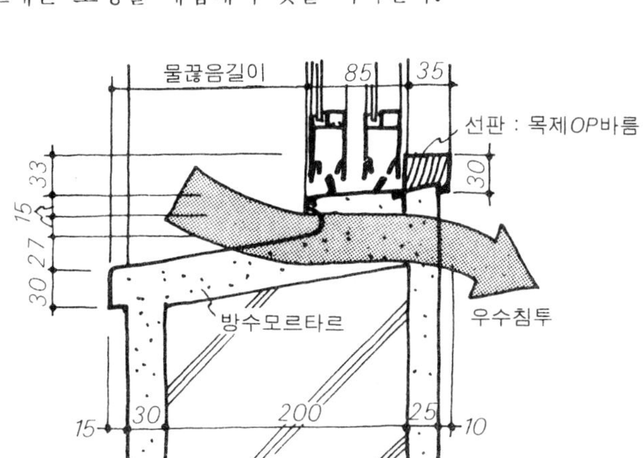

도어실의 아무림

도어실은 일반적으로는 철제, 정면 현관 등 의장적으로 취급하는 장소에는 스테인레스제의 것이 다용되고 있다. 도어실의 설치는 도어실 밑의 틈이 좁기 때문에 고정 후의 모르타르 채우기가 불안정하며, 디딜 때마다 불쾌한 금속음을 내는 예가 많다. 따라서 수직으로 넣기 전에 틀을 거꾸로 하여 문지방에 모르타르를 채우고 나서 설치하는 것이 좋다.

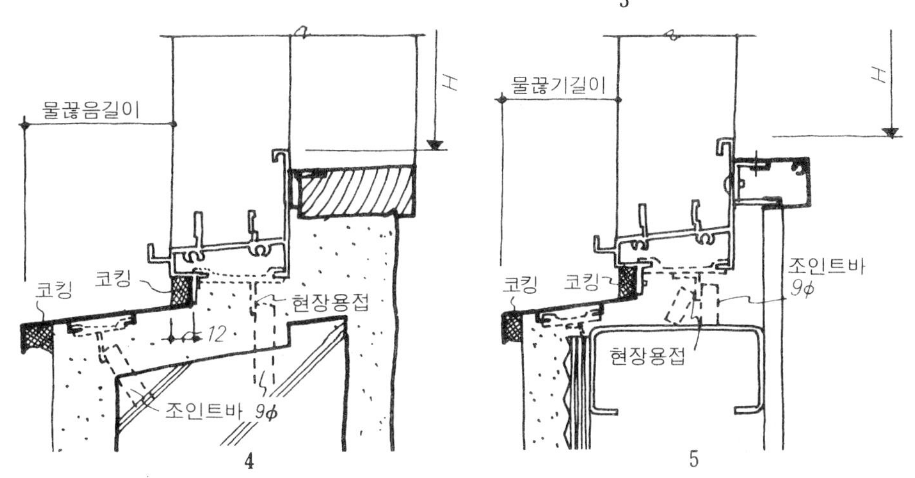

[새시 주위의 비막이]

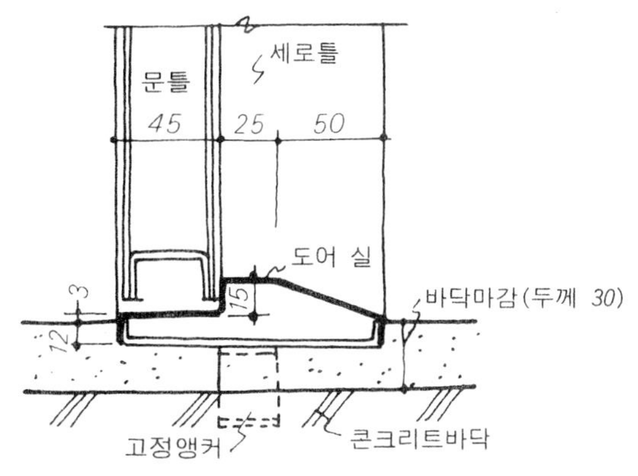

문고정부착한 도어실의 경우

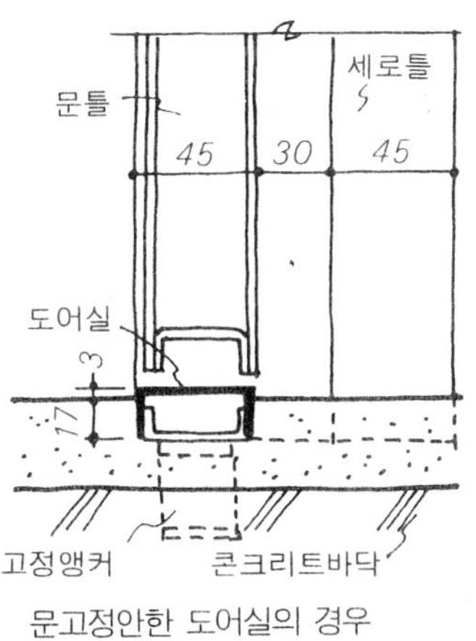

문고정안한 도어실의 경우

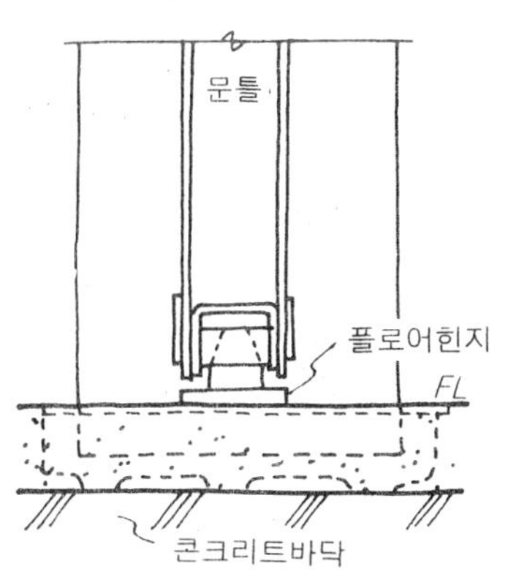

도어실이 없는 경우

[도어 체크 설치 상세]

일반사항

도어 체크의 설치

도어 체크는 일반적으로는 개폐편(자동적으로 천천히 닫는다)을 위한 것이나 방화 구획상의 방화문(퓨즈 부착)에도 설치되도록 지시되고 있다. 더욱 이것은 필요에 따라서 90도 또는 180도 열린 그대로 할 수 있는 스토퍼 설치한 것이 다용되고 있다. 도어 체크를 설치할 때는 도어 체크의 아암이 돌출되므로 문의 개폐 방법, 문이 매달리는 벽과의 관계, 문과 웃틀과의 관계, 천장 및 벽까지의 간격 등을 검토하고 설치를 연구해야 한다.

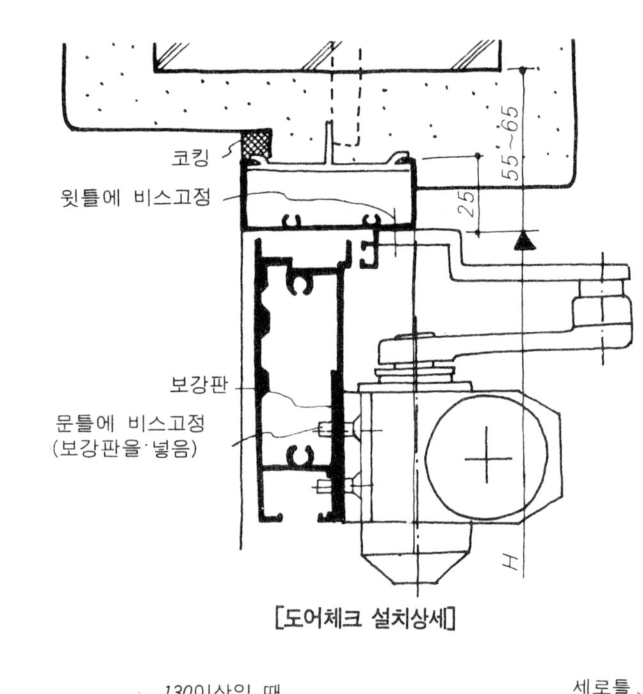

[도어체크 설치상세]

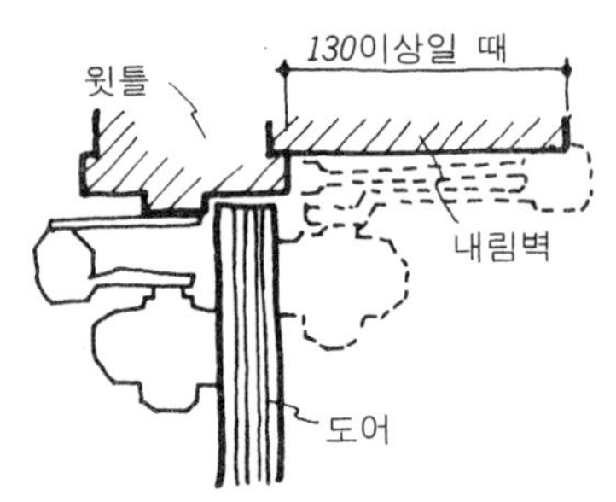

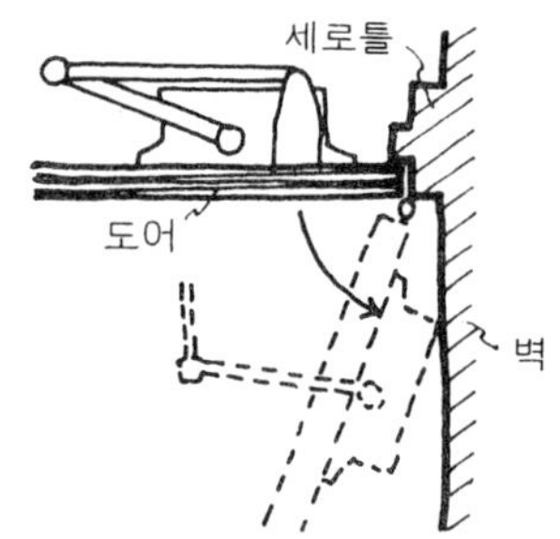

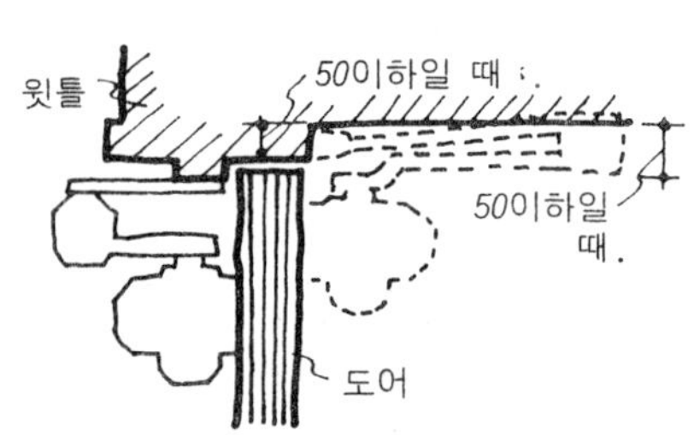

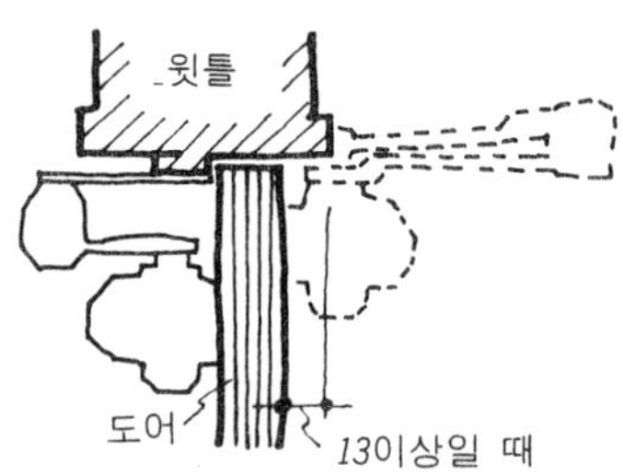

〔주〕 점선으로 표시한 설치가 정규 설치한 것이나 벽이나 천장에 닿는 경우는 실선으로 표시한 것처럼 설치한다.

[도어체크의 설치 위치]

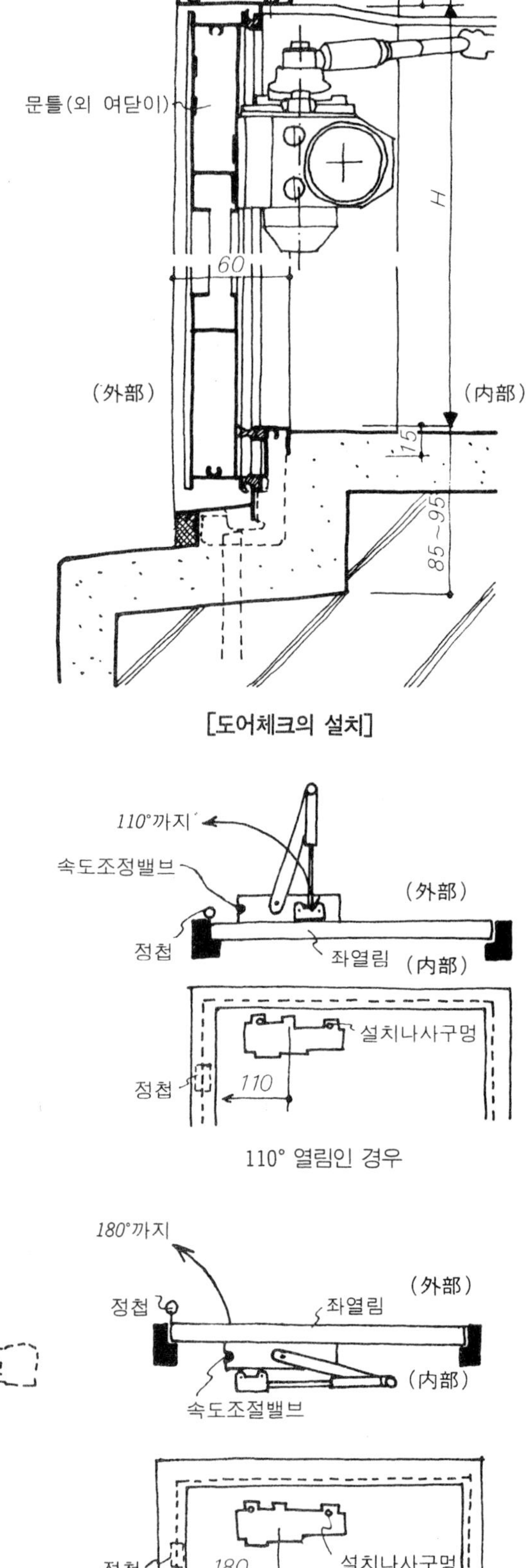

[도어체크의 설치]

일반사항

피보트 힌지의 설치

피보트 힌지는 여닫이문의 개폐 지점이 되는 철물의 일종이며, 정첩에 비해 내구성이 있고 창호틀의 비틀림이나 설치 부분의 헐거움이 없고 최근에는 정첩 대신에 다용되고 있다. 특히 중량이 있는 방화용 강제문에는 없어서는 안 되는 것이다.

매달림 방법은 도시한 바와 같이 도어실이나 바닥면에 직접 설치되든지 세로틀에 설치되는 등의 방법이 있지만 이것은 주로 바닥면의 마무리 창호틀의 처리상의 제약 등의 점에서 사용 구분되고 있다.

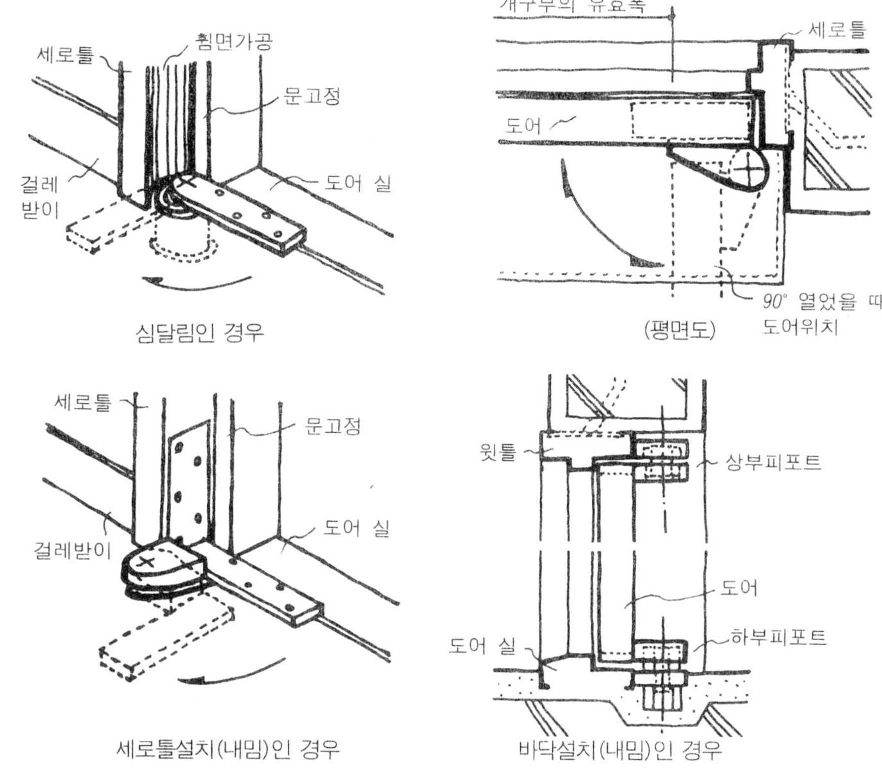

심달림인 경우

(평면도)

세로틀설치(내밈)인 경우

바닥설치(내밈)인 경우

[피폿 힌지의 설치 형식]

윗틀에 설치

문틀상부에 설치

문틀하부에 설치

도어실에 설치

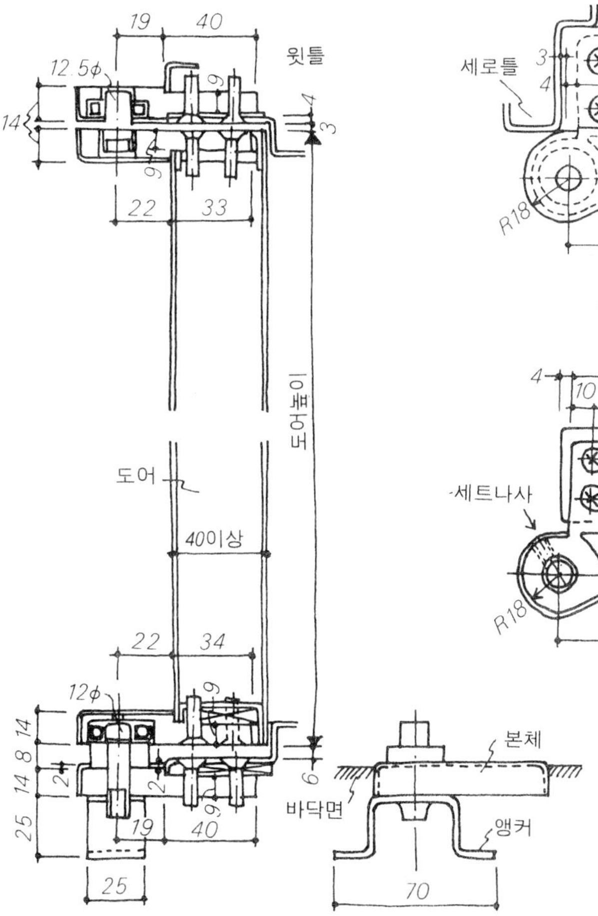

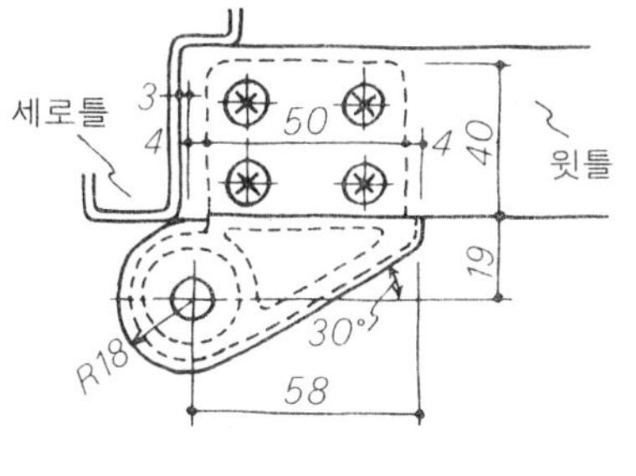

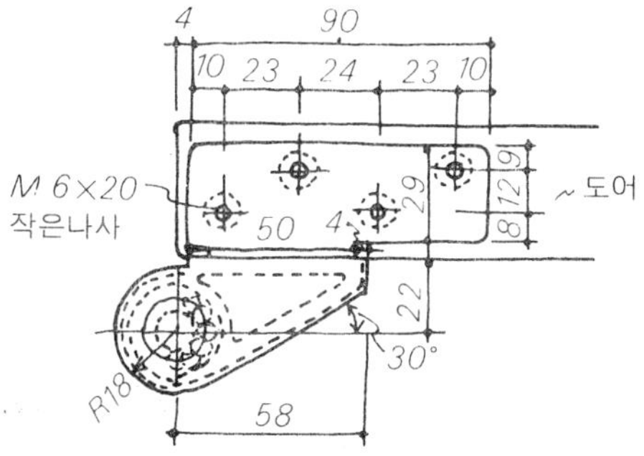

[피폿 힌지의 설치 요령]

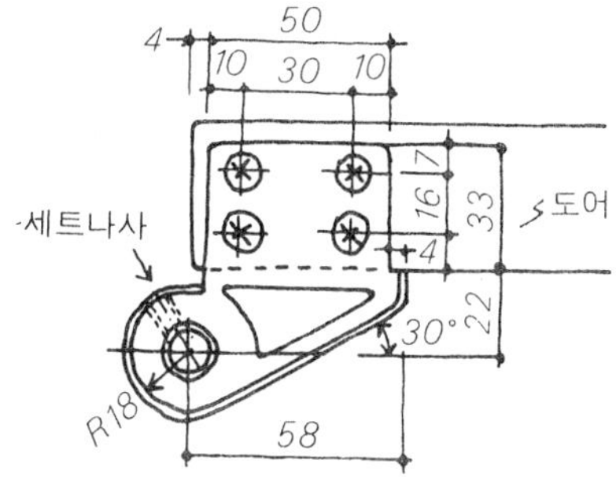

피보트 힌지는 설치 요령도에 표시한 것처럼 하부용, 상부용 모두 암수로 되어 있고 상, 하틀(도어실을 포함)에 숫힌지를 설치해서 문의 상하에 암힌지를 설치 끼워 맞춰서 매달아 준다. 틀 및 문에의 힌지 설치는 모두 비스 고정으로 한다.

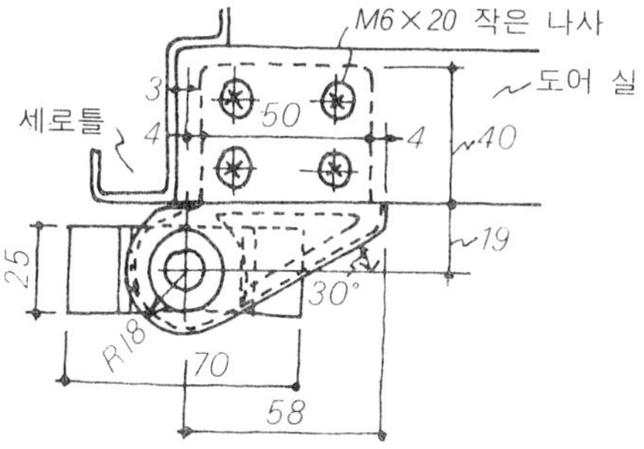

일반사항

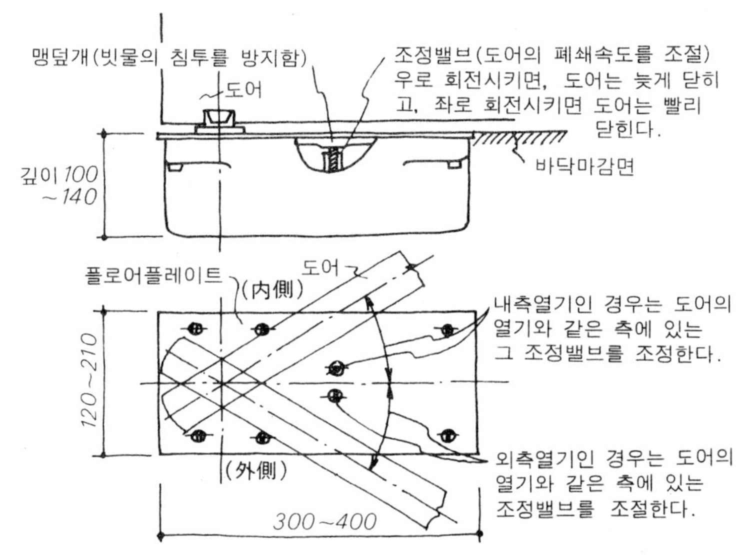

[플로어 힌지의 형상치수]

플로어 힌지의 설치

플로어 힌지는 정첩과 도어 체크의 역할을 하나로 다했다. 더욱 바닥에 매립하므로 철구류가 눈에 잘 안 띄는 것이 장점이다.

이것은 도시한 바와 같이 박스형의 것이므로 설치시에 바닥 슬래브의 철근(또는 철근보)이 방해가 되고 설치 불능해질 염려가 있으므로 설계 당초부터 플로어 힌지의 설치 위치를 명시하고, 설치에 지장이 없는 배근 구조로 해야 한다.

더욱 플로어 박스의 매립 깊이는 플로어 플레이트가 바닥 마무리와 면일이 되도록 마무리하는 것이 통례이므로 바닥의 마무리 여분과의 경합을 고려해야 한다.

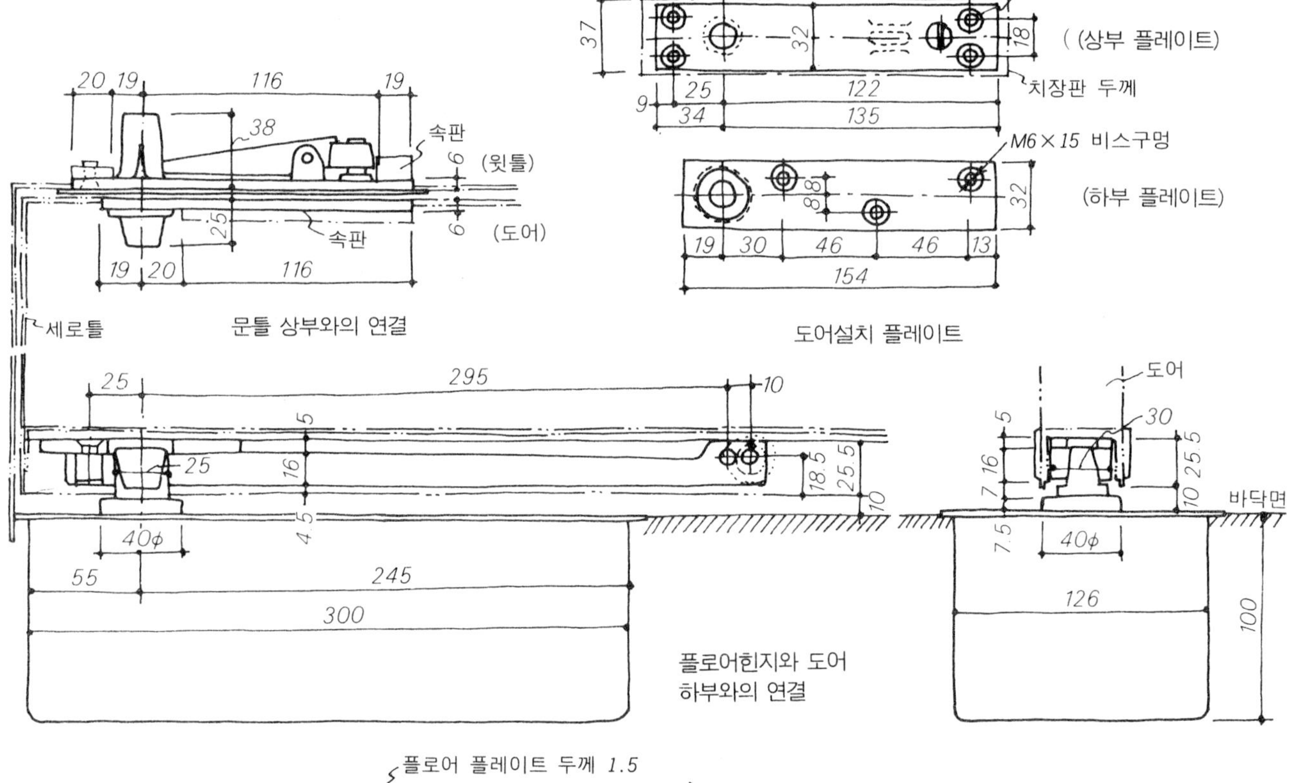

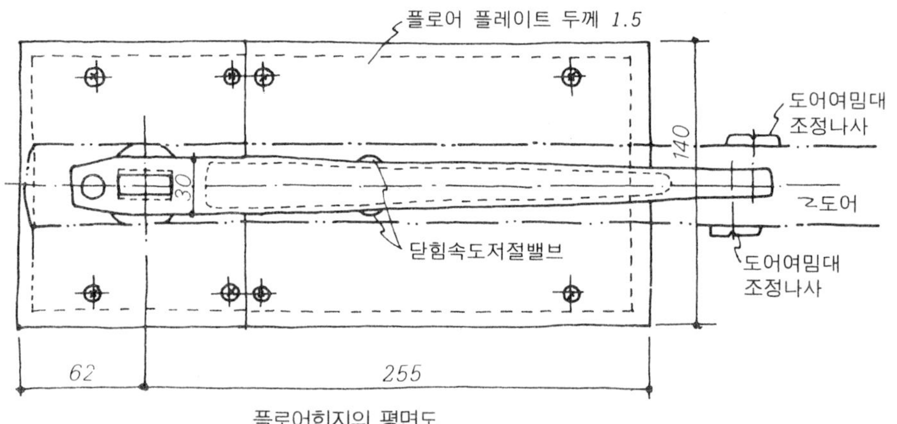

플로어힌지의 평면도

[플로어 힌지의 설치 예]

플로어 힌지를 사용해서 문을 세우는 경우는 정첩과 같이 세로틀에 설치하는 것이 아니고 축이 세로틀보다 떨어진 위치(안쪽)으로 오므로 개구부의 유효 안비탈이 좁아진다. 따라서 설계시에는 이 점을 고려해서 개구폭, 문 치수를 결정해야 한다.

일반사항

전동 개폐문의 아무림

자동 개폐문의 형식은 보통 손미닫이문처럼 미닫이문과 여닫이문이 있다. 모두가 바닥에 깔린 스위치 매트를 밟으면 자동적으로 문이 열리고, 발을 떼면 자동적으로 문이 닫히는 장치이다. 일반적으로 개폐작동 형식은 전동식으로 되어 있다.

미닫이문 형식의 것은 도시한 바와 같이 문을 매달림 형식으로 하기 위해 상인방을 경량 철골로 틀로 짜서 레일 및 도어 엔진을 설치하여 밑인방(가이드 레일)을 바닥에 매립해서 처리한다.

여닫이문 형식의 것은 바닥에 작동 오퍼레이터(깊이 200mm, 너비 350mm, 길이 800mm 정도)를 매립한다.

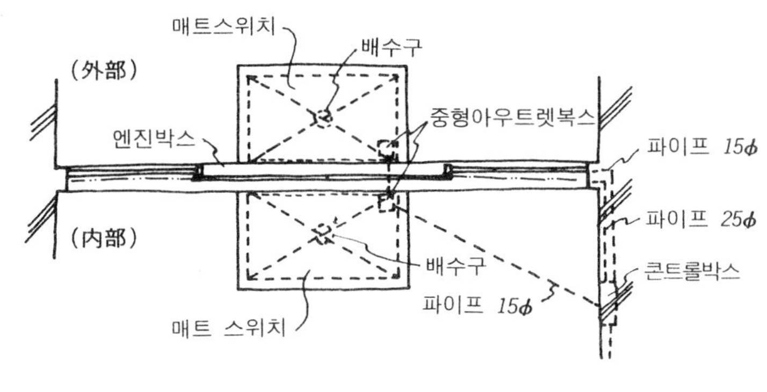

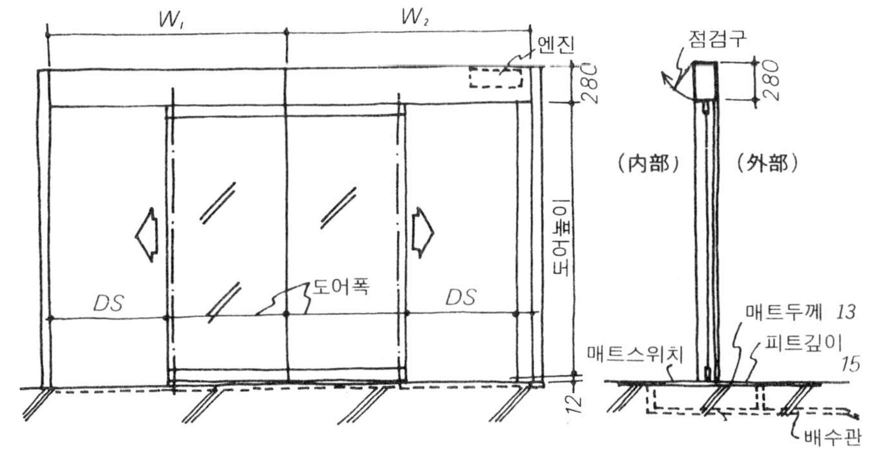

[미닫이 자동도어의 예]

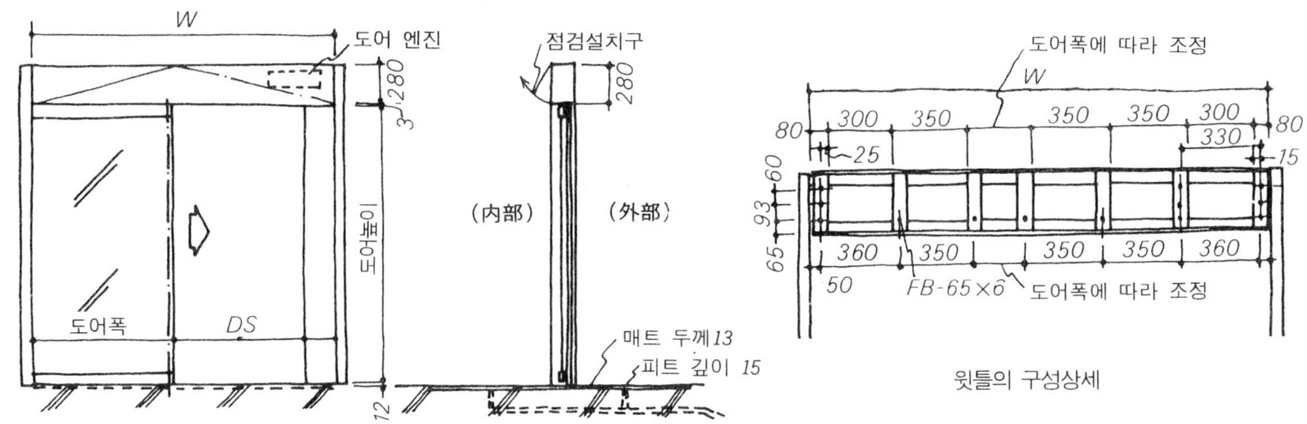

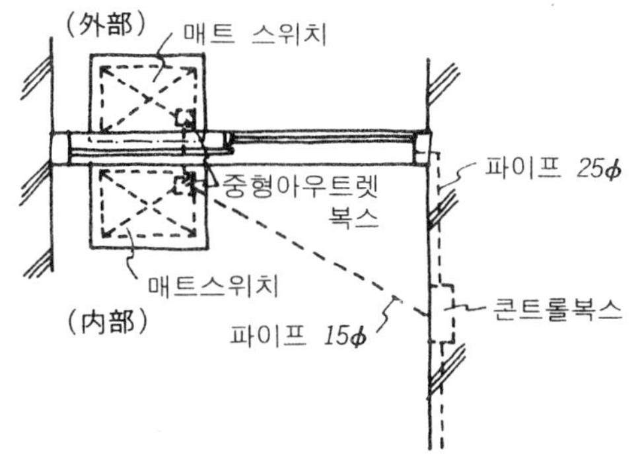

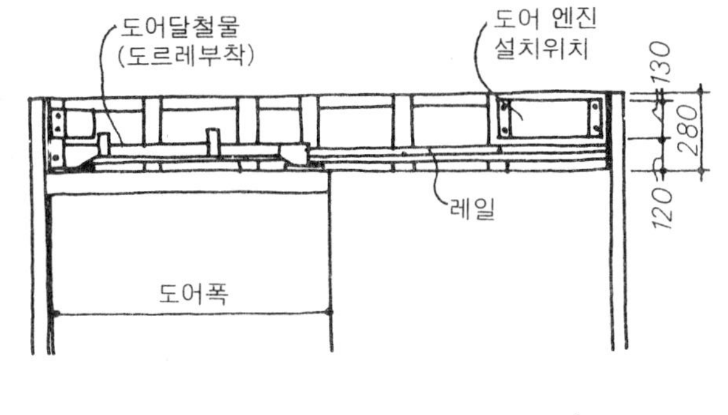

레일 설치 틀의 상세

[외미닫이 자동 도어의 예]

일반사항

셔터의 아무림

셔터는 방화, 방범 등의 기능상의 요구로, 주로 1층 출입구문의 전면에 설치되나 그 밖의 의장적으로 유리를 다용한 경우의 유리 보호라든지 옥내의 방화 구획(계단실이나 복도의 구획) 등에도 다용되고 있다.

셔터의 종류로서는 일반적으로 경량 셔터, 중량 셔터, 그릴 셔터, 특수 셔터로 대별되나, 이들은 사용 장소, 사용 목적에 의해 선택된다.

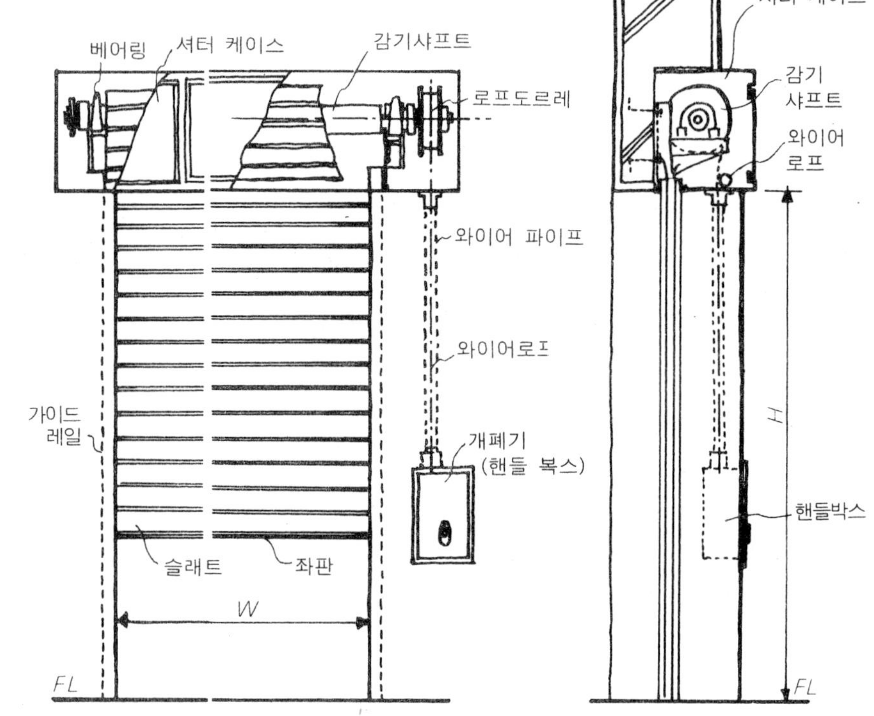

[수동 셔터의 아무림 예]

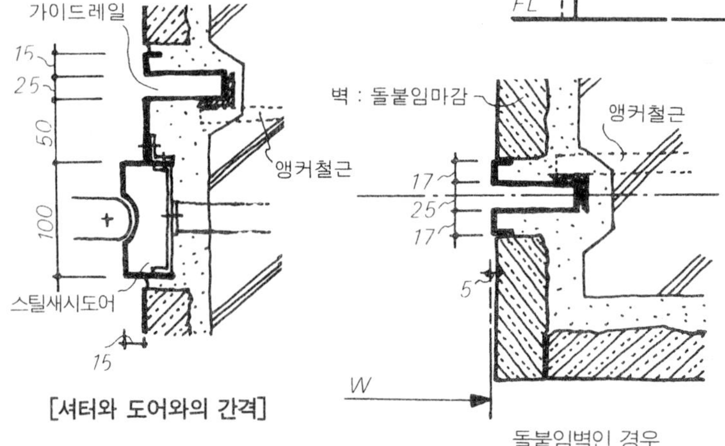

[셔터와 도어와의 간격]

돌붙임벽인 경우

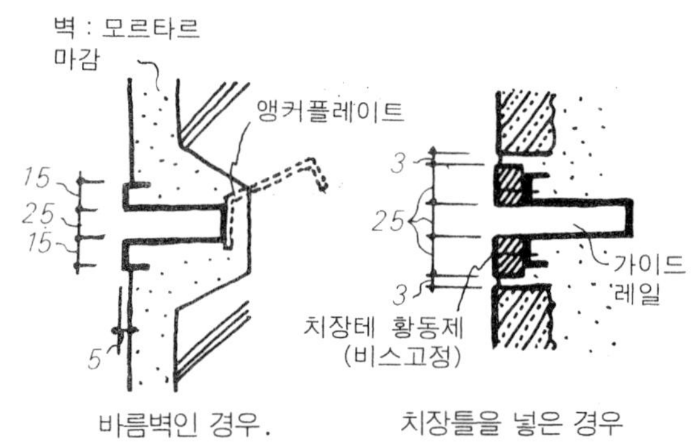

바름벽인 경우. 치장틀을 넣은 경우

[가이드 레일의 아무림 예]

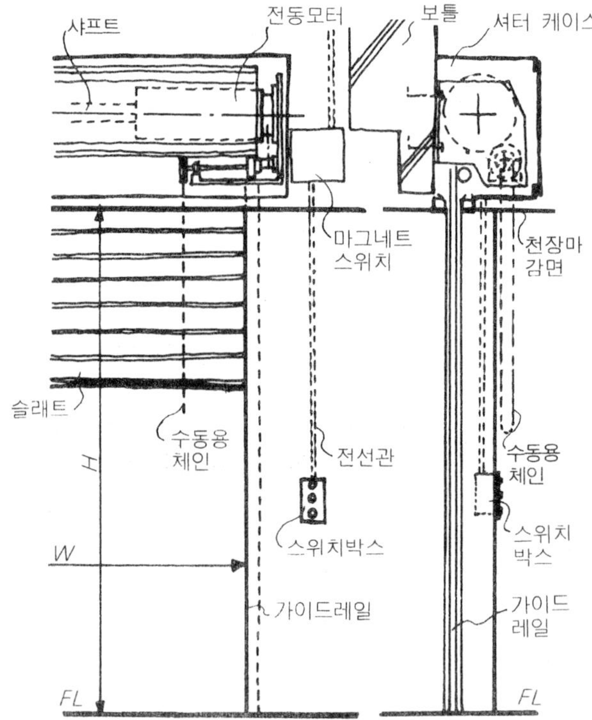

[전동식 셔터의 아무림]

상기의 모두가 수동식과 전동식이 있고, 제각기 상하 개폐형과 가로 여닫이형이 있다. 특수 셔터로서는 에스컬레이터용, 하역용의 바닥에 사용하는 수평 개폐식의 것 등이 있다.

셔터의 설치로서는 어떤 형식의 것을 설치하는 경우도 도시한 바와 같이 셔터 박스의 설치와 가이드 레일의 마무리가 요점이나 다음으로 셔터 설치상의 일반적인 주의 사항을 열거해 둔다.

① 셔터 박스를 설치하는 내림벽, 철골 트러스 등의 강도를 충분히 고려해 둔다.

② 셔터 박스의 크기를 확인해서 내림벽에서 출입구문까지의 치수를 결정하고, 설치에 있어서 지장이 없도록 계획해 두는 일.

③ 셔터의 점검(구동기, 와이어 로프 등)이 되도록 확인구(일반적으로는 현장에 설치한다)를 설치할 것.

④ 방화 구획용 셔터에서는 피난용 출입문을 설치하나 출입문의 여닫이문은 피난 방향으로 열리도록 계획한다.

외부출입구

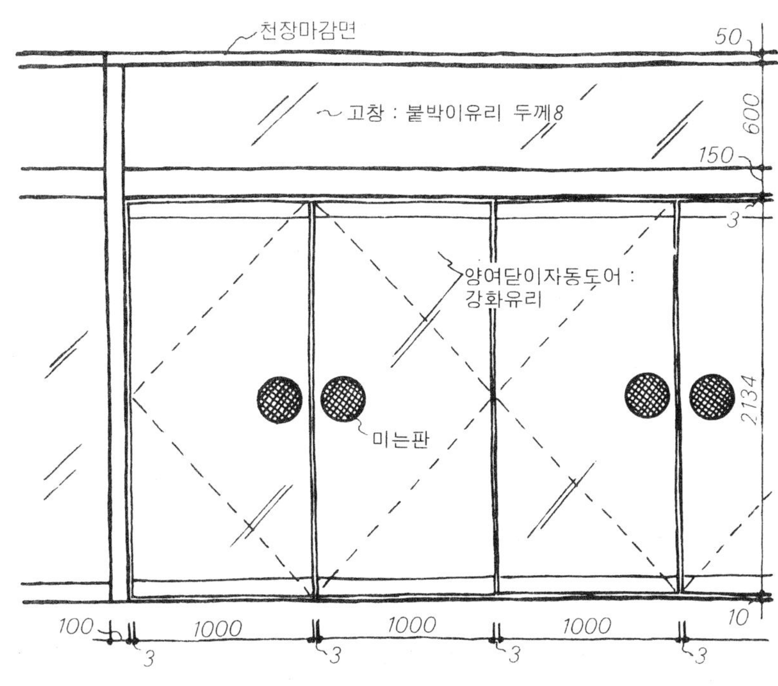

현관 출입구(1)

현관문은 견고하고 내구성, 내화성이 우수하고, 동시에 의장적으로도 우수해야 한다는 것이 주요하다.

최근에는 기능적인 요구를 셔터로 보강하여 현관문을 틀이 없는 강화유리제, 아크릴라이트제로 한 것 등의 의장 본위로 다룬 것이 다용되게 되었다.

예1은 최근의 오피스 빌딩, 점포, 극장 등에서 다용되고 있는 자동 개폐 도어를 짜 넣은 현관 출입구 예이다. 자동 개폐 도어는 메이커에 의해 장치, 주요 부재의 치수 등이 달라지므로 설계시에 아무림이나 보강의 필요성 등에 대하여 검토하는 일이 중요하다. 여닫이문 형식의 경우는 도어 엔진을 플로어 힌지 조립, 미닫이문 형식의 경우에는 상인방 속에 도어 엔진을 설치하는 것이 보통이다.

천장마감면
50
고창 : 붙박이유리 두께8
600
150
3
양여닫이자동도어 :
강화유리
2134
미는판
100
1000
1000
1000
10
3

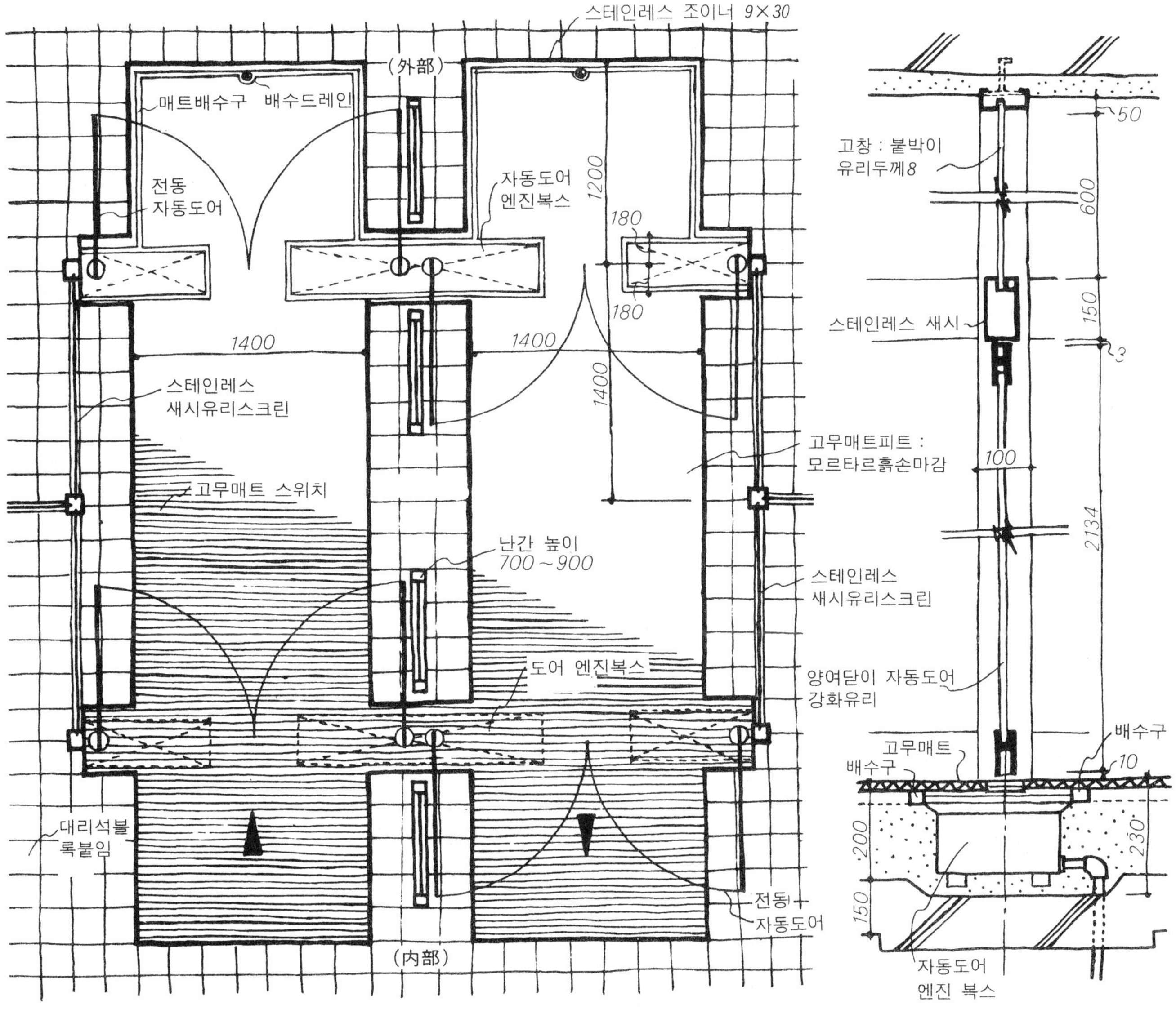

스테인레스 조이너 9×30
(外部)
매트배수구 배수드레인
전동
자동도어
자동도어
엔진복스
1200
180
180
1400
1400
1400
스테인레스
새시유리스크린
고무매트 스위치
난간 높이
700~900
도어 엔진복스
대리석블
록붙임
전동
자동도어
(內部)
고무매트피트 :
모르타르흙손마감
스테인레스
새시유리스크린
양여닫이 자동도어
강화유리
고창 : 붙박이
유리두께8
50
600
스테인레스 새시
150
3
100
2134
고무매트
배수구
배수구
10
200
150
230
자동도어
엔진 복스

[예1 자동개폐 도어의 상세]

외부출입구

현관 출입구(2)

예 2는 알루미늄제 창호를 사용한 현관 출입구의 예이다. 문은 도시한 바와 같은 알루미늄제의 틀에 유리를 넣은 것 외 아크릴 라이트판, 강화유리(1매판)를 설치한 것 등, 의장적인 지시에 의해 여러 가지의 것이 있다.

새시 자체의 설치는 이미 기술한 바와 같이 앵커 철근에 용접하여 설치, 하부는 세로틀, 붙임 기둥도 바닥에 매립(붙임 여분은 15mm 정도)도 하는 것이 보통이다. 따라서 바닥 마무리 치수를 토대로 설치 위치의 바탕 조성을 고려해 둘 필요가 있다. 더욱 정첩, 플로어 힌지, 도어 체크 등의 철물류는 창호의 중량에 맞춰서 적응하는 것을 선택해야 한다.

윙벽이 되는 글라스 스크린, 천창 등은 크기에 맞춰서 재종, 두께, 붙박이 방법, 누름대의 크기, 해체, 잠금 방법 등 메이커측과 협의하는 것이 중요하다.

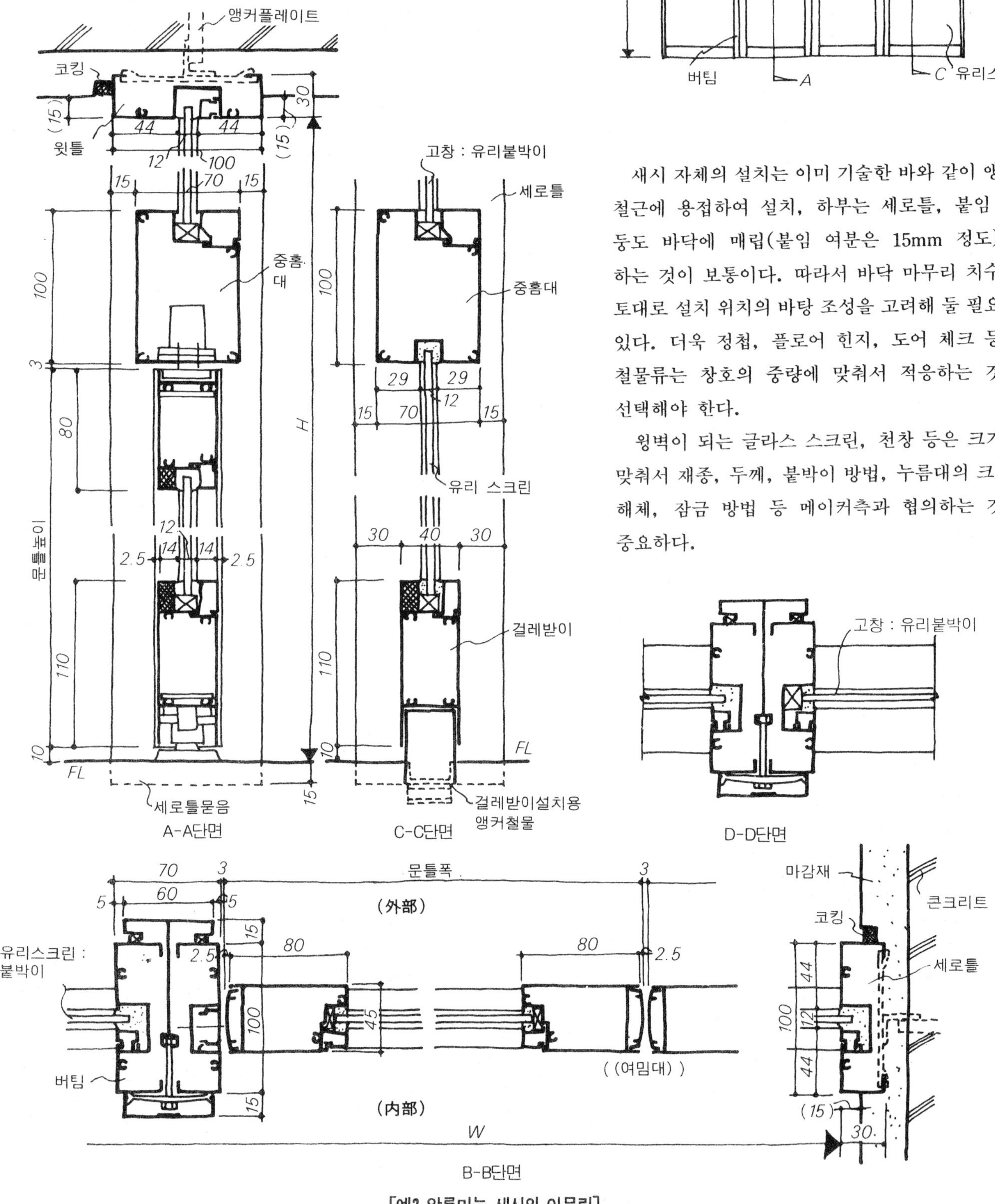

[예2 알루미늄 새시의 아무림]

외부출입구

현관 출입구(3)

예3은 스틸제 창호를 사용한 현관 출입구의 예이다. 최근에는 의장상, 유지 관리의 문제가 있으므로 알루미늄제에 밀리고 있지만, 견고함과 도장에 의한 의장 효과를 겨냥해서 스틸제를 사용하는 예도 많다. 형상으로서는 알루미늄제와 같이 붙임벽(글라스 스크린)의 유무, 천장의 유무, 연속식 등 의장에 맞춰서 구성된다.

의장적으로는 대형 유리를 끼워 넣어 틀 치장을 가늘게 보이는 것을 바라고 있지만, 풍압이나 내구성 등을 고려해서 부재 치수를 결정하는 일이 중요하다.

현관문은 방범, 방화를 고려하여 일반적으로 셔터와 결합해서 설치하는 것이 보통이나, 설치가 완료한 다음 도어의 누름판의 돌출물에 셔터의 슬래트 앵글의 간격을 충분히 잡는 배려가 중요하다.

개폐 지지 철구로서는 현관문은 의장적으로 대형 문을 사용하는 예가 많고 또 도어 체크의 노출이 좋지 않다는 이유에서 최근에는 정첩과 도어 체크의 결합 대신으로 플로어 힌지를 사용하는 것이 통례로 되어 있다. 플로어 힌지의 설치 요령은 72페이지에 표시했으므로 참조하면 된다.

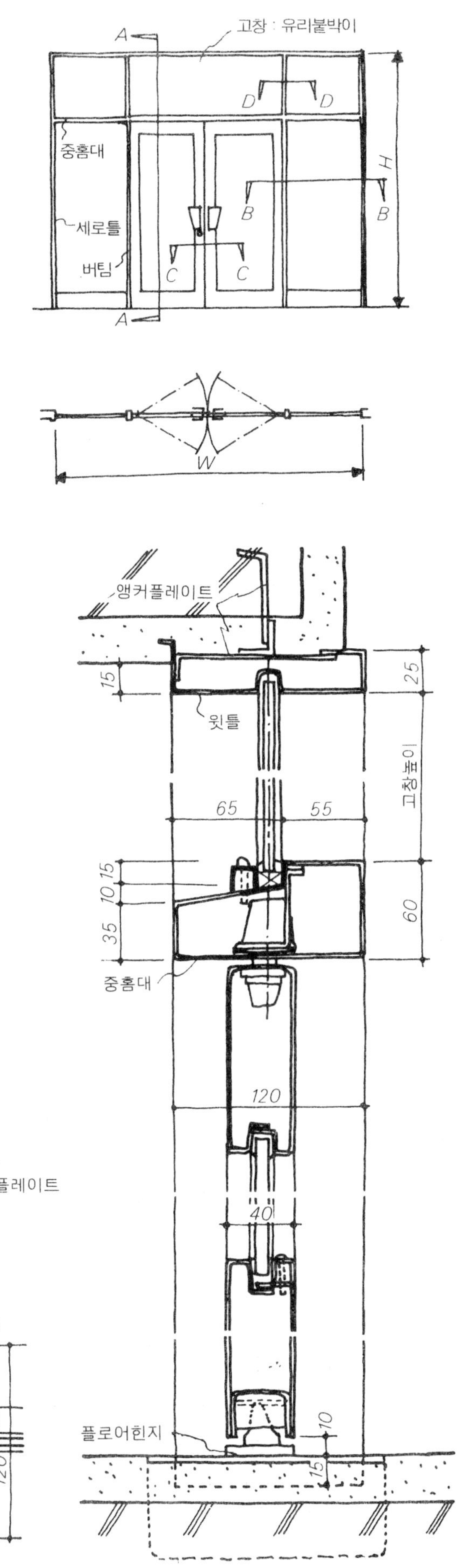

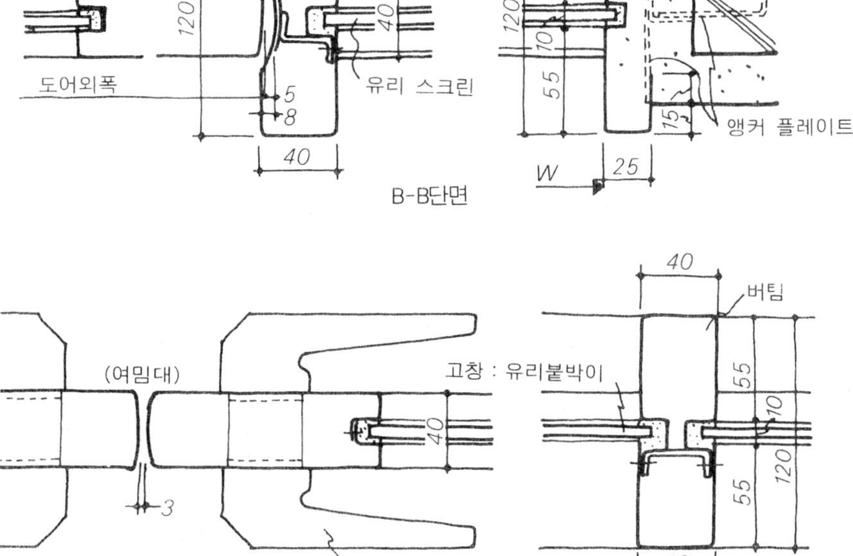

[예3 알루미늄 새시의 아무림]

외부출입구

베란다 출입구

창호틀의 설치는 여닫이문과 같이 앵커 철근에 창호틀의 족철물을 용접하여 고정시키고, 틀 주위에 모르타르를 채우나, 설치 위치는 내외벽의 마무리 치수를 충분히 검토해서 앵커 철근의 위치 결정을 하는 일이 중요하다. 틀 주위에서는 코킹재를 충전해서 빗물 처리하나, 상부가 채양 형태로 되어 있는 경우는 생략해도 된다.

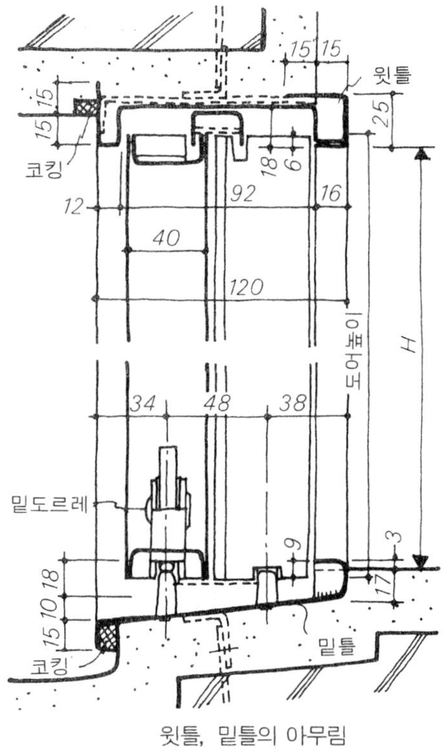

윗틀, 밑틀의 아무림

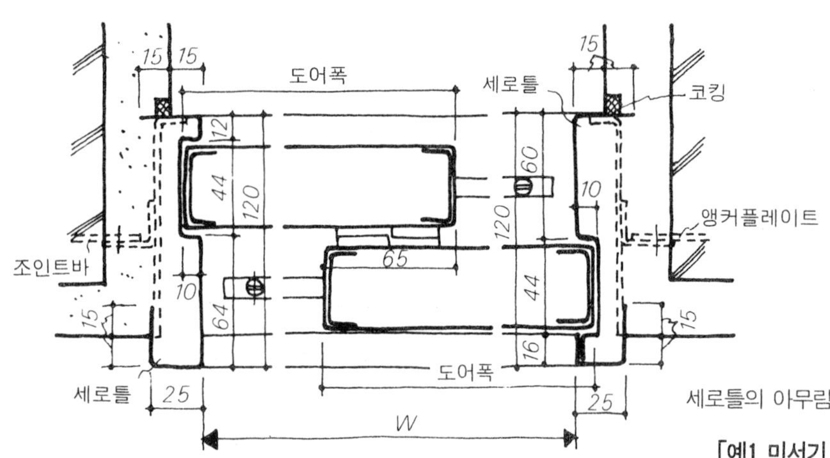

세로틀의 아무림

[예1 미서기 스틸 새시의 아무림]

알루미늄 새시도 설치 방법은 스틸 새시의 경우와 같으나 알루미늄은 알칼리에 의해 변색하므로 모르타르에 접하는 부분만은 보호 보양이 필요하다.

모르타르 채우기 할 때, 압력으로 틀이 변형될 염려가 있으므로, 보강재를 넣어 모르타르가 경화할 때까지 진동을 주지 않도록 주의한다.

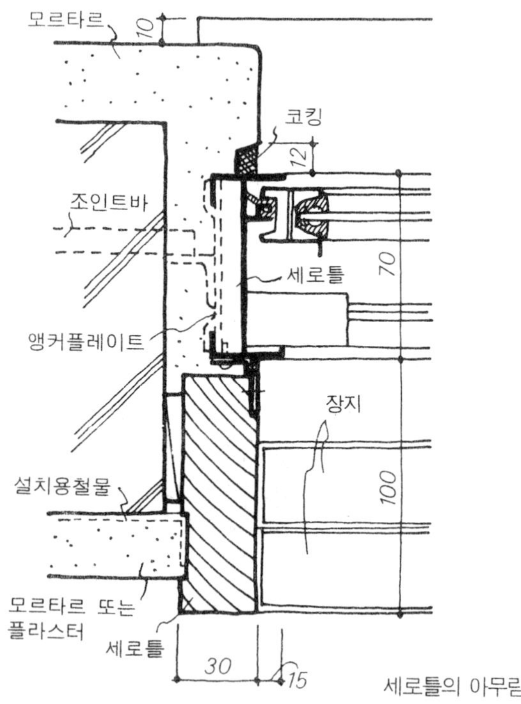

세로틀의 아무림

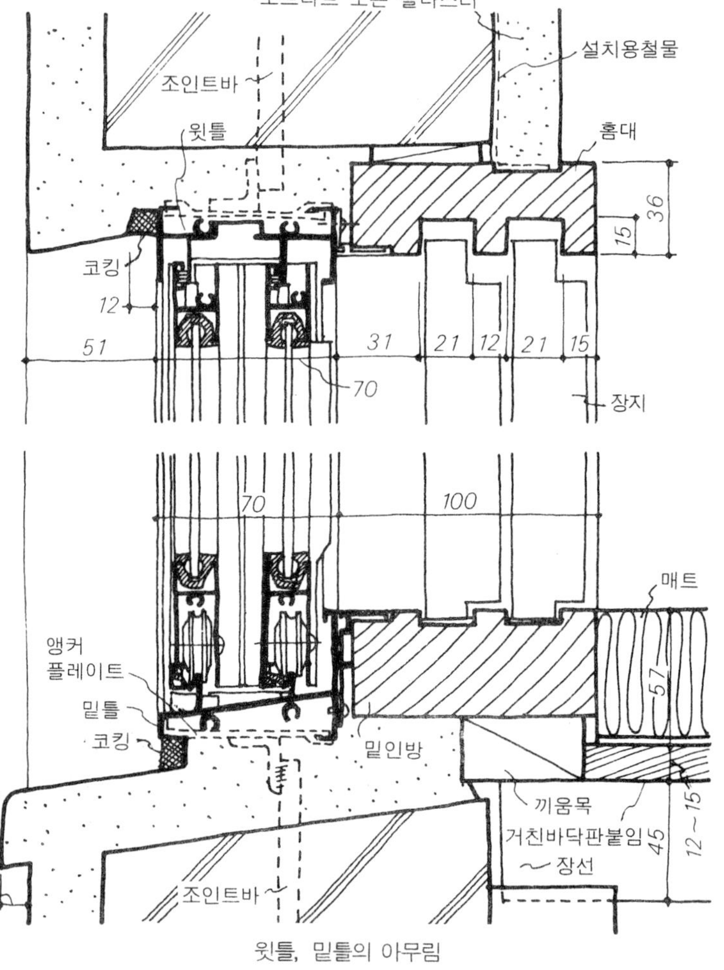

윗틀, 밑틀의 아무림

[예2 미서기 알루미늄 새시의 아무림]

외부출입구

철제문의 설치 상세 예(1)

그 밖의 출입구로서는 전기한 현관, 베란다 출입구 외 출입문, 피난구 또는 공장, 창고, 주차장 등의 출입구가 있지만, 창호의 차이는 있어도 설치 요령은 공통이다.

예 1은 콘크리트 아파트의 출입구(베란다로의 출입)로 다용되고 있다.

예 2, 예 3은 철골조의 건축물에 강제 도어를 설치할 경우의 예로 공장 등의 출입구에 다용되고 있다. 창호틀은 앵커 철물로 기둥, 보, 띠장 등에 용접 또는 볼트 조임하여 고정시키나, 외벽과의 관계부에는 물끊기 철판을 넣어서 빗물 처리한다.

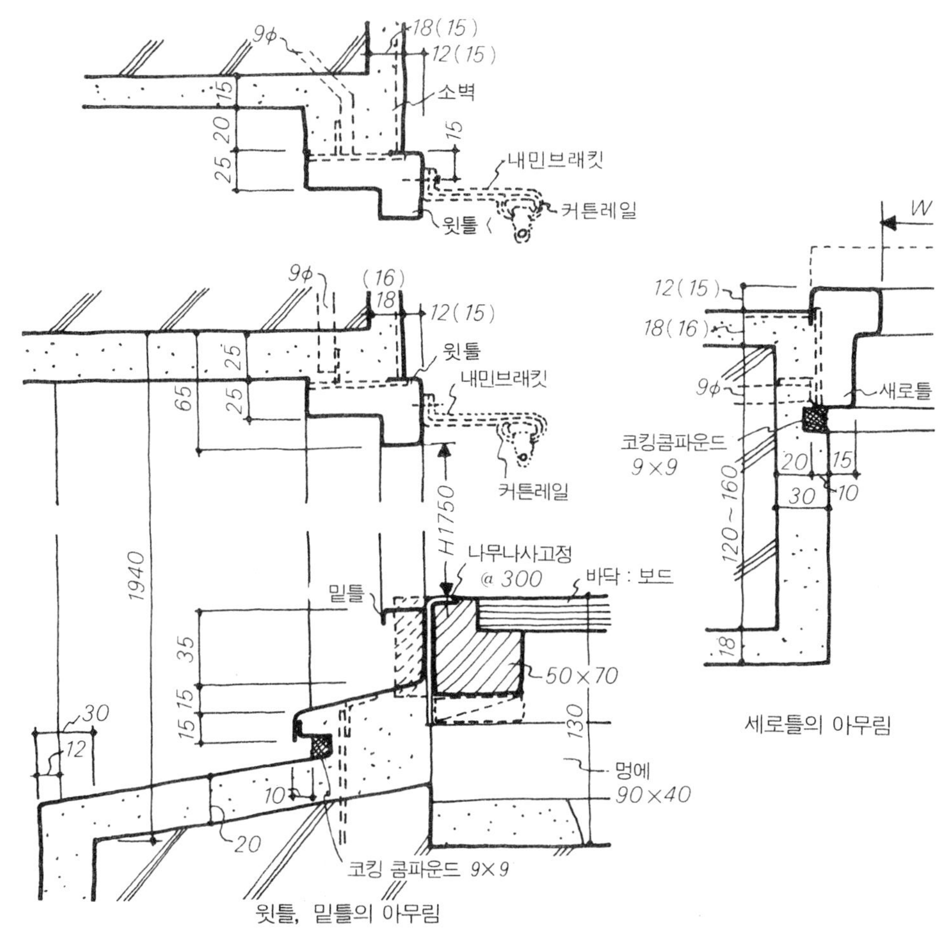

9φ
18(15)
12(15)
소벽
내민브래킷
커튼레일
윗틀
밑틀
나무나사고정 @300
바닥 : 보드
50×70
멍에 90×40
코킹 콤파운드 9×9
H1750
1940
새로틀
코킹콤파운드 9×9
120~160
W
윗틀, 밑틀의 아무림

세로틀의 아무림

[예1 콘크리트 벽인 경우의 설치]

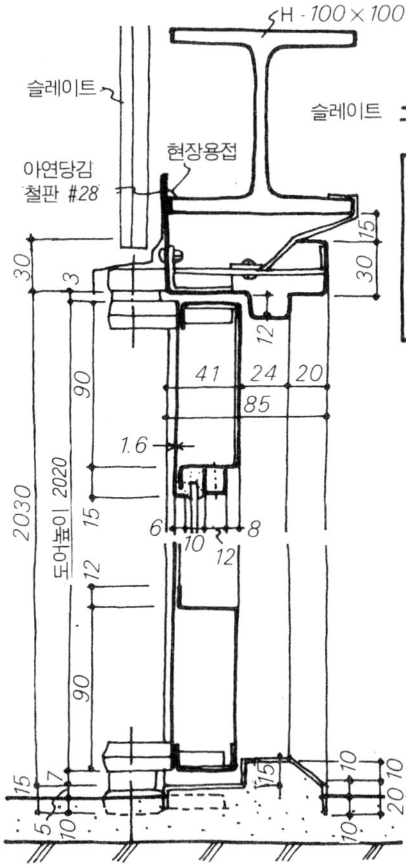

H-100×100×8
슬레이트
현장용접
아연당김 철판 #28
도어높이 2020
2030
윗틀, 도어실의 아무림

아연당김철판 #28
현장용접
H-100×100 ×8
W
세로틀의 아무림

[예2 철골조(H형강)인 경우의 설치 예]

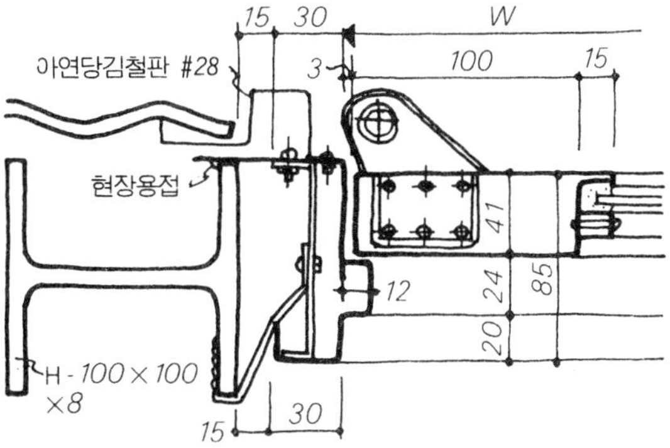

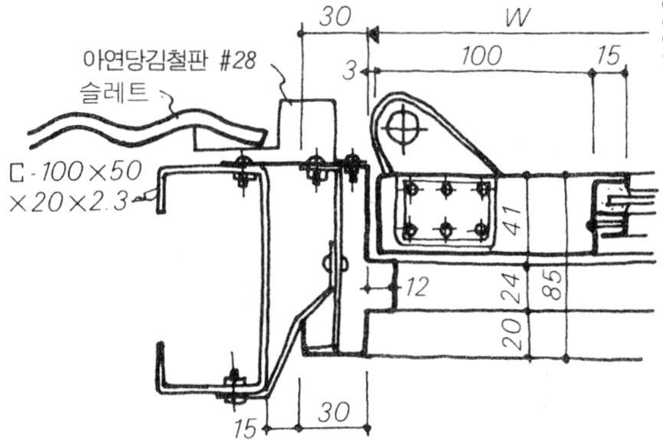

아연당김철판 #28
슬레트
C-100×50 ×20×2.3
W
세로틀의 아무림

슬레이트
아연당김철판 #28
C-100×50 ×20×2.3
도어높이 2020
2030
윗틀, 도어실의 아무림

[예3 철골조(C형강)인 경우의 설치]

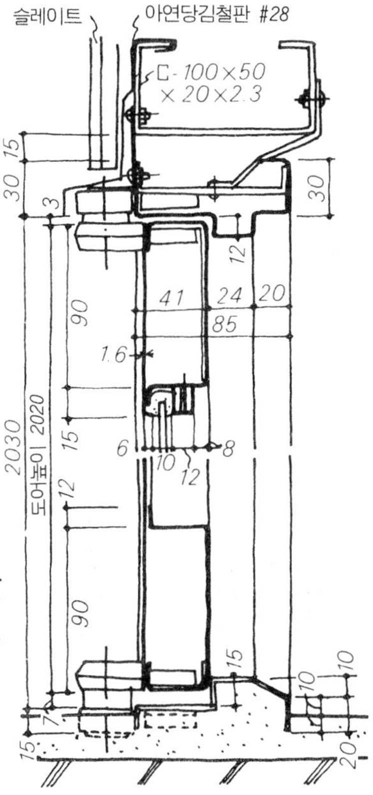

외부출입구

철제문의 설치 상세 예(2)

옥상으로의 출입구나 피난용 출입구는 방화상, 철제문은 설치해 주어야 한다.

철제문은 문과 문틀의 일체로 공장 생산한다. 구체에 대한 설치는 벽면 마무리 전에 구체의 설치는 벽면 마무리 전에 구체 앵커 철근에 새시의 족철물을 용접해서 고정하고, 틈에 모르타르를 충전시킨 다음 벽면 마무리를 한다. 더욱 밑틀(도어실)에는 모르타르를 채우기가 어렵기 때문에 미리 채워둔다.

예 4, 예 5는 외여닫이와 내여닫이의 설치 예를 표시한 것이나 피난용의 출입구와 문은 외여닫이로 해야 하며 또 빗물 처리의 점에서도 외여닫이가 좋다.

철제문은 닫을 때 큰 충격음을 내므로 개폐가 빈번한 장소에서는 예 6에 표시한 것 같은 고무로 된 문받이가 있는 것을 사용하는 것이 좋다.

더욱 매달 때에는 철제문은 약간의 굽힘으로 개폐시에 정첩이 삐걱거리고 불쾌한 소리가 나므로 정확한 매달림이 요구된다.

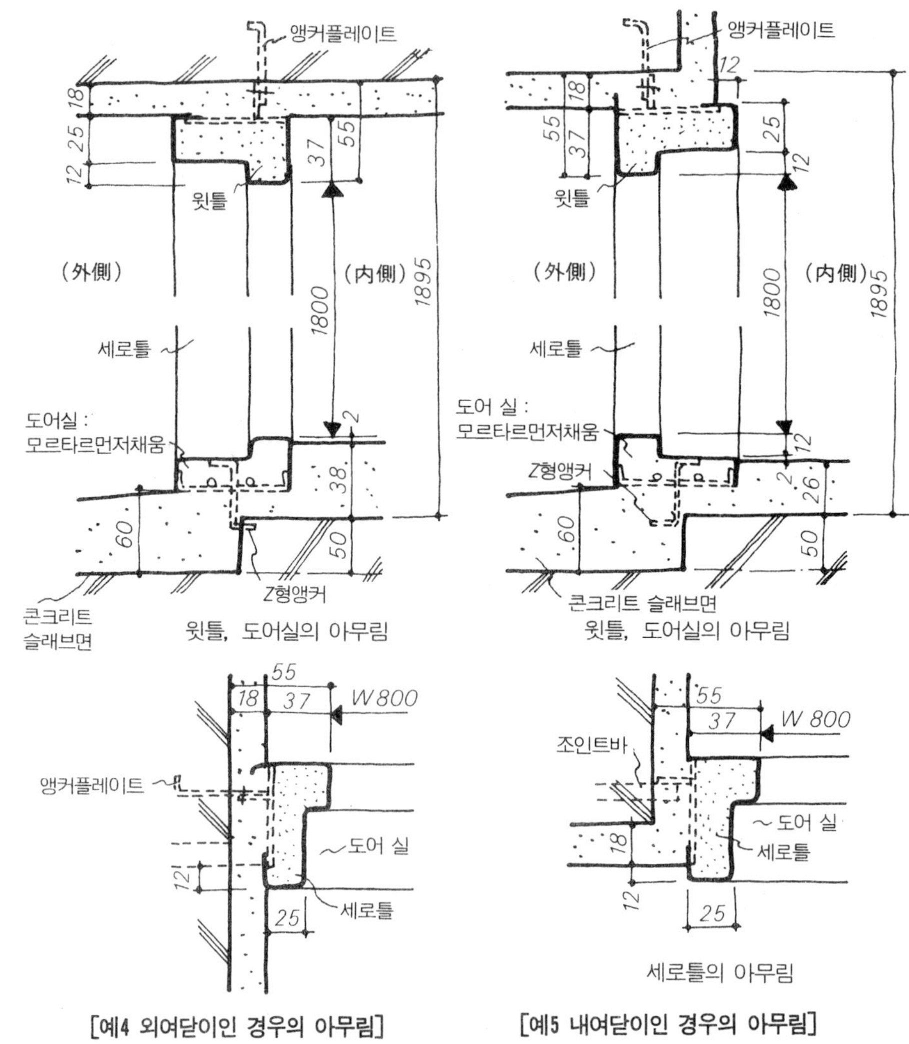

[예4 외여닫이인 경우의 아무림]

[예5 내여닫이인 경우의 아무림]

세로틀의 아무림

윗틀, 도어실의 아무림

[예6 방음문 고정 부착 철문의 아무림]

외부출입구

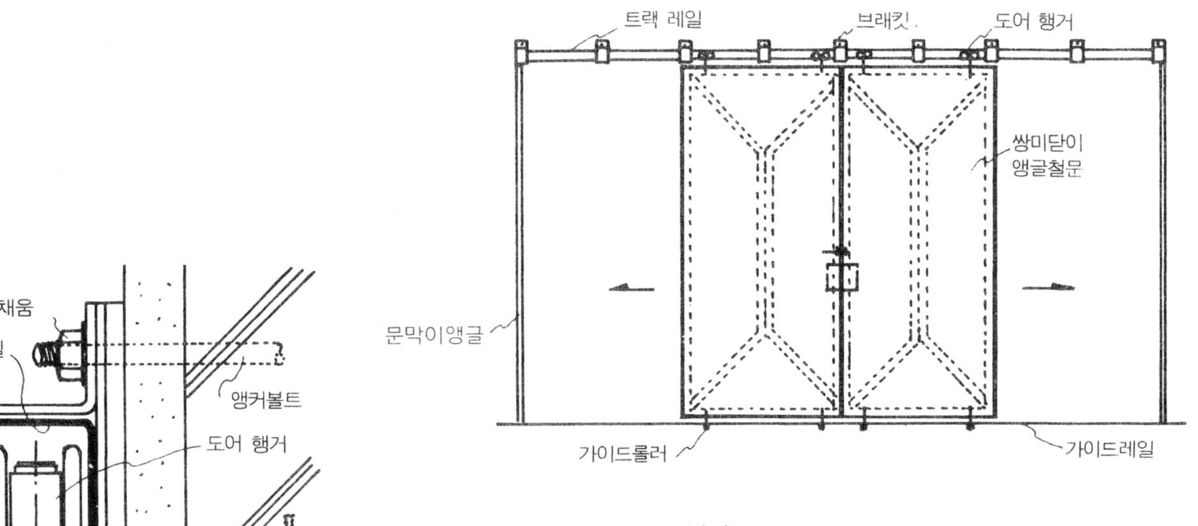

철제문의 설치 상세(3)

창고나 차고의 출입구에 사용되는 행거 도어는 외미닫이, 쌍미닫이, 2연식, 3연식 등의 형식인 것이 있고, 용도에 따라서 사용 구분되고 있다. 그림은 쌍미닫이식의 앵글 철문(문)의 예이나, 브래킷, 가이드 롤러의 설치 요령은 공통하다. 더욱 브래킷에서는 문의 전 중량이 가해지므로 브래킷 고정용의 앵커 볼트는 콘크리트 타설에 앞서 구체의 철근이나 철골에 용접해서 고정시키는 것이 좋다.

브래킷이나 도어 행거 등의 각 부재는 여러 종류의 치수가 시판되고 있으므로 문(철문, 목제문 등 목적에 맞도록 제작한다)의 크기나 중량에 맞춰 선택하는 것이 좋다.

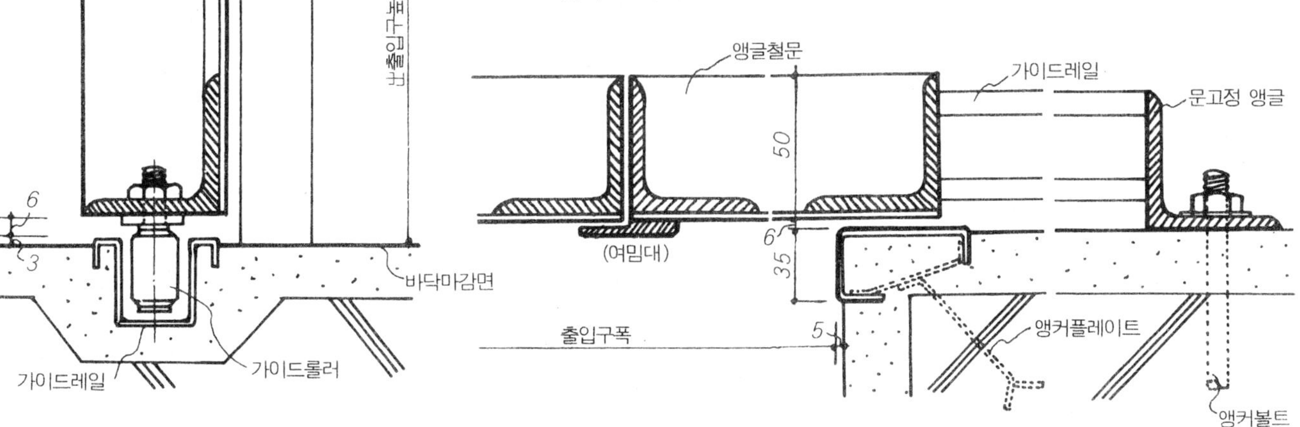

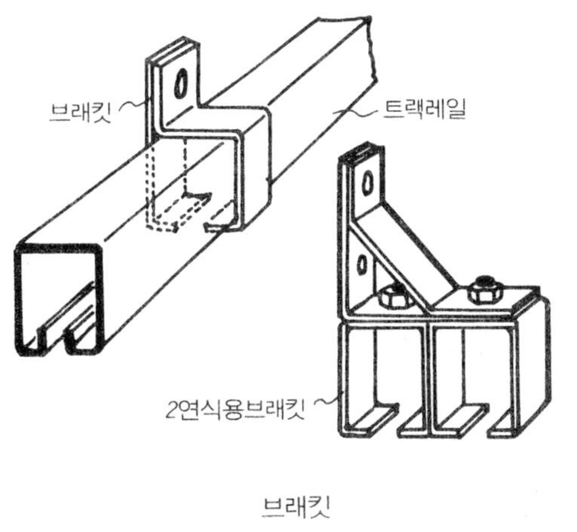

브래킷

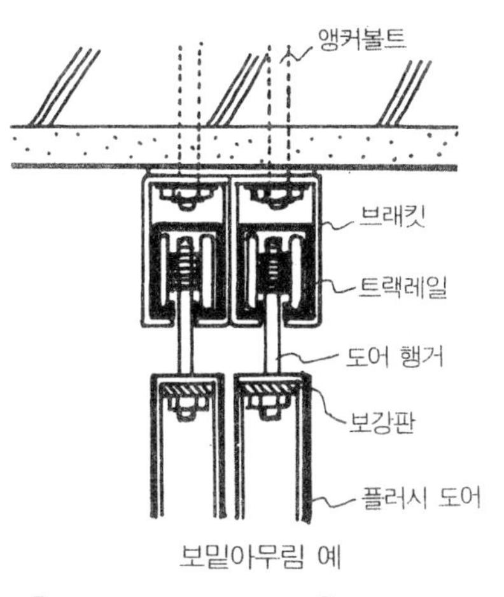

보밑아무림 예

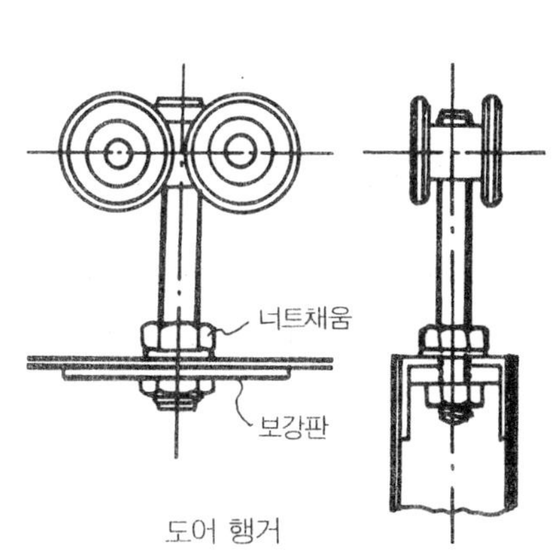

도어 행거

[예7 행거 도어의 아무림]

외부창

창은 채광, 통풍, 환기를 목적으로 벽면에 설치되는 개구부이나 형식(미서기창, 오르내리창, 미들창, 회전창, 붙박이창 등)이나 위치(창고창, 천창, 지창 등), 구조(금속재창, 목제창 등) 등에 의해 여러 가지의 명칭이 있다. 외부창은 건축물의 내외를 구획하는 것이므로 의장적인 면뿐 아니라 기밀성, 수밀성, 내구성, 내화성이 높은 창호가 요구된다.

창호 제작에 있어서의 요점은 창호 시방의 항에서 기술했지만, 설치 요령은 외벽, 내벽의 마무리 차이, 문선의 유무에 따라 마무리도 약간 달라진다. 특히 고층 건축의 경우는 아래쪽의 층과 위쪽의 층과는 벽 두께가 다르기 때문에 동일 규격의 창호를 설치할 경우, 설치 위치를 벽심으로 통일할 수가 없다. 일반적으로는 외벽선의 위치에서 통일하고 벽 두께의 불균일은 내벽측으로 문선을 넣는 등으로 치수 조정을 하는 것이 보통이다.

최근에 와서는 외벽 마무리를 금속제의 커튼 월로 하여 창과 외벽과를 일체로 마무리하는 것을 설치해 주는 공법이 많아졌지만, 커튼 월을 사용하는 경우도 창호 둘레의 마무리 요점은 공통하다.

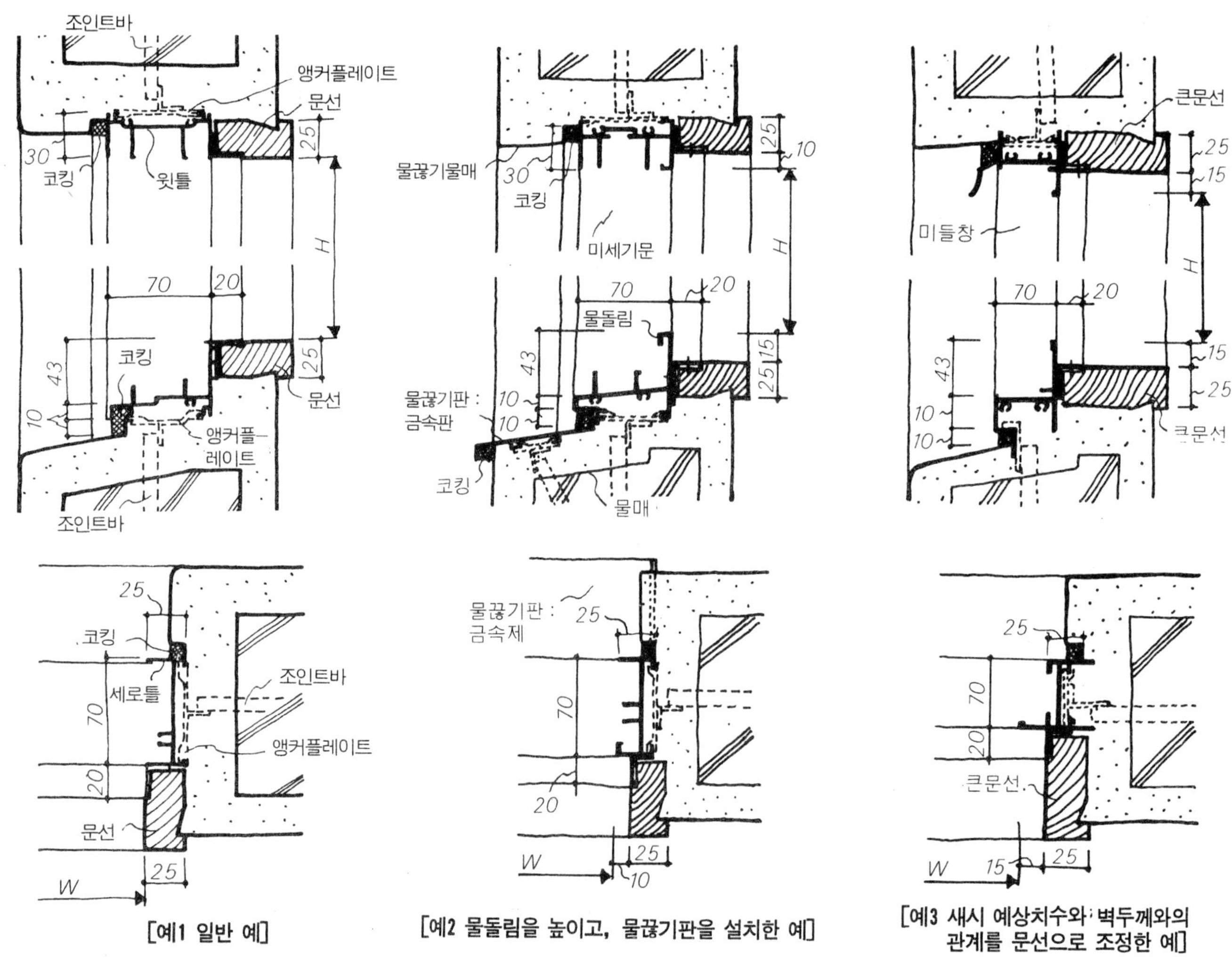

[예1 일반 예]

[예2 물돌림을 높이고, 물끊기판을 설치한 예]

[예3 새시 예상치수와 벽두께와의 관계를 문선으로 조정한 예]

창호와 목제 문선과의 관계(1)

새시를 설치하는 새시 둘에의 마무리 요점(예 1 참조)은 일반 사항 및 출입구 둘레의 항에서 기술한 것과 공통하지만, 빗물 처리에 대해서는 출입구 둘레와 같이 차양을 붙이는 예가 적으므로, 특히 주의해야 한다. 밑틀은 예 2와 같이 물돌림을 충분히 잡는 동시에 구체의 굽벽 콘크리트에도 수평 물매를 잡고 다시 물끊기 판을 설치해서 빗물의 침투로 막는 처치를 취한다.

내벽측에는 상술한 바와 같이 벽 두께의 차이 조정 및 의장적인 의도에서 목제 문선을 설치하는 예가 많지만, 문선을 설치하는 데는 새시틀에 사전에 L형의 철물을 설치(비스 고정 또는 용접)해 두고 여기에 맞춰서 가공한 문선을 비스 고정하는 것이 보통이다(예 3 참조).

외부창

창호와 목제 문선과의 맞춤(2)

큰 문선을 설치할 경우에 새시 피스에 설치한 것만으로는 완전한 고정은 어렵기 때문에 예4에 도시한 바와 같이 구체와의 사이에 끼움목을 넣어 구체에 설치하는 형식을 취해야 한다.

구체와 끼움목과의 관계는 콘크리트 못질 접착제 병용으로 하고, 문선과 끼움목과의 관계는 접착제 고정 후 숨김 못질한다.

예5는 창 안측으로 목제 미닫이를 넣을 경우의 마무리 예를 표시한 것이다. 상기의 큰 문선을 설치하는 경우와 같이 웃인방은 새시에 설치한 L형 리브로 고정시키는 동시에 구체(천장 슬래브 또는 내림벽에 쐐기를 끼운 다음 보강 고정할 필요가 있다. 더욱 밑인방은 목제의 벽 바탕을 갖고 여기에 고정시킨 것이다.

이중창으로 할 경우는 벽 두께와의 관계도 도시한 바와 같이 목제의 벽 바탕을 구성하고 밑인방, 웃인방, 세로틀 등은 이 바탕에 고정시키는 것이 보통이다.

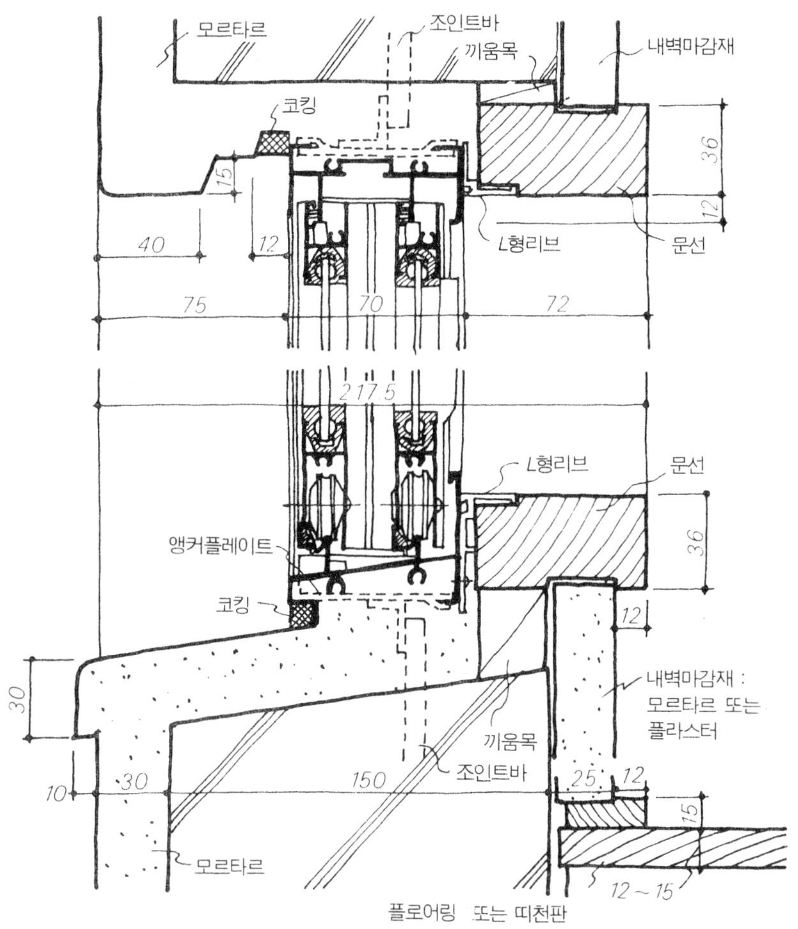

[예4 창 문선을 설치한 경우]

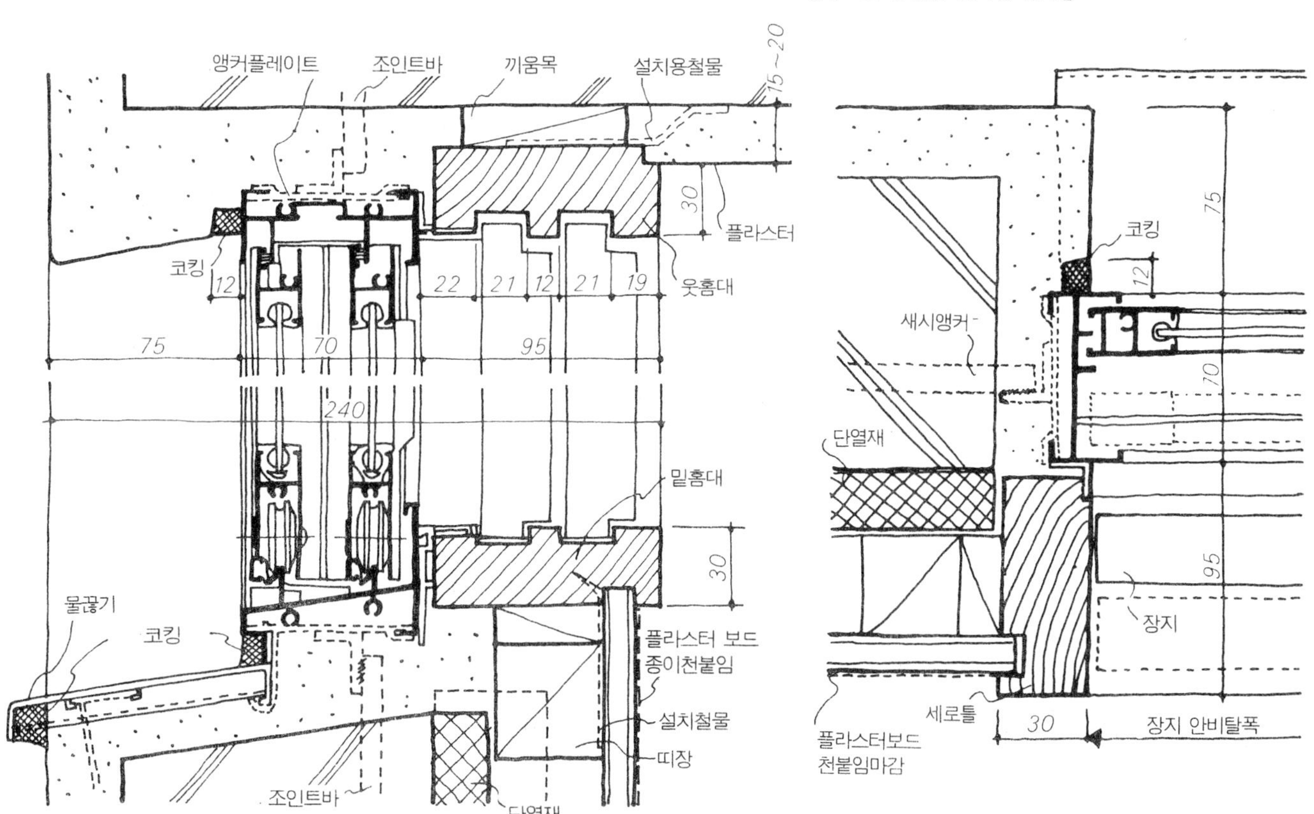

[예5 이중창(장지넣음)의 예]

외부창

창호와 금속제 문선과의 맞춤

예 1, 예 2는 스틸 새시에 금속 문선을 설치한 예이다. 새시는 태풍시에 밑인방에서 물보라가 스며드는 것을 막기 위해 물막이를 충분히 한 것을 사용하는 것이 좋다. 새시를 구체에 설치하는 것은 어떤 경우도 공통이지만 문선은 새시에 비스고정으로 하는 동시에 그림처럼 리브 앵커를 넣어서 보강하든지 또는 새시와는 따로 앵커 플레이트를 붙여 두었다가 여기에 문선만을 용접하는 방법이 취해진다. 예 2는 문선을 물막이 천단에서 낮춰 설치한 예이나 설치 요령은 공통이다.

예 3은 알루미늄 새시의 외측에 금속제 문선을 설치한 예이다. 이것은 의장적인 요구에서 설치한 예가 많고, 내측의 문선에 비해 큰 재를 사용하므로 반드시 보강을 위한 앵커 플레이트를 구체에 매립해 두고, 여기에 문선을 용접해서 고정시켜야 한다. 더욱 빗물 처리를 위해 요소의 코킹을 게을리 해서는 안 된다.

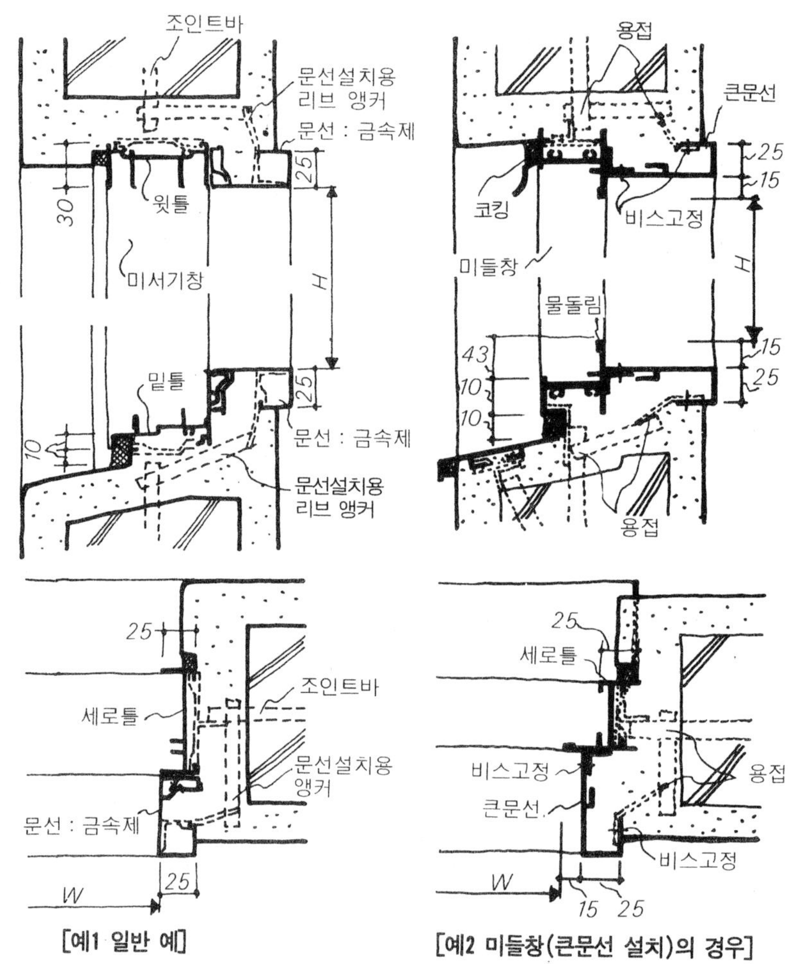

[예1 일반 예]

[예2 미들창(큰문선 설치)의 경우]

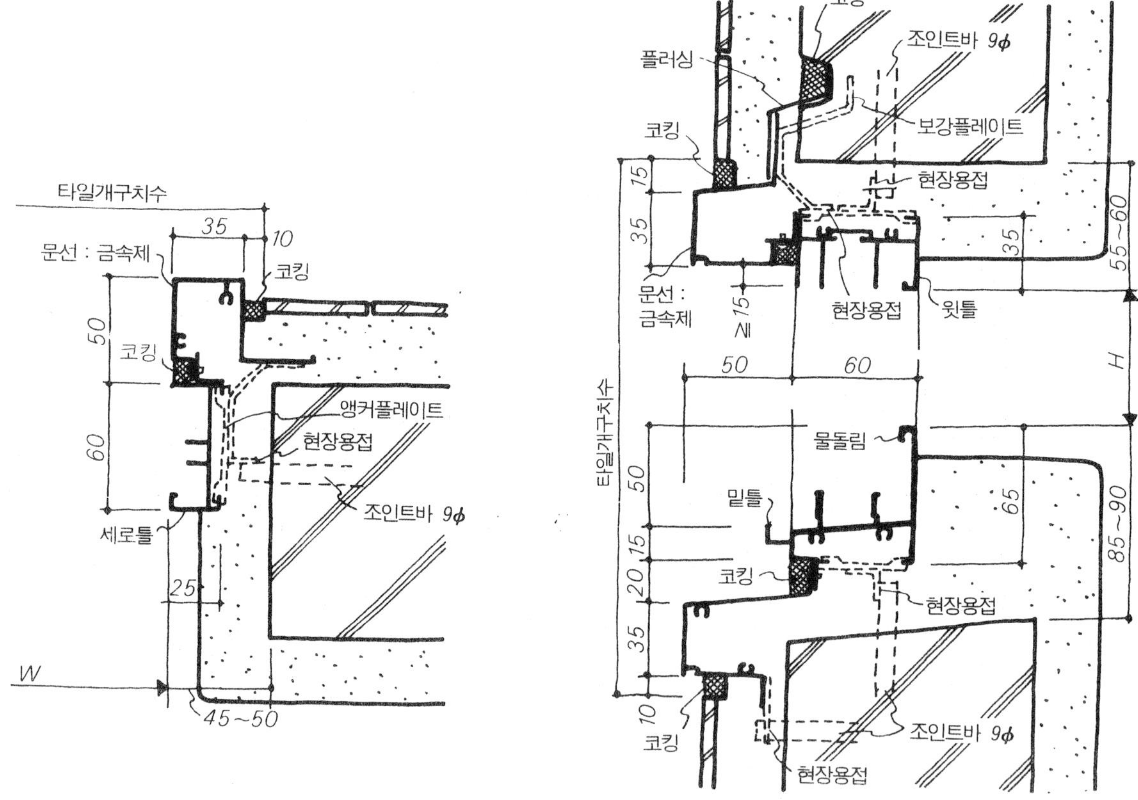

[예3 외벽측에 금속제 문선을 설치한 예]

외부창

창호틀과 외벽과의 맞춤(1)

외벽 마무리가 콘크리트 타설인 경우는 벽면의 마무리 수정이 간단하게 안 되므로 앵커 철근을 정확히 매립하는 동시에 새시 설치 자체도 정확히 고정(용접)해야 한다. 틀 둘레의 모르타르 채우기는 일반 사항에 기술한 요령과 공통하다. 특히 빗물 처리를 원만히 하기 위해 그림에서와 같이 벽체(하부 굽벽만)에 물 끊기 물매를 두는 것이 보통이다.

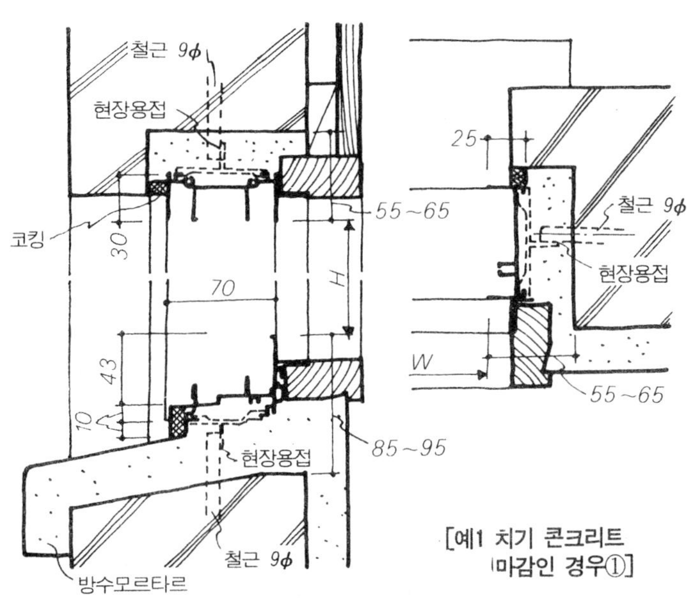

[예1 치기 콘크리트 마감인 경우①]

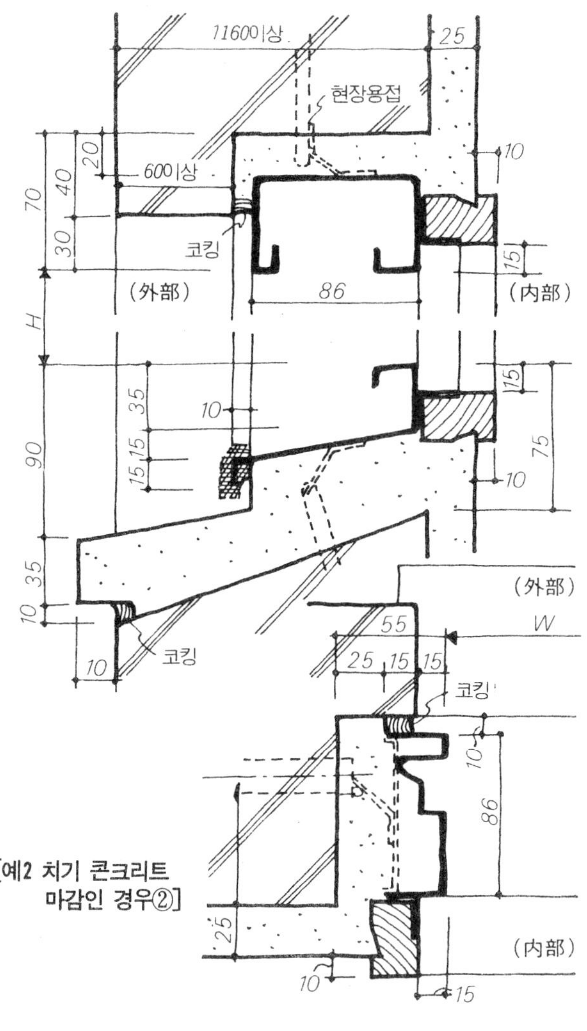

[예2 치기 콘크리트 마감인 경우②]

예 1, 예 2는 창의 밑틀 둘레의 빗물 처리를 방수 모르타르 바름으로 처리한 예이다. 물끊기 물매를 충분히 취하는데 새시와의 관계 부분, 구체와 모르타르 선판과의 관련 부분 등에는 코킹재를 충전해서 빗물의 침투를 막는다. 예 3은 창호틀과 동재(알루미늄)의 물끊기 판을 설치하여 빗물 처리한 예이며, 고층 건축물, 커튼월(콘크리트제)의 창 둘레의 마무리에 다용되고 있다. 모르타르나 코킹재는 틈없이 성의있게 채워주는 것이 요점이다.

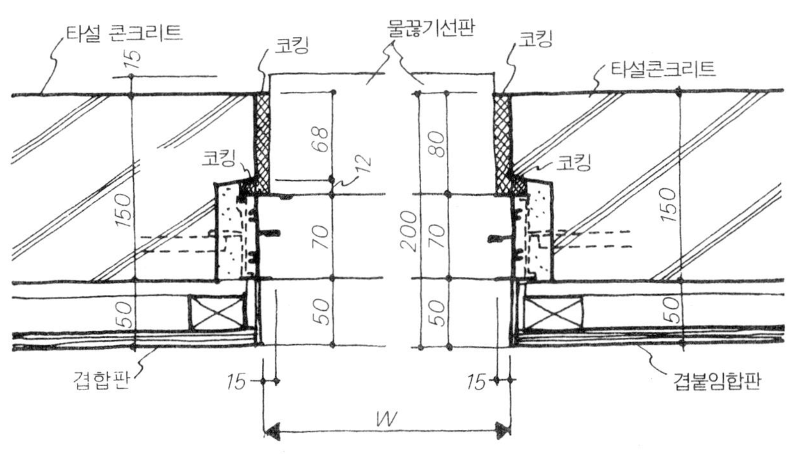

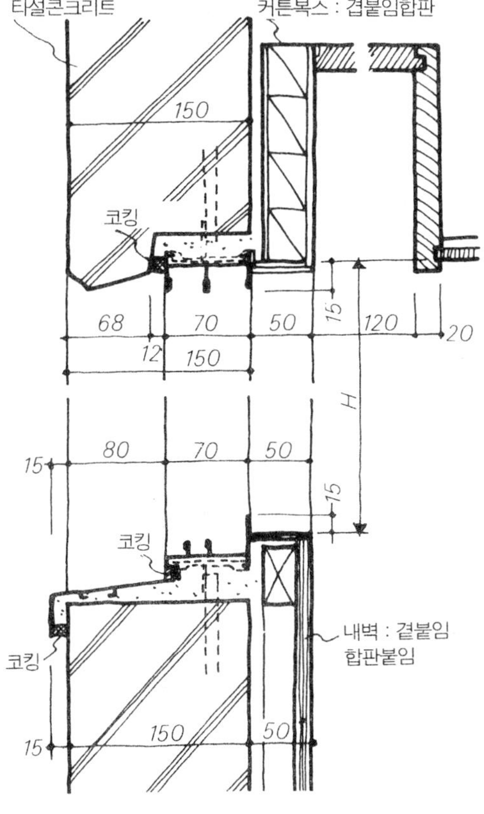

[예3 알루미늄제 물끊기 판을 설치한 예]

외부창

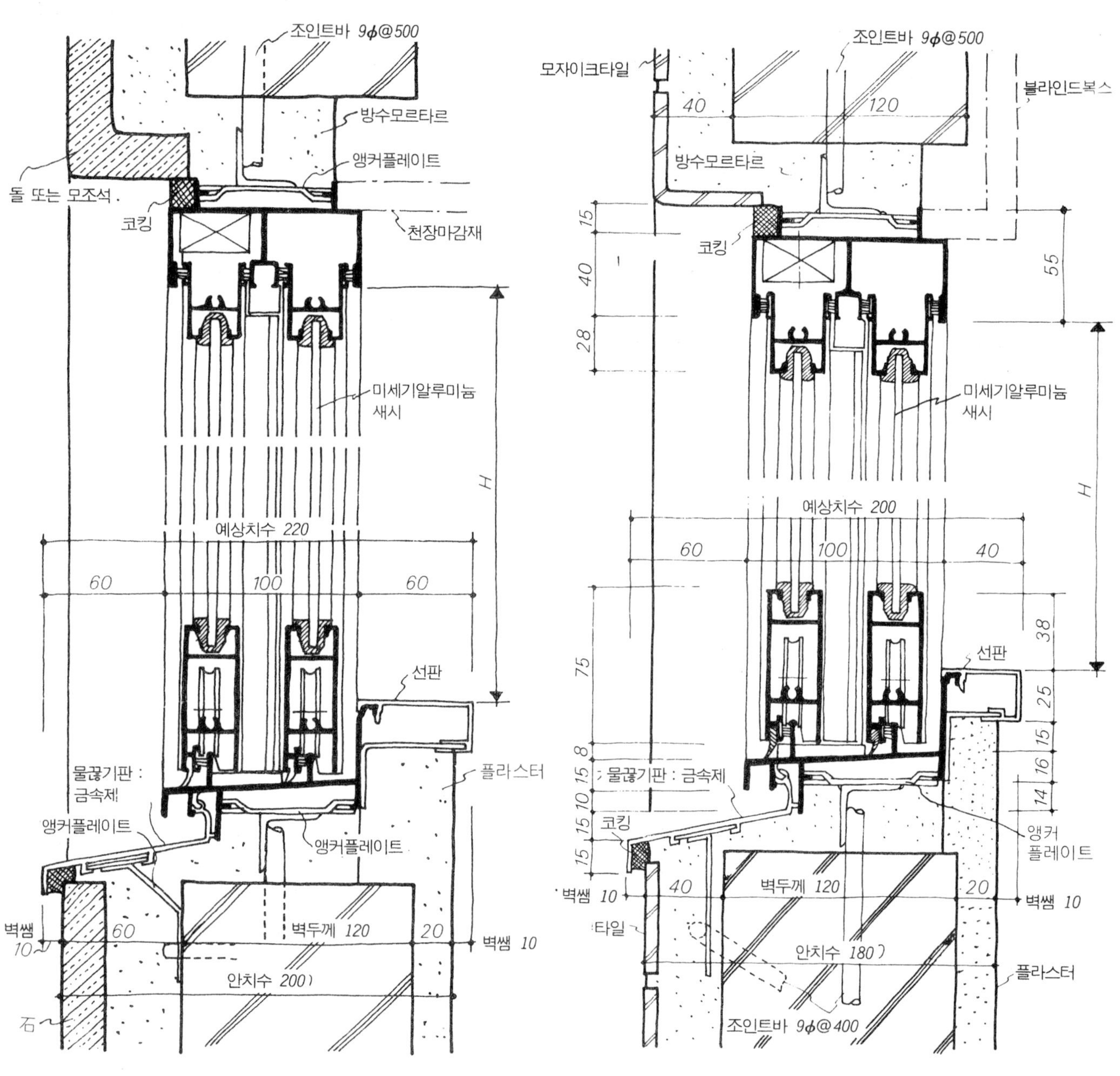

[예4 돌(모조석블록)붙임 마감인 경우] **[예5 모자이크 타일붙임 마감인 경우]**

창호와 외벽과의 맞춤(2)

예 4는 외벽을 돌붙임 또는 모조석 블록 붙임 마무리한 경우의 알루미늄 새시와의 관계를 표시한 것이다. 새시의 설치 요령은 공통이나 윗틀의 처리는 도시한 바와 같은 변형물(주로 모조석 블록 붙임의 경우)를 사용하는 경우는 코킹재를 사용하는 경우는 코킹재를 넣어서 빗물 처리하는 일을 잊어서는 안 된다. 또 밑틀에 폭넓은 물끊기 판을 설치할 경우(특히 고층 건축의 경우)는 풍압에 견디도록 하기 위해 도시한 바와 같이 틀의 고정과는 따로 앵커 플레이트로 물 끊기 판을 고정시킨다.

예 5는 외벽을 모자이크 타일 붙임 마무리한 경우의 처리 예이다. 새시틀의 설치 요령 및 윗틀과 변형물 타일의 마무리 물 끊기 판의 설치 요령 등은 모두 전술한 돌 붙임한 경우와 같다.

외부창

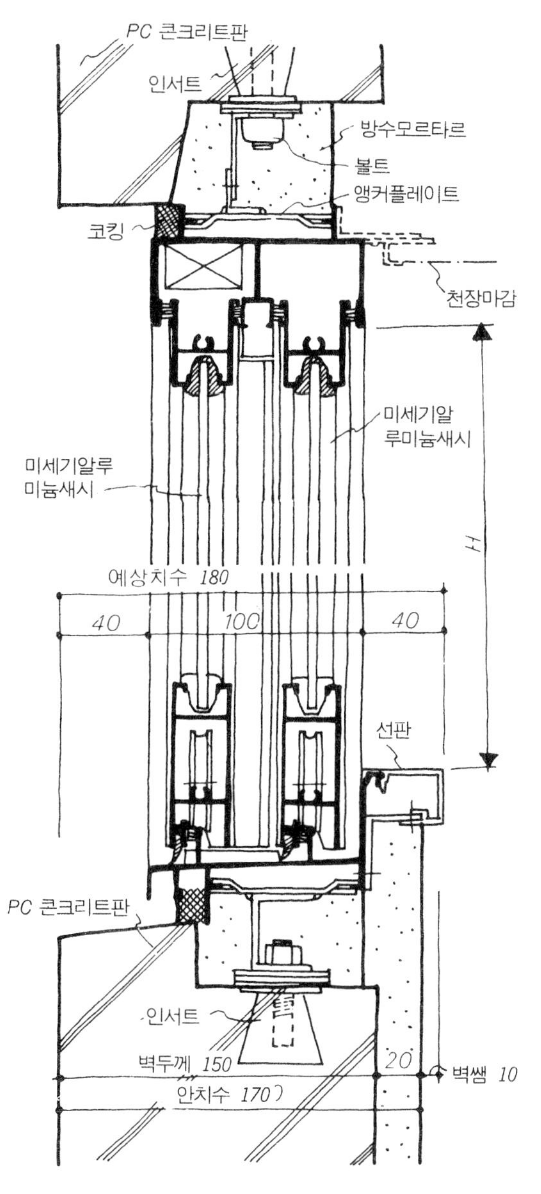

[예6 PC 콘크리트판 붙임의 경우]

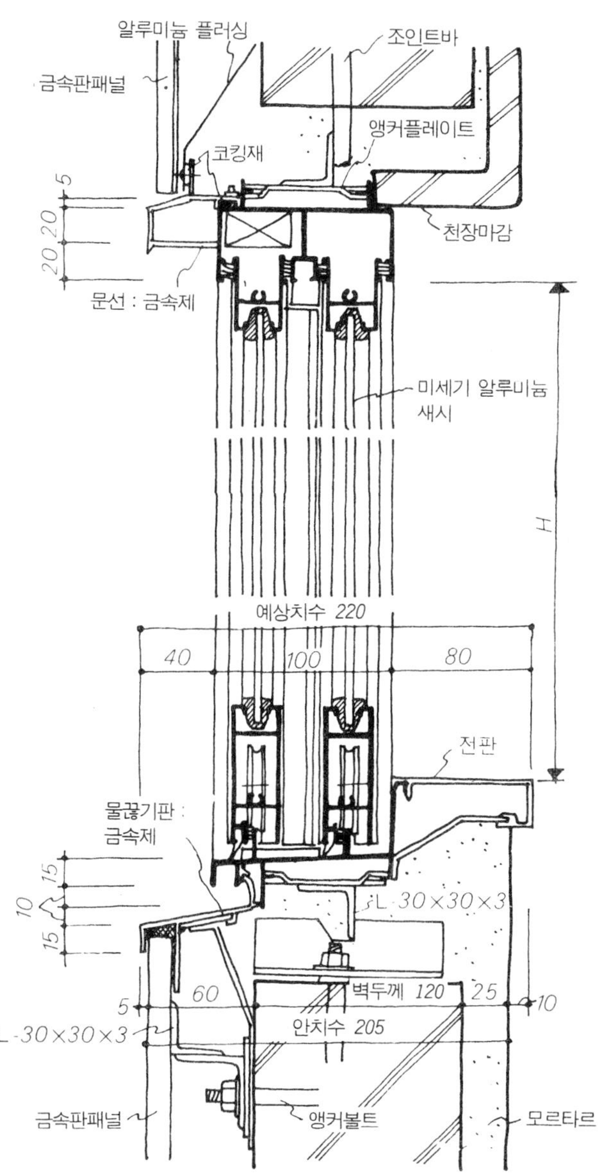

[예7 금속판 붙임 마감인 경우]

창호와 외벽과의 관계(3)

예 6은 외벽을 PC 콘크리트판으로 아무린 경우의 창틀 예를 표시한 것이다. 설치하는 데는 사전에 치기 한 인서트(설계시에 PC판 성형에 대해서 지시한다)에 새시틀의 앵커 플레이트를 볼트 조임하고 방수 모르타르를 채워서 고정한다.

이 경우는 물끊기 물매를 만들 뿐이며 금속판의 선판을 설치하지 않음으로 특히 새시 외벽과의 관계 부분의 코킹을 성의있게 해서 빗물 처리가 잘 되게끔 처리해 주면 된다.

예 7은 외벽을 금속판 붙임 마무리로 할 경우의 새시 둘레의 마무리 예를 표시한 것이다. 새시틀의 설치에는 이 밖의 경우와 같이 앵커 철근에 용접, 또는 볼트 조임으로 하나 금속판의 설치는 외벽 마무리의 항에서도 기술한 바와 같이 띠장에 비스 고정하기 위해 벽 바탕에 공동이 생긴다. 따라서 선판 부분은 물끊기판(금속판)을 설치해서 빗물 처리하는 것이 통상으로 되어 있다. 이 경우의 물끊기 판은 예 4에서도 기술한 바와 같이 새시틀과 접합(볼트 조임)하는 동시에 앵커 플레이트로 사용해서 구체(콘크리트벽, 철골 등) 또는 띠장에서도 고정(용접 또는 볼트 조임)시켜야 한다.

제4장

내부 개구부마감

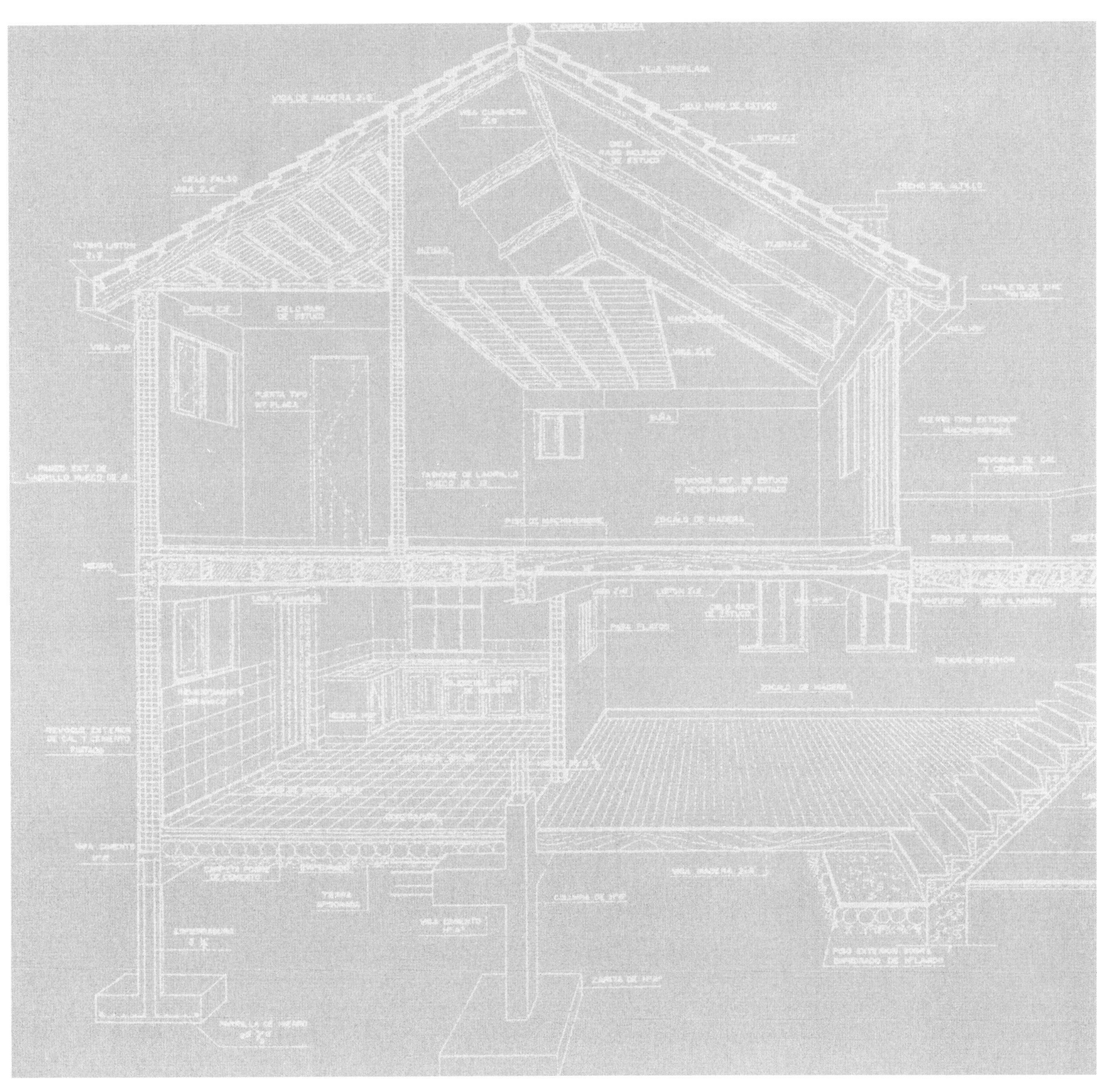

일반사항

내부 개구부는 출입구로서의 개구부가 주이고 창으로서는 실내 환기용의 고창, 청소창 등을 설치한 정도에 불과하다. 또 옥내의 출입구는 외부 개구부와는 달리 금속제의 창호보다도 목제 창호가 다용되고, 금속제 창호는 방화 구획용의 강제문 등의 특수 예나 아니면 패널식의 간이 간막이벽과 일체가 된 알루미늄제의 문(내벽 마무리의 항 참조)이 사용되는 정도이기도 한다.

강제 창호의 경우는 일반적으로 틀, 문도 일체의 공장 제품으로 설치는 메이커가 하지만, 목제 창호의 경우는 목공사로서 목공이 틀을 만들고, 여기에 맞춰 창호공이 문을 만들어 매달아 주는 것이 보통이다.

따라서 여기서는 목제 창호의 경우의 창호틀 아무림을 주로 해설하고 금속제 창호의 마무리에 대해서는 상세 예를 열거한다.

[여닫이문 형식의 개구부]

창호의 개폐 형식

내부 개구부에 사용되는 창호의 종류로서는 창호의 구성 재료의 차이나 의장(치수, 형상)의 차이 또는 개폐 형식, 설치 장소의 차이에 의해 여러 가지의 명칭이 있지만, 창호 및 창호틀 처리로서는 개폐식, 즉 여닫이문과 미닫이문으로 나눠서 이해하는 것이 좋다.

여닫이문은 아래 그림에 표시한 것처럼 세로틀, 윗틀, 도어실(밑틀)을 짜서 여기에 문에 정첩을 설치하여 개폐한다. 미닫이문은 샛기둥에 밑인방, 웃인방을 설치 밑인방, 웃인방의 홈(레일)에 창호를 미끌어지게 하여 개폐한다.

[미서기 문 형식의 개구부]

창호틀의 마무리

틀 마무리는 창호의 개폐 형식보다도 실내의 마무리에 의해 달라지는 것이다. 즉, 실내를 양식으로 마무리할 경우는 문틀 모두 도장 마무리하는 것이 통례이고, 재종은 삼나무, 노송나무, 참피나무, 라왕 등이 사용된다.

실내를 한식으로 마무리할 경우는 원칙적으로 본바탕 마무리(대패질해서 나뭇결을 아름답게 마무리한다)하므로 삼나무, 노송나무의 양재(마디, 균열, 젖힘이 없는 것)를 사용한다.

창호도 실내의 마무리 정도에 따라서 고급, 보통의 것을 사용 구분한다.

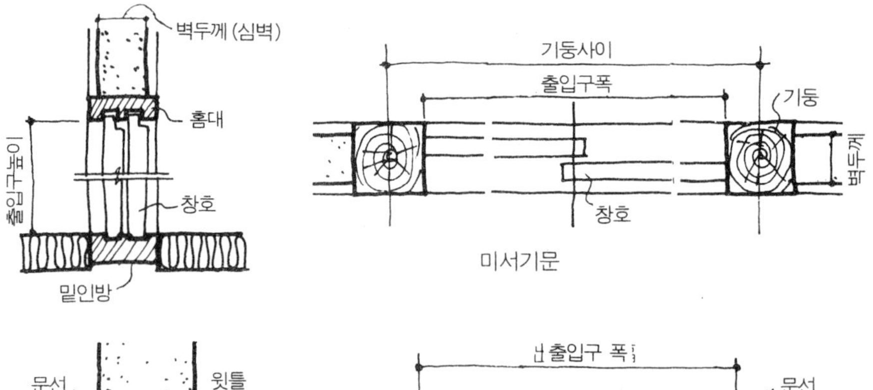

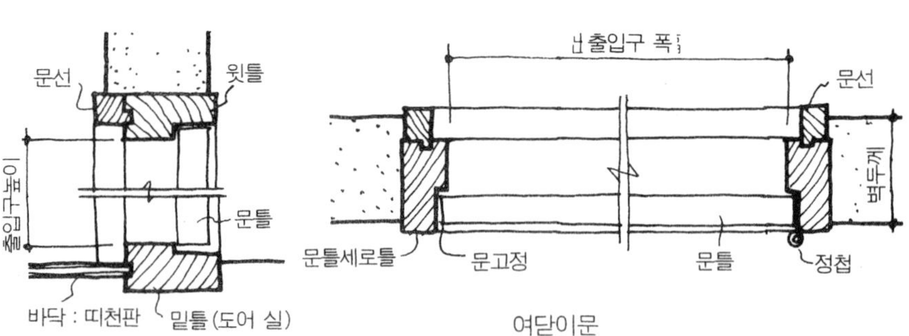

[창호의 개폐형식].

여닫이문

창호틀의 설치(1)

창호틀은 주로 벽에 설치하나, 간막이벽은 내벽 마무리의 항에서 기술한 바와 같이 목조벽의 철근 콘크리트조, 철골조 등 여러 가지의 구성벽이 있다. 창호틀의 설치는 이들 벽 바탕의 차이에 따라 달라지나 다음 이들 마무리의 요점을 기술한다.

오른쪽 그림은 여닫이문의 틀 둘레의 구성을 표시한 것이다. 이것은 틀 위에 큰 문선을 설치, 문선 각부에서는 굽벽을 붙인 복고조의 의장 예이다. 방의 크기 용도에 따라서 양여닫이 형식, 또는 고창이 있도록 하나 틀 설치, 마감재의 아무림 요점을 아래 그림에 표시한다.

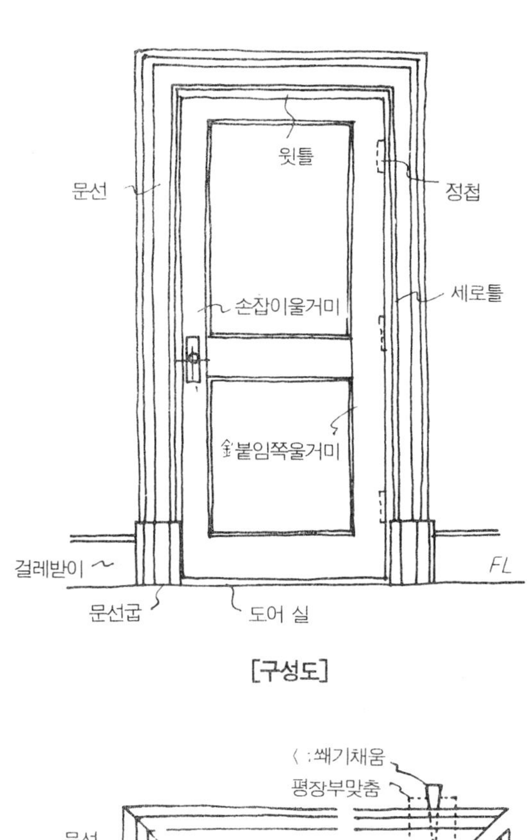

[구성도]

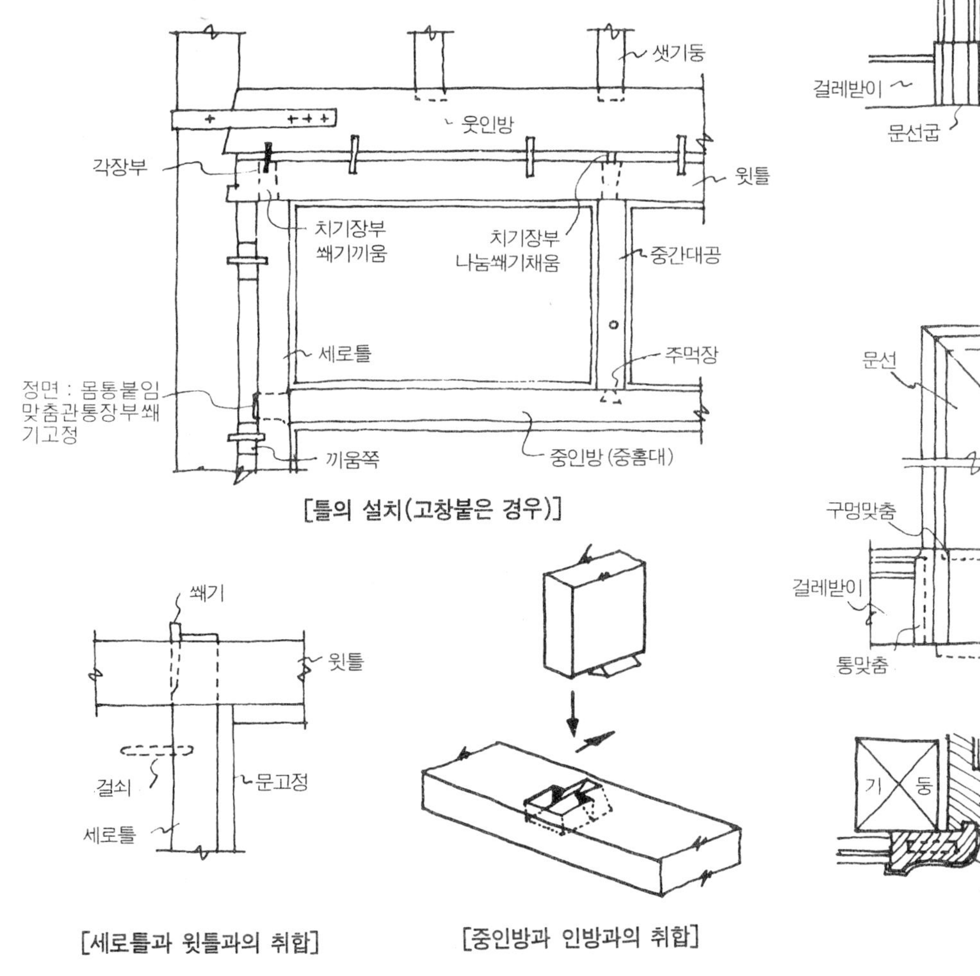

[틀의 설치(고창붙은 경우)]

[세로틀과 윗틀과의 취합]

[중인방과 인방과의 취합]

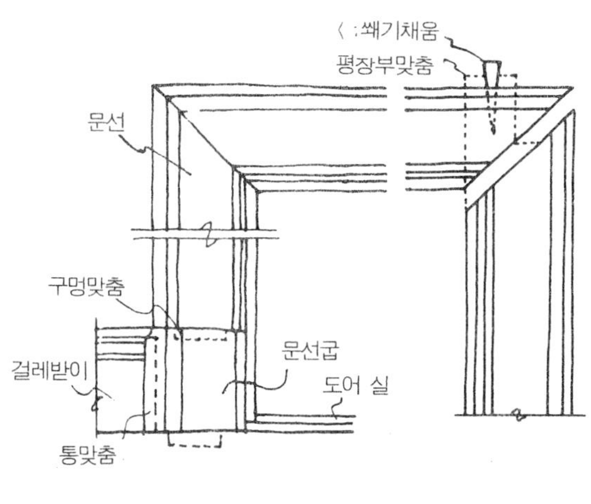

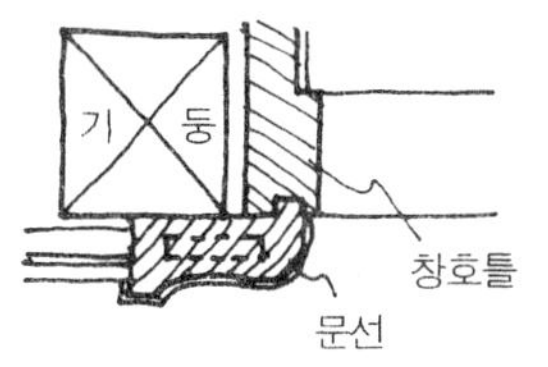

윗틀, 세로틀, 기둥 및 웃인방에 끼움대를 넣어 수직 조정하면서 꺾쇠로 고정해 나가는데 윗틀은 기둥에 장부 맞춤으로 하면 더욱 좋다. 세로틀은 윗틀에 골장부 맞춤한 다음 쐐기를 박아서 조여준다. 참고로 고창이 있는 경우의 인방, 중인방 설치를 그림으로 하여 참조하면 된다. 문선은 이 세로틀, 윗틀에 작은 구멍을 뚫어서 접착제로 붙이고 나서 기둥에 숨김 못질을 하나 더욱 치장 부분에 가못질로 해서 띠장을 막아주면 된다. 굽벽의 설치는 같으며 문선과는 도시한 바와 같이 작은 구멍을 새겨서 처리해 준다. 문선과 일체로 가공해도 된다.

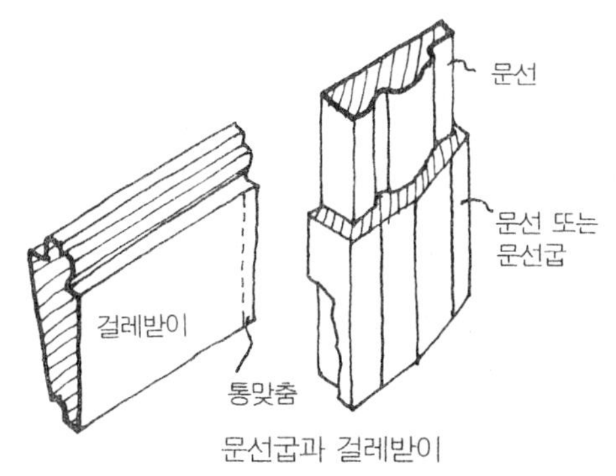

문선굽과 걸레받이

[문선, 문선굽의 아무림]

여닫이문

창호틀의 설치(2)

그림의 맞춤은 가장 일반적인 마무리 예이다.

창호틀과 기둥 인방의 관계는 앞페이지와 같으나 문선은 벽 마무리면과의 치장재로서 아래 그림에 표시한 요령으로 설치해 준다. 즉, 틀에 작은 구멍을 뚫기 때문에 골을 파서 벽 마감재와의 관계 부분에는 작은 구멍개탕을 넣은 문선을 접착제를 병용해서 붙임 못질한다. 문지방(밑틀)은 바닥 마감재나 설치 장소의 차이에 의해 마무리 방법이 다르지만 목조 바탕의 경우는 기둥, 틀에 장부 맞춤하여 견고하게 설치해서 문지방 밑에 장선을 넣는다.

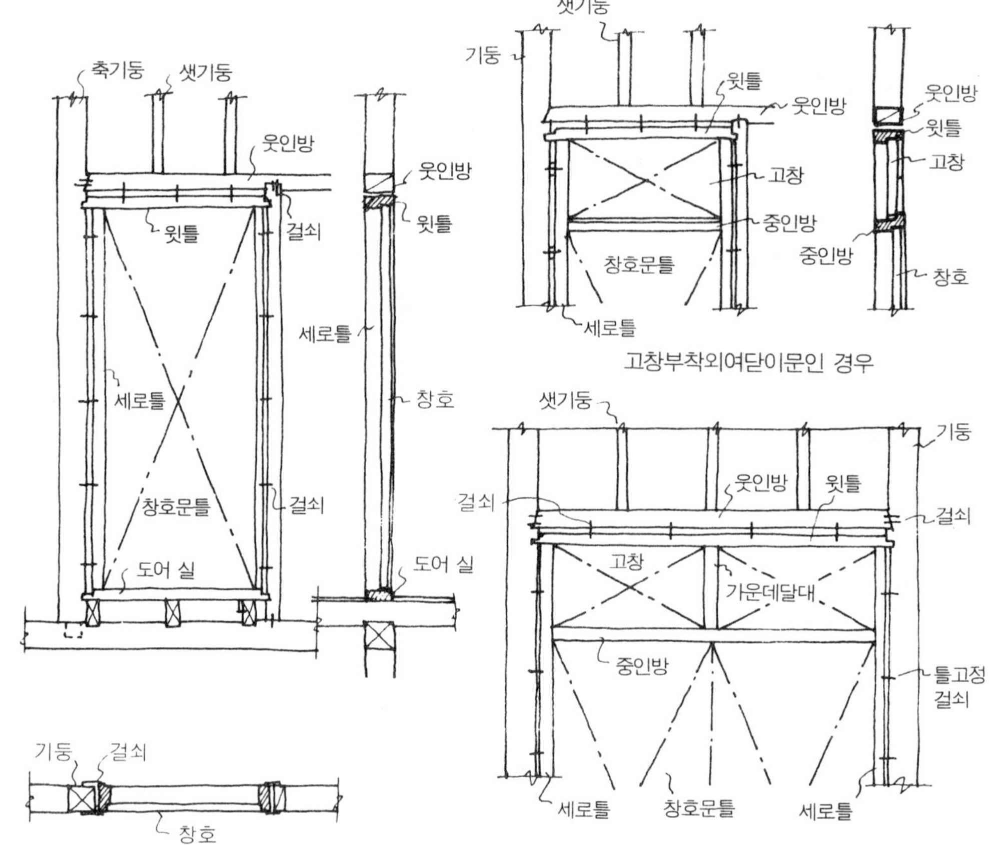

[목조벽 바탕과 창호틀과의 취합]

[창호틀, 문선, 벽마감재의취합]

[도어 실의 아무림]

여닫이문

창호틀의 설치(3)

콘크리트 벽에 목제의 창호틀을 설치할 경우는 밑그림에 나타낸 것처럼 사전에 나무 벽돌을 매립해 두었다가 끼움대, 쐐기 등으로 틀의 수직 조정을 하면서 띠쇠를 사용하여 블록에 직접 못(콘크리트못)질 고정시키거나, 접착제를 병용하는 것이 바람직하다. 벽 마감재와의 치장으로 문선을 설치하는 것은 전기한 바와 같다.

세로틀의 각부는 도시한 바와 같이 철물을 사용해서 바닥 슬래브에 고정시키든지 개미형(목개탕)으로 가공해서 바닥 마감재에 매립하여 고정시킨다.

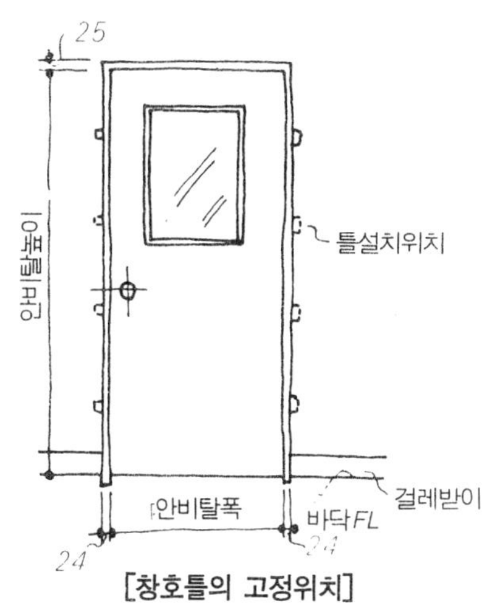

[창호틀의 고정위치]

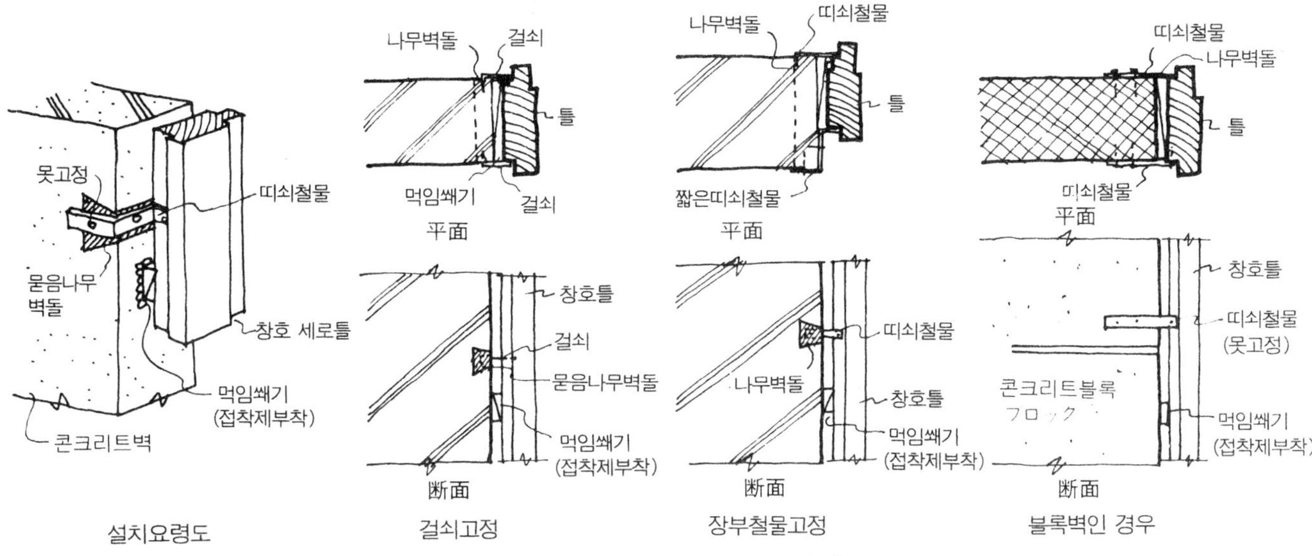

[콘크리트벽 바탕과 창호틀과의 취합]

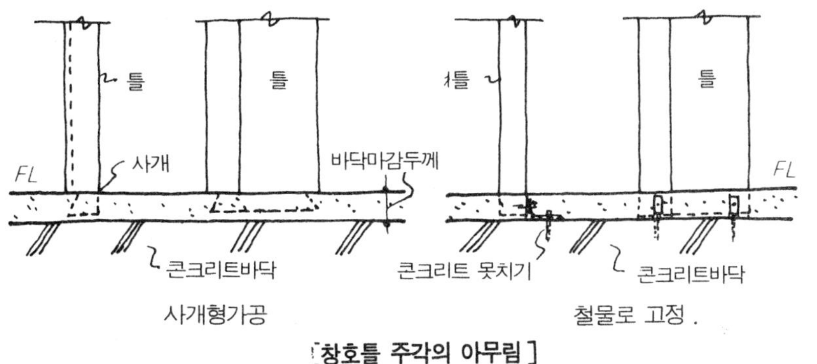

[창호틀 주각의 아무림]

도어실의 아무림

도어실은 출입구 틀의 밑틀 또는 바닥의 치장으로 설치한 것이지만 신발로 밟히는 곳은 마모가 적은 금속제를 사용하든지, 문지방을 없앤 예가 많다. 옥내 개구부의 문지방은 걸리는 것을 피하기 위해 바닥면과의 고저차(0~25mm 정도)를 줄여서 문받이를 설치하는 것이 보통이다.

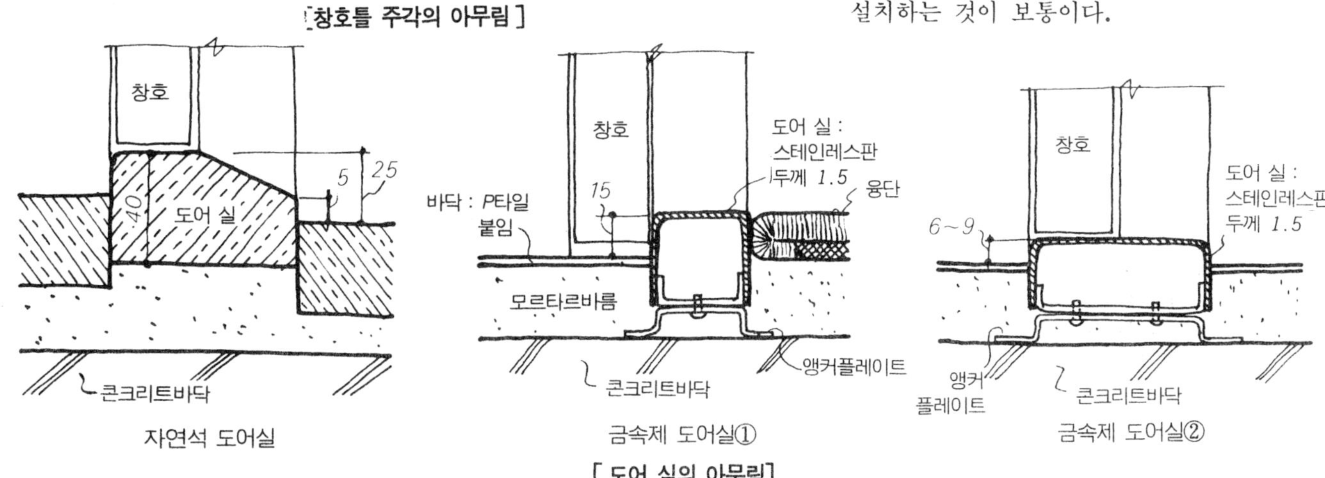

[도어 실의 아무림]

여닫이문

문 개폐와 창호 철물

문의 매달림에는 정첩이 다용되고 있지만, 최근에는 실용적이고, 의장적으로도 만족스러운 것으로서 도시한 바와 같은 여러 가지 형식의 정첩이 사용되고 있다. 그러나 양면 개폐(자유개폐라고도 한다)의 경우는 자유 정첩을 사용한다.

정첩은 문의 개폐용 철물인 동시에 문의 매달림 철구로서 창호의 중량을 지지하므로 오랜 기간에는 설치용 비스의 빠짐이나 정첩 자체의 강도열화 등을 위해 창호가 내려가게 된 예가 많다. 따라서 이것을 보완하기 위한 의미와 의장상의 목적에서 피포트 힌지류가 많이 사용되고 있다.

창호의 매달림과 정첩의 선정에 있어서는 문선과 개폐 각도(130도 열도록 한다)와의 관계를 고려해야 한다. 도어, 체크, 플로어 힌지 등에 대해서는 외부 개구부의 항을 참조하면 된다.

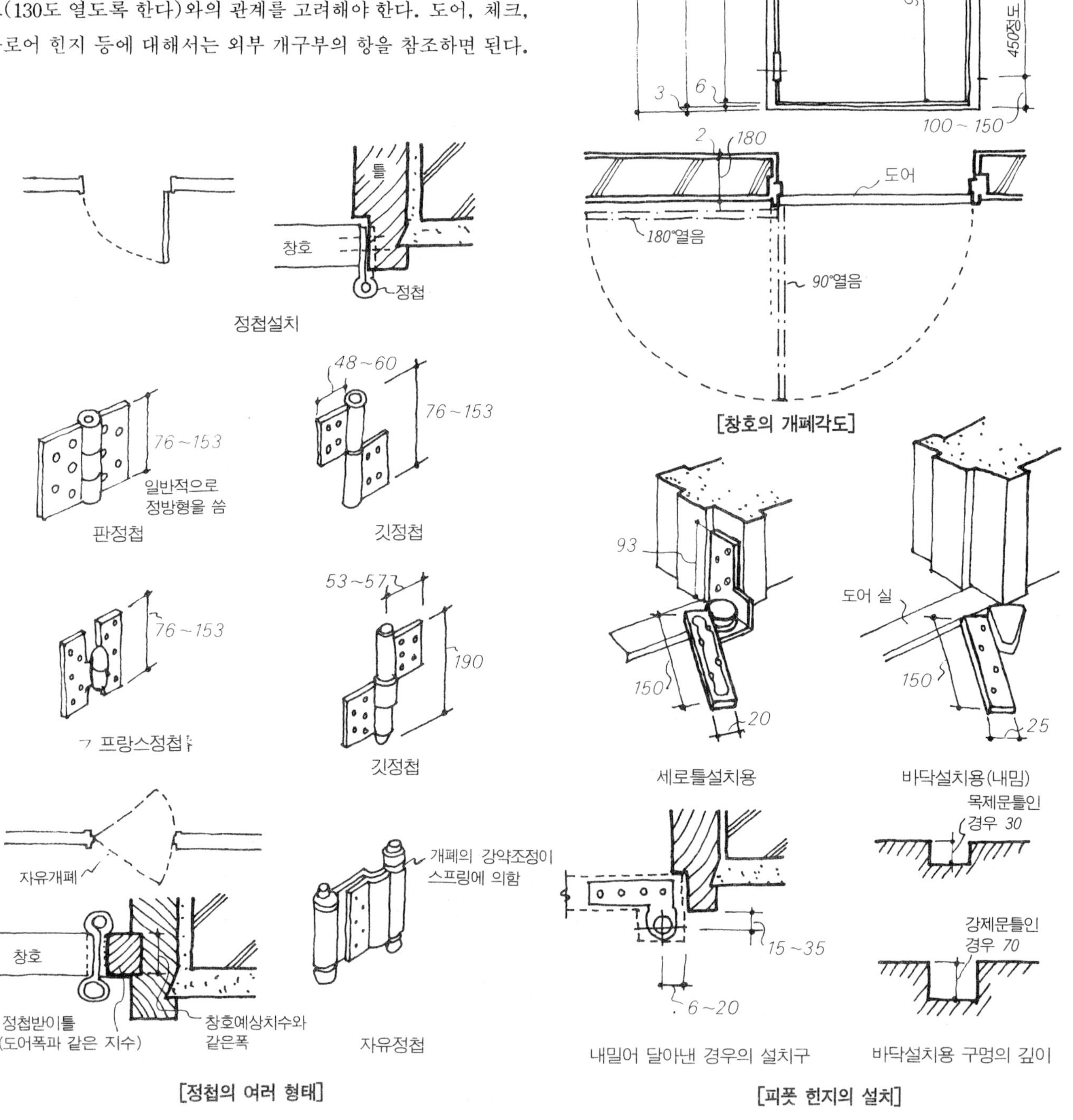

[정첩의 여러 형태]

[피폿 힌지의 설치]

여닫이문

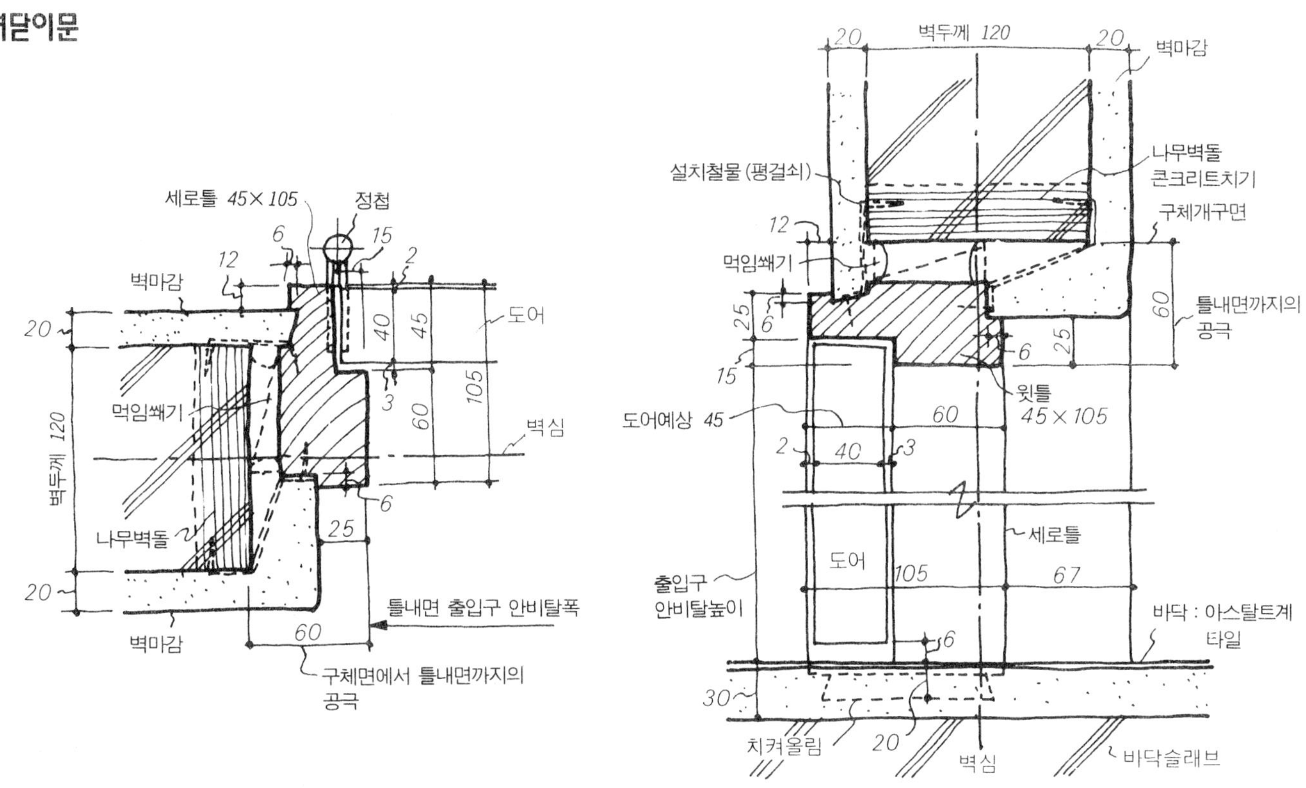

[예1 콘크리트 벽에 목제틀을 설치하는 경우①]

창호틀의 마무리 상세 예(1)

예 1, 예 2는 모두 창호틀을 벽심에서 밀어내어 설치하는 경우의 마무리 예를 표시한 것이다. 틀 설치는 나무 벽돌마다(간격은 전 페이지 참조)에 평꺾쇠로 고정시켜 틀 치장은 멈추게 짠다. 예 1은 세로틀, 윗틀과 함께 문받이를 가공할 틀재를 사용하여 문지방이 없는 예이나 세로틀의 각부는 목개탕(개미형 가공)해서 바닥(마감재)에 묻는다.

예 2는 세로틀, 웃틀에 별재의 문받이대를 설치한 예로 틀을 부셔서 접착제로 고정한다. 그리고 목제 도어실은 바닥 위 두께를 고려하여 위치를 결정한다.

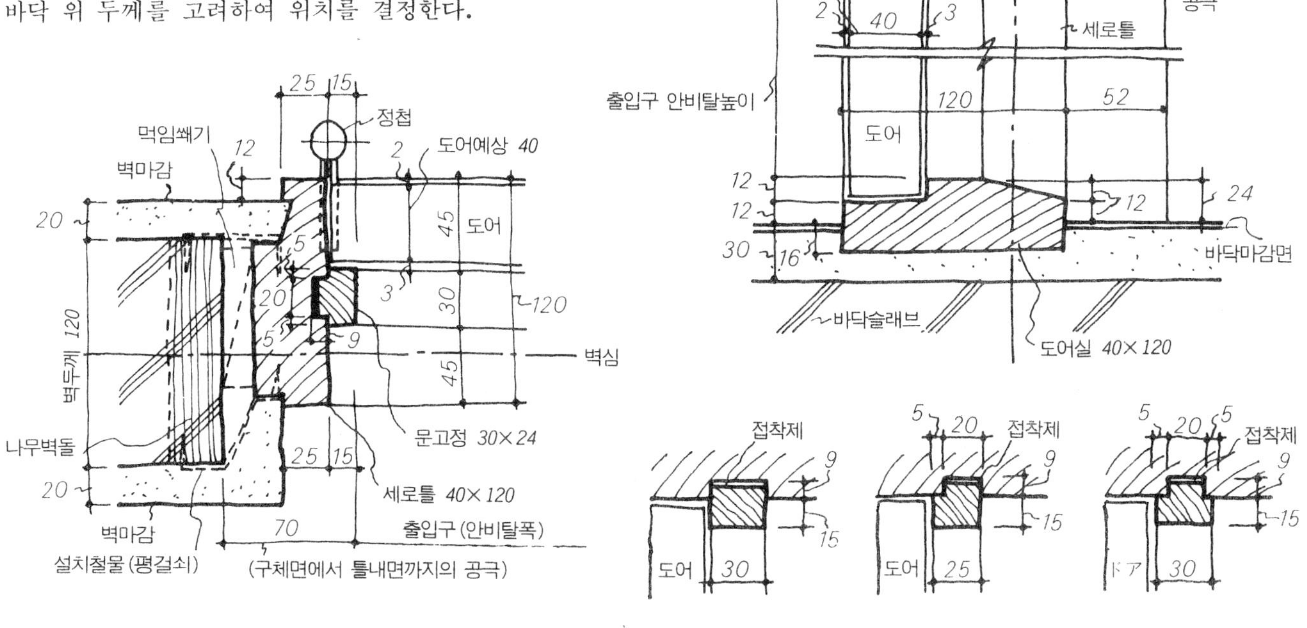

[예2' 콘크리트 벽에 목제틀을 설치하는 경우②]

여닫이문

창호틀의 아무림 상세 예(2)

예3은 창호틀에 문받이의 턱넣기 해서 제각기 그대로 문선으로 처리하고, 한쪽만 별재의 문선을 설치한 예이다. 틀, 문선 모두 치장을 끝으로 마무리하고, 문선은 틀에 작은 구멍을 뚫어 접착제로 고정한다. 그리고 윗틀과 세로틀과의 관계부의 보강으로서 도시한 것처럼 볼트 조임하는 경우이다.

예4는 예3과 같이 한쪽으로 문선을 설치한 예이며 설치 요령은 전기한 바와 같다.

틀의 설치는 밑창틀을 넣어서 여기에 평꺾쇠 또는 그림에 표시한 것 같은 설치철물을 사용하여 비스 고정하는 방법도 있다. 도어실은 양실의 바닥 마무리의 치장용으로서 금속제의 것을 설치하고 있지만, 이것은 틀과는 관계없고 바닥에 앵커 플레이트로 고정한다.

예 5는 창호틀의 양측으로 문선을 넣어 다시 문받이를 뒤붙임한 예이다. 그림은 목조 바탕에서 표시하고 있지만, 틀 붙임 요령은 기둥과 나무 벽돌의 차이는 있어도 문선은 모두 접착제 병용의 작은 구멍을 뚫어 마무리한다. 그리고 문받이 설치는 예2의 요령을 참조하는 것이 좋다.

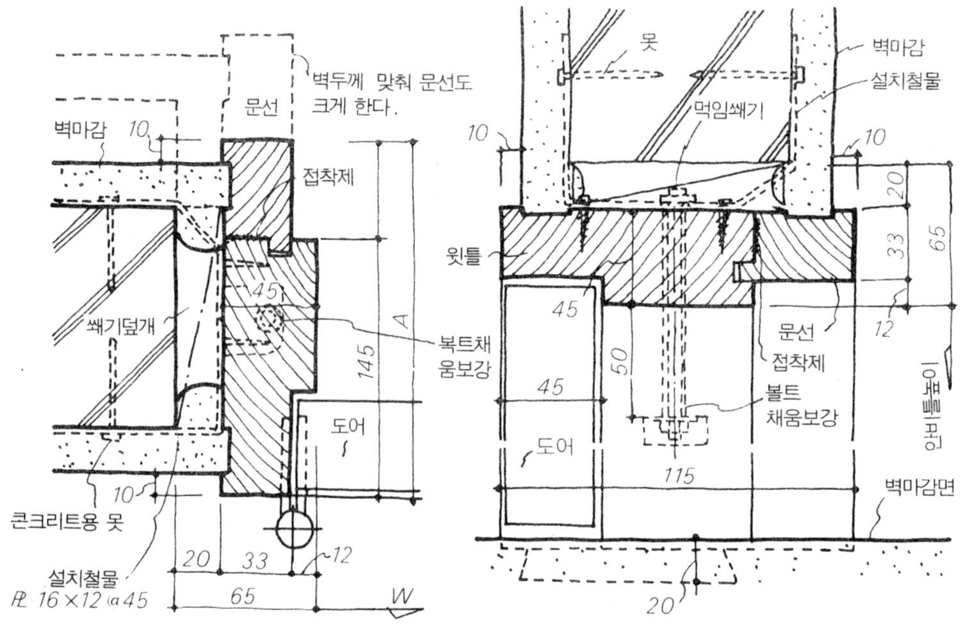

[예3 창호틀에 문선을 설치하는 경우 예①]

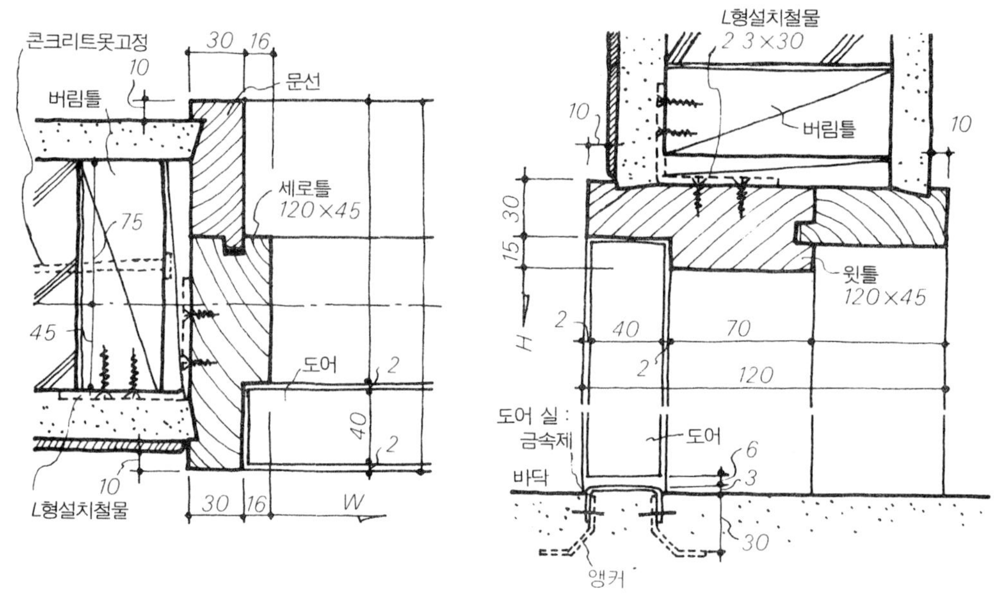

[예4 창호틀에 문선을 설치하는 경우 예②]

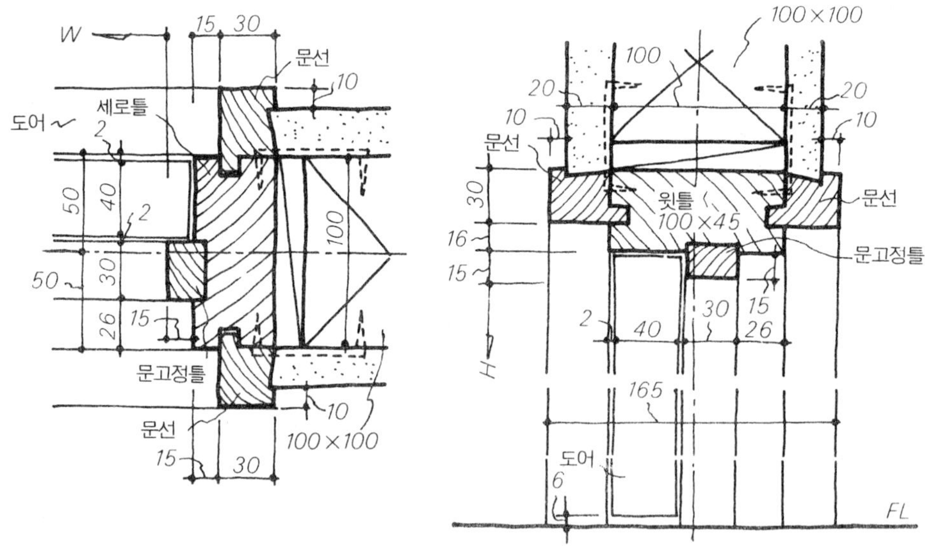

여닫이문

창호틀의 아무림 상세 예(3)

예6은 창호틀 및 문선을 집성재로 한 경우의 아무린 예이다. 이것은 내벽을 붙임 합판벽으로 마무리하는 경우 등이며 창호틀 문선을 이와 동재로 보이는 의장상의 요구에서 특별히 주문하여 가공 제작한 것을 설치하는 것이나 설치 요령은 목제틀의 경우와 같다.

그림은 틀 고정용의 나무 벽돌 대신에 밑창틀을 콘크리트 못질(접착제 병용으로 뒤붙임 하여 여기에 설치 철물을 사용해서 틀을 고정시키는 방법을 표시한 것이다.

최근은 콘크리트 바탕, 블록 바탕, ALC판 바탕 등의 경우, 이 방법이 많이 사용되고 있다.

문선도 큰 재료가 되면 틀재에의 작은 구멍을 뚫은 것만으로는 불안하므로 도시한 것처럼 설치하여 철물을 사용해서 틀과는 따로 고정시킬 필요가 있다.

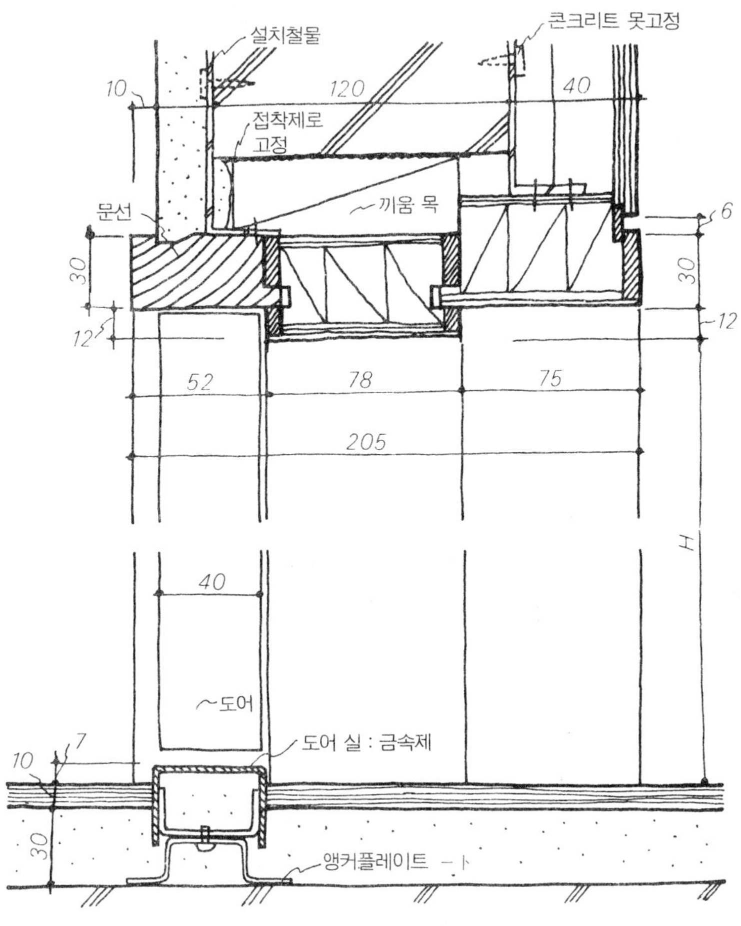

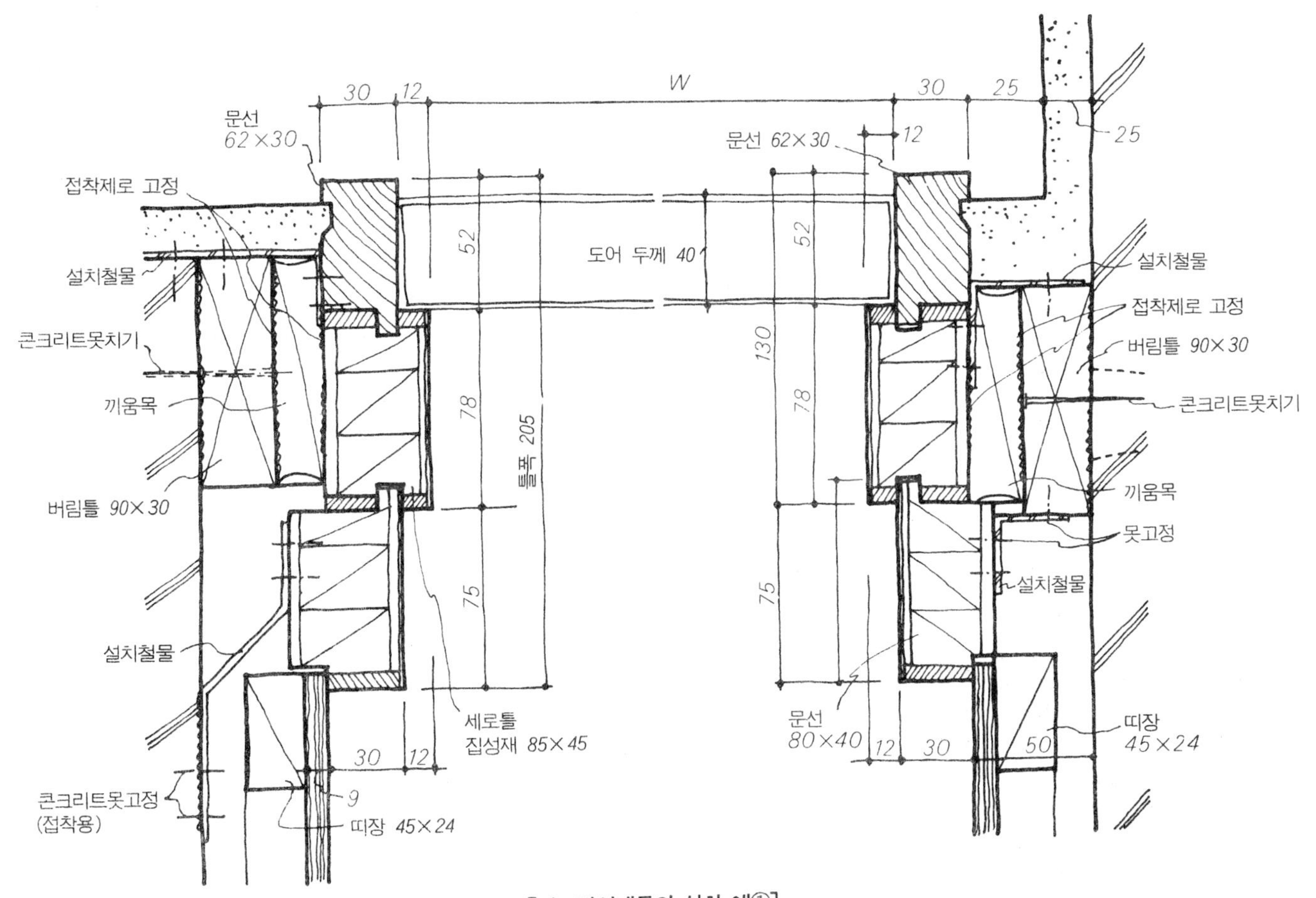

[예6 집성재틀의 설치 예①]

여닫이문

창호틀의 아무림 상세 예(4)

예 7은 목조 간막이벽에 집성재의 창호틀을 설치한 예이다. 틀의 요령은 철근 콘크리트벽의 경우와 같이 설치 철물을 사용해서 비스(또는 못)로 고정한다.

정첩은 90도 이상 열리는 경우는 도시한 바와 같이 내민 정첩을 사용해서 설치해 주어야 한다.

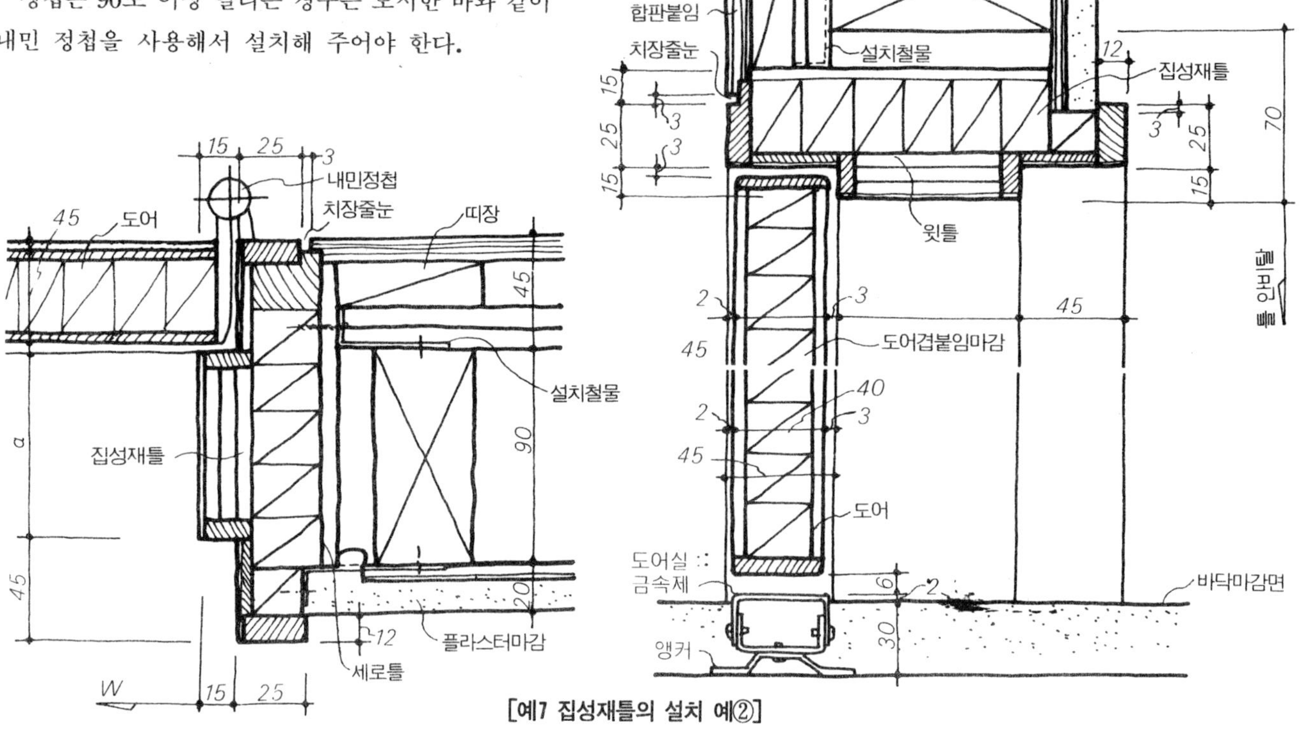

[예7 집성재틀의 설치 예②]

예 8은 난연성의 문을 설치하는 경우에 사용되는 예로 창호틀은 스틸 제품을 사용하고 벽 마무리재와의 관계상 목제 문선을 설치한 것이다. 스틸 틀은 앵커 플레이트(또는 철근)에 용접 고정해서 문선은 따로 고정 철물을 사용해서 벽에 콘크리트 못질로 한다.

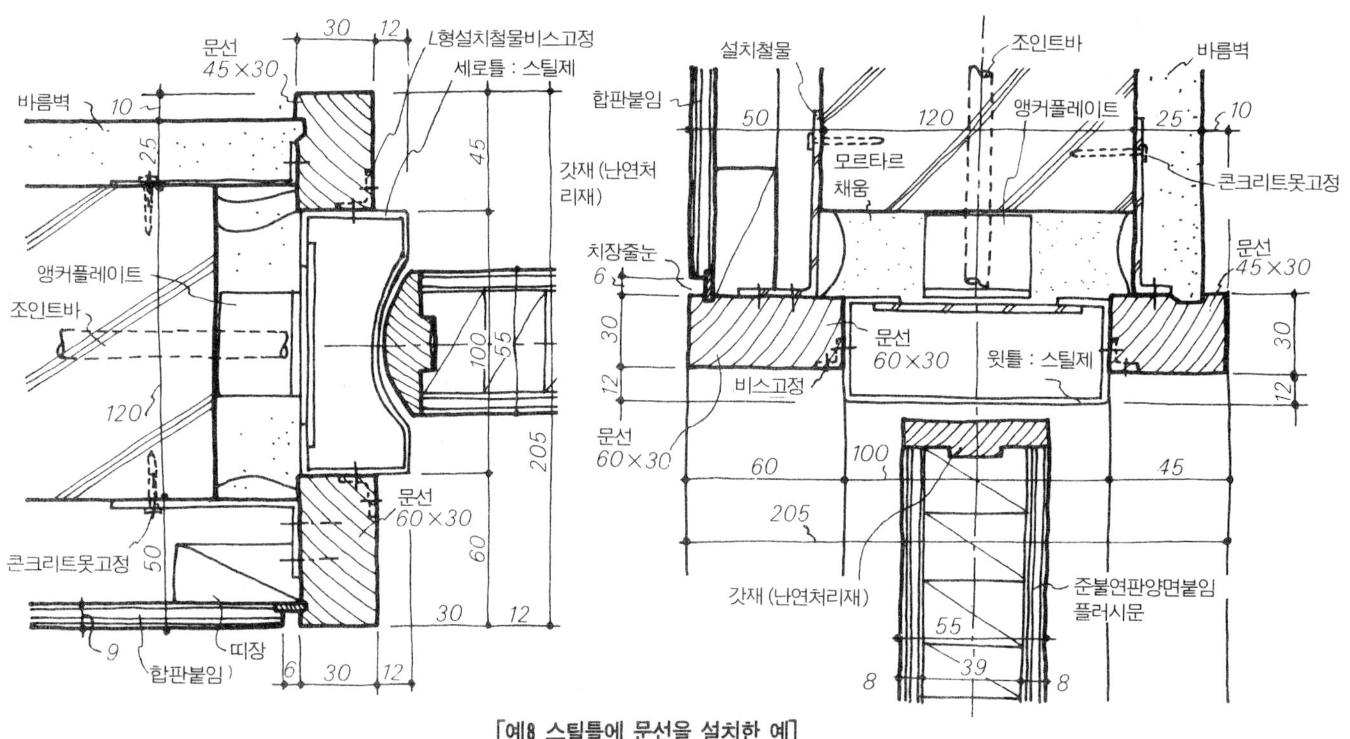

[예8 스틸틀에 문선을 설치한 예]

여닫이문

창호틀의 아무림 상세 예(5)

옥내 개구부에 강제 창호를 설치하는 예는 방화 구획용 문, 기계실문, 제설비 점검용의 작은 창(확인구) 등 그 사용 범위는 한정되어 있다. 철근 콘크리트조, 철골조, ALC판조 등의 벽 바탕과의 관계에 대해서는 외부 출입구의 항을 참조하면 된다.

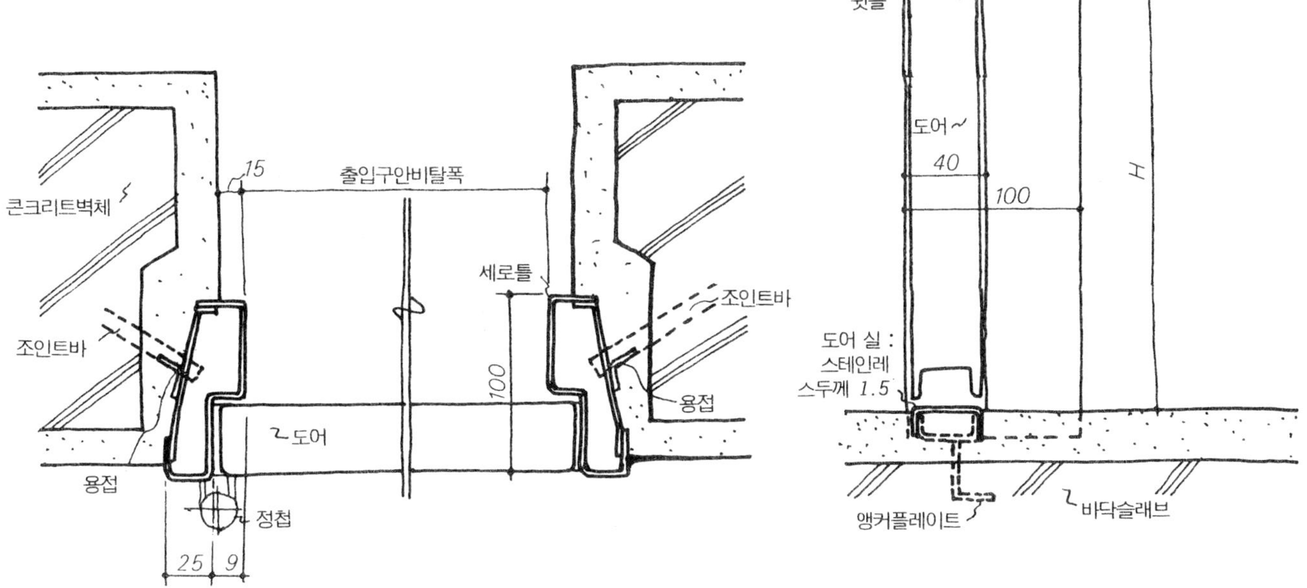

[예9 콘크리트 벽에 강제 창호를 설치한 예]

예 9는 철근 콘크리트벽에 강제 창호를 설치한 경우의 가장 일반적인 예를 표시한 것이다. 창호틀은 사전에 벽체에 묻힌 앵커 철근에 용접하여 고정하고, 틀 둘레에 모르타르를 충전한 다음 벽 마무리를 실시한다. 앵커 철근은 종횡 모두 틀의 모퉁이를 기준해서 100~150mm 위치를 결정, 중간은 450mm 정도의 간격으로 나뉘어 조인트바를 넣는 것이 보통이다.

예 10은 확인구용의 단단한 강제 창호의 설치 예를 표시한 것이다. 앵커 철근은 도시한 위치에 사전에 조인트바를 넣어두고 여기에 창호틀을 용접해서 설치한다. 그리고 확인구의 안쪽(피트 내부)이나 기계실의 내벽 등은 일반적으로 벽 마무리하지 않고 도시한 바와 같이 비스듬하게 모르타르 바름하여 틀 둘레를 마무리해 준다.

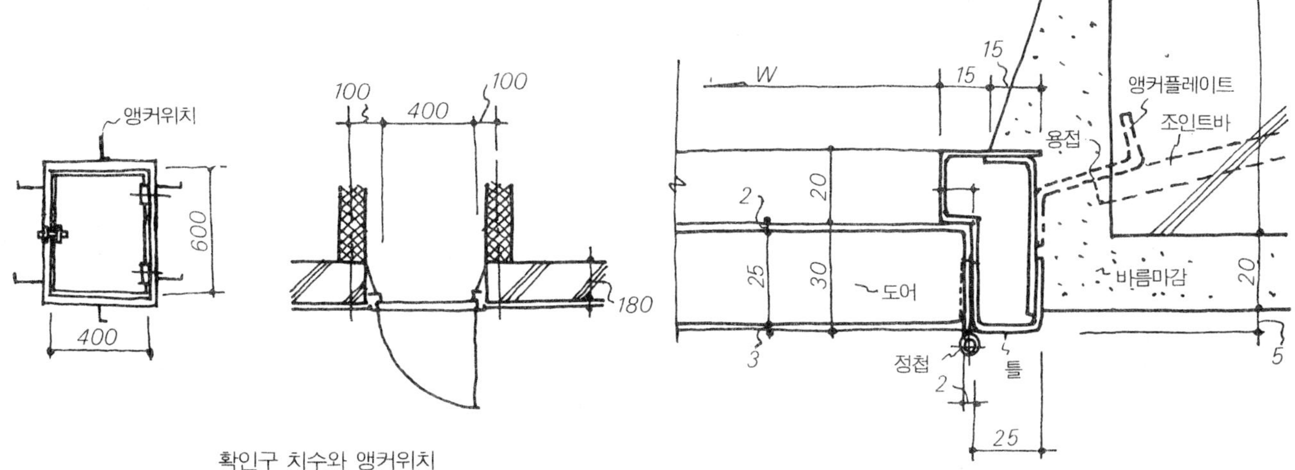

[예10 확인구용 강제 창호의 설치 예]

여닫이문

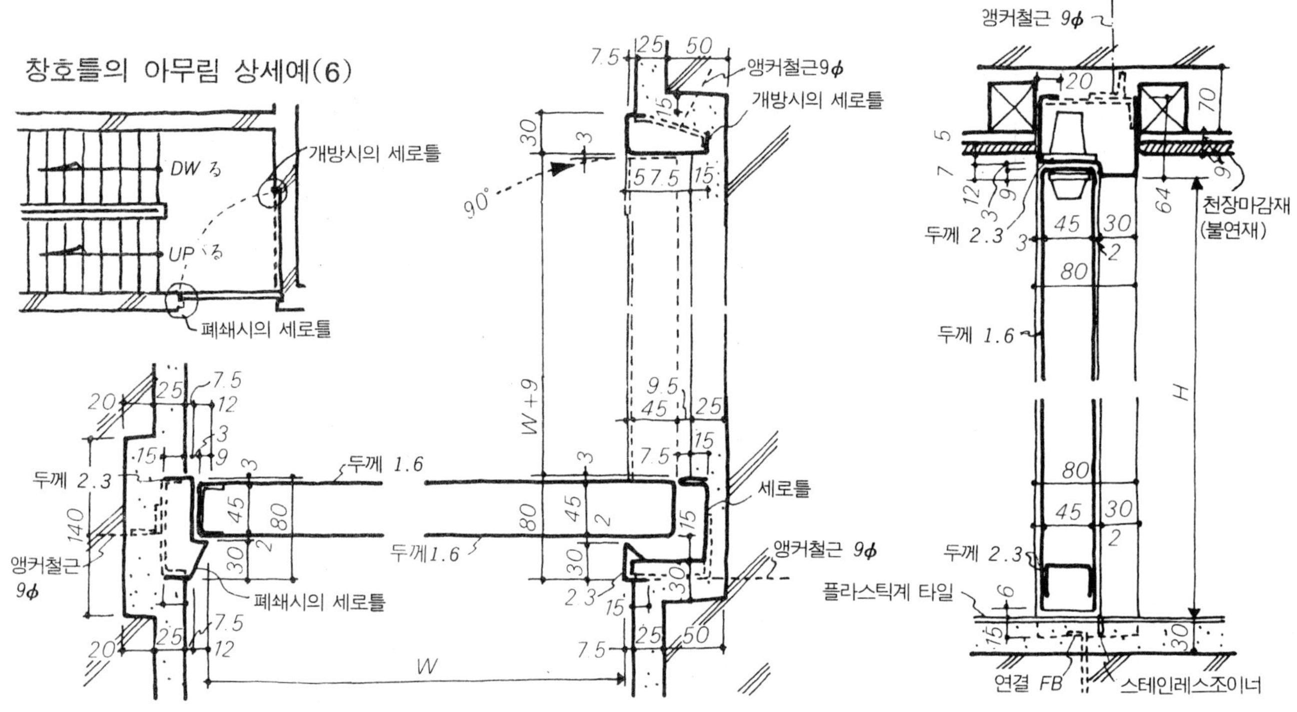

[예11 계단구획 방화문의 아무림①]

예 11, 예 12는 계단실의 방화 구획문의 아무림 예이다. 방화문은 건축법으로 제작이 규제되어 있지만, 그림은 갑종 방화문(강제)을 사용한 예이다. 방화 구획문은 일상시는 개방된 그대로 되어 있고, 비상시에 자동적으로 닫히는 형식의 것이 사용되고 있으나, 자동 폐쇄는 퓨즈가 부착된 도어 체크나 연기 감지기와 연동식이 있다. 예 11은 복도와 계단실과의 구획 등에 사용하는 90도 열기의 방화문의 아무림 예이다. 평면도에 표시한 것처럼 문은 개방시는 벽면 내에 들어가도록 벽체를 움푹하게 하여 참고도에 표시한 것처럼 L자형의 틀을 넣어서 구획문으로 한다. 벽체 내에 들어간 개방시의 문은 화재시 퓨즈가 부착된 스토퍼의 작용으로 자동적으로 닫혀지도록 되어 있다. 틀 설치는 전술한 것처럼 앵커 철근으로 용접해서 고정한다.

예 12는 180도 여닫이 방화문의 아무림이다. 마무리의 방법 요령은 예 11에 준한다.

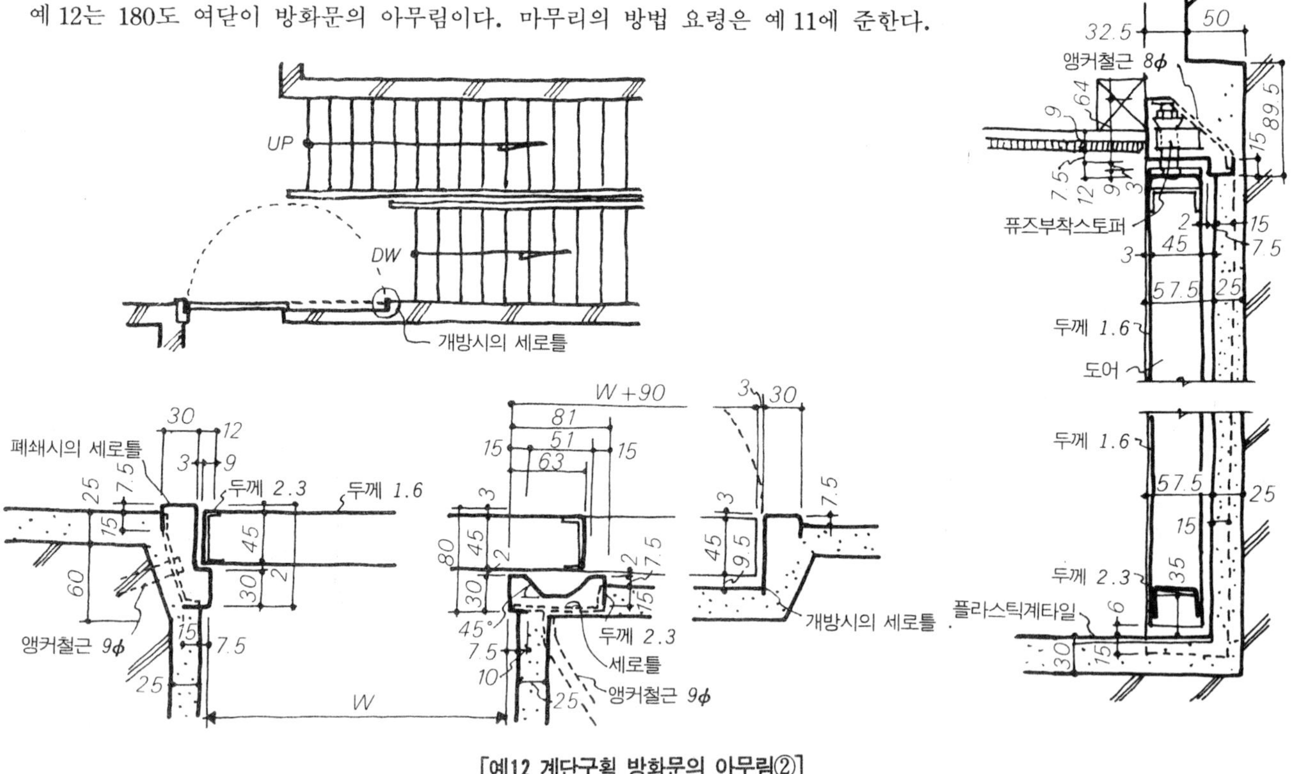

[예12 계단구획 방화문의 아무림②]

미서기문

기둥, 밑인방, 웃인방의 설치

반기둥의 설치는 구체의 콘크리트벽에 나무 벽돌을 묻어 두었다가 반기둥을 쐐기 끼움에 의해 수직 조정을 하면서 못질 고정하나, 최근은 접착제를 사용하여 반기둥을 직접 콘크리트벽에 접착시키는 방법이 다용되고 있다. 기둥과 밑인방, 웃인방의 관계는 오른쪽 그림과 같이 밑인방은 기둥 폭과 같은 치수, 웃인방은 기둥의 면 내로 들어가는 것이 상식이다. 밑인방 일단을 기둥에 묻은 장부에 맞춰서 끼워 넣고 타단은 맞대어서 처리하고 숨은 못질로 한다.

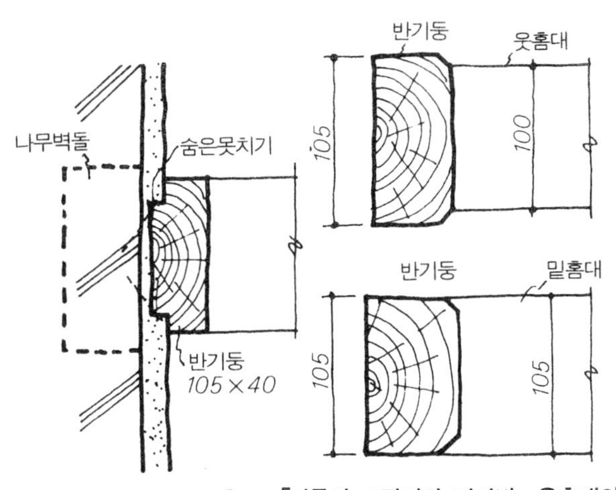

[반기둥의 고정 틀] [기둥의 모접이와 밑인방, 웃홈대의 폭]

기둥 안댐재 규격치수

부　재	단면치수	길　이
기둥(삼나무, 노송)	100×100 105×105 120×120	3000 4000
안댐재 (삼나무, 흑송, 노송)	90× 36 100× 40 105× 45	3000 3650 4000

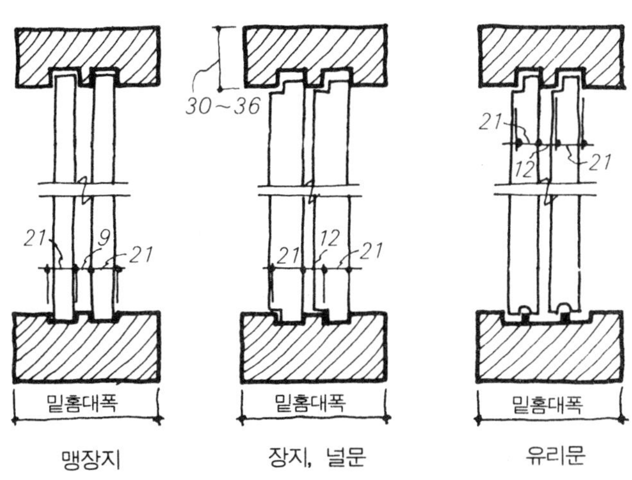

[창호의 종류와 밑인방, 웃홈대의 형상 치수]

밑홈대, 웃홈대 홈폭치수 예

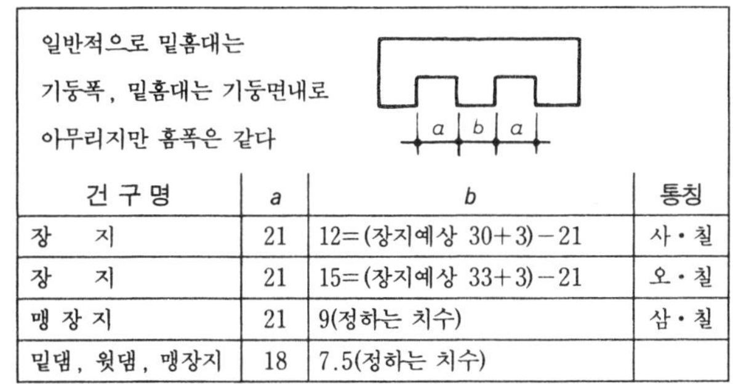

일반적으로 밑홈대는 기둥폭, 밑홈대는 기둥면내로 아무리지만 홈폭은 같다

건 구 명	a	b	통칭
장　지	21	12=(장지예상 30+3)－21	사・칠
장　지	21	15=(장지예상 33+3)－21	오・칠
맹 장 지	21	9(정하는 치수)	삼・칠
밑댐, 웟댐, 맹장지	18	7.5(정하는 치수)	

밑인방, 웃인방의 형상 치수

밑인방, 웃인방의 형상이나 치수는 창호 종류(장지, 미닫이, 널문 등)나 설치 장소에 의해 다소 달라진다. 도시한 형상 치수는 이들의 관계를 표시한 것이다.

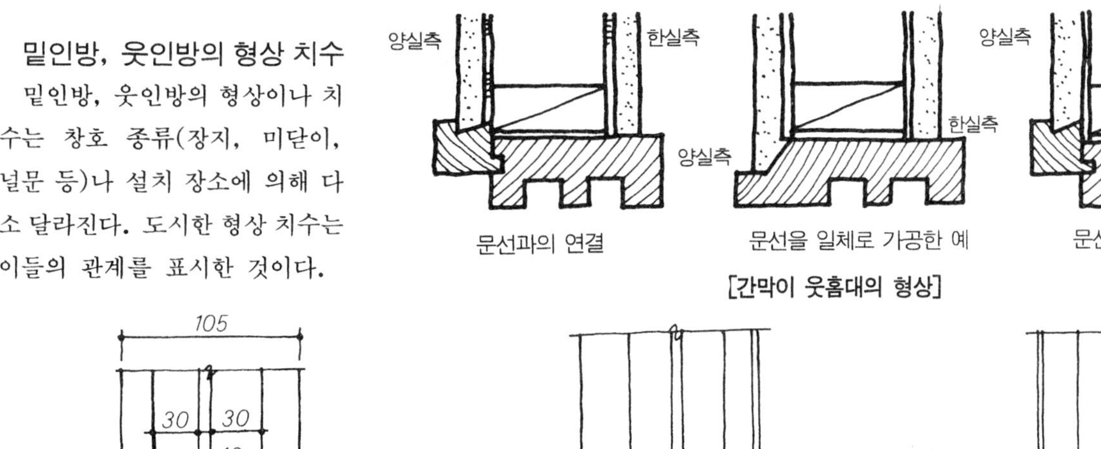

[간막이 웃홈대의 형상]

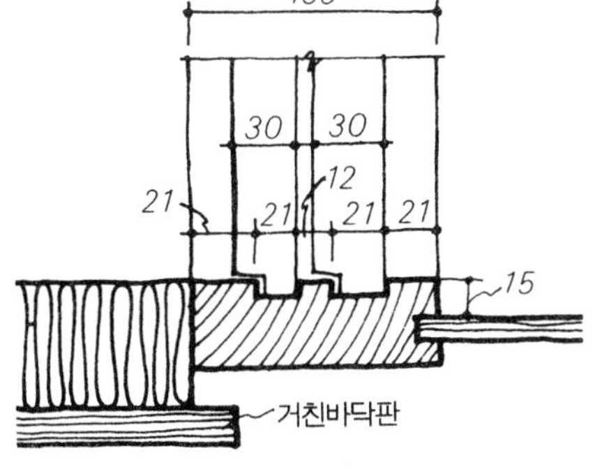

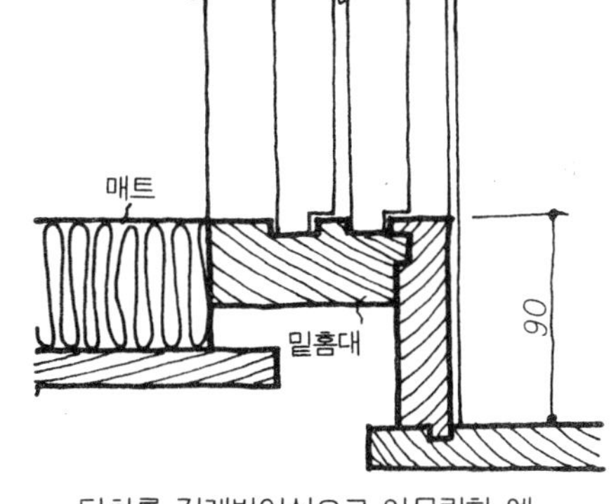

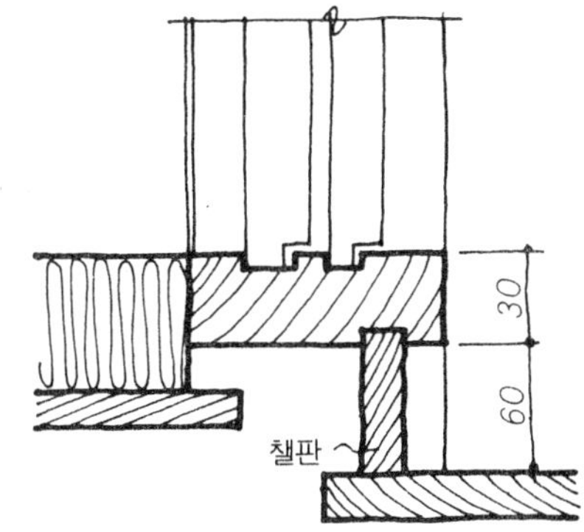

[간막이 밑인방 형상]

미서기문

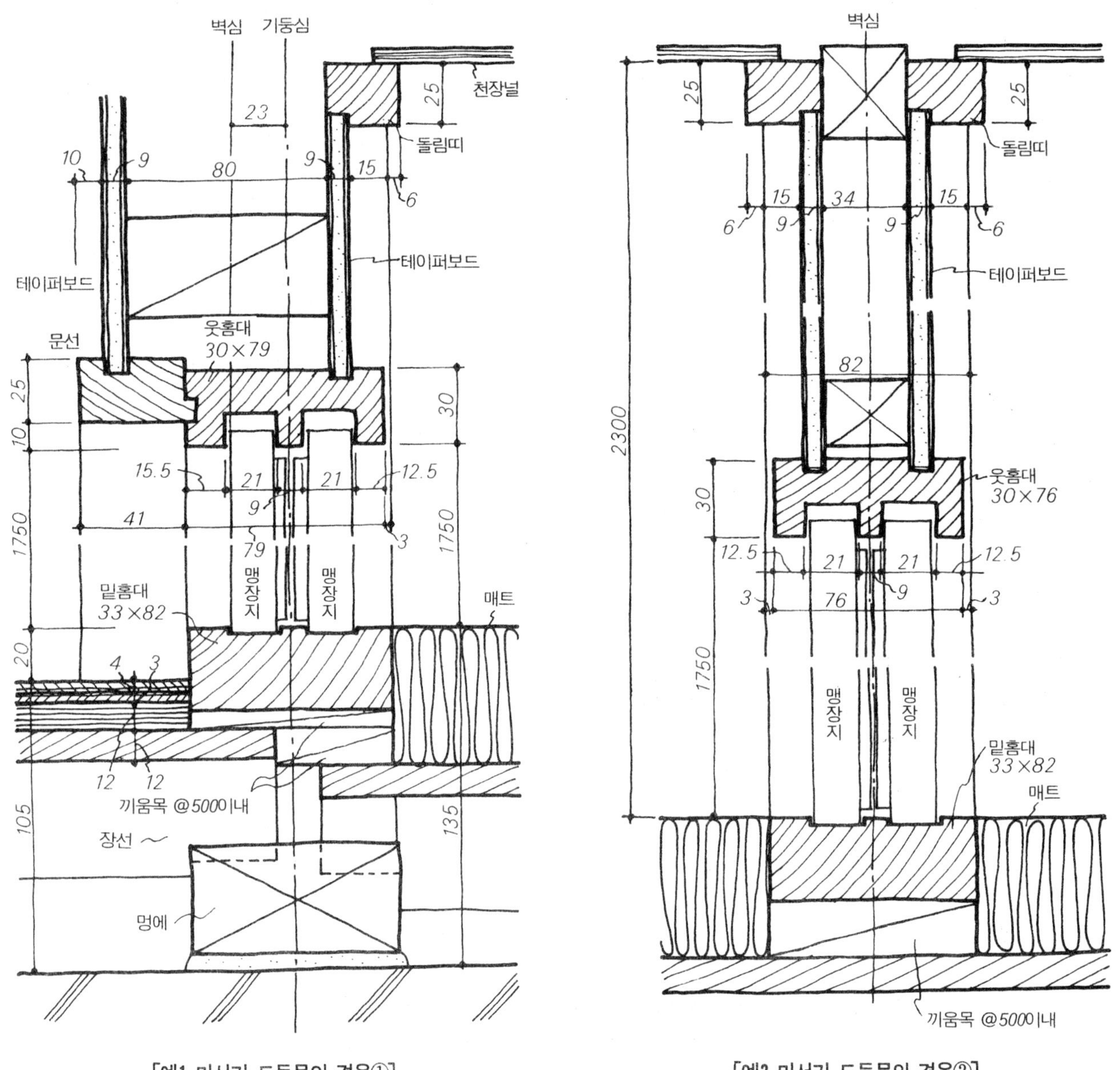

[예1 미서기 도듬문인 경우①]

[예2 미서기 도듬문인 경우②]

밑인방, 웃인방의 마무리 상세 예(1)

예 1(양실↔한실)은 양실의 바닥 마무리, 벽 마무리가 달라지므로 도시한 바와 같이 밑인방, 웃인방을 벽심에서 밀어내어서 설치하는 예가 많다. 웃인방은 일실측의 벽은 진벽 마무리해서 양실측으로는 문선을 설치해서 마무리한 것이다.

밑인방은 바닥 마무리면의 높이가 다르므로(단차 20mm) 멍에, 장선의 턱넣기 깊이를 바꿔 끼움대를 넣어서 바닥 높이를 조절한다. 그러나 끼움대는 거친 바닥판과의 틈에 맞춰 넣지 않으면 밑인방의 구르는 원인이 되므로 주의해야 한다.

예 2(한실↔한실)의 밑인방, 웃인방의 마무리는 일반적인 것으로 장선으로부터 위쪽 처리는 목조 건축의 경우와 다를 수가 없다. 밑인방은 기둥에 장부 맞춤으로 처리하고, 중간에 거친 바닥판의 틈을 받쳐주는 끼움대를 넣어서 밑인방의 변하는 것을 방지한다.

웃인방은 기둥에 장부 맞춤해서(또는 동바리 숨은 못질해서)으로 처리하고, 정면이 넓은 경우는 내림벽에 중간 동바리를 넣어 여기에 모임주먹장으로 처리해서 변형을 막는다. 그리고 웃인방에는 벽쌤개탕을 넣어 벽 마감재로 마무리한다.

미서기문

밑인방, 웃인방의 아무림 상세 예(2)

예 3, 예 4는 모두가 콘크리트 구체 및 목조 간막이벽에 반기둥, 밑인방, 웃인방을 설치하는 경우의 마무리를 표시하는 것이다. 밑인방, 웃인방의 형상, 치수는 미세기와 3본 미닫이로는 달라지나 설치 요령은 공통이다.

콘크리트 바탕의 경우 반기둥은 나무 벽돌에 접착제 병용의 숨은 못질로 하나, 도시한 바와 같이 끼움 쐐기로 수직 조정을 하여야 한다. 웃인방은 머리 이음을 나무 벽돌에 못질해서 여기에 웃인방을 숨은 못질 고정(접착제 병용으로 하나, 이 경우 툇마루와의 관계를 고려해서 웃인방 가공을 하여야 한다. 밑인방은 거친 널과의 틈에 끼움대를 넣어서 변형을 막는다.

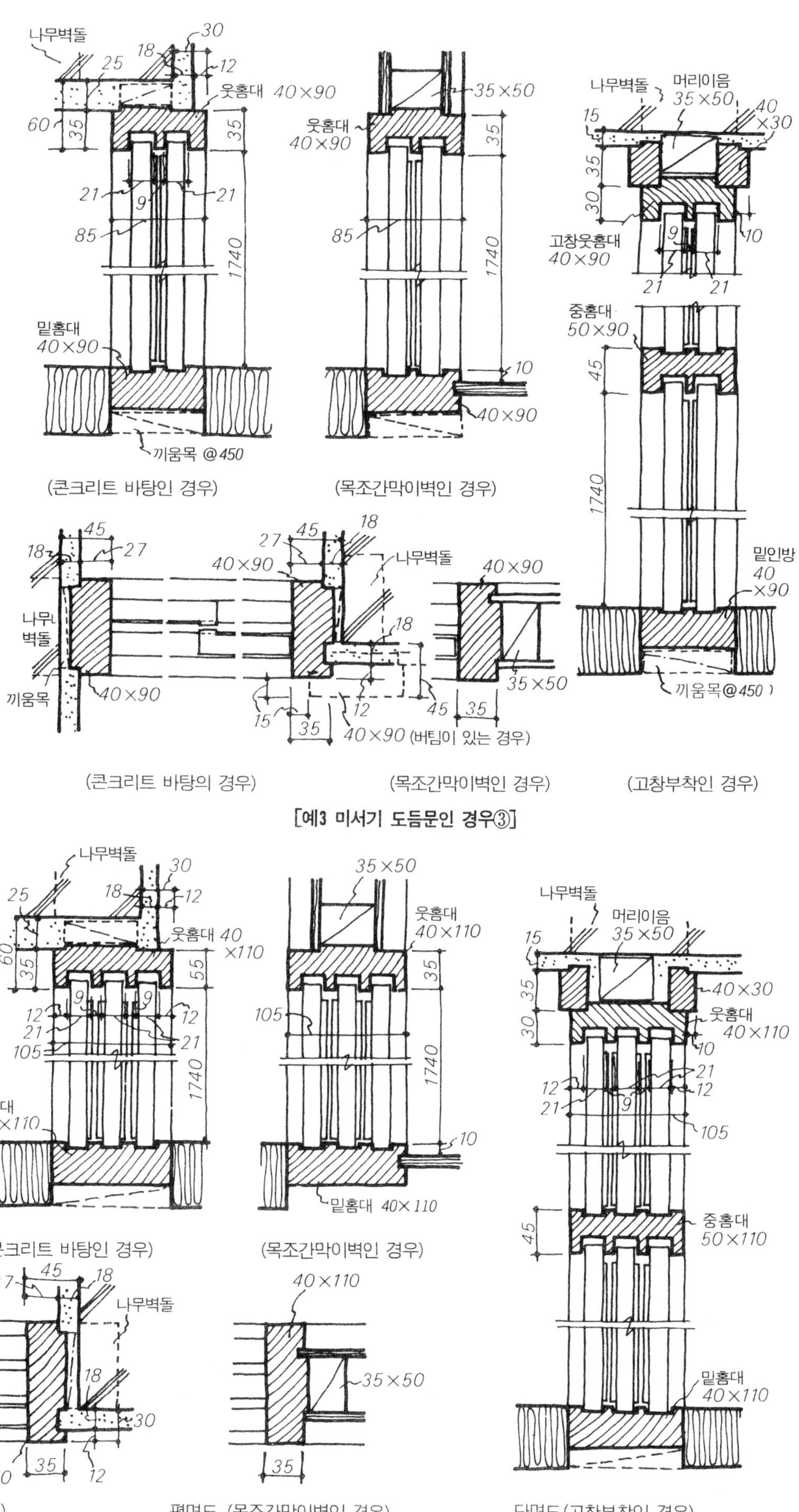

[예3 미서기 도듬문인 경우③]

평면도 (콘크리트 바탕인 경우)　평면도 (목조간막이벽인 경우)　단면도(고창부착인 경우)

[예4 세짝 도듬문인 경우]

미서기문

밑인방, 웃인방의 아무림 상세 예(3)

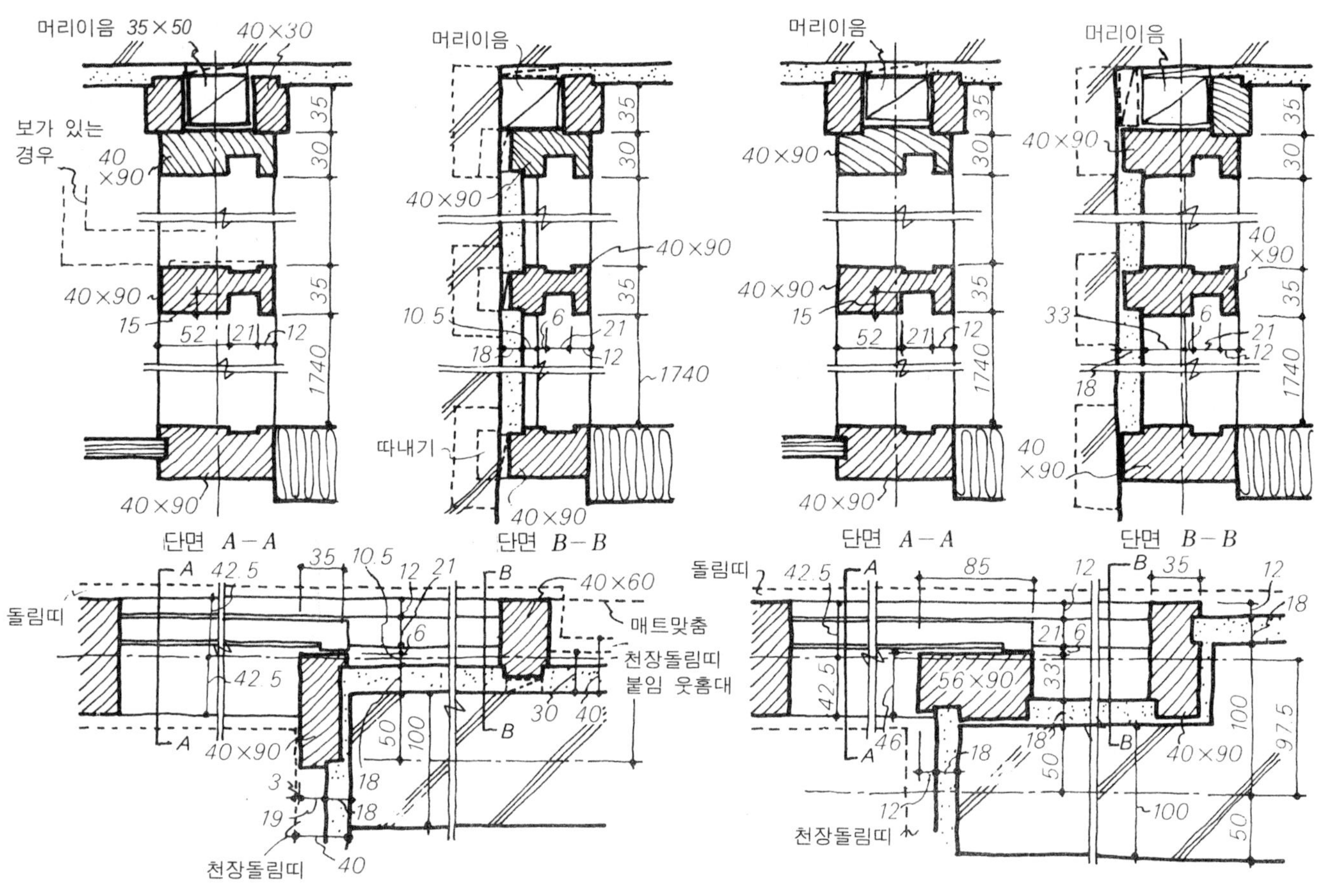

[예5 외미닫이 도듬문인 경우①]

[예6 외미닫이 도듬문인 경우②]

예 5, 예 6은 외미닫이의 설치 예이다. 콘크리트의 벽 두께가 얇은 경우는 한실의 벽면 외측에 설치, 바닥은 매트귀를 넣어 더욱 벽면에 붙임 인방을 해서 아무림 한다. 그리고 벽 두께가 충분한 경우는 콘크리트 타설할 때 벽면을 턱넣기 하여 밑인방, 웃인방이 벽면에서 내밀지 않도록 처리해 두면 좋다.

예 7은 목조 간막이벽에의 설치 상세를 표시한 것이다. 간막이벽과 구체와의 관계는 내벽 마무리의 항에 기술했으므로 참조하면 된다.

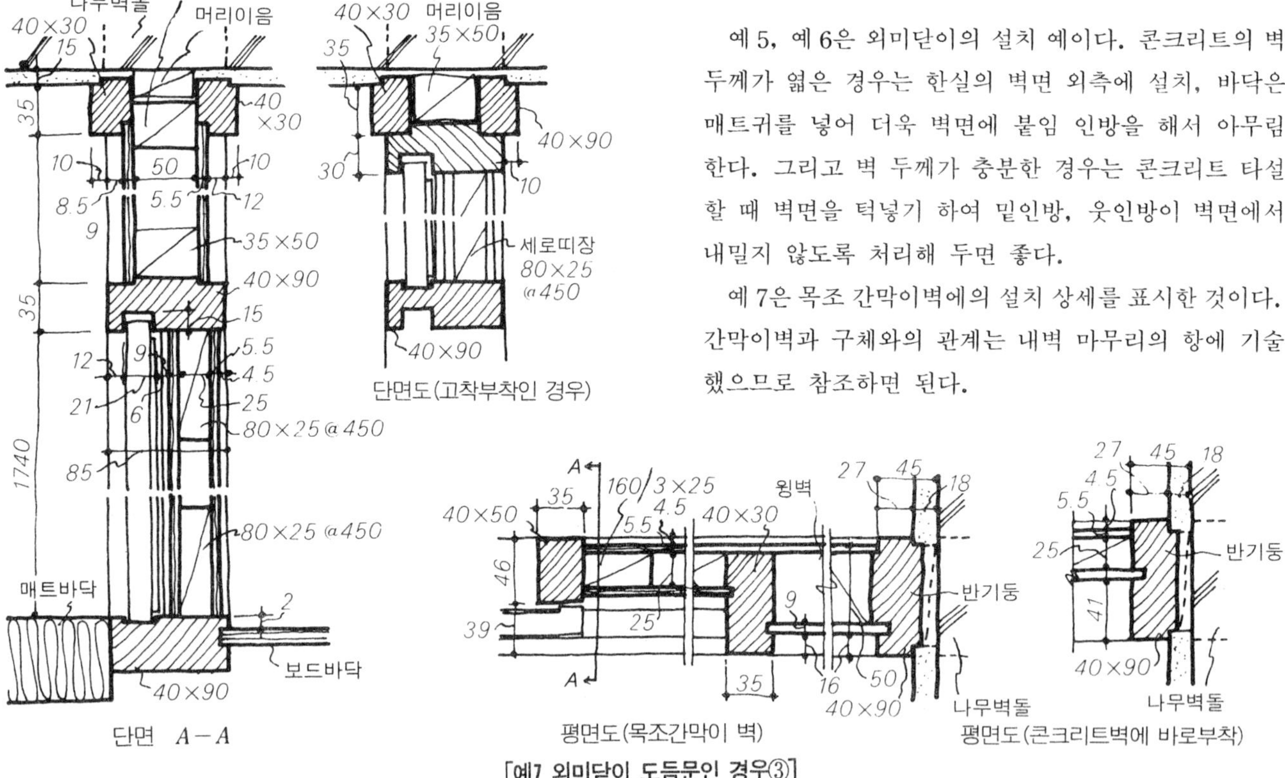

[예7 외미닫이 도듬문인 경우③]

미서기문

밑인방, 웃인방의 아무림 상세 예(4)

예 8은 벽장(미세기, 미닫이)의 인방, 웃인방의 아무림 예이다. 반기둥의 설치, 반기둥과 밑인방, 웃인방과의 관계는 전술한 요령과 같은 것이다. 웃인방과 천장과의 관계, 밑인방과 바닥과의 관계, 천장 내의 단판받이(장선받이)와 중인방과의 관계에 대해서 참고로 한다면 좋다. 이 경우 천장 내의 장선받이는 반드시 양단 모두 기둥(또는 반기둥)에 고정하고 중인방과는 고정하지 않도록 주의한다. 이것은 천장 내로 수납하는 물건의 중량에 따라 변형이 생길 경우 중인방이 내려가서 미닫이 개폐에 지장을 미칠 염려가 있으므로 또 벽장 너비가 넓은 경우에는 미닫이의 여밈대 위치에 중간 기둥을 세우는 것이 좋다. 한편 벽면에 접한 장선받이재는 사전에 정확한 위치에 묻어둔 나무 벽돌에 뇌천 못질로 고정시켜 이것은 장선걸이로 한 위에 판을 붙인다.

벽장 내부는 플라스터, 회반죽 등을 발라서 마무리하는 예도 있지만, 방습상 또는 결로 방지상으로도 구성도에 표시한 것처럼 합판, 보드류를 붙여서 마무리하는 것이 바람직하다. 다시 참고도 ①에 표시한 것처럼 천장을 붙여서 환기를 도모하는 일도 중요한 일이다.

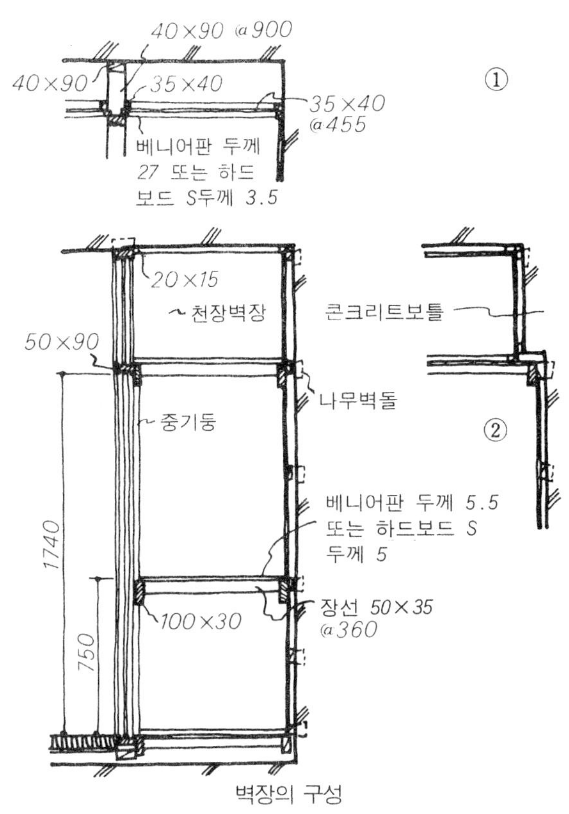

벽장의 구성

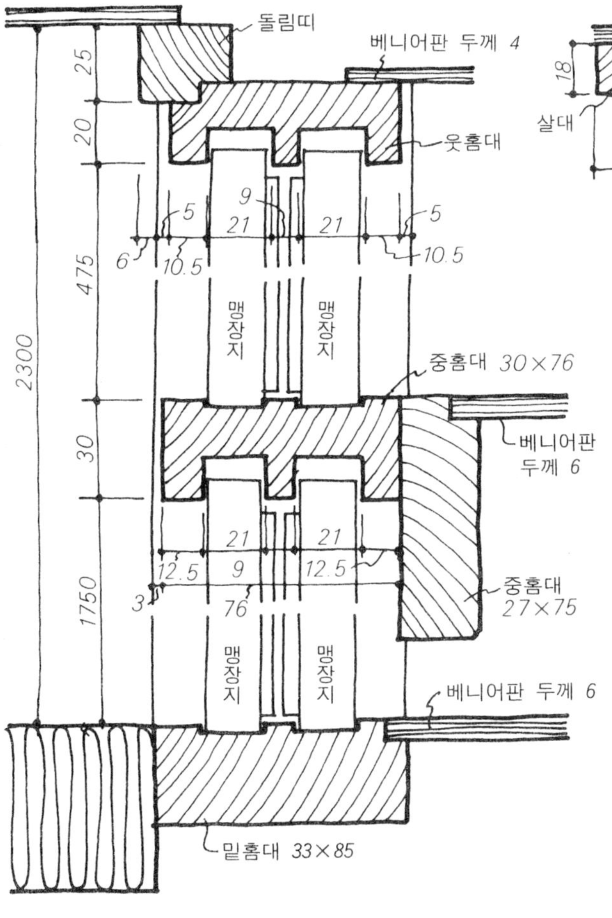

천장벽장이 있는 예

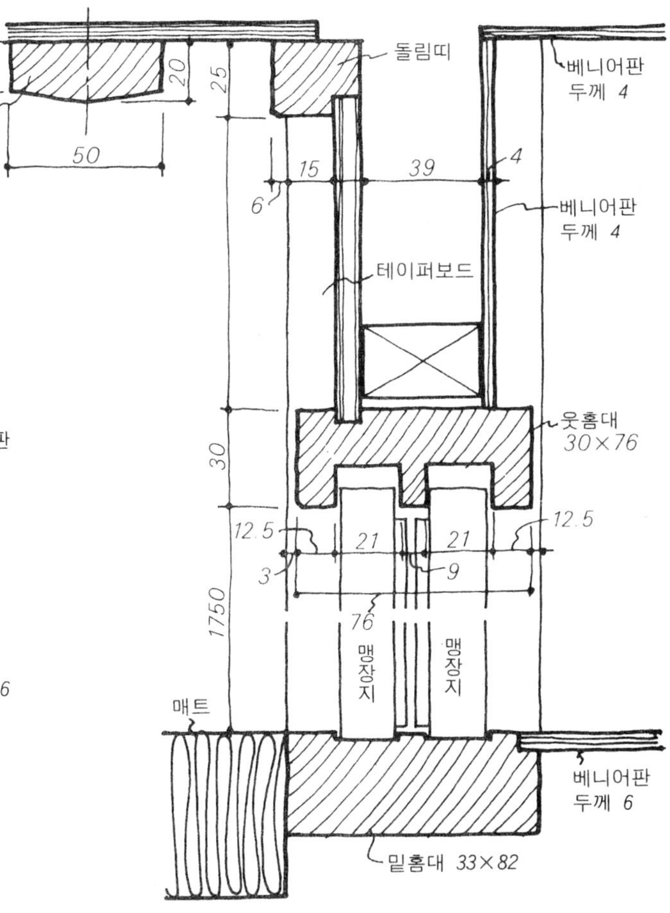

천장벽장이 없는 예

[예8 벽장 도듬문인 경우]

미서기문

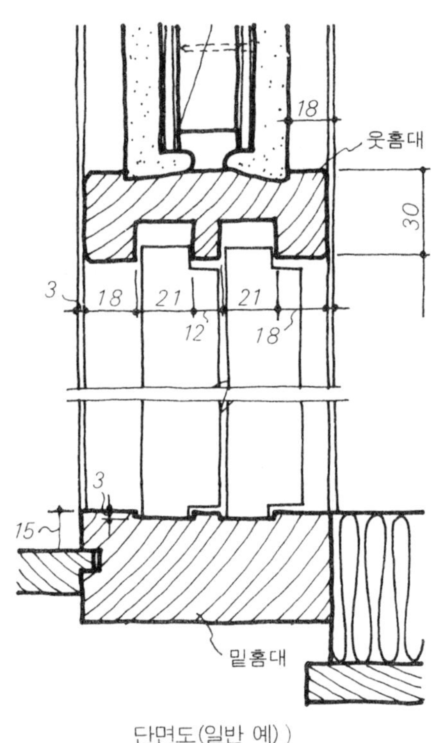

단면도(일반 예))

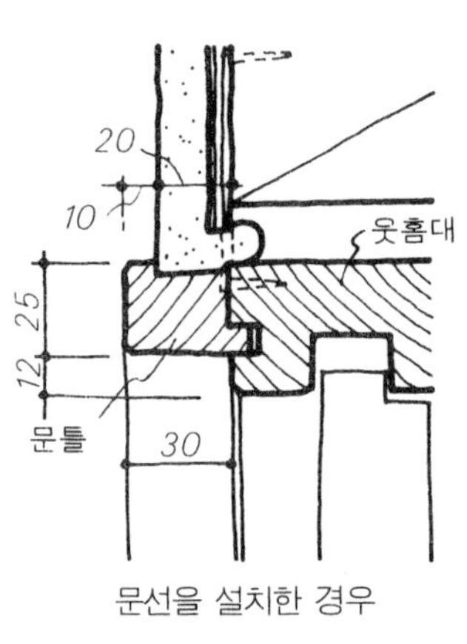

문선을 설치한 경우

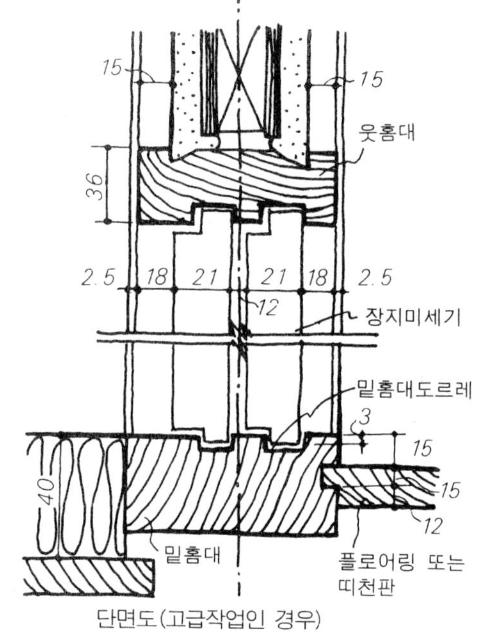

단면도(고급작업인 경우)

[예9 미서기 장지문인 경우]

밑인방, 웃인방의 아무림 상세예(5)

예 9는 미세기 장지의 밑인방, 웃인방의 마무리 예이다. 장지는 미닫이에서 예상 치수가 커지므로 밑인방, 웃인방의 홈도 여기에 맞춰서 가공해야 한다. 일반 예는 밑인방, 웃인방의 홈 위치를 중심에서 나눈 것이 있지만 장지를 넣으면 주실의 밑인방, 웃인방의 바깥 모양이 엷어져 빈약하게 보이므로 고급 작업의 예에 표시한 것처럼 홈 위치를 중심에서 밀어낸 가공을 할 경우도 있다.

예 10은 외미닫이 널문의 정리 예이다. 널문을 넣는 옆벽은 목조로 하고 붙임 기둥은 밑인방, 웃인방에 반 따기 장부 맞춤해서 처리한다. 널빤지는 장지문, 미닫이에 비해 중량이 있으므로 호차를 달아주고, 레일을 깔면 개폐음이 크므로 밑인방 홈을 미끄러지게 하는 것이 좋다. 이 경우에 밑인방 홈은 깊이 3mm, 너비 18mm 정도로 한다.

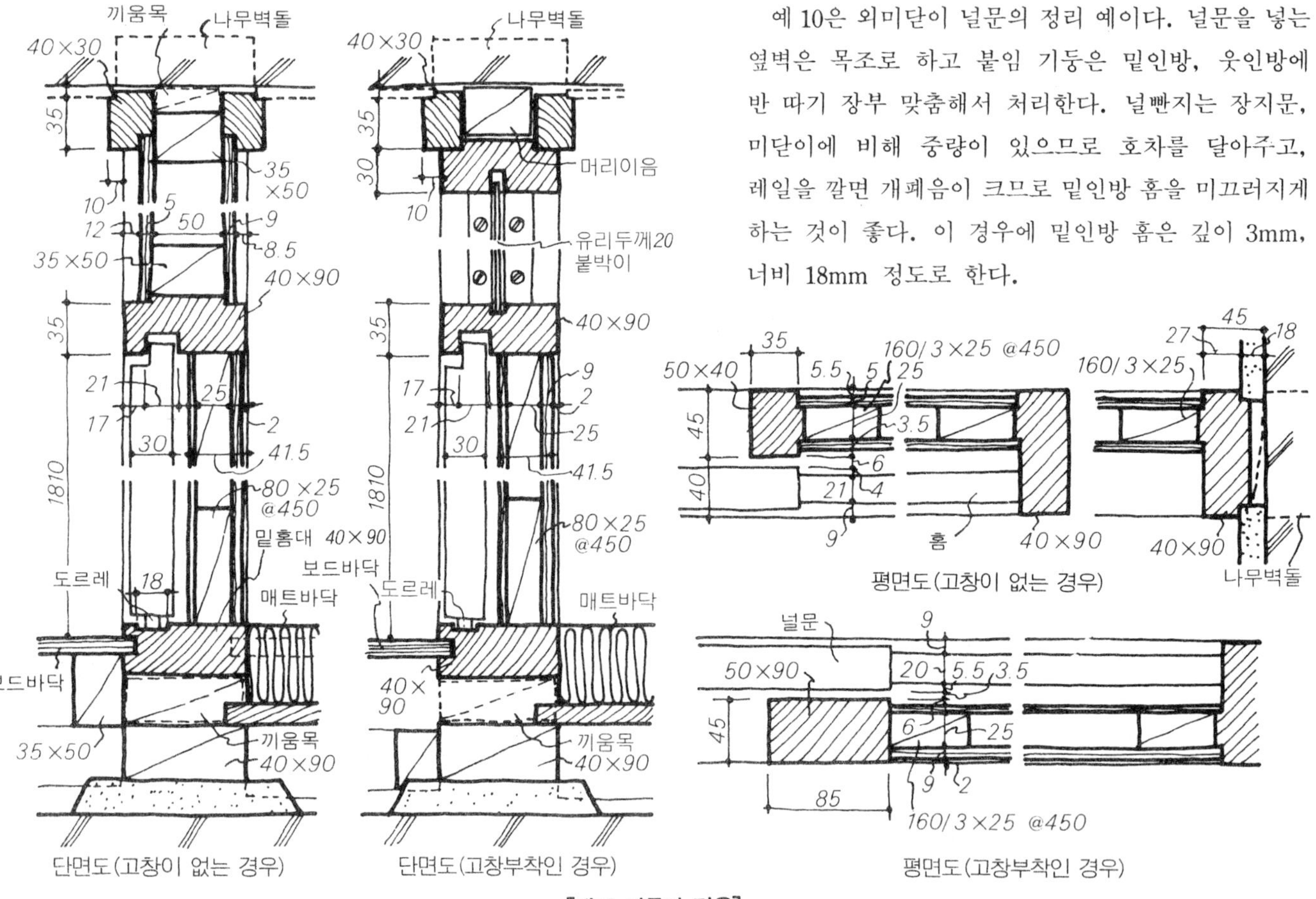

[예10 널문인 경우]

제5장

외부 바닥마감

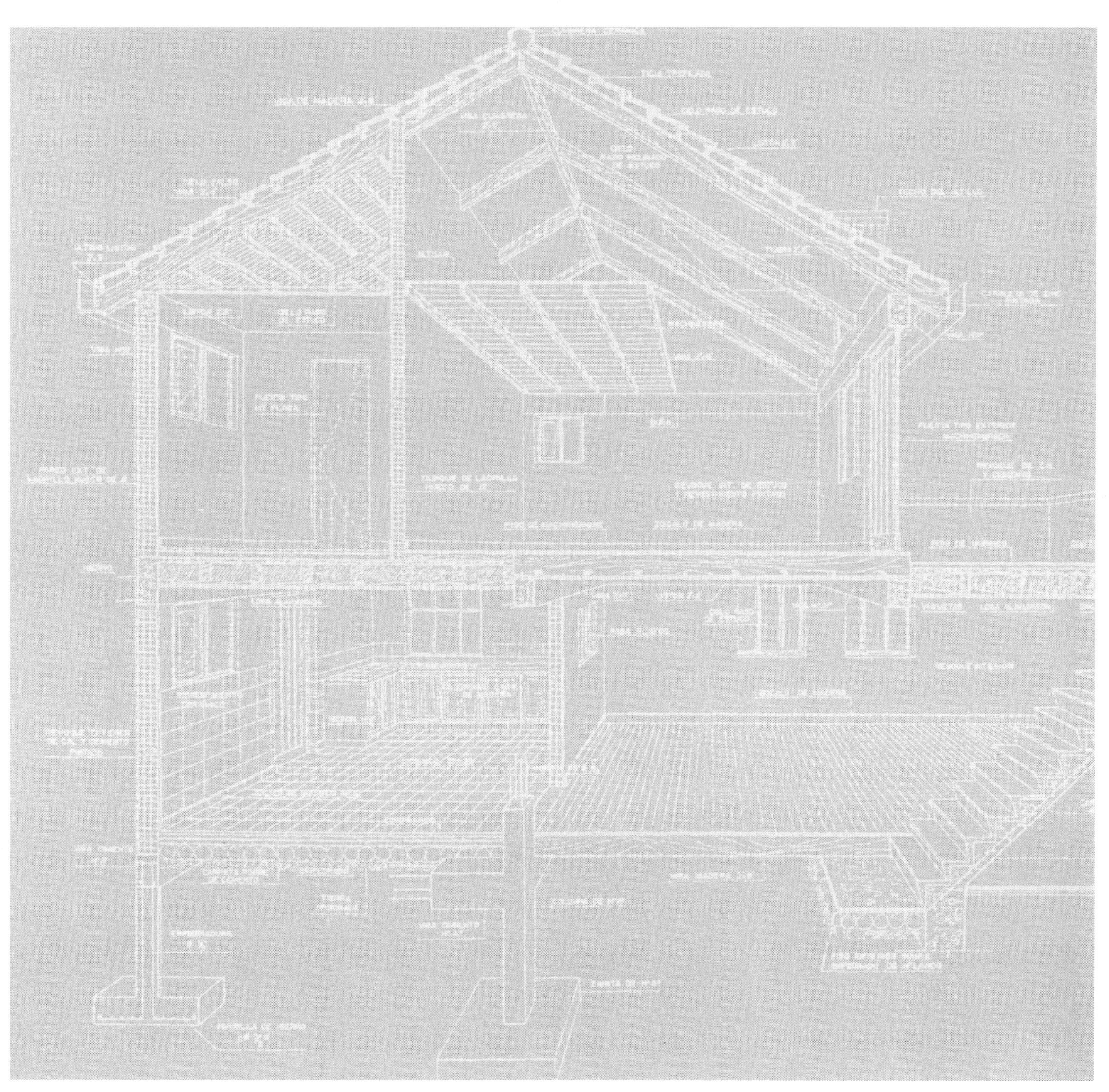

일반사항

외부 바닥으로서는 출입구 둘레의 바닥이나 벽단, 테라스 구내 통로, 발코니, 옥상 바닥(지붕) 등이 있지만, 발코니, 옥상 바닥은 건축물 주체와의 얽힌 방수 처리 등의 문제가 있으므로 방수 공사의 항으로 기술하고, 여기서는 옥외의 부대적인 바닥의 마무리에 대해서만 기술하도록 한다.

외부 바닥은 장소에 따라 의장적 또는 실용적 측면으로 마무리하든지 그 아무림은 획일적이 아니다. 아래 그림은 일반적인 외부 바닥의 마무리 및 바탕 구성을 표시한 것이나 외부 바닥에 비해 큰 하중이나 충격을 받아 마모도 심하고 풍우, 한난 등의 기상상의 악조건에 직접 노출되므로 바탕 및 마무리는 의장면뿐 아니라 강고한 것으로 마무리하는 것을 잊어서는 안 된다.

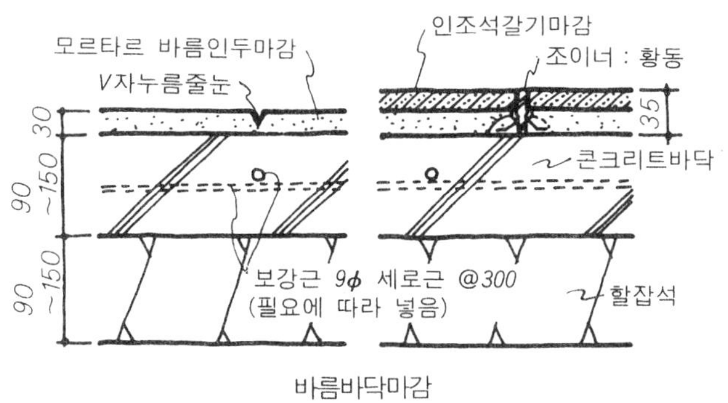

바름바닥마감

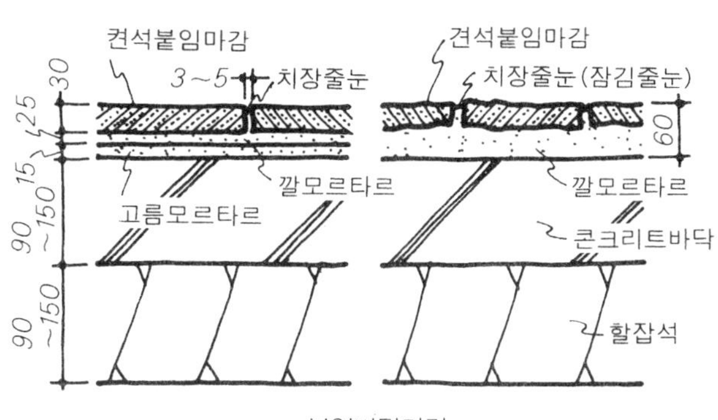

붙임바닥마감

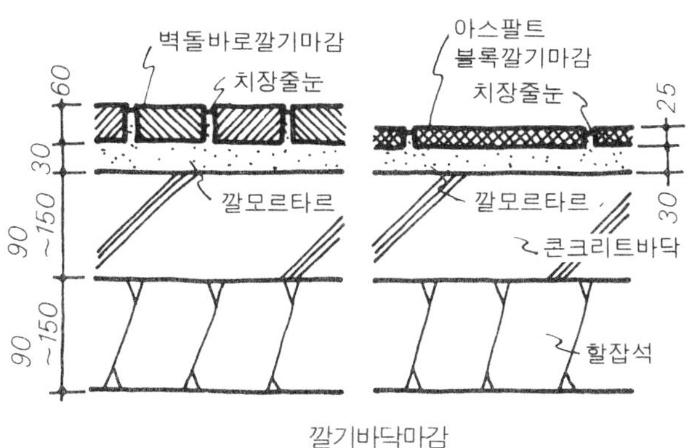

깔기바닥마감

[마감 형식과 바탕구성]

[외부바닥의 의장 예]

마무리 형식

외부 바닥의 마무리 형식은 왼쪽 그림과 같이 대별된다.

① 모르타르 바름 흙손 마무리…콘크리트 바탕 위에 모르타르를 흙손으로 발라서 마무리한 것으로 실용적이며 싼 마무리이다. 의장적으로 색 모르타르를 사용할 때도 있지만, 색채도 확실하지 못하고 돋보이지 않다. 균열 방지를 위해 누름 줄눈 또는 줄눈대를 넣어 발라준다.

② 인조석 갈기 마무리…모르타르에 대리석의 깬돌을 혼합한 것을 흙손으로 발라 마른 다음 바름면을 갈아서 마무리한 것으로 일반적으로 테라조 마무리로 일컫어진다. 대리석 대신에 한수식, 사문식 등의 소입자(3~6mm 정도)의 돌을 사용한 경우, 테라조라고 하지 않고, 인조석 갈기로 일컫어 구분하고 있다. 황동 조이너를 사용하여 줄눈을 내어 마무리면의 균열을 방지한다.

③ 켠돌(정형) 붙임 마무리…다듬돌(자연석), 모조석 블록 타일 등을 붙이는 경우는 우선 콘크리트 바탕 위에 고름 모르타르를 흙손으로 발라 바탕을 편평하게 마무리하여 그 위에 깔기 모르타르를 발라 마감재를 편평하게 붙여 나간다.

④ 견석 붙임 마무리…철평석, 단파석 등을 막 붙이는 경우는 석재의 표면 전체가 평활하지 않기 때문에 깔기 모르타르에 붙임 돌을 고르게 깔아 표면을 편평하게 붙여 나가면서 줄눈을 침줄눈 마무리로 한다.

⑤ 깔기 돌 마무리…일반적으로 대리석, 화강암 등의 큰 재를 사용하여 현관 둘레 등 의장적으로 중요한 장소에 사용된다. 돌면의 마무리에는 혹내기, 끌다듬, 잔다듬, 깎아내기, 갈기 등의 방법이 사용된다.

⑥ 벽돌 깔기, 블록 깔기 마무리…벽돌 깔기는 그 질감과 색채가 좋아 애용되고 있지만, 마모성이 높기 때문에 일반적으로는 콘크리트 블록 깔기 하는 경우가 많아진다.

일반사항

줄눈 배분의 요령

줄눈은 도안 효과를 겨냥한 의장적인 역할뿐 아니라 마감재의 신축을 조정해서 균열을 방지하는 데도 반드시 필요한 것이다.

바름 마무리의 경우 줄눈은 신축 줄눈과 누름 줄눈을 병용하든지 금속제 줄눈대를 넣는지이다. 금속제 줄눈대는 인조석 갈기(씻어내기) 등의 고급 마무리로서 사용된다. 인조석 갈 때는 갈기 여분(2~3mm)만큼 줄눈대를 바름면보다 낮춰 설치하고 인조석 갈기에 있어서는 줄눈대가 균등하게 노출되도록 하여야 한다.

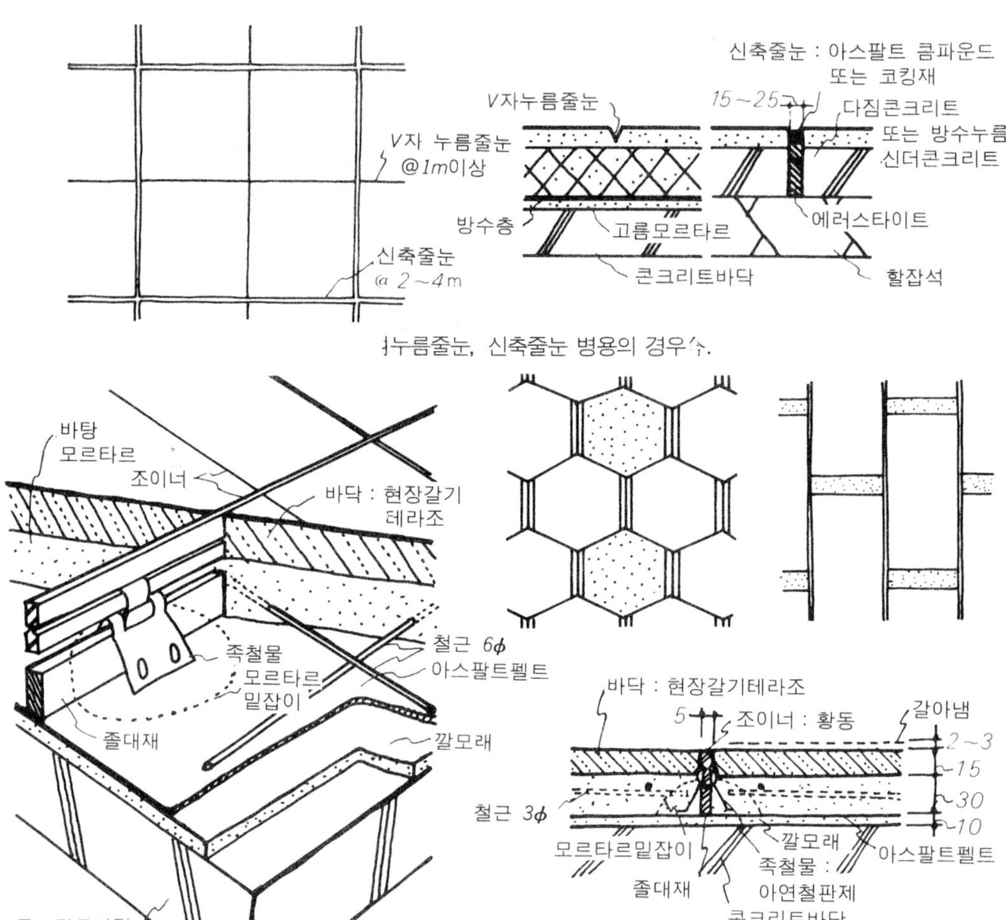

[바름마감의 줄눈분할 예]

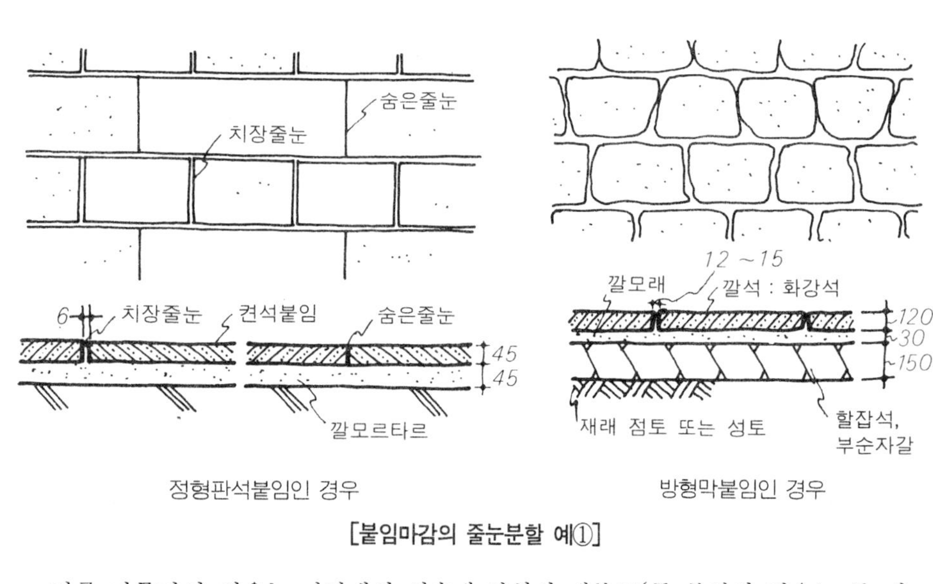

[붙임마감의 줄눈분할 예①]

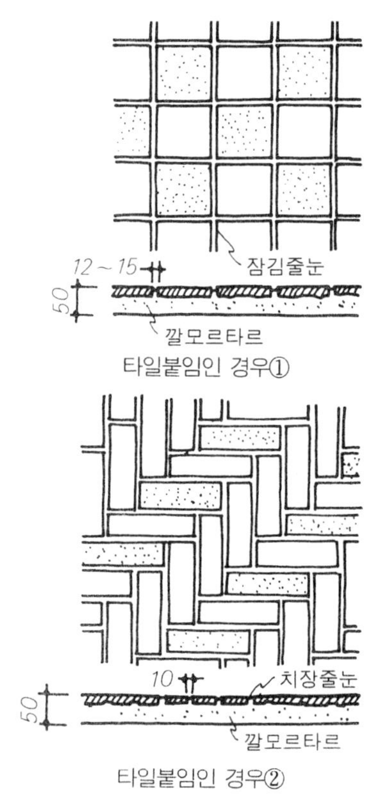

[붙임마감의 줄눈분할 예②]

바름 마무리인 경우는 마감재의 치수에 맞춰서 배분도(돌 붙임의 경우는 돌 배분도)를 작성하고, 줄눈폭도 여기에 기입한다. 일반적으로 정형 석판벽의 줄눈폭은 약 6mm로 하고, 방형막 붙임의 줄눈폭은 12~15mm 정도로 하고 있다. 타일벽의 줄눈은 6~9mm 정도, 클링커 타일벽의 줄눈은 12~15mm로 하고, 타일 배분의 여유 치수를 줄눈폭으로 조정(주의할 점은 보더를 넣을 때도 있다)하는 것이 보통이다. 어떤 경우도 줄눈 마무리는 침줄눈 마무리로 한다.

출입구 주위의 바닥 마감

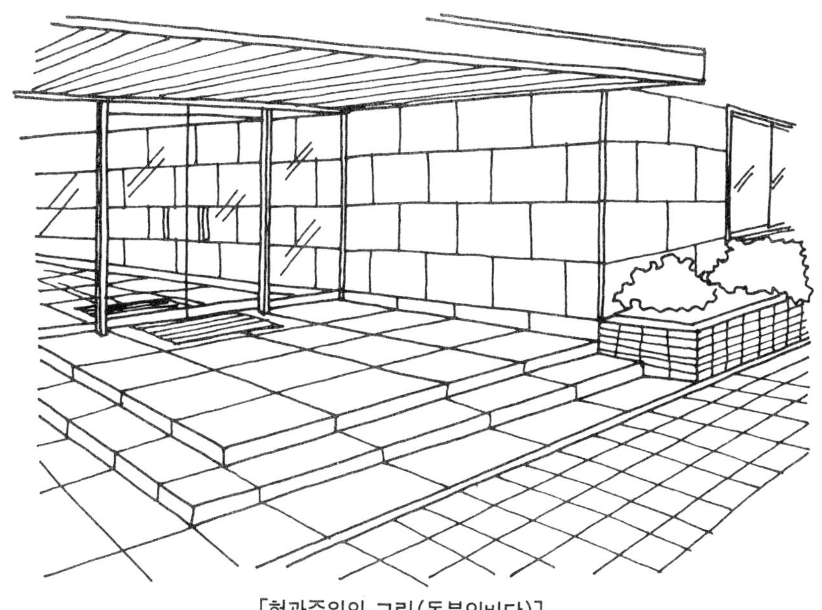
[현관주위의 그림(돌붙임바닥)]

돌 붙임 마무리

오피스 빌딩의 현관 둘레를 돌 붙임 마무리한 예이다. 현관 포치의 바닥면과 노면과의 고저차가 30cm 있으므로 2단의 석단을 설치한다. 석단의 누름면을 보이지 않도록 하기 위해 벽단 대신에 화단을 의장적으로 마련한 것이다.

포치 바닥은 화강암의 표면을 물갈기 한 것을 정형 붙임해서 줄눈폭을 3mm로 하지만, 배수를 위해 보도측으로 약간의 물이 흐르게 경사를 주는 것을 잊어서는 안 된다.

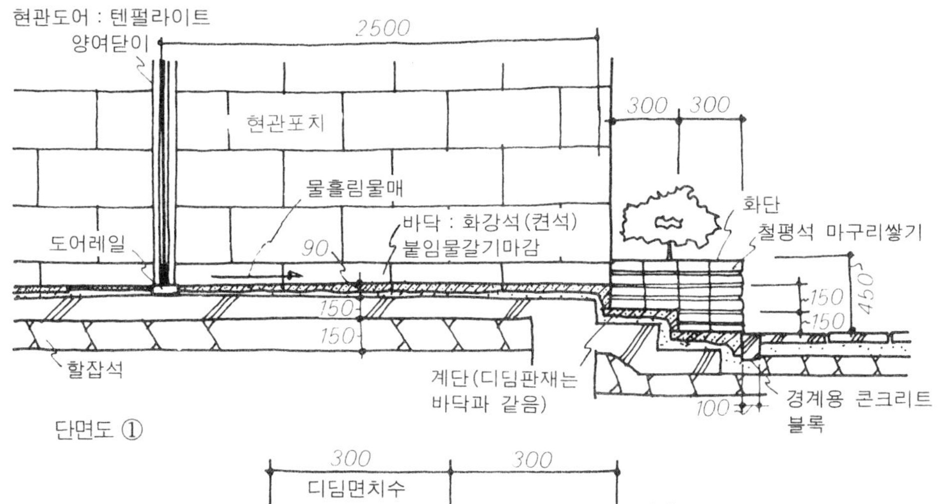

단면도 ①은 현관 포치 바닥의 바탕과 마무리를 표시한 것이다. 깬돌 잡석(두께 150mm)을 깔은 다음 바탕 콘크리트(두께 150 mm)를 부어 그 위에 고름 모르타르를 바르고 나서 다시 깔기 모르타르로 석재(화강암 600×900각)을 붙인다.

단면도 ②는 석단의 마무리를 표시한 것이다. 석단과 하단에서 차례로 두고 있지만, 단폭은 단너비의 길이에 겹치는 여분을 더한 치수로 한다.

단면도 ③은 현관 포치 바닥과 현관문의 밑인방(자동개폐식, 미닫이문)과의 관계를 표시한 것이다(출입구 항을 참조).

단면도 ④는 자동문의 스위치 매트와 돌 붙임 바닥과의 관계를 또 단면도 ⑤는 포치 바닥과 벽(걸레받이)와의 관계를 표시한 것으로 벽면을 먼저 마무리한 다음 바닥 마무리하는 것이 순서이다.

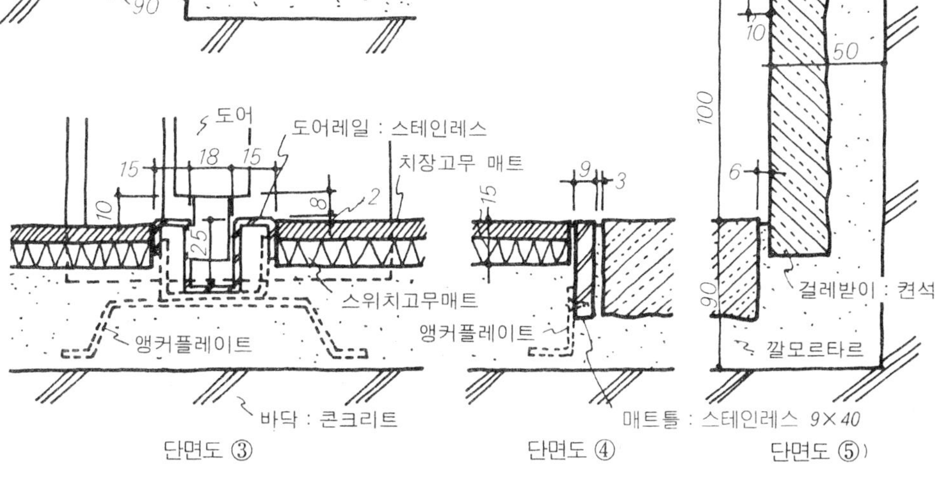

[돌붙임 마감의 단면 상세]

출입구 주위의 바닥 마감

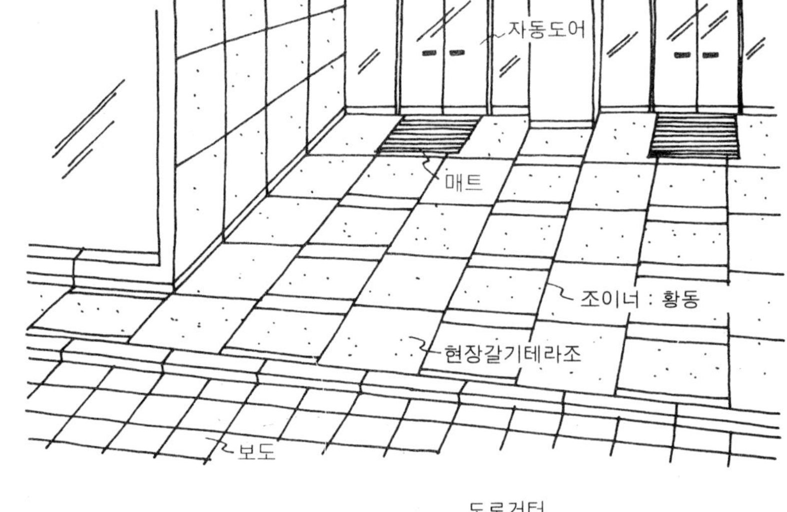

인조석 갈기 마무리

인조석 갈기 바닥, 또는 씻어내기 바닥 마무리는 일반적으로 테라조 마무리로 일컫어지는 것이나, 이것을 돌 붙임 바닥에 비해 색채적으로 풍부하며, 싸다는 이점이 있다. 바닥 마무리로서는 테라조 블록 붙임으로 하는 예도 있지만 외부 바닥은 금속제 줄눈대를 넣은 현장바름 테라조 마무리하는 예가 많다.

예 1은 겨냥에 표시한 바닥 마무리의 평면도, 단면도가 있으나 줄눈대로 칸을 막아 바닥 마무리면을 색분한 예이다. 보도와의 치올림 부분도 테라조 마무리로 한다.

예 2는 씻어내기 마무리의 예이나 보도와의 치올림 부분에는 화강암 등 자연석을 띠석으로 넣어 변화시킨 것이다.

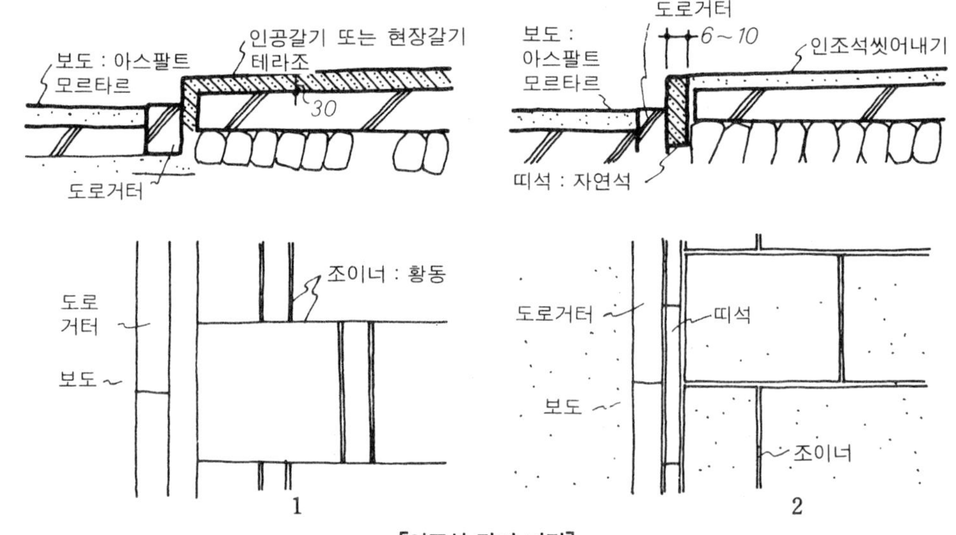

[인조석 갈기 마감]

타일 붙임 마무리

외부 바닥의 마무리에 사용되는 타일은 내마모성이 있고 튼튼한 자기질 타일 또는 클링커 타일 등이 사용된다.

붙이는 법은 깬 막돌을 세워 깔아서 다진 다음 콘크리트를 타설 하고 다시 모르타르를 깔고 나서 타일 배분도에 맞춰서 줄눈에 맞게 타일을 붙여 나간다.

출입구 둘레를 타일 붙임으로 할 경우에는 단면도 ①, ②에 표시한 것처럼 도로와의 치올림 부분까지 붙이는 경우와 띠석을 넣는 경우가 있지만, 일반적으로는 단면도 ②의 예가 많다.

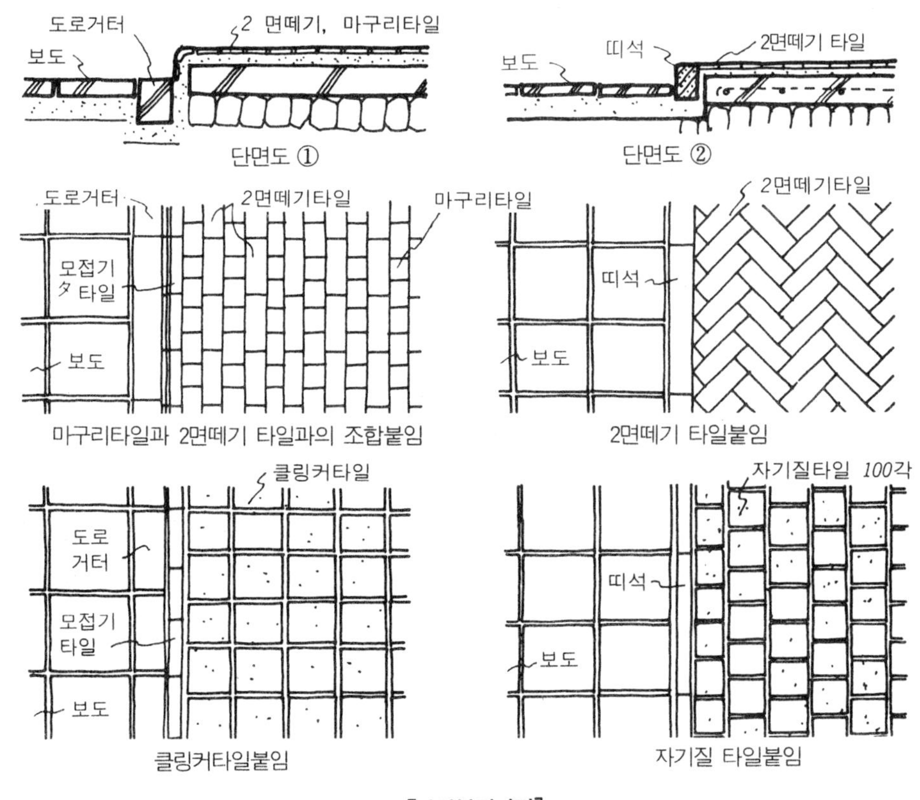

[타일붙임마감]

벽단, 테라스의 마무림

벽단은 건축물의 외벽 각부와 그 주위를 보호하기 위해 외벽을 따라 지반면을 돌 붙임, 모르타르 바름 또는 자갈 깔기한 부분을 일컫고 일반적으로는 에이프런이라고도 일컫는다.

테라스는 건축물에 접하고 뜰로 내민 노대를 말한다. 모두가 한쪽을 건축물에 접하고 다른 쪽은 도로, 화단, 연못 등과 관계되므로 그 마무리 예를 표시해 둔다.

벽단과 도로와의 관계

예 1～예 4는 벽단을 돌붙임 마무리한 예이다. 돌 붙임은 돌 배분도에 따라서 정형 가공하고, 표면을 갈기 또는 잔다듬 마무리한 것을 붙인다.

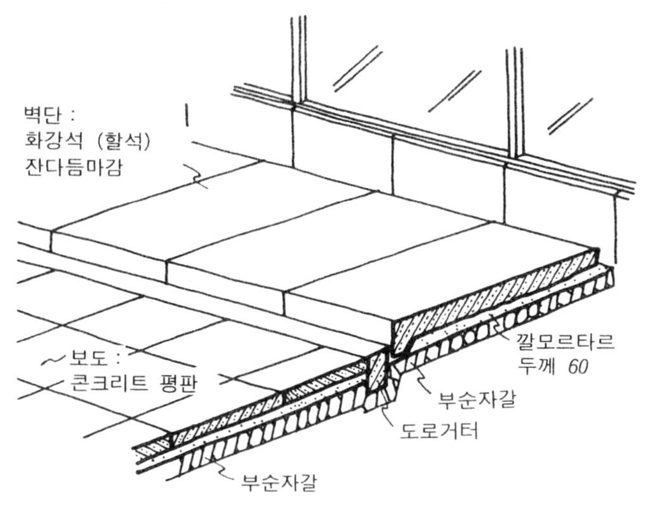

1

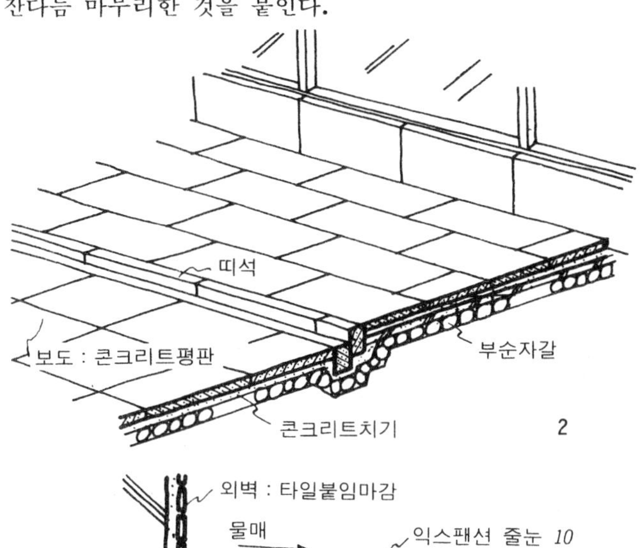

2

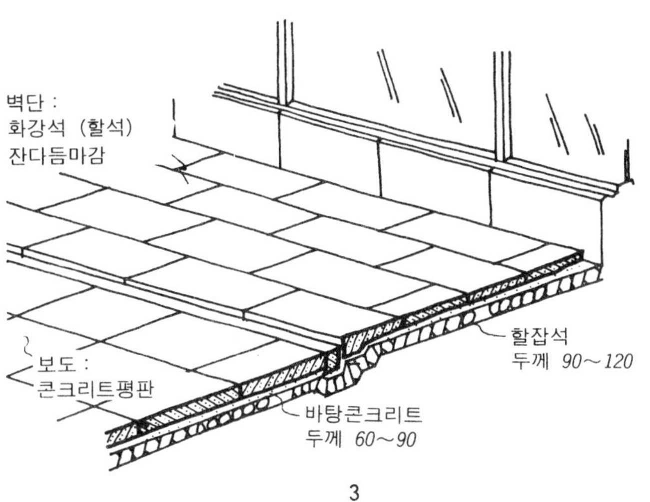

3

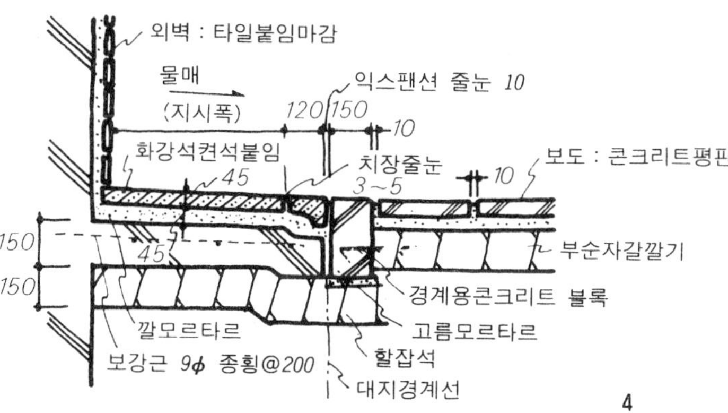

4

예 1은 벽단과 노면과의 단차가 큰 경우로 석재도 두꺼운 판을 사용한 예가 있지만, 최근에는 석재의 입수 곤란도 있고, 예 2와 같이 띠석(같은 석재)을 놓고 처리한 예가 많다. 예 3은 단차가 적은 경우의 예이다. 붙이는 법은 깬 잡석을 세워서 붙이고(4～12cm) 다짐 한 다음 바탕 콘크리트를 타설(6～9cm) 깔기 모르타르 위에 침줄눈(너비 3～6mm)로 하여 붙여 나간다.

예 4는 외벽을 타일 붙임 한 경우의 벽단의 마무리를 표시한 것이나 이 경우는 외벽의 타일 붙임의 아래 2단은 벽단 바닥을 마무리한 다음 타일을 줄눈에 맞춰서 붙이면 된다.

예 5는 모르타르 바름 벽단의 예이나, 모르타르는 도시한 바와 같이 지반면 아래까지 발라내려 수평 물매를 충분히 잡는다. 예 6은 자갈 깔기(자갈 두께 10～15cm) 마무리한 벽단의 예이다.

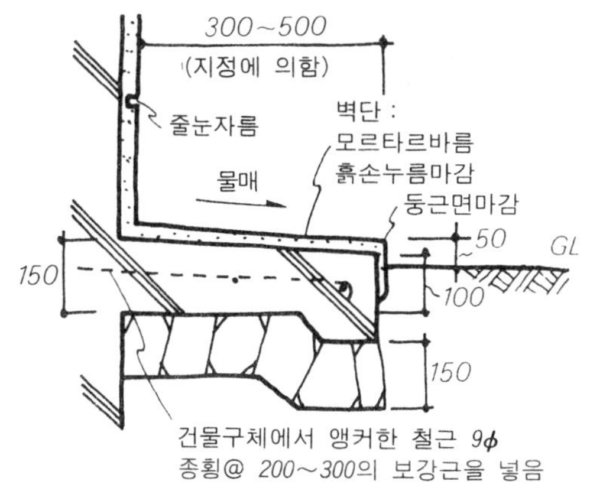

5

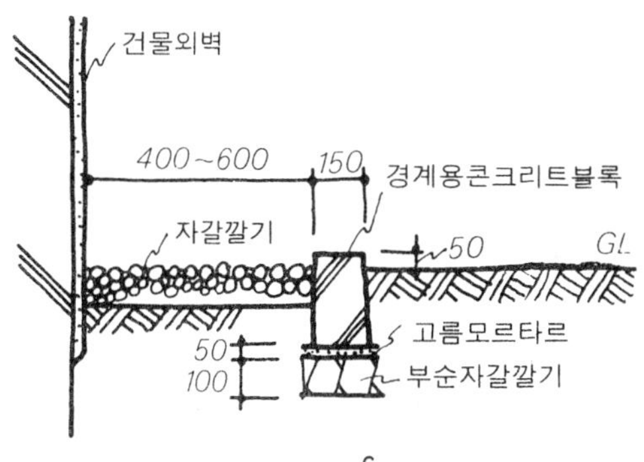

6

벽단, 테라스의 아무림

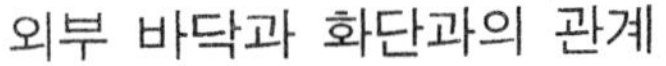

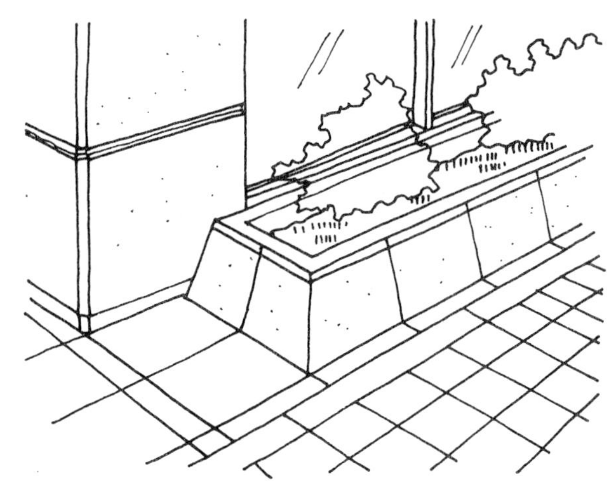

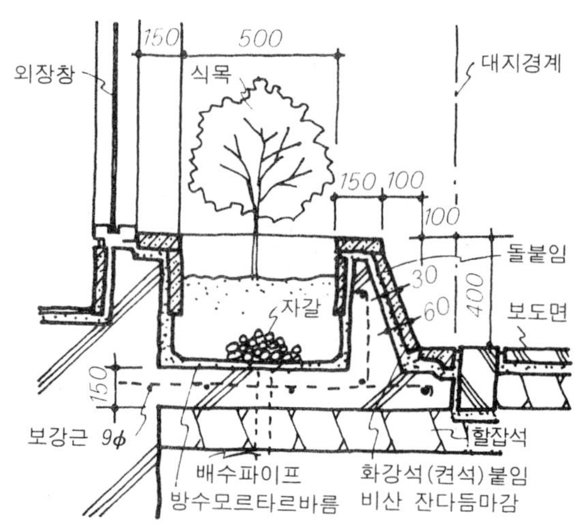

1

예 1은 시가지의 오피스 빌딩 등으로 볼 수 있는 에이프런 부분을 화단으로 한 예이다. 그다지 크지 않는 수목을 심는 예가 많지만, 화단 바닥에는 도시한 바와 같이 배수구를 설치해서 흙이 흘러들어오지 않도록 자갈 등을 넣는다. 화단의 마무리는 건축물의 외부 마무리에 매치한 것으로 하나(화강암, 철평석, 모조석 등), 또는 타일(클링커 타일) 붙인 예가 많다.

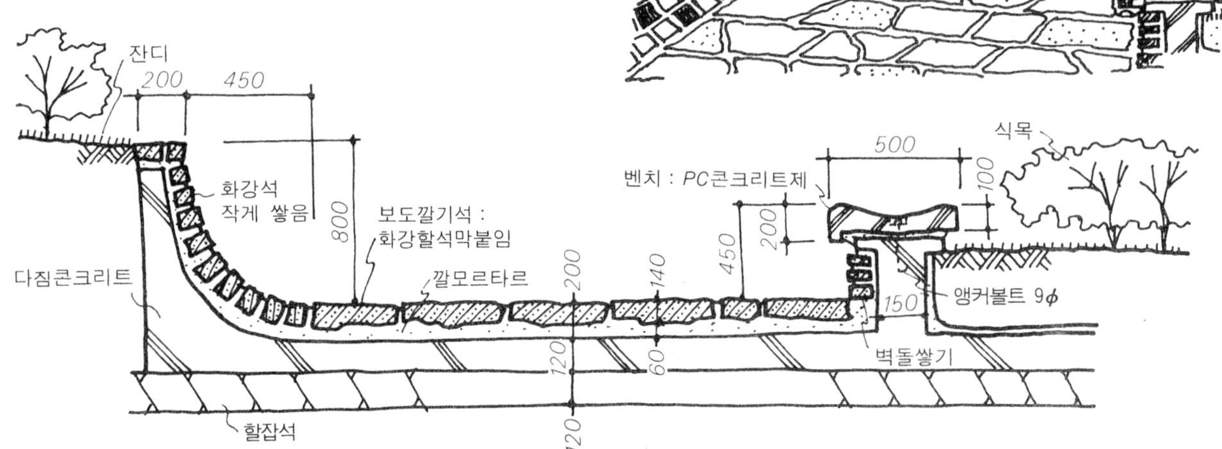

2

예 2, 예 3은 오히려 조경 공사에 속하는 예이나, 구내 통로와 뜰과의 관계를 표시한 것이다.

예 2는 단차가 있는 부지 내에 도로를 통한 경우의 예이며, 높은 뜰 쪽은 흙막이를 겸해서 곡선 마무리한 낮은 뜰 쪽의 간막이를 겸해서 벤치로 한 것이다.

예 3은 통로와 부지면과의 고저차가 있는 경우 단조로운 흙막이 옹벽에서는 의장적으로 좋지 않으므로 그 경계를 화단으로 해서 안정시킨 예이다. 이 경우에는 예 1과 같은 배수구를 설치해 줄 필요가 있다.

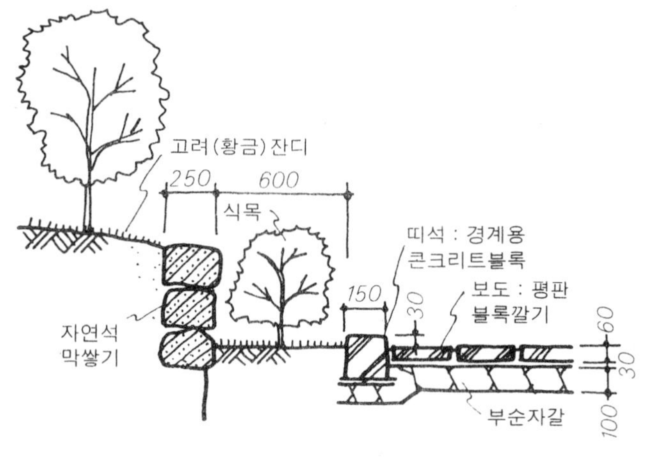

3

벽단, 테라스의 아무림

외부 바닥과 연못의 관계

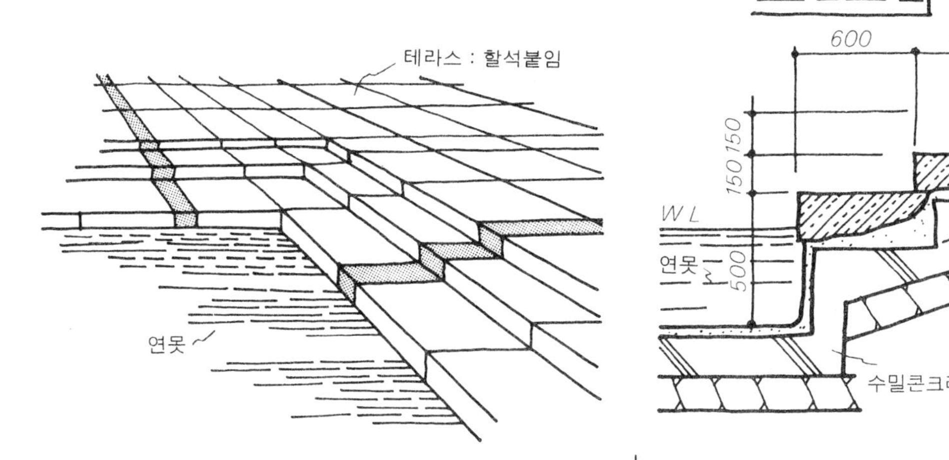

1

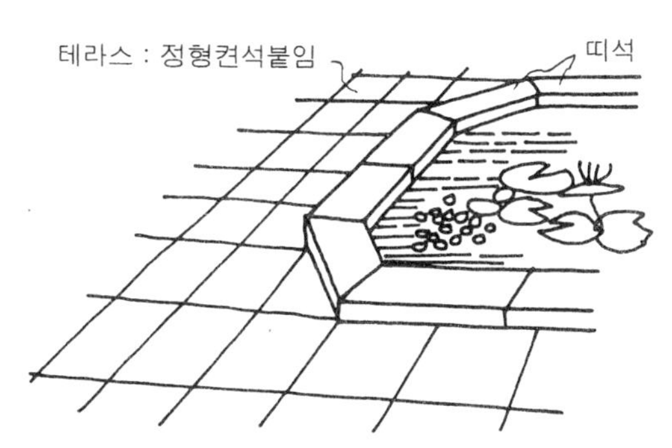

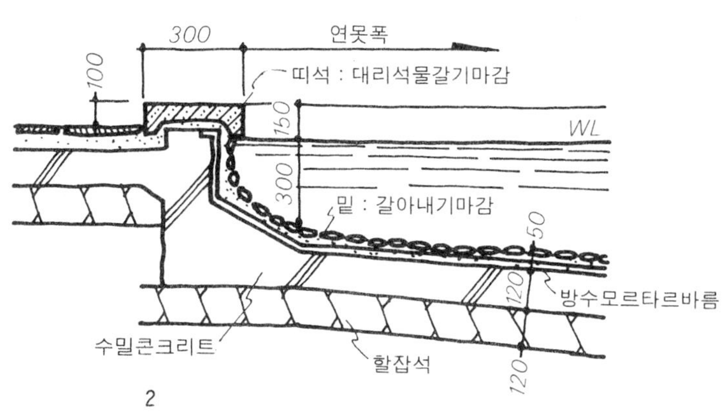

2

건축물의 현관 앞에 연못, 풀을 설치, 분수를 곁들인 디자인 예는 많지만, 이것도 조경 공사에 속하는 것이다. 양식의 건축에서는 테라스의 연장으로 연못을 설치, 흙을 노출시키지 않고, 연못도 직선적인 형상(직사각형, 육각형 등) 또는 원형이 많다.

예 1은 풀 형식의 연못으로서 석단을 곁들인 예이며, 연못의 측벽 바닥은 모르타르 바름 마무리한 것이다. 도시하지 않았지만 연못의 바닥은 물 바꿈을 하기 위해 배수구를 설치 배수를 위한 수평 물매를 둔다. 더욱 바탕 콘크리트에서는 연못의 크기, 깊이에 따라서는 철근을 넣어 균열 방지를 도모하는 동시에 방수층을 실시할 경우도 있다.

예 2는 8각형의 연못 예로 띠석에는 대리석을 붙이고, 연못 바닥은 나지석 씻기 마무리로 한 것으로 얕은 연못에서 바닥이 아름답게 보이도록 연구한 예이다.

예 3은 자연 연못으로 콘크리트계의 수조의 측벽에 자연석(막돌)을 쌓아 풍정을 지니게 한 것이다. 연못 주변에는 수목, 화초 등을 심어서 마무리한다.

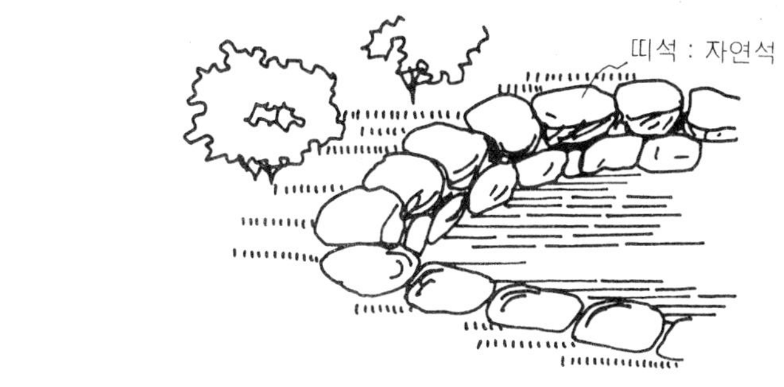

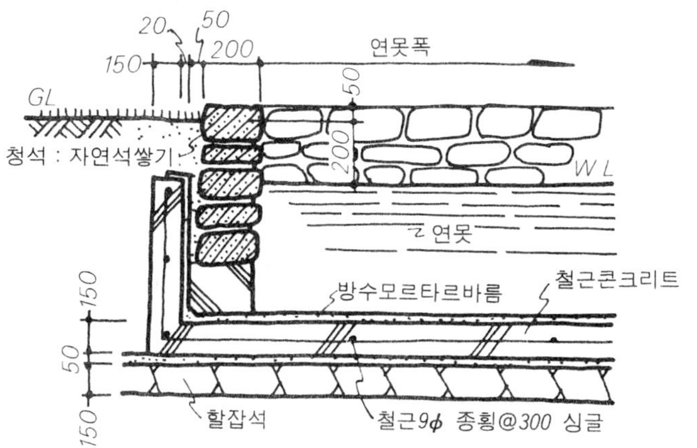

3

구내통로의 로면 마감

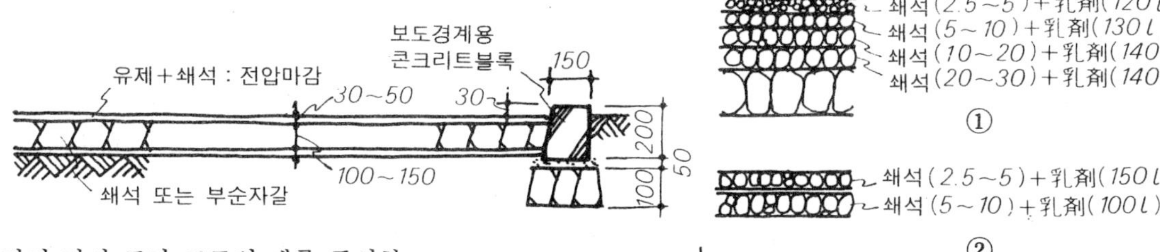

1

보도의 상세

예 1은 아스팔트 깔기 간이 포장 도로의 예를 표시한 것이다. 이것은 도로로서 정지한 노면상에 아스팔트 유제를 살포하여 그 위에 깬돌을 깔아 롤러(전압력 5~15t)으로 전압해서 마무리한다. 참고도 ①, ②에 표시한 것처럼 필요에 따라서 다층의 포장을 하여 견고하게 마무리한다.

V자누름 줄눈 / @ 2000 이하 / 신축줄눈 : 삼나무널 두께9 / 30 / 150 / 200 / 100~150 / 100 / 50 / 100 / 쇄석 또는 부순자갈 / 무근콘크리트 / 익스팬션 조인트

2

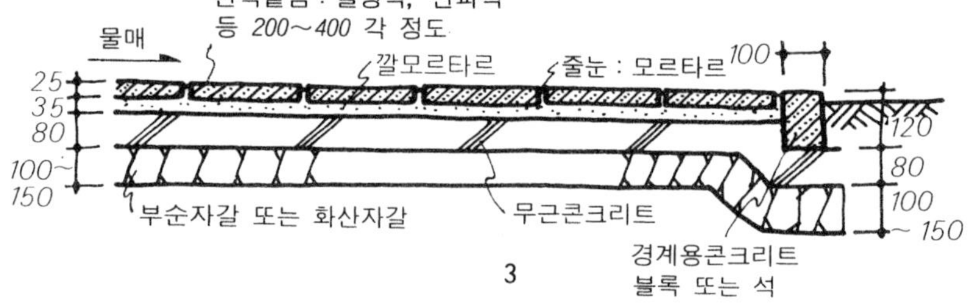

3

줄눈 : 흙 25~40 정도로 불규칙(잔디 등을 심은 경우도 있음) / 할판석 : 화강석, 청석, 단파석 등 / 50~100 / 50 / 100~150 / 깔흙 / 부순자갈 또는 화산자갈

4

물매 / 10 / 줄눈 : 잠김줄눈 / 깔모르타르 / 벽돌평깔기(100×210×60) / 벽돌 작게쌓음 / 60 / 30 / 75 / 100 / 100 / 75 / 100 / 부순자갈 또는 화산자갈 / 무근콘크리트

5

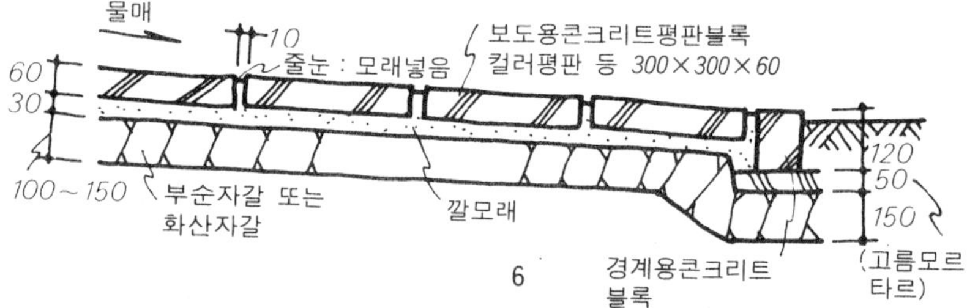

6

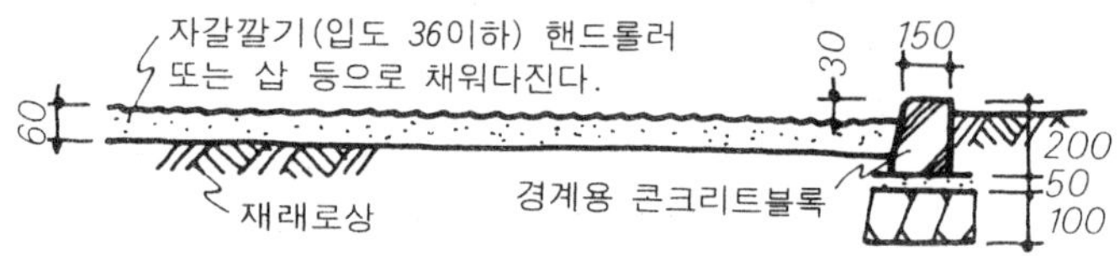

7

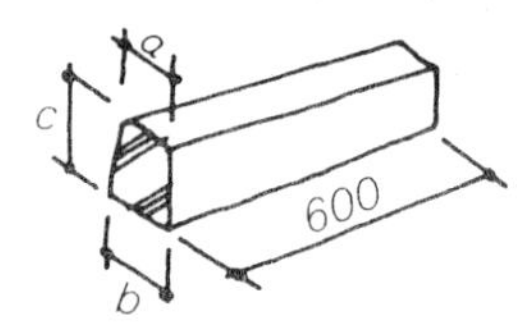

[경계용 콘크리트 블록]

	a	b	c
A종	150	170	200
B종	180	205	250
C종	180	210	300

예 2는 콘크리트 포장도(무근, 제자리 붓기)의 예를 표시한 것이다. 바탕은 깬돌을 깔고 충분히 다진 다음 콘크리트 타설하고, 노면은 솔질 등을 해서 거친 면으로 마무리한다. 신축 줄눈으로서 15m² 단위로 펠판(삼나무재)을 넣어준다.

예 3은 판석 깔기의 포도의 예이다. 노반상에 혼합 자갈(두께 100~150)을 깔아서 다진 다음 콘크리트를 타설한 후 모르타르를 사용하여 판석을 붙인다. 줄눈(폭 6~15)은 침줄눈으로 한다. 예 4는 깬돌을 거칠게 붙인 경우의 예이다.

예 5는 벽돌 깔기 포도의 예이나 바탕 구성은 판석 깔기와 같이(치수는 예도를 참조)한다. 벽돌을 깔아 줄 때는 벽돌을 충분히 습윤시켜 둔다. 줄눈은 너비 10mm 정도의 침줄눈으로 하나, 과소벽돌을 사용하는 경우는 벽돌에 굽힘이 있으므로 줄눈폭을 약간 넓게 한다.

예 6은 콘크리트 블록(300×300×60의 평판) 깔기의 예이다. 깔기 방법은 예 3과 같이 콘크리트 바탕 위에 붙이는 방법과 도시한 바와 같이 혼합 자갈을 다져서 모래를 깔은 다음 블록을 치면서 깔아주는 방법이 있다. 이 경우의 줄눈은 너비 10mm로 하고, 모르타르를 묻어서 침줄눈으로 한다.

예 7은 자갈 깔기 포장의 예이다. 자갈의 입도는 25mm 이하로 하고, 너무 두꺼워지지 않도록 깔아둔다.

구내통로의 로면 마감

차도의 상세

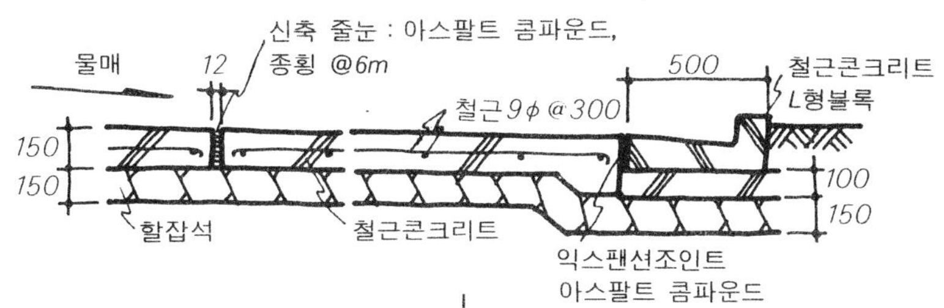

신축 줄눈 : 아스팔트 콤파운드,
종횡 @6m
물매
12
500
철근콘크리트
L형블록
철근9φ@300
150
150
100
150
할잡석
철근콘크리트
익스팬션조인트
아스팔트 콤파운드
1

200
150
50
카스토퍼 : PC
콘크리트제(l=600)
철근 6φ
옥외주차장바닥 :
아스팔트, 모르타르마감
30
180
100~150
150
콘크리트바닥
보강근 종횡
9φ@300
할잡석
접착제로 붙임
3

신축줄눈 : 아스팔트 콤파운드,
종횡@6m
12
30
GL
150
150
와이어 메시 #8100m눈
측홈을 두는
경우도 있다.
2

차도 및 주차장 등, 중량차 등의 통행이 빈번한 통로는 철근을 넣어 하중에 견딜 수 있도록 한다. 로면은 콘크리트 탬핑, 솔질 마무리 또는 아스팔트 모르타르 바름 마감한다. 예 3은 차막이 띠석(콘크리트 블록) 아무림 예를 나타낸 것이다.

측구의 마무리

측구로서는 일반적으로 기제품의 U자홈, L형홈이 사용되나 설치에 있어서는 U자홈, 늘 벽단 또는 노면보다도 낮아지도록 설치한다. 단차가 잡히지 않는 경우는 노면의 수평 물매에 따라서 처리해도 된다. 더욱 배수관은 U자홈의 깊이의 절반 이상의 높이로 설치할 것.

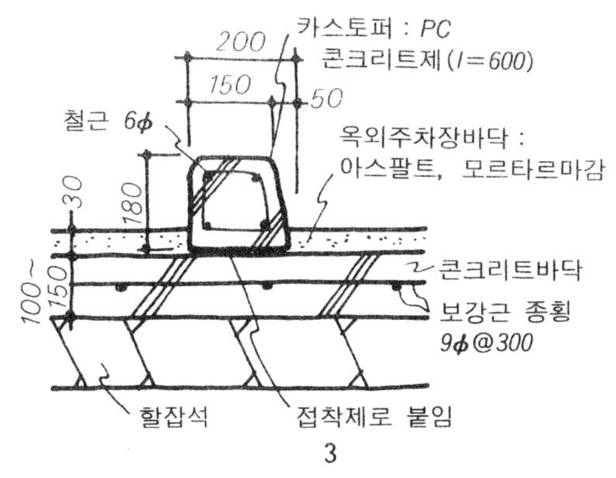

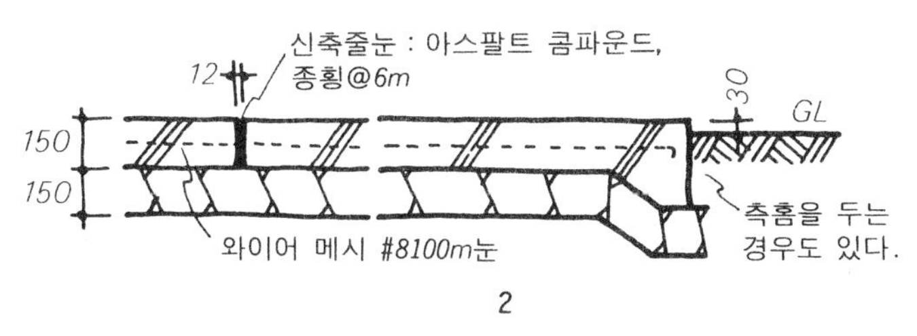

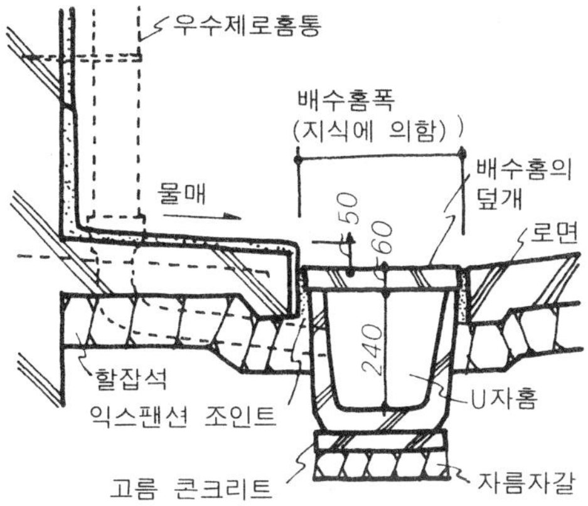

우수제로홈통
배수홈폭
(지식에 의함)
물매
배수홈의
덮개
로면
50
60
240
할잡석
익스팬션 조인트
U자홈
고름 콘크리트
자름자갈

a
b
c
600

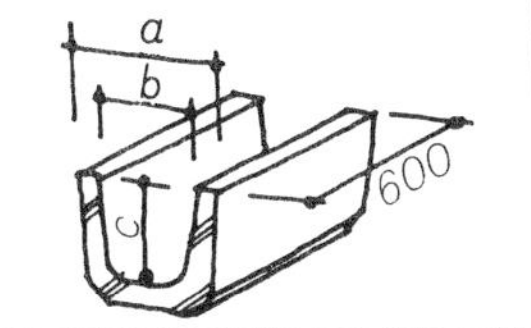

호칭 치수	a	b	c
240	330	240	240
300	400	300	240
360	460	360	300

1

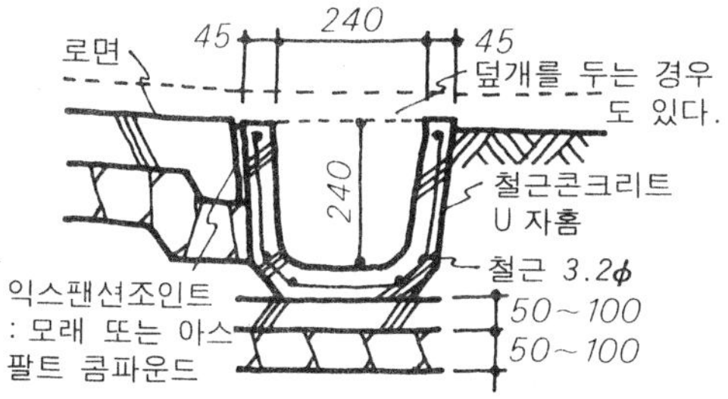

로면
45
240
45
덮개를 두는 경우
도 있다.
240
철근콘크리트
U 자홈
철근 3.2φ
익스팬션조인트
: 모래 또는 아스
팔트 콤파운드
50~100
50~100
2

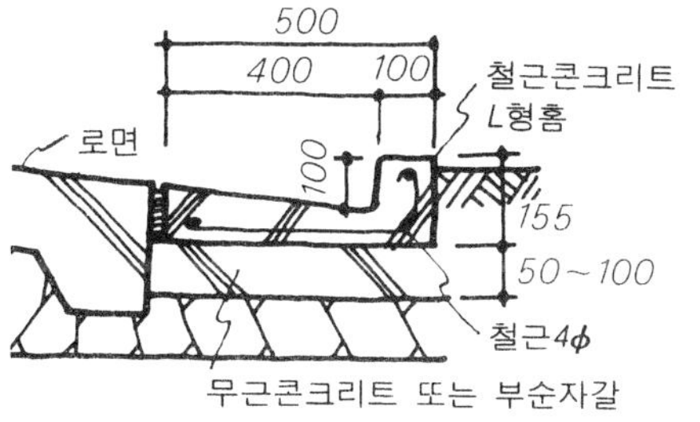

500
400
100
철근콘크리트
L형홈
로면
100
155
50~100
철근4φ
무근콘크리트 또는 부순자갈
3

b
c
600
a

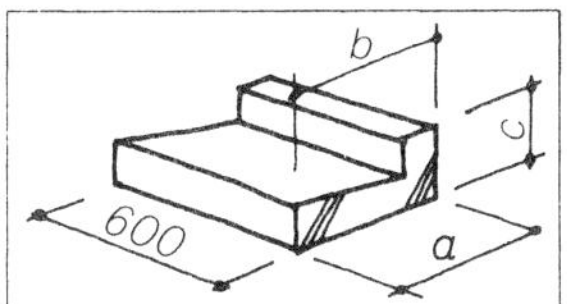

호칭 치수	a	b	c
250	350	250	15.5
300	500	400	15.5
350	550	450	15.5

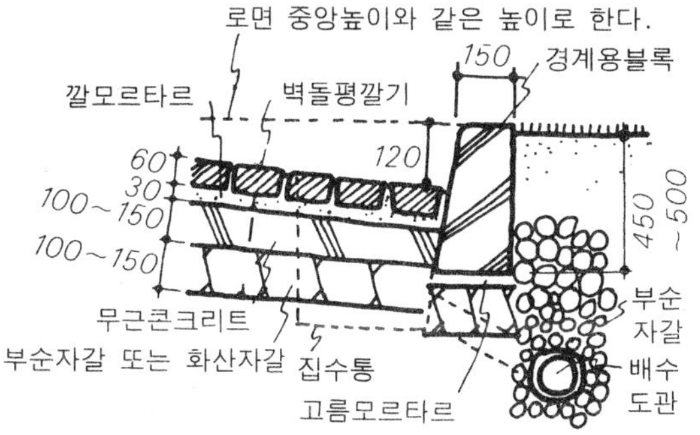

로면 중앙높이와 같은 높이로 한다.
150
경계용블록
깔모르타르
벽돌평깔기
120
60
30
100~150
100~150
450~500
무근콘크리트
부순
자갈
부순자갈 또는 화산자갈
집수통
배수
도관
고름모르타르
4

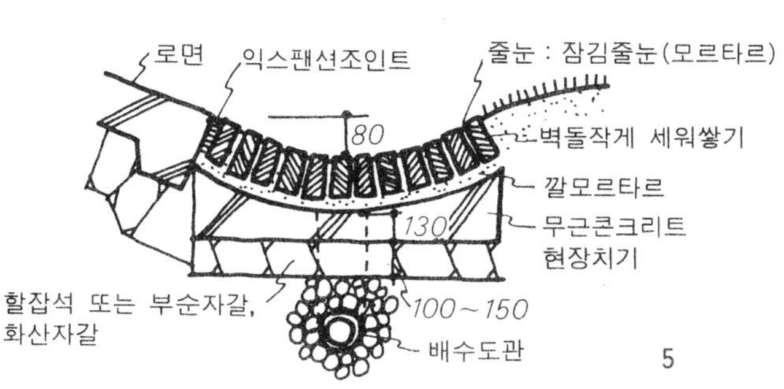

로면
익스팬션조인트
줄눈 : 잠김줄눈(모르타르)
80
벽돌작게 세워쌓기
깔모르타르
130
무근콘크리트
현장치기
할잡석 또는 부순자갈,
화산자갈
100~150
배수도관
5

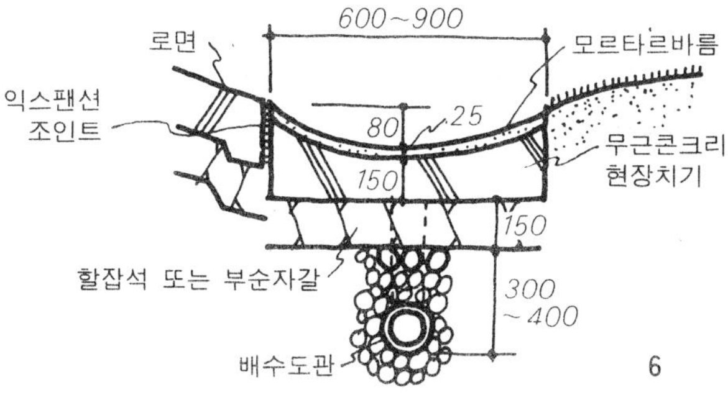

600~900
로면
모르타르바름
익스팬션
조인트
80
25
150
무근콘크리트
현장치기
150
할잡석 또는 부순자갈
300
~400
배수도관
6

각종 바닥 단면 상세 예

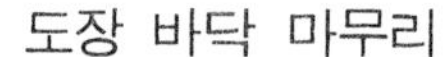

도장 바닥 마무리

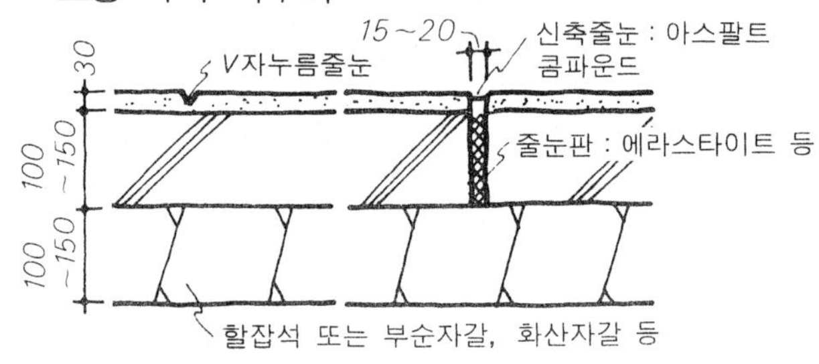

[모르타르 바름]

재 종	시 공 의 요 령
시멘트, 안료, 혼합제, 모래	표면은 흙칼 마무리한다. 줄눈내기 마무리와 줄눈대 넣기 마무리가 있다. 바탕과 분리되지 않도록 바탕을 충분히 청소하고 습윤된 다음 바른다. 바름 두께가 3cm 이상의 경우에는 2회로 나눠 바른다.

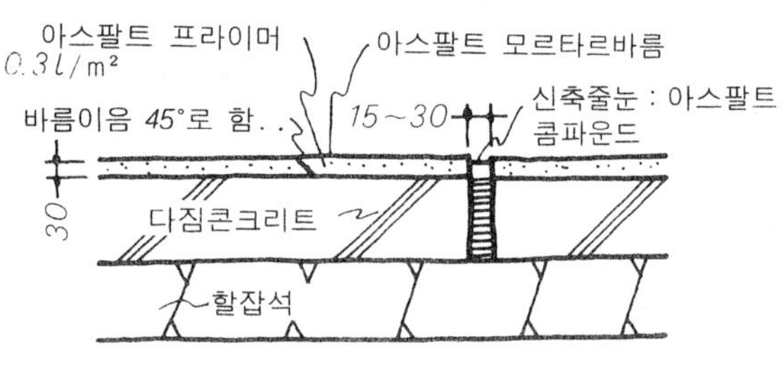

[아스팔트 모르타르 바름]

재 종	시 공 의 요 령
아스팔트, 깬돌, 모래, 석분(9~5mm)	아스팔트 모르타르는 아스팔트 10~15%, 모래 45~50%, 깬돌 25~30%, 석분 10~15%의 중량비로 배합하고, 바탕 콘크리트를 고르게 깔아 롤러로 전압해서 표면을 마무리한다. 바름 이음은 45% 물매로 해서 이어 바른다.

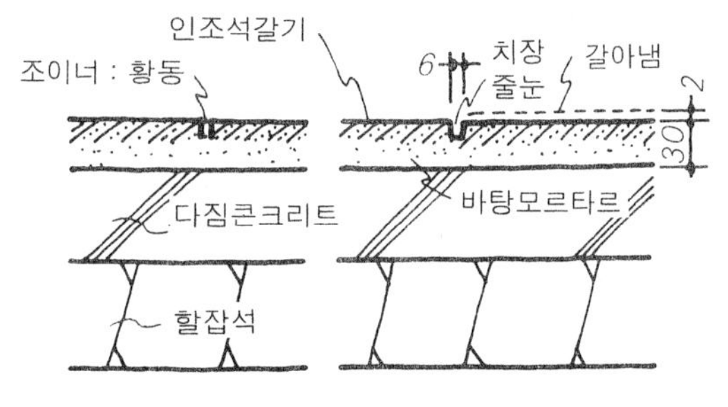

[인조석 갈기]

재 종	시 공 의 요 령
보통 사용되고 있는 종석으로서는 한수석, 사문서구 다소와 탐설, 백룡 등으로 입도는1.5~5mm로 한다. 시멘트(보통, 백색) 안료	종석에 적합한 착색 모르타르를 사용해서 종석을 발라 2~3일 방치한 다음 거친 갈기, 재벌갈기, 정벌 갈기로 하여, 추산으로 제물을 제거해서 왁스를 발라 버프로 연마해 준다.

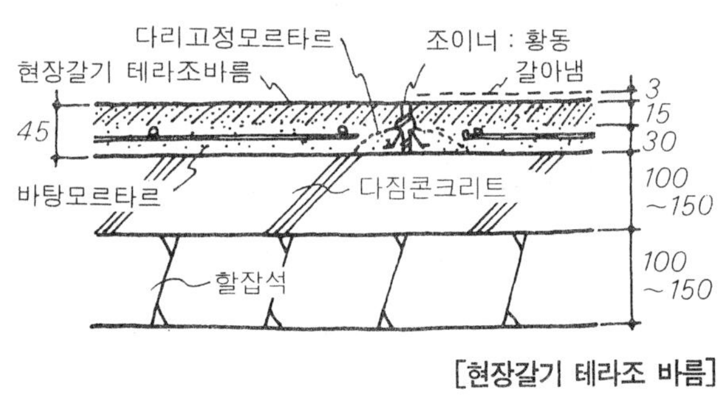

[현장갈기 테라조 바름]

재 종	시 공 의 요 령
대리석입, 화강암입을 사용하고 입도는 3~12mm로 한다.	바탕 콘크리트에 방수재를 넣어 균열 방지의 줄눈을 넣을 경우도 있다. 줄눈대는 바탕 모르타르에 고정시켜 발라준다. 바름 7일 후에 기계 갈기 해서 정벌 갈기 후 취산으로 제물을 제거 광내기분을 사용하여 표면을 버프 갈기 해서 마무리한다.

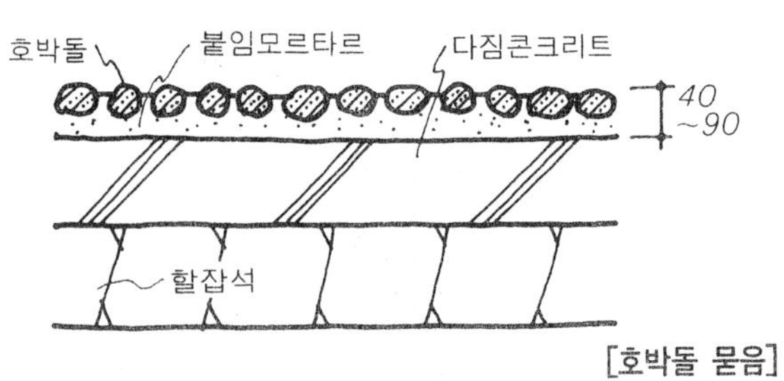

[호박돌 묻음]

<table>
<tr><th colspan="4">재 종 및 치 수</th><th>시 공 의 요 령</th></tr>
<tr><td colspan="4">거친 옥석(5색석, 나지석, 큰자갈)</td><td rowspan="5">붙임 모르타르를 평탄하게 마무리해서 세정한 옥석을 묻는 것처럼 해서 붙인다. 붙임 모르타르도 사용하는 돌에 의해 착색(흑, 차, 녹)한다.</td></tr>
<tr><td>크 기</td><td>마감두께</td><td>크 기</td><td>마감두께</td></tr>
<tr><td>20</td><td>35 이상</td><td>45</td><td>60 이상</td></tr>
<tr><td>25</td><td>45 이상</td><td>60</td><td>75 이상</td></tr>
<tr><td>30</td><td>45 이상</td><td>—</td><td>—</td></tr>
</table>

각종 바닥 단면 상세 예

붙임 바닥 마무리(1)

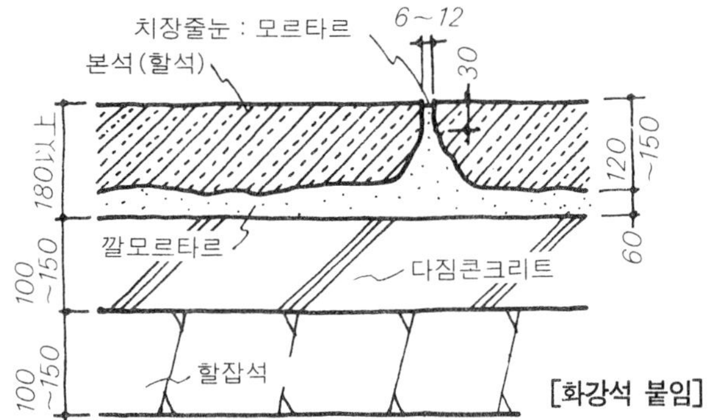

[화강석 붙임]

재 종 및 치 수	시 공 의 요 령
재종 ; 화강암(화강암, 부철, 만성석, 덕산석, 택입석 등) 치수 ; 500×900 600×800	돌의 마무리는 잔다듬, 도드락다듬 등이 있고 깔기 모르타르에 돌을 놓고 줄눈에서 주입 모르타르를 흘린다. 줄눈폭은 6mm 정도로 하고, 침줄눈 마무리로 한다.

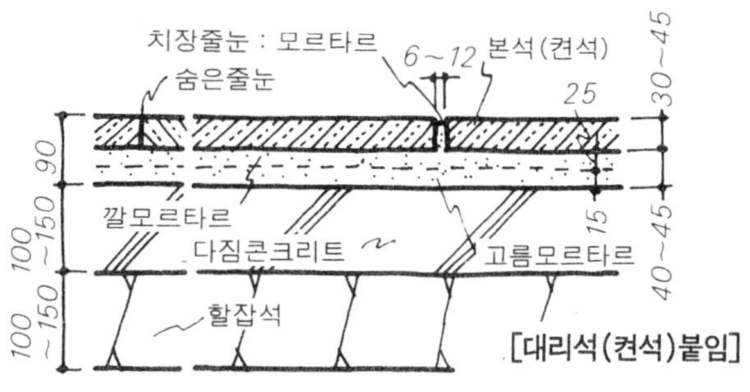

[대리석(견석)붙임]

재 종 및 치 수	시 공 의 요 령
재종 ; 트래버틴, 오닉스, 한수, 사문, 화강암, 그 밖의 자연석 치수 ; 보행 바닥의 경우는 500×500mm 정도	돌 붙임에 있어서 돌 뒷면에 깔아 모르타르를 끼워넣어 붙인다. 백색계의 돌을 붙이는 경우는 돌 뒷면에 아스팔트 프라이머 또는 내알칼리 도료를 도포해서 제물막이 처리할 필요가 있다.

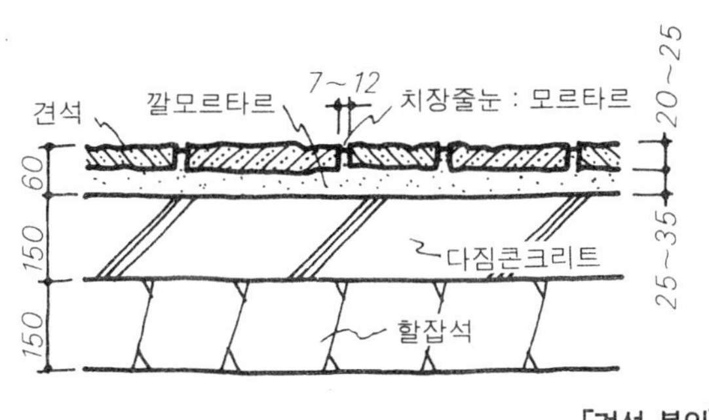

[견석 붙임]

재 종 및 치 수	시 공 의 요 령
재종 ; 철평석, 단파석, 현창석, 근부천석 치수 ; 철평석(150~400mm), 방형난행(150mm). 현창석(300×400mm), 방형 난행, 근부 천석 (200×400mm) 난형 돌 두께는 나눠 사용했기 때문에 통일이 안 되었으나 15~30mm 정도	돌을 붙이는 법은 사용하는 돌에 의해 방형 붙임, 난형 붙임이 있다. 줄눈은 잠김 줄눈 마무리로 하고 줄눈폭은 10~15mm로 한다. 붙인 다음 2~3일 보행을 중지해서 보양시킨다.

[테라조 블록붙임]

재 종 및 치 수	시 공 의 요 령
재종 ; 12mm 이하의 대리석의 입에 의해 만든 테라조 블록. 치수 ; 400×400	바탕을 충분히 청소하고 습윤시킨 다음 깔기 모르타르를 깔고, 블록을 누르면서 평활하게 붙인다. 줄눈은 일반적으로 맞댐 마무리한다.

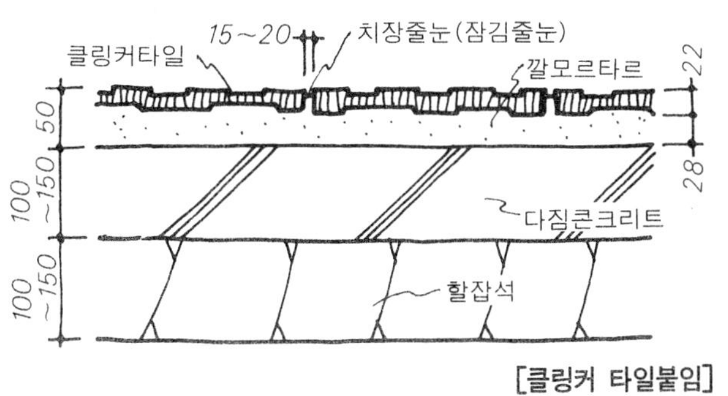

[클링커 타일붙임]

재 종 및 치 수	시 공 의 요 령
재종 ; 유약 타일, 무유 타일 치수 ; 180×180×12	붙이는 법은 통줄눈으로 하는 것이 보통이며 줄눈폭은 10~20mm 정도로 하고 줄눈은 잠김줄눈 마무리로 한다. 붙이고 나서는 표면의 오염을 막는 보양을 할 필요가 있다.

각종 바닥 단면 상세 예

붙임 바닥 마무리(2)

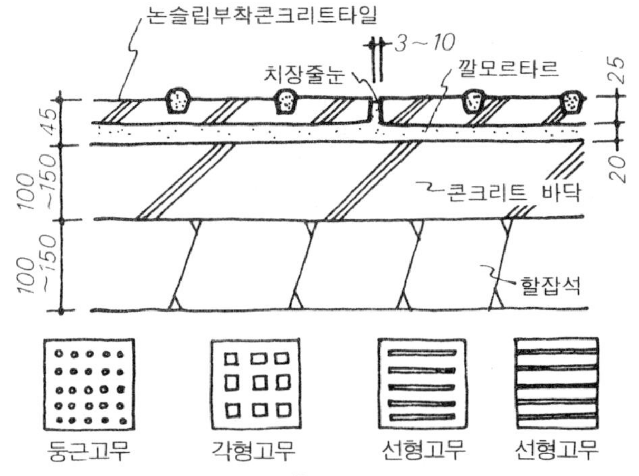

[콘크리트 타일(논슬립부착) 붙임]

재 종 및 치 수	시 공 의 요 령
재종 ; 콘크리트 타일(논슬립 붙임) 치수 ; 300×300×25 330×330×25	바탕 콘크리트 청소, 습윤시켜 깔 모르타르를 고른 후 콘크리트, 타일판을 누른 다음 붙여 나간다. 줄눈폭은 3~10mm 정도로 하고, 잠김 줄눈 마무리로 한다. 이것은 경사로의 마무리에 사용된다.

깔바닥마감

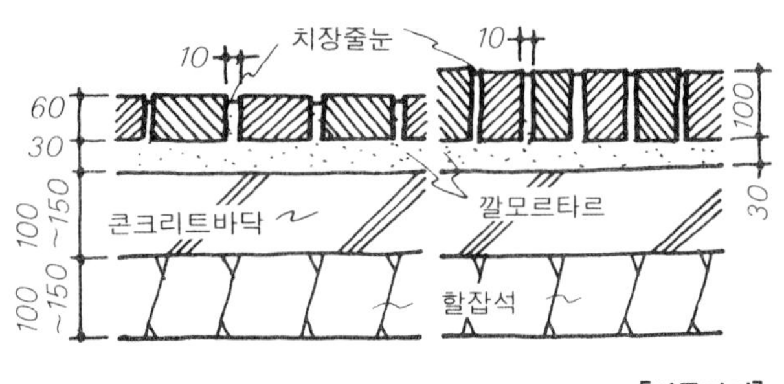

[벽돌깔기]

재 종 및 치 수	시 공 의 요 령
재종 ; 초벌구이, 재벌구이, 과소 치수 ; 210×100×60	벽돌을 까는 법은 펴깔기로 세워 깔기가 있다. 벽돌을 깔아 줄 때는 벽돌을 잘 적셔서 바탕 모르타르를 치면서 깔아 괴고 붙인다. 세워 깔 때는 정착이 나쁘므로 줄눈 모르타르를 주입해서 줄눈길에 주의한다. 줄눈 너비는 10mm 정도로 한다.

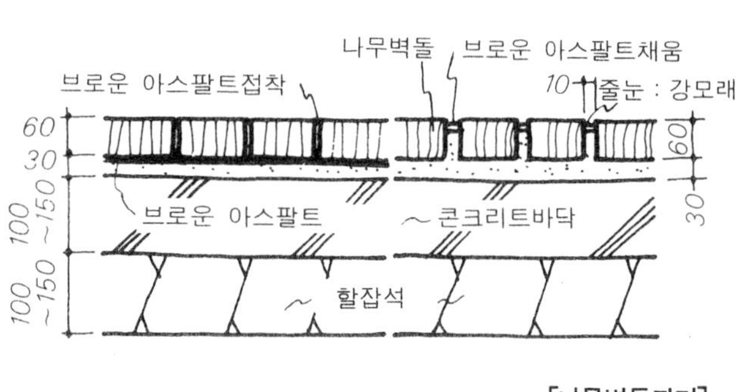

[나무벽돌깔기]

재 종 및 치 수	시 공 의 요 령
재종 ; 노송나무, 솔송나무 형상 ; 원, 각 치수 ; 각 120×120×60 100×100×60 90× 90×60 원 100 ϕ, 90 ϕ	바탕 모르타르에 브로운 아스팔트를 깔고 접착시켜 줄눈도 블론 아스팔트를 매립해서 붙여 나간다. 각형 나무 벽돌의 경우의 줄눈은 통줄눈으로 하는 것이 보통이며 줄눈폭은 10mm로 하고 강모래를 줄눈에 채워 넣어 마무리한다.

[콘크리트 블록 쌓기]

재 종 및 치 수	시 공 의 요 령
재종 ; 콘크리트 평판, 보도용 컬러 평판(적, 황, 녹) 치수 ; 콘크리트 평판의 경우 300×300×60 330×330×60 컬러 평판의 경우 300×300×60 360×360×60	깔기 모르타르를 20mm 두께로 깔아서 블록을 치면서 깔아넣고 또한 평활하게 붙여 나간다. 줄눈은 통줄눈 붙임으로 하고 10mm 정도의 잠김 줄눈 마무리로 한다.

제6장

내부 바닥마감

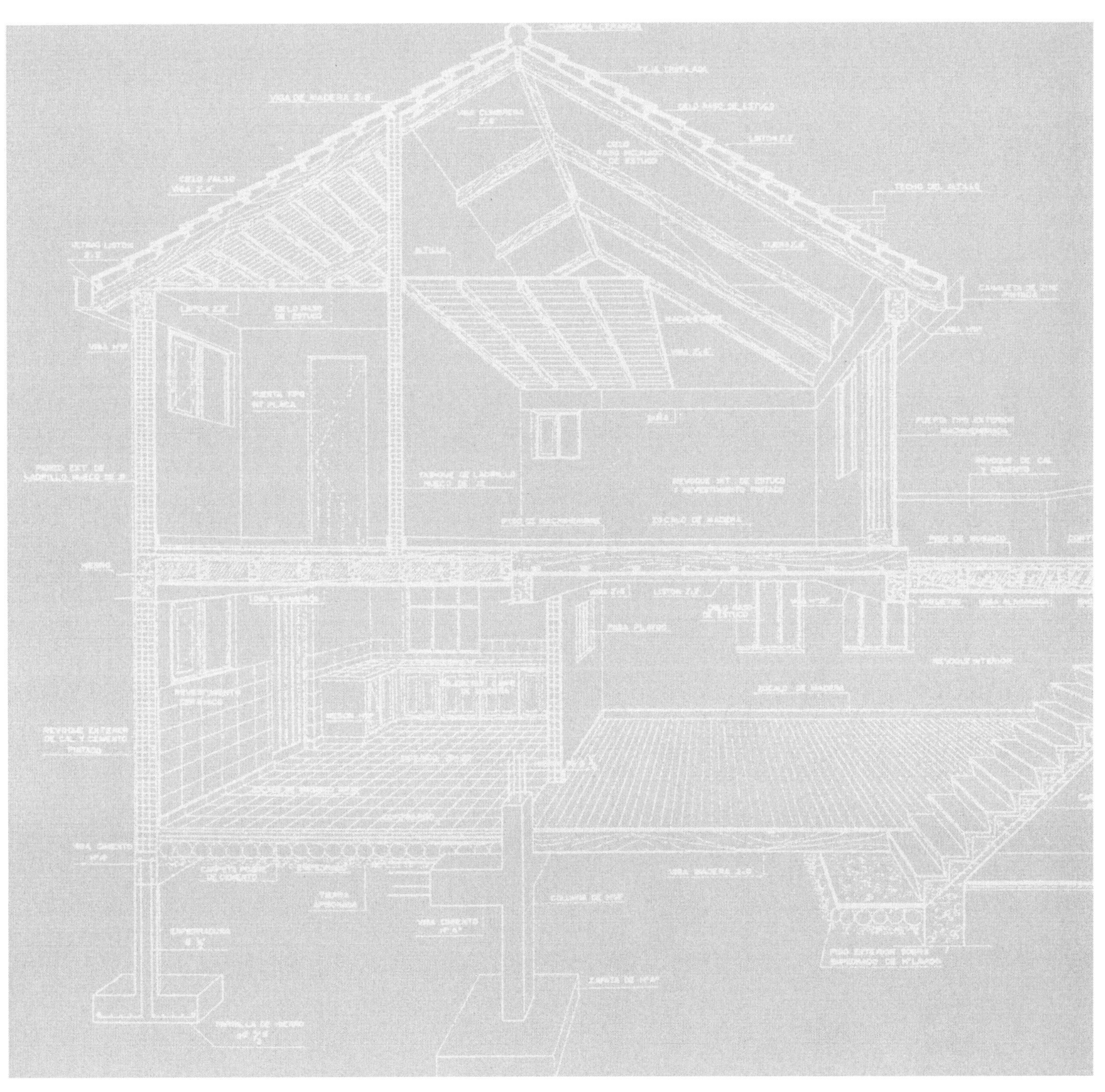

일반사항

옥내 바닥은 옥외 바닥만큼은 아니지만, 역시 각종 하중, 충격을 받아 사람의 움직임에 따라서 마모도 심하므로, 이들에 견딜 수 있을 만큼의 구조 및 마무리가 필요하다.

내부 바닥 마무리의 종류

내부 바닥의 일반적인 마무리 형식으로서는 바름 바닥, 타일 붙임 바닥, 벽돌 깔기 바닥, 돌 붙임 바닥, 융단 깔기 바닥, 널 붙임 바닥, 플라스틱 타일 붙임 바닥, 매트 깔기 바닥 등이다. 바닥은 용도에 따라 방음성, 방습성, 단열성, 보온성, 내수성, 내마모성 외에 내화성 등이 요구되므로 각 마무리재의 특성과 바닥면의 용도를 합해서 생각하고 기능적인 바닥 마무리를 하여야 한다.

[내부바닥의 의장 예(테라조바닥)]

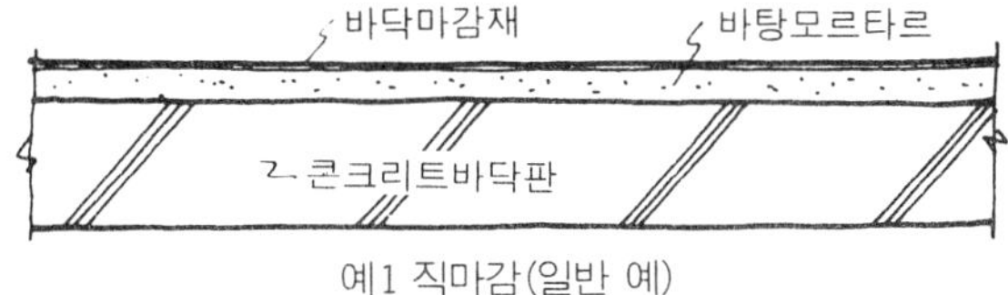

예1 직마감(일반 예)

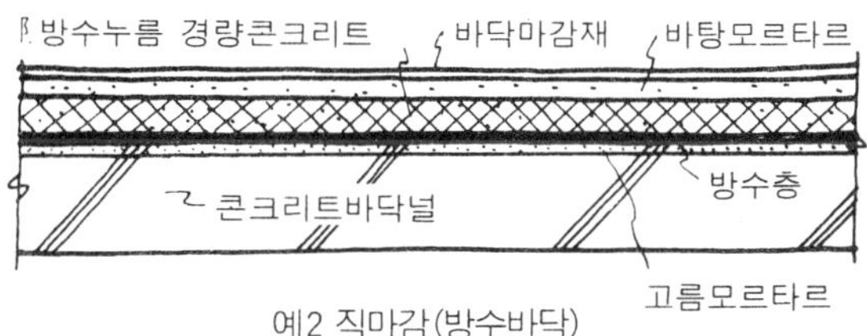

예2 직마감(방수바닥)

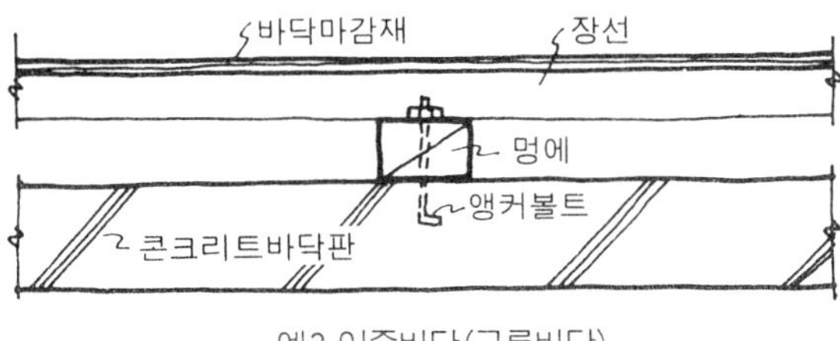

예3 이중바닥(구름바닥)

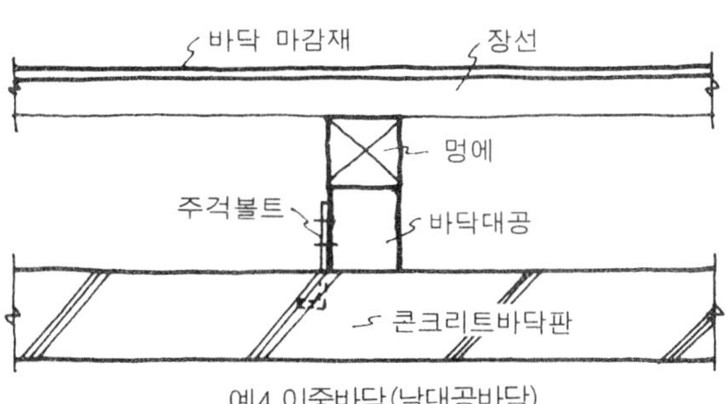

예4 이중바닥(날대공바닥)

[바닥바탕의 구성]

바닥 바탕의 구성

바닥 바탕의 구성은 마감재의 종류 및 요구되는 바닥의 적응성에 의해 달라지나, 대별하면 콘크리트 상판에 직접 마무리하는(직마무리) 경우와 콘크리트 상판 위에 틀마루(목조)를 가구해서 그 위에 마무리할 경우로 나눠진다.

예 1은 상판에 직마무리하는 경우의 예이며 오피스 빌딩의 거실이나 복도 바닥, 전시장 바닥 등의 가장 일반적인 바닥 구성을 나타낸 것이다. 마감재로서는 모르타르, 인조석 등의 바름 마무리 외로 판석, 타일, 플라스틱계 타일, 융단 등의 붙임재가 사용된다.

예 2는 같이 직마무리한 예이나 욕실, 화장실, 그 밖의 물 씻기를 필요로 하는 점포(생선 식품점 등)의 바닥 등은 방수 처리를 필요로 한다. 콘크리트 상판 위에 방수층을 시공하여 그 위에 경량 콘크리트를 치기 해서 방수층 보호 누름으로 하고, 다시 바탕 모르타를 깔아서 타일 등의 내수성이 있는 마감재를 붙이든지, 방수제가 섞인 모르타르를 발라 마무리하는 것이 보통이다.

예 3, 예 4는 틀마루 바탕의 예이다. 일반적으로 예 3에 표시하는 구름 바닥이 사용되나 바닥 높이를 크게 바꿀 필요가 있는 경우(단차 바닥 등)는 예 4의 동바리 바닥이 사용된다.

모두가 방습을 필요로 할 경우나 바닥 밑에 배관, 배선을 정리할 경우 또는 철근 콘크리트조 주택 등 용도상의 요구가 있는 경우에 한해서 사용된다.

마루틀의 시공에 있어서는 멍에(또는 바닥 동바리)는 앵커 볼트로 상판에 고정해서 멍에와 장선을 큰못으로 튼튼하게 고정시키지 말 것. 바닥이 들뜨든지 불쾌음을 만드는 원인이 되므로 주의해야 한다.

바름 마감

바름 바닥 마무리는 외부 바닥 마무리와 같이 모르타르 바름, 인조석 갈기 또는 씻어내기 마무리가 사용되고 그 마무리 요령은 공통한다. 의장 목적 및 균열 방지를 위해 2m 간격 정도로 줄눈을 넣지만 줄눈 나눔 요령도 외부 바닥의 항을 참조하면 된다.

벽 근처의 아무림

외부 바닥의 경우도 외벽과의 치장으로 굽걸레받이를 설치하나 내벽의 경우도 걸레받이를 사용해서 부분 처리를 특히 강조하는 경향이 있다.

예 1은 목제 걸레받이를 또 예 2는 테라조 블록 걸레받이, 예 3은 바닥, 걸레받이, 벽이 동재로 마무리되는 경우의 예를, 또 예 4는 기성 걸레받이의 설치 예를 표시한 것이다.

시공 순서로서는 예 4의 기성 걸레받이의 설치 이외는 모두 걸레받이를 설치해서 바닥 마무리하는 것이 상식으로 되어 있다. 예 4의 합성 수지제 걸레받이는 벽 마무리, 바닥 마무리 후 접착제로 붙인다.

방수 바닥의 마무리

옥내에서의 도장 마무리 바닥은 세면장, 화장실, 욕실, 온수실 등 물을 다루는 장소의 바닥 마무리로서 다용되고 있다. 따라서 바름 마무리 바닥은 방수 처리를 필요로 하는 경우가 많다.

방수층은 상판 위에 아프팔트 방수층을 설치, 방수층의 누름과 보호를 위해 경량 콘크리트를 타설하고, 그 위에 마무리 도장을 하나, 이 경우 바닥 배수를 위한 배수구와 수평 물매를 설치하는 것을 잊어서는 안 된다.

방수층의 치올림은 보통 30cm 정도로 되어 있지만, 화장실, 세면소는 그 이상, 욕실, 주방은 60cm 이상, 샤워실은 천장까지 올려줄 필요가 있다.

예 5~예 7은 이 방수층의 치올림을 표시한 것이나, 2실 이상으로 걸쳐서 연속해서 방수층을 설치할 경우는 예 8과 같이 간막이벽의 밑으로 통하는 것이 좋다. 이 경우의 간막이벽의 철근은 방수층의 관통을 피해서 누름 콘크리트 내에 묻어준다.

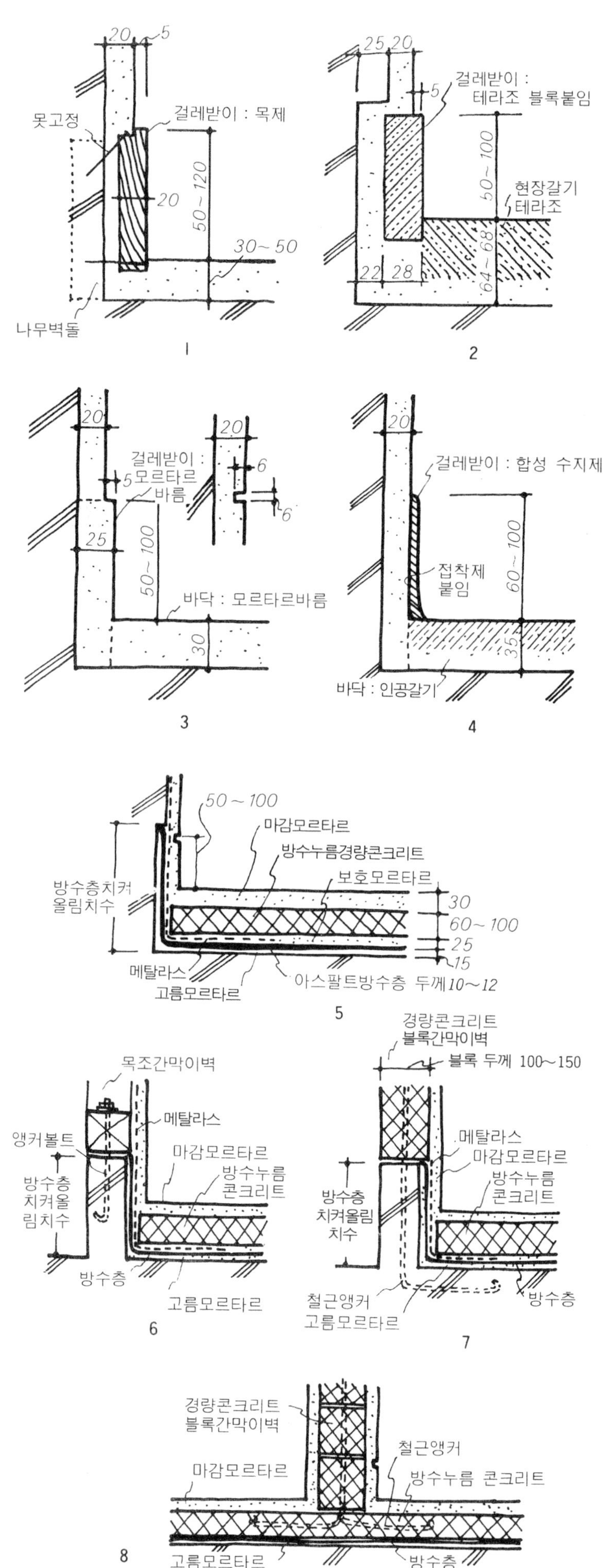

플라스틱계 타일붙임 마감

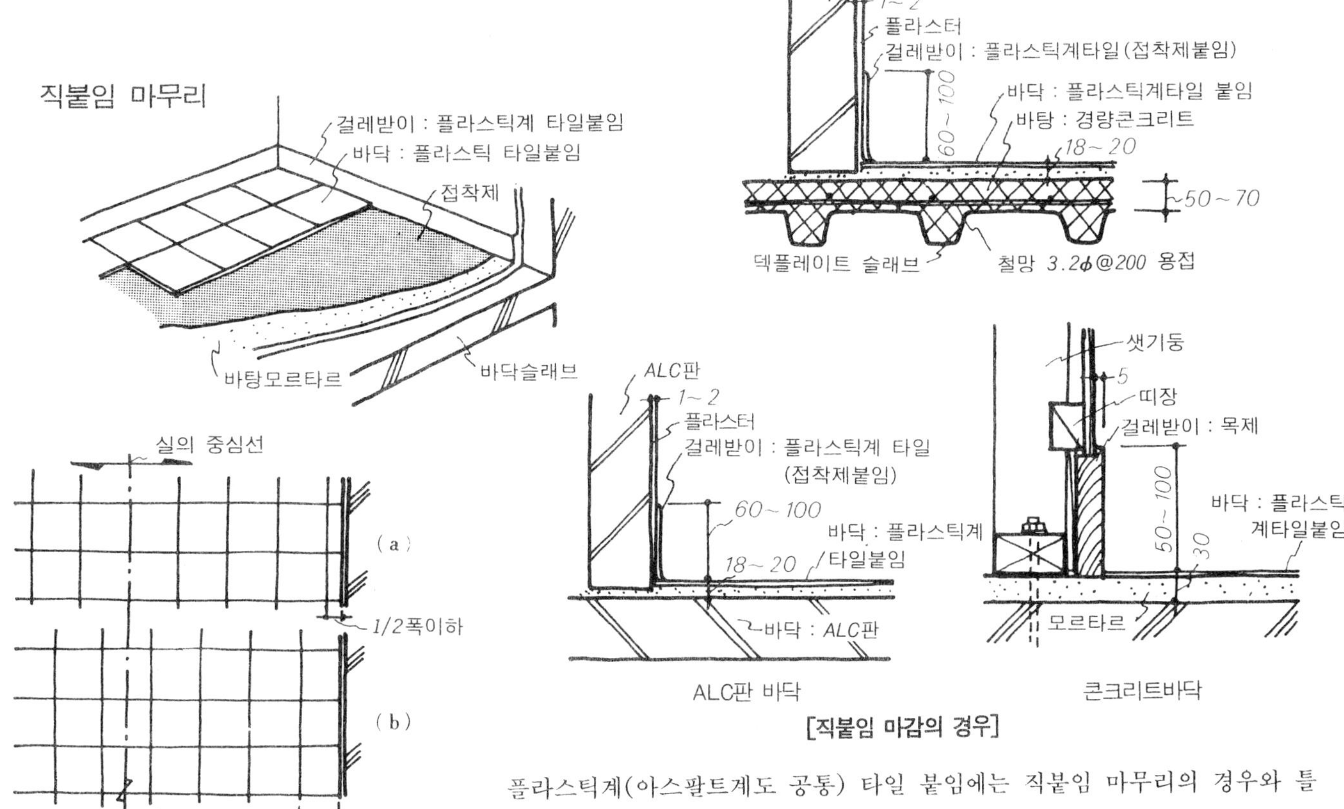

[직붙임 마감의 경우]

〔주〕 플라스틱계 타일의 배분은 일반적으로 방 중심선을 줄눈선으로 맞춰서 좌우로 나누나, 그림(a)와 같이 벽 근처가 작은 배분이 되는 경우는 그림(b)와 같이 방 중심선과 타일의 중심선과를 맞추는 것이 마무리도 되고 시공도 용이하다.

플라스틱계(아스팔트계도 공통) 타일 붙임에는 직붙임 마무리의 경우와 틀마루 붙임 마무리의 경우가 있다.

직붙임 마무리는 상판 위에 바탕 모르타르를 바르고(줄눈은 불필요함) 규준틀을 설치해 불평을 골라 흙칼로 누르고, 충분히 건조시킨 다음 마감재를 접착제로 붙여 준다. 플라스틱계 타일 붙임은 도시한 바와 같이 실 중심선에서 좌우로 나뉘고 나뉜 폭의 끝부분은 양벽 근처에서 같은 너비가 되도록 처리해서 더욱 걸레받이는 최근에는 플라스틱제의 기제 걸레받이를 바닥 마무리 후 접착제로 붙이는 예가 많아지고 있다.

이중 바닥 붙임 마무리

틀마루의 경우는 일반적으로 구름 장선 위에 거친 바닥(두께 12~15cm)을 붙이고, 그 위에 내수 합판을 밑창 바닥으로 해서 밑바름 하고, 그 위에 마감재를 접착제로 붙여 나간다. 이 경우 내수 합판은 접착제를 병용한 비스 고정으로 하고 못질을 하지 않는 것이 상식이다.

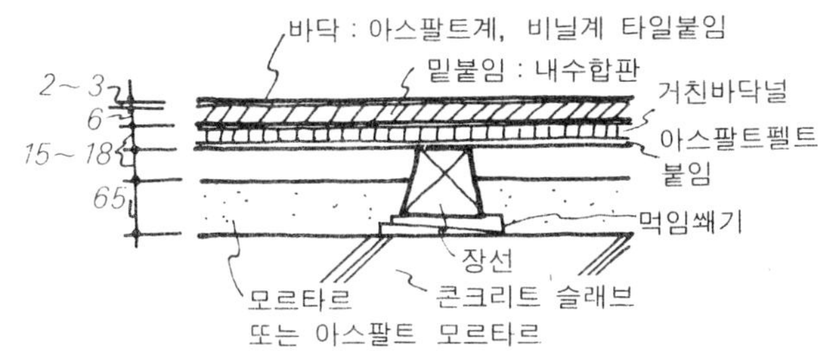

구름바닥①

바닥 : 플라스틱계타일붙임 두께 2, 3, 3.2, 4.8
방수지 붙임(지반에 접하는 층만)
거친바닥판 두께 18
내수베니어판붙임 두께6
26
100
74
자리파기
장선 고정모르타르
앵커볼트고정쐐기
장선 60×57@360
앵커볼트9φ @900

구름바닥②

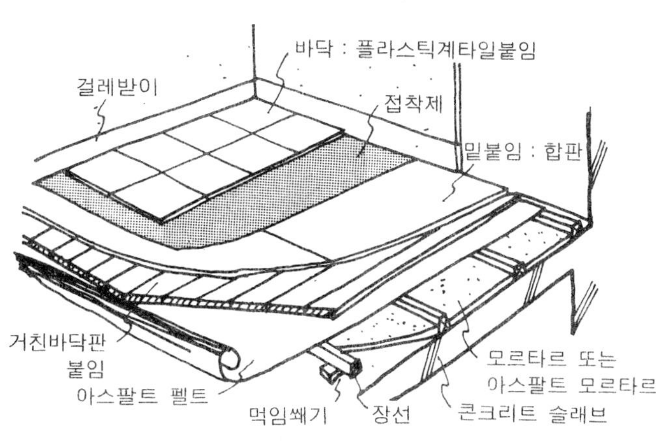

[이중바닥 마감의 경우]

타일붙임 마감

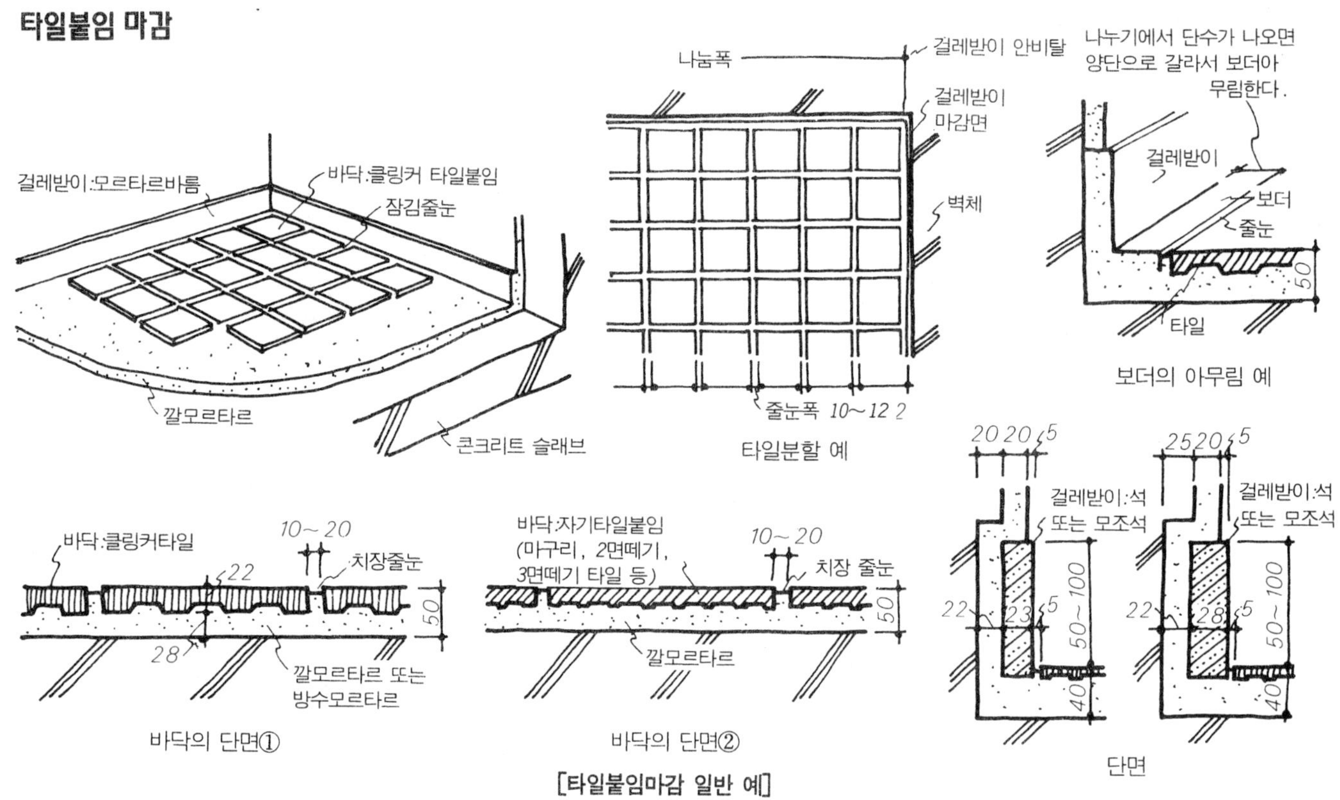

[타일붙임마감 일반 예]

타일은 욕실 이외는 내마모성, 내구성이 있는 자기 타일을 사용한다. 분할은 타일 배치도에 준하고, 우수리 치수는 줄눈폭으로 조정하나 줄눈폭으로 조정할 수 없는 경우는 벽 근처에 보더를 넣어서 처리하면 된다.

클링커 타일은 표면에 요철이 있고, 모르타르 등이 부착되면 잘 떨어지기 않기 때문에 시공시에는 타일 표면에 대한 보양을 충분히 해두어야 한다. 더욱 줄눈은 너비 10~20mm의 잠김 줄눈으로 한다.

예 1~예 3은 주방 등 물 씻기를 필요로 하는 바닥(방수바닥)의 예를 표시한 것이다.

예 1은 철근 콘크리트조 바닥의 경우도 가장 일반적인 예이다. 예 2는 ALC판 구조의 경우의 예로 구석 부분은 균열 방지를 위해 메탈라스를 붙인다.

예 3은 목조 바닥에 타일을 붙이는 경우의 방수 처리 예를 표시한 것이다.

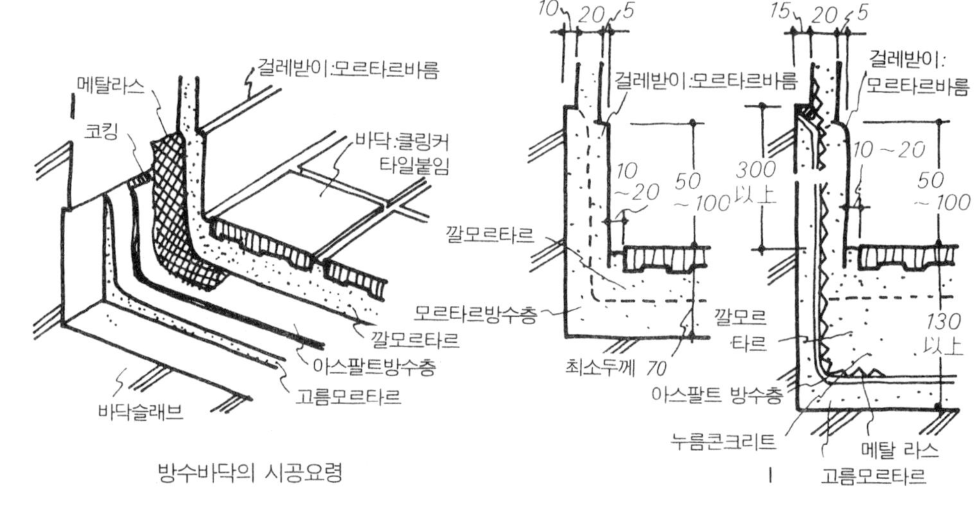

방수바닥의 시공요령

1

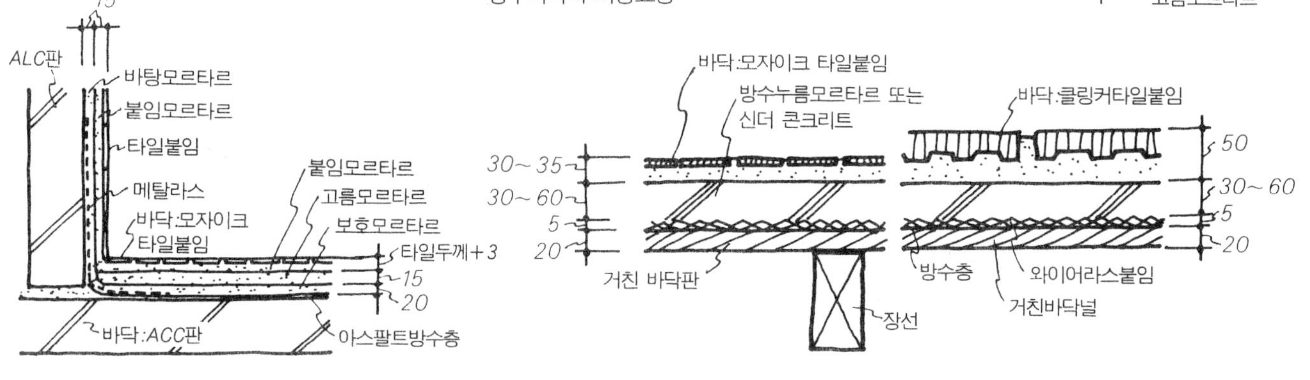

2

3

돌붙임 마감

정형 붙임

돌 붙임 바닥 마무리는 석재를 돌 배치도에 따라서 가공하고, 그것을 붙여서 마무리하는 것이므로 돌 배치도는 정확한 것이라야 한다. 내부 바닥용 석재로서는 화강암, 현창석, 대리석 등 외 모조석 블록도 사용되나, 석재 표면은 막붙임의 경우 이외는 물 갈기, 본 갈기 마무리한 것이 다용되고 있다.

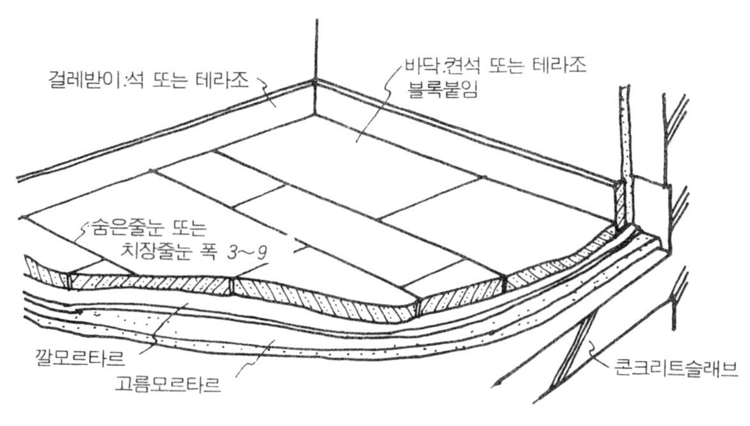

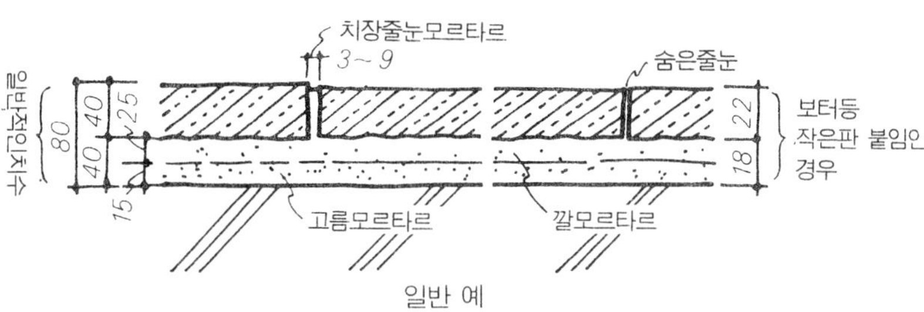

일반 예

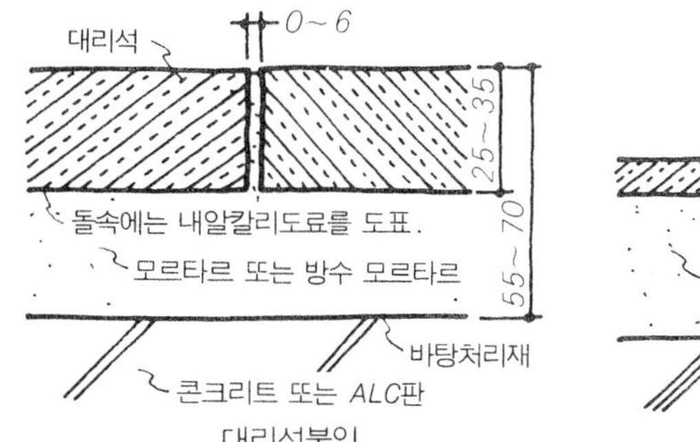

대리석붙임

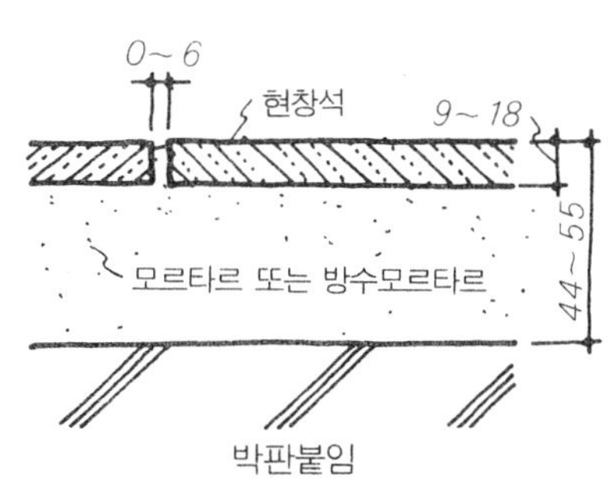

박판붙임

[돌붙임 바닥마감 치수(정형붙임)]

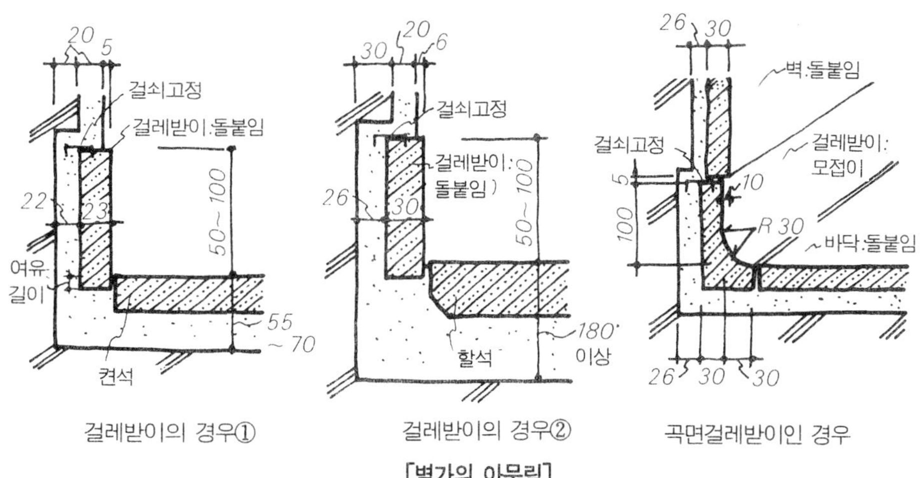

걸레받이의 경우①

걸레받이의 경우②

곡면걸레받이인 경우

[벽가의 아무림]

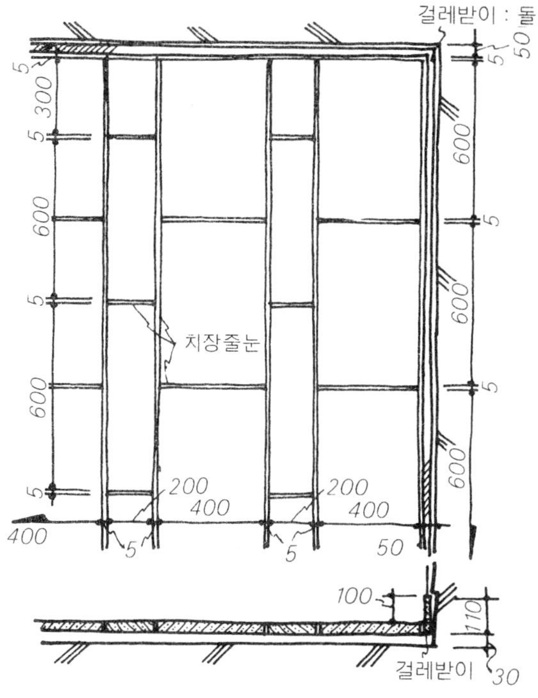

[석재의 분할 요령]

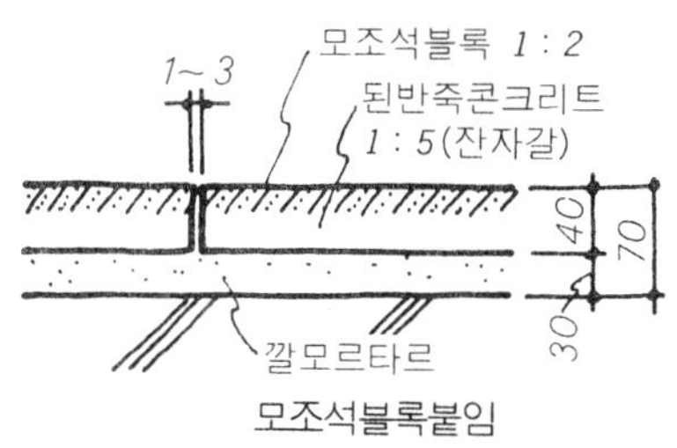

모조석블록붙임

시공에 있어서는 바탕을 충분히 청소하고, 습윤시킨 다음 모르타르를 깔아 마감재를 두들기면서 수평으로 붙여 나간다. 줄눈은 일반적으로 0~3mm의 잠김 줄눈으로 한다. 더욱 백색계 대리석을 붙이는 경우는 바탕 모르타르의 잿물이 스며 나오므로 석재의 뒷면에 아스팔트 프라이머, 내알칼리 도료 등을 바른 다음 붙인다.

걸레받이는 바닥 마무리 전에 설치하나 바닥 마무리면에서 1~2cm 정도 낮게 여유 길이를 잡아야 한다. 돌 걸레받이는 도시한 바와 같이 걸레받이 1면에 대해 2본 이상의 꺾쇠 고정으로 하여 모르타르를 충전(주입 모르타르)한다.

돌붙임 마감

막붙임

막붙임 마무리는 배분도에 표시한 것처럼 어느 정도 돌의 크기를 골라서 줄눈을 바르게 잡는 경우와 깬돌의 대소를 솜씨있게 골라서 붙이는 경우가 있다. 모두가 돌 배치도에 준해서 붙여 나가지만 줄눈은 너비 7~12mm 정도의 잠김 줄눈 마무리로 한다. 시공은 다듬돌의 경우와 같다.

막붙임의 경우에도 석재의 표면을 물 갈기 또는 본 갈기 한 것을 붙이는 예도 있다. 그 경우는 줄눈폭을 3mm 이내로 하고, 침하 줄눈 마무리로 한다.

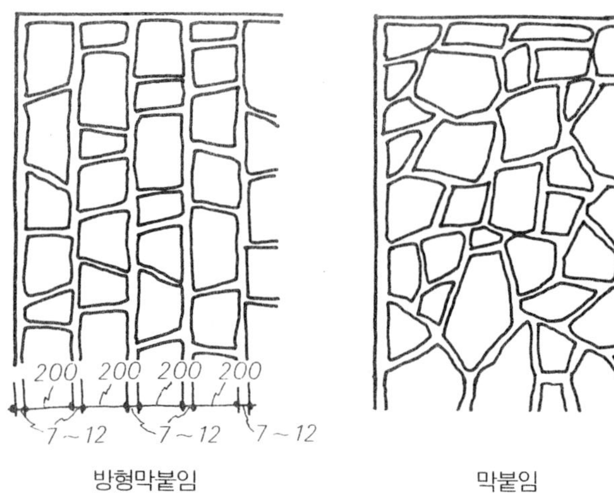

[돌의 분할도]

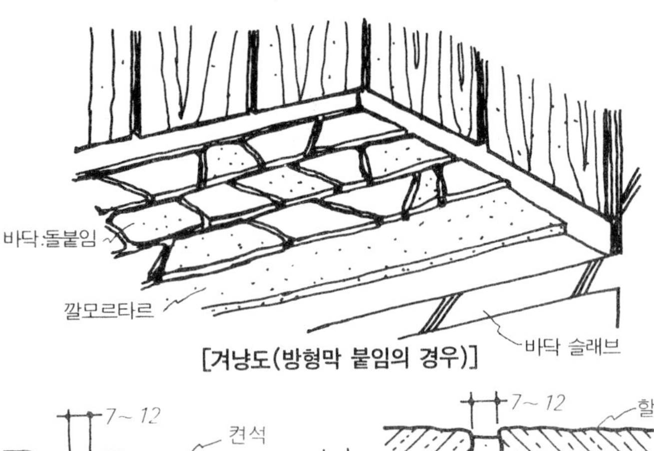

[겨냥도(방형막 붙임의 경우)]

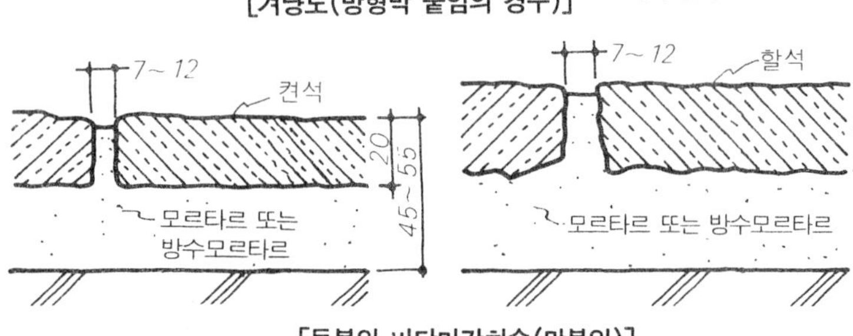

[돌붙임 바닥마감치수(막붙임)]

50~60
27
10~13
견석붙임 : 막붙임에 다용되는 석재로는 철평석, 현창석, 단파석, 화강석 등이 있다
비스고정
접착제
5
60~100
7~12
45~55
깔모르타르
걸레받이 : 스테인레스 또는 알루미늄

[벽가의 아무림]

벽돌, 나무벽돌깔기 마감

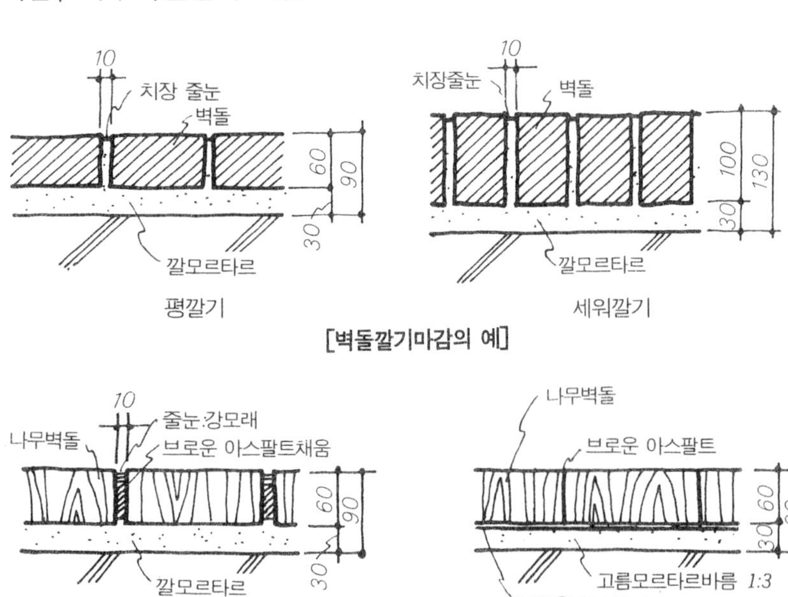

[벽돌깔기마감의 예]

[나무벽돌 깔기마감의 예]

벽돌 깔기 마무리에는 도시한 바와 같이 평깔기 하는 경우와 세워 깔기 하는 경우가 있다. 그러나 모든 경우도 벽돌은 보통 굽기 1등재를 사용하고, 줄눈은 10mm 폭 정도의 잠김 줄눈 마무리로 하는 것이 보통이다. 과소 벽돌이 사용되는 경우는 벽돌에 욱움이 있으므로 줄눈 폭을 다소 넓게 하면 된다.

나무 벽돌 깔기 마무리는 모르타르를 고르면서 나무 벽돌을 깔아서 모르타르 경화 후 줄눈에 브로운 아스팔트를 줄눈 깊이의 80% 정도까지 주입해서 그 위에 강모래를 넣어 마무리한다. 막힌 줄눈의 경우는 고름 모르타르 경화 후 그 위에 아스팔트 프라이머를 바르고 브로운 아스팔트 용액에 적신 나무 벽돌을 맞대어 깔아준다.

판 붙임 마감

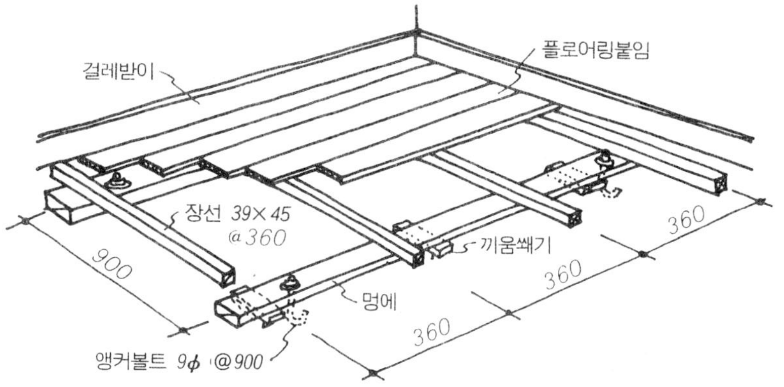

띠천판벽

콘크리트 상판 위에 띠천판벽 마무리를 할 경우는 바탕을 틀마루(구름 바닥)로 한다. 구름 장선 위에 띠천판을 숨김 못질(장선받이에)하나 난척의 띠천판을 붙인 경우나 고급 마무리의 경우는 밑창판을 붙여서 변형이 없는 바닥 마무리로 한다.

구름 장선(또는 멍에)은 습기로 인해 일어날 염려가 있으므로 방부제를 발라(콘크리트 접촉면만) 앵커 볼트(90cm 간격)로 고정한다. 장선받이에는 끼움 쐐기를 넣어 불평 조정을 한다.

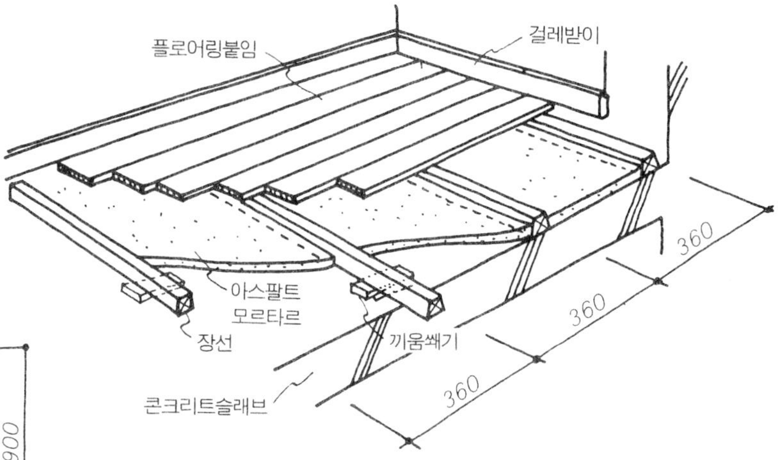

겨냥도(장선을 모르타르 묻음하는 경우)

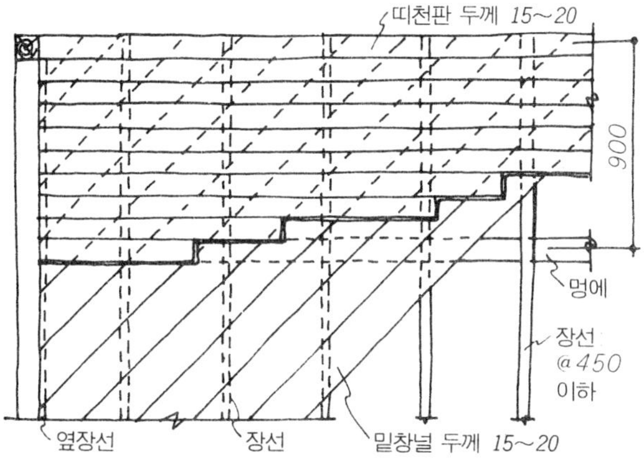

[밑창 바닥널의 설치]

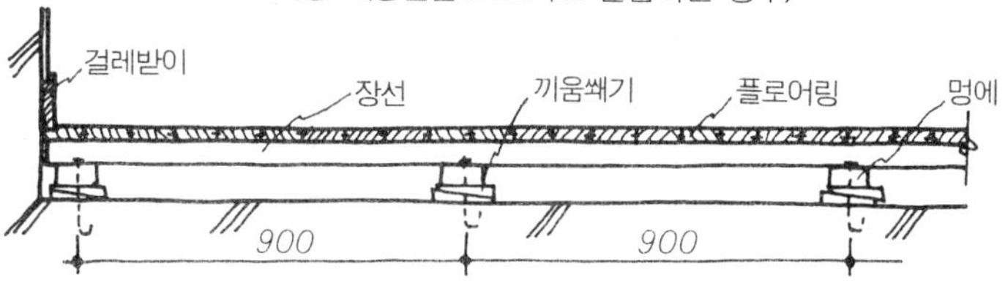

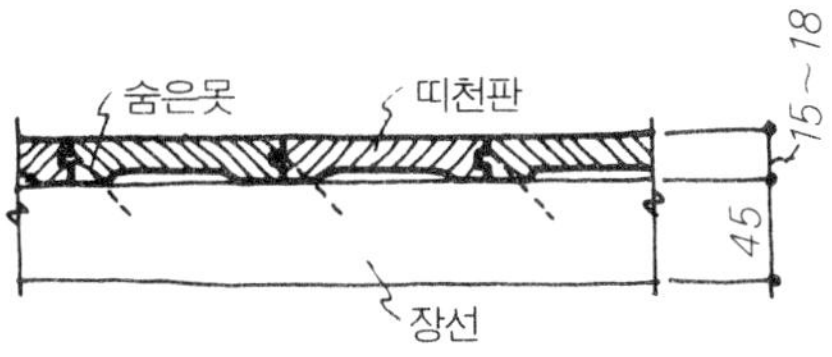

[장선직접붙임]

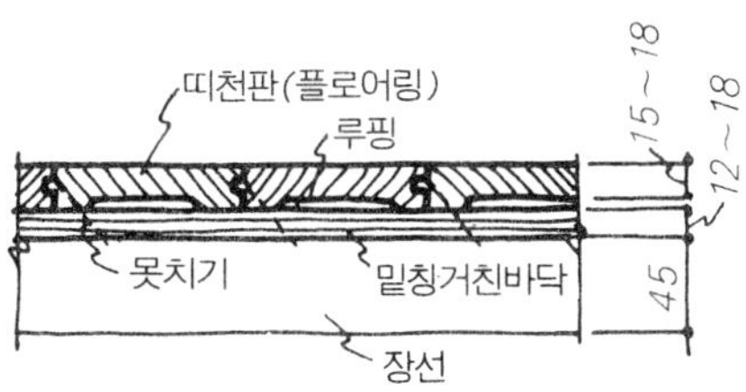

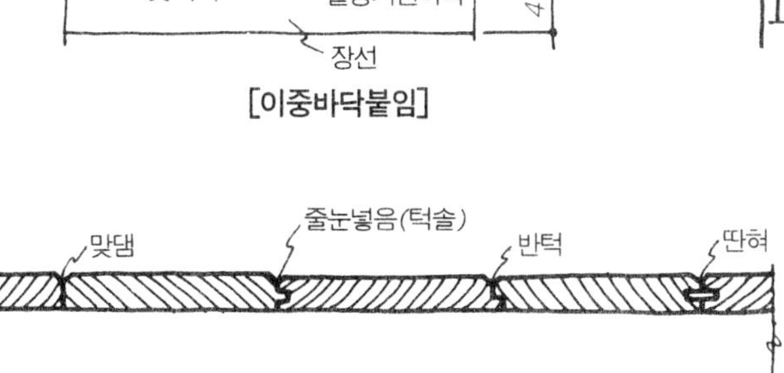

[이중바닥붙임]

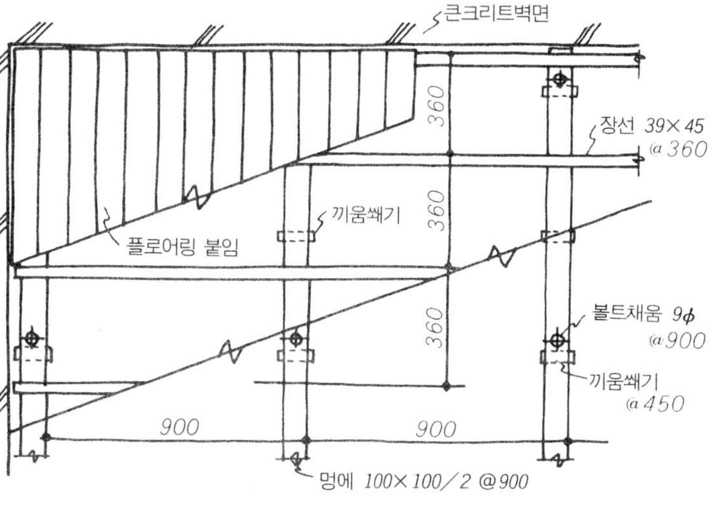

[판의 이음]

[띠천판 붙임바닥의 바탕구성(일반예)]

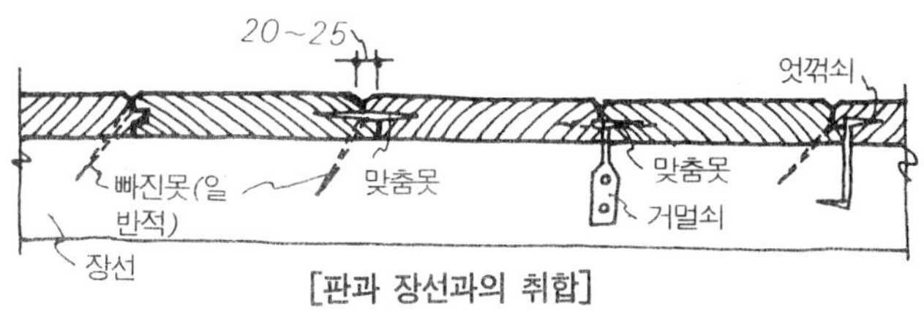

[판과 장선과의 취합]

판 붙임 마감

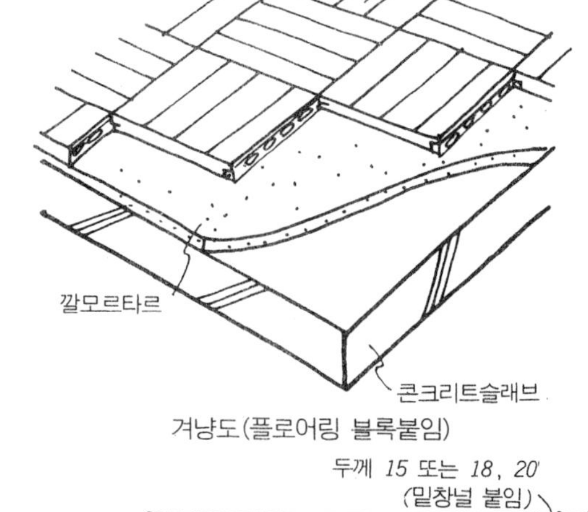

겨냥도(플로어링 블록붙임)

플로어링 블록, 나무쪽매 붙임

플로어링 블록, 나무쪽매 붙임의 바닥 마무리는 직붙임의 경우와 틀마루 붙임의 경우가 있다.

직붙임의 경우는 바탕 모르타르가 충분히 건조(건조도 80% 이상)한 다음 접착제로 붙인다. 이 경우 바닥 바탕에 밑창판 붙임의 경우도 있다. 메이커에 따라서는 대형 블록을 설치 철구(앵커 철구)로 고정시키는 방법을 지시한 것이므로 주의한다.

앵커철구
모르타르
15~20
50

철구고정(일반 예)

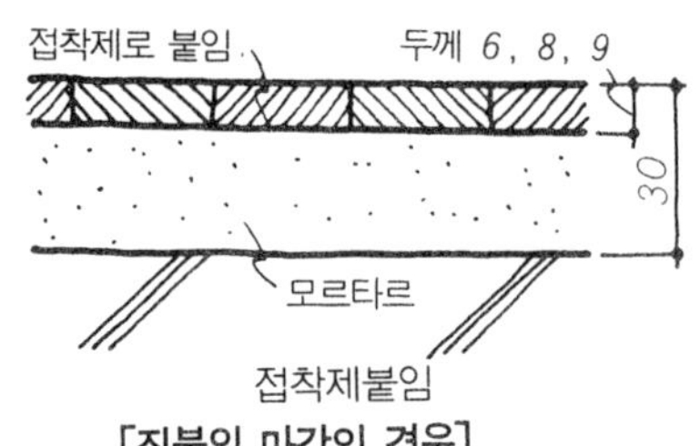

접착제붙임

두께 15 또는 18, 20
(밑창널 붙임)
40
모르타르
접착제로 붙임

접착제붙임(깔판붙임인 경우)

[직붙임 마감인 경우]

이중 바닥의 경우는 장선 위에 밑창 바닥으로서 내수 합판을 붙이고(장선받이에 못질), 접착제로 블록 붙임을 하나 밑창 바닥을 이중으로 할 때도 있다.

어떤 경우도 접착제가 경화해서 블록이 고정된 다음 턱솔 해체해서 덱 샌더(#20~30)로 평활히 하고, 스테인 왁스 등으로 마무리한다.

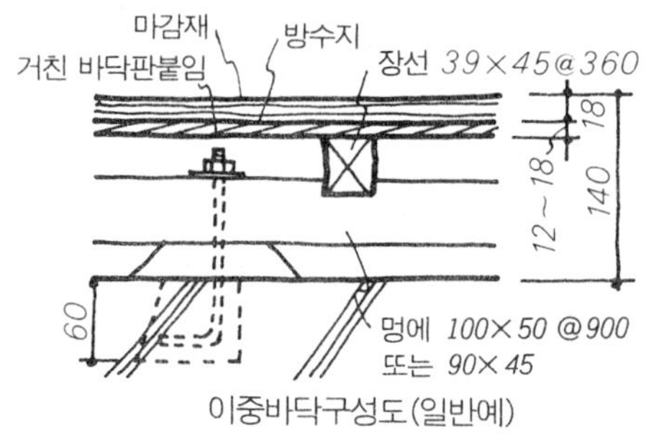

이중바닥구성도(일반예)

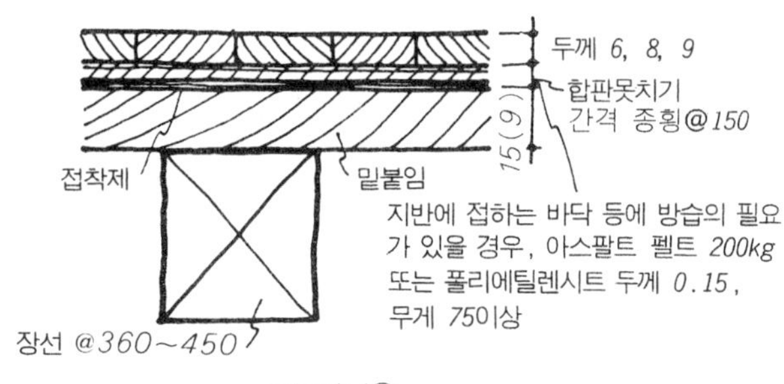

부분상세①

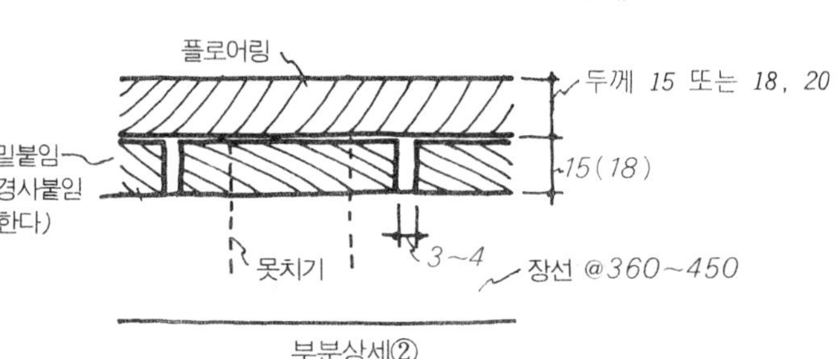

부분상세②

[이중 바닥마감의 경우]

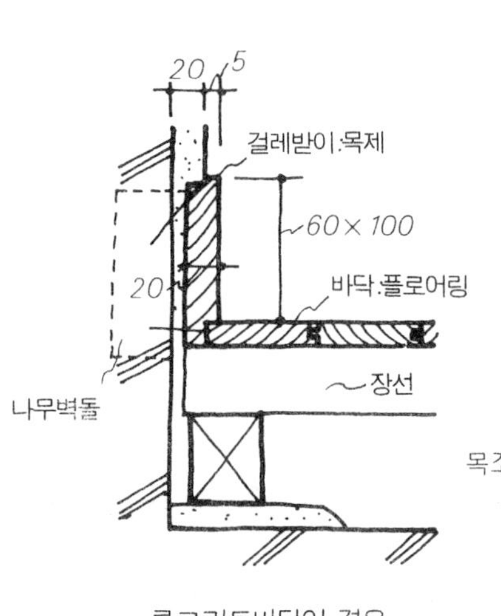

콘크리트바닥인 경우

9
6
벽:플라스터보드
걸레받이:목제
60×100
20
바닥:플로어링
장선
목조간막이

목조바닥인 경우

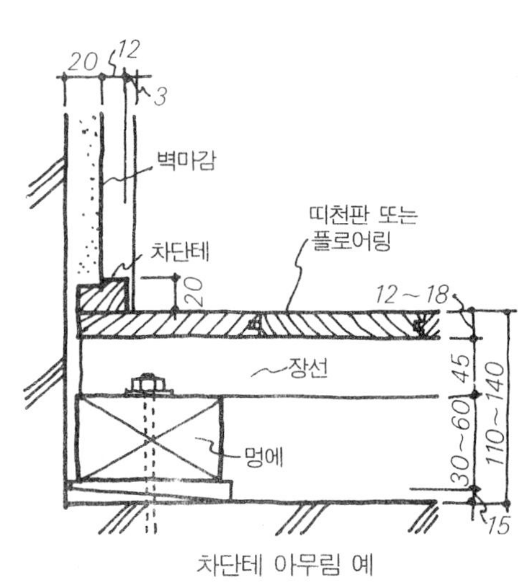

차단테 아무림 예

[벽가의 아무림(이중바닥인 경우)]

융단깔기 마감

융단 깔기 마무리는 옥내 통로나 로비 등 보행자가 많은 경우에는 윌튼 카페트를, 거실 내의 바닥에는 터프테드 깔개 등을 사용하나, 융단 종류는 달라도 깔기는 공통하다.

직접 깔기나 이중 바닥의 경우도 공통하다. 깔기 방법은 바탕 위에 펠트를 깔고, 구석 부분에 카페트 클리퍼(두께 7mm, 너비 30mm)를 접착제 또는 못질해서 여기에 융단의 일단을 고정시킨 다음 융단을 신전기에 걸어 펴주면서 반대측의 클리퍼의 핀에 끼워넣어 고정한다.

직접 마무리의 경우 고름 모르타르의 바름 두께는 융단 및 펠트 두께와 마무리 두께와의 관계를 검토한 다음 결정하고, 융단은 모르타르가 충분히 건조한 다음 깔아준다.

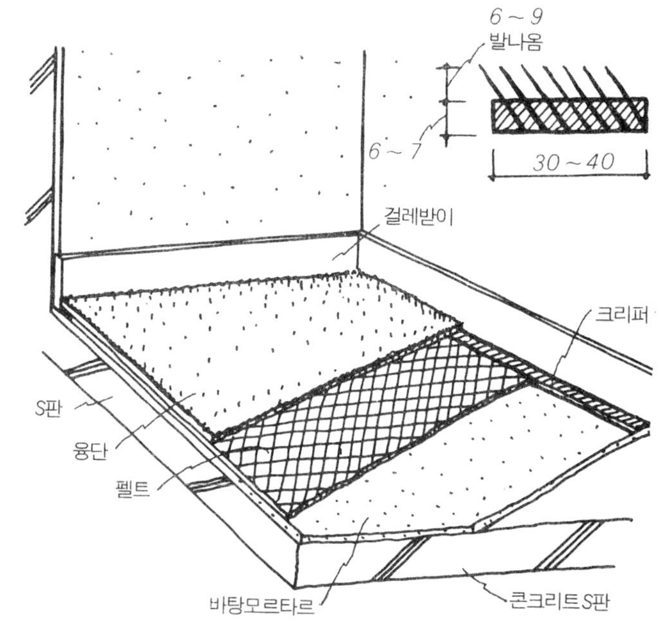

융단의 종류

종 류	명 칭	두께(mm)	파일계	파일밀도
단 통	支那式段通	15	방 모 계	30cm각당 80×80단정도
	堺式段通	15	방 모 계	30cm각당 60×80단정도
융 단	윌튼카페트	4, 7, 10, 12, 15 (4~10이 표준)	방모계, 혼방계, 화섬, 합섬	인치당 8×8단정도
파일사	훅 드 러 그	10~12	방 계	1cm²당 눈금 5.5~8폰트
	터 프 테 드 카 페 트	4, 7, 10, 12 (4~7이 표준)	합섬이 많다	30cm각당 약 4000입자
펠 트 제 품	니 들 펀 치	4~6	면, 화섬, 합섬	—

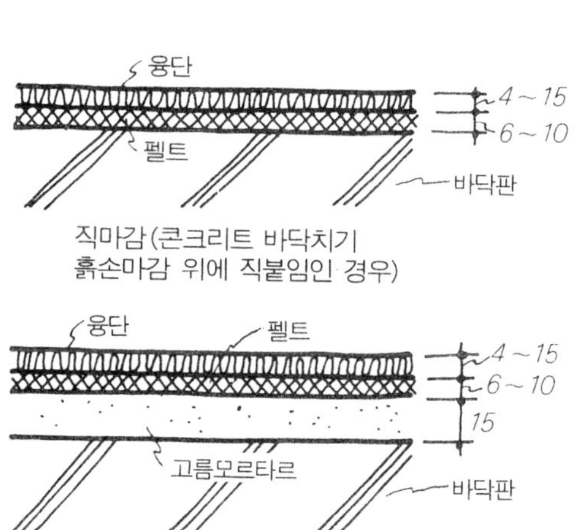

직마감(콘크리트 바닥치기 훍손마감 위에 직붙임인 경우)

직마감(고름모르타르위에 직붙임인 경우)

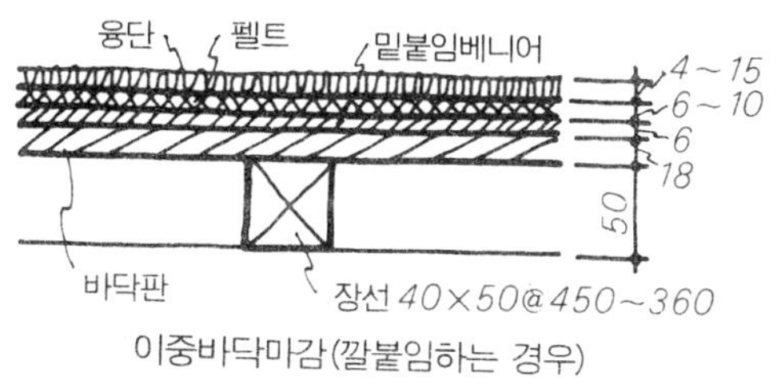

이중바닥마감(깔붙임하는 경우)

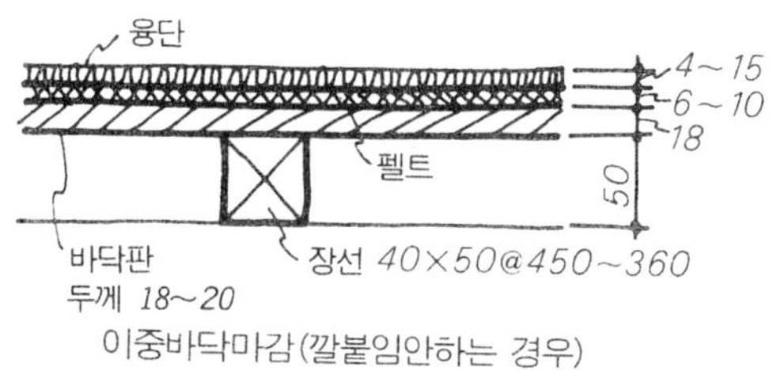

이중바닥마감(깔붙임안하는 경우)

[각종 융단 바탕의 아무림]

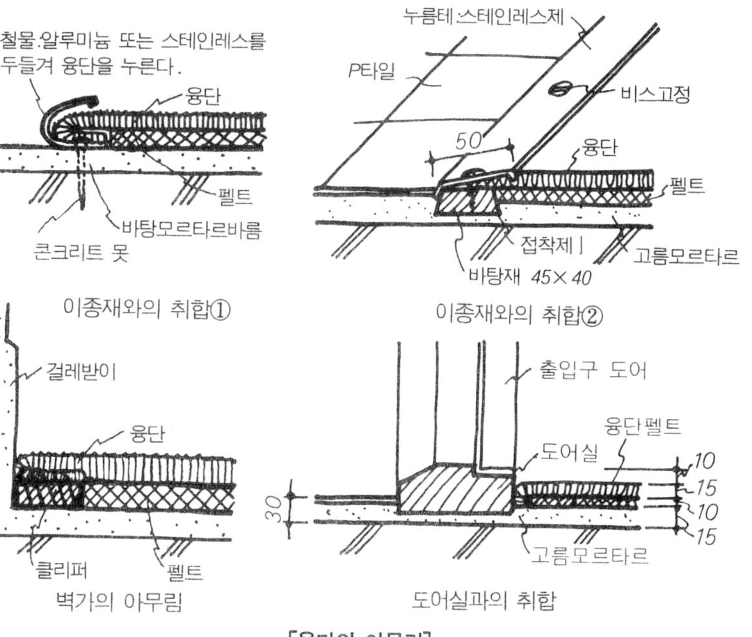

이종재와의 취합①

이종재와의 취합②

벽가의 아무림

도어실과의 취합

[융단의 아무림]

제7장

천장마감

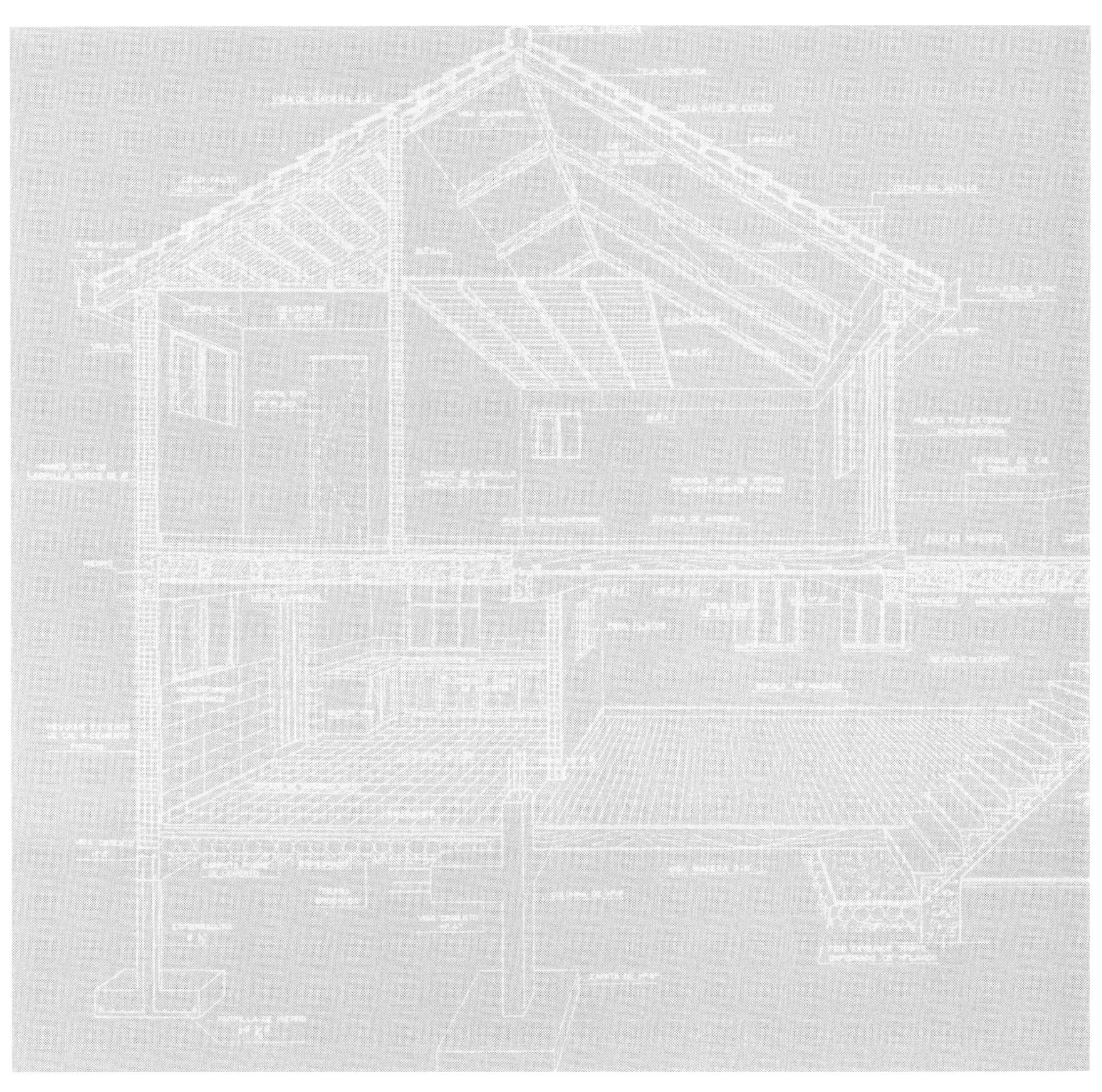

일반사항

천장은 실내의 윗부분을 가리키나 그 마무리에는 여러 가지 형식이고, 여러 가지의 재료가 채용되고 있다. 구성상으로는 직접 천장(천장 구성재가 보이는 마무리로 또는 상층 바닥의 밑면을 그대로 천장으로 해서 마무리하는 것과 틀반자(반자용 달대로 바탕 구성하는 반자)로 대별되나, 오늘날의 건축물에서는 거주성을 높이기 위해 제설비의 충족이 중요시 되고, 그 설비용의 배관, 배선을 천장 내부로 처리한다. 필요상 틀반자로 할 때가 많아진다.

또 천장 형식, 재료의 선택에 있어서는 의장적인 면뿐 아니라 실의 기능에 합치되는 재료(불연성, 단열성, 흡음성 등)를 고르고 확실한 시공을 하여야 한다.

[천장의 의장 예]

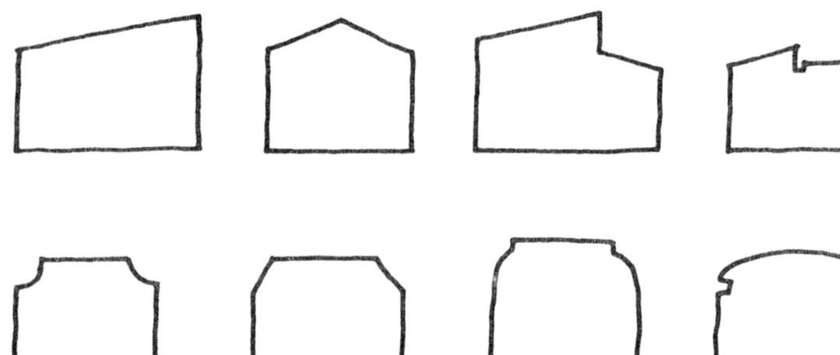

[천장의 형상]

천장의 형식

일반적으로는 수평 천장이 대부분이고, 실의 용도에 따라서는 음향 효과를 원활히 하기 위해 호형 천장, 설비용 배관이나 배선을 마무리하기 위한 단차 천장, 기타 의장적인 요구에서 좌도에 표시한 것 같은 종류의 형상 천장이 사용되고 있다.

천장의 의장

천장은 바닥이나 벽면처럼 깔기, 가구, 커튼 등에 의해 장식이 안 되는 면이 있다. 따라서 천장의 의장을 연구하지 않으면 실내 전체가 비약하게 보인다. 일반적으로는 조명기구와 얽히게 하여(건축화 조명이라 한다) 오른쪽 그림에 표시한 것처럼 여러 가지 의장적인 연구가 되고 있다. 물론 용도에 따라서 냉난방 효과, 음향 효과, 불연성 문제 등을 해결한 것이라야 한다.

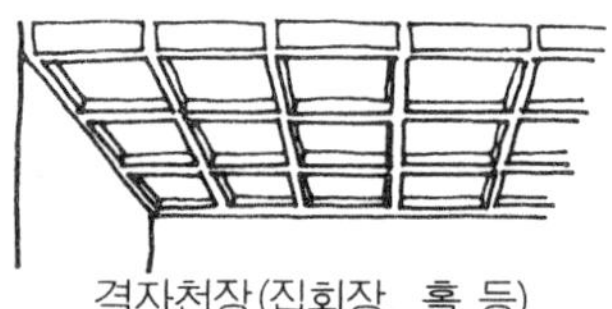

격자천장(집회장, 홀 등)

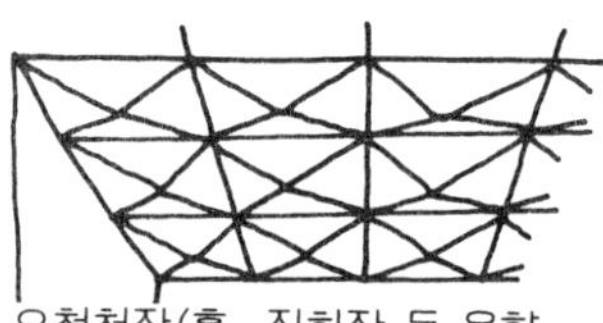

요철천장(홀, 집회장 등 음향효과를 고려한 천장)

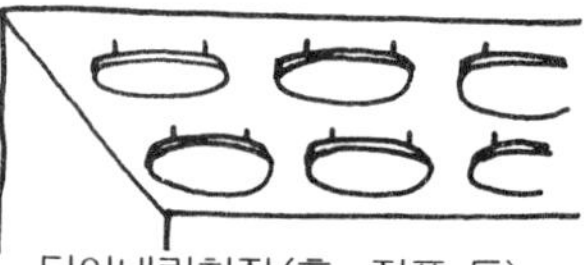

달아내림천장(홀, 점포 등)

(평면천장(일반사무소, 주택, 점포 등))

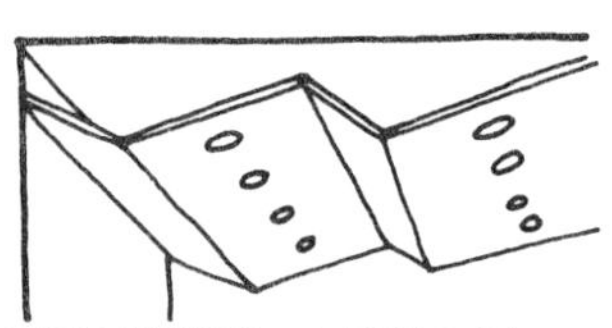

굴곡천장(극장, 스튜디오 등 음향효과를 고려한 천장)

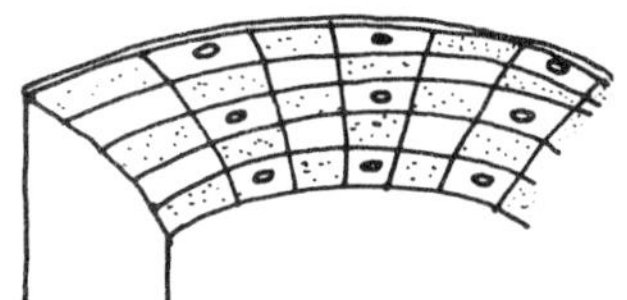

원형 천장(체육관, 홀 등)

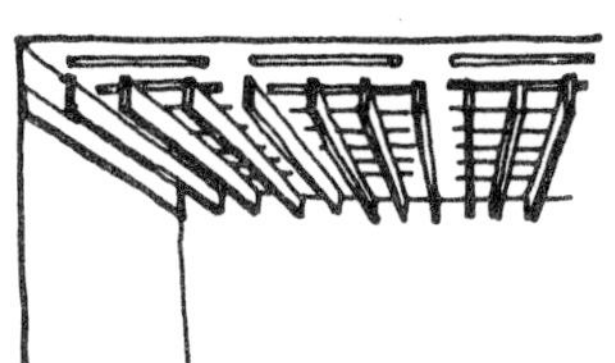

루버식광천장(홀, 전시장 등)

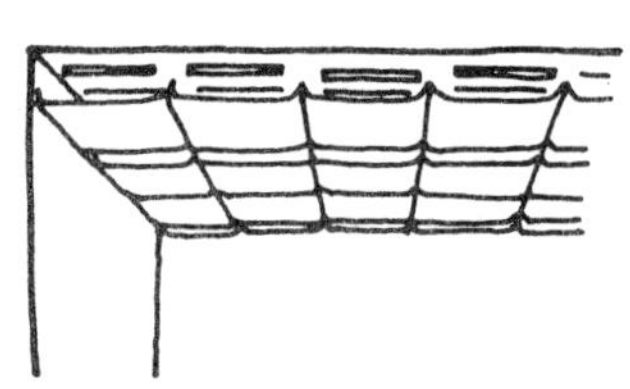

패널식 광천장(홀, 전시장)

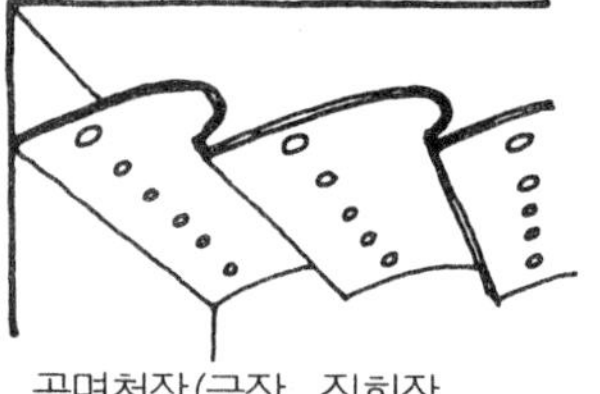

곡면천장(극장, 집회장, 음향효과를 고려한 천장)

[천장의 의장]

일반사항

법규제의 요점

건축법에서는 건축물의 용도에 따라서 오른쪽 표와 같이 천장 높이를 규제하고 있다. 이 규정 치수는 최소한의 치수이므로 실제의 건축 설계에 있어서는 실의 넓이, 의장적인 문제와 얽혀서 규정 치수보다 높고, 또한 적정한 천장 높이를 결정해야 한다.

오른쪽 표는 주택의 경우 실의 크기와 천장 높이와의 관계를 일반적인 예로서 표시한 것이다. 여기서도 알 수 있듯이 실의 안정감은 방 크기와 천장 높이의 관계와 밀접하게 이어져 있으므로 안이한 기분으로 천장 높이를 결정해서는 안 된다. 또 천장 높이의 결정은 천장 내부의 크기, 공조 효율면에서의 검토도 잊어서는 안 된다.

건축법의 천장고의 규정

구 분	천장고
주택, 사무실, 작업실, 병실	2.1m 이상
학교(각종 학교, 유아원 제외)의 연면적 50m²을 넘는 것	3m 이상
극장, 영화관, 연예장, 관람장, 공회당, 집회장의 객석면적 200m²을 넘는 것	4m 이상

실크기와 천장고(일반예)

실크기	천장고	실크기	천장고
7m²	2.4m	13m²	2.6m
10m²	2.5m	16m²	2.7m

천장의 구성

천장에는 전술한 바와 같이 직천장과 틀천장이 있다. 이것은 건축물의 용도 및 경제성, 설비 기구의 은폐 문제 등 그 필요성에 의해 사용 구분된다.

최근의 건축물은 기능 향상을 위해 조명, 급배수, 가스 쪽이나 공조, 방송, 소화, 감지기 등의 설비 및 장치가 채용되고 그로 인한 배관, 배선을 천장만으로 처리하는 것이 일반적이다. 따라서 공장, 창고, 주차장 등 기능 본위의 건축물 이외는 일반적으로 틀천장이 사용된다. 틀천장은 화재에 대한 안정성 문제에서 강제 바탕과 목제 바탕이 사용 구분되지만 모든 경우도 배관, 배선과의 얽힘을 고려한 바탕 구성이 필요하다.

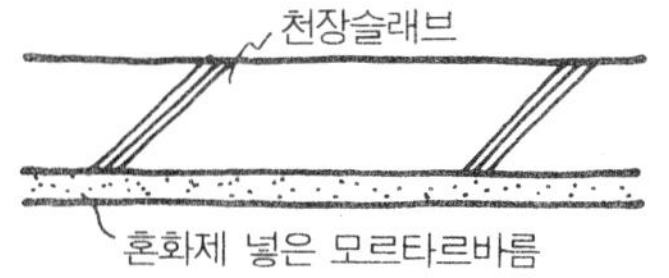

[직천장의 구성]

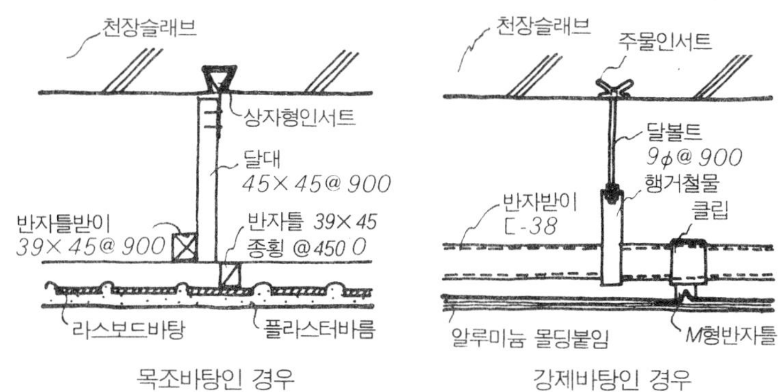

[짠천장의 구성]

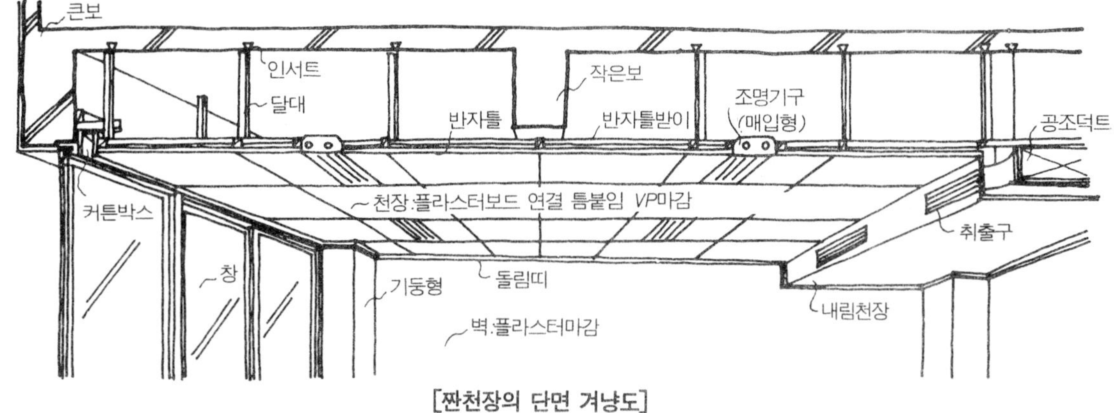

[짠천장의 단면 겨냥도]

일반사항

틀천장 바탕(1)

건축법으로 정해진 내화 구조 건축물의 천장은 불연 구조(마감재, 바탕재 모두)로 하여야 한다. 강제 바탕은 최근에는 양산이 되어 싸지고 있으므로 빌딩 건축의 경우는 목제 바탕보다 다용되고 있다.

구성 요령은 우선 콘크리트 치기에 앞서서 인서트를 900mm각 간격으로 배치(거푸집에 고정)하고 거푸집을 해체시킨 다음 인서트에 달볼트(9mm)를 설치, 볼트의 선단에 조절 행거를 설치, 여기에 반자를 설치한다. 반자 간격은 마감재의 크기에 따라 달라진다. 또 반자의 수평은 조절 행거로 조정한다.

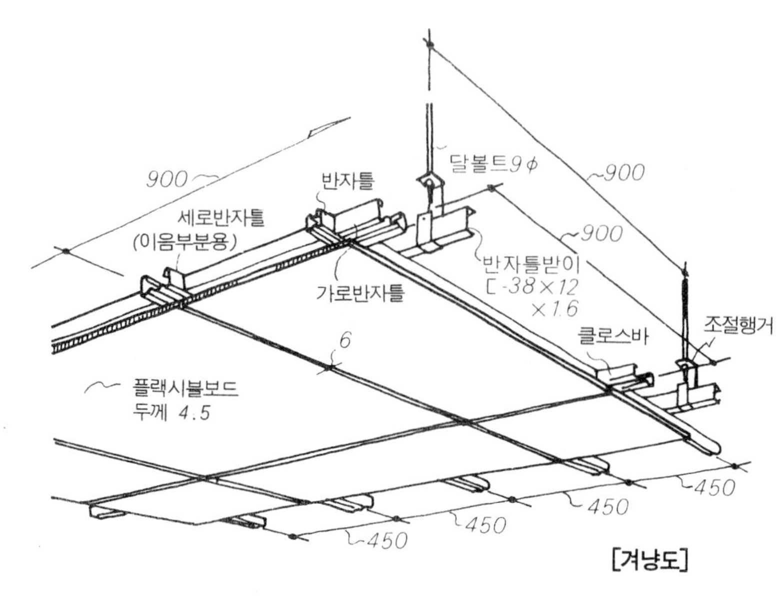

[겨냥도]

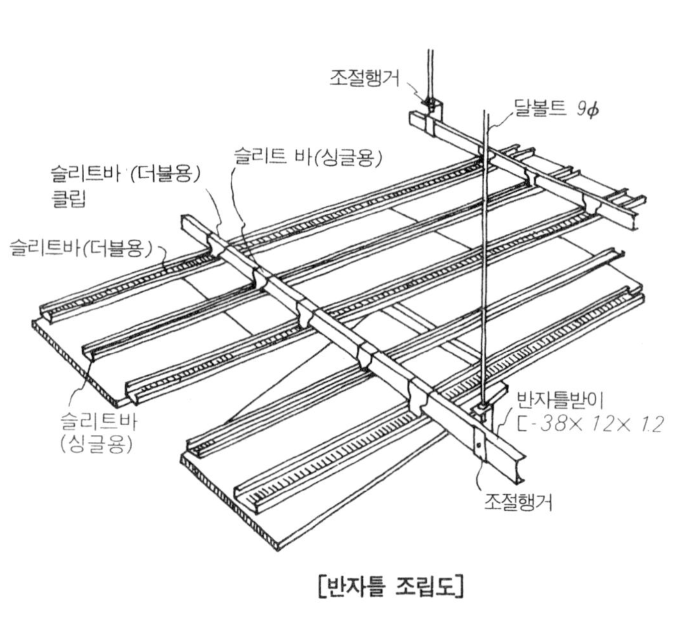

[반자틀 조립도]

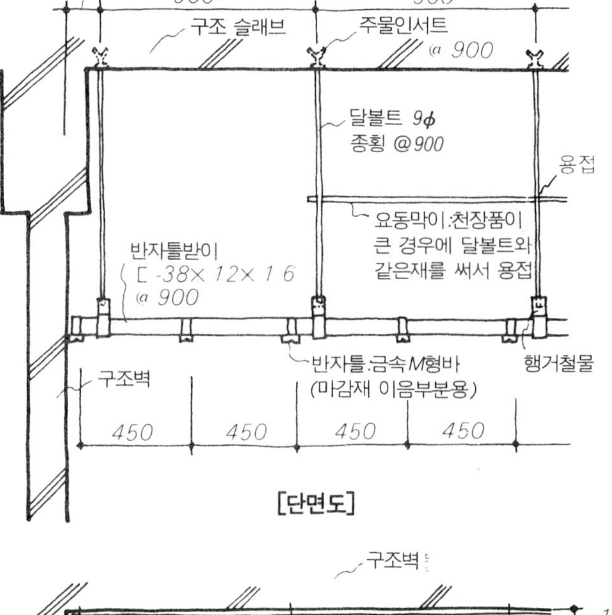

[단면도]

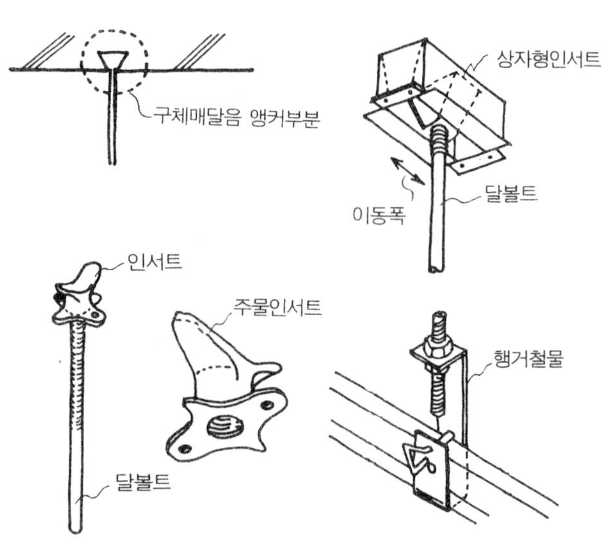

[달볼트의 설치요령]

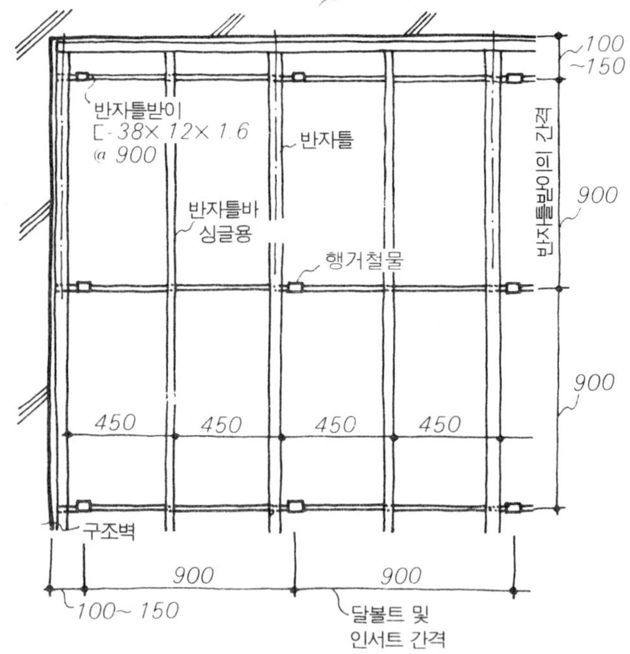

[평면도]

일반사항

틀천장 바탕(2)

반자 간격은 마감 재료의 치수에 맞춰서 나눈다. 오른쪽 그림은 강제 반자틀의 표준 예를 표시한 것이나, 마감재의 정척에 맞춰서 사용 구분하면 된다. 각종 마감재의 설치 요령에 대해서도 이 뒤에 상세를 참조한다.

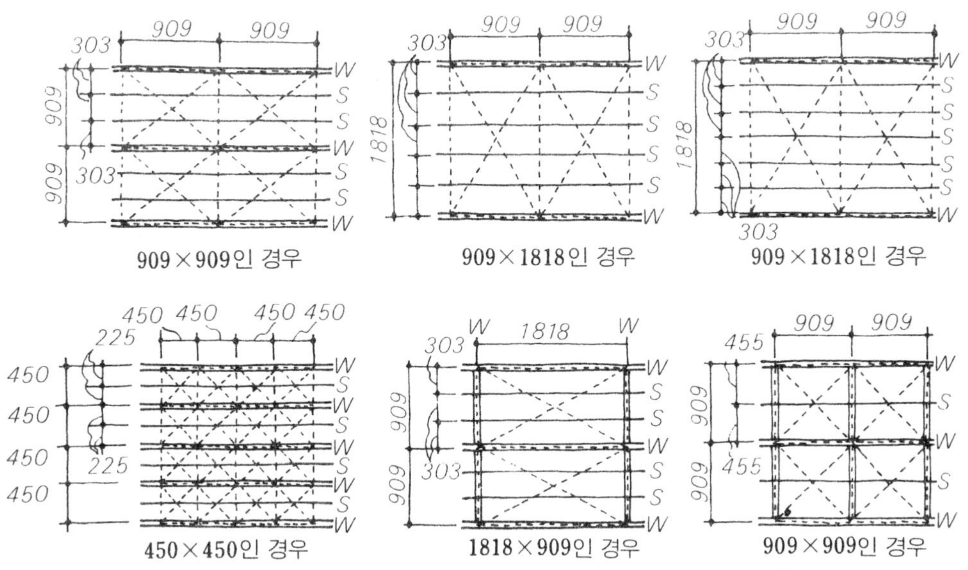

〔주〕 1. 그림 중 W는 더블재, S는 싱글재로 일컫는다. 더욱 더블재는 마감재의 조인트 부분에 사용한다.
2. 그림 중 치수 909는 실제로는 910으로 나누면 된다.

[강제 반자틀의 표준]

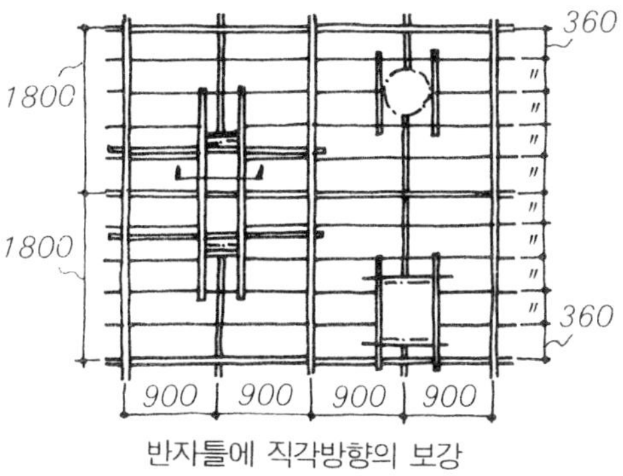

전술한 바와 같이 천장에서는 조명 기구나 공조용 아네모 스테트, 천장 확인구 등을 설치하므로 반자틀을 절취한다거나 보강하든지 해야 한다. 특히 반자 보강이 충분하지 못하면 천장의 처짐이나 불평이 일어나는 원인이 되므로 주의해야 한다. 아래 그림은 반자 보강이 상세 예를 표시한 것이다.

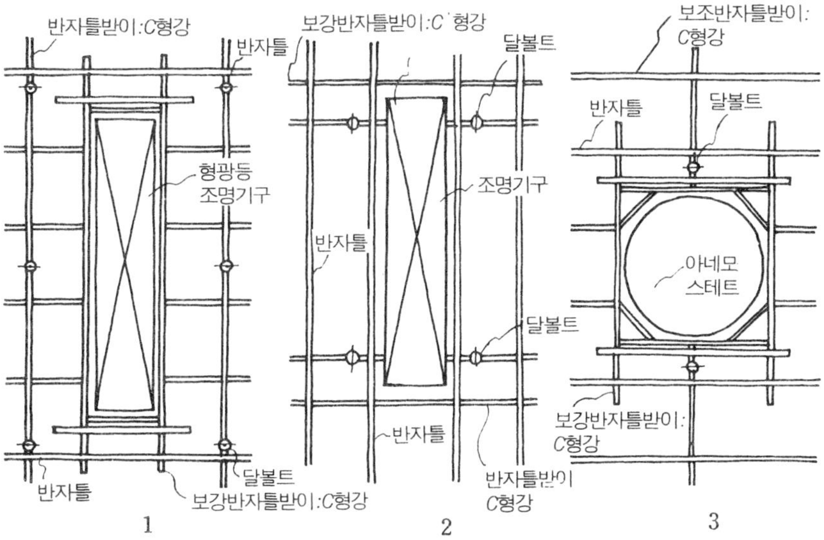

반자틀에 직각방향의 보강

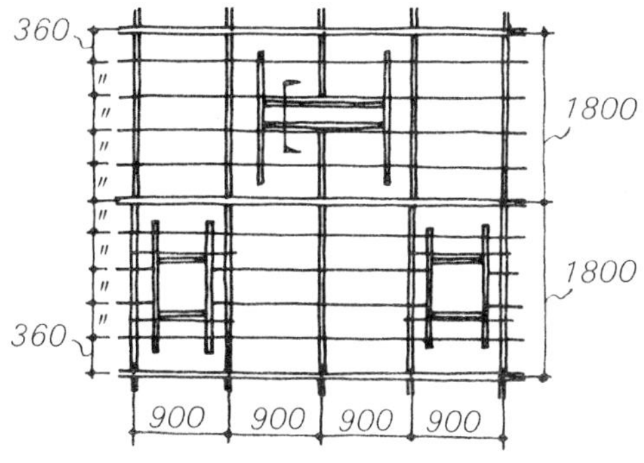

반자틀에 평행방향의 보강

평면상세도

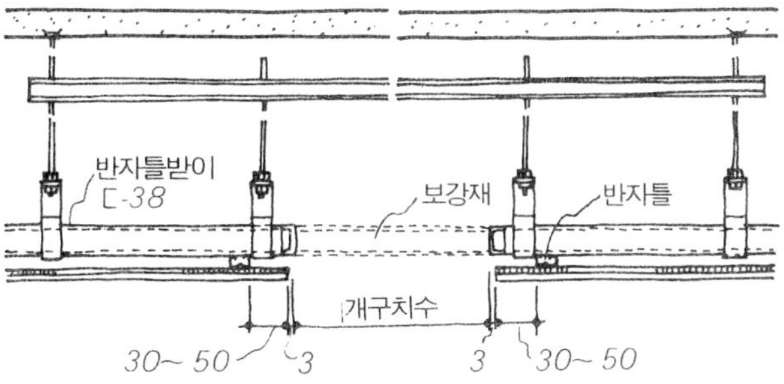

단면상세도①

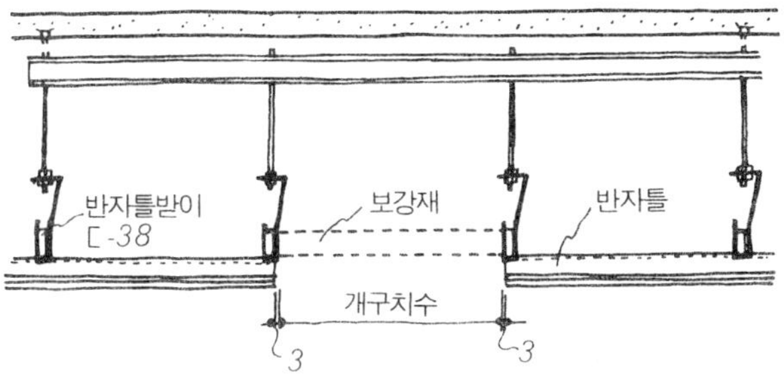

단면상세도②

[천장 개구부 주위의 반자보강]

일반사항

틀천장 바탕(3)

목제 천장 바탕은 가연성이므로 사용 범위는 법규에 의해 한정된다. 조립 및 마감재의 설치가 간단(못질 고정)하지만 강제 바탕처럼 조절 나사가 없으므로 수평 조정이 어렵다.

구성 요령은 아래 그림에 표시한 것 같이 인서트 철물 또는 앵커 볼트를 90cm 간격으로 천장 슬래브에 매립해 두고, 여기에 달대를 못질한다. 달대와 반자도 못질하는 것이 반자 간격은 45cm 간격이 보통이다. 더욱 마감재를 투시 바름하는 경우는 줄눈 바닥에 닿는 반자는 사전에 대패질 마무리해 두어야 한다.

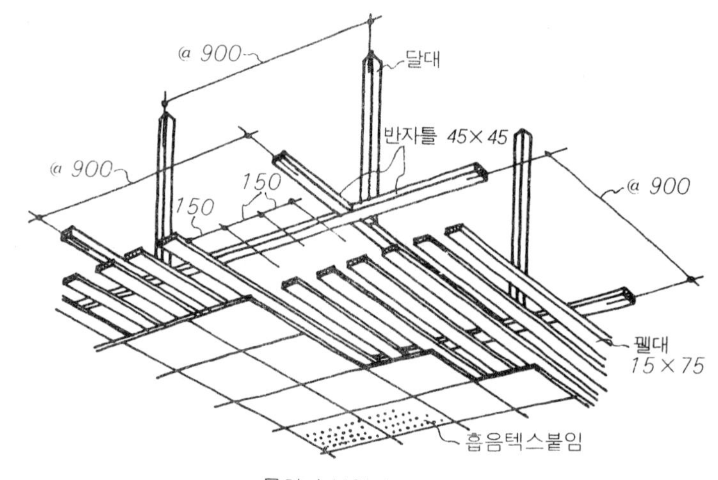

못치기 붙임인 경우

@ 900
달대 45×45
반자틀 45×45
450
@ 900
펠대
15×75
450
450
450
450
석고 보드비탕
흡음텍스붙임

접착제붙임인 경우

[목제천장바탕의 구성]

달목의 간격
종횡파도 900
구조슬래브
상자형인서트
못고정(2개이상)
보틀
반자틀받이:90×30
나무벽돌에 못 또는
접착제로 고정
달대 45×45
요동막이
반자틀
45×45
나무벽돌
450 450 450 450
반자틀 종횡 @450
(마감재의 치수에 의해 변하는 것도 있다)
구조벽

앵커볼트 9ϕ(콘크리트
슬래브에 넣음)
목제달대용
상자형인서트
콘크리트슬래브
못고정
못고정
달대받이
90×90
달대
달대
천장슬래브와 달대와의 연결

구조벽
나무벽돌 @450
450
450
450
450
반자틀
45×45
달대
@ 900
@ 900
구조벽
450 450 450 450

[반자틀의 예]

달대
반자틀
반자틀
못고정
(2개이상)
달대
반자틀
못고정
달대와 반자틀과의 연결

[달대의 설치 요령]

직천장 마감

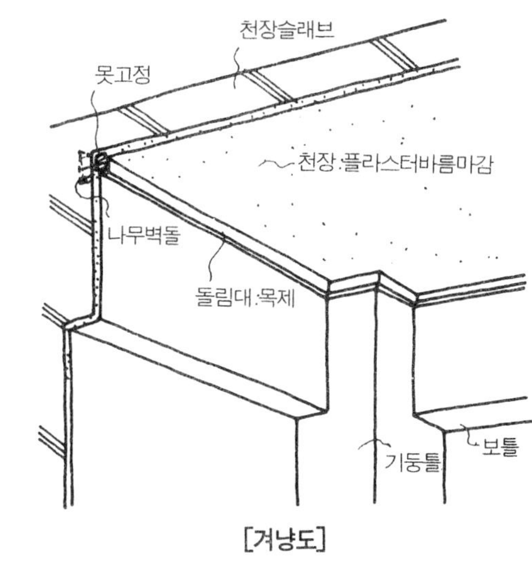

[겨냥도]

직천장의 마무리로서는 아래 그림에 표시한 것이다. 콘크리트 치기 마무리의 경우는 거푸집의 양부에 따라서 마무리가 좌우되므로 정도가 높은 거푸집 공사가 요구된다. 또 gun뿜칠 마무리, 바름(모르타르, 플라스터 등) 마무리의 경우는 슬래브면에 접착제를 도포(특히 합판 거푸집의 경우는 표면이 팽팽해지므로)한 다음 시공하고, 두껍게 바르지 않게끔(박리의 원인이 된다) 주의한다. 목모 시멘트판 붙임 마무리는 단열성을 줄 필요가 있는 경우에 사용되나, 이것은 사전에 거푸집에 설치해 둔 다음 콘크리트를 타설한다. 목모판의 표면에 다시 시멘트 뿜칠로 마무리할 수 있다.

콘크리트
모르타르 마름마감
콘크리트
뿜칠마감
ALC판
VP 또는 VEP 뿜칠마감
0.1
ALC 판
1~2
색시멘트, 리신 플라스터뿜칠마감

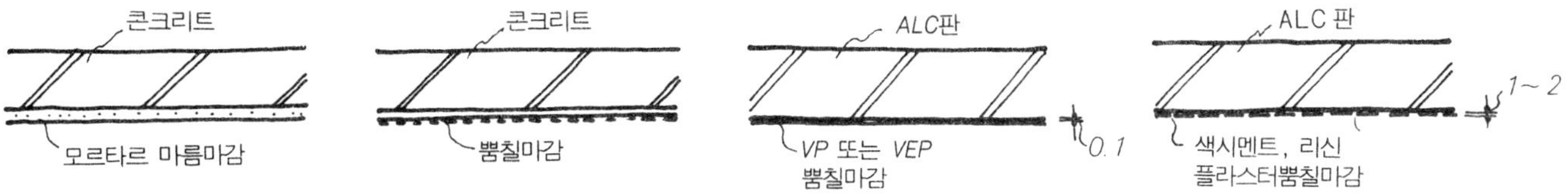

콘크리트바탕인 경우　　ALC판바탕인 경우

[마감요령]

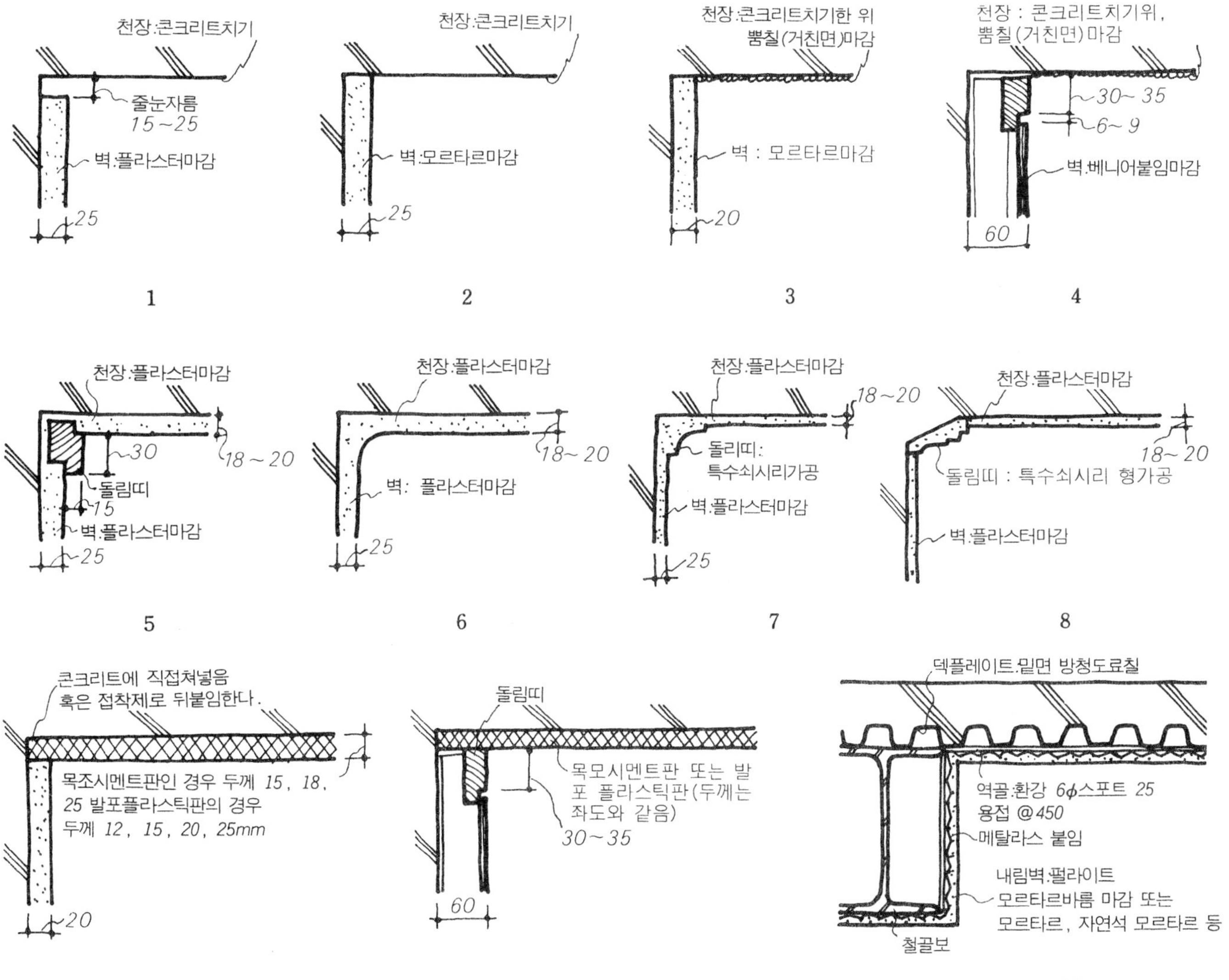

1
천장:콘크리트치기
줄눈자름 15~25
벽:플라스터마감
25

2
천장:콘크리트치기
벽:모르타르마감
25

3
천장:콘크리트치기한 위 뿜칠(거친면)마감
벽 : 모르타르마감
20

4
천장 : 콘크리트치기위, 뿜칠(거친면)마감
30~35
6~9
벽:베니어붙임마감
60

5
천장:플라스터마감
30
18~20
돌림띠
15
벽:플라스터마감
25

6
천장:플라스터마감
18~20
벽: 플라스터마감
25

7
천장:플라스터마감
18~20
돌림띠: 특수쇠시리가공
벽:플라스터마감
25

8
천장:플라스터마감
18~20
돌림띠 : 특수쇠시리 형가공
벽:플라스터마감

9
콘크리트에 직접쳐넣음 혹은 접착제로 뒤붙임한다.
목조시멘트판인 경우 두께 15, 18, 25 발포플라스틱판의 경우 두께 12, 15, 20, 25mm
20

10
돌림띠
목모시멘트판 또는 발포 플라스틱판(두께는 좌도와 같음)
30~35
60

11
덱플레이트 밑면 방청도료칠
역골:환강 6φ스포트 25 용접 @450
메탈라스 붙임
내림벽:펄라이트 모르타르바름 마감 또는 모르타르, 자연석 모르타르 등
철골보

[직천장 마감의 상세 예]

조립천장 마감

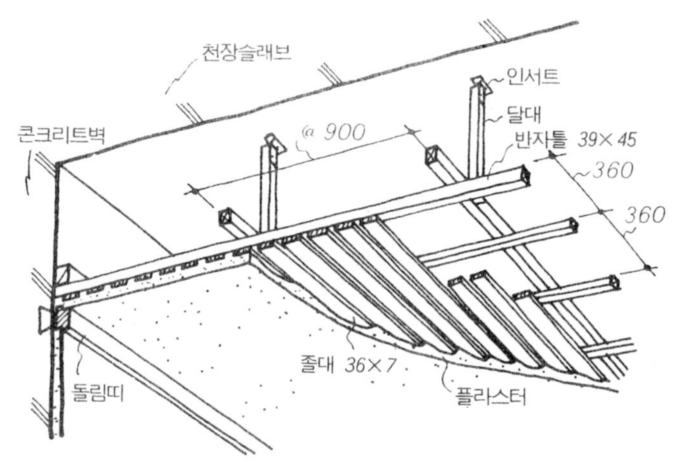

[예3의 겨냥도]

바름 마무리

틀천장의 경우에도 모르타르, 플라스터, 회반죽 등을 발라서 마무리하는 예는 많다.

플라스터, 회반죽류를 바르는 경우의 바탕은 반자에 졸대를 붙이는 것이 보통이나 최근은 라스 보드 바탕은 보드의 이음새에 크랙이 생기므로 헌 모기장 또는 메탈라스를 발라서 마무리하면 된다. 모르타르 바름 바탕은 반자에 라스 바탕을 짜서 와이어 라스 바름 위에 모르타르를 바른다. 바름 마무리는 어떤 경우에도 마감재가 무겁기 때문에 반자의 헐거움이나 재질의 결함에 의해 표면 균열이 생기기 쉽고, 따라서 넓은 천장 마무리의 경우는 피하는 것이 좋다.

예 1, 예 2는 모르타르 바름 마무리의 예이다. 예 1의 목조 바탕의 경우는 바탕널을 15~18 mm 간격으로 투시 바름(못질 고정)한 다음 메탈 라스를 스테플로 고정, 예 2의 강제 바탕의 경우는 리브 라스를 반자에 용접 또는 비스 고정해서 설치하고 모두 모르타르를 바르고 나서 솔질 또는 건뿜칠 마무리로 하는 것이 보통이다.

예 3, 예 4는 플라스터 마무리의 예이다. 예 3의 목조 바탕의 경우는 바탕판(졸대 5m마다 막이음한다)을 6~8mm 간격으로 투시 붙임(못질)하고 강제 바탕의 경우는 예 2의 경우와 같이 리브 라스를 반자에 용접해서 붙인다. 모르타르로 초벌 바름하고, 재벌 바름한 다음 플라스터를 흙칼 누름 마무리로 한다.

예 5, 예 6은 라스 보드 바탕에 플라스터 바름 마무리 예이다. 최근에는 졸대 또는 리브 라스 바탕에 대신하여 라스 보드를 바탕으로 사용하는 예가 많아진다. 예 5의 목조 바탕의 경우는 반자받이에 못질 고정해서 예 6의 강제 바탕인 경우는 도시한 바와 같이 M형 반자에 비스 고정한다.

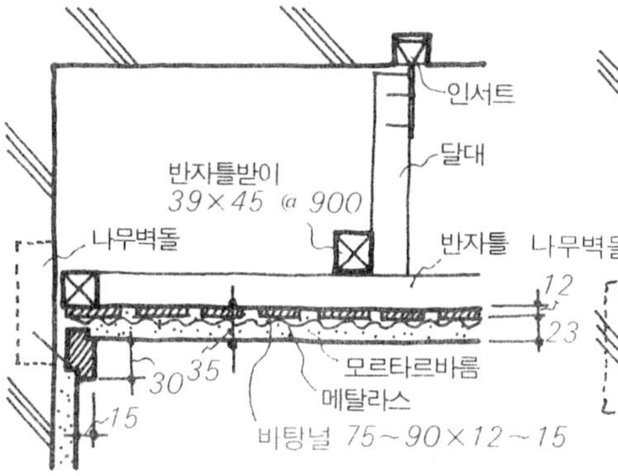

1

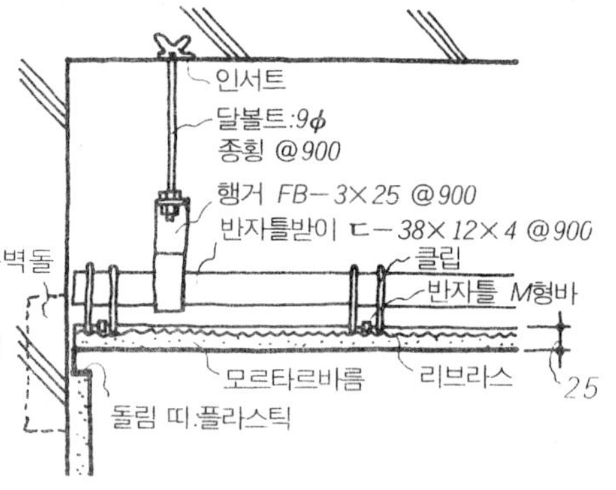

2

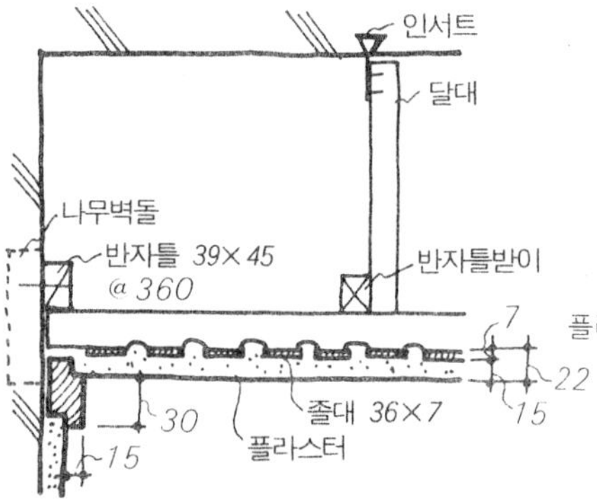

3

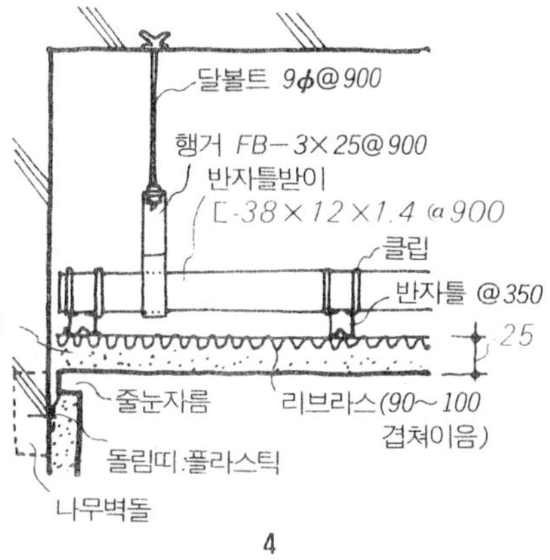

4

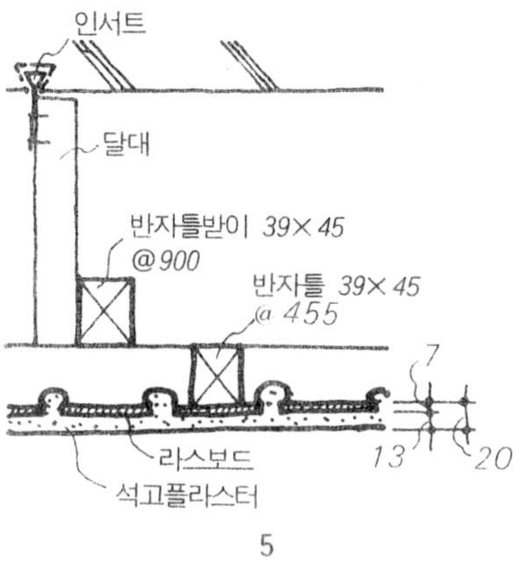

5

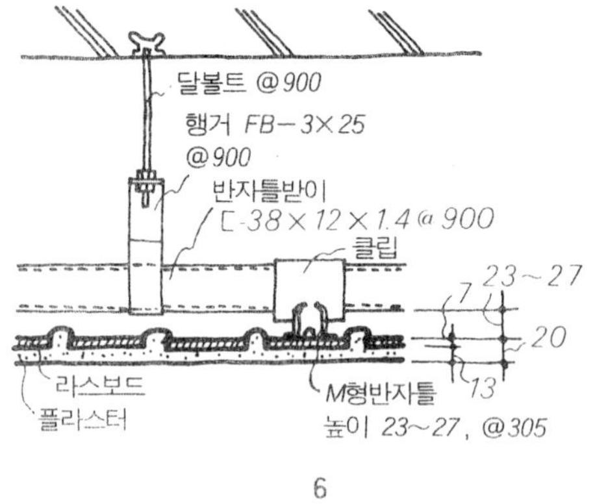

6

조립천장 마감

판 붙임 마무리

판 붙임 천장은 살대 반자와 치올림 천장으로 대별된다. 천장재로서의 널은 최근에는 명목 단판의 입수가 곤란해 졌으므로 합판이 많이 사용되고 있지만, 이것은 표면을 나뭇결로 마무리한 것으로 붙이는 법을 단판 붙임과 같다.

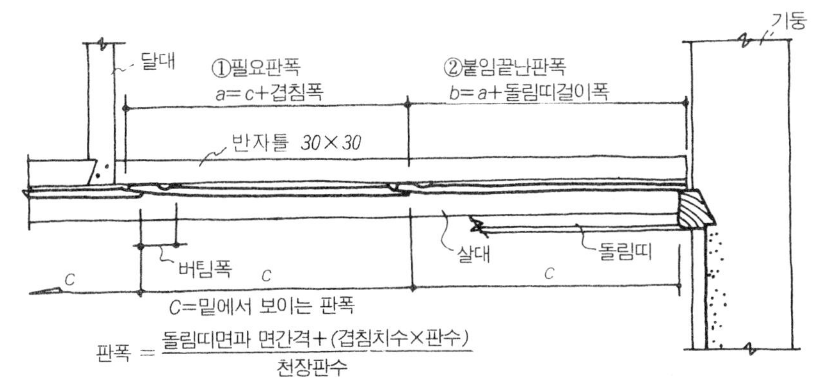

[살대 천장의 판폭의 결정 방법]

살대 반자의 경우

살대 반자는 가장 표준적인 한식 천장으로 오른쪽 위그림에 표시한 것처럼 반자에 붙인(숨긴 못질) 천장판을 치장 살대로 누른 형식의 것으로 판을 붙이는 방법, 돌림띠와 살대와의 관계 등이다. 천장판 폭의 결정을 도시했으나 이것은 의장에 의해 소폭물, 대폭물을 결정, 도시한 계산식을 사용하여 판 배분해서 소정의 치수의 판을 마련하게 된다.

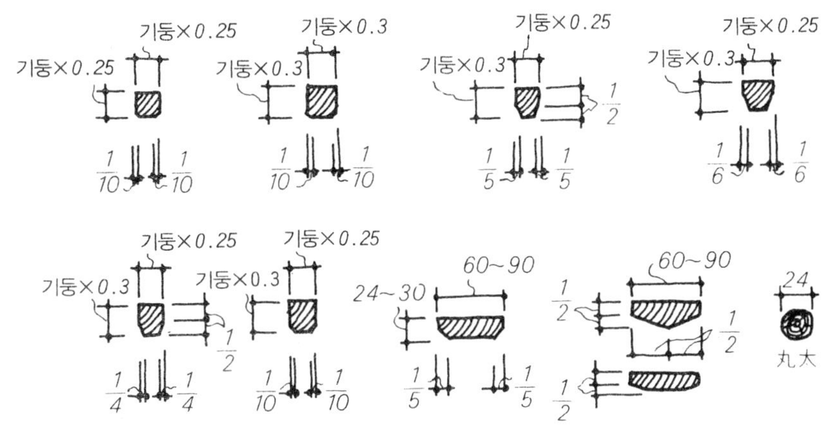

[살대 형상과 치수]

치받이 천장의 경우

예 1~예 5는 치받이 천장의 판 붙이기를 표시한 것이다. 모두가 틀 바탕은 목조로 하고 반자틀받이에 판을 숨긴 못질 또는 접착제 붙임으로 하나 줄눈은 일반적으로 예 1, 예 2와 같이 깔고 틈막이판 붙임으로 하고 있다. 예 3~예 5는 양실 또는 오피스의 천장 마무리에 사용되는 예이며, 유공 합판 붙임의 경우는 뇌천 못질로 하고 도장 마무리로 한다.

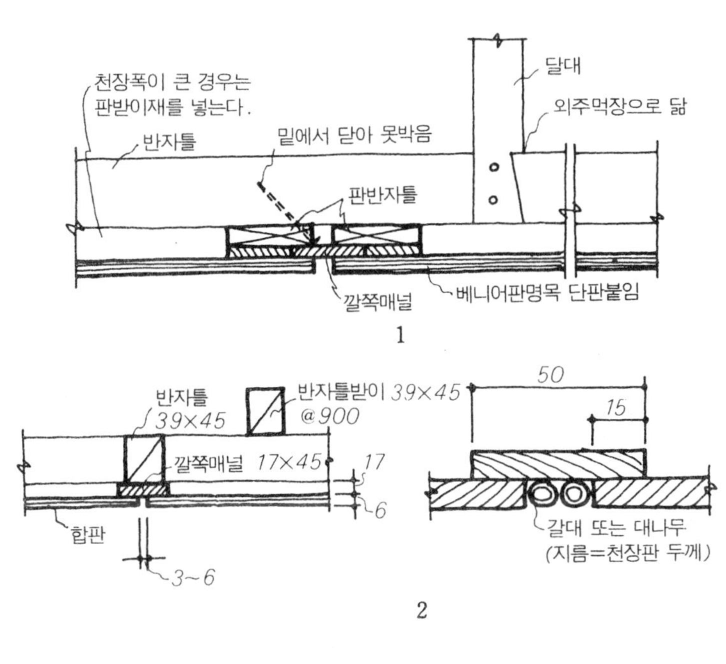

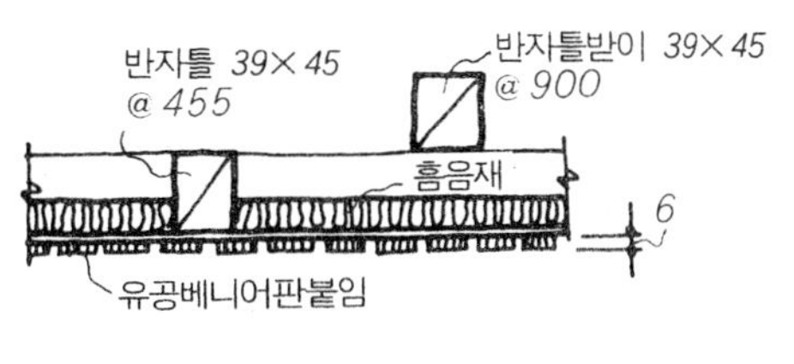

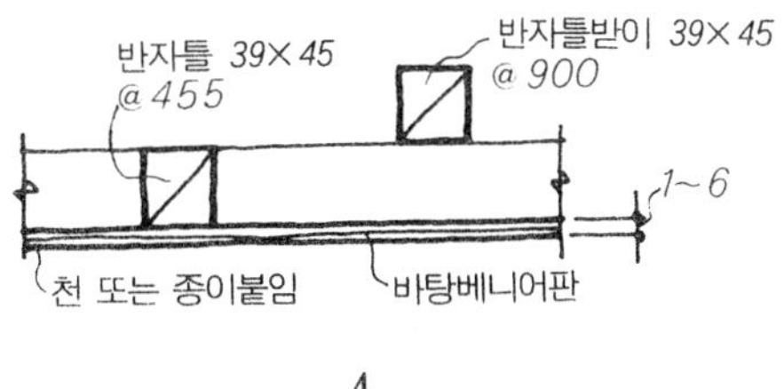

[치올림 천장 상세 예]

조립천장 마감

보드 붙임, 합판 붙임 마무리

보드, 합판류의 정척은 1,820×910mm이며, 그대로의 크기에서 양분한(910×910mm) 것으로 해서 사용하는 것이 보통이므로 반자(목제) 간격은 455mm 이하로 한다.

붙이는 법은 보드, 합판 붙임의 경우는 그 위에 도장 또는 천(종이) 붙임 마무리하므로 반자마다에 못(아연도금 못)질로 끝낸다. 붙이는 형식으로서는 방형 붙임, 흘려 붙임, 벽돌 붙임의 어느 것 하나를 사용한다.

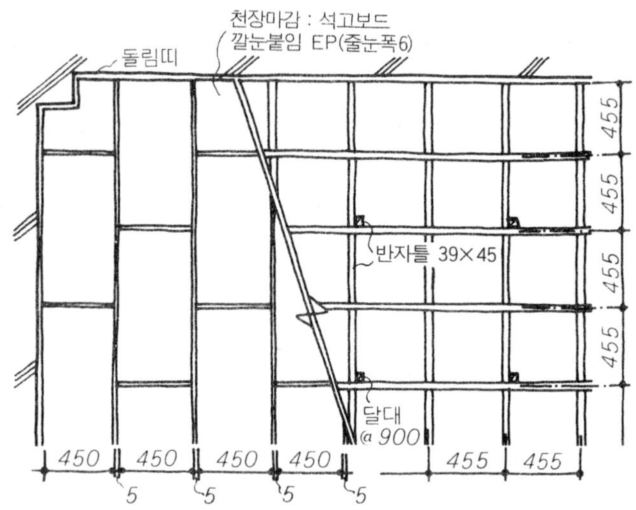

[반자 분할도]

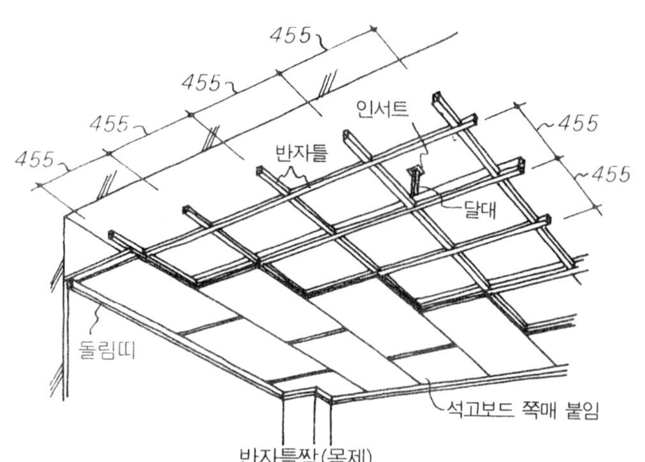

반자틀짬(목제)

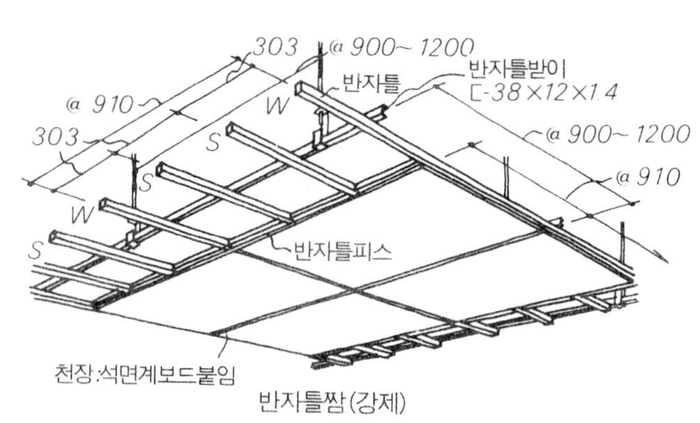

반자틀짬(강제)

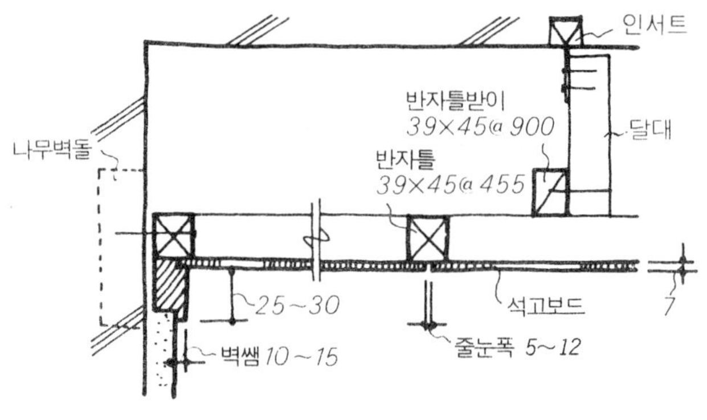

[목제 반자인 경우]

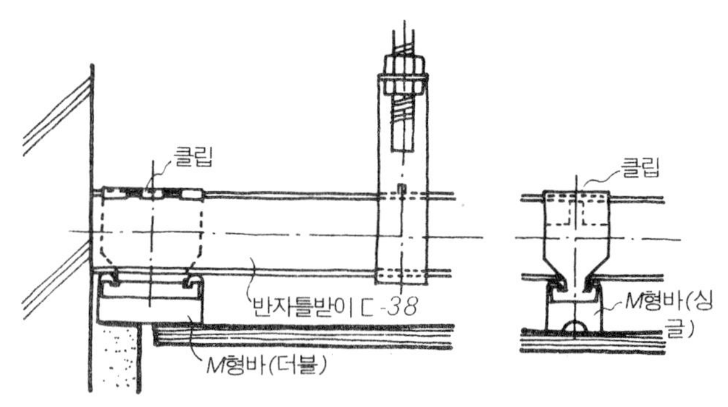

[강제 반자인 경우]

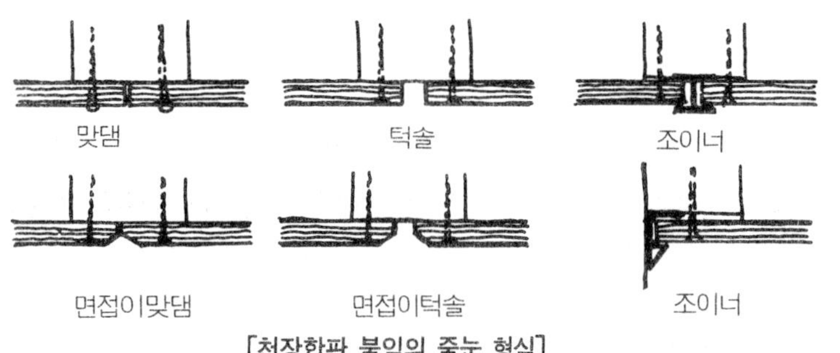

[천장합판 붙임의 줄눈 형식]

왼쪽 그림은 합판, 보드 붙임의 줄눈 형식을 표시한 것이다.

천 바름 마무리할 경우는 맞댐 줄눈으로 하지만, 이음새가 불평으로 마무리되므로 이음새 부분은 가늘게 못질(20cm 간격)할 필요가 있다. 이음새 부분의 불평 고름을 충분히 한 다음 천 바름 한다.

조립천장 마감

흡음판 붙임, 텍스 붙임 마무리

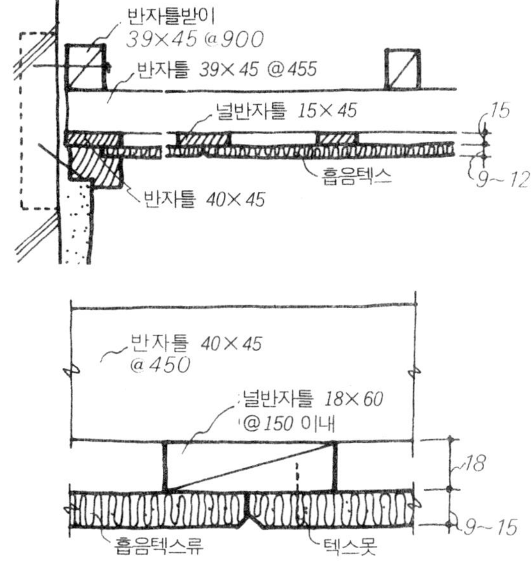

붙임상세

[흡음 텍스류의 붙임 목제 바탕인 경우]

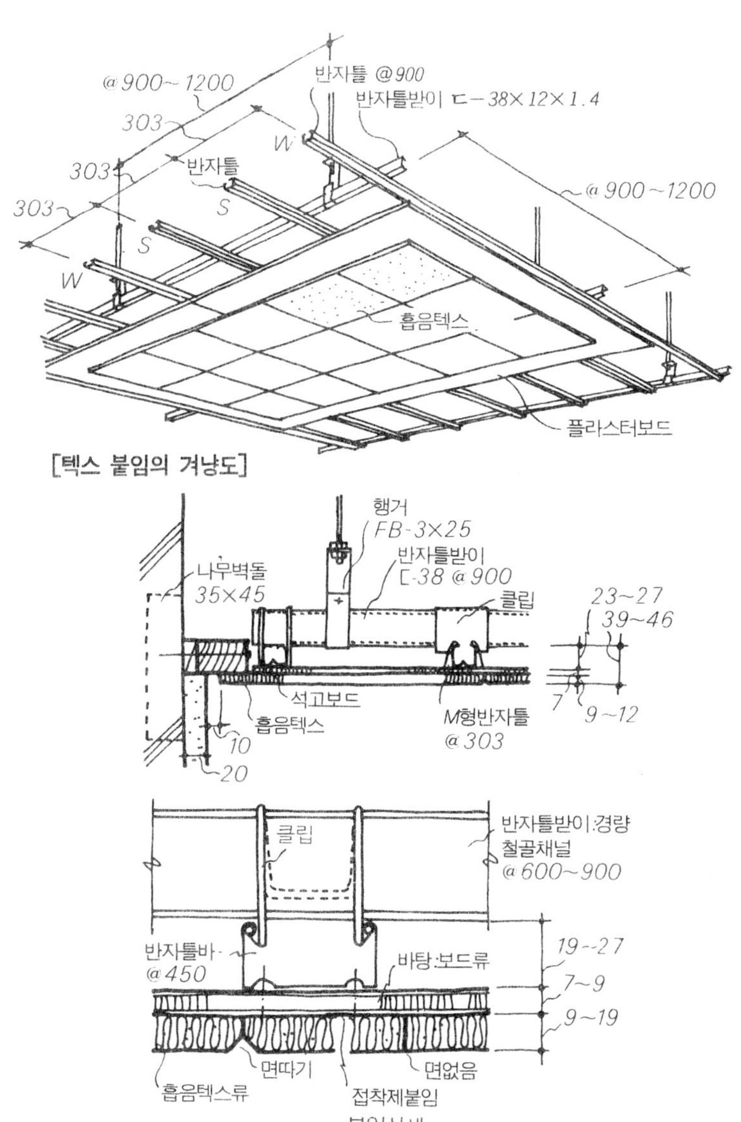

[텍스 붙임의 겨냥도]

붙임상세

[흡음텍스류의 붙임(강제바탕인 경우)]

흡음 텍스류는 그대로가 마무리면이 되므로 배분, 붙이는 법도 같이 검토해야 한다. 붙임 형식은 흐름 붙임, 벽돌 붙임의 두 가지가 있지만, 어떤 경우에도 돌림띠 근처가 대칭형이 되도록 성의있게 배분해야 한다.

배분 요령은 반자에 뗄대를 투시 붙임해서 흡음판을 못질하든지 반자에 밑창판(합판 등) 붙임한 다음 흡음판을 접착제로 붙이는 것이나 못질의 경우는 처지는 염려가 있으므로 접착제를 병용하는 것이 바람직하다.

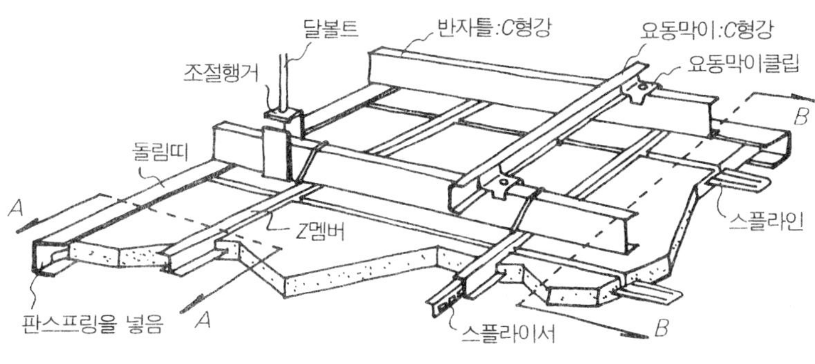

[석면판붙임 천장의 겨냥도]

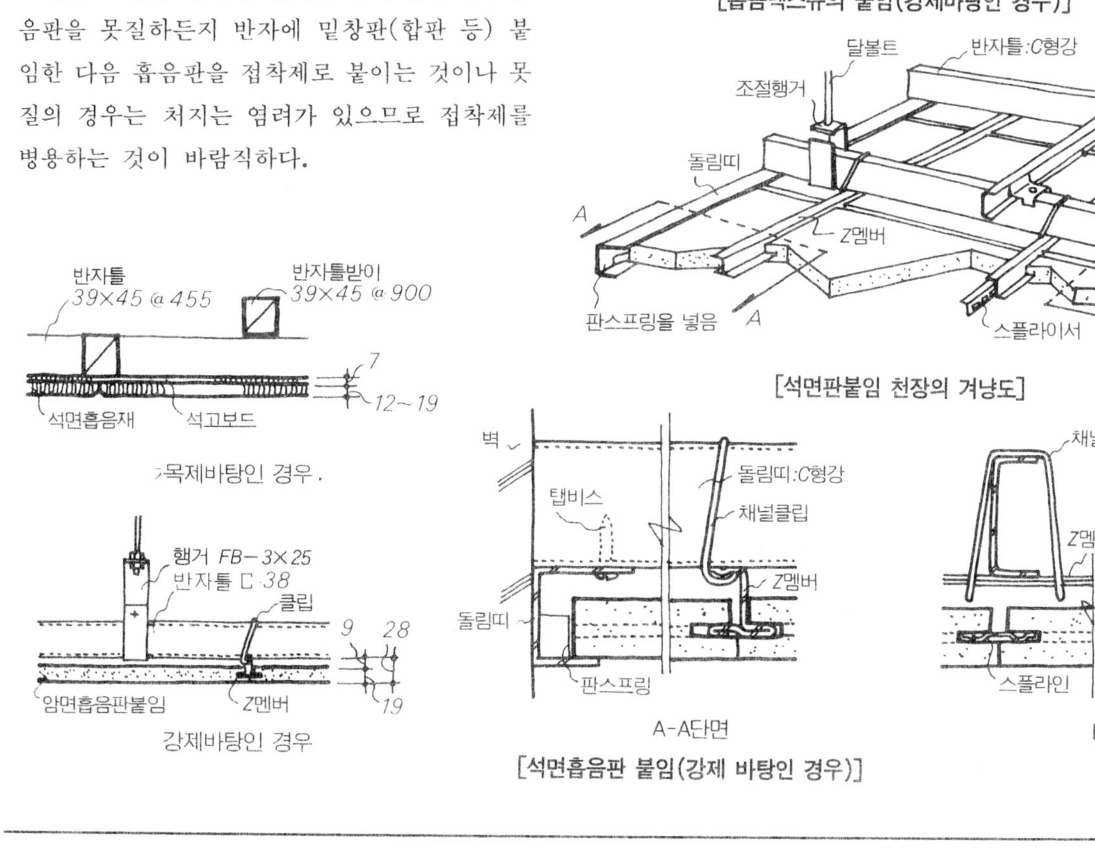

목제바탕인 경우

강제바탕인 경우

A-A단면

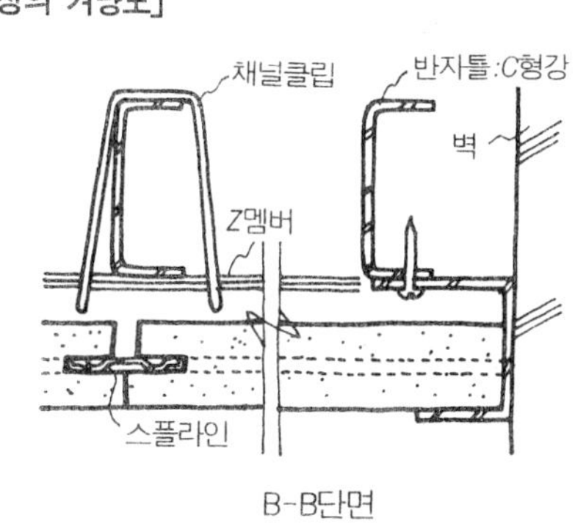

B-B단면

[석면흡음판 붙임(강제 바탕인 경우)]

조립천장 마감

금속판 붙임 마무리

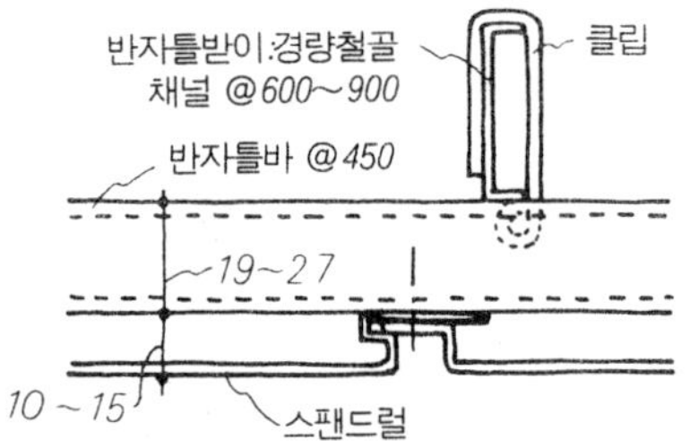

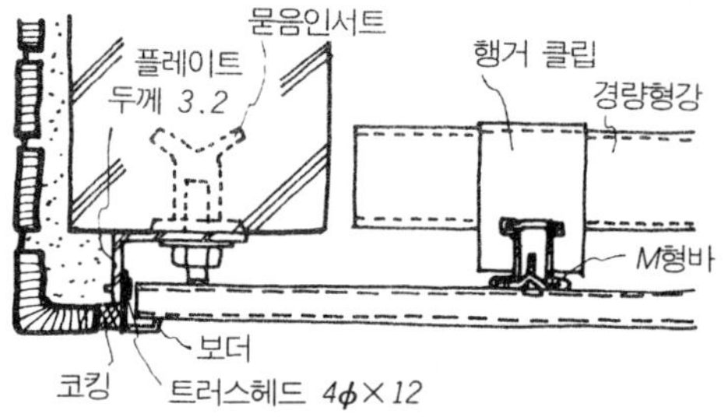

강제바탕인 경우(처마천장의 예)

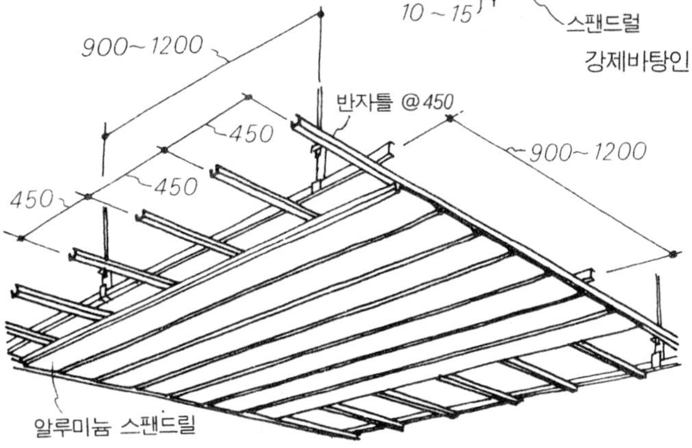

[스팬드럴 붙임의 겨냥도]

[스팬드럴의 단면형상]

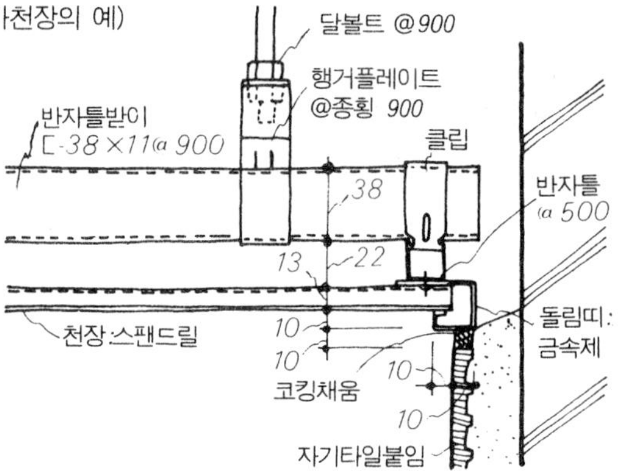

강제바탕인 경우(일반 예)

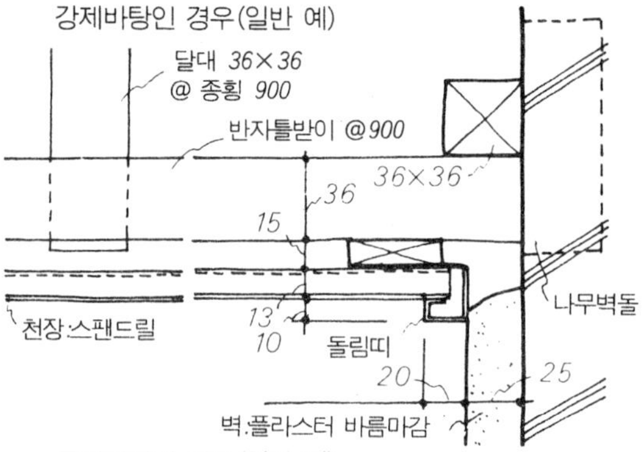

목제바탕인 경우(일반 예)

[예1 알루미늄 스팬드럴 붙임]

천장 마무리에 사용되는 금속판은 여러 가지 형상의 것이 있지만 도시한 바와 같은 장척물(스팬드릴)과 블록상(알루미늄 타일 등)의 것으로 대별할 수 있다. 블록상의 것은 반자틀받이에 못 또는 비스 고정(목제 바탕의 경우), 또는 M형바 고정으로 하고, 스팬드릴은 반자틀받이 비스 고정하는 것이 보통이다. 행커 플레이트 클립 등은 메이커 지정의 것을 사용한다.

스팬드릴은 길이 방향으로는 이어지지 않으므로 천장 크기와 스팬드릴의 길이를 충분히 검토하여 보 방향의 단변 방향으로 흐르도록 붙이면 된다. 스팬드릴의 선정에 있어서는 이 밖의 마무리 재료보다도 보수가 어렵기 때문에 조명 기구나 공조 관계 기구의 설치 구멍의 마무리에 대해서는 관계업자와 검토한 다음 채용한다.

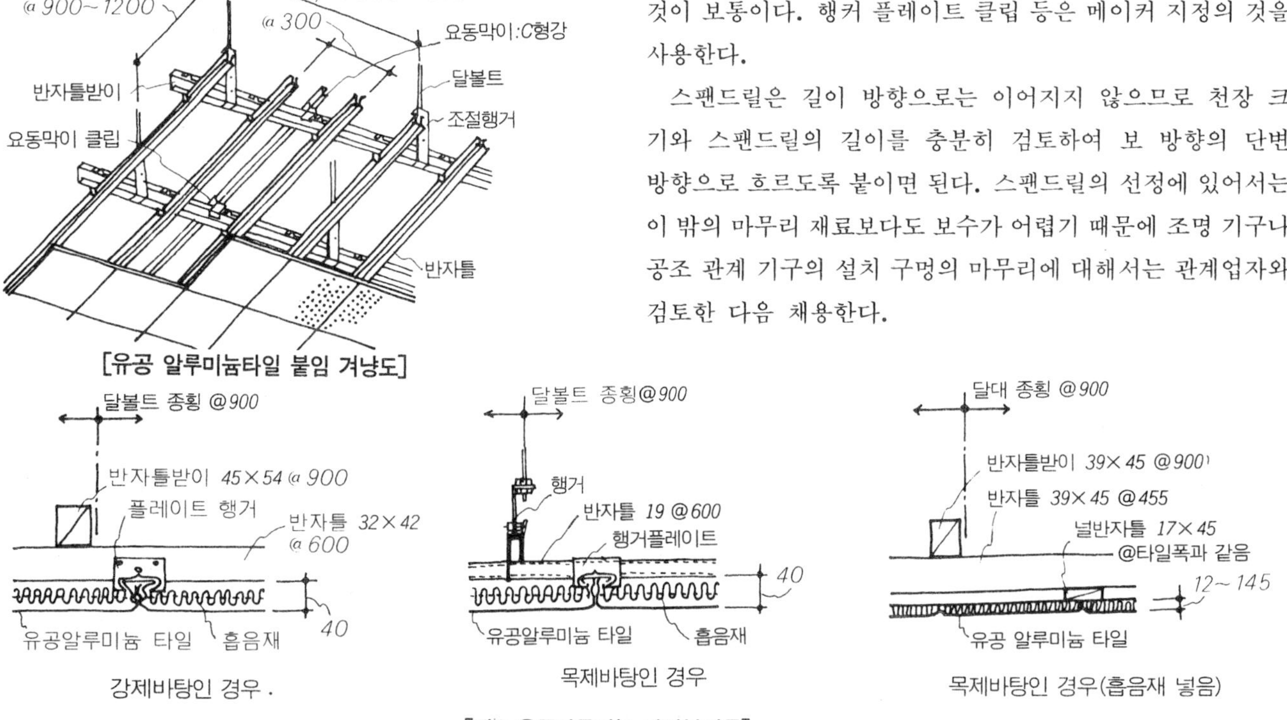

[유공 알루미늄타일 붙임 겨냥도]

강제바탕인 경우

목제바탕인 경우

목제바탕인 경우(흡음재 넣음)

[예2 유공알루미늄 타일붙임틀]

천장 돌림띠의 설치

목제 돌림띠의 아무림(1)

돌림띠는 천장과 벽의 마무리면으로 설치하는 것으로 재료, 형상도 여러 가지의 것이 있다.

직천장 마무리는 일반적으로는 그 마무리 자체가 의장적인 요구가 적은 것이므로, 돌림띠는 어디까지나 천장과 벽과의 구분으로 생각해도 된다.

층높이의 관계로 부득이 직천장 마무리하고 실의 의장적인 배려를 필요로 할 경우는 예3 이하에 표시한 것처럼 벽면의 마무리를 연구해서 이것을 보완하는 것이 보통이다.

돌림띠는 보통 목제 돌림띠로서 돌림띠의 가공에 있어서는 벽 마무리재, 천장 마감재와의 관계를 생각해서 개탕을 넣는다.

돌림띠의 설치 요령은 콘크리트 구체에 나무 벽돌을 매립하여 여기에 숨은 못질로 설치한다. 띠장에 붙이는 경우도 같이 못질 한다.

예 8, 예 9는 간막이의 머리 이음에 돌림띠를 붙인 예이다. 모두 숨긴 못질을 하나, 예 9와 같이 못질 고정한 경우는 머리를 없앤 못을 펀치 치기로 한 다음 퍼티를 발라 마무리하면 된다.

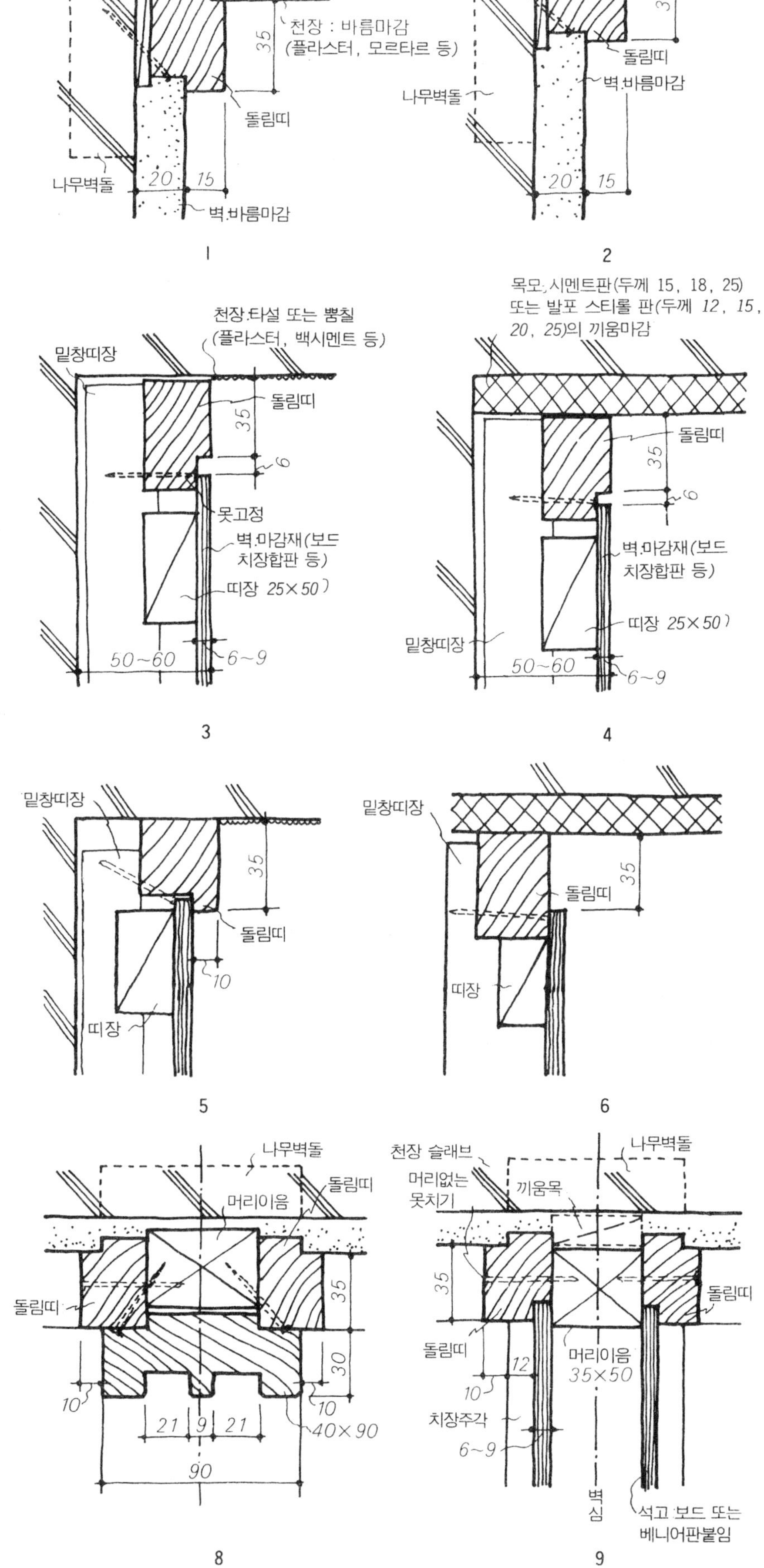

천장 돌림띠의 설치

목제 돌림띠의 아무림(2)

예 10~예 14는 틀천장의 경우 목제 돌림띠의 아무림 예를 표시한 것이다. 틀천장 벽과 천장의 마감재가 다르므로 원칙적으로 돌림띠를 넣어 마무리해서 다시 돌림띠의 형상도 의장적으로 여러 가지 연구가 되고 있다. 한실의 경우는 돌림띠를 그 자체 그대로 마무리하나 양실의 경우는 돌림띠를 도장 마무리하는 것이 보통이다.

목제 돌림띠를 붙이는 데는 원칙적으로는 벽(또는 기둥)에 숨긴 못질로 고정시키나 돌림띠의 형상에 의해서는 예 16에 표시한 것처럼 반자틀에 숨긴 못질도 할 때도 있다.

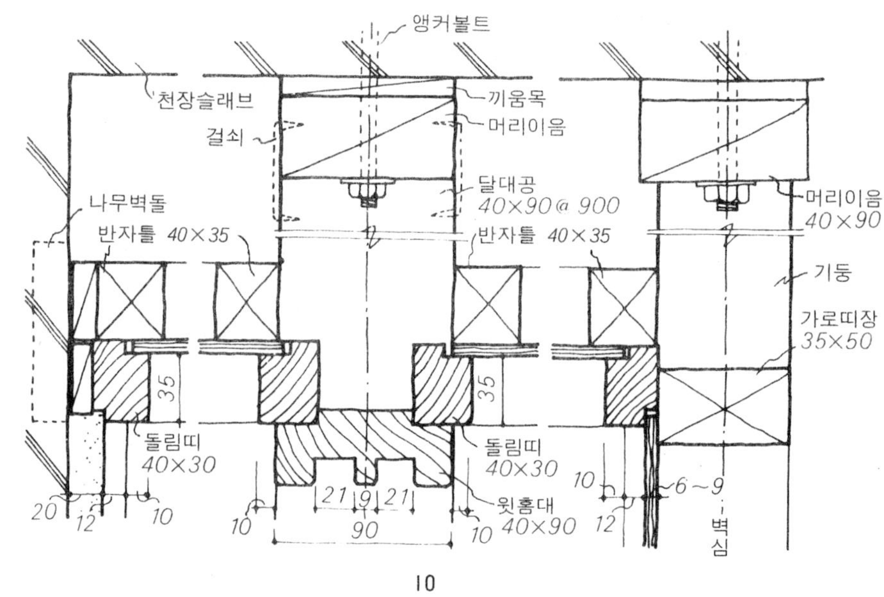

10

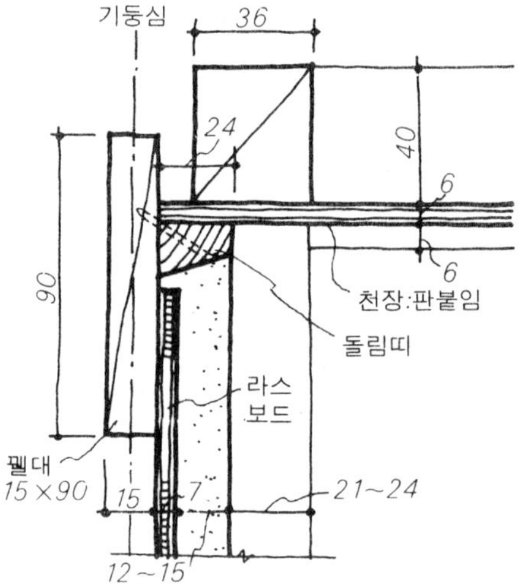

11

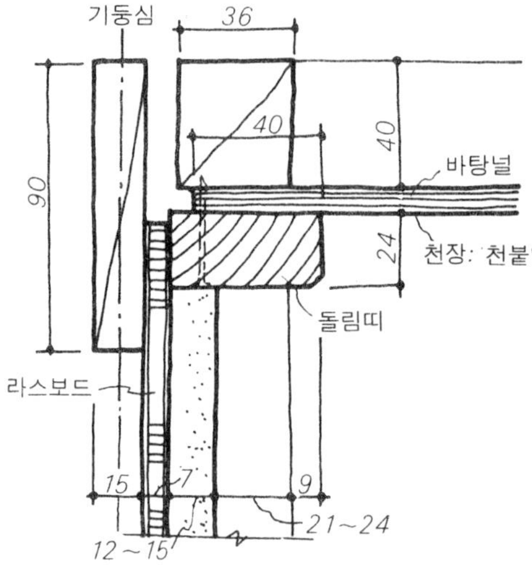

12

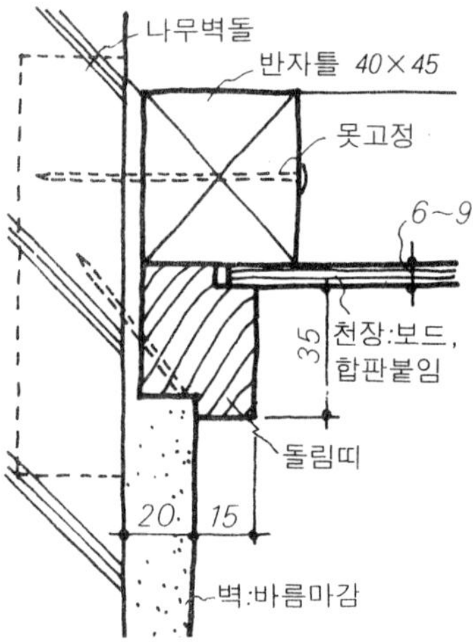

13

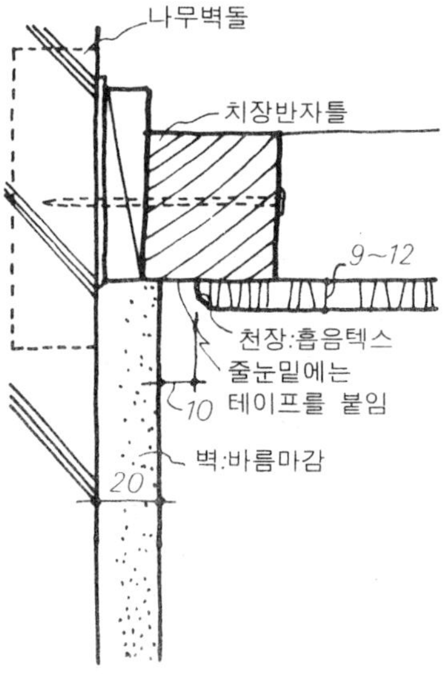

14

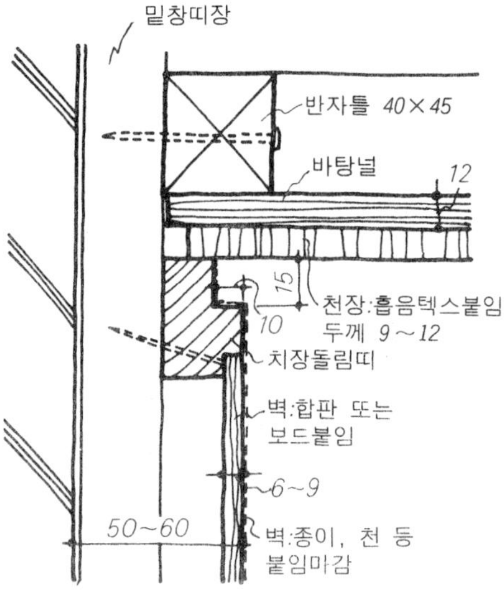

15

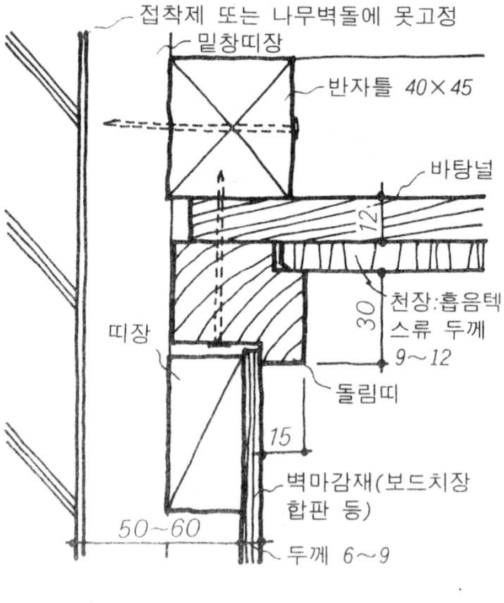

16

천장 돌림띠의 설치

금속제 돌림띠의 아무림

금속제 돌림띠는 사무소 건축 등의 실내의 돌림띠로서 사용되고 있지만, 재 자체가 경쾌한 느낌의 것이므로 일반적으로는 치장용이라기보다 천장재와 벽재의 마무리를 잘 하는 목적으로 사용된다. 따라서 알루미늄제의 것을 숨긴 돌림띠 형식으로 사용하는 예가 많다.

c
d
b
a
c
d
b
e
a

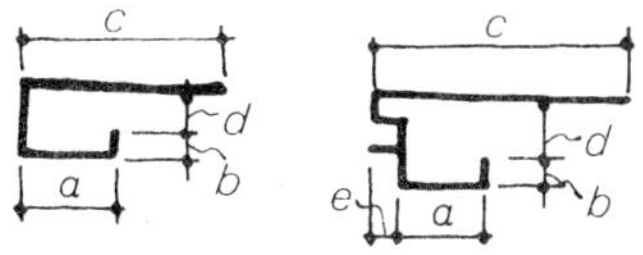

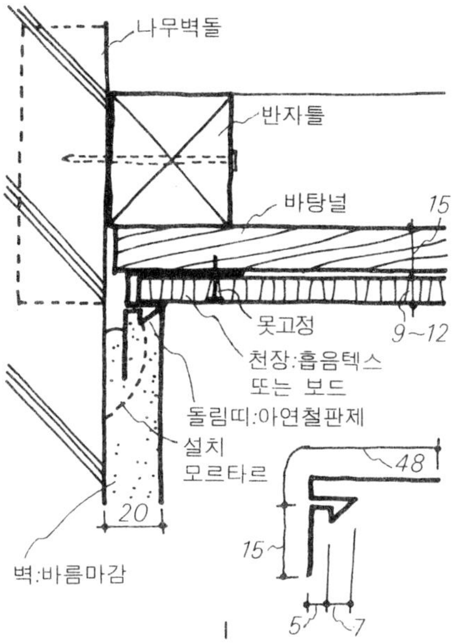

나무벽돌
반자틀
바탕널
15
못고정
9~12
천장:흡음텍스
또는 보드
돌림띠:아연철판제
설치
모르타르
48
20
15
벽:바름마감
5
7

1

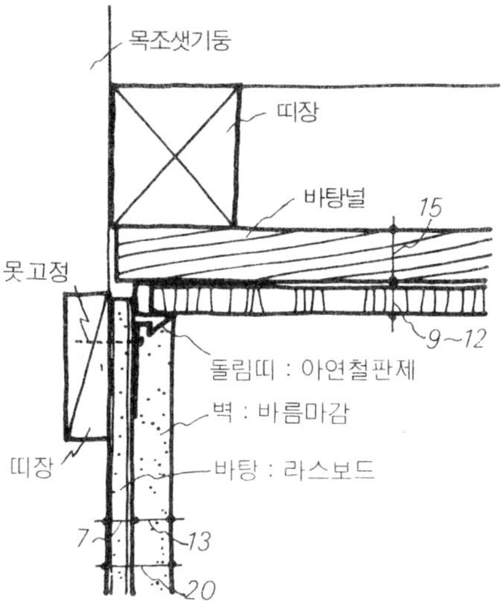

목조샛기둥
띠장
바탕널
15
못고정
9~12
돌림띠 : 아연철판제
벽 : 바름마감
띠장
바탕 : 라스보드
7
13
20

2

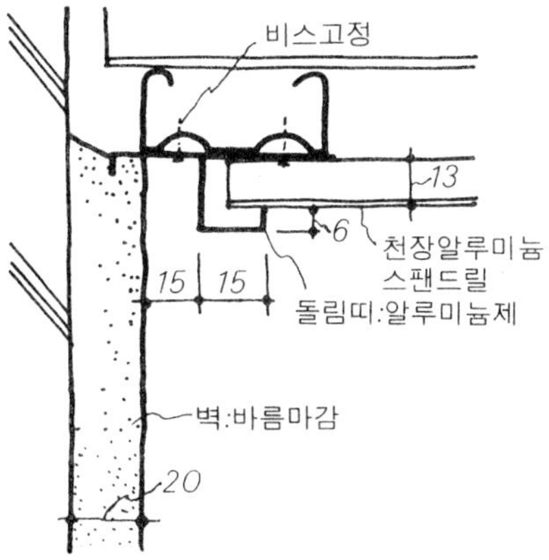

비스고정
13
6
천장알루미늄
스팬드릴
15
15
돌림띠:알루미늄제
벽:바름마감
20

3

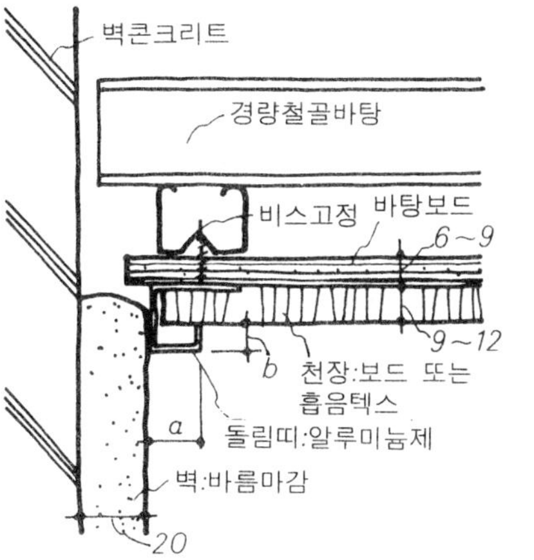

벽콘크리트
경량철골바탕
비스고정
바탕보드
6~9
9~12
b
천장:보드 또는
흡음텍스
a
돌림띠:알루미늄제
벽:바름마감
20

4

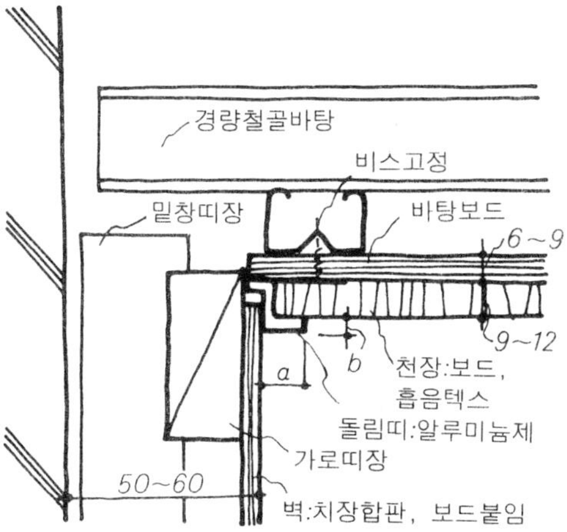

경량철골바탕
비스고정
밑창띠장
바탕보드
6~9
9~12
a
b
천장:보드,
흡음텍스
돌림띠:알루미늄제
가로띠장
50~60
벽:치장합판, 보드붙임

5

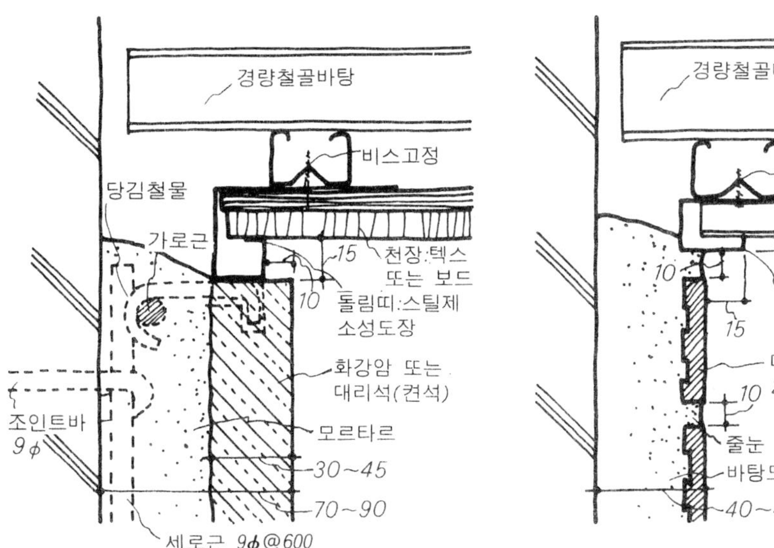

경량철골바탕
비스고정
당김철물
가로근
15
천장:텍스
또는 보드
10
돌림띠:스틸제
소성도장
화강암 또는
대리석(컨석)
조인트바
9ϕ
모르타르
30~45
70~90
세로근 9ϕ@600

6

경량철골바탕
비스고정
6
13
10
천장:알루미늄
스팬드릴
돌림띠:
알루미늄제
15
마구리타일 또는
2면떼기타일
10
줄눈
바탕모르타르
40~45

7

금속제 돌림띠에서는 예도에 표시한 것처럼 여러 가지의 형상이 있으므로 선정에 있어서는 벽면 및 천장면의 마무리 시방(바탕 구성 및 마무리 여분에 의해 달라진다)을 충분히 검토할 필요가 있다.

예 1, 예 2는 못질 고정의 경우 일반 예를 표시한 것이다. 돌림띠로서는 경량이므로 천장 바탕재에 못질을 하는 것도 가능하다. 예 3~예 7은 강제 반자틀에 비스 고정하는 경우의 예이다.

천장 돌림띠의 설치

플라스틱제 돌림띠의 아무림

플라스틱제 돌림띠도 금속제 돌림띠와 같이 사무실 건축 등의 벽과 천장 마무리를 잘 해줄 목적으로 사용되고 치장으로서는 숨긴 돌림띠 형식으로 다용되고 있다. 형상은 그림에 표시하는 것 외 메이커에 의해 여러 가지의 것이 만들어지고 있으므로 천장 벽의 마무리에 맞는 것을 선정하면 된다.

실체 요령은 예 1～예 4에 표시한 것처럼 앵커용의 다리(플라스틱제)를 모르타르로 붙여서 여기에 돌림띠를 고정시키는 형식의 것이나 일반적으로는 설치 시간이 걸리지 않는 예 5, 예 6에 표시한 숨긴 못질의 공법이 다용되고 있다. 이것도 금속제 돌림띠와 같이 벽 붙임과 천장 붙임이 사용 구분되나, 모두가 천장 벽의 마무리 전에 정확히 자리잡고 돌림띠를 설치한다.

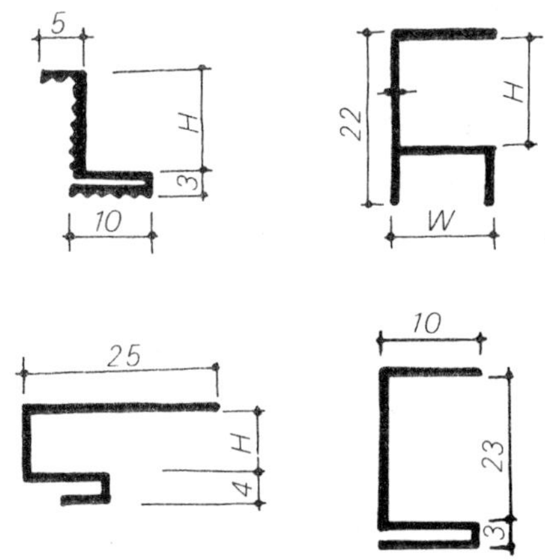

[플라스틱제 돌림띠의 단면 형상 예]

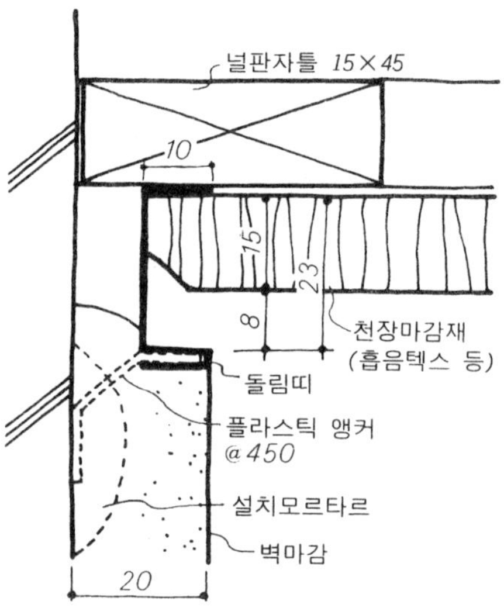

1

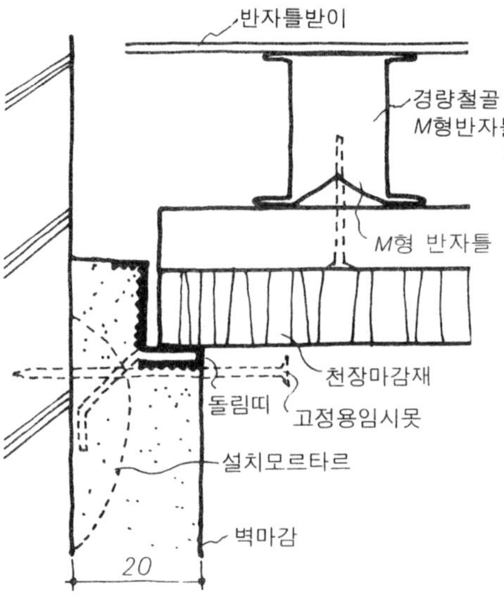

2

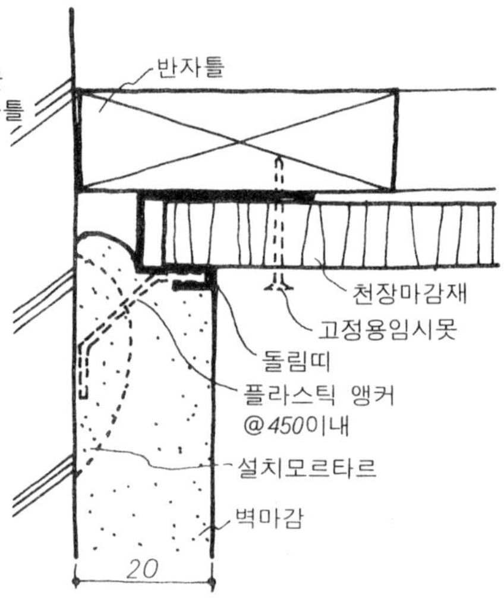

3

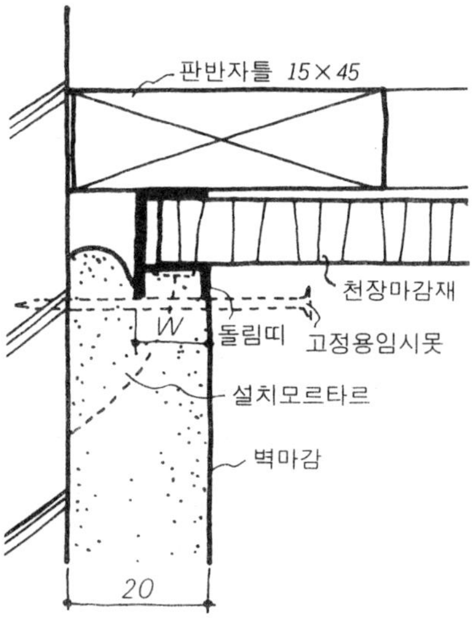

4

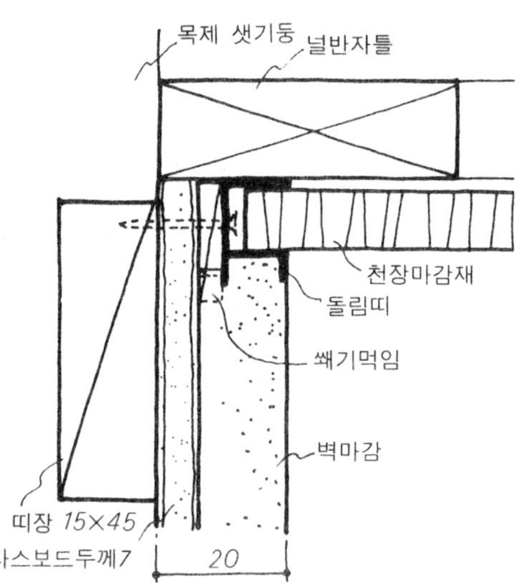

5

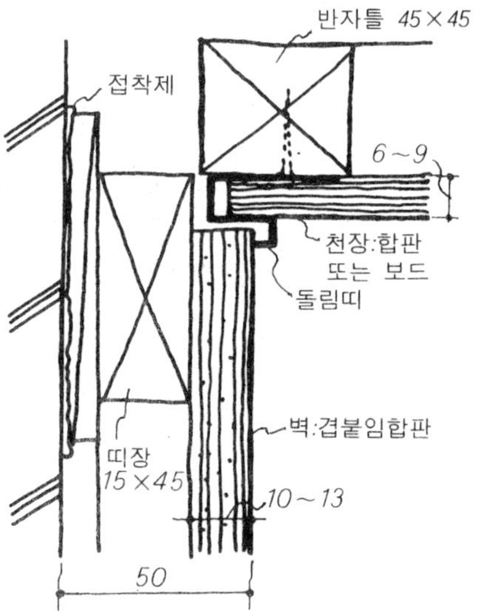

6

천장 돌림띠의 설치

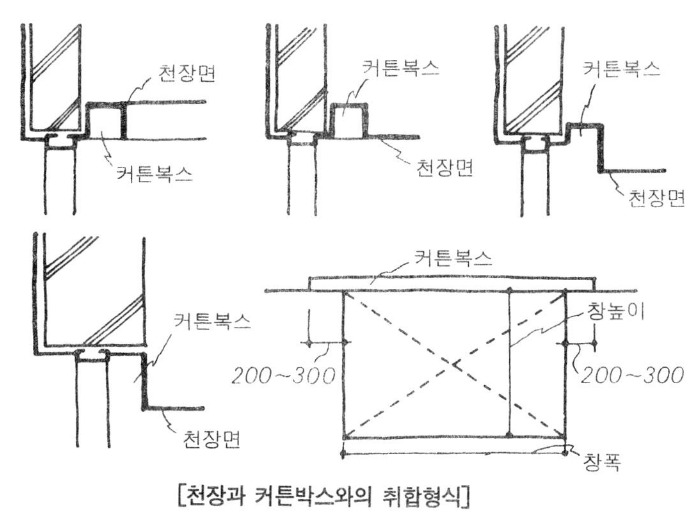

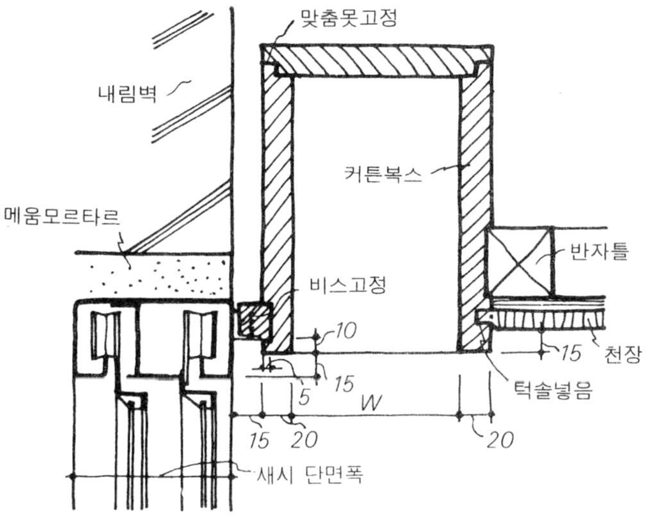

천장 커튼 박스와의 관계

개구부를 천장 높이까지 채워서 크게 잡은 경우는 오른쪽 그림에서와 같이 채양용의 커튼 또는 브라인드를 정리하는 박스와 치장 마무리는 달라진다. 일반적으로는 박스의 깊이는 블라인드의 수납고를 기준으로 하여 너비는 12～15cm로 하고 있지만, 박스와 천장 마무리들의 의장적으로 연구해서 디자인으로 살린 예가 많다. 더욱 커튼만의 경우는 블라인드보다도 박스의 깊이는 얕게 하는 것이 보통이다. 설치는 도시한 바와 같이 사전에 짜둔 박스를 개구부 틀과 천장의 틀 바탕으로 고정시킨다. 박스와 천장 마감재란 맞댐 또는 작은 구멍 뚫기의 형식으로 정리한다.

천장면
커튼복스
커튼복스
천장면
커튼복스
천장면
커튼복스
커튼복스
천장면
창높이
200～300
200～300
창폭

[천장과 커튼박스와의 취합형식]

맞춤못고정
내림벽
커튼복스
메움모르타르
반자틀
비스고정
10
15
천장
15
5
W
턱솔넣음
15
20
20
새시 단면폭

1

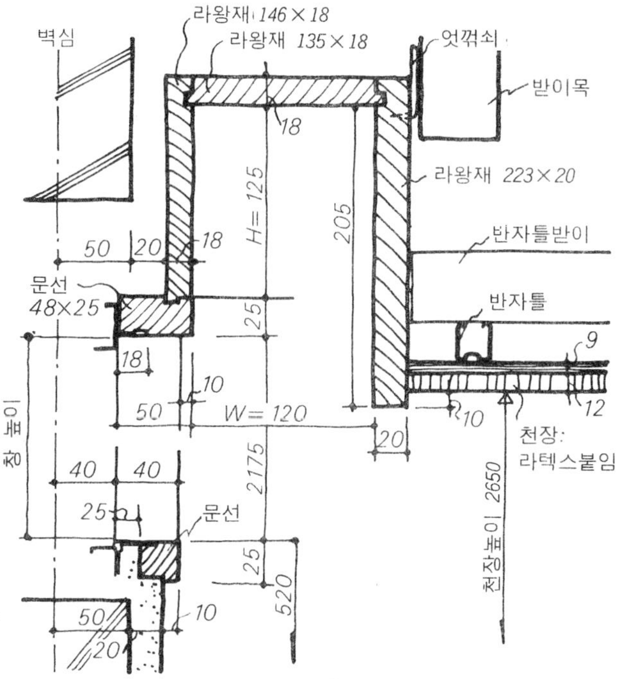

라왕재 146×18
라왕재 135×18
엇꺾쇠
벽심
받이목
18
라왕재 223×20
H=125
205
반자틀받이
50
20
18
문선 48×25
25
반자틀
9
18
10
50
W=120
10
12
20
천장: 라텍스붙임
창 높이
2175
40
40
천장높이 2650
25
문선
25
520
50
10
20

2

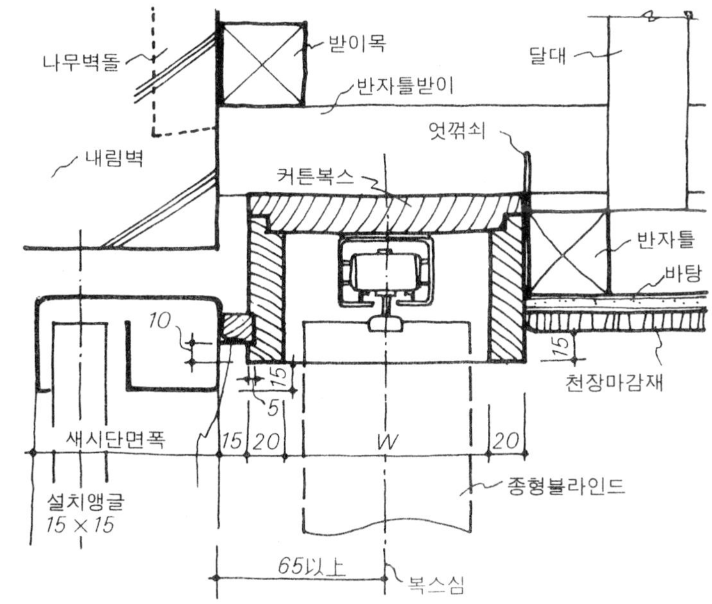

나무벽돌
받이목
달대
반자틀받이
엇꺾쇠
내림벽
커튼복스
반자틀
바탕
10
15
15
천장마감재
5
새시단면폭
15
20
W
20
종형블라인드
설치앵글 15×15
65以上
복스심

3

새시 앵커
커튼복스
코킹
15
새시
25

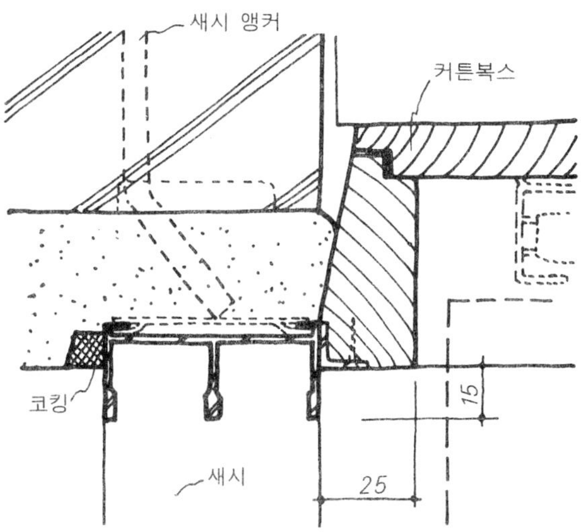

4

제8장

계단마감

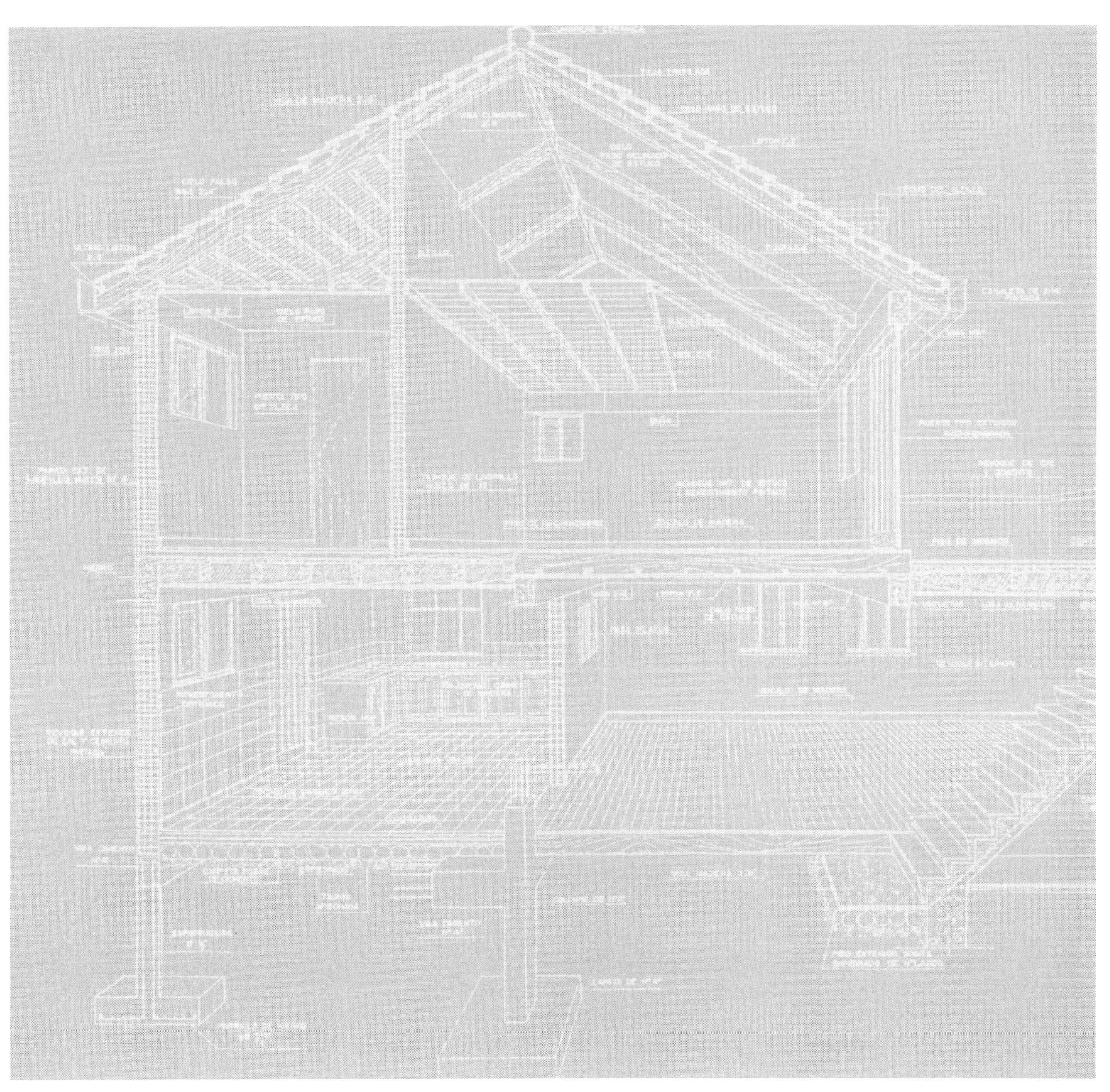

일반사항

계단은 위층과 아래층을 연결시키는 통로이나 그 구성이나 마무리는 용도, 구조체, 마감재, 형식, 의장 등의 차이에 의해 종류가 있다.

계단은 오름계단뿐 아니고 중층, 고층의 건축물에서는 외부 출입구 근처의 계단(석조)이나 피난 계단(일반적으로는 철골조) 등의 옥외 계단도 있지만, 어떤 경우도 그 구성 마무리, 형식, 의장 등은 모두 건축물의 용도, 기능에 적합한 것을 선정하여야 한다.

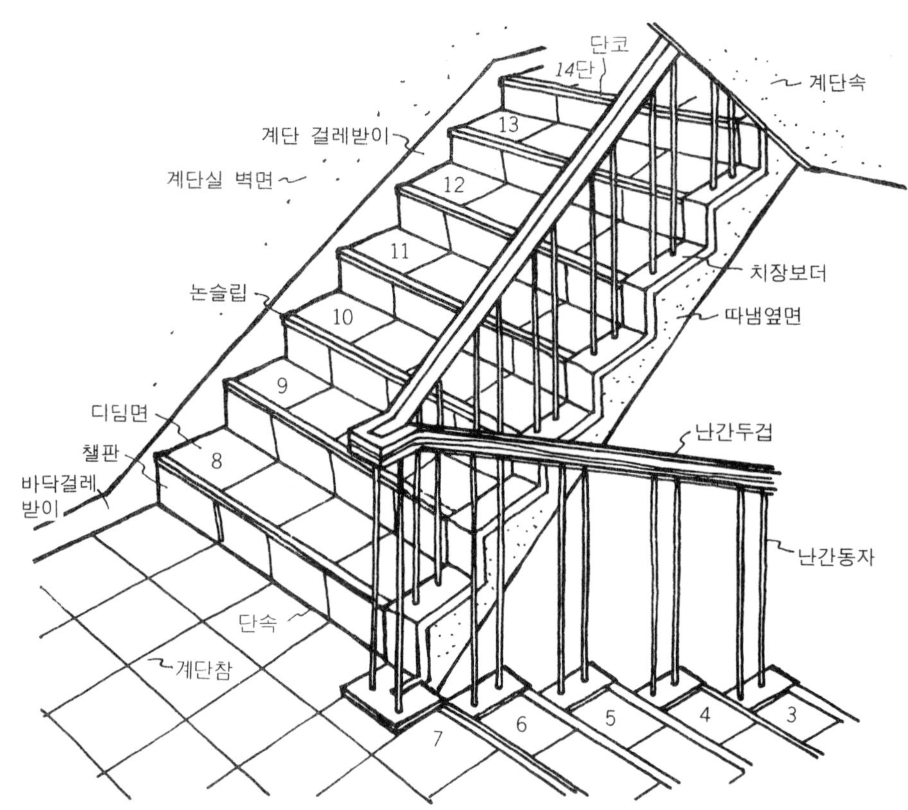

[계단의 의장 예]

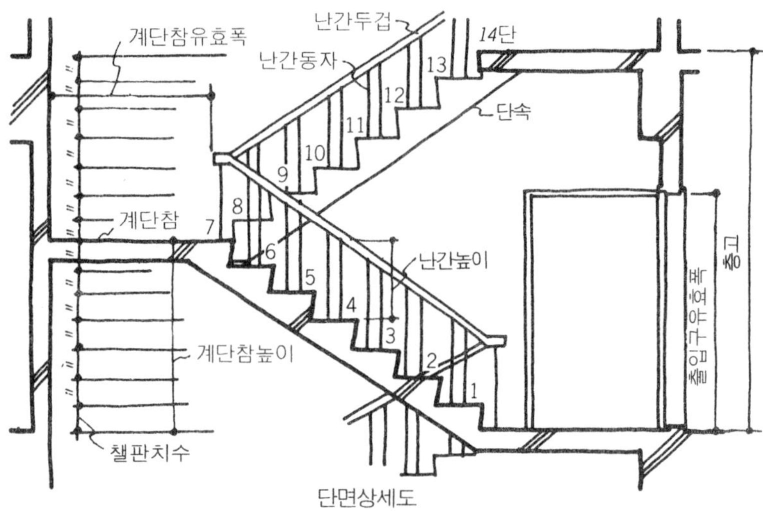

단면상세도

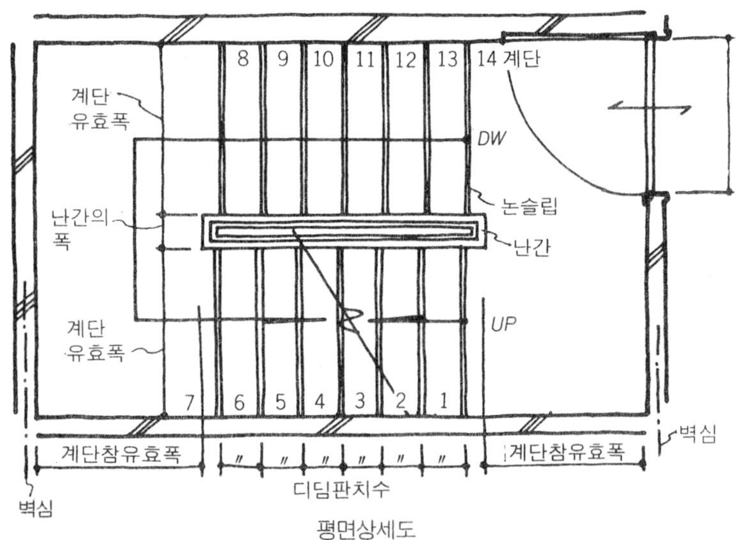

평면상세도

[계단의 구성 예]

계단의 구성

계단은 단을 형성하는 디딤판, 챌판과 계단참, 난간으로 구성이 되지만, 구조 주재의 차이에 따라 그 가구 방법은 달라진다. 다음으로 그 요점을 기술한다.

① 철근 콘크리트조 계단…주체가 철근 콘크리트조의 경우는 계단도 일체로 하여 만들어지고, 구축이 용이하며 마감재와의 관계도 원만하고, 내화성도 우수하므로 가장 많이 사용된다. 일반적으로는 슬래브식이 많으나, 의장적인 면에서 단보식, 일단 캔틸레버보식의 구성을 채용할 때도 있다.

② 석조 계단…주로 옥외 출입구 둘레에 사용되는 계단으로 돌을 두는 경우, 돌 붙임하는 경우도 콘크리트로 바탕 조성을 해서 모르타르로 붙인다. 식재로서는 화강암, 안산암 등이 사용된다.

③ 철골조 계단…주로 옥외 피난 계단으로서 사용된다. 가구법은 사용 강재에 의해 달라지나, 지주에 도리를 걸쳐서 단판을 설치하여 구성하는 것이 보통이다. 접합은 용접 또는 볼트 조임으로 한다.

일반사항

계단의 형식

계단은 그 형식에 따라 직계단(직선계단), 꺾인 계단, 돌림 계단, 나선 계단으로 분류되지만, 일반적으로는 도시한 명칭으로 일컬어지는 때가 많다.

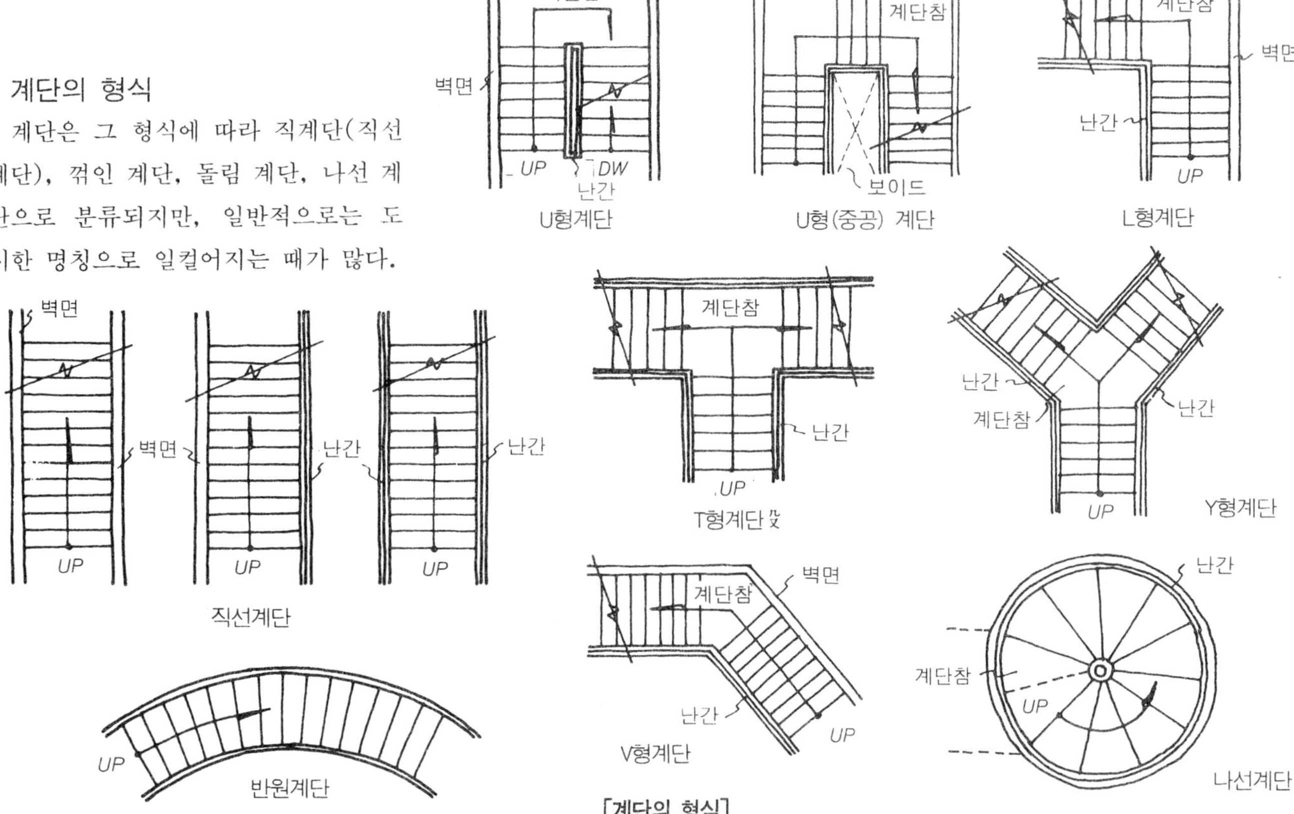

[계단의 형식]

법규제의 요점

계단은 보안상 아래 표와 같이 법령에 의해 규제된다. 즉, 건축물의 용도(사용자수)에 의해 또 건축물의 주요 사용자의 연령에 따라 계단폭, 계단참의 크기, 디딤판, 챌판의 크기, 난간 높이 등이 규제되어 있다. 오른쪽 그림은 각 부의 치수를 잡는 법을 표시한 것이다.

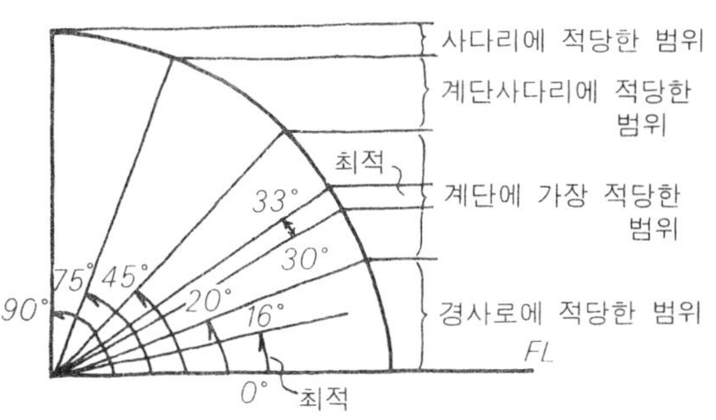

[계단, 사로 물매]

계단의 치수 규제(건축법) (단위 cm)

	계 단 의 종 류	계단폭 계단참폭	챌 판 치 수	디딤판 치 수
①	국민학교에서의 어린이용의 것.	150이상	16 이하	26 이하
②	중학교 혹은 고등학교에 있어서의 학생용의 것, 또 점포(바닥 면적의 합계가 1,500m² 이상의 것), 극장, 영화관, 연예장, 관람장, 공회당 혹은 집회장에 대한 객용의 것.	150이상	18 이하	26 이상
③	직상층의 거실 바닥 면적의 합계가 200m²를 넘는 지상층 또는 거실의 바닥 면적의 합계가 100m²를 넘는 지하층 혹은 지하 공작물 내에 대한 것.	120이상	20 이하	24 이상
④	①에서 ③까지에 열거한 계단 이외의 것.	75 이상	22 이하	21 이상
⑤	옥외 계단(직통 계단)	60 이상	①~④에 의함.	
⑥	그 밖의 옥외 계단	60 이상		
⑦	주택의 계단(공동주택의 공용의 것을 제외)	60 이상	23 이하	15 이상

[계단의 각부 치수의 산정]

일반사항

계단 마무리의 요점

계단 마감재의 아무림으로서는 디딤판, 챌판, 논슬립, 걸레받이, 난간 등의 관계가 요점이 된다. 이들의 정리는 가구형식 마감재의 차이에 따라 약간 달라지나, 여기서는 기본적인 문제만을 열거해 둔다.

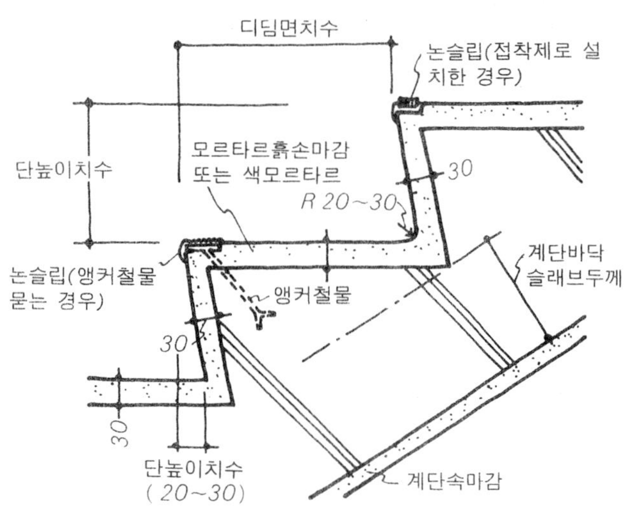

[디딤판과 챌판의 아무림]

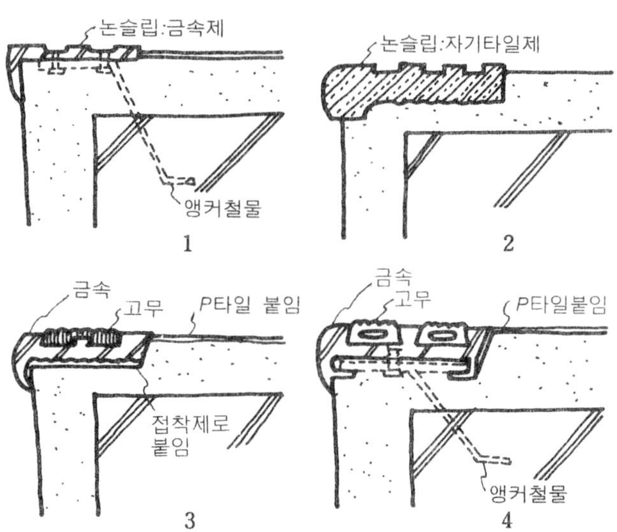

[논슬립의 설치]

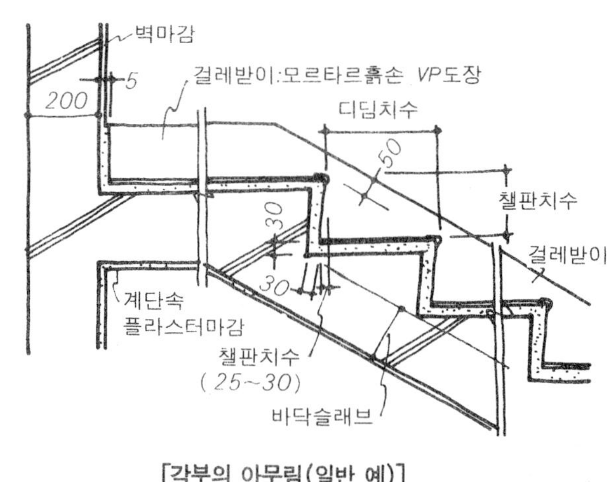

[각부의 아무림(일반 예)]

디딤판은 사용 빈도에 따라 마감재를 선정한다. 즉, 역사와 같이 통행인이 많은 계단은 자연석(화강암) 등의 마모도가 낮은 재료를 사용하고, 이용자가 적은 경우는 마모성보다 방화성, 방음성을 중시하는 등 재료의 선택 기준은 다양하다.

챌판은 디딤판과 동재를 사용하는 예가 많으나, 의장적으로 다룰 때는 재질보다 색채에 중점을 두고 재료를 결정할 때도 있다.

논슬립은 미끄럼막이와 동시에 단 모서리를 보호하는 역할을 다하고 있다. 재질로서는 금속제(철제, 황동제, 스테인레스제 등), 고무제, 합성 수지제, 자기 타일제 등이 있지만, 용도 및 마무리 정도에 비해서 선택하면 된다. 일반적으로는 고급 마무리는 스테인레스제, 중급 마무리의 경우는 황동제를 사용하고 있다. 실제 치수는 도시한 바와 같이 앵커철물을 사용하든지 접착제로 붙이든지 하나 최근에는 접착제의 품질 향상에 의해 접착재 사용 예가 많다.

계단 걸레받이는 도시한 바와 같이 단형에 대하여 직선적(일반 예)으로 정리하는 경우와 단형에 맞춰 박공형으로 정리하는 경우가 있다. 실내 바닥의 걸레받이와 같이 내민걸레받이, 들어간 걸레받이, 줄눈 끊기 걸레받이가 있고, 이들의 정리는 재료 종류에 따라서도 다르다.

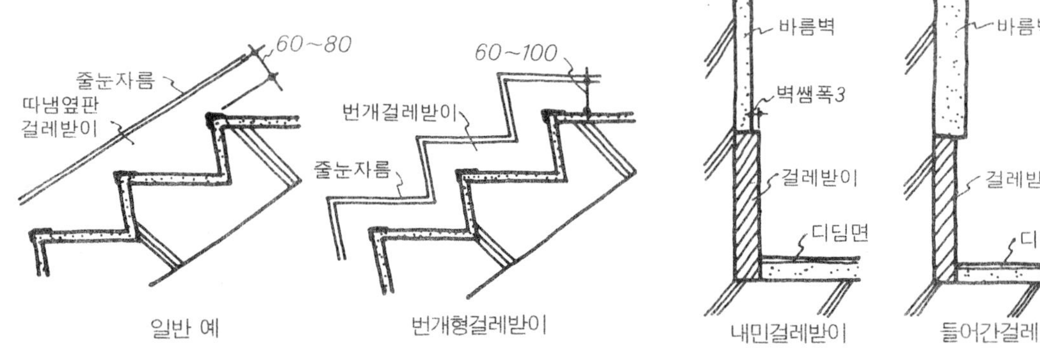

[계단 걸레받이의 아무림]

철근콘크리트조 계단

바름 마무리

모르타르 바름 마무리는 주로 공동 주택의 계단이나 빌딩의 옥외 피난 계단에 사용되고 있다. 옥외 오픈 계단으로 하는 경우의 계단참 바닥에는 수평 물매를 잡고 계단 난간의 발판에는 배수구(깊이 9~15mm, 너비 30~35mm 정도)를 설치하는 것이 보통이다.

도장 마무리의 요령은 바탕과의 표면 분리를 막기 위해 바탕을 충분히 청소하고 습윤시킨 다음 모르타르를 바른다. 마무리면에 흙손 얼룩이 생기지 않도록 주의한다.

각 부의 정리 요령은 아래 그림에 표시했으므로 참조바란다.

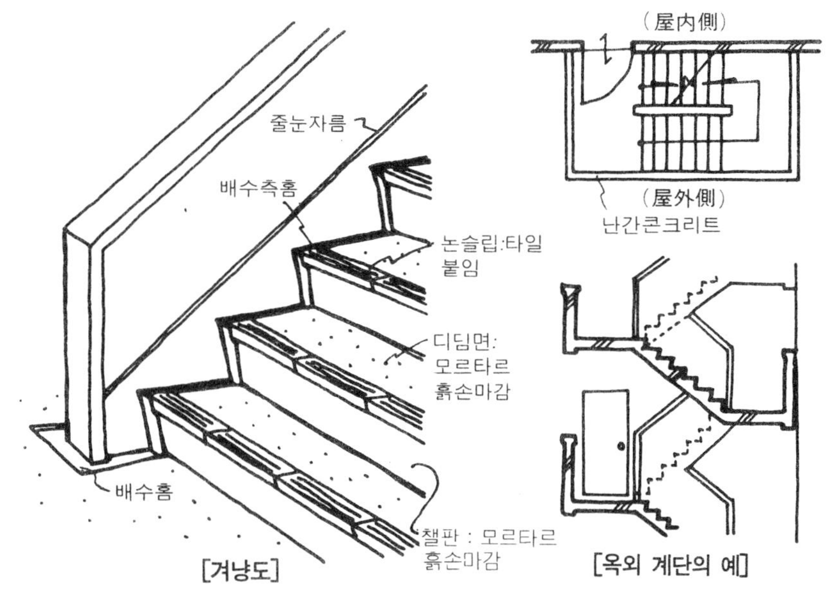

줄눈자름
배수측홈
논슬립:타일
붙임
디딤면:
모르타르
흙손마감
배수홈
챌판 : 모르타르
흙손마감

[겨냥도]

(屋内側)
(屋外側)
난간콘크리트

[옥외 계단의 예]

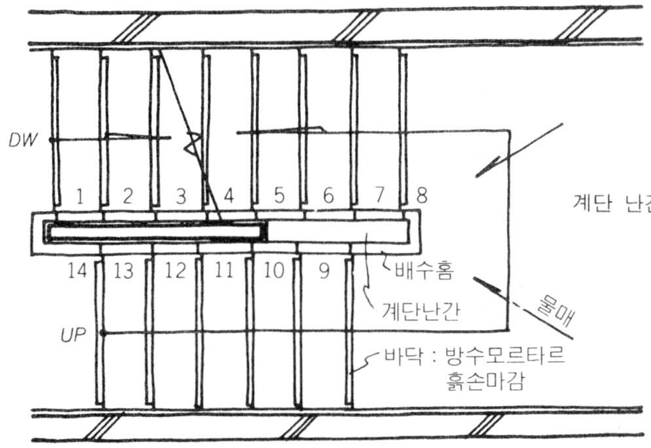

DW
1
2
3
4
5
6
7
8
14
13
12
11
10
9
배수홈
계단난간
물매
UP
바닥 : 방수모르타르
흙손마감

[평면상세도]

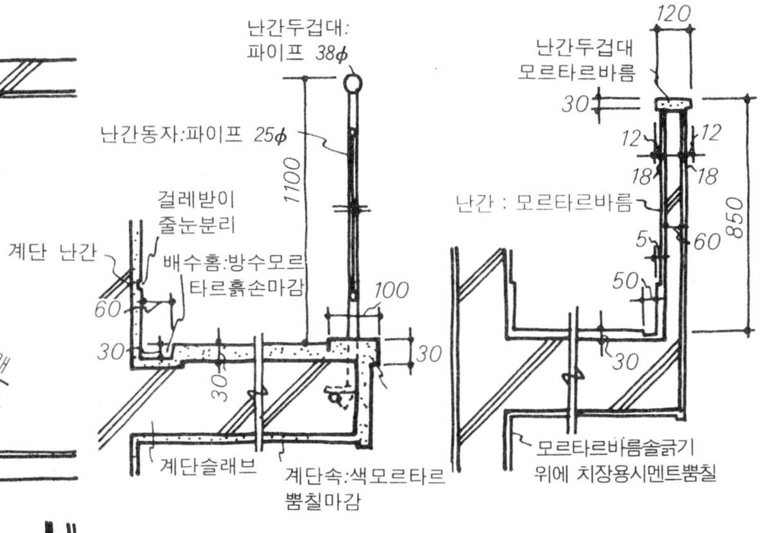

난간두겁대:
파이프 38φ
난간동자:파이프 25φ
1100
걸레받이
줄눈분리
계단 난간
배수홈:방수모르
타르흙손마감
60
100
30
30
30
계단슬래브
계단속:색모르타르
뿜칠마감
120
난간두겁대
모르타르바름
30
12
12
18
18
난간 : 모르타르바름
850
5
60
50
30
모르타르바름솔긁기
위에 치장용시멘트뿜칠

파이프제 난간인 경우

콘크리트제 난간인 경우

[계단난간의 아무림]

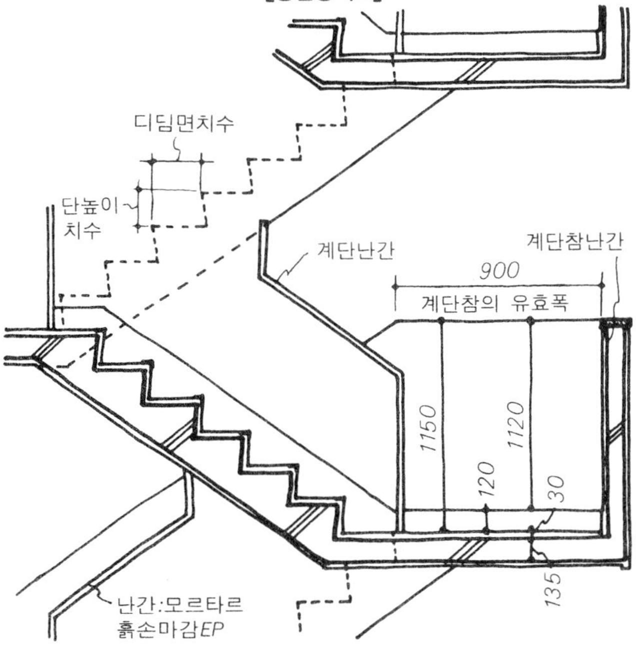

디딤면치수
단높이
치수
계단난간
계단참난간
900
계단참의 유효폭
1150
1120
120
30
135
난간:모르타르
흙손마감EP

[단면 상세도]

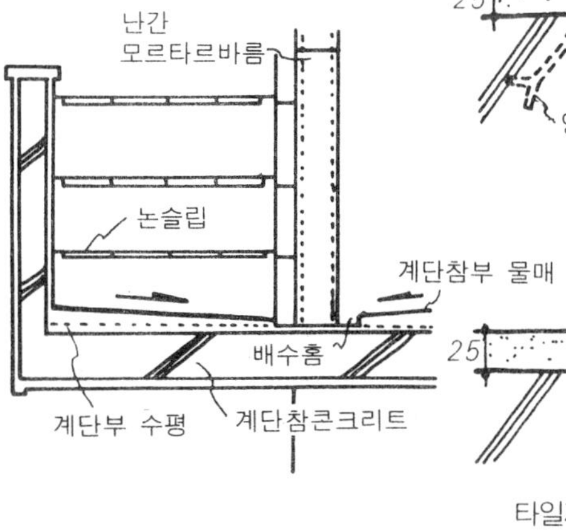

난간
모르타르바름
논슬립
계단참부 물매
배수홈
계단부 수평
계단참콘크리트

[계단참의 물매의 측홈]

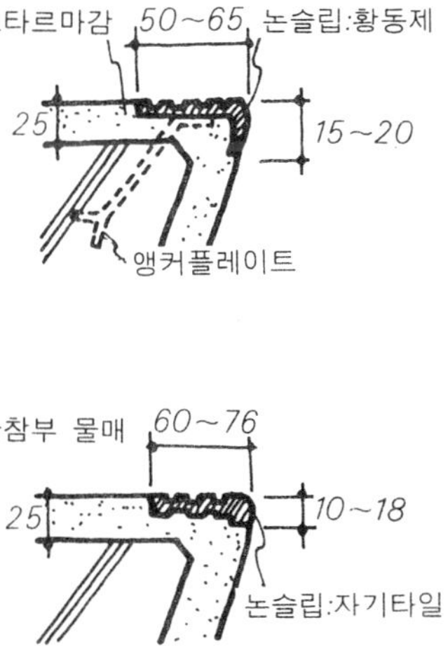

디딤면:모르타르마감
50~65
논슬립:황동제
25
15~20
앵커플레이트
60~76
25
10~18
논슬립:자기타일

타일제 논슬립인 경우

[논슬립의 아무림]

철근콘크리트조 계단

플라스틱게 타일 붙임 마무리(1)

최근의 건축물에서는 바닥이나 계단의 마무리를 플라스틱계 타일(통칭 P타일) 붙임 하는 예가 많다. 이것은 보행시의 반향이 작고, 튼튼하고 또한 청소도 용이하다는 이점이 많기 때문이다.

디딤판, 챌판 모두 바탕 모르타르가 마른 다음 접착제로 P타일을 붙이나, 디딤판과 챌판의 구석 부분은 상세도에 표시한 것처럼 각으로 하는 경우와 둥근면 마무리하는 경우가 있다. 논슬립은 최근에는 접착제 공법이 다용되고 있다.

계단 걸레받이는 도시한 바와 같은 테라조 블록(2~3단 정도)을 맞댐 붙임 하는 내민 걸레받이(원척도에 의해 공장 제작)이 다용되고 있다. 또 치장 계단의 경우는 난간측의 옆판면을 도시한 바와 같은 보더를 설치해서 마무리한다. 보더는 난간동자의 위치 구멍을 뚫은 공장 제품(나머지는 치장 와셔로 숨긴다)으로 정리되고 단면도에 표시한 것과 같다.

단 뒷면은 옆판을 먼저 발라서 바름 마무리하나, 단 뒤는 계단의 오르내릴 때에 불평이 눈에 보이기 쉽기 때문에 시각적 유도로 돌림띠를 설치(미장자를 끼워넣는다)하면 좋다.

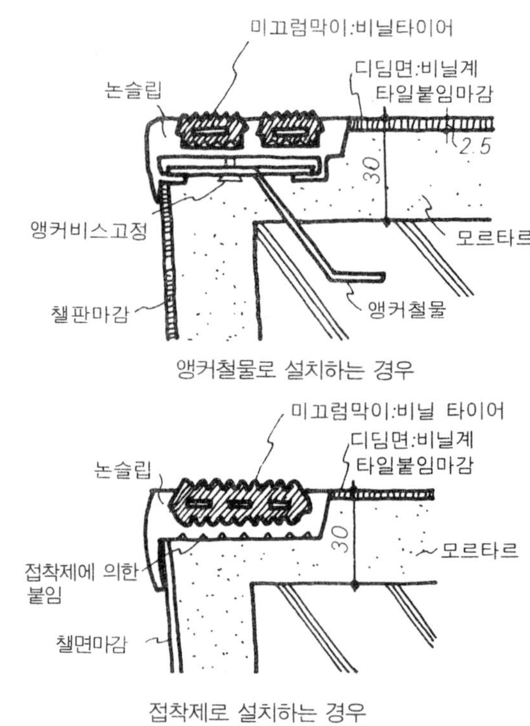

[논슬립의 아무림]

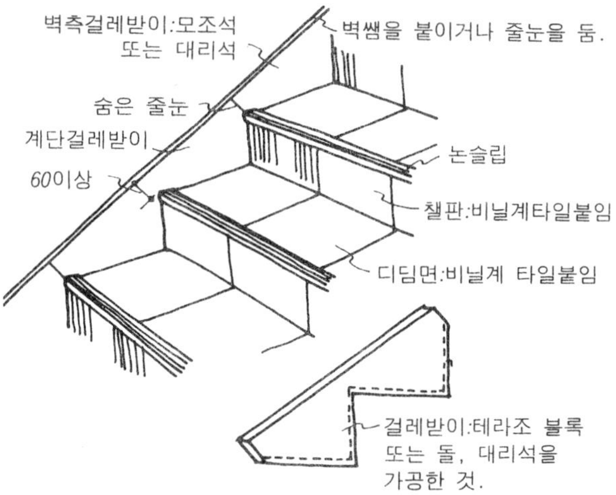

[디딤판, 챌판의 아무림]

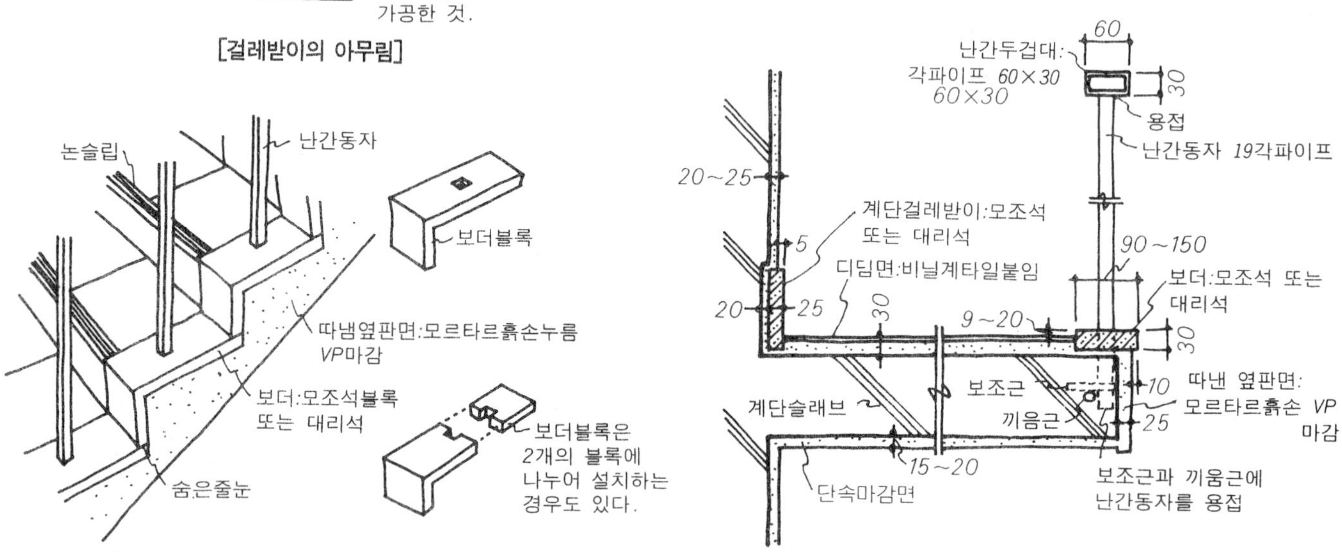

[걸레받이의 아무림]

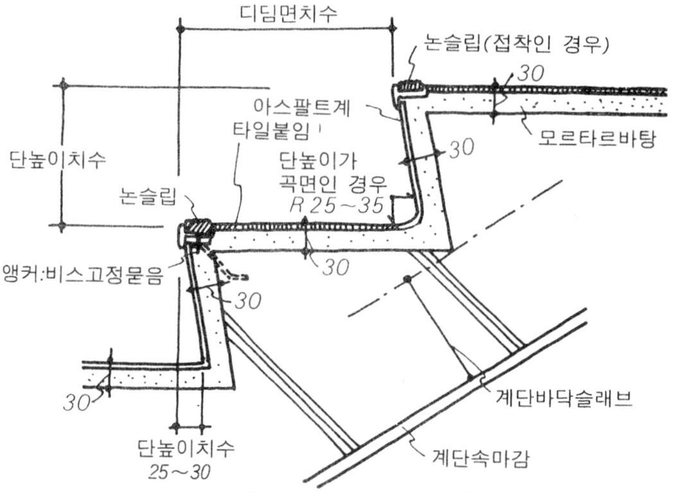

[따냄면, 난간동자의 아무림]

철근콘크리트조 계단

플라스틱계 타일 붙임 마무리(2)

오피스 빌딩 등에서는 디딤판은 P타일의 특징을 살려서 챌판을 돌 또는 모조석 바름을 하여 의장 효과를 겨냥한 마무리로 하는 예도 많다. 이 경우는 걸레받이 옆판 모두 챌판과 동재(테라조 블록 붙임 또는 제자리 갈기)로 하는 것이 일반적이다.

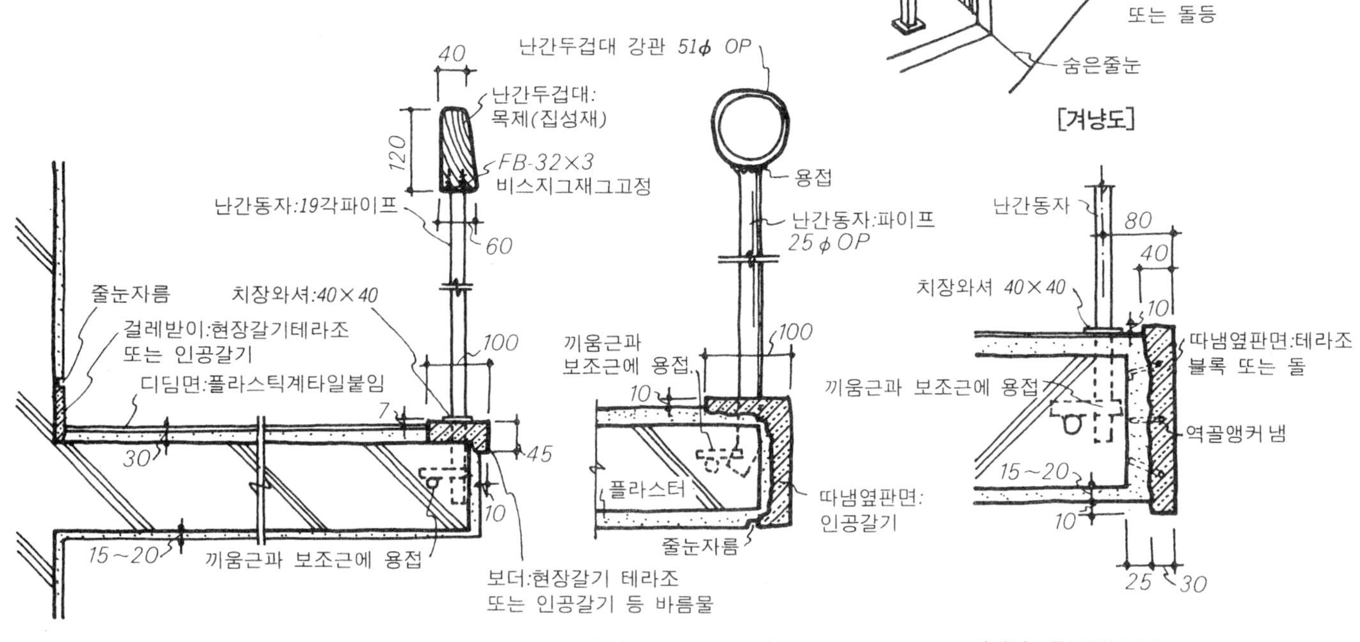

[따냄면, 난간동자의 아무림]

옆판의 돌 붙임은 외벽 마무리, 내벽 마무리의 항에서도 기술한 바와 같이 일반적으로는 압착 공법이 사용되고 있다. 단, 두꺼운 판(돌 두께 30 이상)이나 대형 블록을 붙이는 경우는 당김 철물을 사용해서 설치한다. 모조석 붙임의 경우는 반드시 블록의 힘살을 밀어내어 이것을 바탕 모르타르에 앵커하도록 설치한다. 이것은 챌판(돌 또는 모조석)의 설치 경우도 같다.

돌 또는 모조석 붙임은 어떤 경우도 설치 후 모양이 중요하며 충격에 의한 박리나 석재 표면의 오염을 방지하는 처치를 취해야 한다.

논슬립의 설치는 앵커 플레이트에 용접 또는 비스 고정하는 경우와 접착제로 붙이는 경우가 있으나, 최근에는 접착제 붙임이 다용되고 있다.

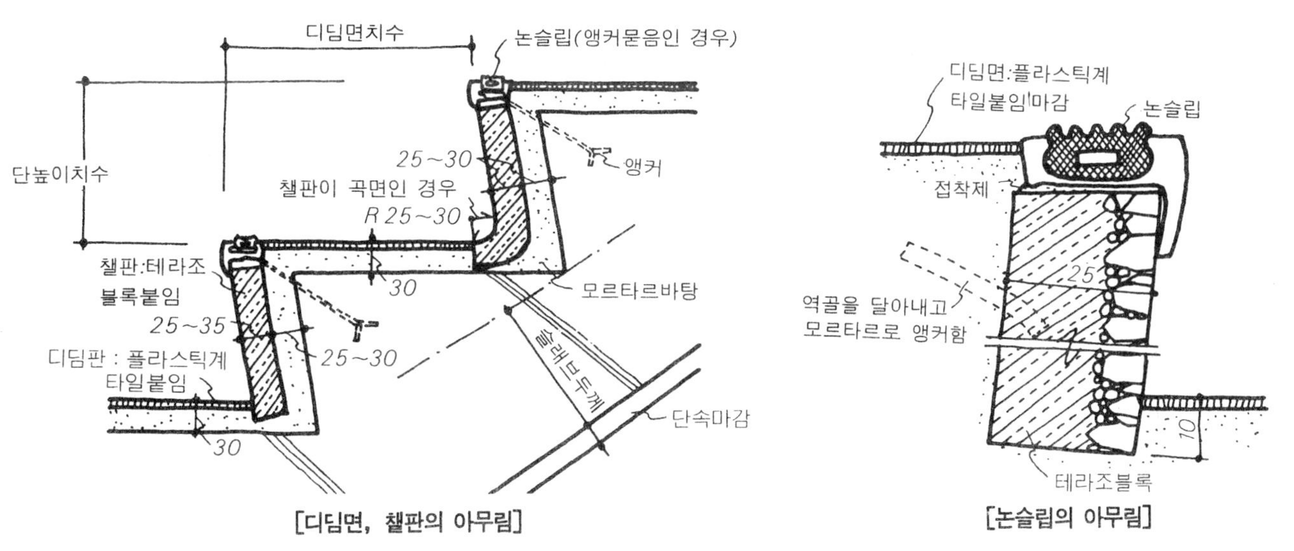

[디딤면, 챌판의 아무림] [논슬립의 아무림]

철근콘크리트조 계단

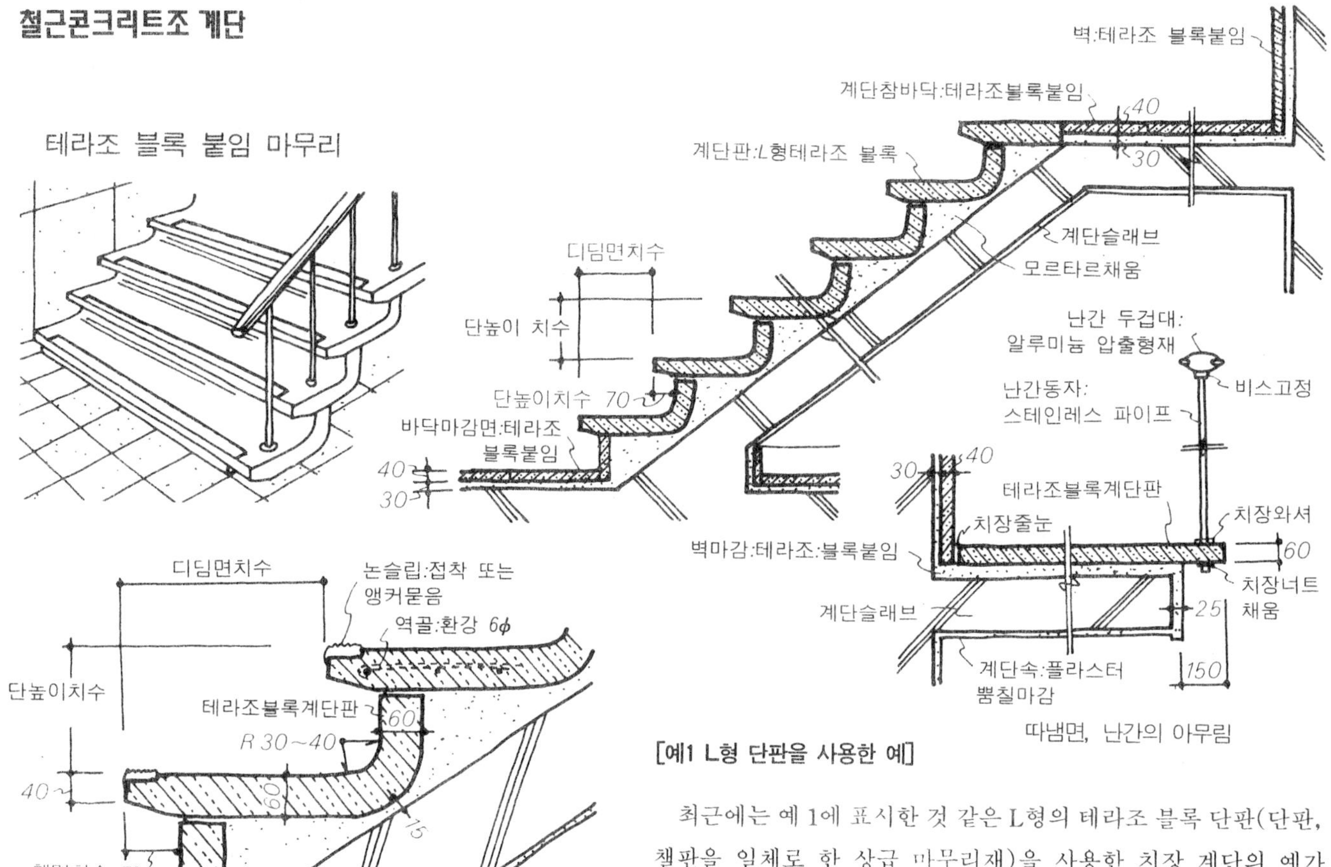

[예1 L형 단판을 사용한 예]

최근에는 예 1에 표시한 것 같은 L형의 테라조 블록 단판(단판, 챌판을 일체로 한 상급 마무리재)을 사용한 치장 계단의 예가 많아졌다.

계단의 바탕 구조는 단면도에 표시한 것처럼 슬래브 형식으로 하고 그 위에 설치한 모르타르를 고루 깔아서 하단에서 차례로 L형 단판을 놓아 나간다. 양측으로 치장 난간을 설치한 예가 많지만, 단판과 벽을 맞댐 처리할 경우는 벽면의 마무리는 먼저 끝내고 옆판은 바탕 슬래브로부터 단판을 튕기는 형태로 달리하고, 단판의 L형 단면의 형상 효과를 살리는 일이 많다. 난간동자, 사전에 비어 둔 단판 구멍에 끼워넣어 볼트 조임해서 붙인다.

예 2는 일반적인 테라조 블록(평판) 붙임 마무리의 예를 표시한 것이다.

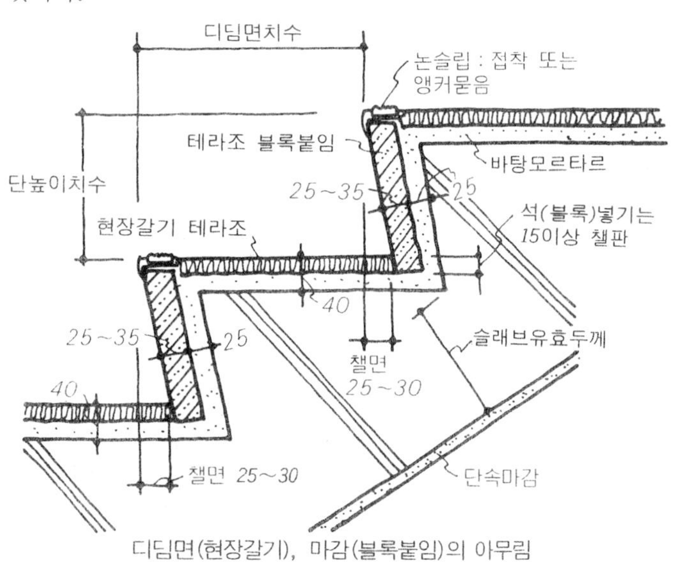

디딤면(현장갈기), 마감(블록붙임)의 아무림

디딤면치수
테라조블록
숨은줄눈
모르타르바탕
단높이 치수
30~40
논슬립 줄눈
30~40
30
10
40
30
30~40
슬래브유효두께
단속마감

디딤면, 챌면의 아무림(블록붙임)

120
보더 : 석 또는 테라조
디딤면
30~40
10
숨은줄눈
30
따냄면 : 석 또는 테라조
6
30

따냄면, 난간동자의 아무림

[예2 테라조 블록붙임 일반 예]

철근콘크리트조계단

프리캐스트 단판 붙임 마무리

보통 프리캐스트판은 옥외의 어프로치 계단 등에 사용된다. 받이도리는 철근 콘크리트조로 하고 고름 모르타르을 깔은 다음 프리캐스트판을 두고 사전에 매립해 둔 앵커 볼트로 고정한다.

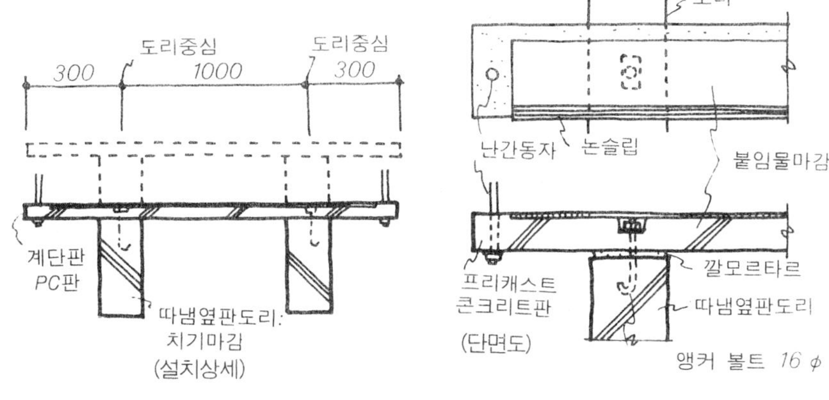

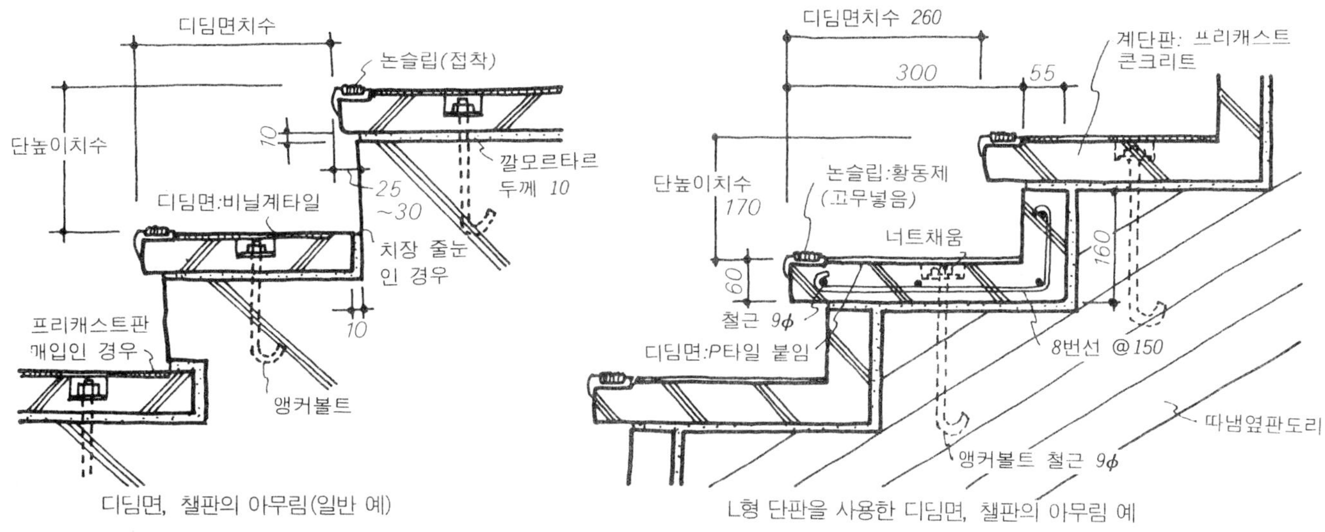

디딤면, 챌판의 아무림(일반 예)

L형 단판을 사용한 디딤면, 챌판의 아무림 예

[프리캐스트판 붙임 마감의 예]

블록 단판 깔기 마무리

기제 블록에서는 값이 싼 모르타르 블록에서 그림에 표시한 고무가 들어간 블록 고급 모조석 블록까지 여러 가지가 있다. 일반적으로 사람의 왕래가 많은 계단이며, 물 씻기가 필요한 경우에 다용되고 있다. 깔기는 바탕(구조)에 고름 모르타르를 깔아 그 위에 블록을 맞대어 늘어놓고 고정시킨다. 챌판의 마무리는 블록의 재질에 맞는 마무리로 한다.

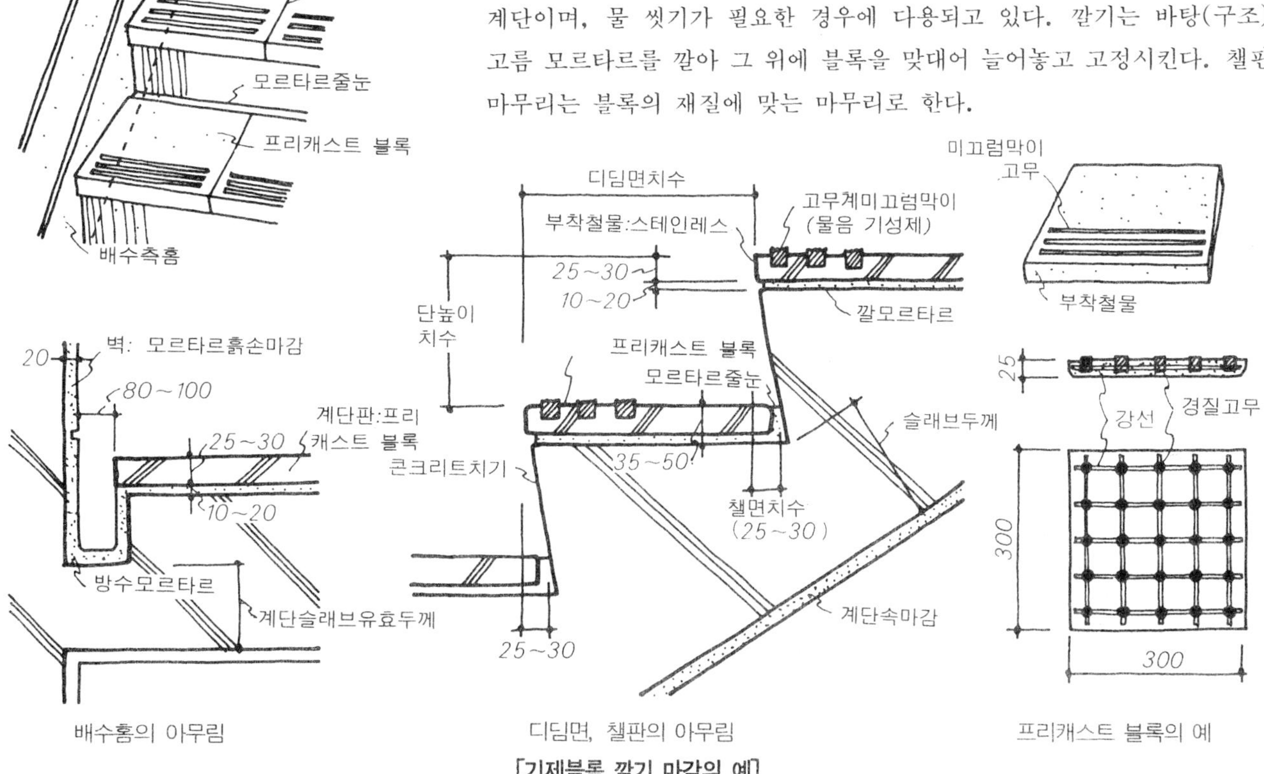

배수홈의 아무림

디딤면, 챌판의 아무림

프리캐스트 블록의 예

[기제블록 깔기 마감의 예]

철근콘크리트조계단

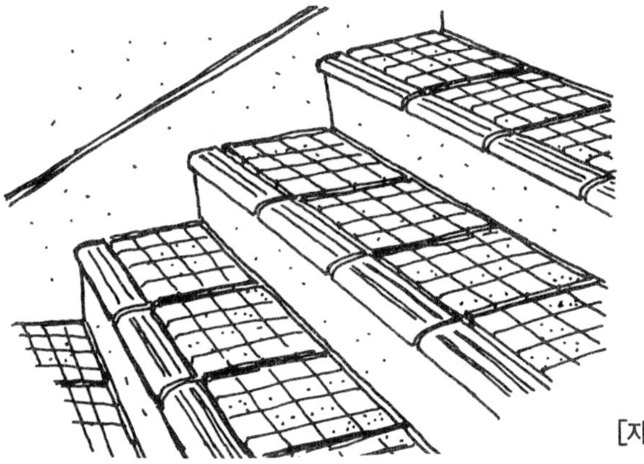

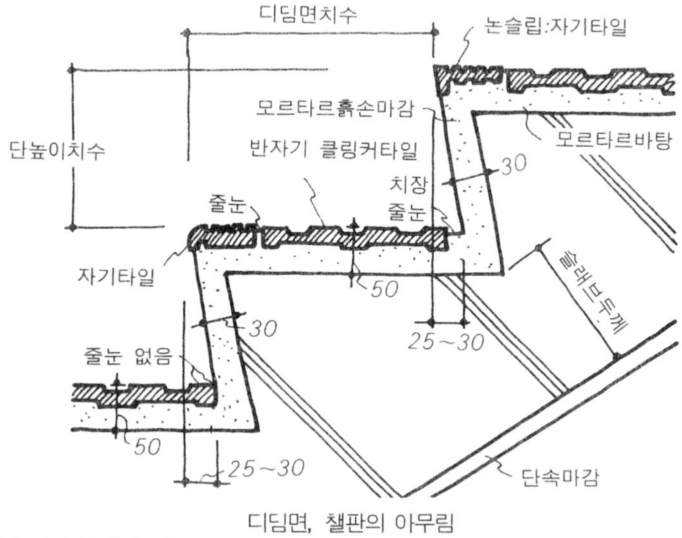

디딤면치수
논슬립:자기타일
모르타르흙손마감
모르타르바탕
단높이치수
반자기 클링커타일
30
치장
줄눈
줄눈
자기타일
50
슬래브두께
30
25~30
줄눈 없음
50
25~30
단속마감
디딤면, 챌판의 아무림

[자기질 타일 붙임의 예]

타일 붙임 마무리

계단의 디딤판에 붙이는 타일은 바닥용 타일과 같이 경질의 자기 타일을 사용한다. 일반적으로는 클링커 타일이 다용되고 있으나, 모자이크 타일을 사용하는 예도 많고, 타일의 크기는 일정하지 않다. 시공은 계단 벽면의 마무리 후 챌판, 디딤판의 순으로 마무리하고 타일 배분 조절은 줄눈폭으로 해서 줄눈은 잠김 줄눈 치장 마무리로 한다.

디딤면치수
논슬립타일
단높이
치수
모자이크 타일
30~40
30~40
디딤면, 챌판의 아무림
논슬립
치장줄눈

[모자이크 타일붙임의 예]

돌 붙임 마무리

석조 계단은 주로 건축물의 출입구 주위에 사용되나, 최근의 석조 계단은 큰 석재의 입수가 곤란하므로 콘크리트 바탕 위에 돌 붙임 마무리로 하는 예가 많다. 일반적으로 옥외 계단에는 화강석, 안산암을 사용하고, 표면을 잔다듬(물 갈기할 때도 있다) 마무리한 것을 설치, 줄눈은 침하 줄눈(석재 마무리면에서 줄눈쪽이 낮아진다)으로 한다.

옥내 계단에는 화강석, 대리석을 물 갈기 한 것을 사용하고 줄눈은 맞댐 줄눈으로 한다. 돌 붙임의 요령은 테라조 블록 붙임에 준한다.

디딤면치수
논슬립 줄눈자름
10~15
단높이치수
디딤면:돌붙임
물갈이 마감
15
모르타르
15
60
챌판:돌붙임 두께
20~30
꽂임:황동제
디딤면, 챌판의 아무림
보더:켠석붙임
숨은줄눈
치장줄눈

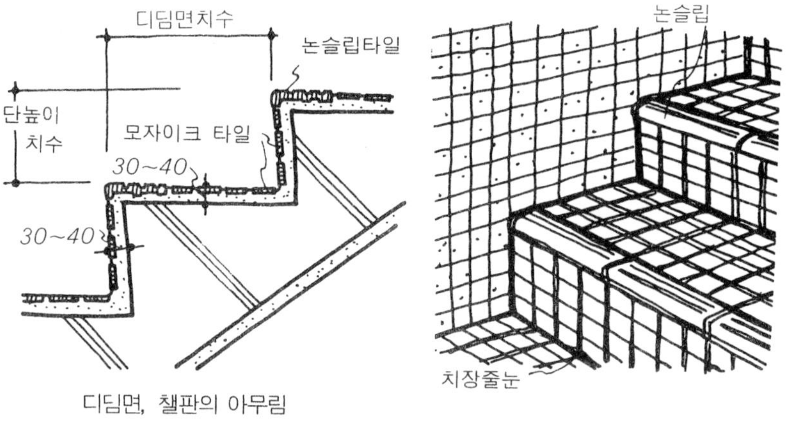

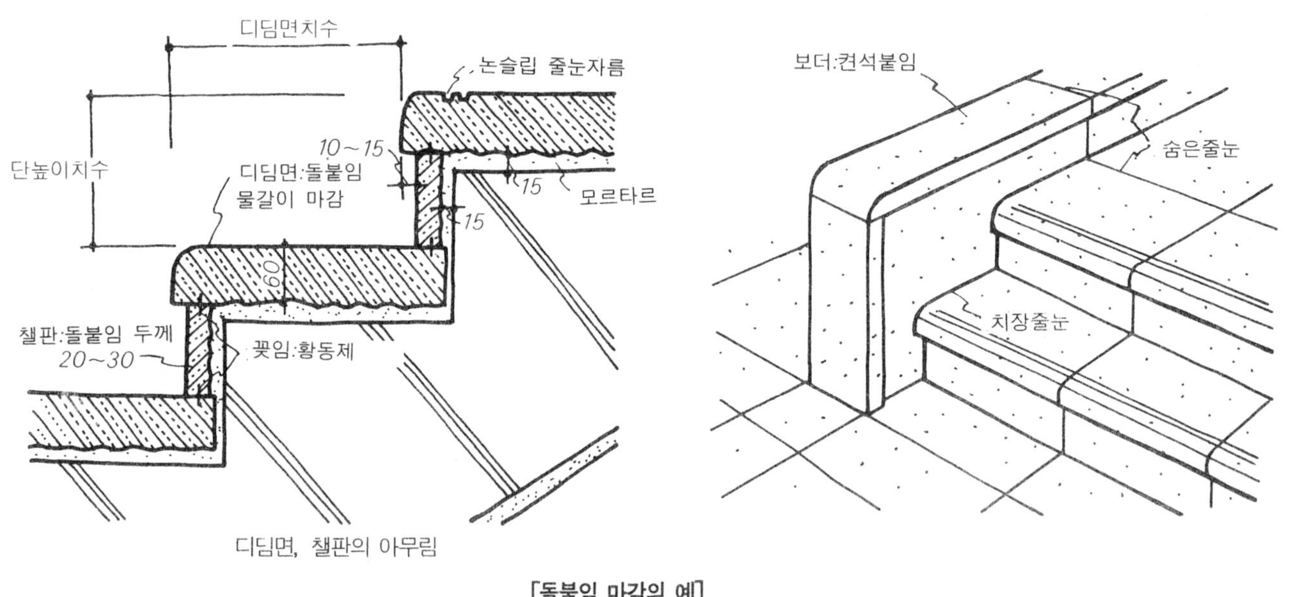

[돌붙임 마감의 예]

철근콘크리트조계단

목제 계단 붙임 마무리

철근 콘크리트의 받이도리에 목제 단판을 설치한 예이다. 골프장의 클럽 하우스의 치장 계단과 같이 특별한 경우 이외는 그다지 사용되지 않는다. 단판은 3cm 두께 이상의 오차가 적은 재를 사용하고 받이도리에 묻은 앵커 볼트로 고정하나, 단판의 볼트 구멍은 설치 후에 매목을 하면 된다.

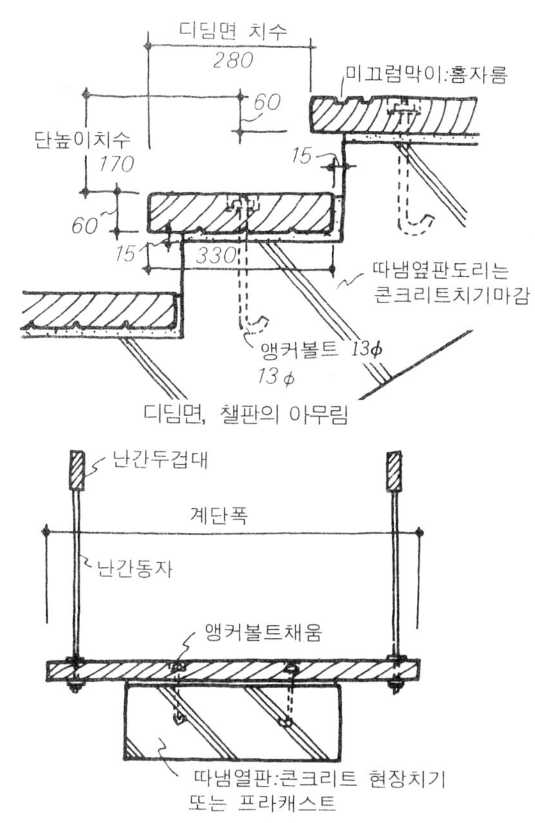

디딤면, 챌판의 아무림

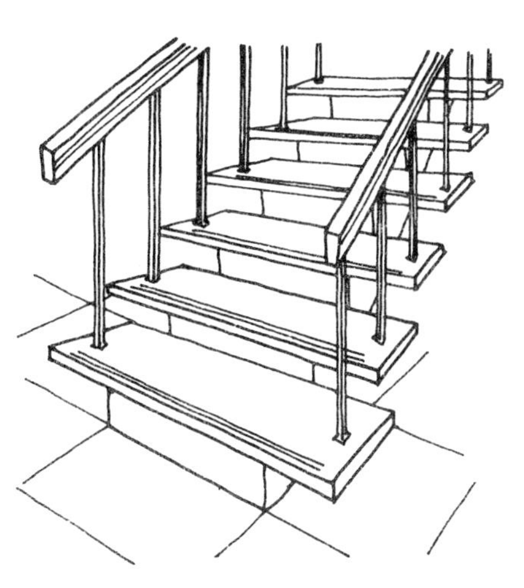

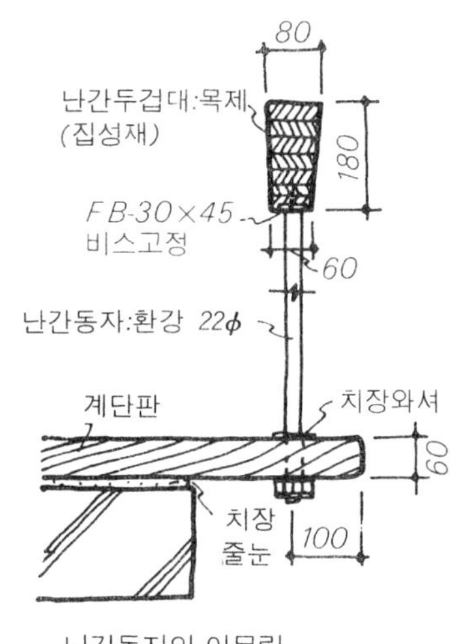

난간동자의 아무림

[목제 디딤판 붙임 마감의 예]

따냄도리와 단바닥과의 취합

융단 깔기 마무리

계단 바닥은 융단 깔기 하는 데는 호텔, 회의장, 그 밖의 보행 소리를 막을 필요가 있는 특수 용도의 건축물 계단이며, 그 경우는 반드시 복도도 같은 재의 융단 깔기로 한다. 융단 깔기 계단은 도시한 바와 같이 디딤판, 챌판도 깔아주는 경우와 디딤판만 까는 경우가 있다. 채워서 까는 경우도 융단을 신장기로 펴서 바탕에 붙임 클립(접착제 도는 못질)에 걸어서 고정시킨다. 논슬립을 설치할 경우는 비스 고정해서 융단 고정의 역할도 겸하게 한다.

디딤판은 반드시 융단 깔기 펠트를 깔지만 챌판은 펠트를 깔지 않는 경우가 많다.

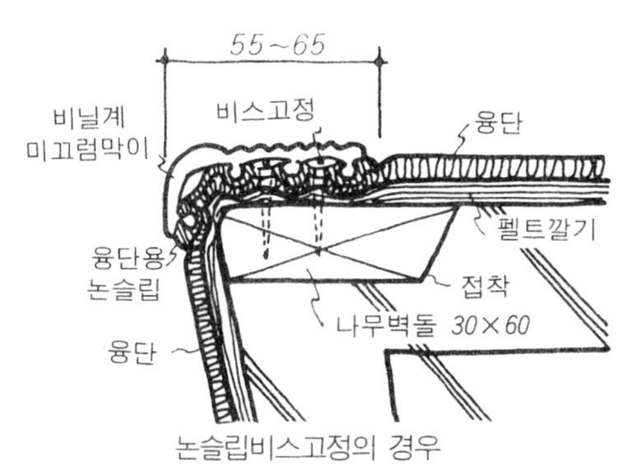

논슬립비스고정의 경우

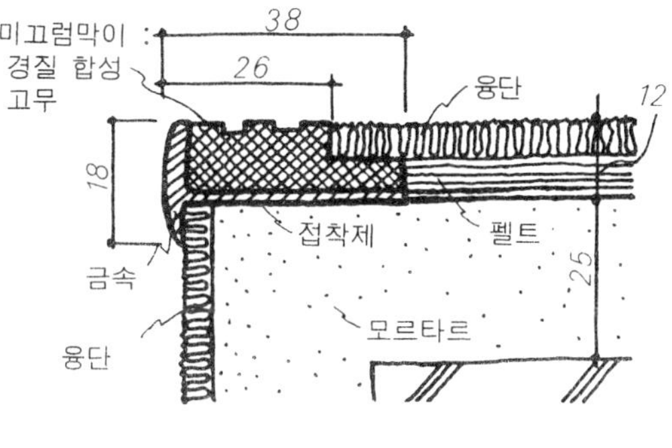

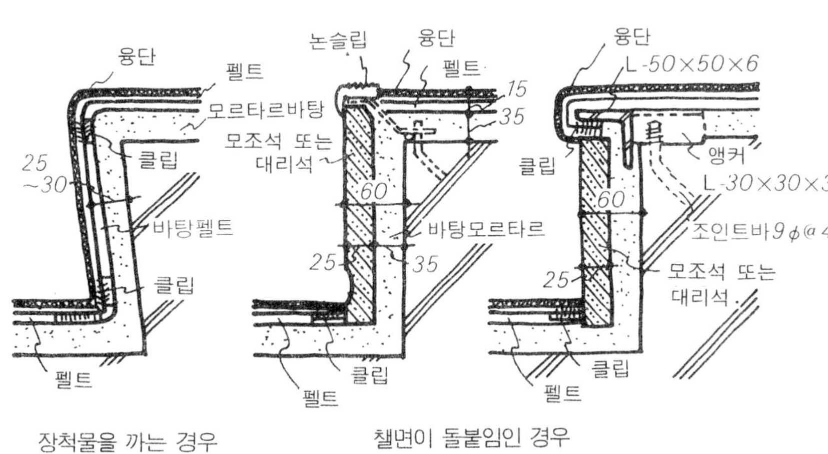

장척물을 까는 경우 챌면이 돌붙임인 경우

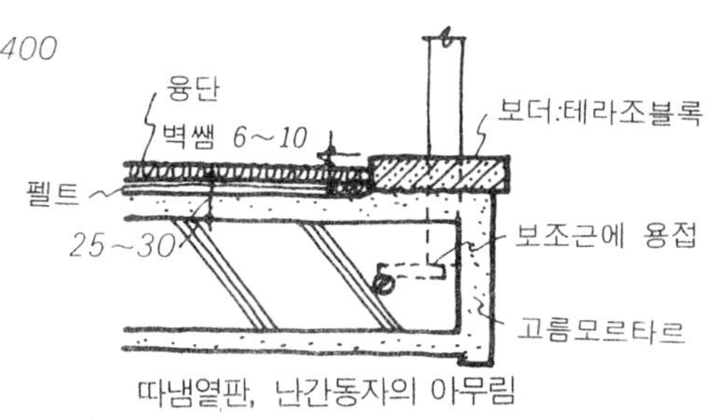

따냄열판, 난간동자의 아무림

[융단깔기 마감의 예]

철골조계단

철골조 계단은 중층, 고층의 건축물에서는 일반적으로 옥외 피난 계단으로 사용되는 예가 많다. 철골조 건축물인 경우 옥내 계단에 사용할 수 있지만, 이 경우는 주요 구조물은 모두 건축법에 따라서 내화피복해서 다시 보행 소리가 크기 때문에 소음 효과가 있는 마감재로 마무리해야 한다. 철골조 계단의 구조 형식으로서는 자립 형식(철골의 기둥을 세워서 계단, 계단참을 설치한다)의 것과 계단참을 건축물과 일체로 구성한 거기에 철제 계단을 설치하는 형식의 것이 있다.

옆판 계단 상세 예(1)

철근 콘크리트조의 계단참을 건축물 본체와 일체로 만들고, 이것을 캔틸레버받이 보로 하고, 여기에 철골제의 계단 및 계단참을 고정한 피난 계단의 예이다.

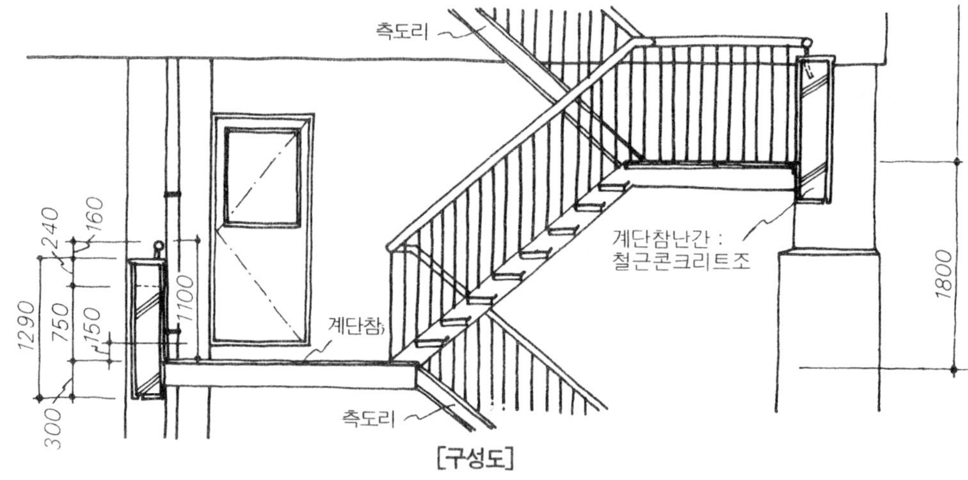

[구성도]

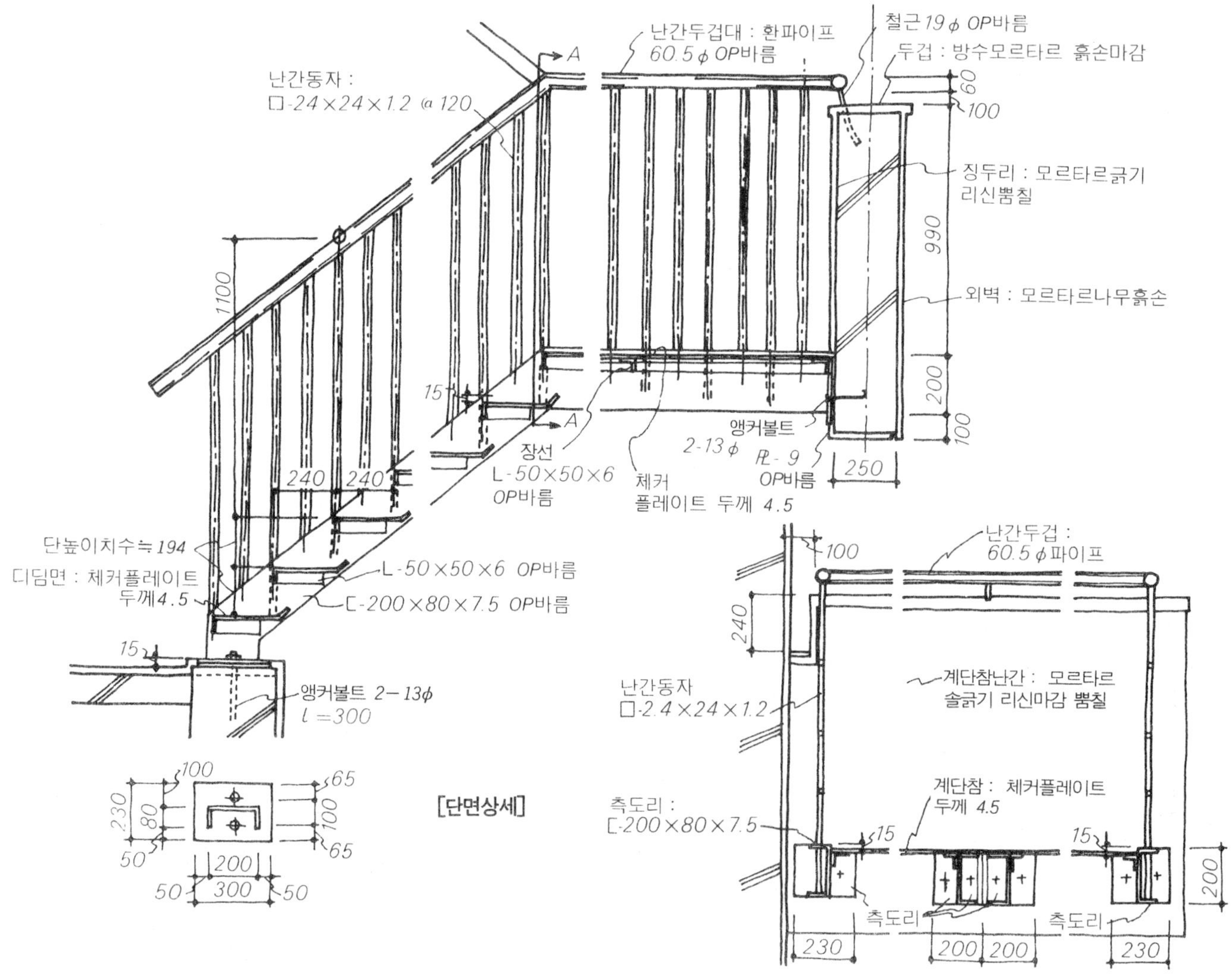

[단면상세]

[A-A단면]

철골조계단

단코, 단끝의 정리는 계단참의 구조에 의해 약간 다르나, 일반적으로는 볼트 접합(콘크리트 계단참의 경우에는 앵커 볼트)의 예가 많다. 조립 가공법은 사용하는 강재의 종류에 따라 달라지나, 강재와 강재와의 접합에서는 용접 접합이 다용되고 있다. 따라서 옆판과 단판과의 접합은 오직 용접으로 하지만 최근에는 현장 작업을 경감하기 위해 단 부분과 계단참 부분으로 나눠 제각기를 공장에서 일체로 정리해서 제작한 것을 현장으로 반입해서 설치하는 예가 많다.

피난 계단의 경우에는 단판에 체커 플레이트를 사용하고 챌판없이 하는 예가 많다.

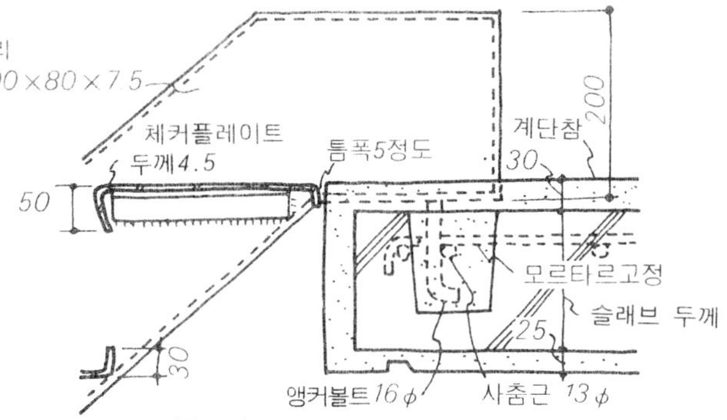

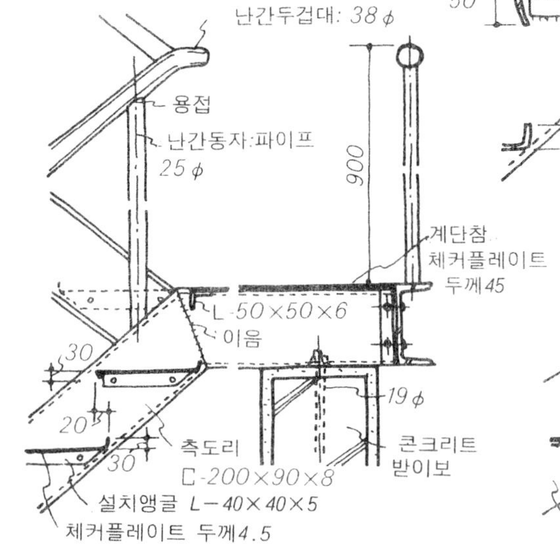

콘크리트받이보에 고정하는 경우

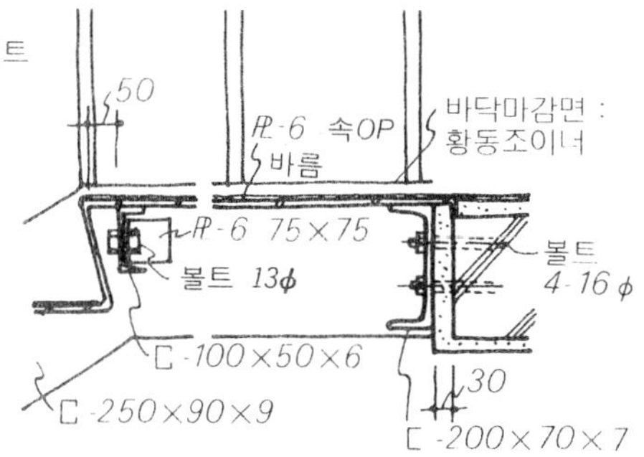

(콘크리트 바닥판과 강제계단)의 경우슈.

(콘크리트계단참+철제측도리)의 경우

[단코의 아무림]

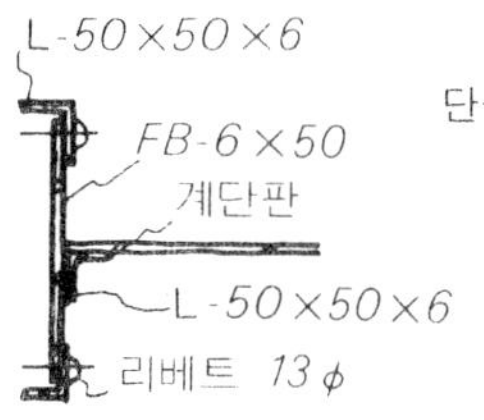

(단면)

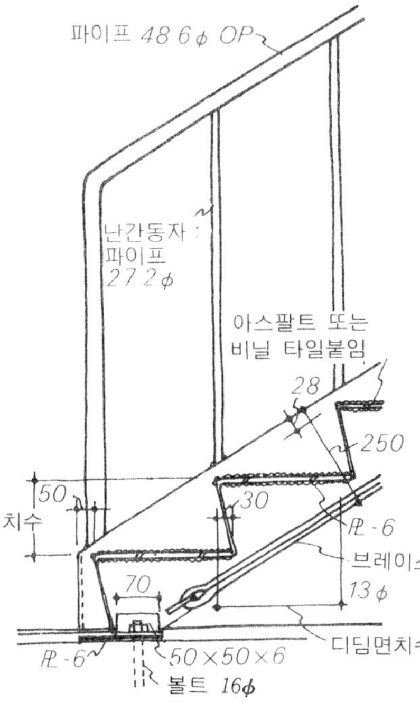

(측면)

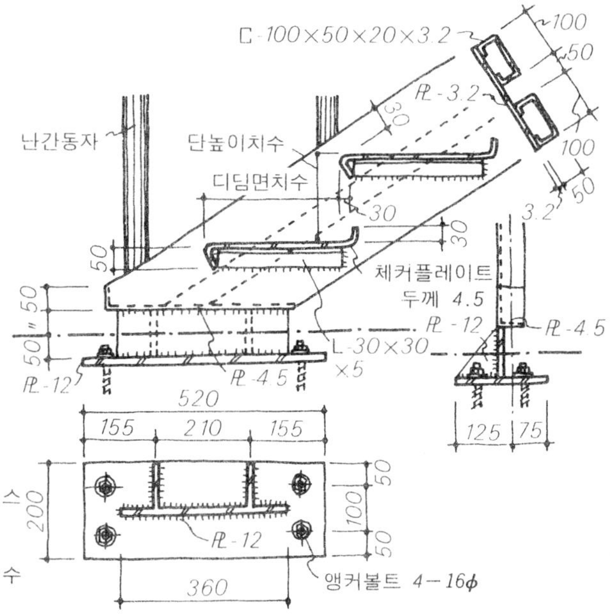

(설치상세)

[단끝의 아무림]

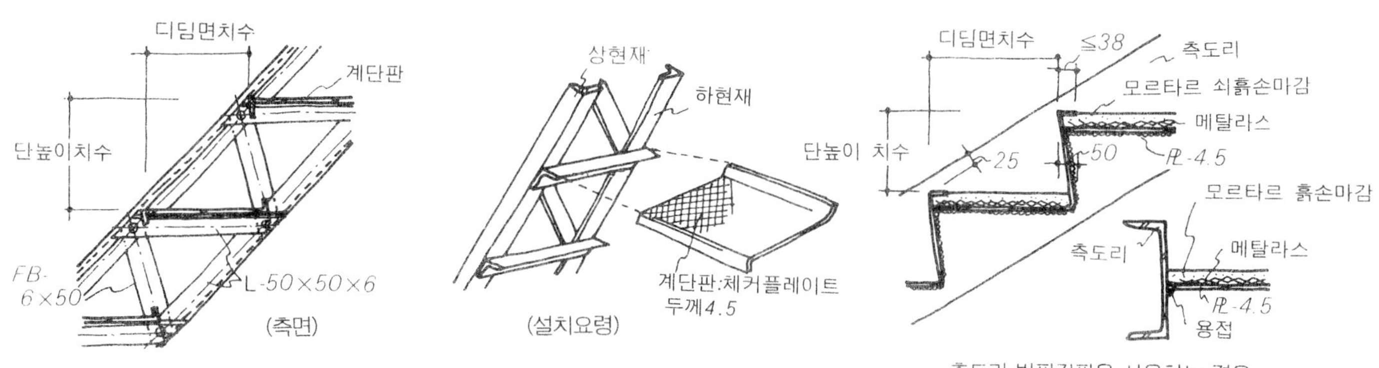

측도리 박판강판을 사용하는 경우

[측도리와 단판과의 취합]

철골조계단

열판 계단 상세 예(2)

2개의 지주를 건축물 본체에 단받이 보로 고정시킨 자립(완전한 자립이 아니다)식의 피난 계단의 예이다.

기둥 및 받이보에서는 C형강의 결합재를 사용하여 받이보의 일단은 건축물 본체에 묻어둔 앵커 볼트에 설치한다.

엳판은 강판을 [자형으로 가공해서 여기에 단판 설치용의 피스(L형강)를 용접하고, 여기에 단판을 올려놓고 용접 접합한 것이다.

또 계단참은 받이보의 선단에 엳판을 설치하고(용접 접합) 그 위에 평강판을 붙여서 용접 접합한 것이다.

각 부의 상세는 다음 페이지의 그림을 참조하면 된다.

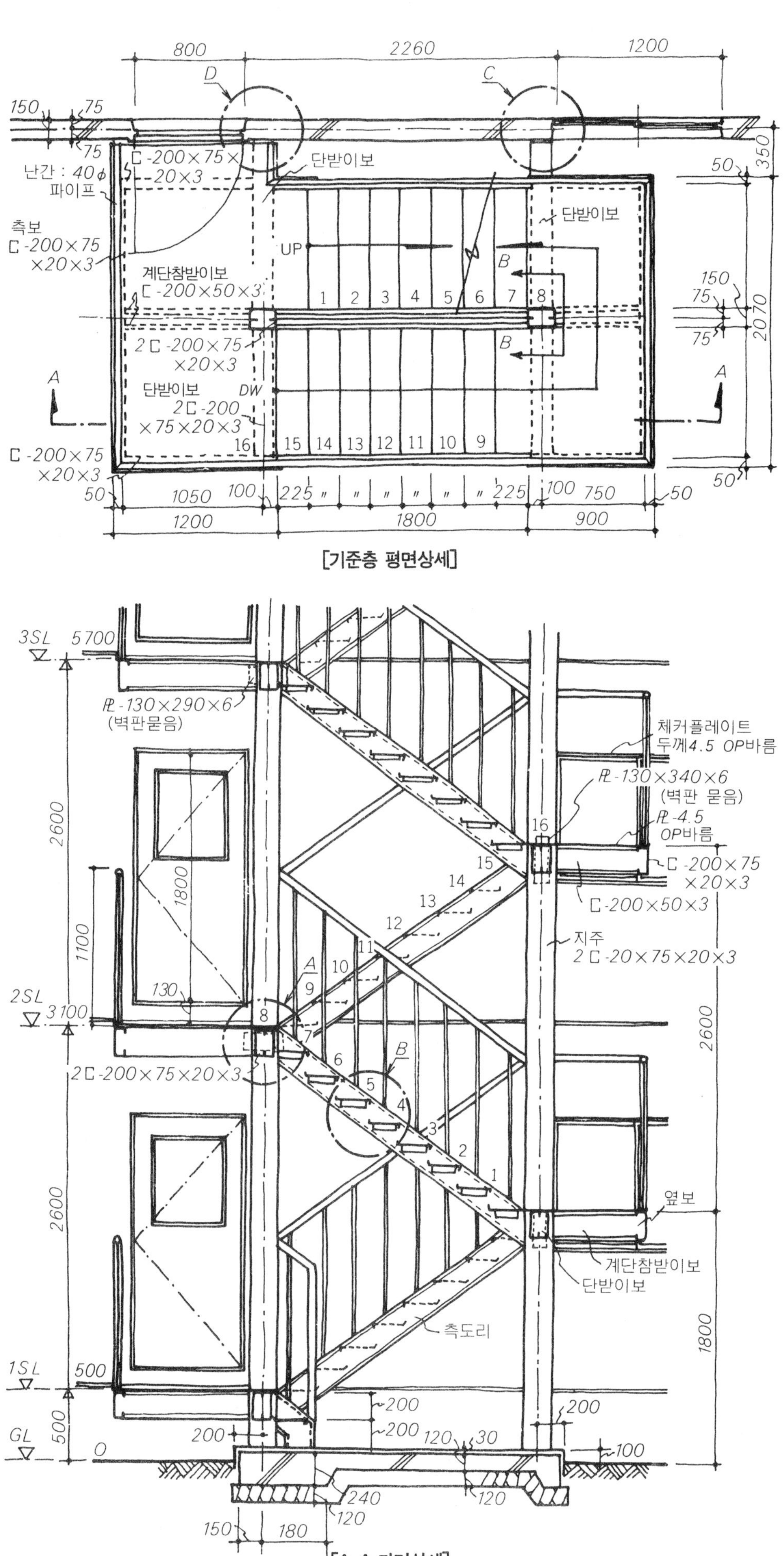

철골조계단

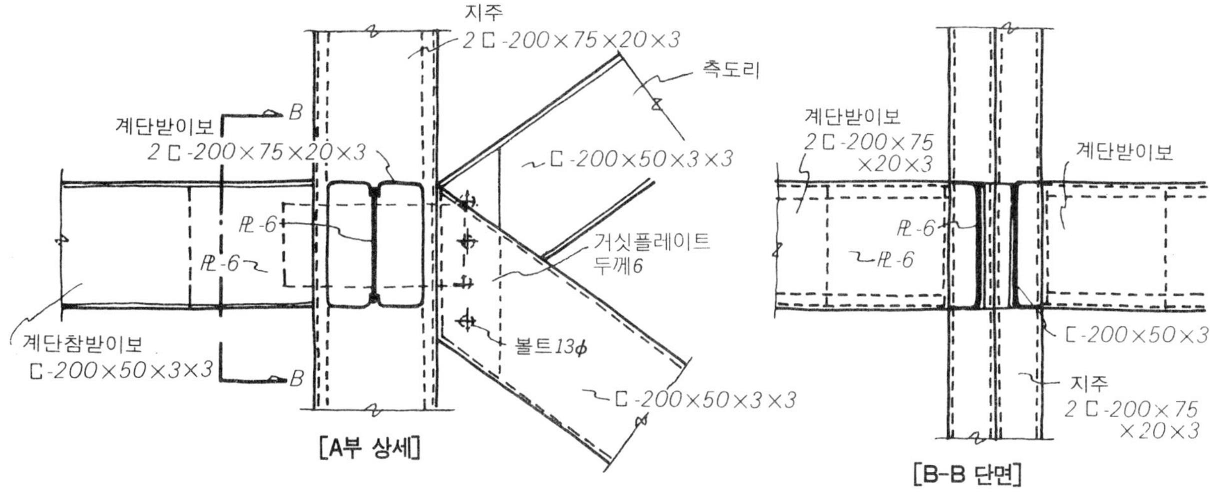

A부 상세는 지주와 받이보 지주와 단도리의 관계를 표시한 것이다.

지주, 받이보는 모두 C형강 2재를 결합시킨 것으로 지주에 거싯 플레이트를 설치(용접), 이 거싯 플레이트에 받이보를 용접해서 결합한다. 옆판도 선단에 거싯 플레이트를 설치하고(볼트 접합) 이것을 지주에 용접 접합한다.

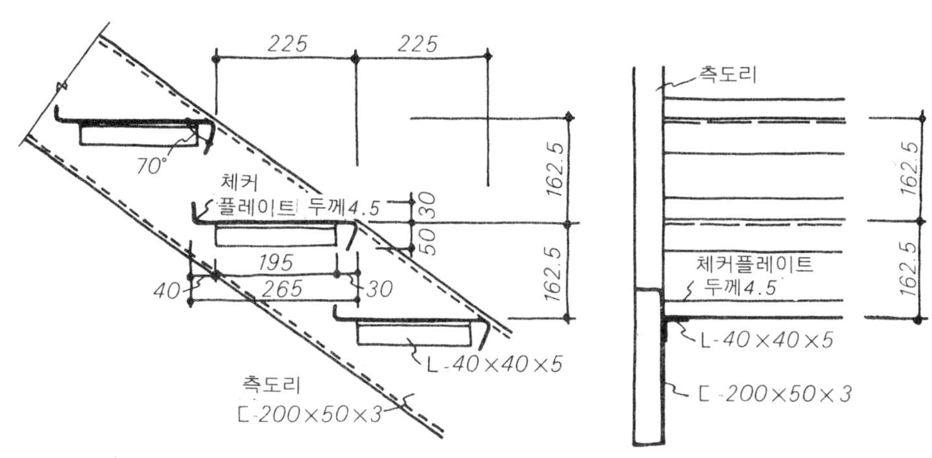

B부 상세는 단도리와 단판과의 관계를 표시한 것이다. 단도리에 피스(L형강)를 용접해서 여기에 단판을 걸쳐서 단판이 뒷면에서 용접 접합한 것이다.

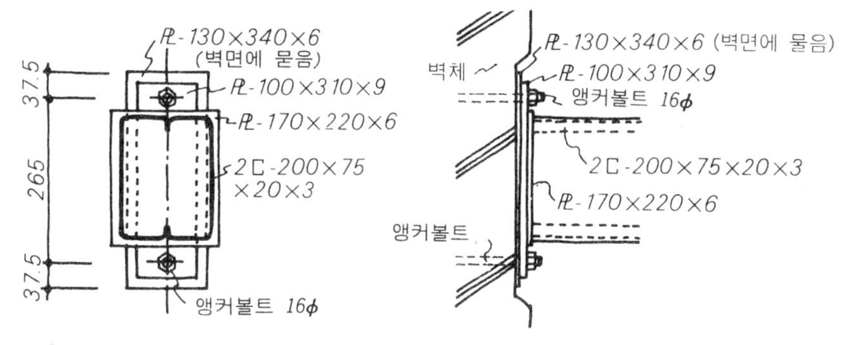

C부, D부 상세는 받이보와 건축물 본체와의 관계를 표시한 것이다. C부 상세는 앵커 플레이트를 세로에 넣은 경우, D부 상세는 옆으로 들어간 경우(출입구 계단참에 관계부가 돌출하므로 이 방법을 취한다)의 예이나, 모두 받이보 끝에 설치한 플레이트를 앵커 볼트로 고정해서 설치한다.

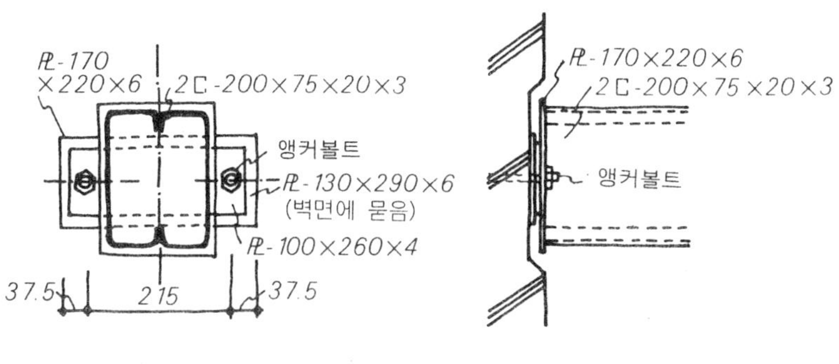

철골조계단

나선계단 상세 예

나선계단은 피난 계단을 의장적으로 다루는 경우나 계단 면적을 절약하는 경우에 사용한다.

이 설계 예는 단판과 단판받이를 용접한 것을 강관 지주에 용접하여 같은 나선형으로 가공하든지 난간(난간동자도)을 단판에 용접해서 설치한 것이다. 지주는 도시한 바와 같이 각부를 고정하고, 건축물 본체와 계단과를 계단참부에서 견고하게 접합시켜 고정한다.

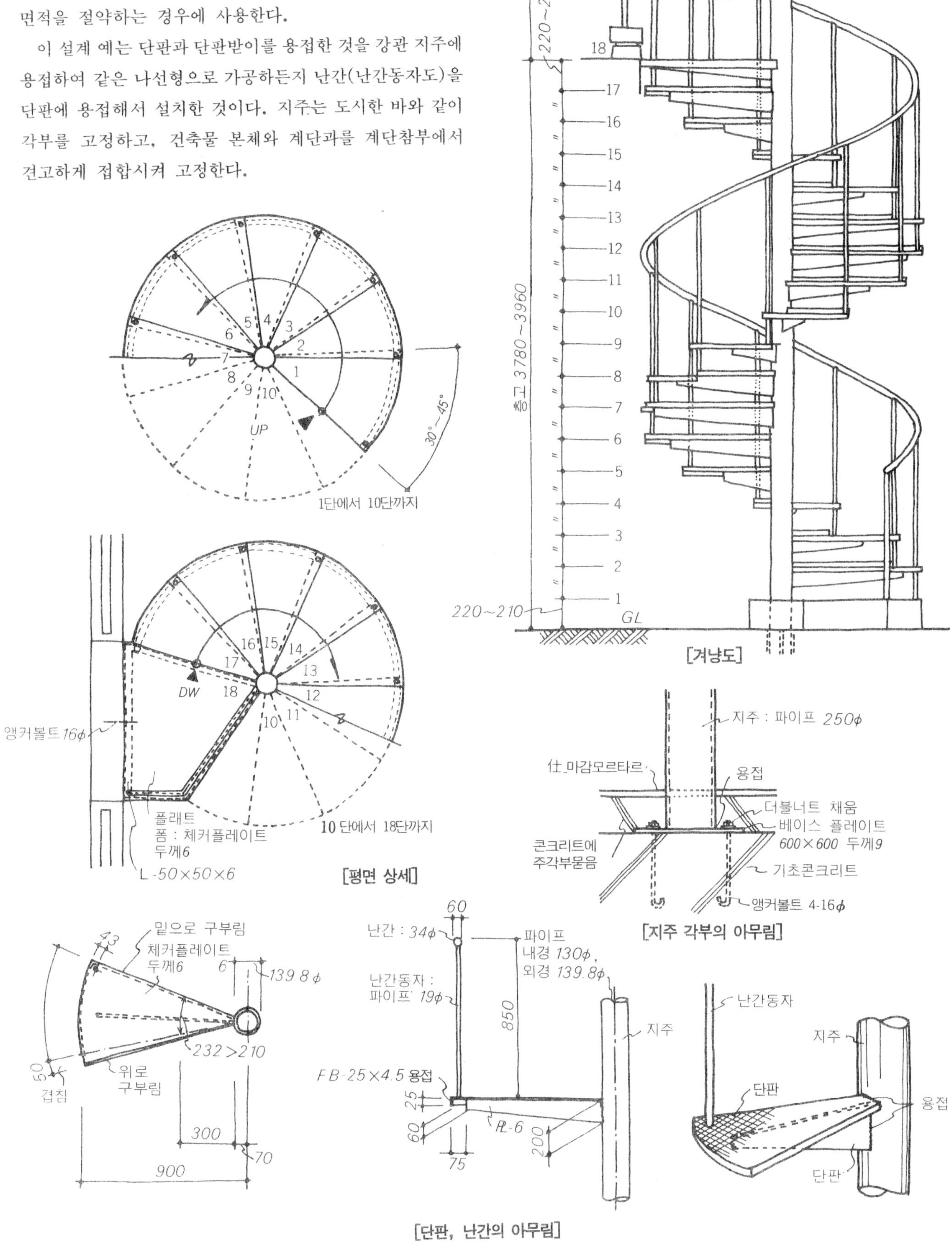

목조계단

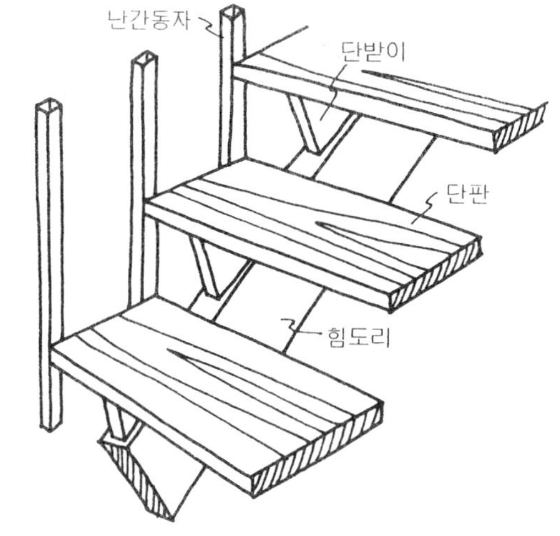

철근 콘크리트조 건축물에서 목조 계단을 설치한 것은 주택 등으로 의장적인 계단을 의도한 경우에 한정되고 그 경우 도시한 바와 같은 치장 계단으로 하는 것이 보통이다.

단코, 단끝은 도시한 바와 같이 사전에 매립해 둔 앵커 볼트에 힘도리를 설치해서 여기에 단판을 설치하는 경우와 받이대를 사용해서 단판을 설치하는 경우가 있다.

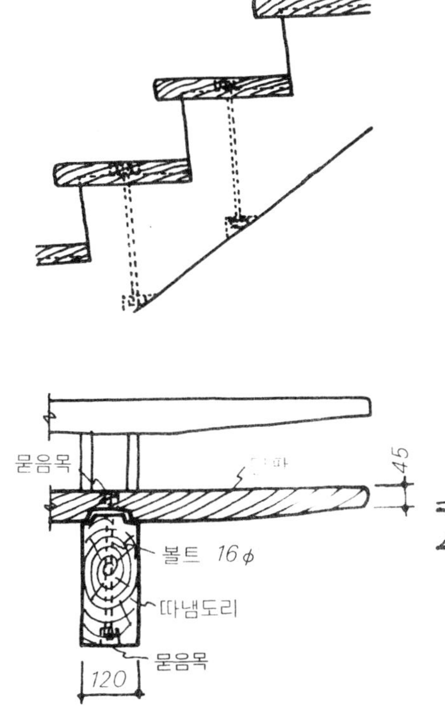

(따낸도리+단판)의 경우

[도리와 단판과의 취합]

난간두겁대 : 적층재 150×60
난간동자 : 각파이프 24×24
단판 두께35
앵커볼트 19φ
힘도리 2 - 240×90
240
장선
멍에
2층콘크리트슬래브
150
앵커볼트 19φ
단판
30
받이대
150~240

(힘도리+받이대+단판)의 경우

[단코, 단끝의 아무림]

치장 계단은 의장적으로는 경쾌한 느낌으로 정리하는 예가 많고, 따라서 난간도 스마트하게 보이는 것이 요점이다. 아래 그림은 일반적으로 다용되고 있는 금속제의 난간동자에 목제 두겁을 설치한 예를 표시한 것이나 경쾌한 동시에 견고한 설치를 하여야 한다.

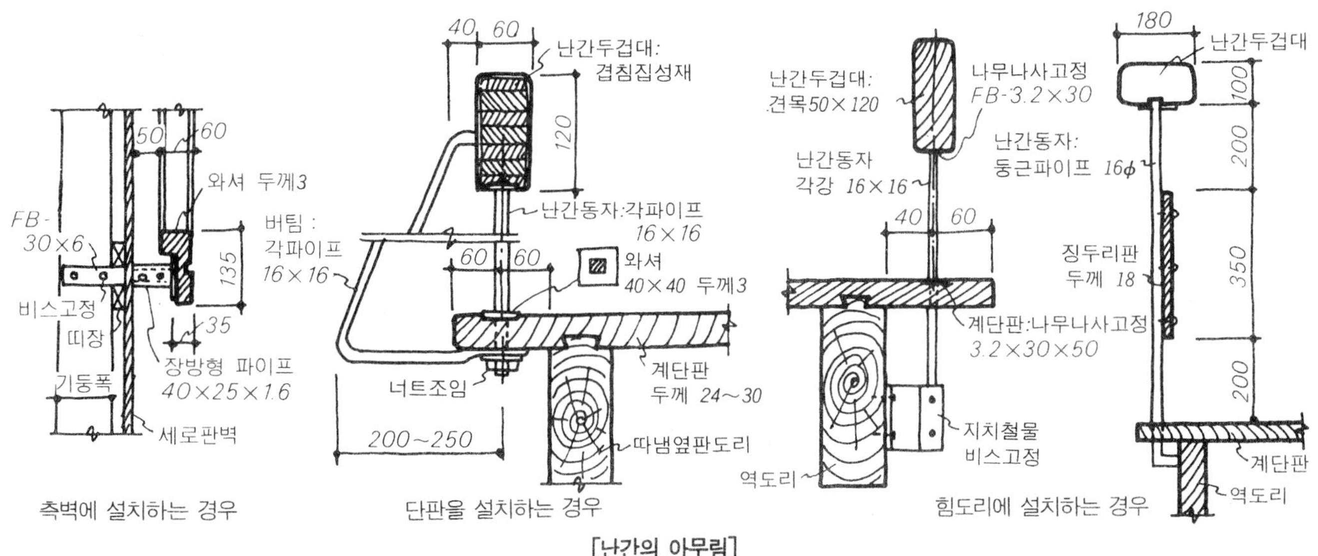

측벽에 설치하는 경우 / 단판을 설치하는 경우 / 힘도리에 설치하는 경우

[난간의 아무림]

계단난간의 설치

계단에서는 안전상 난간을 설치해야 한다. 형식적으로는 금속제 난간, 철근 콘크리트조 난간으로 대별할 수 있다.

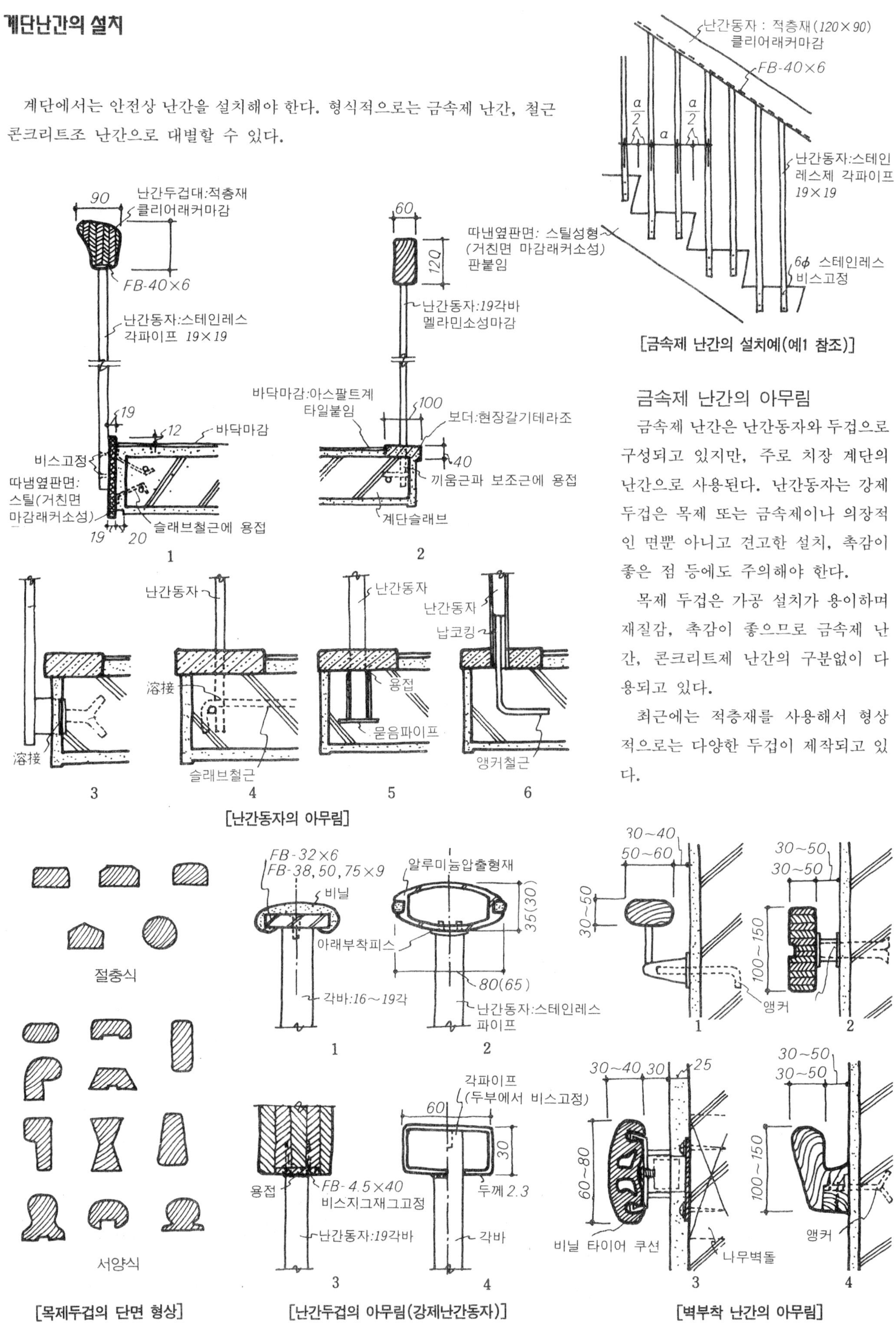

[금속제 난간의 설치예(예1 참조)]

[난간동자의 아무림]

[목제두겁의 단면 형상]

[난간두겁의 아무림(강제난간동자)]

[벽부착 난간의 아무림]

금속제 난간의 아무림

금속제 난간은 난간동자와 두겁으로 구성되고 있지만, 주로 치장 계단의 난간으로 사용된다. 난간동자는 강제 두겁은 목제 또는 금속제이나 의장적인 면뿐 아니고 견고한 설치, 촉감이 좋은 점 등에도 주의해야 한다.

목제 두겁은 가공 설치가 용이하며 재질감, 촉감이 좋으므로 금속제 난간, 콘크리트제 난간의 구분없이 다용되고 있다.

최근에는 적층재를 사용해서 형상적으로는 다양한 두겁이 제작되고 있다.

계단난간의 설치

철근 콘크리트조 난간의 아무림

계단의 구조체(철근 콘크리트)로 마무리와 일체로 콘크리트에 바탕을 만들고 이것을 바름(모르타르, 테라조 등) 또는 붙임(돌, 모조석) 마무리한 것이다. 두겁은 어떤 경우도 돌갈기(모조석) 붙임 또는 금속제, 목제의 두겁을 설치해서 촉감있게 마무리한다. 더욱 두겁폭은 크게 잡으면 둔한 느낌이 있으므로 바람직하지 못하다. 굽의 두께는 일반적으로 90~120cm도 마무리하므로 이와 같은 면으로 하든지 두겁폭을 약간 크게 한 정도의 것이 다용되고 있다.

돌 붙임의 경우는 난간굽의 두께보다 폭을 넓히든지 같은 폭 또는 작은 폭으로 하든지 하나, 두겁폭이 너무 커지면 스마트하지 못하므로 주의한다.

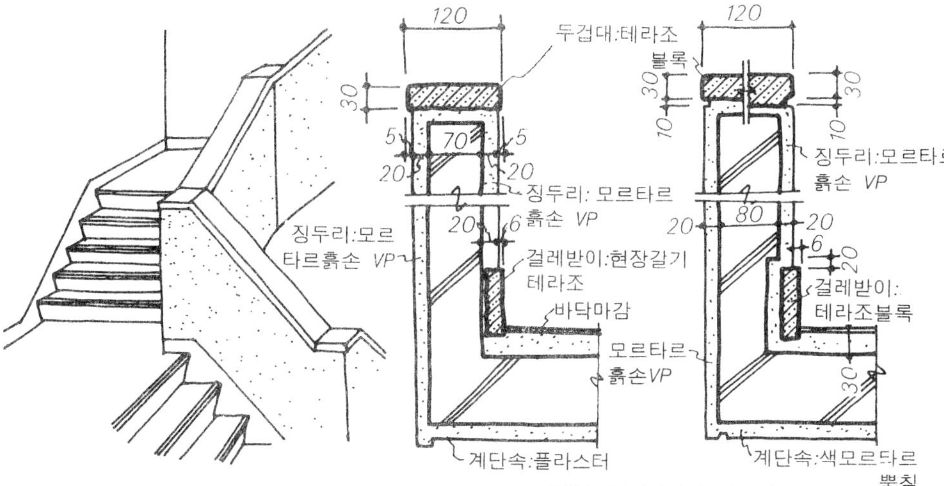

두겁, 걸레받이의 아무림

[U형 계단(중공인 경우)]

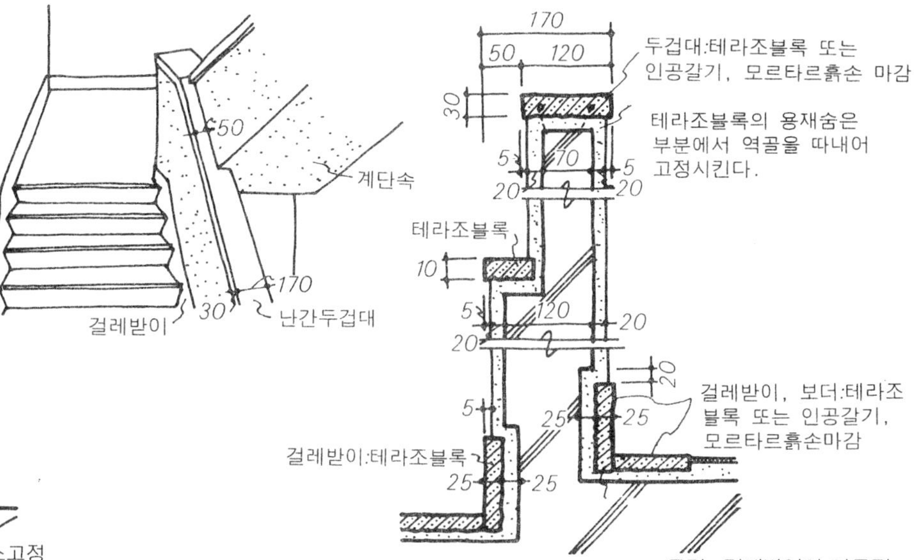

두겁, 걸레받이의 아무림

[U형 계단(일반예)]

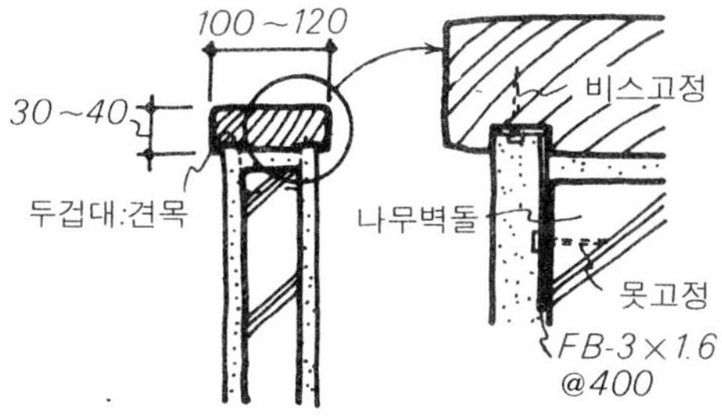

木 목제두겁①

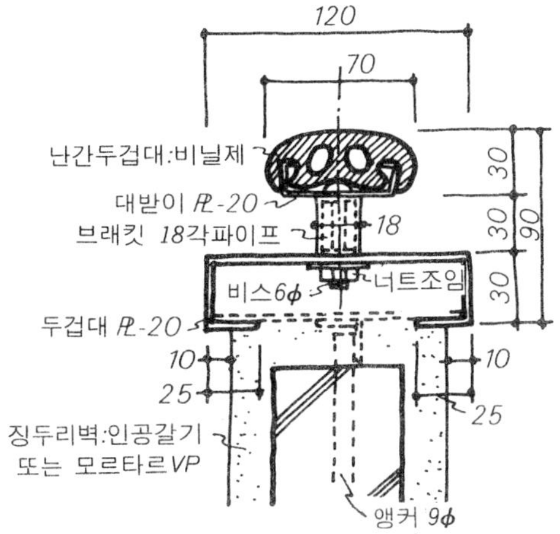

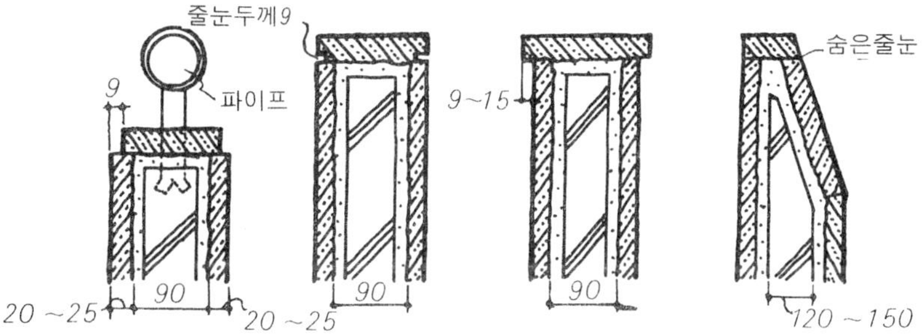

[석 또는 테라조 블록 붙임 마감]

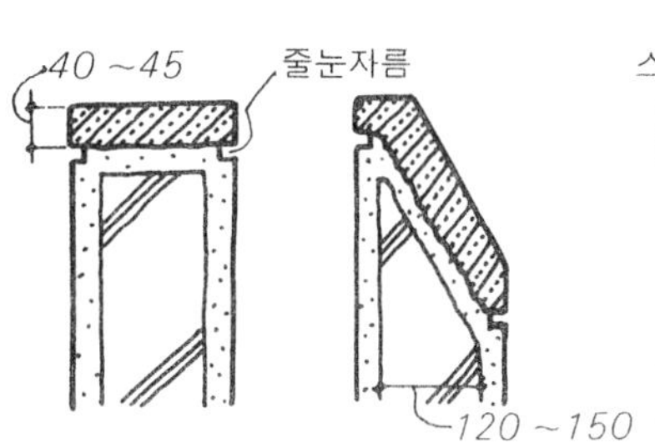

목제두겁②

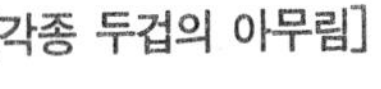

돌 또는 테라조 블록붙임두겁

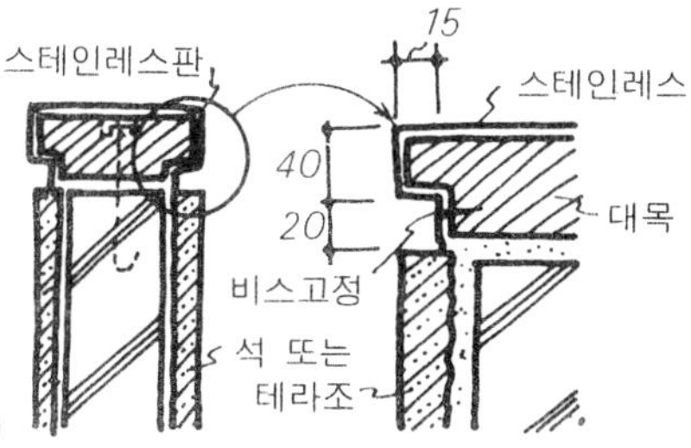

금속판붙임두겁

[각종 두겁의 아무림]

제9장

방수, 방습마감

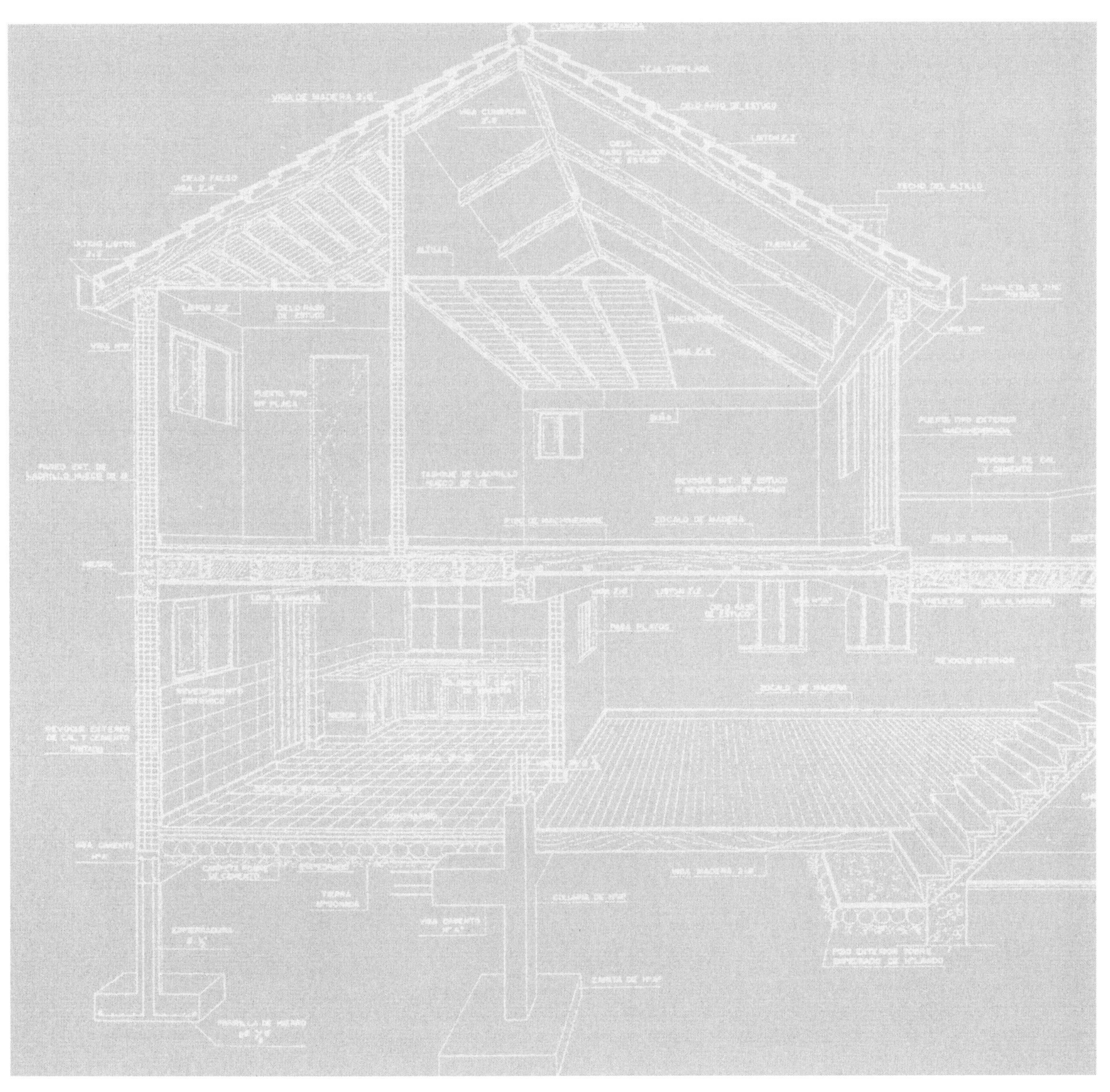

일반사항

의장, 설비는 물론 기능적으로 우수한 건축물일지라도 비가 새는 건축물은 건축물로서 실격이다. 특히 철근 콘크리트 구조의 건축물은 콘크리트의 경화, 건조 후에 미세한 공극이 생기고 여기서 빗물 등이 침투한다거나 누수가 생기는 예가 많다.

그러므로 여러 가지의 방수 공법이 연구되고 있지만 신뢰성 문제도 있고, 오늘날에도 아스팔트 방수가 주류로 되어 있다. 따라서 여기서는 이 아스팔트 방수를 주로 해서 필요에 따른 모르타르 방수의 요점을 보충하는 것으로 끝낸다.

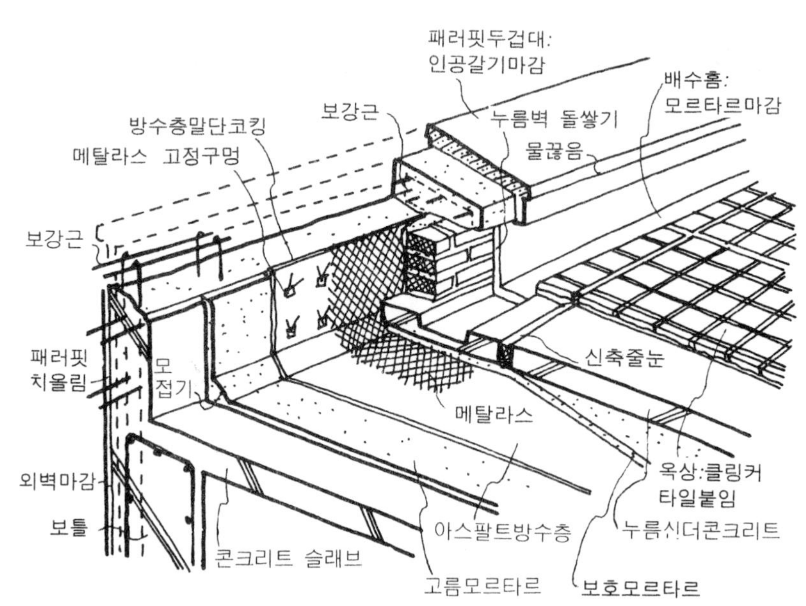

[옥상 슬래브 방수요령(아스팔트 방수의 경우)]

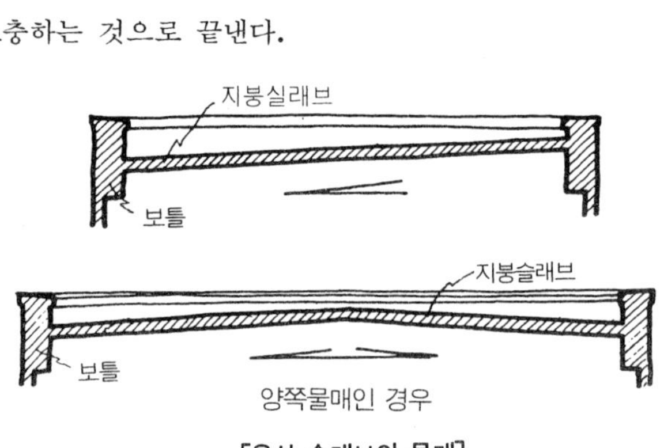

[옥상 슬래브의 물매]

옥상 슬래브의 수평 물매

옥상 슬래브는 철근 콘크리트조 건축물의 지붕이므로 우수의 배수 처리를 원활히 하지 않으면 비가 새는 원인이 된다. 방수층은 상기의 요령도에 표시한 것 같은 요령으로 시공하지만, 다시 지붕면에는 물길을 원만히 하기 위해 수평 물매를 설치한다. 비가 새는 원인이 되는 공극이나 물이 고이지 않도록 하기 위해 콘크리트 친 후 탬핑 자 고름, 중간 골을 없앤다. 다시 흙손, 흙칼 등을 사용해서 평탄하게 마무리한다.

아스팔트 방수층의 시방

아스팔트 방수는 여러 가지의 방수 공법이 개발되어 오늘날에도 그 실적 및 신뢰성의 점에서 가장 다용되고 있는 공법이다.

방수층은 상기 요령도 및 오른쪽 표에도 표시한 것처럼 일반적으로는 고름 모르타르 위에 아스팔트 프라이머를 솔질 바름해서 그 위에 아스팔트 콤파운드(접착이 잘 되게)를 솔질 바름 위에 아스팔트 펠트 깔고, 다시 아스팔트 콤파운드 바름 위에 아스팔트 루핑 깔기를 반복해서 6~8층의 방수 피막을 만드는 것이 보통이다.

철근콘크리트조보행용 지붕의 방수층(예)

층별	품 명	양/m²	공 법
1층	아스팔트 프라이머	0.3l	솔바름
2층	아스팔트 콤파운드	1.5kg	솔바른 뒤에 흘려붙임
3층	아스팔트 펠트(30kg)	–	
4층	아스팔트 콤파운드	1.0kg	솔바름
5층	망상루핑	–	
6층	아스팔트 콤파운드	2.0kg	임시붙임, 위로부터 바르고, 망눈을 통과하여 충분히 밑층으로 밀착시켜 솔로누름
7층	아스팔트 루핑(30kg)	–	
8층	아스팔트 콤파운드	2.1kg	솔질1회 모프바름 1회(단, 솔질 3회에 버금가는 것으로 한다)

철근콘크리트조비보행용 지붕의 방수층(예)

층별	품 명	양/m²	공 법
1층	아스팔트 프라이머	0.3l	솔질
2층	아스팔트 콤파운드	1.5kg	솔질위에 흘려 붙임
3층	아스팔트 펠트(30kg)	–	
4층	아스팔트 콤파운드	1.5kg	솔질위에 흘려 붙임
5층	특수루핑	–	
6층	아스팔트 콤파운드	1.5kg	솔질위에 흘려 붙임
7층	모래붙인 루핑(40kg)	–	
8층	알루미늄페이스트 뿜칠	2회	알루미늄페이스트 2.3kg, 용제 5gal

실내(욕실, 화장실)의 방수층(예)

층별	품 명	양/m²	공 법
1층	아스팔트 프라이머	0.3l	솔질
2층	브라운 아스팔트(10~20)	1.5kg	솔질위에 흘려 붙임
3층	아스팔트 펠트(30kg)	–	
4층	브라운 아스팔트(10~20)	1.5kg	솔질위에 흘려 붙임
5층	아스팔트 루핑(35kg)	–	
6층	브라운 아스팔트(10~20)	2.1kg	솔질1회 모프바름 1회(단, 솔질 3회에 버금가는 것으로 한다)

일반사항

아스팔트 루핑을 붙이는 법

아스팔트 루핑은 도시한 바와 같이 수평 물매에 대하여 직각 또는 평행으로 붙이는 방법이 있지만, 겹붙임인 경우는 번갈아 붙이는 것이 상식이다. 직각 방향으로 붙이는 경우는 겹침 관계상, 밑에서 위로 붙여 나가나 평행으로 붙이는 경우에는 좌우의 어느 쪽에서 붙여 나가도 된다. 단, 붙이는 순서는 수평하에서 수평상으로 올라가면서 붙이는 것이 보통이다. 이음새는 도시한 바와 같이 이음 위치를 엇갈리게 한다. 겹침은 모두 9cm 이상으로 한다.

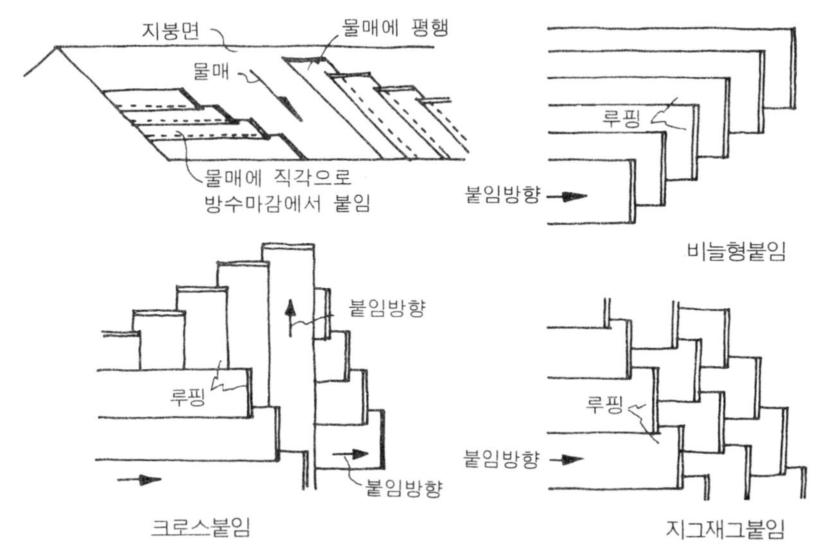

[아스팔트 루핑의 붙임]

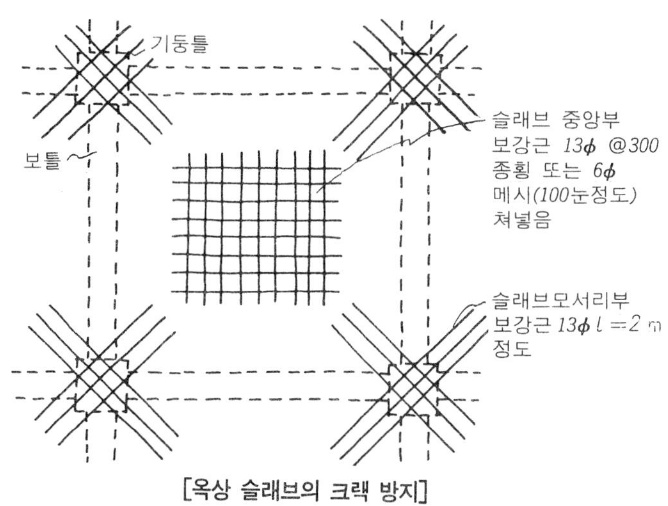

[옥상 슬래브의 크랙 방지]

방수 바탕의 보강

방수층은 바탕의 콘크리트 슬래브에 균열이 생기면 방수층 자체의 균열을 초래할 염려가 있다. 슬래브에 생기는 균열에는 구조 크랙, 신축 크랙 등 눈에 보이는 균열 외에 미세한 균열도 많고, 그러므로 옥상 슬래브는 구조 배근 외 방수 바탕의 보강을 해야 한다. 그 밖의 코너나 패러핏, 차양 부분 등에는 크랙이 생기기 쉽기 때문에 반드시 방수를 위한 보강을 잊어서는 안 된다. 일반적으로 콘크리트조 건축물의 우수 침투는 원인이나 경로가 발견되기 어렵고 수축이 곤란하므로 방수 보강해서 비가 새는 원인을 만들지 않도록 주의해야 한다.

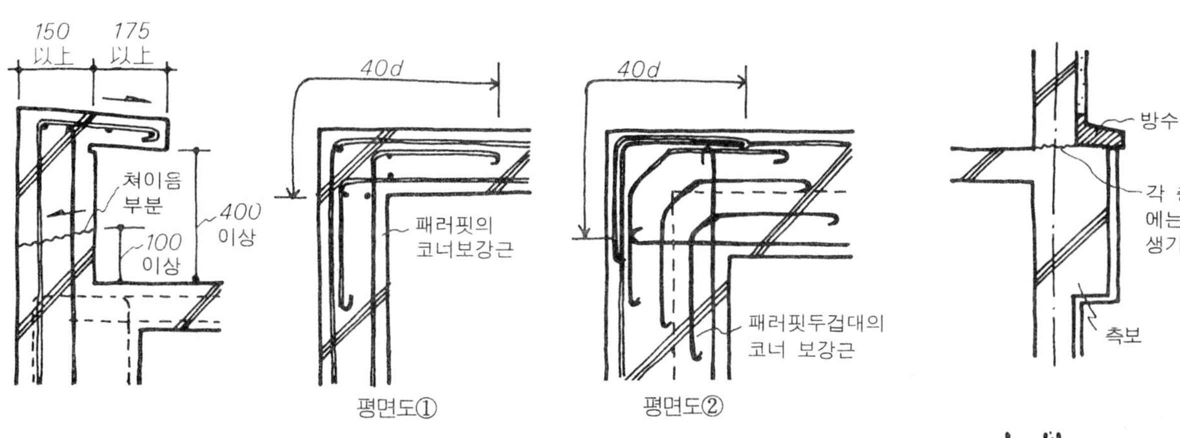

[패러핏의 보강]

위 그림은 패러핏의 보강 예를 표시한 것이다. 단면도에 표시한 것처럼 패러핏 벽도 되도록 더블 배근(벽 두께 150mm 이상)으로 하고 코너 부분은 평면도에 표시한 것처럼 40*d*의 앵커를 확실히 잡도록 하면 된다. 타설 이음부는 단면도에 표시한 것처럼 외측으로 흐르는 타설 이음 물매를 잡으면 된다.

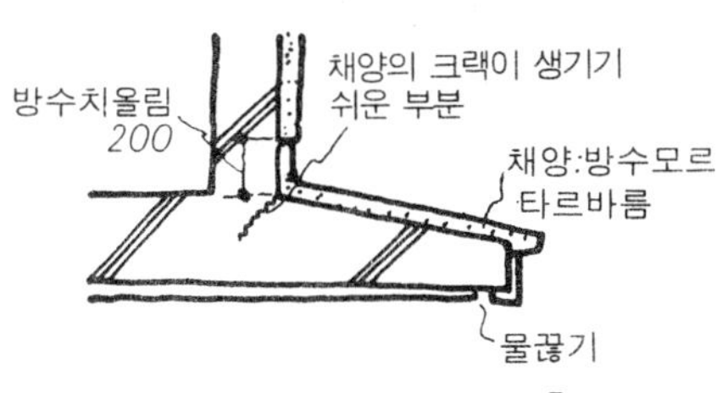

[크랙이 생기기 쉬운 부분]

일반사항

신축 줄눈의 시공 요령

방수층의 누름 보호로서 경량 콘크리트나 마감재에는 신축 줄눈을 설치해야 한다. 보호층의 신축에 의해 방수층이 파단되고, 누수된 사례가 많기 때문이다. 줄눈재로서는 일반적으로는 시공이 용이한 에러스타이트판이 다용되고 있지만, 이 줄눈재는 아래 그림에도 표시한 것처럼 방수층에서 마무리 바름 높이까지 줄눈 간격의 통재심에 맞춰서 모르타르로 임시 고정시킨 다음 경량 콘크리트 치기 하여 다시 정벌 바름을 한다.

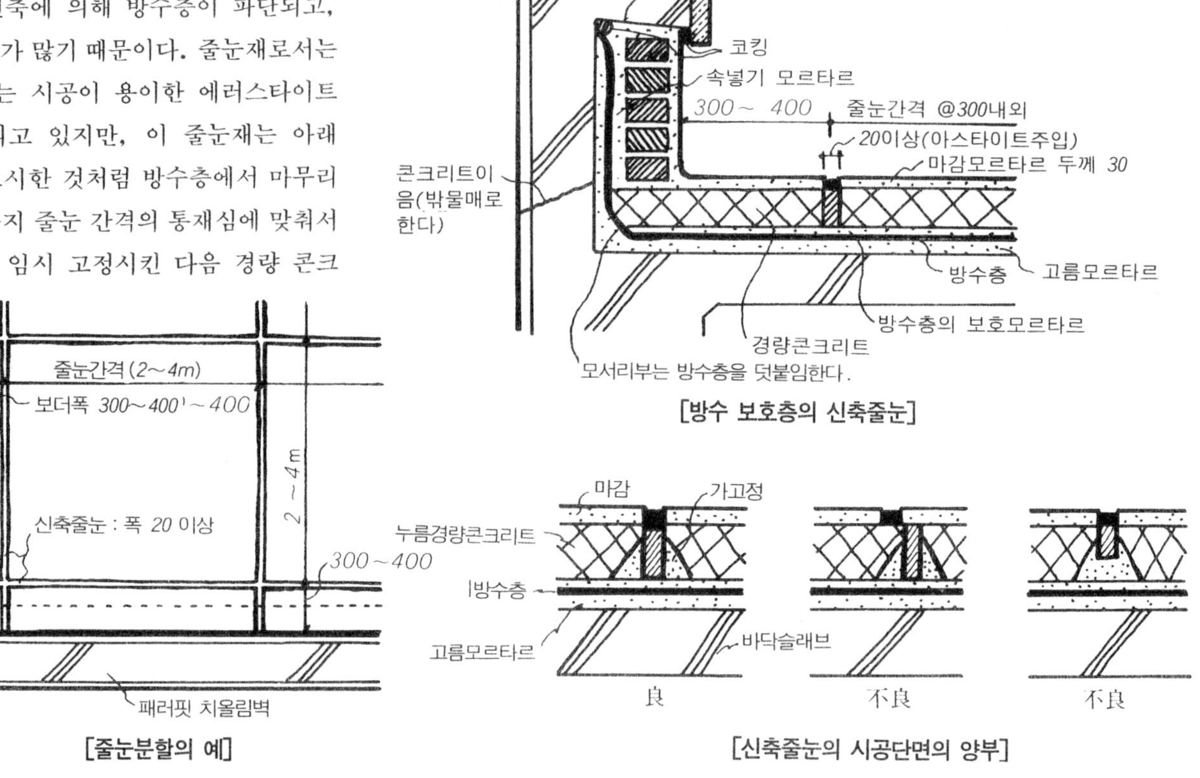

[방수 보호층의 신축줄눈]

[줄눈분할의 예]

[신축줄눈의 시공단면의 양부]

줄눈의 배분은 도시한 바와 같이 종횡 모두 2~4m 이내의 간격으로 줄눈을 배당하고, 패러핏, 팬트 하우스 등의 치올림 벽의 둘레에는 반드시 보더 줄눈을 넣는다. 줄눈폭은 일반적으로 20~25mm로 하고 있다.

지수판의 설치 요령

콘크리트의 치기 이음부에는 치기 이음의 공극이 생기고 투수 현상을 일으키므로 지수판을 벽심에 넣어 외부로부터 빗물의 침투를 막는다.

지수판에는 엷은 철판제, 고무제, 합성 수지제가 있다. 설치 요령은 이 대상의 지수판을 콘크리트를 멈춰 치기 하는 거푸집 또는 배근에 가붙임(벽심의 위치에 오도록 철선으로 멈추게 한다) 해서 지수판 위에 다음 콘크리트를 치기 이음해 나간다. 지수판을 사용하는 장소로서는 지하실의 치기 이음부 및 익스팬션 조인트부 등이 있지만, 경우에 따라서는 각 층의 치기 이음 부분에 사용할 때도 있다.

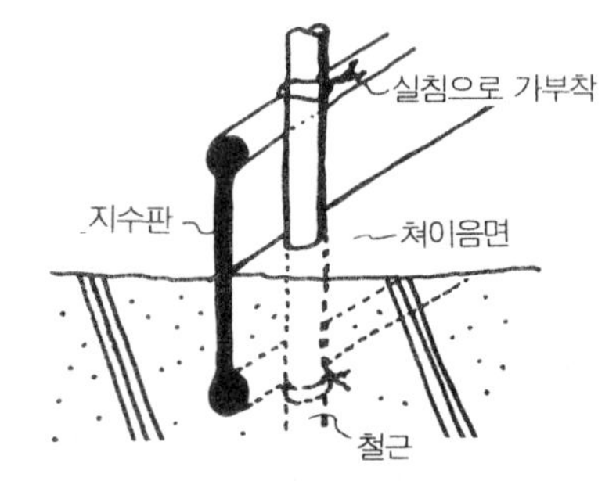

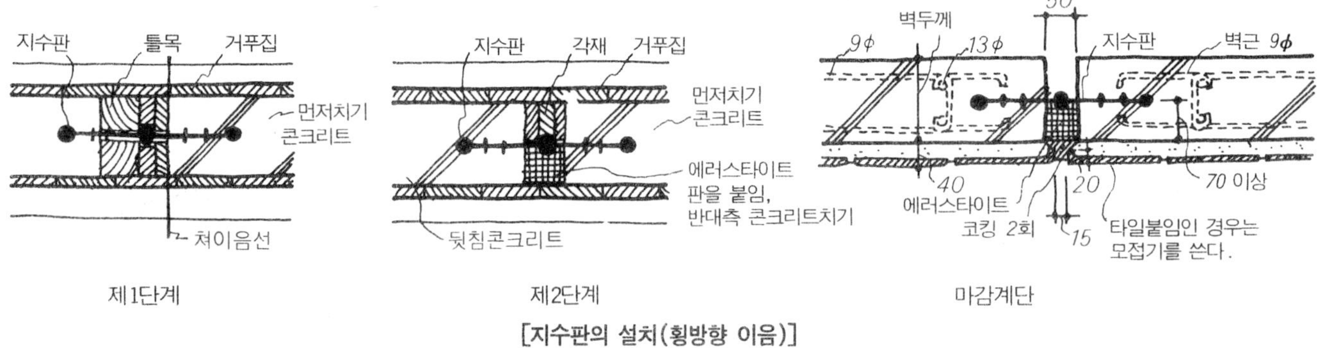

[지수판의 설치(횡방향 이음)]

일반사항

모르타르 방수

모르타르 방수는 방수제(액상)를 보통 모르타르에 혼입하고 흙손 바름한 방수 공법이며 시공은 용이하지만 전단, 인장에 대한 저항력이 약하고, 또 건조 수축에 의해 크랙이 생길 염려가 있으므로 간단한 방수의 경우에 다용되고 있다.

모르타르 방수 공법을 지붕 슬래브 등에 채용하는 경우는 바탕의 지붕이 슬래브에 구조 크랙, 신축 크랙이 생기지 않도록 슬래브의 보강을 원활히 하고 수밀성이 높은 콘크리트를 성의있게 치기 하든지 특히 크랙이 생기기 쉬운 부분에는 방수 보강(철근이나 와이어 메시를 넣는다) 등의 처치를 취해야 한다.

일반적으로는 아래 그림에 표시한 것처럼 채양, 베란다의 바닥, 개방 복도 바닥, 패러핏 두겁 등의 방수 처치를 필요로 하는 장소 또는 방수 처치의 경우 또는 실내의 경우 지하실의 방습 처리 등에 다용되고 있다. 방수 모르타르 바름의 마무리로서는 솔질 마무리와 흙칼 마무리가 있다.

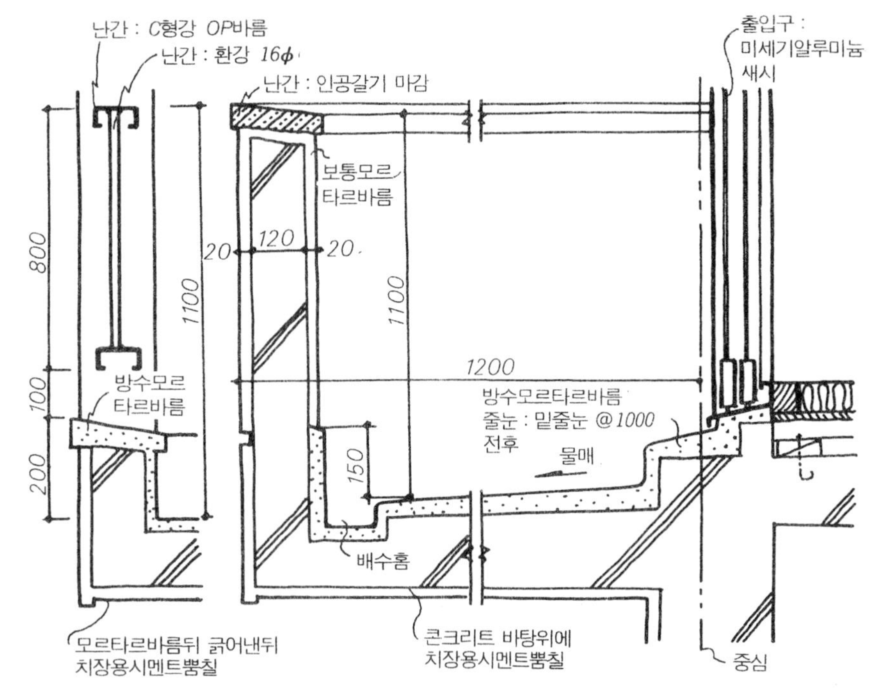

[예1 발코니의 모르타르 방수마감]

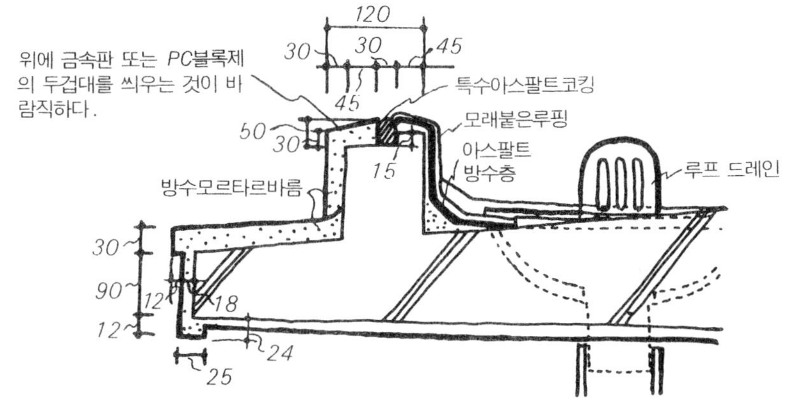

[예2 채양의 모르타르 방수마감①]

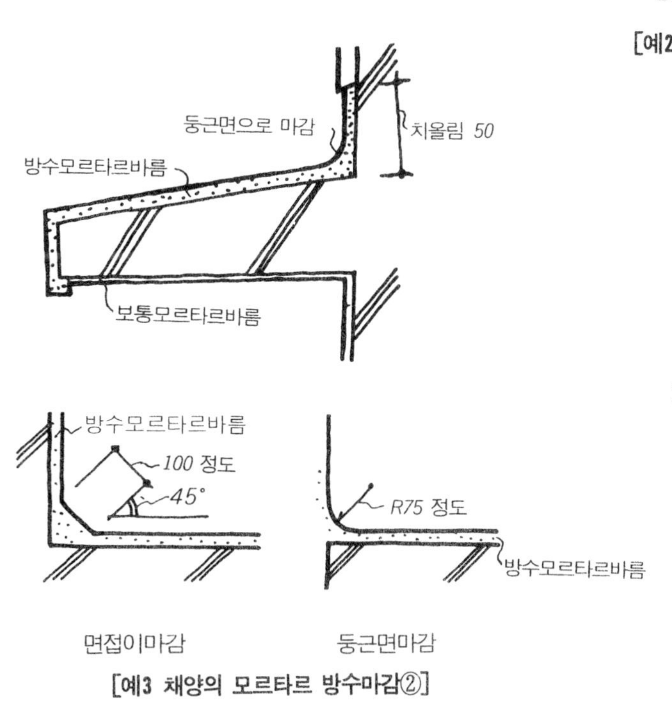

[예3 채양의 모르타르 방수마감②]

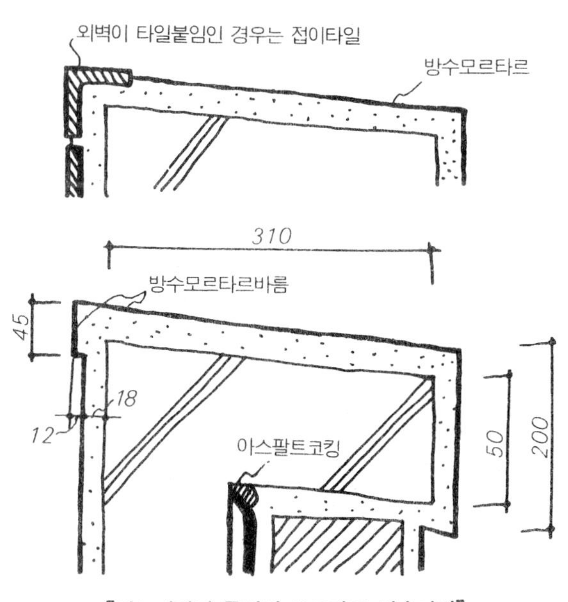

[예4 패러핏 두겁의 모르타르 방수마감]

옥외방수

옥상 슬래브의 방수

옥상으로 사용하는 경우의 보행용 지붕 슬래브는 일반 사항으로도 말한 바와 같이 방수층의 보호 누름으로써 경량 콘크리트(6~9 cm)를 치기 하고, 그 위에 마무리(모르타르 바름, 클링커 타일 붙임 등)를 한다. 이 경우 도시한 바와 같이 신축 줄눈을 내지만 클링커 타일 붙임의 경우는 타일 배분에 맞춰서 2~4m 간격으로 신축 줄눈을 넣으면 된다.

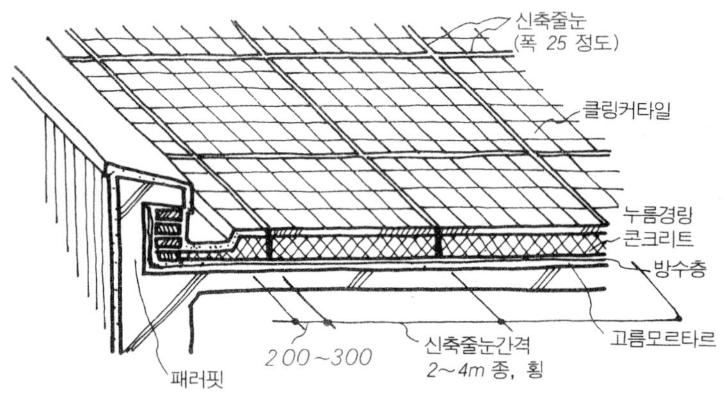

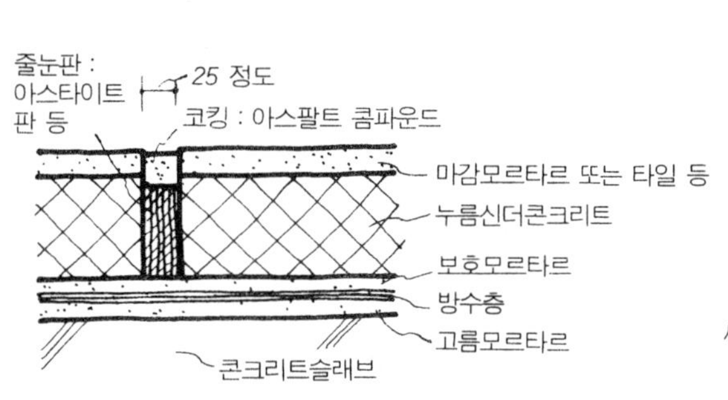

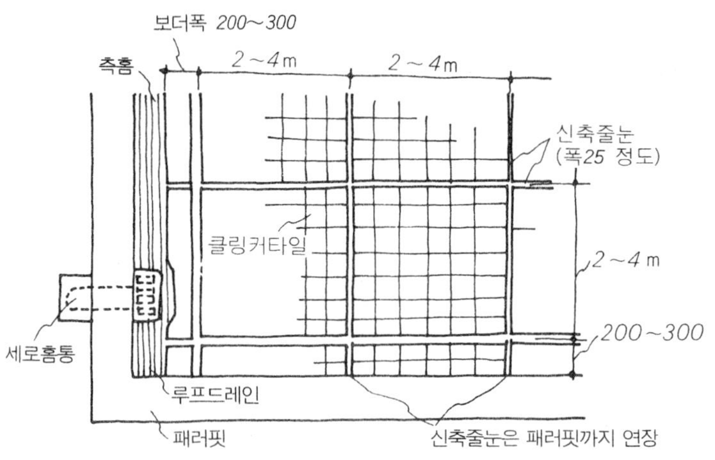

[보행용 지붕 슬래브인 경우]

옥상으로서 사용하지 않는 경우의 지붕 슬래브(비보행용 지붕)의 방수는 일반적으로 보호층으로서의 경량 콘크리트 타설을 하지 않고, 방수층의 누름으로는 자갈(입도 25mm 정도)을 약 5cm 두께 정도 깔아서 고르는 공법이 다용되고 있다. 자갈 깔기에 있어서는 자갈 운반시 충격, 깔고 고를 때의 스코프 사용으로 방수층을 손상시키는 일이 많다. 이것이 빗물의 침투 원인이 되므로 주의해서 시공해야 한다. 루프 드레인 둘레는 자갈막이 블록으로 둘러서 드레인의 틈막이를 방지한다.

좁은 면적의 비보행용 지붕의 경우는 지붕 슬래브 위에 모래 루핑을 붙여서 마무리할 만큼의 노출 방수 공법도 사용된다.

패러핏 그 밖의 치올림부의 방수 처리에 대해서는 후술하지만, 여기서는 방수층 위에 모래 루핑을 두겁 밑까지 붙여서 금속제 두겁으로 덮어서 빗물 처리한 예를 표시했다.

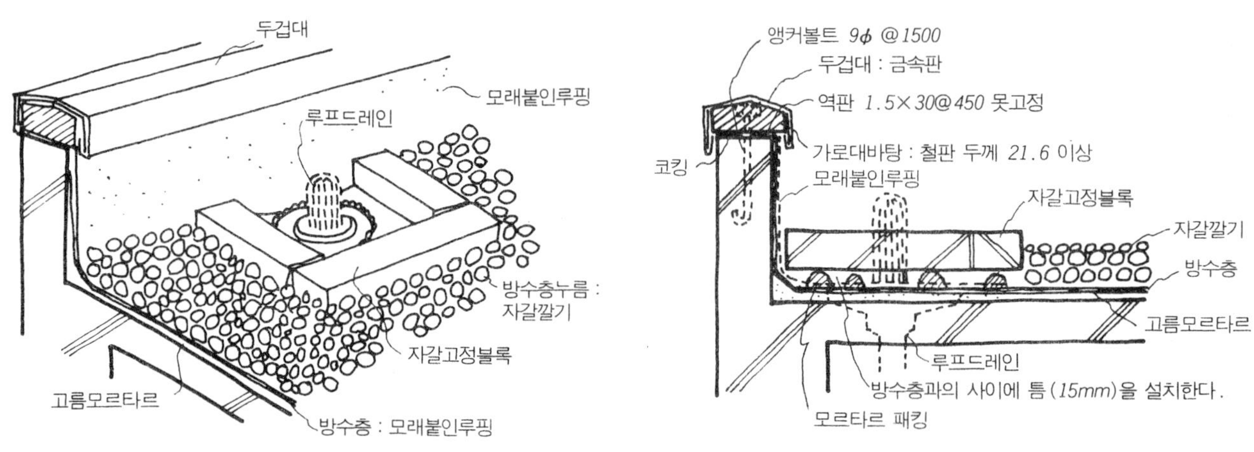

[비보행용 지붕 슬래브인 경우]

옥외방수

패러핏 둘레의 마무리(보행용 지붕)

패러핏 둘레의 마무리로서는 두겁 부분의 빗물 처리와 슬래브 방수층의 치올림 마무리가 요점이 된다. 두겁은 외벽 마무리의 얽힘으로 도시한 바와 같이 바름 마무리, 붙임 마무리 외에 프리캐스트제 또는 금속제의 두겁을 설치한 예도 많다. 이 경우 주의해야 할 일은 재의 이음새는 코킹해서 빗물의 침투를 막는 동시에 두겁의 물 끊기를 고려해야 한다. 또 방수층은 반드시 두겁 밑까지 치올려야 한다.

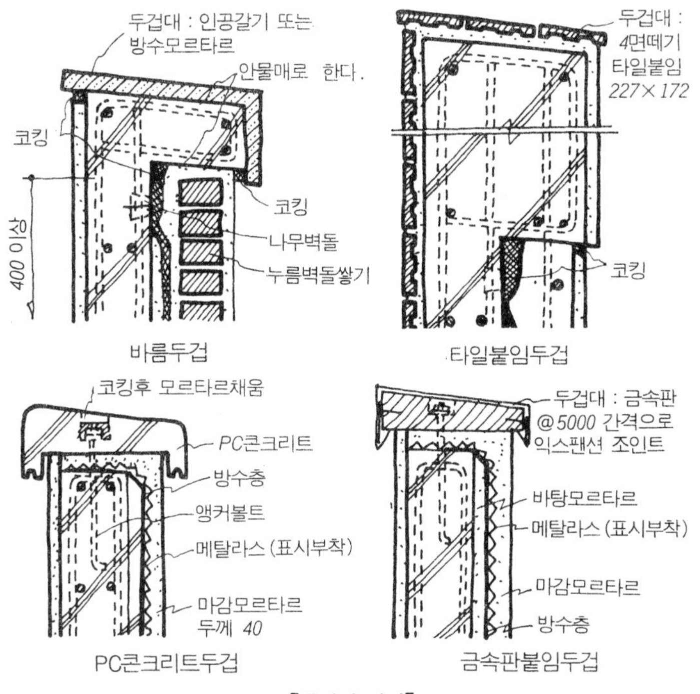

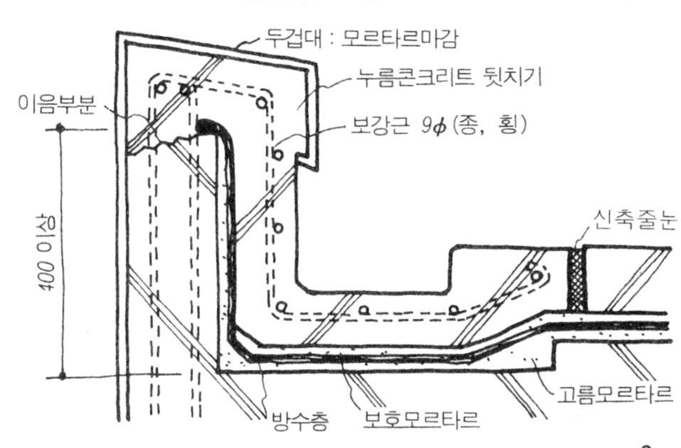

두겁대 : 인공갈기 또는
방수모르타르
안물매로 한다.
코킹
코킹
나무벽돌
누름벽돌쌓기
400 이상
바름두겁
두겁대 :
4면떼기
타일붙임
227×172
코킹
타일붙임두겁
코킹후 모르타르채움
PC콘크리트
방수층
앵커볼트
메탈라스(표시부착)
마감모르타르
두께 40
PC콘크리트두겁
두겁대 : 금속판
@5000 간격으로
익스팬션 조인트
바탕모르타르
메탈라스(표시부착)
마감모르타르
방수층
금속판붙임두겁

[두겁의 마감]

코킹
보강근 9ϕ
경량콘크리트(현장치기)
줄눈 : 아스타이트 또는 코킹
마감 : 클링커 타일
방수누름콘크리트
보호모르타르
방수층
고름모르타르
400이상

1

두겁대 : 모르타르마감
누름콘크리트 뒷치기
이음부분
보강근 9ϕ(종, 횡)
400 이상
신축줄눈
방수층
보호모르타르
고름모르타르

2

코킹
두겁대 : 인공갈기
코킹
누름벽돌쌓기
메탈라스붙임
이음부분
줄눈 : 아스팔트코킹
마감모르타르
방수누름
방수층
고름모르타르
보호모르타르
400이상
100이상

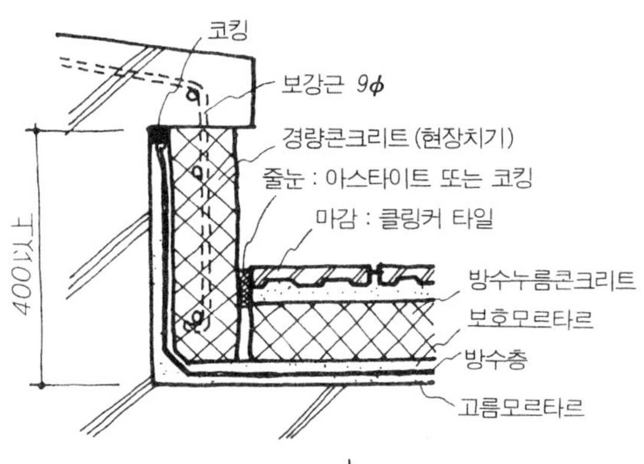

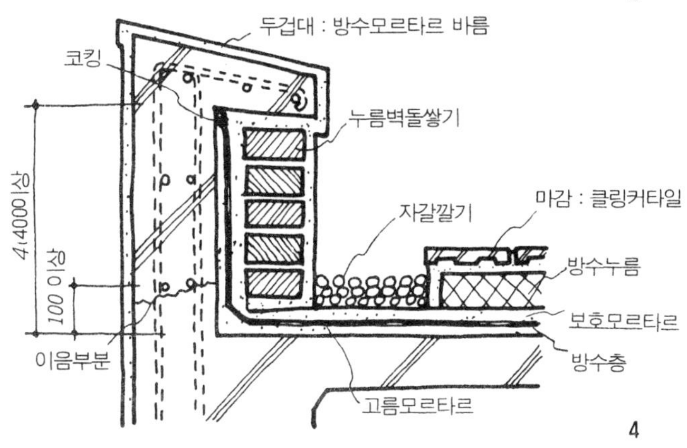

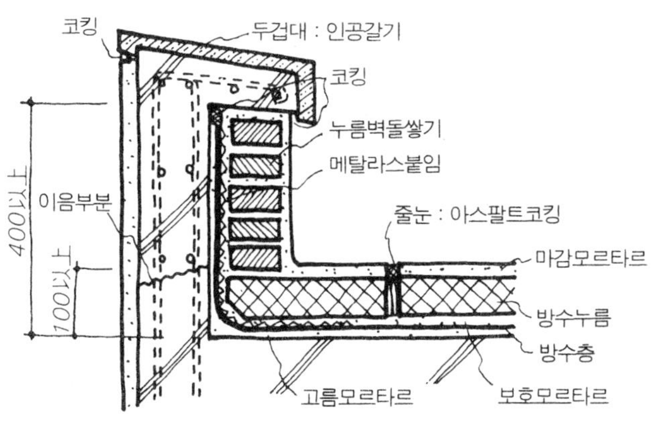

3

두겁대 : 방수모르타르 바름
코킹
누름벽돌쌓기
400이상
자갈깔기
마감 : 클링커타일
방수누름
보호모르타르
방수층
100 이상
이음부분
고름모르타르

4

역판 : 못고정
대목
두겁대 : 금속판
코킹
역판 : 1.5×30@450 못고정
메탈라스
PC콘크리트 블록
신축줄눈
마감 :
방수모르타르
누름콘크리트
보호모르타르
방수층
고름모르타르
앵커볼트
9ϕ
400이상

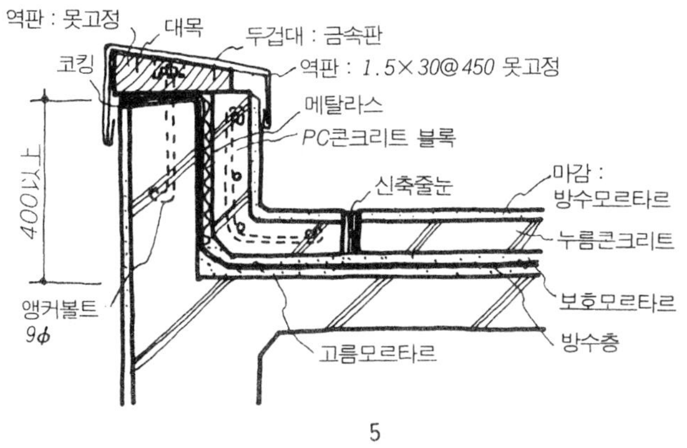

5

예 1은 방수층의 누름을 경량 콘크리트의 제자리 치기 한 예를 표시한 것이며, 예 2는 두겁 부분에서 누름 콘크리트를 나중에 치기 한 예이다.

예 3, 예 4는 종래 다용되어 온 벽돌 쌓기의 방수층 누름의 예이며, 예 5는 L형의 PC(프리캐스트 콘크리트) 블록을 사용해서 방수층의 누름으로 한 예이다. 예 5의 두겁은 매입 볼트로 대목을 고정하고 금속판을 덮어서 못질하여 마무리한다.

옥외방수

패러핏 둘레의 마무리(비보행용 지붕)

보행용 지붕의 패러핏 둘레도 요점은 보행용 지붕과 공통하지만, 일반적으로 두겁은 금속제 또는 블록제를 덮어서 방수층의 치올림 부분을 블록이나 벽돌을 사용하지 않고 모래 부착 루핑을 붙여서 끝내는 예가 많다.

또 비보행용이므로 패러핏의 필요성은 없고 의장적으로는 다음 페이지에 표시한 것처럼 차양을 내달은 예도 많다.

예 1, 예 2는 보행용 지붕의 패러핏과 같이 두겁까지 콘크리트 치기 해서 방수층의 누름 벽돌 쌓기로 한 예이다.

예 3, 예 4는 PC 블록 또는 금속제의 두겁을 설치한 예로 방수층의 치올림 부분은 모래 부착 루핑을 붙인 것이다. 예 5, 예 6은 철골조 건축물의 경우의 방수 처리를 표시한 것이다. 두겁은 일반적으로 금속제의 것이 다용되고 방수층은 콘크리트조와 같이 마무리 하지만 지붕에 덱플레이트를 붙이는 경우(예 6)는 단열을 겸해서 아스팔트 보드 붙임 후 방수층을 시공한다.

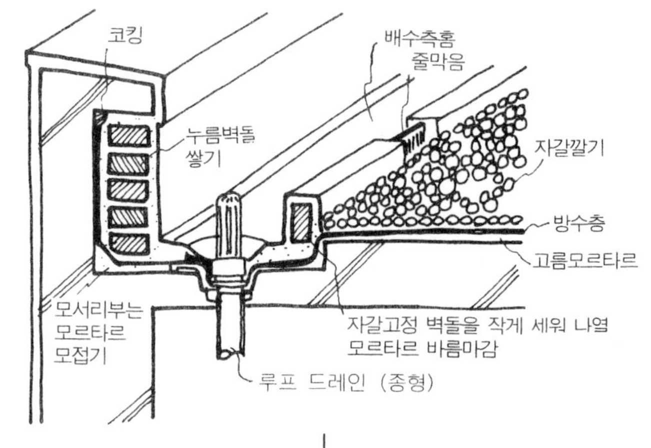

1

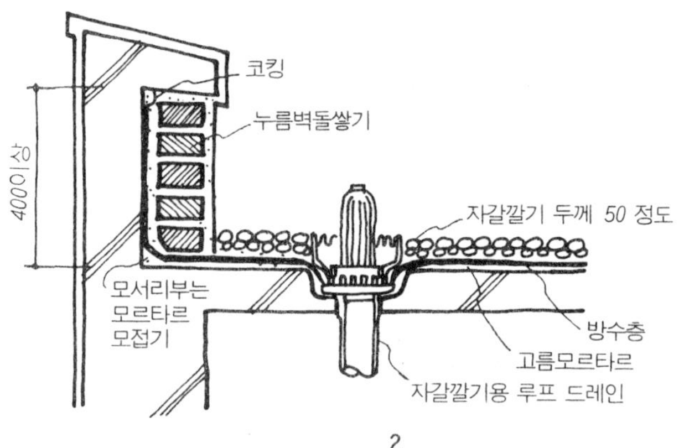

2

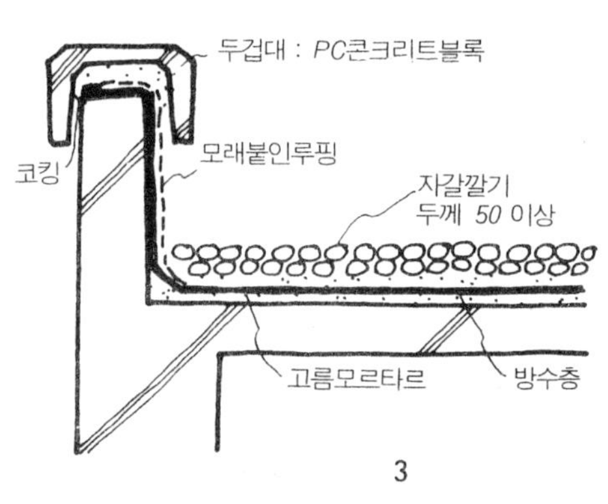

3

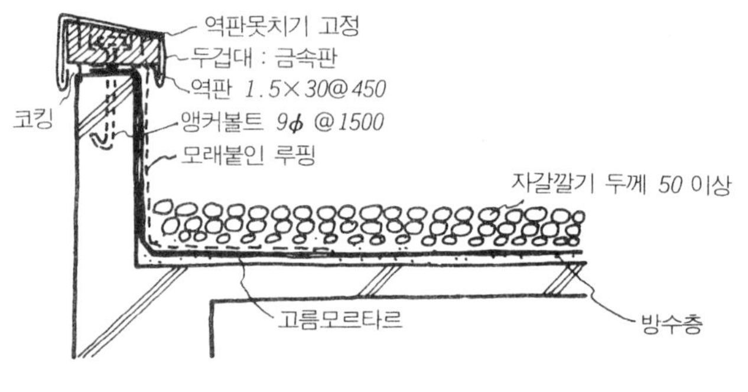

4

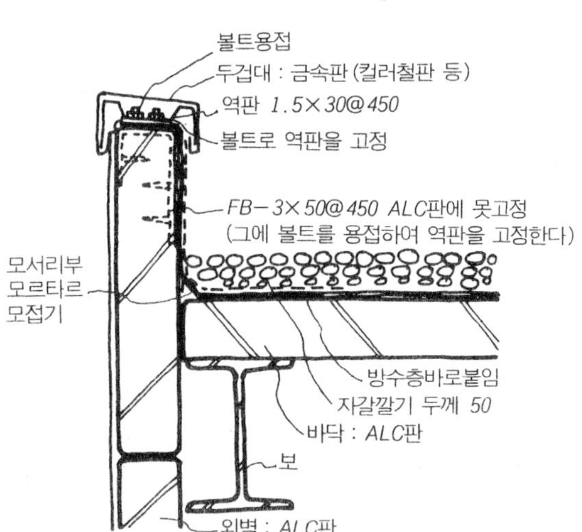

5

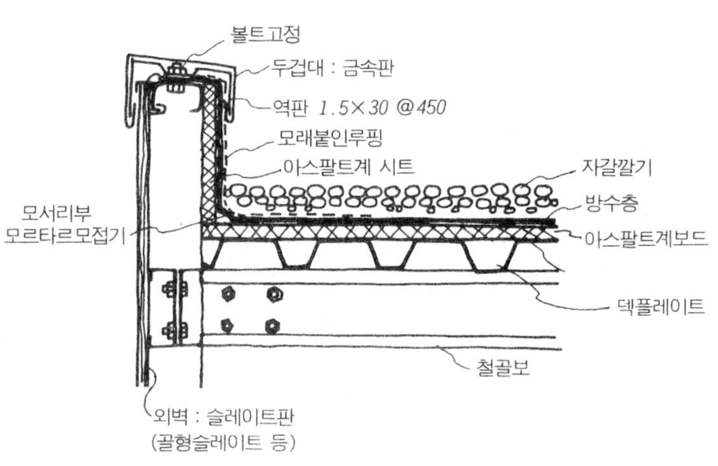

6

옥외방수

채양 둘레의 방수

옥상층의 채양 둘레의 방수 처리는 의장(형상)과의 얽힘으로 여러 가지로 연구될 점이 있으나, 다음으로 그 마무리 예를 도시해 둔다.

예 1~예 3은 패러핏이 없는 경우의 방수층 단말의 마무리를 표시한 예이며, 모두가 일부 처리한 부분에 콘크리트의 치올림을 마련해서 PC 블록을 덮어서 방수누름으로 한 것이다.

예 4는 채양 끝에 힘판(대목)을 붙여 방수층을 여기에 다라 올려놓고 물 끊기 철판으로 덮어 빗물 처리한 것, 예 5, 예 6도 같이 채양 끝을 치올려 두겁에 L형 앵글이나 블록을 사용한 예이다.

예 7은 채양이 지붕 슬래브보다 낮은 경우의 예이며, 지붕 방수는 보 위로 치올려서 설치하고, 채양은 모르타르 방수한 것이다.

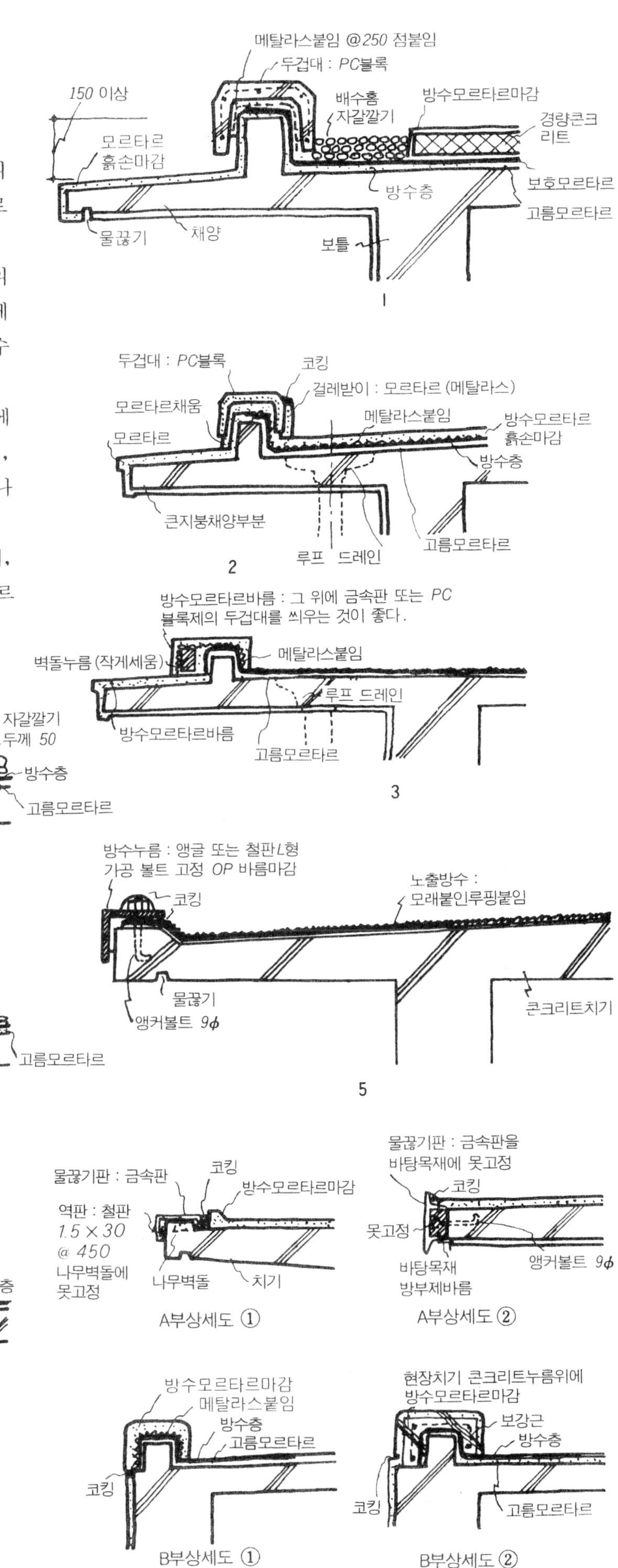

例 7

옥외방수

옥상 치올림 부분의 방수

건축물의 옥상에는 옥상 출입용의 계단실(옥탑)이나 해치의 환기구 등의 돌출물이 설치되어 있다. 이들 돌출물의 빗물 처리 방수 처리는 전술한 패러핏 둘레의 방수에 준한다.

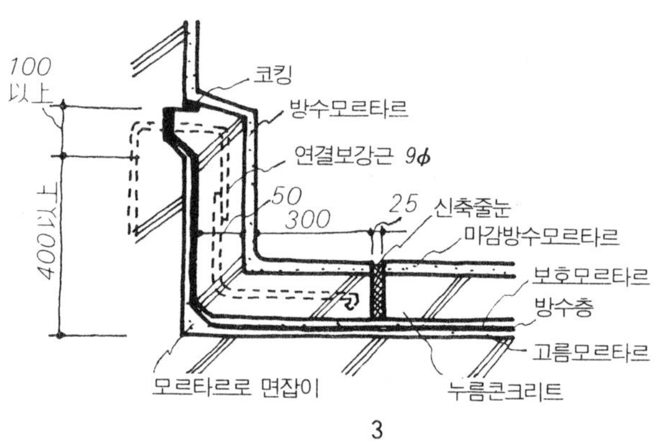

3

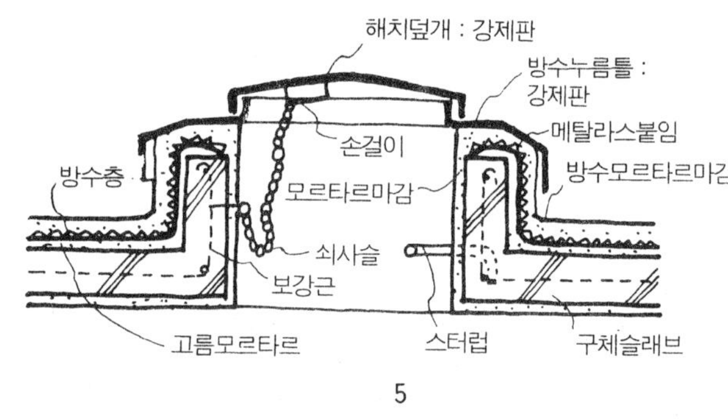

5

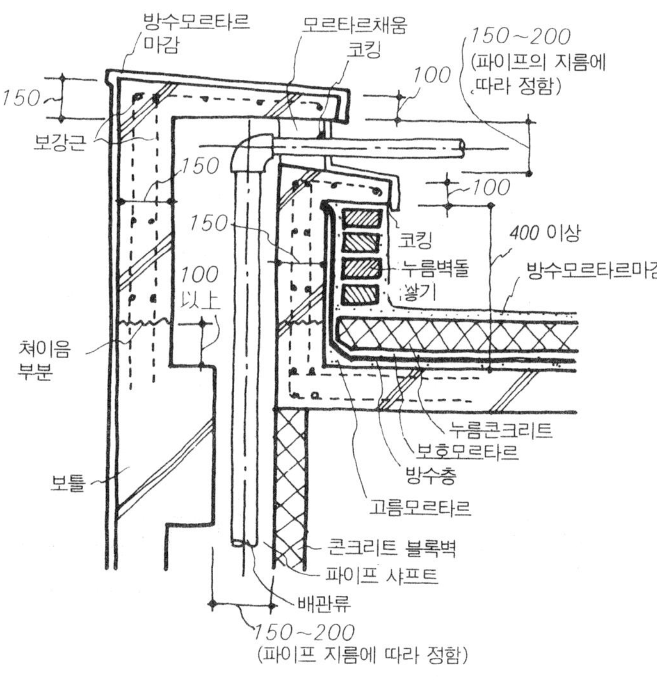

6

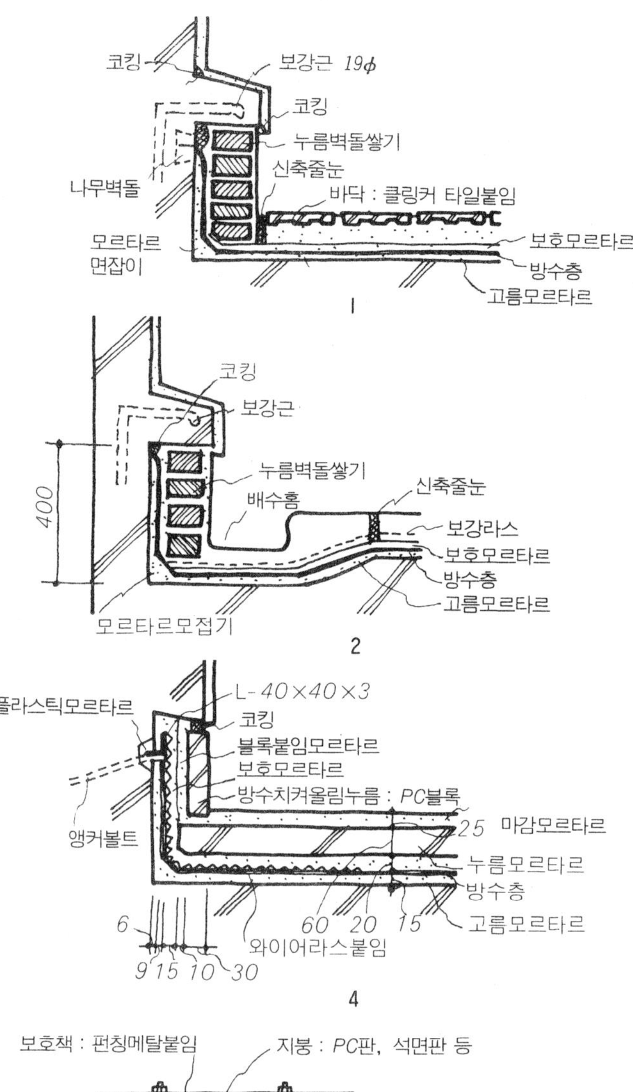

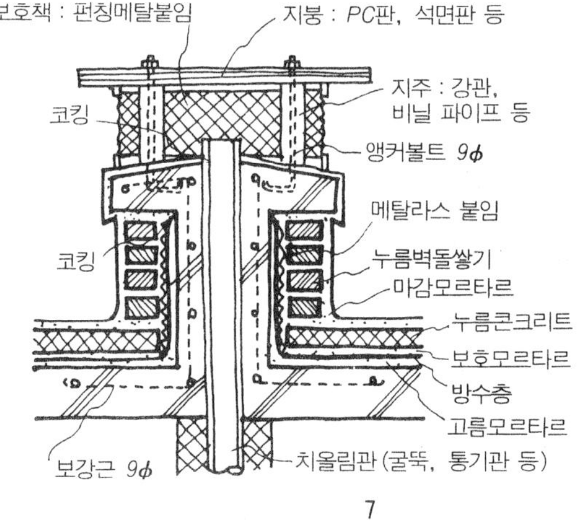

7

예 1~예 4는 펜트 하우스의 치올림 부분 방수 처리를 표시한 것이다. 방수층은 벽면에 40cm 이상 치올려 누르면 패러핏의 경우와 같이 벽돌인 콘크리트 블록을 사용해서 방수 모르타르를 발라 마무리한다.

예 5는 해치식 출입구 둘레의 마무리 예를 표시한 것이다.

예 6, 예 7은 굴뚝이나 통기관 등을 옥상으로 치올리는 경우의 마무리 예를 표시한 것이다. 예 6은 패러핏을 이용했다. 예 7은 옥상 슬래브에 파이프를 돌출시키는 경우의 마무리 예이다.

옥외방수

외부 출입구 둘레의 마무리

빗물 처리, 방수 처리의 점에서 본다면 옥상으로의 출입구, 발코니로의 출입구 등은 출입구의 밑틀과 외부 바닥면과의 고저차를 되도록 크게 하는 것이 바람직하다.

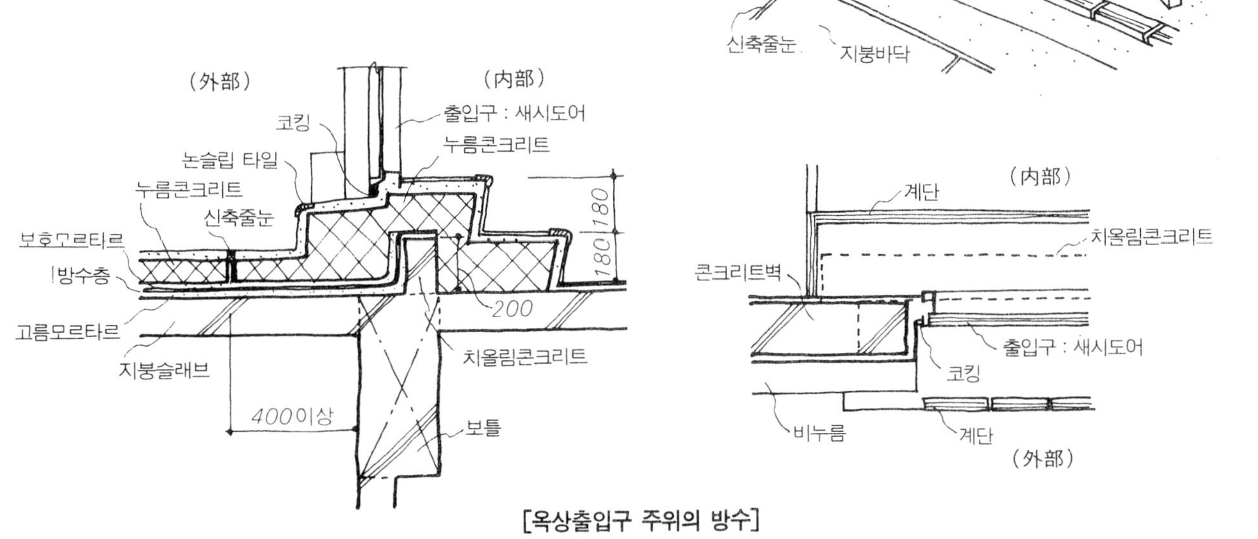

[옥상출입구 주위의 방수]

위 그림에 표시한 옥상 출입구 둘레의 경우는 문의 밑틀을 외부 바닥에서 높이고, 단을 밟고 옥외로 나가도록 한 것이다. 보 위에 오름 콘크리트를 설치해서 방수층을 아무림 하고, 계단은 누름 콘크리트 치기와 동시에 콘크리트 치기 하여 방수 모르타르 바름으로 마무리한다. 이 경우 창호틀 밑에도 방수 모르타르를 충분히 채워서 다시 창호틀 둘레 전체에 코킹재를 넣어 빗물 처리한다.

발코니, 베란다는 일반적으로 모르타르 방수 마무리하는 예가 많다. 발코니는 출입이 용이해지므로 일반적으로는 보와 창호틀과의 관계를 아래 그림 예 1에 표시한 것처럼 보의 콘크리트 피복을 벗겨 내어 창호틀을 연결하는 예가 많으나, 구조적으로는 바람직하지 못하므로 예 2에 도시한 방법을 취하는 것이 좋다. 이것은 치올림이 커지나 방수 처리적으로 이러한 것이 좋으므로 최근에는 다용되고 있다. 발코니 바닥은 수평 물매를 충분히 잡아야 한다.

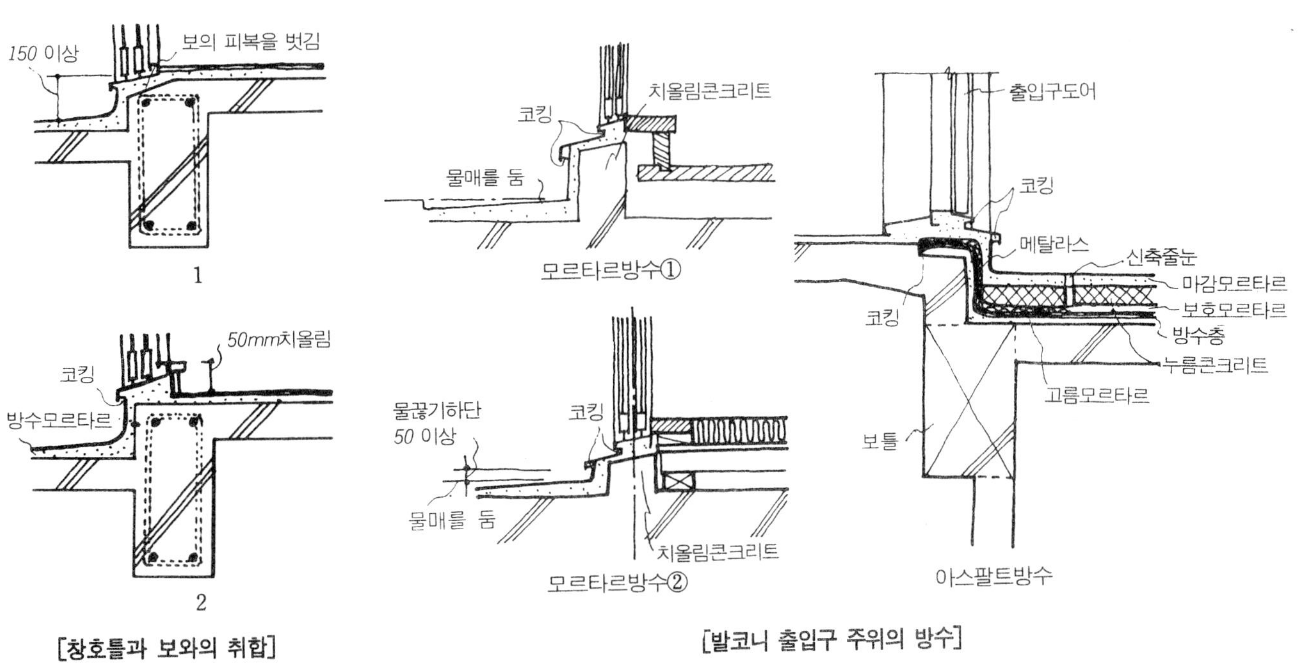

[창호틀과 보와의 취합]

[발코니 출입구 주위의 방수]

옥외방수

세로 홈통의 설치

건축물의 지붕면으로 떨어지는 빗물은 홈통 접속도에 표시한 것처럼 지붕 물매로 흐른 빗물은 루프 드레인, 세로 홈통을 거쳐서 배수조로 흐른다.

세로홈통에는 외홈통, 내홈통의 형식이 있지만 유지 관리, 보수상으로 외홈통을 선택하는 바람직하다.

루프 드레인에 모아진 빗물은 깔때기 홈통에 의해 외부 벽면에 설치된 세로 홈통으로 연결되며, 이 경우 깔때기 홈통은 건축물의 구체를 관통해야 하고, 관통 형식으로서는 일반적으로 도시한 것이 있지만, 되도록 보 관통의 형식은 피하는 것이 좋다.

깔때기 홈통과 세로 홈통의 연결에는 장식조가 사용된다. 장식조는 동판, 아연 도금 철판 외에도 염화 비닐제의 것이 사용되며, 강도, 내구성에 있어서 동판(10온스)제의 것이 바람직하다. 형상, 치수는 여러 가지 있지만, 세로 홈통의 표준 외경(75, 100, 125, 150mm)으로 합한 치수로 만들어진다.

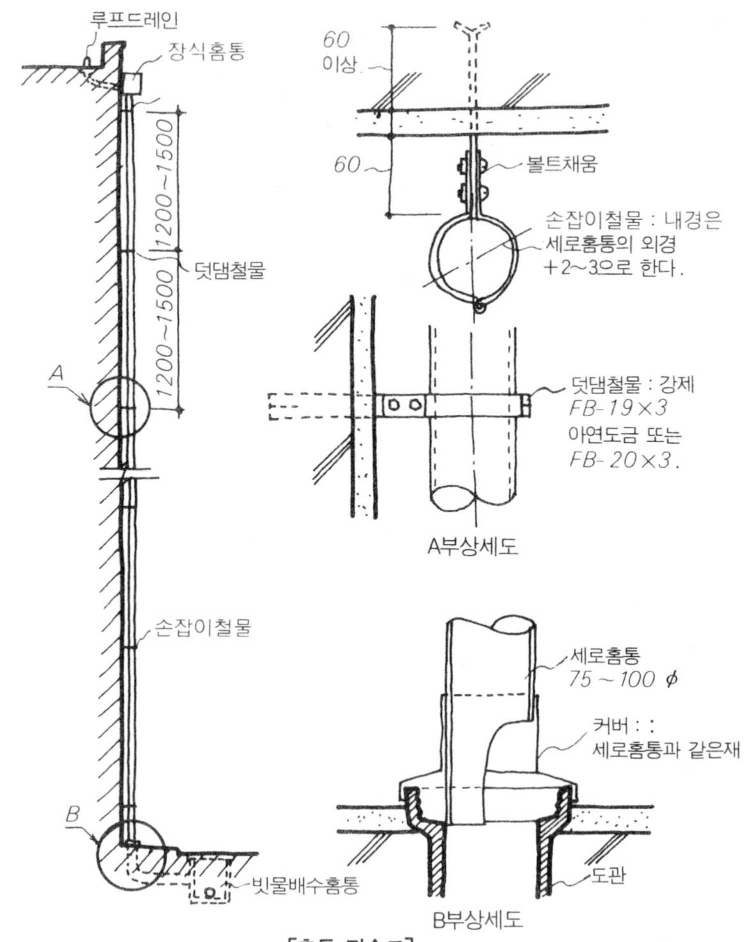

[홈통 접속도]

장식홈통 / 루프드레인 / 깔때기홈통 / 보틀 — 보관통

장식홈통 / 루프드레인 / 장식홈통 보관통없음 / 보틀 — 패러핏관통

루프 드레인 / 채양 / 보틀 — 채양관통

[홈통의 구체관통]

덧침콘크리트 / 물매 3/10 / 청소구지름 / 깔때기홈통 : 주철제 아연도금

220~250 / 덮개 / 역골 : 강판 30×3 / 홀인앵커로 고정 / 깔때기홈통 / 청소구 / H250~300 / 깔때기 : 아연도금(#28) 또는 동판(10온스)

220~250 / 홀인앵커 / 220~250 / 150

[장식통의 설치상세].

옥외방수

루프 드레인의 마무리

루프 드레인에서는 옥상용의 세로형과 가로형 외에 차양, 발코니용으로서 플로어 드레인, 중계 드레인 등이 있지만, 배수계통, 홈통 위치와의 관계를 고려해서 선택하면 된다.

설치 요령은 어떤 경우에서도 방수 공사 전에 지정 위치(수평 물매의 최하 위치)에 설치하고, 방수 모르타르를 채워서 고정시키고, 바닥의 방수층을 드레인에 올려놓고 방수층 누름, 바닥 마무리하며, 드레인 둘레로부터 누수하는 일이 없도록 성의있는 방수 공사를 해야 한다. 드레인 둘레의 모르타르 바름시 모르타르를 드레인 속으로 떨어뜨리지 않도록 주의한다.

그림은 종형 루프, 드레인, 가로형 루프, 드레인 및 발코니 등 각 층의 외부 바닥의 빗물을 같은 세로 홈통으로 집수하는 경우에 사용되는 중계 드레인의 마무리 예를 표시한 것이다.

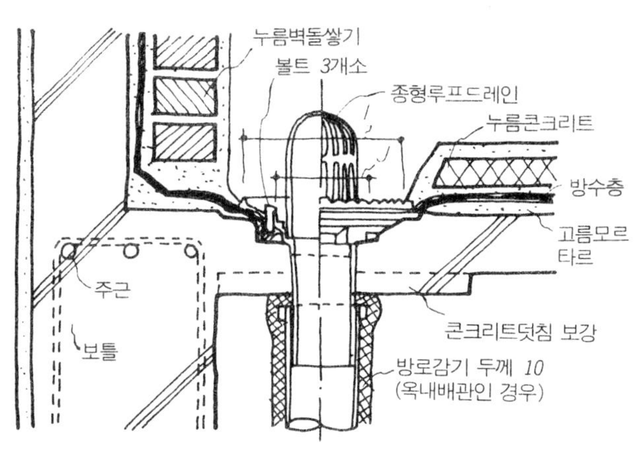

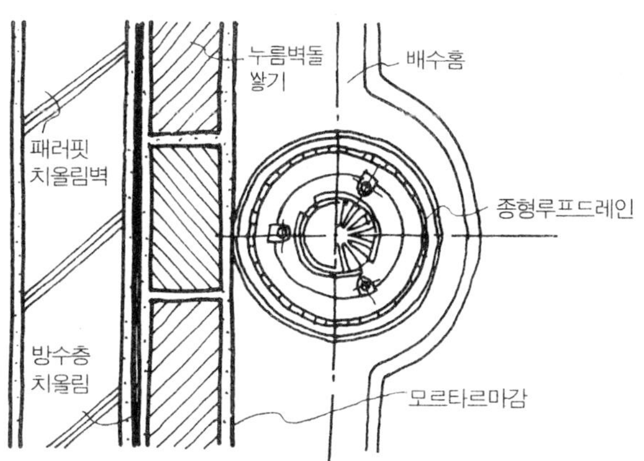

[종형 루프 드레인의 아무림]

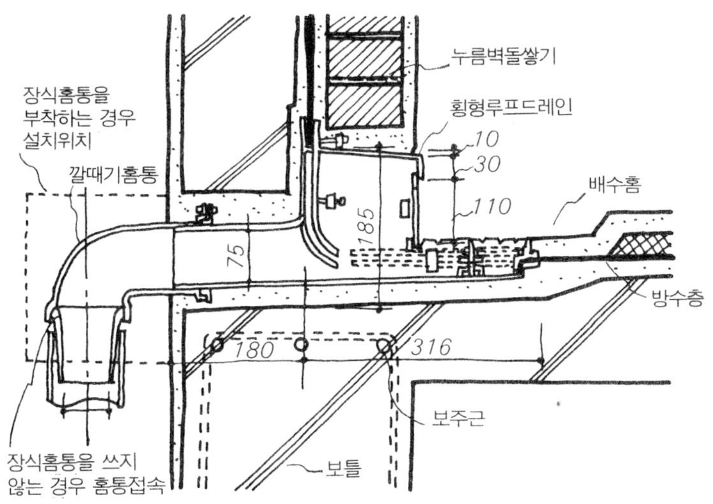

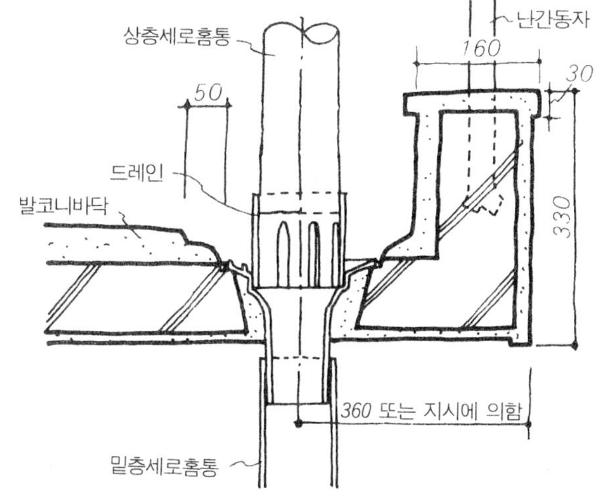

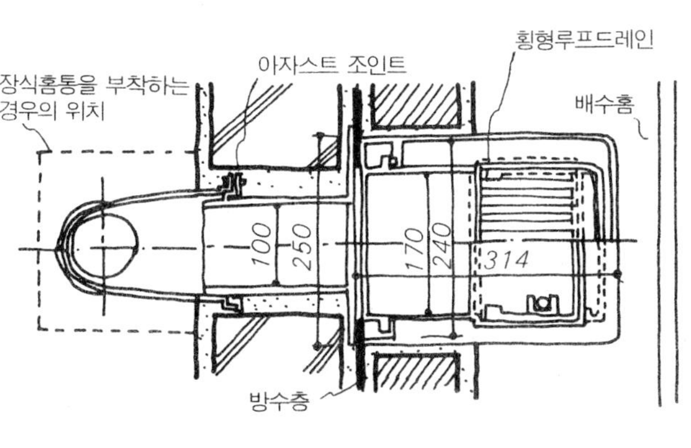

[횡형 루프드레인의 아무림]

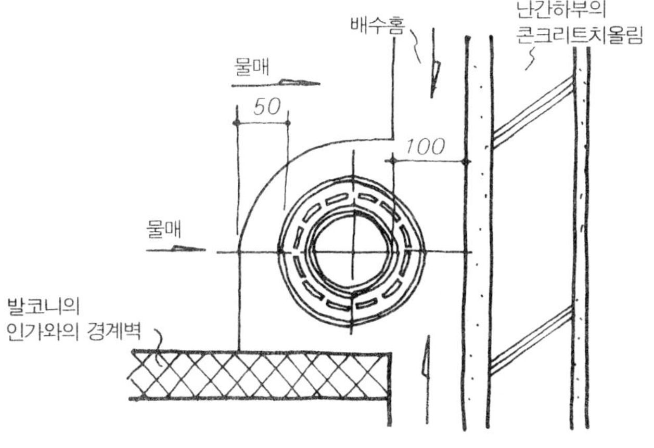

[발코니용 중이음 드레인의 아무림]

옥내방수

옥내 방수 공사를 실시하는 곳은 욕실, 세면장, 화장실, 주방 등 물을 다루는 장소 및 생선 식료품을 다루는 점포의 바닥, 지하실 바닥 등이다. 시공 요령은 옥외 방수의 경우와 같다.

내부 출입구 둘레의 마무리

옥내 방수의 마무리로서 공통해서 문제가 되는 것은 개구부 둘레의 마무리이다. 방수 처리는 사용하는 물의 양에 따라서 아스팔트 방수, 모르타르 방수를 사용 구분하지만, 수세 정도의 경우 모르타르 방수로 충분하다.

예 1～예 4는 아스팔트 방수의 예이다. 아스팔트 방수의 경우 방수층의 보호를 위해 누름 콘크리트 치기 한 것이므로 예 1처럼 방수 바닥으로 할 부분만 구조 슬래브를 낮춰 바닥 마무리면을 균일하게 해야 한다. 예 2, 예 3은 욕실 바닥 등의 마무리 예이다. 어떤 경우도 방수층의 치올림은 10cm 이상으로 하고, 문지방과의 사이에 코킹재를 충분히 충전하는 것이 바람직하다.

예 5～예 7은 오피스 빌딩의 세면장, 화장실 등의 바닥 마무리에 사용되는 모르타르 방수의 예이다. 문지방 밑에는 코킹퍼티 끼움, 방수 모르타르를 충분히 발라주어야 한다.

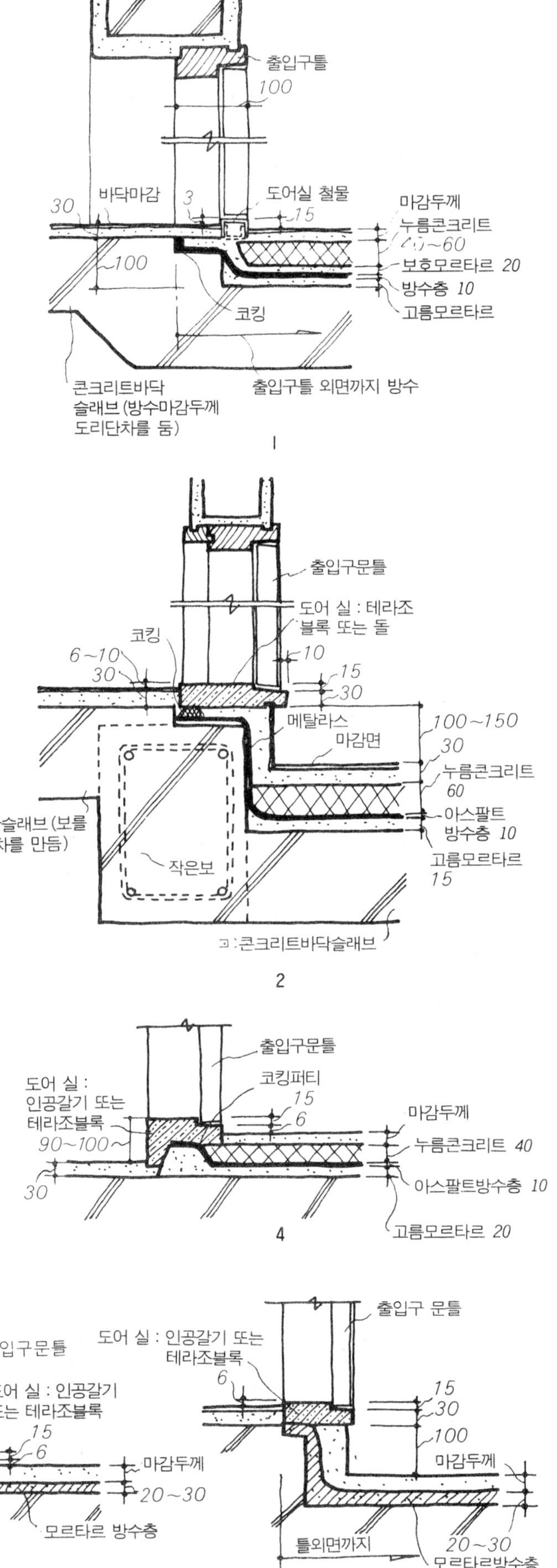

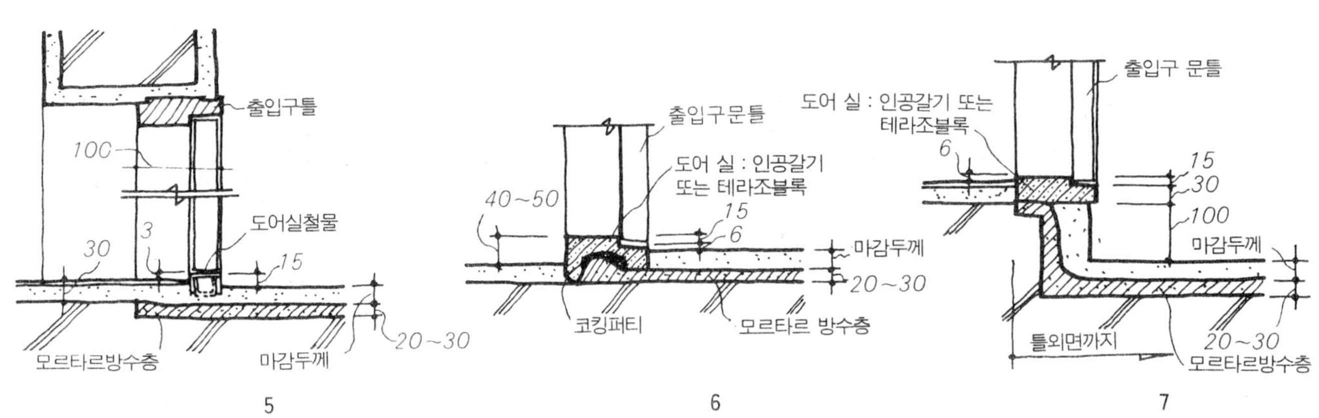

옥내방수

간막이벽과 방수층과의 관계

간막이벽을 콘크리트 블록벽, 목조벽으로 할 경우는 간막이 벽과 바닥 슬래브와의 관계 부분에 방수층의 파단이 생기고 물이 새는 원인이 되는 예가 많다. 따라서 일반적으로는 예 1과 같이 간막이벽의 각부는 바닥 슬래브를 그대로 올린 콘크리트 치기 해서 방수층의 상승선보다 위를 블록조(또는 목조)의 간막이벽으로서 방수층의 파단을 방지하는 것이 보통이다. 방수층의 치올림은 용도에 따라서 상승 치수를 결정하는 것이 좋다.

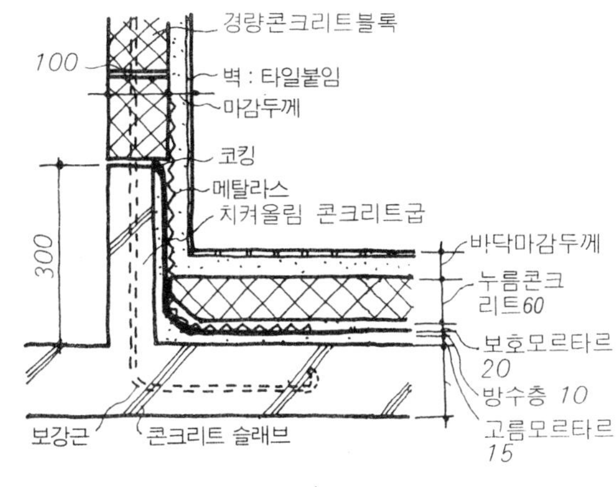

1

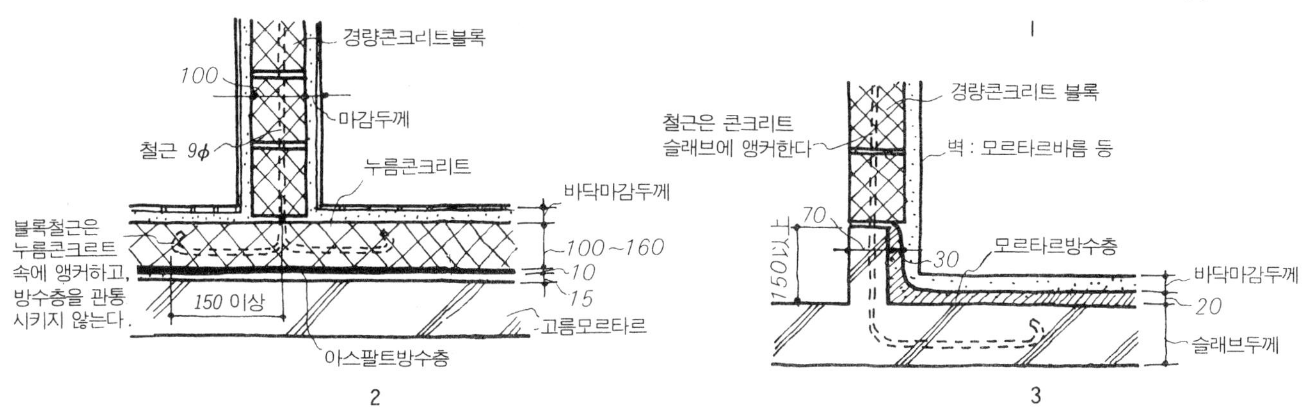

2

3

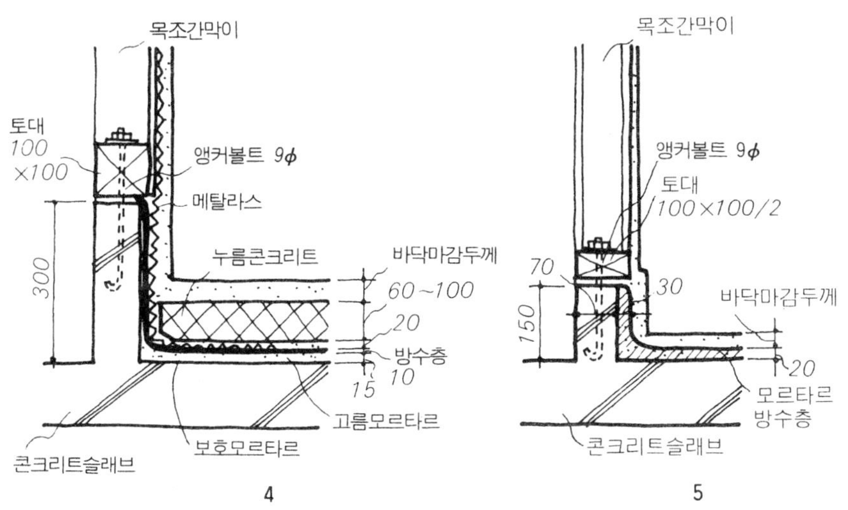

4

5

예 1~예 3은 콘크리트 블록조의 간막이벽의 경우인 방수층의 마무리를 표시한 것이다. 예 2는 벽을 사이에 양측의 바닥을 연속해서 방수 바닥으로 할 경우의 예 1, 예 3은 모르타르 방수 바닥의 예를 표시한 것이다.

예 4, 예 5는 목조 간막이벽의 경우의 아스팔트 방수와 모르타르 방수의 예를 또 예 6, 예 7은 콘크리트조 간막이벽의 방수층의 마무리 예를 표시한 것이다.

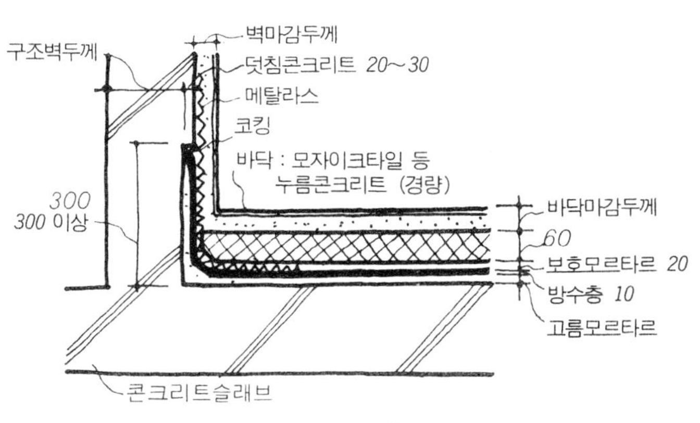

6

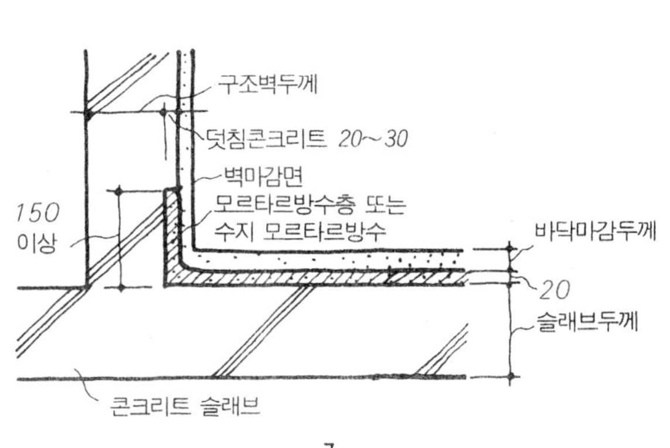

7

옥내방수

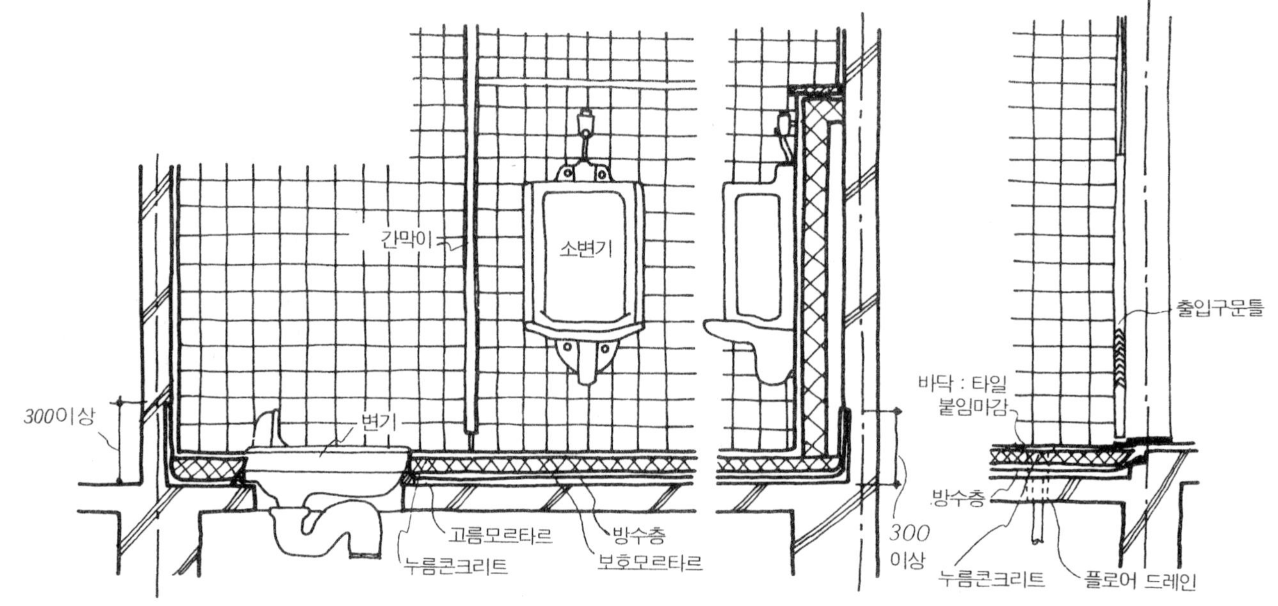

[화장실 주위 마감의 알반도]

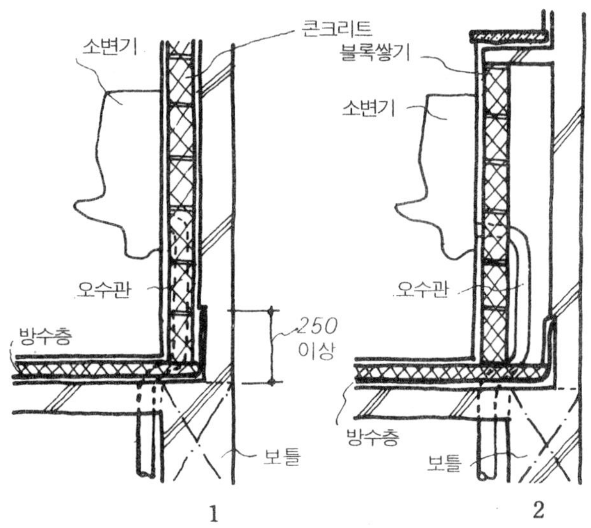

화장실 바닥의 방수

화장실 바닥의 방수 처리로서는 변기 둘레 외로, 방수층을 관통하는 파이프 둘레의 아무림에 주의해야 한다. 이들 기구류는 방수 공사 전에 바닥 마무리 높이에 맞게 설치, 방수 모르타르를 끼워넣어서 기구 둘레까지 방수층을 성의를 다해 붙여 다시 기구 둘레에 아스팔트 용액을 충분히 발라 보호 모르타르 바름, 누름 콘크리트 타설, 마무리 순으로 시공한다. 그러나 방수층을 관통시키는 데는 되도록 피하는 것이 좋기 때문에 파이프류는 설비 배관도를 검토해서 소변기의 설치는 예 3에 표시한 것처럼 방수층을 피한 배관을 연구해야 한다.

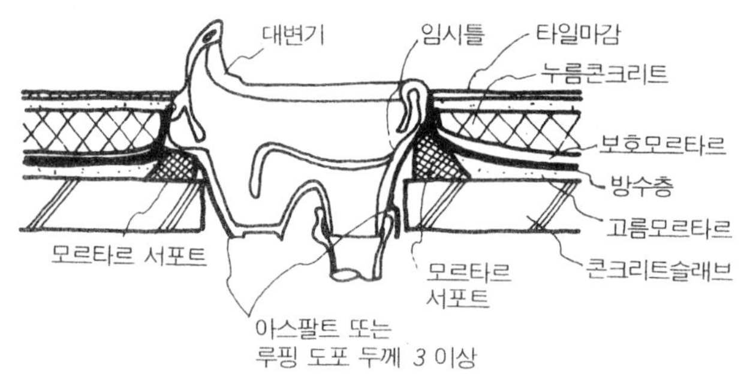

[대변기 설치]

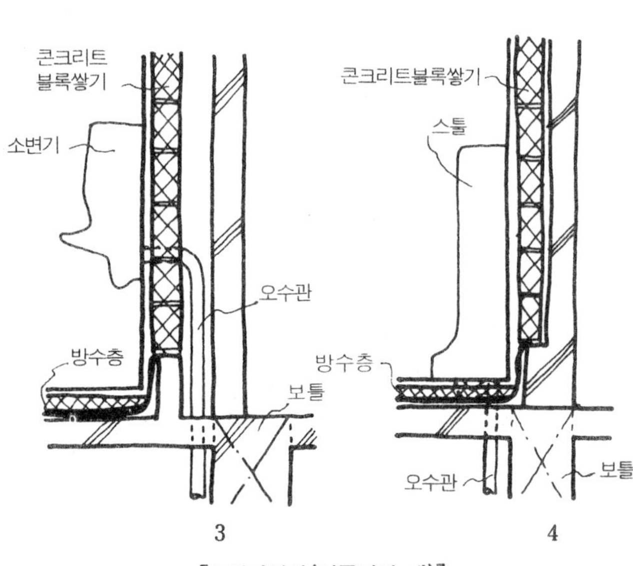

[소변기설치(이중벽인 예)]

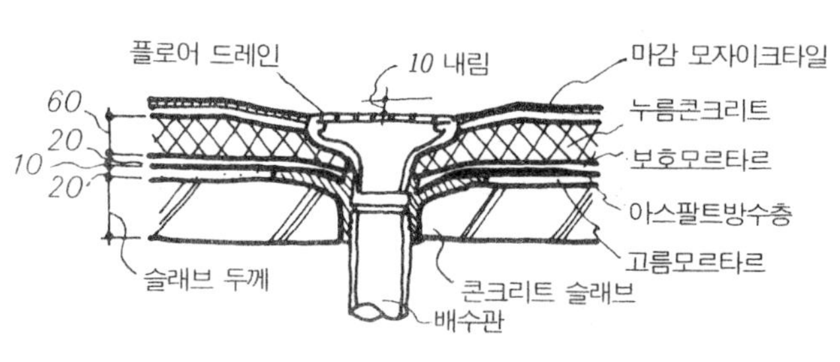

[플로어 드레인의 아무림]

옥내방수

욕실 둘레의 방수

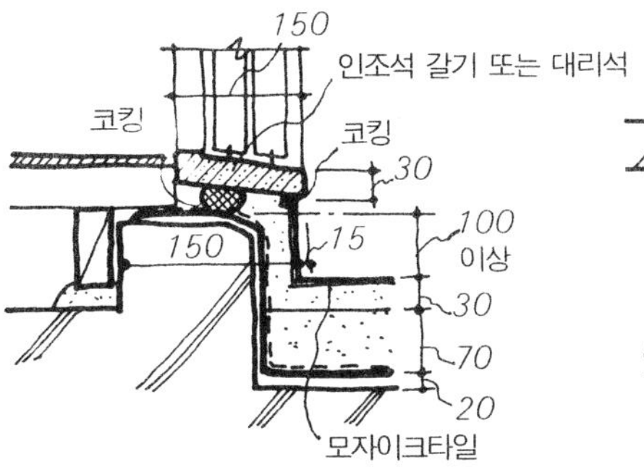

1

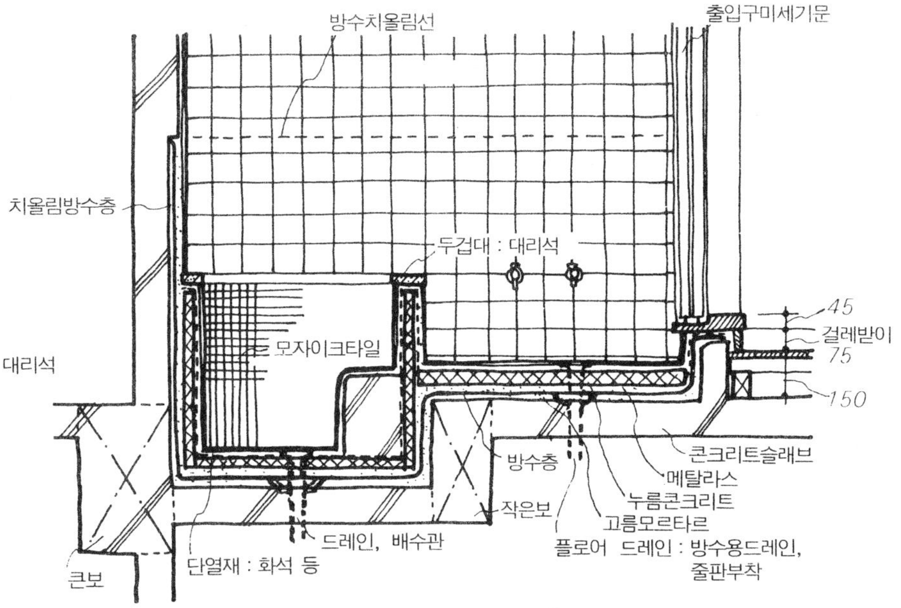

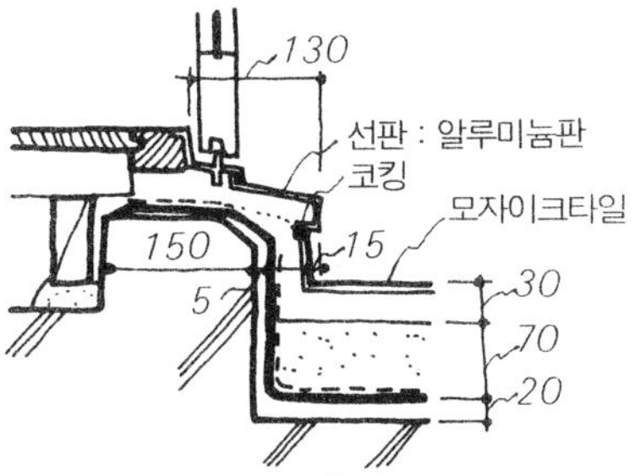

2

[욕실 출입구 주위의 방수]

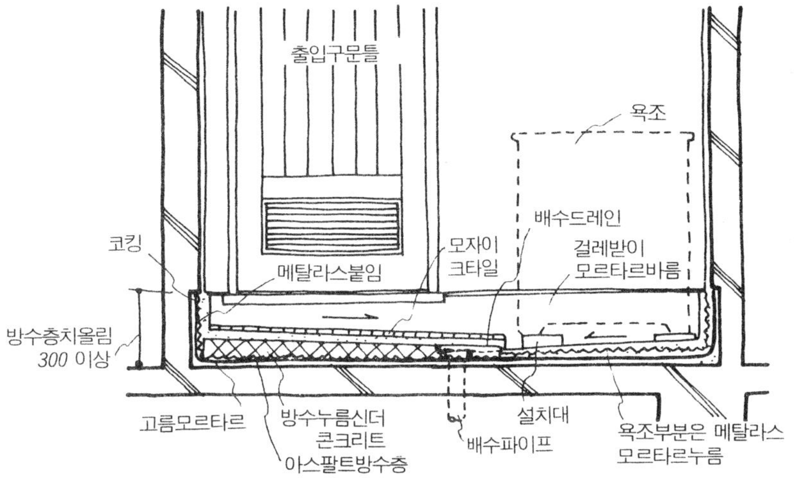

[욕조를 조립하는 경우]

[기제 욕조를 설치하는 경우]

욕실의 방수층 치올림은 욕조보다도 높이는 것이 상식으로 샤워를 사용하는 경우는 샤워 기구의 설치 위치보다 높게 한다. 방수층의 단말 마무리는 코킹재를 병용해서 방수를 막는다.

출입구문은 원칙으로서 물방울의 물 끊기를 원활히 하기 위해 내여닫이 또는 외여닫이문으로 했다. 또 방수층을 관통시키는 파이프 둘레의 마무리는 도시한 바와 같이 방수층에서 파이프를 감싸준다. 온수용 파이프의 경우는 방수층이 녹으므로 도시한 바와 같이 파이프를 실링재로 감은 다음 그 위에 방수층을 누른다. 치올림관의 본수가 많아질 경우는 한 곳으로 정리하고, 슬리브 내에 들어가도록 하면 방수 처리가 된다.

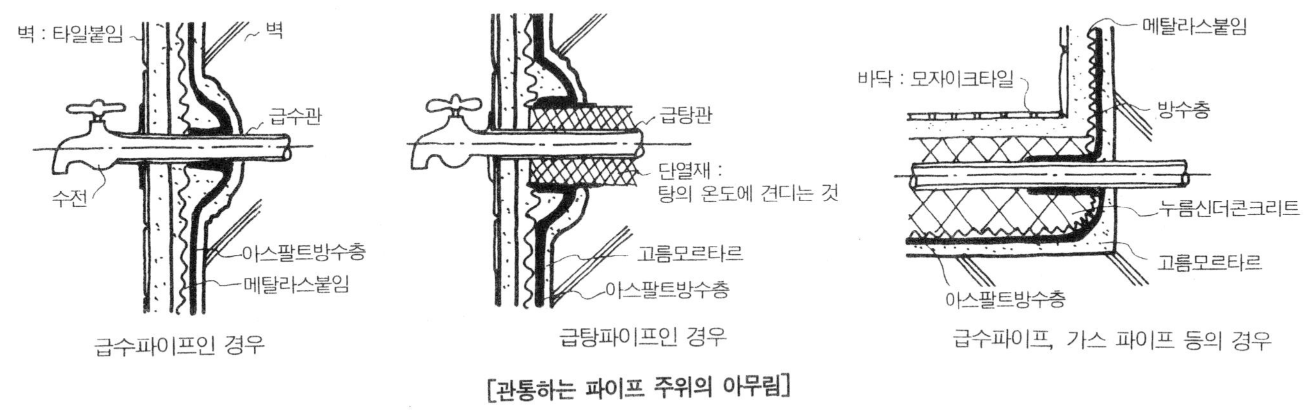

급수파이프인 경우 / 급탕파이프인 경우 / 급수파이프, 가스 파이프 등의 경우

[관통하는 파이프 주위의 아무림]

옥내방수

지하실의 방수(1)

지하실의 방수 처리는 지하수의 침투를 막는 것이 목적이며, 바닥뿐 아니라 벽의 방수 처리도 필요하다. 지하실의 방수도 특히 주의해야 할 일은 아래 그림에 표시한 것처럼 제설 비용 파이프의 관통부분이 많고, 시공시에 가설재(토막보, 구대의 지주 등)를 그대로 해서 콘크리트 치기 위해 이들을 배제한 다음의 관통구도 많고 콘크리트 치기 이음부의 지수판 넣기를 포함해서 이들 부분은 콘크리트 매립이나 코킹 등을 충분히 한 다음 방수 처리(아스팔트 방수 또는 방수 모르타르 바름)를 하는 것이다.

지하실의 방수 공법으로서는 예 1에 표시하는 내방수 공법과 예 2에 표시하는 방수 공법이 있다. 일반적으로는 습윤 지대의 지하실이나 수조 둘레의 방수가 되는 모르타르 방수(내방수)에 의한 것이 보통이다. 예 3, 예 4는 이중 바닥의 모르타르 방수를 표시한 것으로 지하 피트 부분은 오수조 피트, 용수 피트 등으로 사용된다.

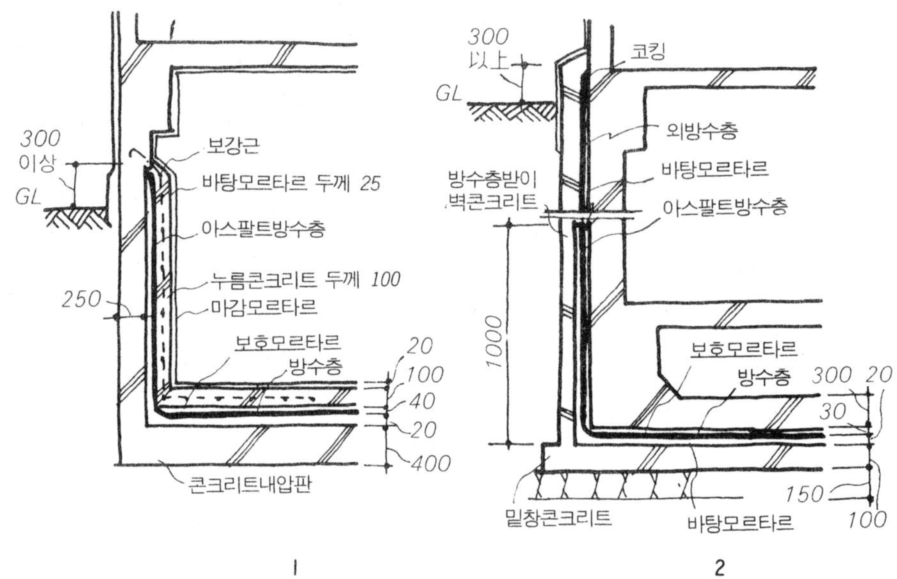

1

2

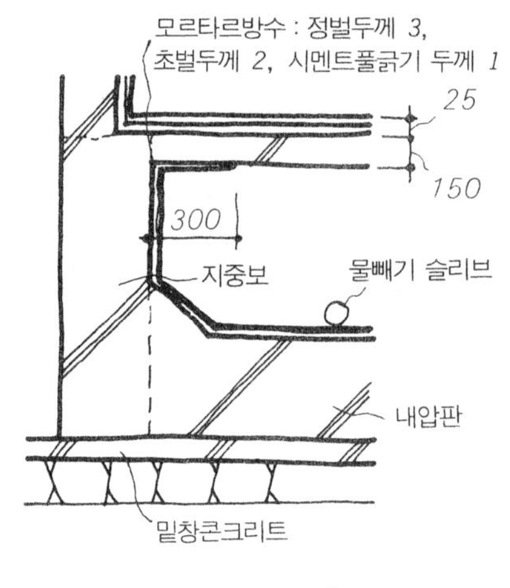

3

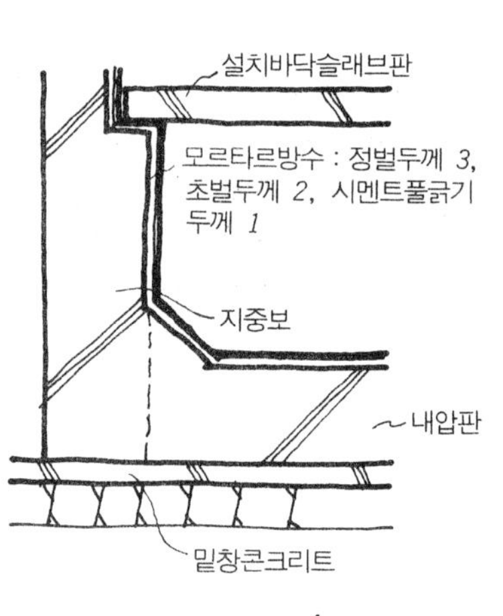

4

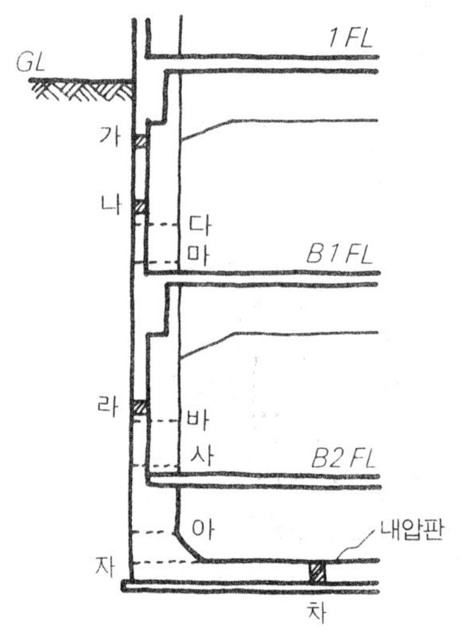

가…설비관계의 인입 파이프의 관통구멍 등
나…시공시의 제1단 자름보 관통구
다…제1단 자름보 밑의 쳐이음이 쉬운 것
라…B1 FL의 쳐이음 곳.
마…제2단 자름보의 관통구
바…제2단 자름보의 쳐이음의 쉬운것
아…B2 FL의 쳐이음곳
자, 차…콘크리트 쳐이음곳

지하실의 관통구 및 콘크리트 쳐이음부

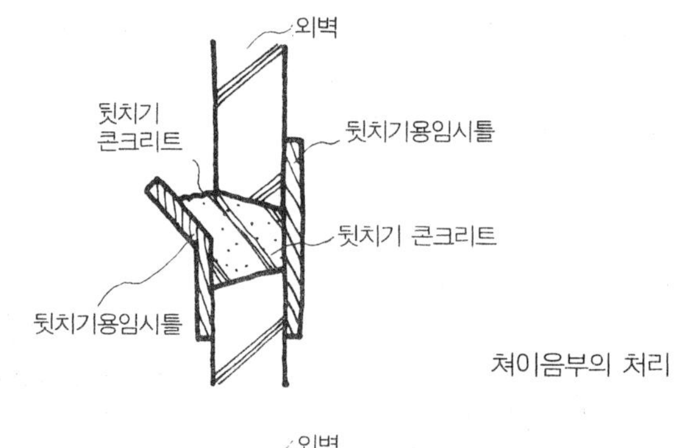

쳐이음부의 처리

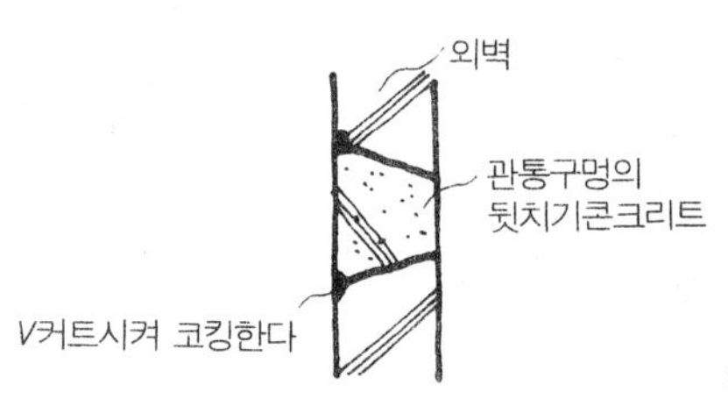

관통구의 처리

[콘크리트 이음부, 관통구의처리]

옥내방수

지하실의 방수(2)

최근에는 건축물의 대형화, 고층화가 진행되고, 지상뿐 아니라 지하실도 3층, 4층으로 깊어진다. 다시 거주성은 높이는 제실 내의 진보에 따라 지하실의 거주성이 높아지고, 오피스, 점포 등을 지하에 설치하는 예가 많아졌다.

오른쪽 그림은 지하실의 방수, 방습 처리로서 가장 안전하고 다용되고 있는 이중벽의 예를 표시한 것이다.

즉, 지하실의 콘크리트벽 안쪽에 방수 공사를 실시하고, 보틀의 윗면(바닥 슬래브면)에서 치올림 콘크리트(10~15cm)를 설치 그 위에 콘크리트 블록(방수 블록)을 내벽으로 쌓은 것이다.

침투수, 결로 등에 의해 고인물은 이 콘크리트벽과 치올림 부분에서 구성되는 배수구를 흐르고, 물 빼기 파이프(기둥 사이 2곳 이상에 설치한다)를 따라서 하층으로 떨어지고, 단말을 용수 피트로 접속해서 고인물은 펌프로 배수한다. 배수구의 크기는 도시한 치수로 하면 시공도 용이하고 바람직하다.

의장적인 마무리를 필요로 하는 지하실 벽의 방수는 앞페이지에서 기술한 것 같은 내측 방수 마무리이며, 방수층 위에 마감재를 설치하는 방법을 택한다. 내장을 모양 바꿈할 경우에 방수층을 파손하고 결과적으로 누수의 원인이 되는 예도 많으므로 바람직하지 못하다. 또 내벽에 결로 현상을 일으키는 예도 많으므로 이중벽 공법으로 하는 것이 바람직하다.

콘크리트 치기 이음부는 반드시 지수판을 넣어 도시한 것처럼 타설 이음선을 V자 커트해서 충분히 코킹한 다음 방수 모르타르를 발라서 완전한 방수 처리를 한다.

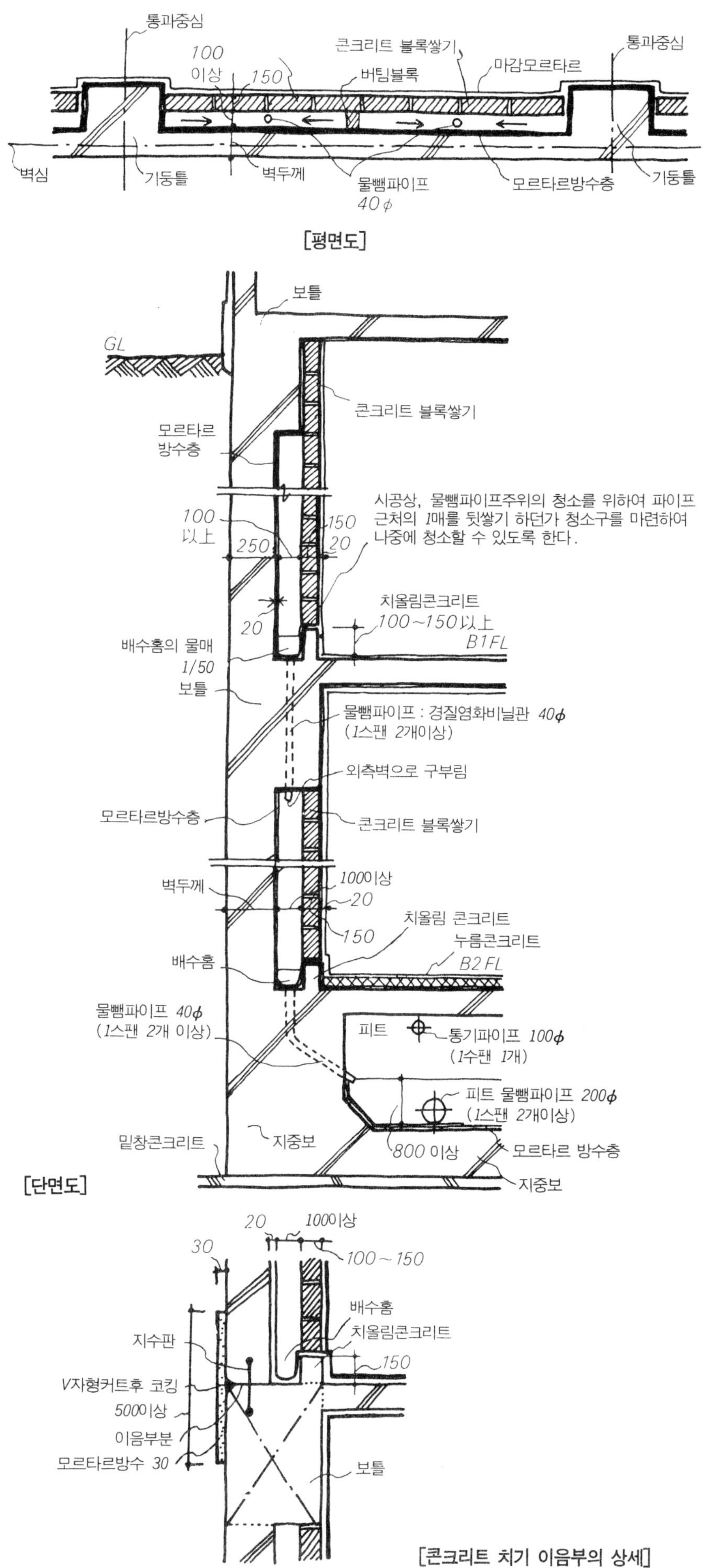

[평면도]

[단면도]

[콘크리트 치기 이음부의 상세]

제10장

잡공사 아무림

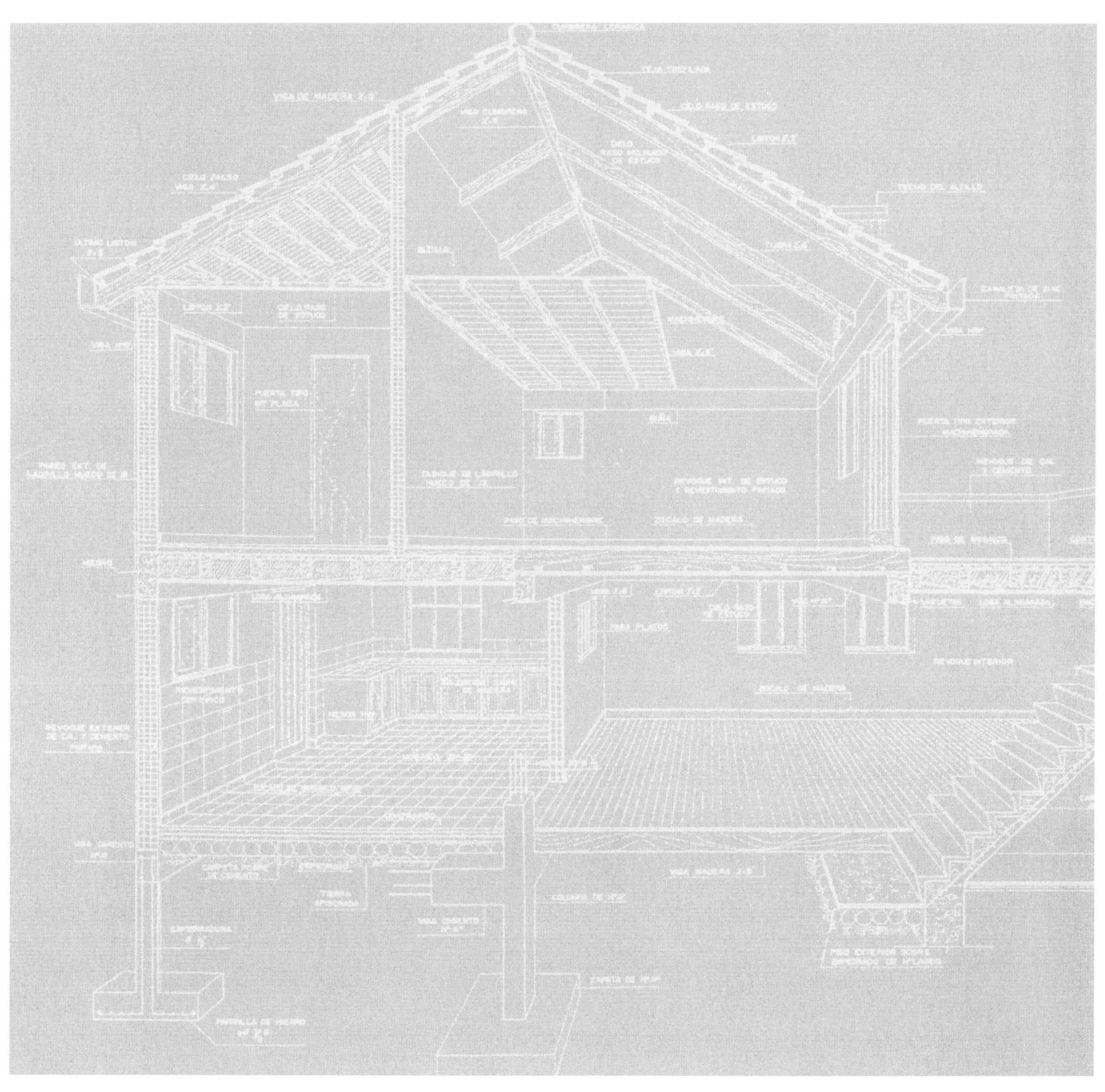

면격자의 아무림

면창살은 방범이나 창 창호를 보호할 목적으로 창에 설치되어 있지만, 의장적으로 여러 가지 연구되어 여러 형상이 있다.

예 1, 예 2는 각강과 환강과의 결합, 예 3은 각파이프와 C형강과의 결합, 예 4는 평강을 6각형으로 가공한 비스 고정한 창살의 예이다.

주벽에 설치할 때는 아래 그림의 요령으로 실시하나, 앵커 위치, 설치 개수 등은 시공도의 단계에서 충분히 검토한다.

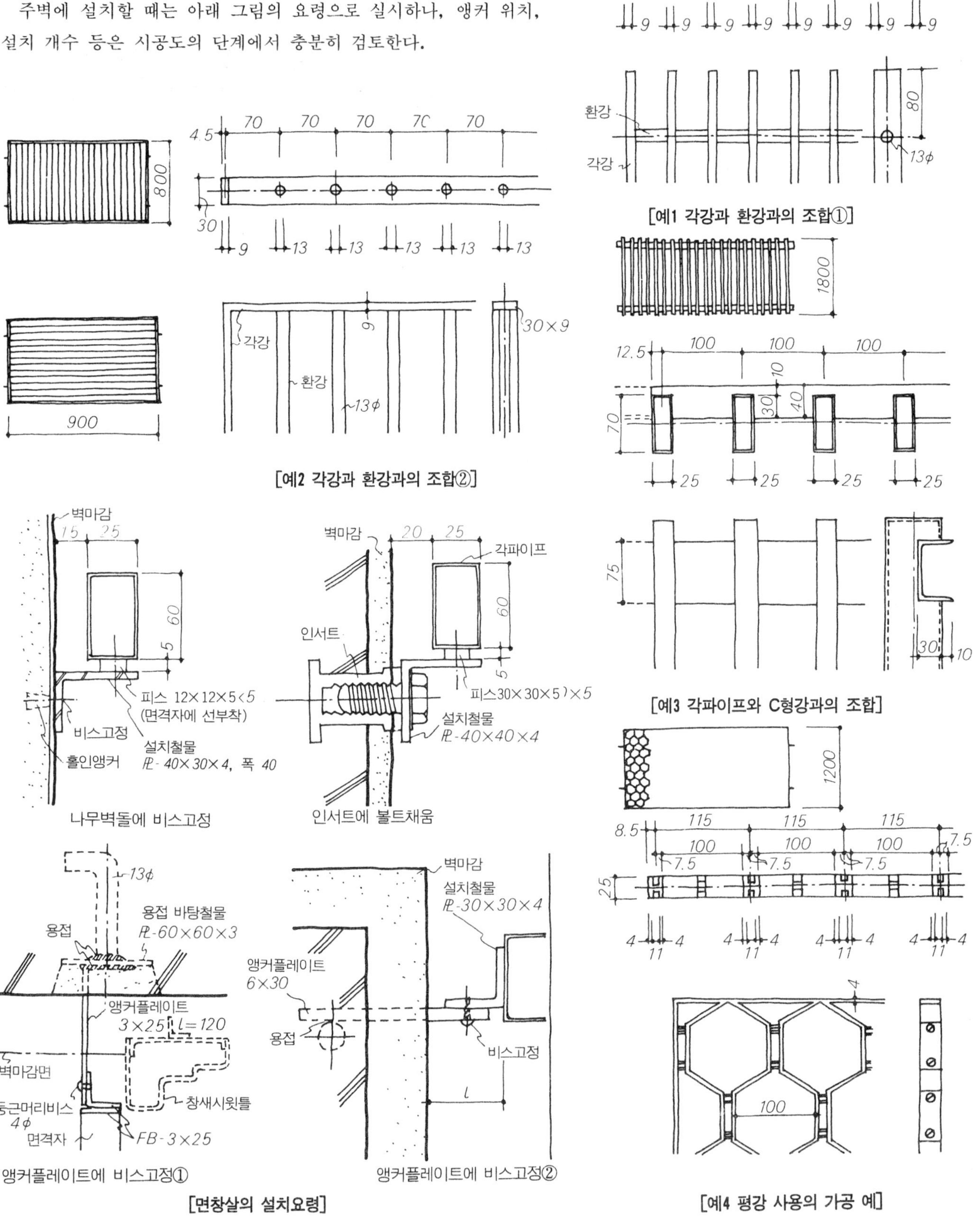

[면창살의 설치요령]

면격자의 아무림

예 5는 면창살을 강제 창호틀에 직접 설치한 예이며, 견고한 설치 방법이라 할 수는 없으므로 작은 창용의 경량의 면창살 이외는 피하는 것이 좋다. 예 6은 알루미늄 성형재를 리벳으로 접합한 면창살의 예이다. 벽에서의 설치는 강제의 경우와 같으나, 앵커플레이트는 부식을 방지하기 위해 스테인레스를 사용하는 것이 바람직하다. 규격의 창호치수에 맞춘 면창살도 많이 시판되고 있고 그 설치 방법도 상기와 거의 같다.

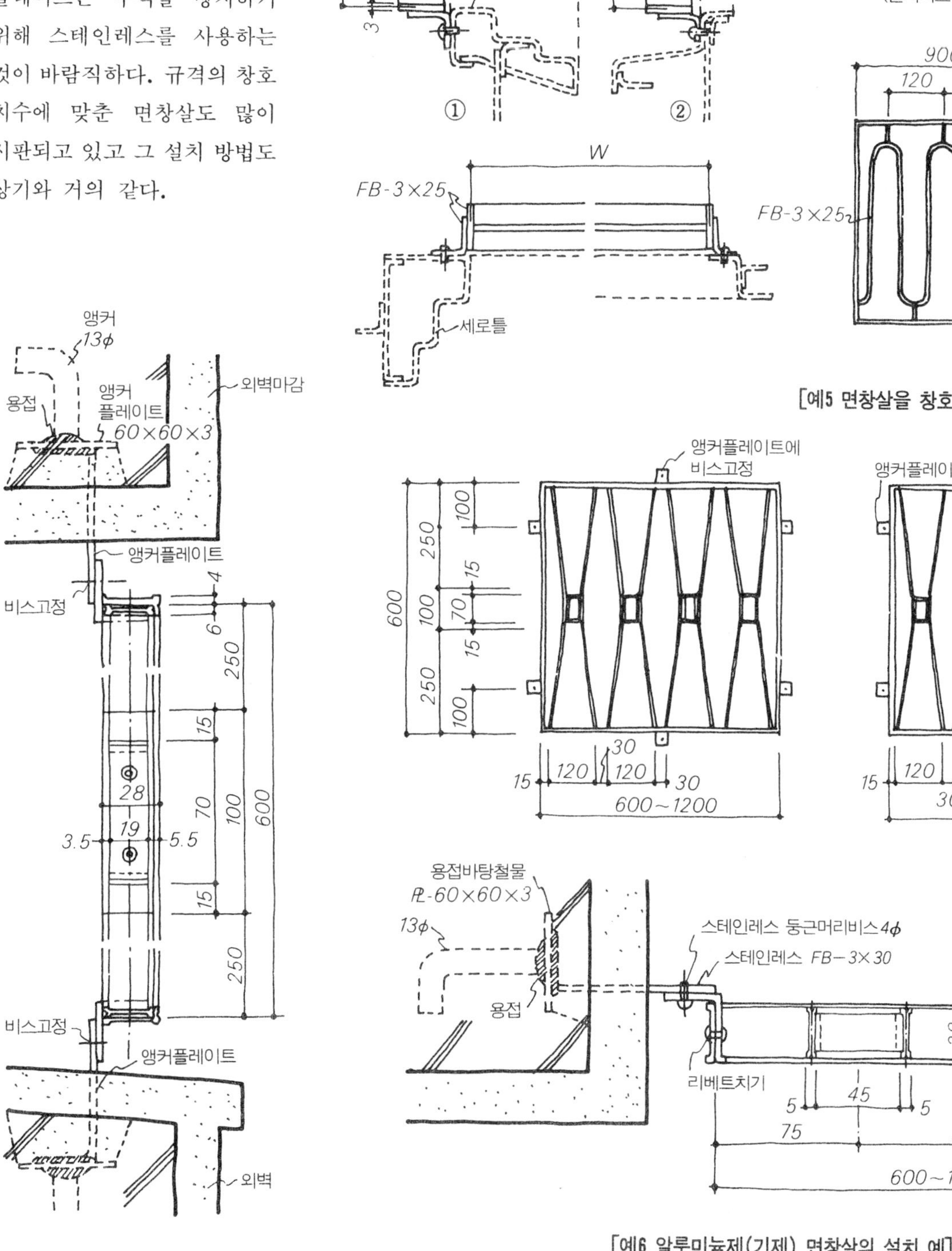

[예5 면창살을 창호틀에 비스고정하는 예]

[예6 알루미늄제(기제) 면창살의 설치 예]

옥상난간의 아무림

옥상에 설치하는 난간은 위험 방지를 주목적으로 하나, 의장과의 얽힘도 있고 여러 가지의 형식이 있다.

예 1은 패러핏에 난간을 설치한 예이고, 난간의 지주, 붙임 기둥의 각부는 패러핏 철근과 용접으로 고정한다. 모든 경우도 코킹은 세밀하게 실시해야 한다.

예 2, 예 3은 지붕 슬래브에 설치한 난간의 예이며, 원강, C형강, 강관 등을 가공해서 결합시킨 것이다. 난간의 높이는 건축법 시행령 48조로 1m 이상으로 규정되어 있다. 난간동자의 간격은 위험을 방지하기 위해 13cm 이하가 바람직하다. 지주 및 붙임 기둥의 설치 요령은 도시한 것처럼 누름 실린더 콘크리트 내에 흐름근을 넣어 여기에 지주 파이프를 용접하지만, 이 경우 옥상 방수층을 손상하지 않고 더욱 견고하게 처리할 필요가 있다.

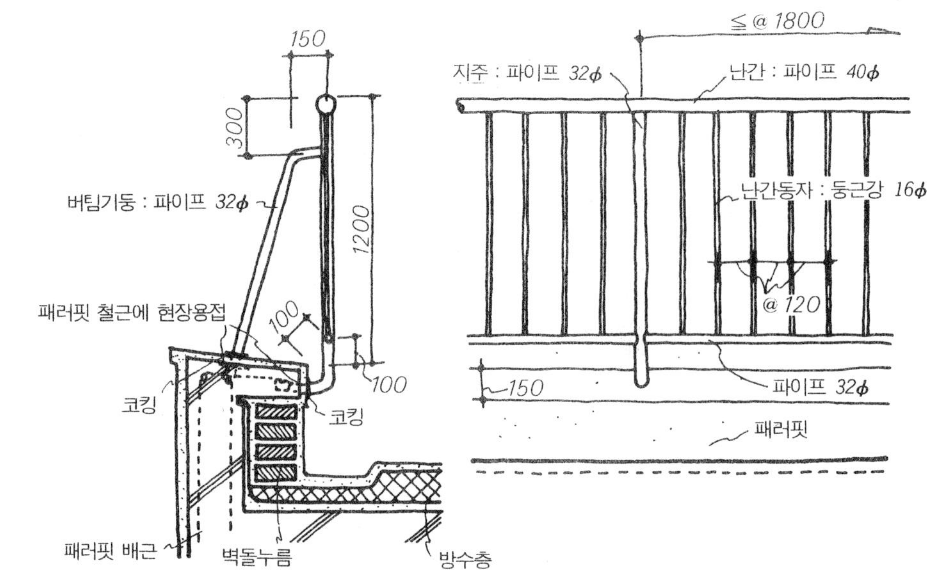

1

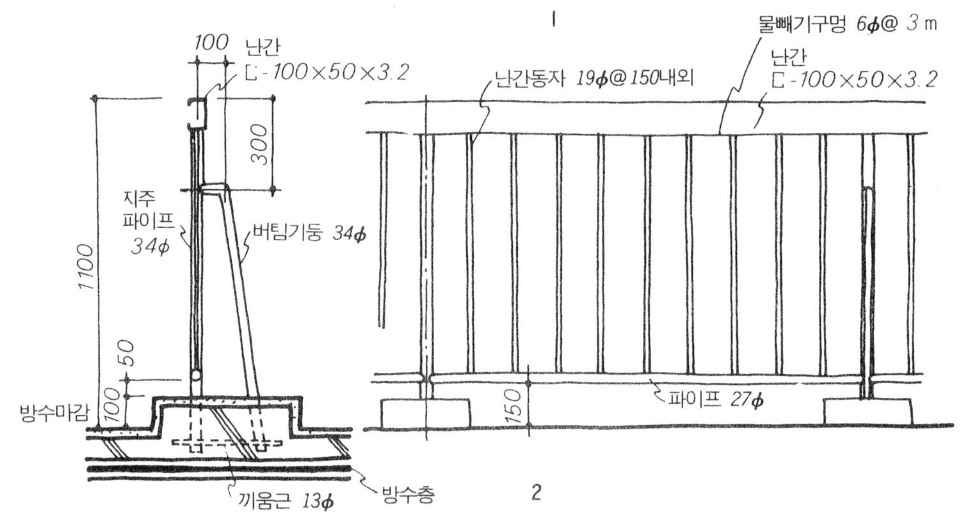

2

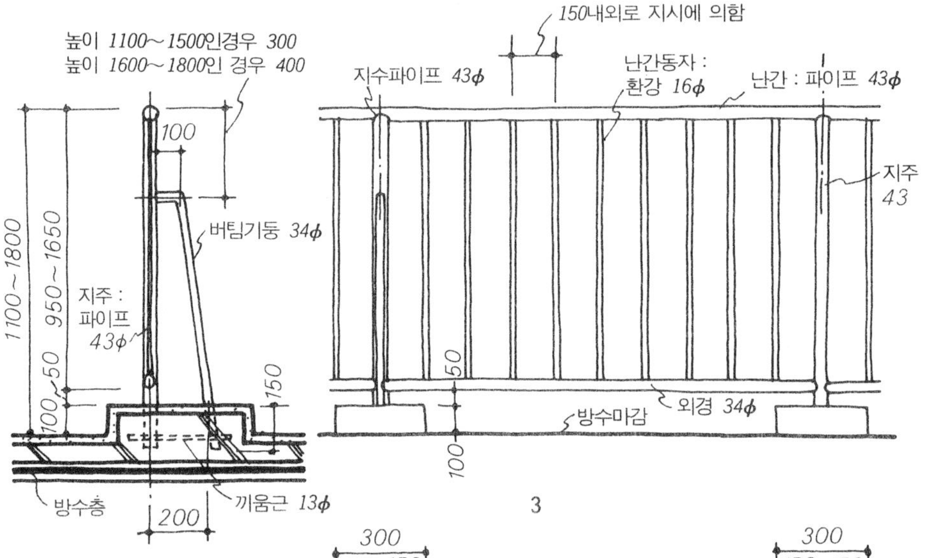

3

〔주〕 상기 예 1의 설치 방법은 일반적으로 가장 다용되고 있는 형식이나 패러핏 두겁과 지주, 붙임 기둥의 관계 부분은 코킹을 충분히 해서 누수를 방지해야 한다.

경년적으로 보면 파이프류의 부식이나 코킹재의 열화도 있고, 비가 새는 원인이 되기 쉽기 때문에 가능하다면 패러핏에서 설치를 피하고, 예 2, 예 3에 표시한 것처럼 지붕 슬래브에 독립한 형태로 설치해야 한다.

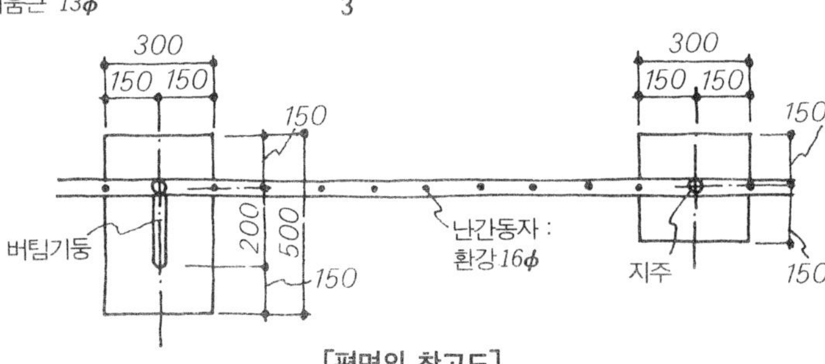

[평면의 참고도]

옥상난간의 아무림

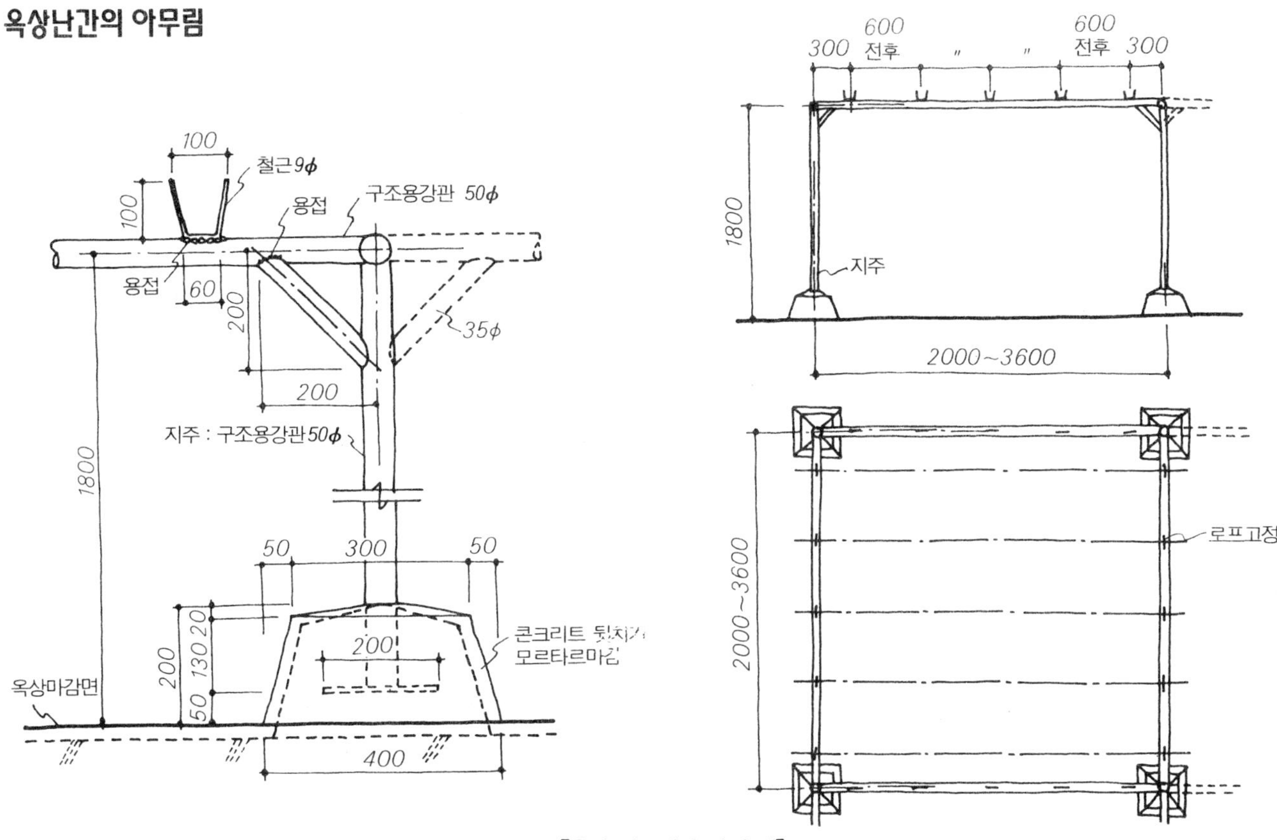

[옥상 건조대의 상세 예]

공동 주택 등의 옥상에 설치된 건조대의 예이다. 각부는 도시한 바와 같이 설치하나, 옥상 방수층을 파손시키지 않도록 충분한 주의를 해야 한다. 각 부재는 모두 용접 접합하고 그라인더 걸이 후 도장 마무리를 한다.

강풍을 받는 고층 빌딩의 옥상에 설치할 경우에는 빨랫줄이 흔들리는 것을 방지하기 위해 경량 형강의 골조에 클림프망 붙임의 펜스를 세울 때도 있다.

발코니 건조대의 아무림

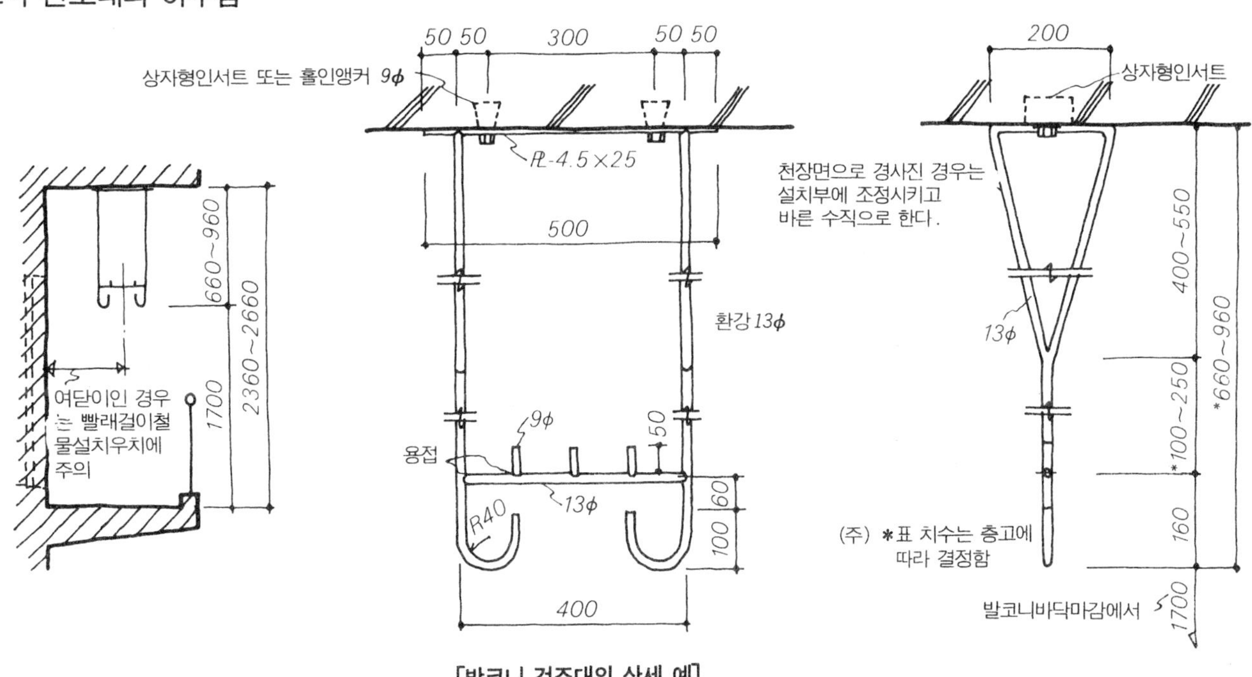

[발코니 건조대의 상세 예]

발코니 등의 천장면에 빨랫줄을 설치한 예이다. 콘크리트 타설시에 가동식의 인서트를 사전에 매립해 놓고 여기에 건조대 철물을 볼트 조임해서 설치한다. 발코니로의 출입구가 외여닫이문의 경우는 문 개폐가 안 되는 예도 많으므로 건조대 철물의 크기, 설치 위치 등은 충분히 고려해야 한다.

강제트랩의 아무림

예 1, 예 2 두 옥상 펜트하우스 등의 벽면에 설치되는 강제 트랩의 예이다.

트랩은 사전에 거푸집의 적정한 위치에 설치해 두었다가 콘크리트 타설과 동시에 고정시키는 것이 바람직하다. 이것이 불가능한 경우에는 용접해서 설치된다. 앵커 설치 부분은 코킹을 실시하고 우수의 침투를 막을 필요가 있다.

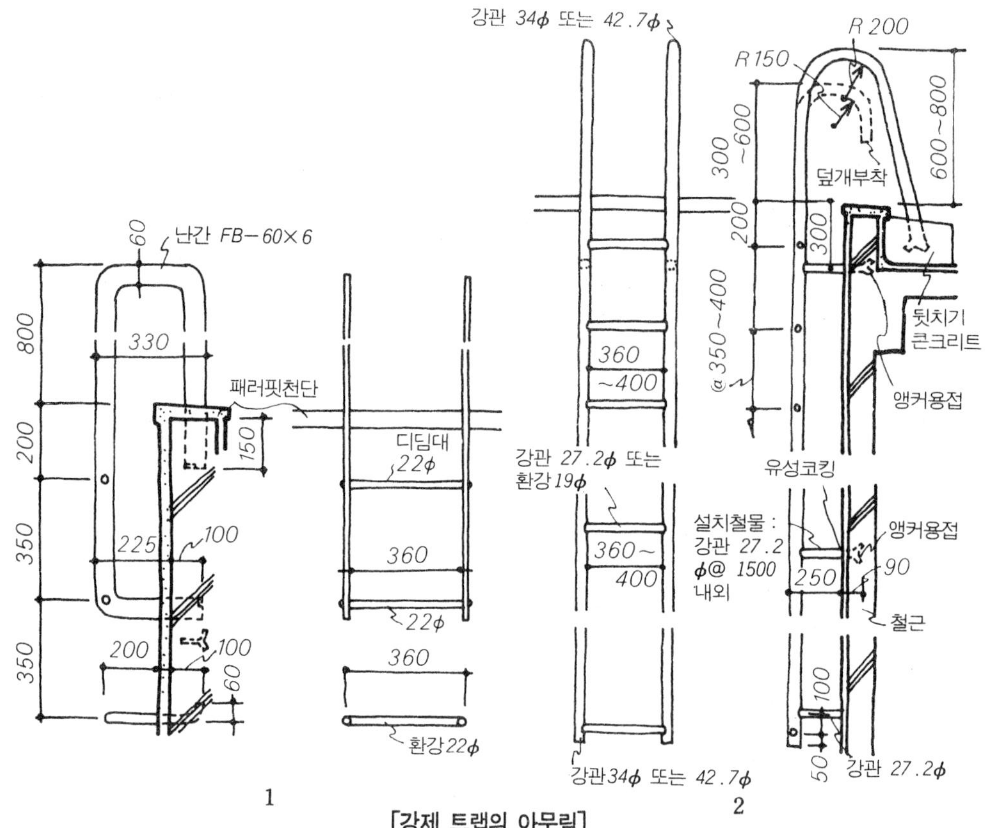

[강제 트랩의 아무림]

깃대철물의 설치

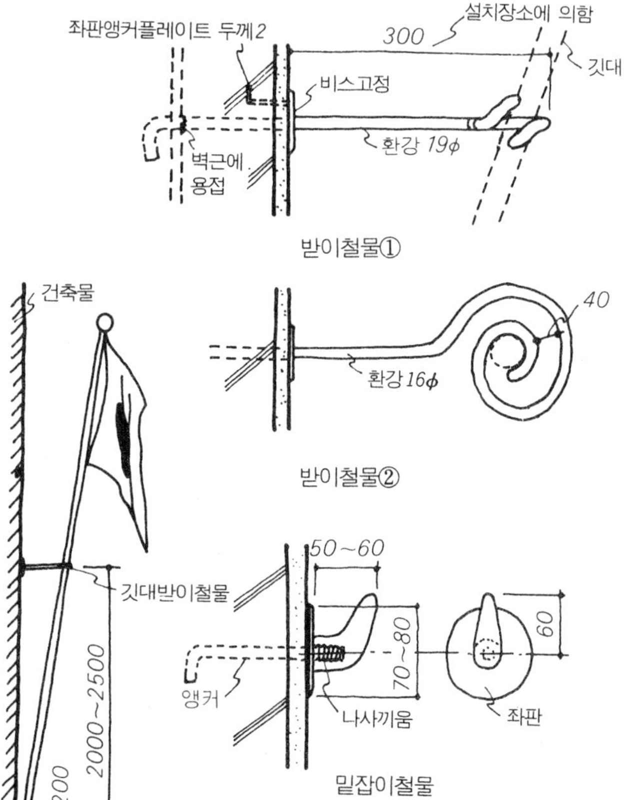

[깃대 철물의 아무림]

고리의 설치

패러핏두겁대 :
인공갈기마감
철근에 용접
코킹
고리 : 19φ의 환강을 가공
누름벽돌쌓기
옥상패러핏치올림
방수층
설치위치참고도

코킹
두께6~9
앵커플레이트
앵커절곡
40
용접
100~120
고리 : 19φ의 환강을 가공
400이상
60~70
プ 플레이트를 쓰는 경우

코킹
용접
고리 : 19φ의 환강을 가공
60~70
용접
환강 19φ
100~120
400이상
60~70
환강을 쓰는 경우

[고리의 아무림]

화장실 스크린의 설치

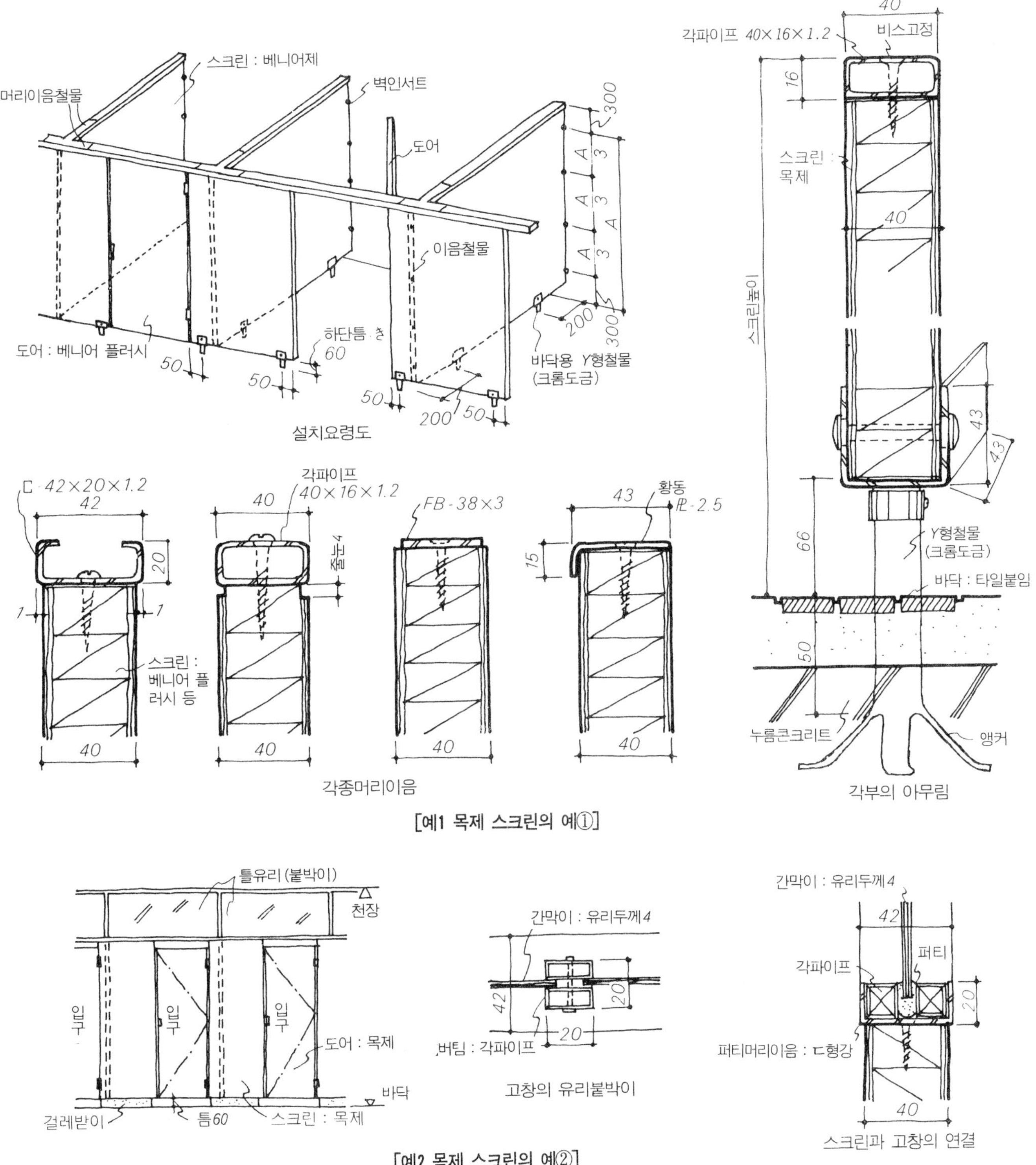

[예1 목제 스크린의 예①]

[예2 목제 스크린의 예②]

화장실의 스크린에는 내수 합판, 플러시 등의 목제 외 테라조 블록, 대리석, 플라스틱판 등 여러 가지의 것이 사용되고 있다.

예 1은 목제 스크린의 예이다. 설치는 사전에 스크린에 각 철물을 설치해 두었다가 여기를 누름 콘크리트에 구멍을 뚫어 묻는다. 이 경우 바닥 방수층을 파손하지 않도록 충분한 주의를 요한다.

스크린의 각 구획 상단은 스테인레스 등의 녹이 잘 슬지 않는 철물(머리 이음)에 의해 고정한다. 스크린 설치에 있어서는 벽면이 타일 붙임의 경우는 타일 배분을 고려해서 줄눈 위치에 배치해야 한다.

예 2는 목제 스크린의 상부의 고창을 설치한 예이나, 유리는 화장실의 치수에 합쳐서 붙박이로 설치한다. 이 고창의 정면뿐 아니라 화장실 각각의 구획 스크린의 상부에도 설치한다.

화장실 스크린의 설치

예 3은 스크린의 걸레받이 부분에 테라조 블록을 사용한 예이다. 설치는 도시한 바와 같이 걸레받이 칼 플러그를 매립해서 여기에 U자형의 설치 철물을 비스 고정하고, 이 철물에 스크린을 끼워넣어 치장 볼트로 고정시킨 것이다.

예 4는 금속제 걸레받이에 목제 스크린을 설치한 예이다. 설치는 도시한 바와 같이 보강용 힘살(2.3mm의 스틸 플레이트)을 바닥에 매립해서 앵커 플레이트에 고정시키고, 이 힘살에 스크린을 끼워넣은 다음 스테인레스판의 걸레받이를 설치한다.

예 5는 대리석, 테라조, 블록제 스크린의 설치 예가 있다. 각부는 바닥에 직접 매립해서 고정시키는 경우가 많다. 벽면에의 설치도 통 넣기 해서 매립하든지 U자형, L자형의 지지 철물을 사용해서 설치한다.

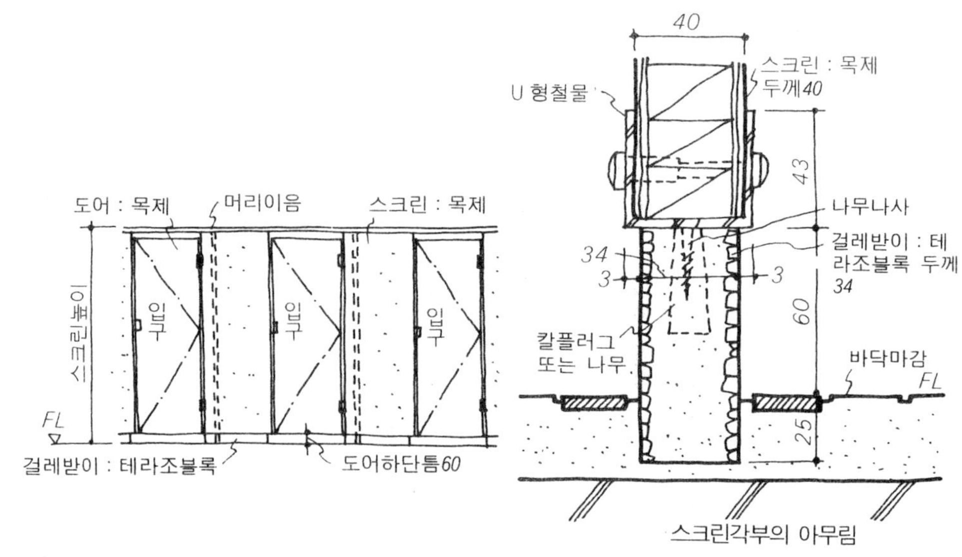

[예3 걸레받이를 테라조 블록에 만든 경우]

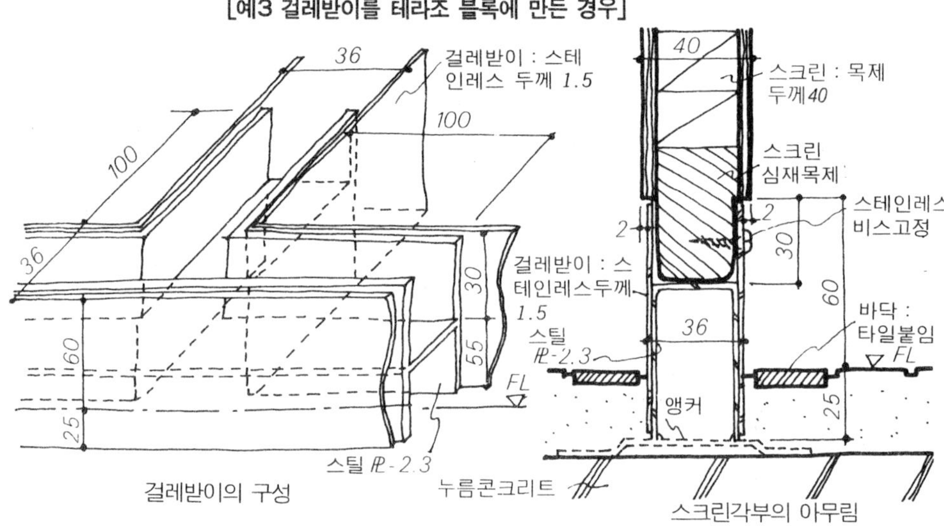

[예4 걸레받이를 스테인레스에 한 경우]

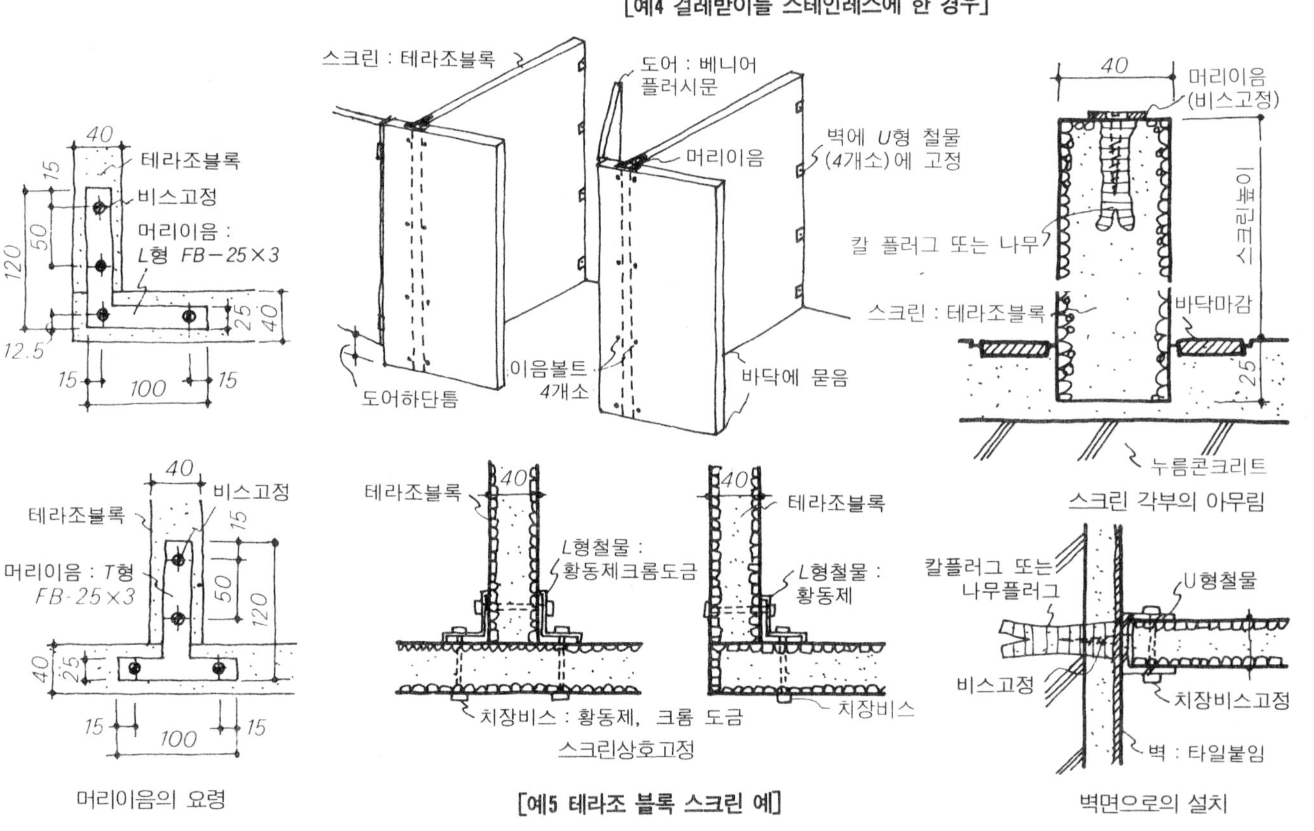

[예5 테라조 블록 스크린 예]

엘리베이터 출입구틀의 아무림

엘리베이터는 메이커의 형식에 따라 각 부 치수나 마무리가 달라지므로 출입구 틀의 마무리도 엘리베이터의 제작도를 충분히 검토해서 시공 원척도를 일으켜서 결정해야 한다.

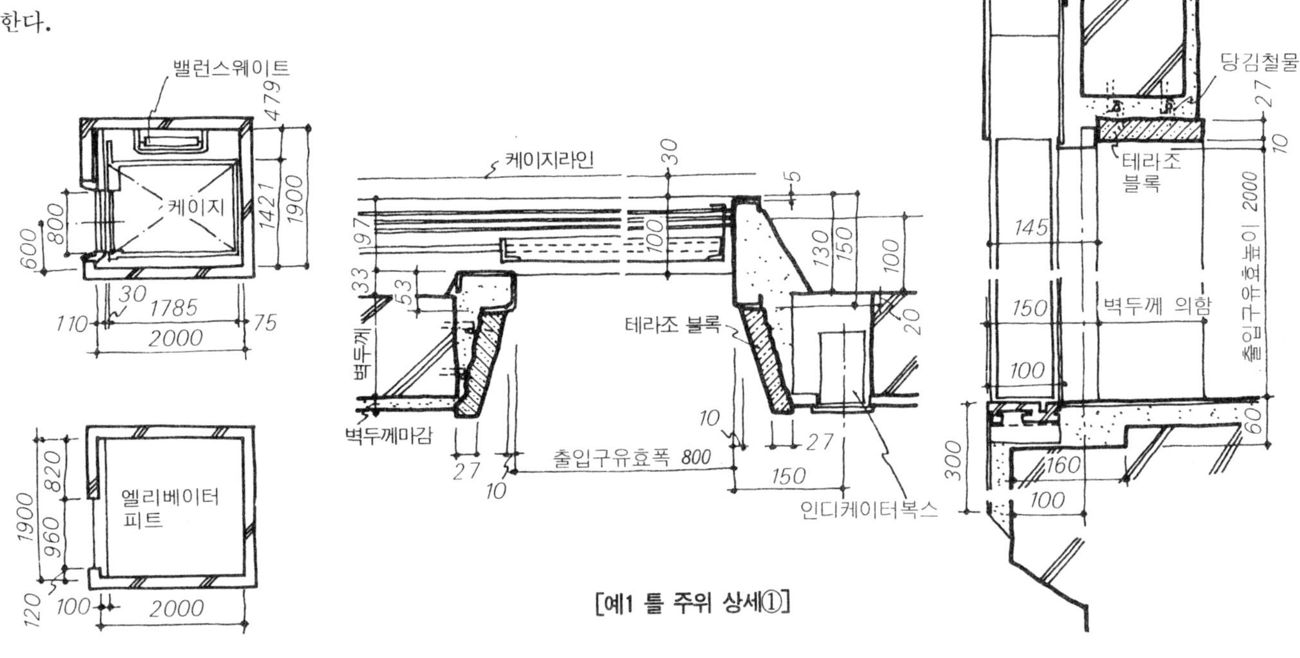

[예1 틀 주위 상세①]

출입구 틀의 마무리는 엘리베이터 문과 같은 재의 금속판으로 할 경우 벽면과 동일 바름 마무리로 할 경우 테라조 블록 대리석을 사용하는 경우 등 여러 가지 방법이 있다.

예 1, 예 2는 테라조 블록틀의 마무리 예를 보게 한 것이다. 설치는 벽근 앵커에 블록틀의 마무리 예를 표기한 것이다. 설치는 벽근 앵커에 블록을 고정시키고, 모르타르를 묻어서 마무리한다. 줄눈은 막힌 줄눈으로 한다. 대리석의 경우도 설치하는 방법은 같으나 대리석의 뒷면에는 내알칼리성의 도료를 발라서 모르타르의 잿물이 석재 표면에 스며 나오는 것을 방지해야 한다.

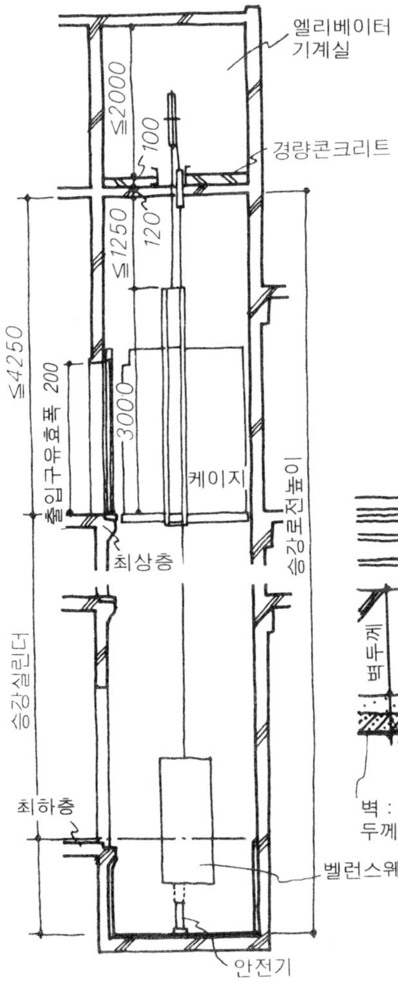

엘리베이터피트 참고도

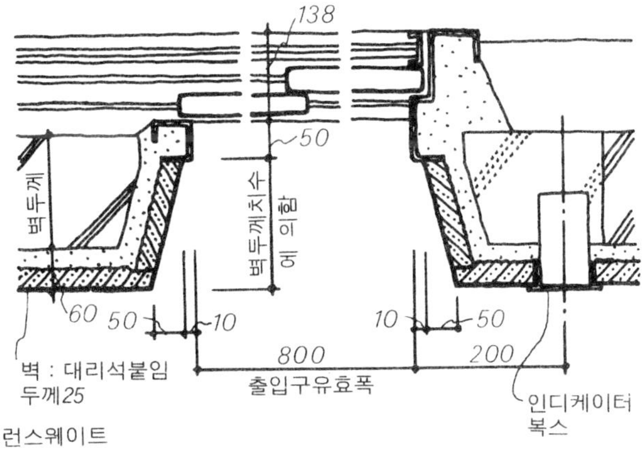

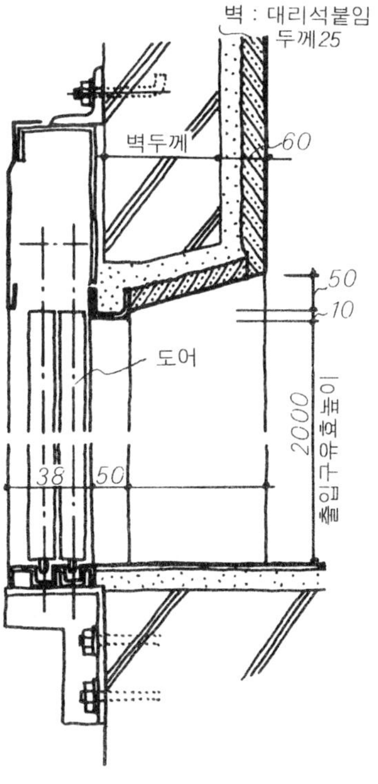

[예2 틀주위 상세②]

굴뚝 아무림

굴뚝에는 독립형의 굴뚝과 건축물에 부설하는 형의 굴뚝이 있지만, 여기서는 건축물에 부설하는 예를 표시한다.

예 1은 연도에 카포스택(석면통)을 사용한 원형의 굴뚝이다. 도시한 바와 같이 필요로 한 내경에 맞춰 원형의 거푸집 주위에 카포스택을 고정시키고, 벽체의 배근 후 콘크리트 치기 한다. 각 층의 치기 부분이나 연도의 관계 부분은 석면이 파손하지 않도록 주의해야 한다.

예 2는 연도를 내화 벽돌로 붙임 한 각형의 굴뚝의 예이다. 내화 벽돌은 통기를 위해 콘크리트의 벽면에서 40mm 이상 떨어져서 쌓아 네 귀에 5~7단 간격으로 여유를 준다. 하부에는 가스관 등을 이용해서 배수관을 설치 특히 벽면에서는 도시한 바와 같이 내화벽돌과 콘크리트 벽면과의 공간 부분에서 통기공을 내어 열전도 방지의 처치를 취하도록 한다.

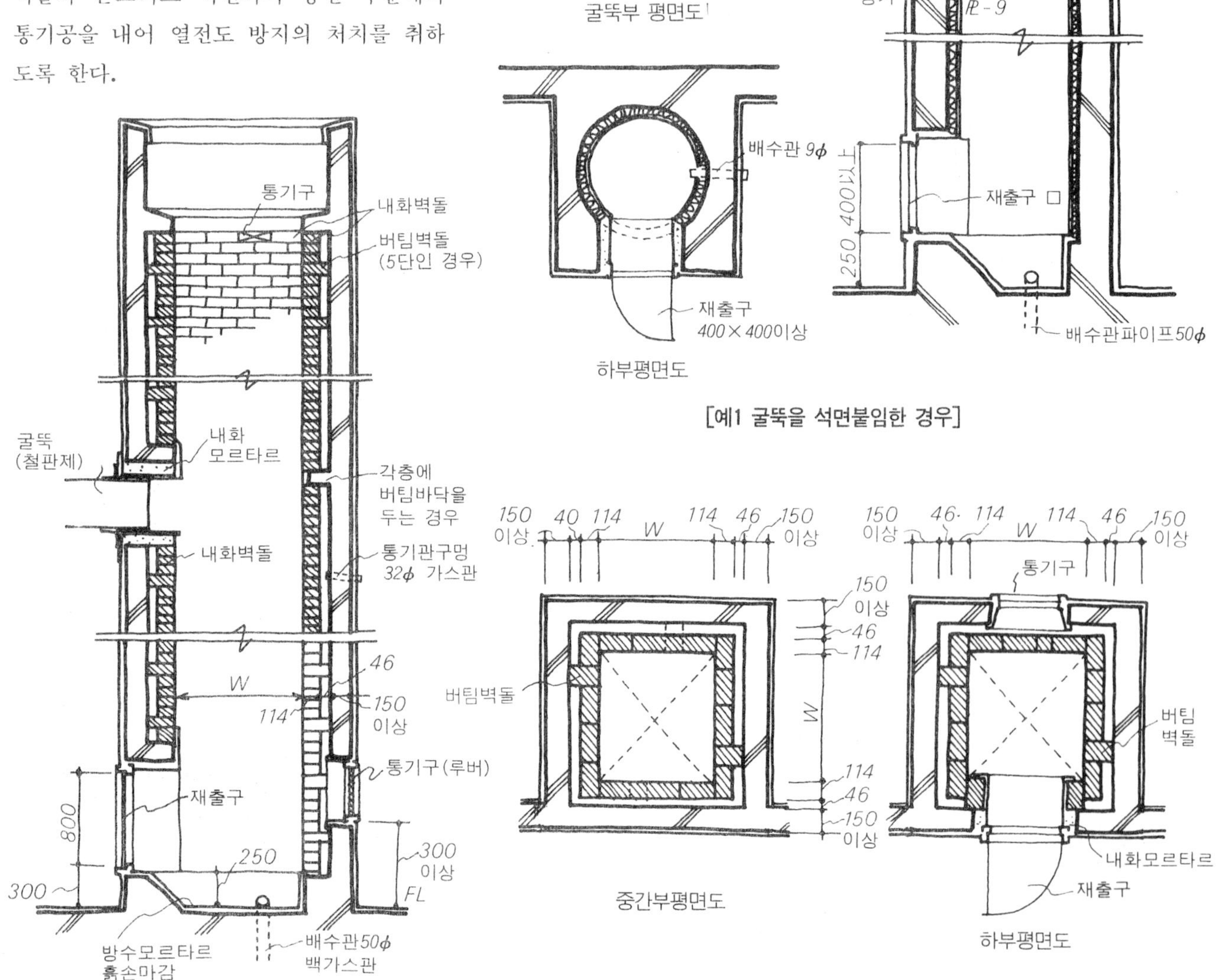

[예1 굴뚝을 석면붙임한 경우]

[예2 굴뚝을 내화벽돌붙임한 경우]

카운터의 아무림

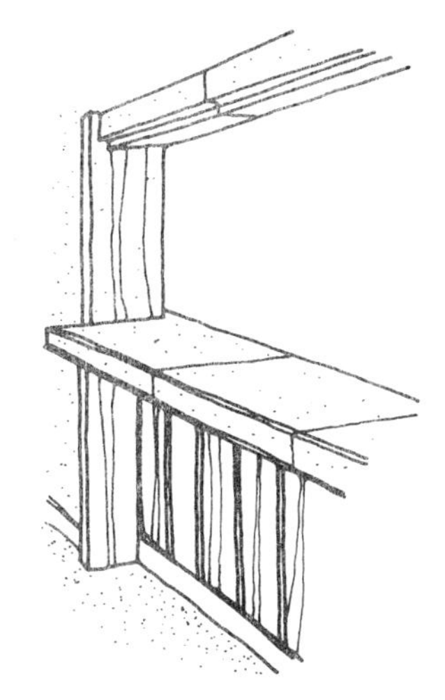

카운터는 용도에 따라서 의장, 마무리도 다양하지만 형상, 재질 모두 설치 목적에 적합한 것으로 하는 것이 중요하다.

예 1은 사무소 빌딩의 접수 카운터의 예이다. 천판은 쉽게 오손되지 않는 석재를 사용, 천판 뒤에는 조명 기구를 넣어(간접 조명) 의장 효과를 겨냥한 것이다. 예 2는 주방과 식당과의 간막이용 카운터의 예이다. 주방 바닥의 방수층과의 관계나 선반의 결합을 참고로 하면 된다. 어떤 경우도 카운터는 되도록 공장 제작품을 사용하여 오손을 피한다는 뜻에서도 준공 전에 설치하도록 하는 것이 바람직하다.

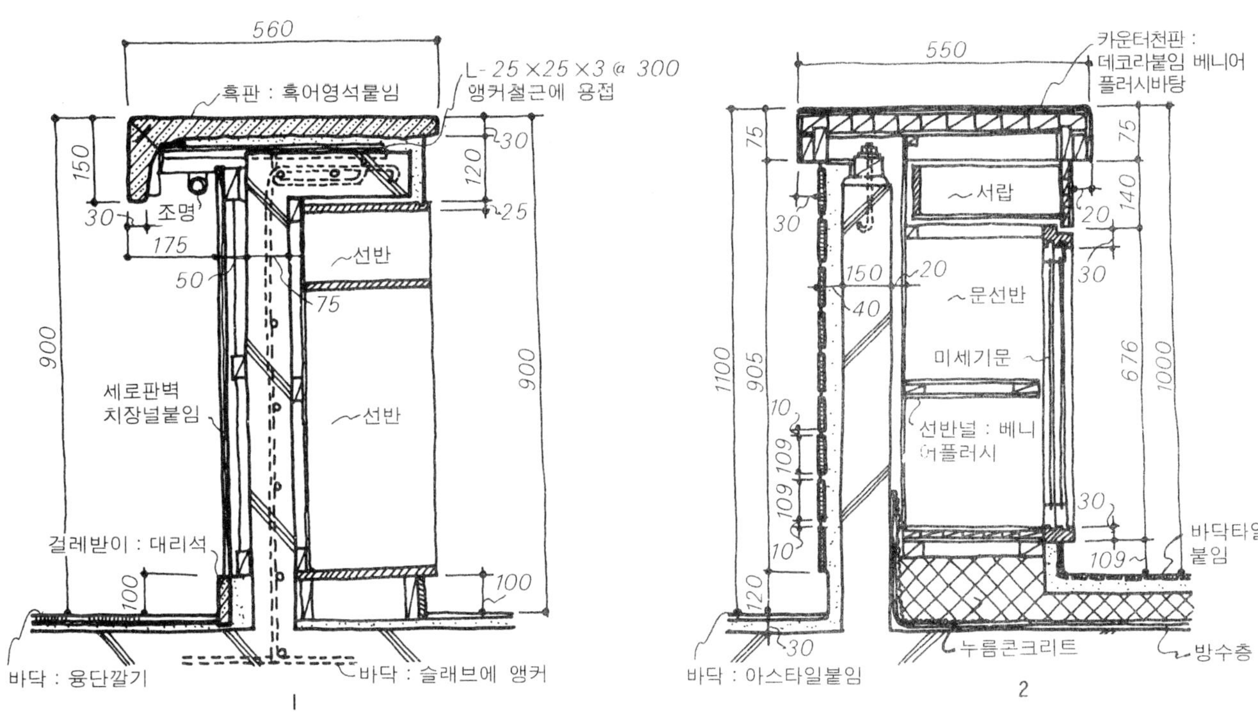

바닥배수구의 아무림

바닥 배수구는 옥내 주차장의 바닥이나 주방 바닥 등, 상시 물을 사용하는 장소의 바닥에 설치하나, 골의 크기, 홈 뚜껑의 재질 등은 용도에 따라서 결정해야 한다.

예 1은 옥외 주차장 바닥에 설치한 배수구의 예이다. 자동차의 중량을 고려해서 주철제의 골 뚜껑을 사용하는 동시에 골 가장자리에 철물을 넣어서 중량에 견딜 수 있게 한 것이다.

예 2는 주방의 배수구 예이다. 이 경우는 특히 중량이 들어가는 장소가 아니므로, 골 뚜껑으로서 체커 플레이트를 사용한다.

시공에 있어서는 바닥의 배수 물매, 골의 흐름 물에 단말의 그레인 레벨 등에 주의해서 배수를 원활히 해야 한다.

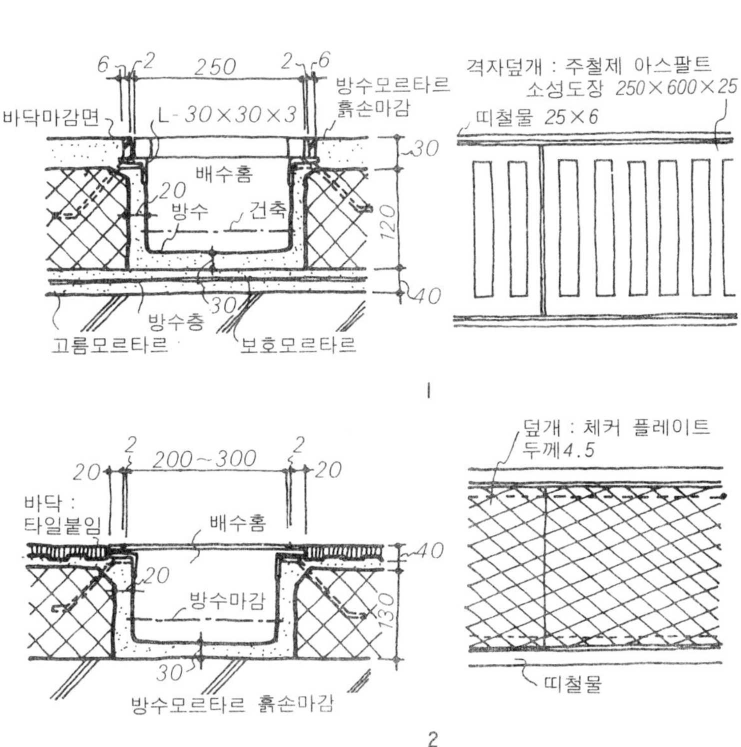

익스팬션 조인트공법

익스팬션 조인트는 기존 건축물과 증설 건축물 등과 같이 건축물을 접합하는 필요가 생긴 경우, 그 접합부를 지진이나 지반의 부동 침하, 건축물의 팽창, 수축 등의 변화에 대응할 수 있도록 변형 성능을 주는 접합 방법을 말한다. 다음 안팎의 바닥, 벽, 천장 등으로 나눠 요점을 그림에서 참조하면 된다.

옥상 슬래브와 외벽과의 조인트

예 1~예 3은 모두 기존 건축물의 외벽에 증축동의 옥상이 조인트하는 경우의 마무리 예를 표시한 것이다. 예 1은 그림에 표시한 B동쪽으로 내민 슬래브를 설치한 경우, 예 1, 예 3은 내민 슬래브를 설치한 경우의 마무리의 예이다. 어떤 경우도 옥상 방수층의 치올림은 일반적인 패러핏의 경우와 같고, 충분히 치올려, 각 부재의 접합부에는 코킹을 충분히 잡는다.

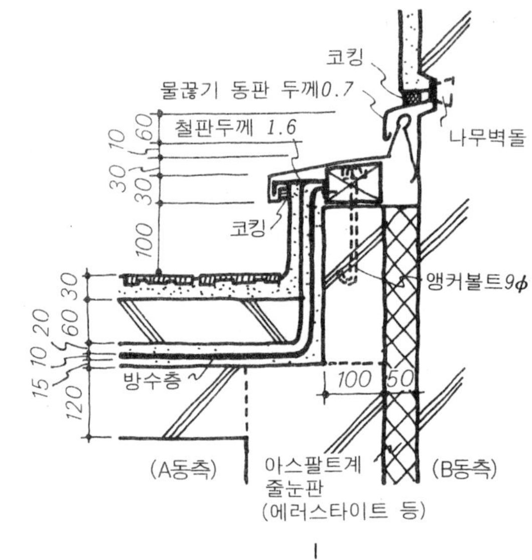

1

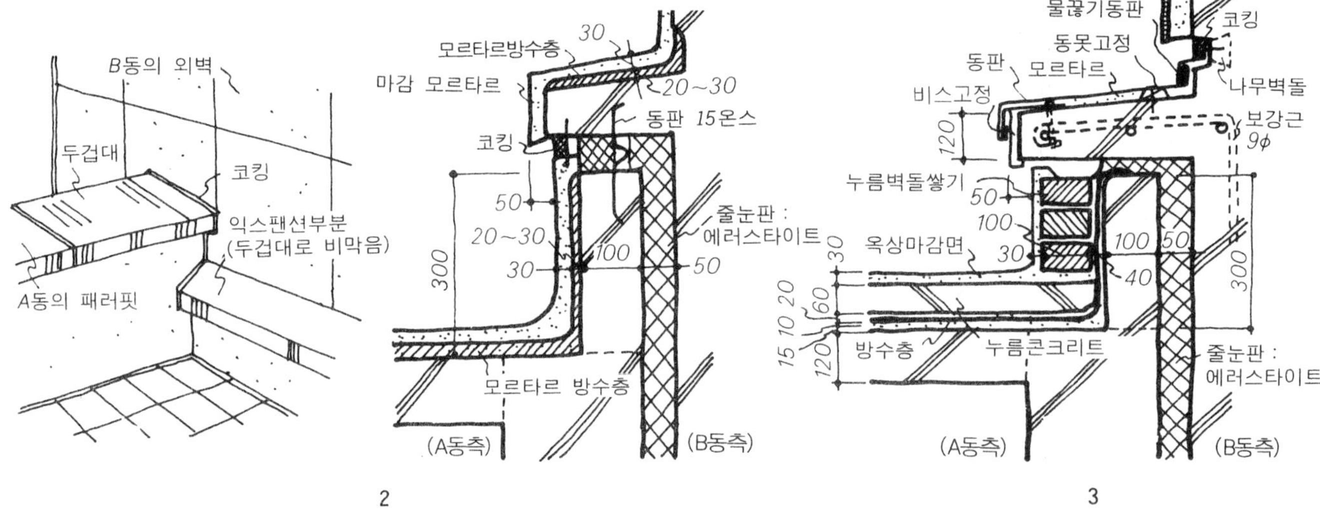

2 3

옥상 슬래브의 조인트

예 4~예 6은 옥상 슬래브의 높이가 동일한 경우의 조인트 예이다. 이 경우에도 방수층은 충분히 치올림 할 필요가 있다. 예 4, 예 5는 아스팔트 방수, 예 6은 모르타르 방수의 경우의 마무리를 표시한 것이다.

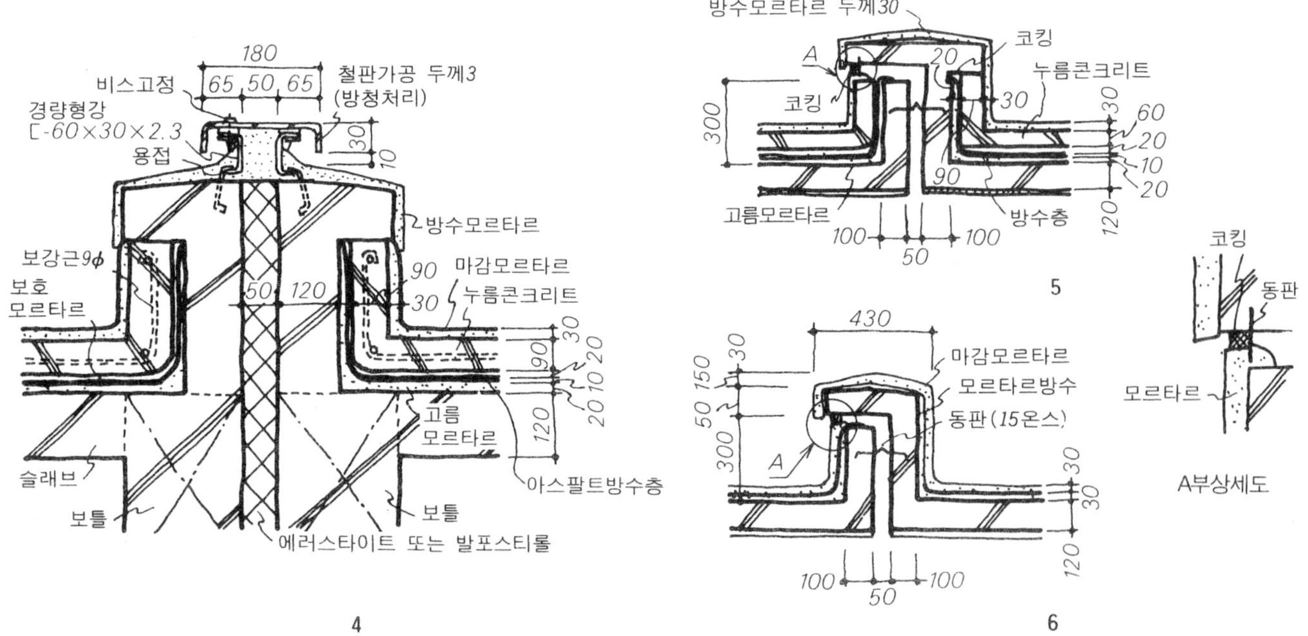

4 5 6

익스팬션 조인트공법

외벽의 조인트

외벽의 조인트부의 방수법에서는 자수판(금속, 합성 수지제)과 코킹재와를 사용하는 방법과 미로 형태로 절곡 가공한 금속판과 코킹재를 병용하는 방법의 두 가지가 다용된다.

예 7, 예 8은 모두 합성 수지제의 지수판을 벽에 넣어(지수판 시공에 피해서는 방수의 장을 참조한다) 에러스타이트 줄눈재를 끼워넣은 다음 코킹을 해서 마무리한 예이다.

예 9는 콘크리트조의 외벽과 철골조의 외벽과의 조인트 예이며, 금속판(황동제)을 가공한 것과 동판제의 지수판과를 조합시켜 방수 처리한 예이다.

예 10은 참고도에 표시한 것처럼 기둥틀이 접해 있는 경우의 조인트의 예이다. 시공에 있어서는 기둥의 구조 주근을 손상시키지 않도록 피복을 충분히 해서 금속판과 코킹재로 방수 처리해야 한다.

예 11은 기존 건축물에 접해서 증축한 경우의 조인트 예이다. 합성 수지제의 지수판을 콘크리트 못 고정한 다음 L형으로 절곡, 신설 콘크리트 치기 하고, 거푸집 제거 후 에러스타이트 줄눈재를 끼워넣고 코킹으로 방수한다.

예 12, 예 13은 모서리 부분의 조인트 예이며, 금속판을 절곡 비스 고정하고 코킹으로 방수한다.

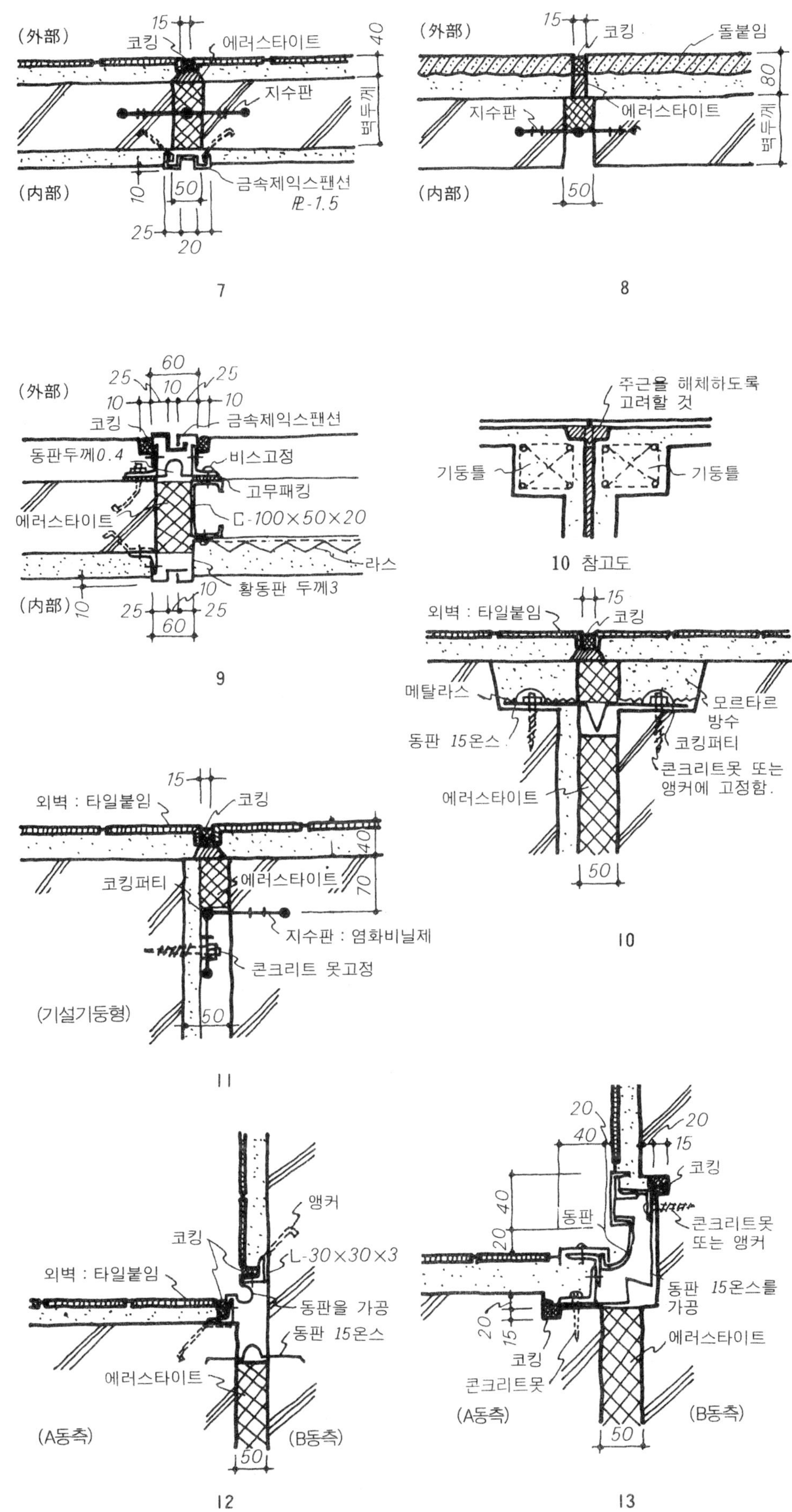

익스팬션 조인트공법

내부 바닥의 조인트

예 14는 방수성을 요구하지 않는다. 일반층의 바닥의 조인트 예이다. L형강을 바닥 슬래브의 앵커에 고정하고, 체커 플레이트 또는 황동판의 한쪽만을 비스 고정한다.

예 15는 다소의 방수성을 요구되는 바닥의 조인트 예로 그림처럼 지수판(동제)을 넣어 줄눈재에 에러스타이트를 사용한다.

예 16은 지하층 바닥처럼 반드시 방수성이 요구되는 바닥의 조인트 예이며, 예 17은 방수 바닥의 조인트 예를 표시한 것이다.

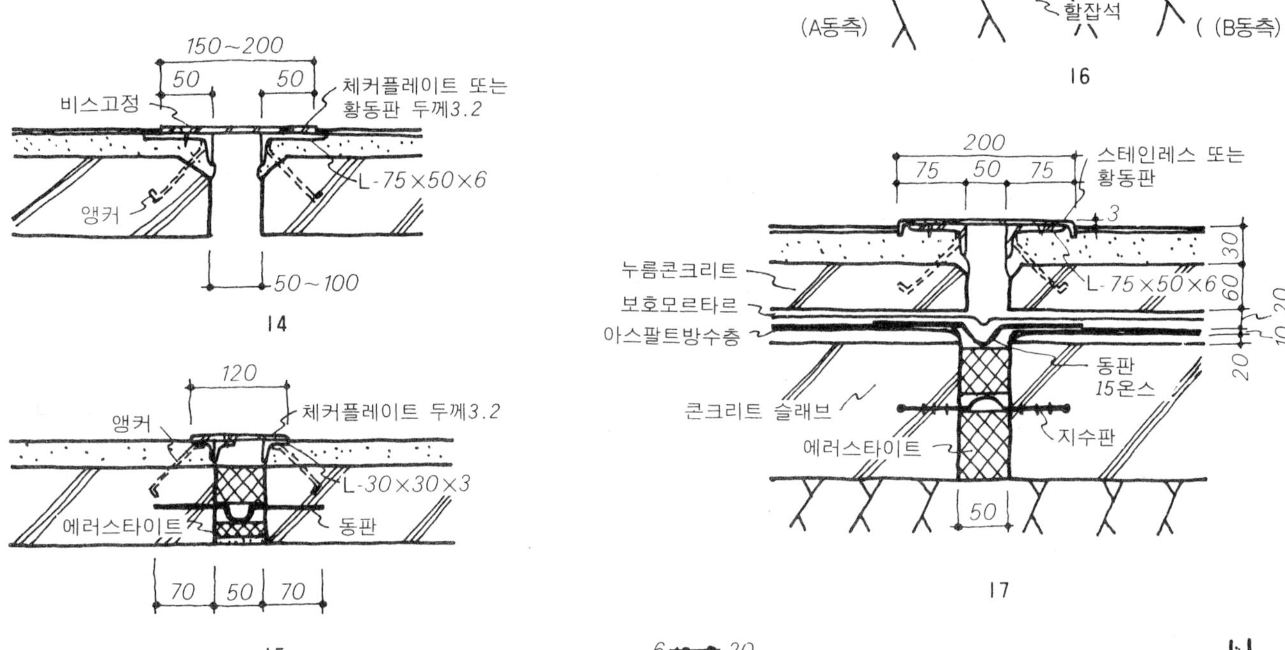

바닥과 벽의 조인트

예 18은 바닥쪽에 체커 플레이트 등의 금속판을 사용, 벽측의 L형강에 걸쳐 놓은 조인트의 예이다. 걸레받이는 벽쪽의 나무벽돌에 고정한다.

예 20, 예 21은 벽쪽과 바닥쪽과의 앵커에 L형강을 설치해서 이것을 맞추어 정리한 것이다.

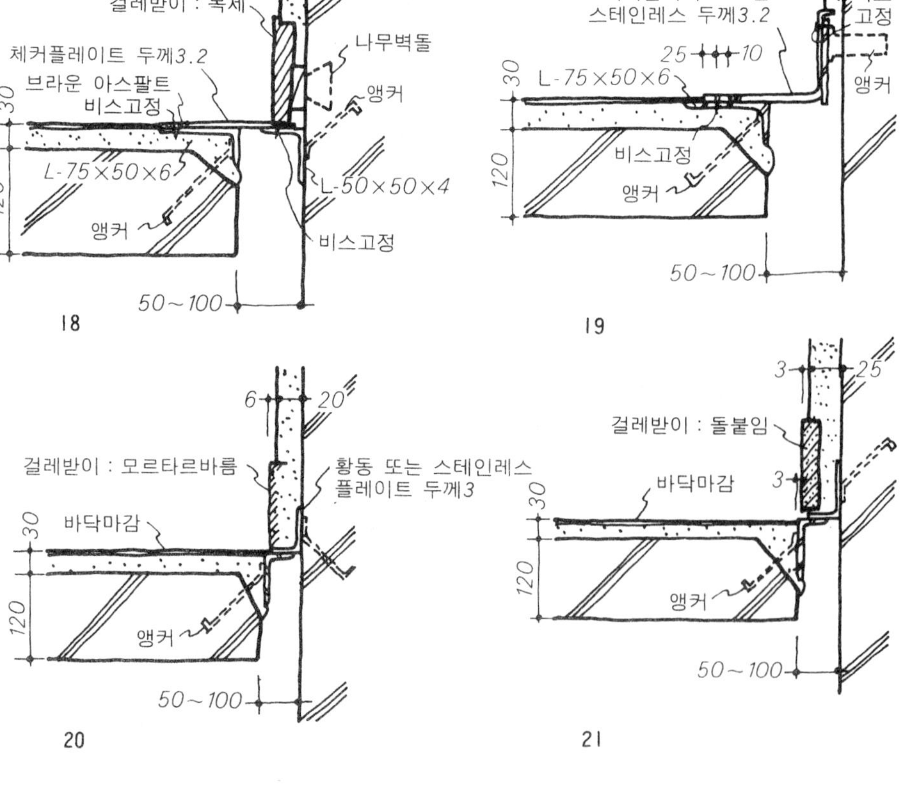

익스팬션 조인트공법

내벽의 조인트

내벽의 조인트는 외벽의 조인트와 표리의 관계에 있으므로, 조인트의 방법은 앞에서와 같다. 따라서 여기서는 조인트부의 내벽 마무리 예로 해서 마감재별의 마무리 예를 표시한다. 예 22~예 25는 모두 조인트부의 틈의 신축에 적응되므로 줄눈 마무리한 줄눈은 슬라이드식으로 마무리하든지 또는 신축 가능한 재를 묻어서 마무리한다.

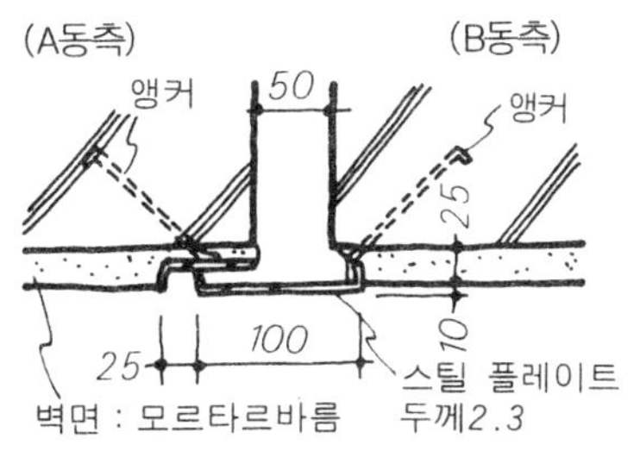

22

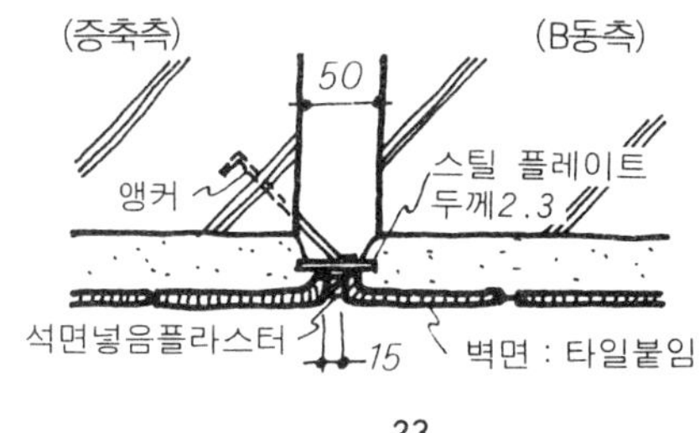

23

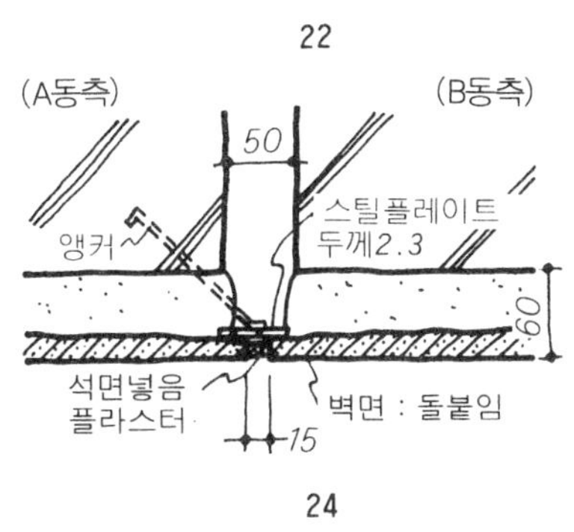

24

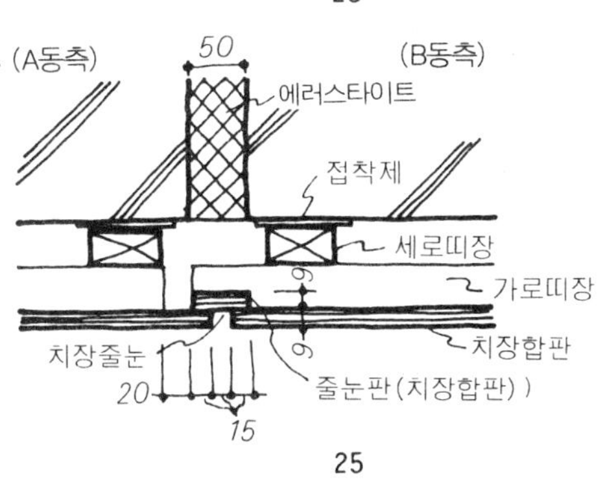

25

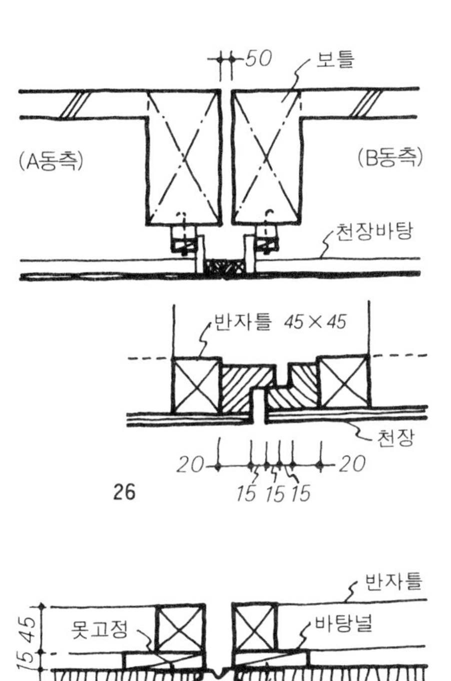

26

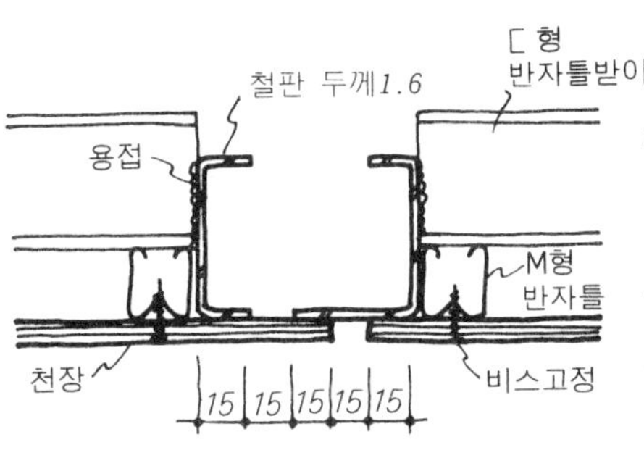

27

천장의 조인트

천장의 조인트 부분은 내벽과 같이 줄눈위치에 아무림하므로 천장바탕과 마감재의 맞춤, 천장나누기 등을 고려하여 배치하여야 한다.

예 26과 예 27은 떼어붙이기 마무리로 한 예이며 조인트를 노출시키지 않는 공법이다.

예 28은 굽힌 금속제를 쿠션으로 한 예이며, 또한 예 29는 도시한 금속판의 한쪽만을 고정해서 치장줄눈으로 아무림한 조인트 예이다.

28

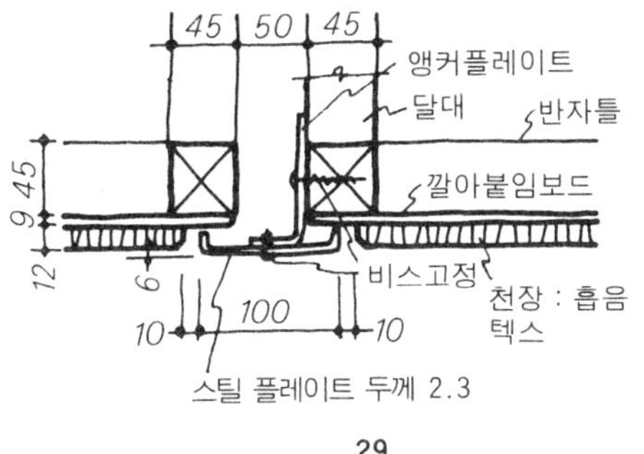

29

천장과 벽의 조인트

예 30은 천장측에 절곡한 금속판을 비스 고정하고, 벽쪽의 치장금속판과 같이 맞춤으로 마무리한 예이다. 또, 예 31은 천장재를 C형의 금속 돌림띠에 올려 맞춤을 정리한 예이다. 어떤 경우도 조인트를 돋보이지 않는 공법이다.

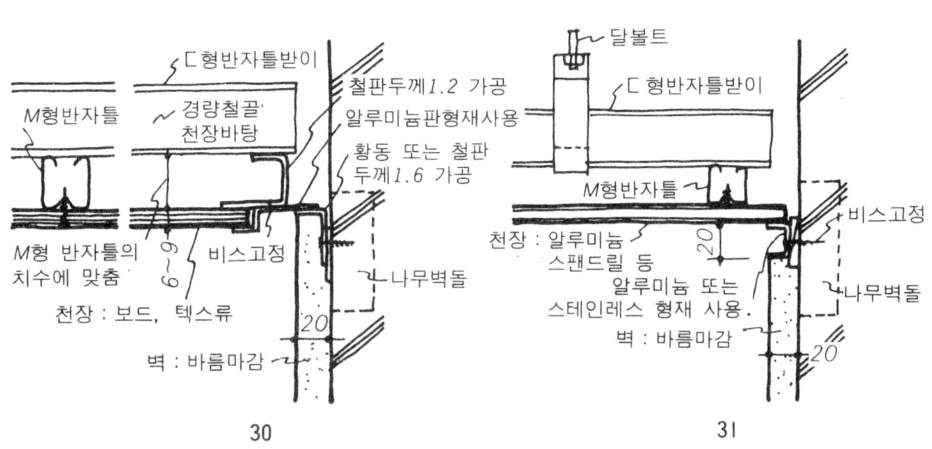

30

31

건축마감상세도집

2021년 1월 11일 발행

건축정보센터 편
발행인: 김기현
발행처: 시공문화사(**Spacetime**)
출판등록: 1993년 3월 12일
주소: 서울시 서대문구 독립문공원길 13 (03733) 극동프라자 5층
전화: 02) 3147-1212
팩스: 02) 3147-2626

http://www.spacetime.co.kr
mail: spacetime@korea.com

편집: Design Battery
인쇄: (주)예림인쇄사
제본: (주)서정바인텍
용지: (주)대림지업사

ISBN: 978-89-5592-382-7

정가: 20,000원